国际信息工程先进技术译丛

短距离无线系统的可靠通信

（土耳其）Ismail Guvenc
（土耳其）Sinan Gezici
（美国）Zafer Sahinoglu　编著
（土耳其）Ulas C.Kozat

熊　磊　姚冬苹　钟章队　译

机 械 工 业 出 版 社

保证通信的可靠性，满足服务质量的严格要求，是短距离无线通信系统中的重要问题。矩距离无线通信系统中的关键特性（包括数据速率、通信距离、信道特性、网络拓扑和功率效率等）与长距离无线通信系统有所不同。本书将短距离无线通信系统分为高数据速率系统和低数据速率系统，考虑了协议栈不同层中影响可靠性的各种主要因素，详细介绍了改善短距离无线通信系统容量和性能的最佳方法，特别强调了可靠的信道估计、卓越的干扰抑制和协作通信等可靠性增强技术。本书还详细介绍了相关的国际标准，包括 UWB、ZigBee 和 60GHz 通信等。本书均衡考虑了短距离无线通信的理论和实践。本书重点关注可靠性，是从事无线通信研究人员和工程技术人员的理想参考书。

CAMBRIDGE UNIVERSITY PRESS
Cambridge, New York, Melbourne, Madrid, Cape Town.
Singapore, São Paulo, Delhi, Tokyo, Mexico City
Reliable Communications for Short-range Wireless Systems

本书版权登记号 01-2012-6413

图书在版编目（CIP）数据

短距离无线系统的可靠通信 / (土耳其) 古文茨(Guvenc, I.)等编著；熊磊，姚冬苹，钟章队译. —北京：机械工业出版社，2013.6
书名原文：Reliable Communications for Short-range Wireless Systems
ISBN 978-7-111-42405-5

Ⅰ. ①短… Ⅱ. ①古… ②熊… ③姚… ④钟… Ⅲ. ①短距离－无线电通信Ⅳ. ①TN92

中国版本图书馆 CIP 数据核字（2013）第 092565 号

机械工业出版社（北京市百万庄大街 22 号　邮政编码 100037）
责任编辑：李馨馨
责任印制：杨　曦
北京云浩印刷有限责任公司印刷
2013 年 9 月第 1 版・第 1 次印刷
169mm×239mm・24.5 印张・491 千字
0001—2500 册
标准书号：ISBN 978-7-111-42405-5
定价：89.00 元

凡购本书，如有缺页、倒页、脱页，由本社发行部调换

电话服务	网络服务
社服务中心：(010) 88361066	教材网：http：//www.cmpedu.com
销售一部：(010) 68326294	机工官网：http：//www.cmpbook.com
销售二部：(010) 88379649	机工官博：http：//weibo.com/cmp1952
读者购书热线：(010) 88379203	**封面无防伪标均为盗版**

译者序

短距离无线通信，如蓝牙、RFID、超宽带（UWB）、ZigBee、60 GHz 通信等，近年在物流、交通运输、医疗卫生、电子商务、安全保卫、环境监测等领域得到了广泛的应用。无线世界研究论坛（Wireless World Research Forum，WWRF）预测到 2017 年世界范围内将有 7 万亿个无线设备，其中大多数都将是短距离无线通信设备。短距离无线通信已经成为当前通信发展最为迅速的领域，已经广泛地渗透到国民经济和人民生活的各个方面。

本书英文原版的编著者荟萃了无线通信研究与工业界的多位著名学者和专家，包括 IEEE Fellow 美国哥伦比亚大学的 Xiaodong Wang 教授，他曾荣获 2011 年 IEEE 通信新技术最出色论文奖；IET Fellow 美国南加州大学的 Andreas F.Molisch 教授，他是无线信道领域的新一代领军人物；Docomo 公司美国实验室的资深工程师 Ismail Guvenc，他是 IEEE 802.15 和 IEEE 802.16 标准的制定者之一，拥有 4 项美国专利。

本书围绕可靠通信这一短距离无线通信技术的重要研究目标，分别从物理层、MAC 层和网络层探讨提高传输可靠性的主要技术，包括信道估计、自适应调制编码、MIMO、干扰消除和协作中继等。本书还介绍了短距离无线通信的标准化进展，如 IEEE 802.15.4（低速无线个域网标准）、IEEE 802.15.5（Mesh 网标准）、ECMA 368/369（UWB 标准）、ECMA 387（60 GHz 通信标准）等。

本书重点强调技术的原理和概念，深入浅出地介绍了短距离无线通信技术的发展和应用。本书既可用于高等学校通信、电子、信息等专业的本科生和研究生相关课程的教科书，也可供工程技术人员参考。

本书由熊磊、姚冬苹和钟章队翻译，熊磊对译稿进行了审校。参与本书翻译和校对工作的还有刘鸿鹏、王悦、高元媛、赵勇、张环、杨美荣、李丞、廖佳纯、张北、张静文、冯薇、牟霄寒等。本书得以翻译问世，是集体智慧的结晶。在此对所有为本书出版提供过帮助的人士表示衷心的感谢。本书的翻译得到了轨道交通控制与安全国家重点实验室（北京交通大学）自主课题（RCS2011ZZ002）的资助，借此机会表示感谢。

短距离无线通信技术本身也在快速发展中，很多专业词汇没有规范的译名，再加上译者水平有限，书中难免存在不妥之处，敬请读者批评指正。

译　者

2013 年 3 月

于轨道交通控制与安全国家重点实验室（北京交通大学）

目　录

第二部分 低速系统

第三部分 可靠性改进专题

第 1 章　短距离无线通信与可靠性

虽然现在短距离无线通信还没有一个被广泛接受的定义，但通常指的是：通信距离从几十厘米至几百米的各种无线通信技术。无线通信产业在最近的 30 多年里被蜂窝系统所主导，但在最近 10 年，短距离无线通信设备已经逐渐成为人们日常生活中不可或缺的一部分。无线世界研究论坛（Wireless World Research Forum，WWRF）预测这一趋势将在接下来的几年进一步加速，到 2017 年，预计全世界 70 亿人将使用 7 万亿个无线设备[1]，其中大多数都将是短距离无线通信设备，这将实现人与人、人与环境的互联。

无线通信系统的可靠性过去已经得到了深入的研究，但到目前为止，关于影响短距离无线通信系统可靠性的各种因素，以及应如何处理这些因素的相关研究则少有文献涉及。本书将填补这一空白，致力于涵盖短距离无线通信系统最为重要的可靠性问题。本书的贡献主要集中在无线个域网（Wireless Personal Area Network，WPAN）和无线传感器网（Wireless Sensor Network，WSN），而对无线局域网的相关内容则不过多涉及。

由于应用场景、服务质量（Quality of Service，QoS）要求、信号模型的不同，以及不同的差错源和抑制方法，高速和低速短距离无线通信系统将在本书的不同章节分别加以介绍。本书第一部分主要介绍高速系统，主要关注多频带正交频分复用（Orthogonal Frequency Division Multiplexing，OFDM）系统和毫米波通信系统，这是因为这两种系统具有实现高吞吐量的巨大潜力。本书第二部分将重点讨论 ZigBee 和基于脉冲的超宽带（Ultrawideband，UWB）系统，这些系统具有低速率、低功率和低复杂度的特点。本书第三部分将介绍与短距离无线通信系统可靠性相关的一些专题，这些章节将展开更广阔的视角，而不只是针对某一特定的技术或标准。

本章其他内容安排如下。首先，1.1 节将讨论短距离无线通信系统发展的有利因素，总结其与中长距离无线通信系统的不同。对低速系统和高速系统在应用场景、发射机 / 接收机典型特性、可靠性要求等方面进行比较。此外还将回顾全球可供短距离无线通信系统使用的频段。1.2 节将定义不同协议层中出现的可靠性问题，讨论相应的解决方法。1.3 节对一些短距离无线通信标准进行了简要的综述，第 2 章和第 6 章中将对相关标准进行更详细的分析和讨论。

1.1 短距离无线通信

1.1.1 有利因素

短距离无线通信之所以能够在当今世界范围内得到广泛的使用和采纳，以下三个主要因素发挥了重要作用：

1）固态器件的进步。

2）数字通信与调制技术的发展。

3）相关标准化进程的推动。

固态技术的发展是推动短距离无线通信技术广泛应用的重要因素。首先，固态技术的发展使得设备的批量化生产成为可能，而且降低了单个设备的成本。其次，随着技术的发展，短距离无线通信设备可以使用更高的中心频率。这意味着，以前无法使用的频段，如 2.4GHz、5GHz 和 60GHz 的工业、科学和医学（Industrial Scientific and Medical，ISM）频段，现在都可以使用了。相关内容将在 1.1.4 节中进行详细讨论。使用更高的中心频率，意味着可以采用更小尺寸的天线阵列，在同一个器件中较易集成多个天线[2]。当前，集成电路小型化和小尺寸天线使得能够在芯片上加工极其微小的射频集成电路（Frequency Integrated Circuits，RFIC），RFIC 能够包含所有需要的系统元件。例如，供短距离无线通信使用的 CMOS 片上 RFIC 天线，在使用高达 60GHz 的中心频率时，其芯片面积小于 1mm^2[3, 4]。

在短距离无线通信系统成功应用推广中发挥重要作用的另一重要因素，是近年来数字调制技术和收发信机算法的发展。如直接序列扩频（Direct Sequence Spread Spectrum，DSSS）技术成功地应用于诸如 IEEE 802.15.4 无线个域网和 IEEE 802.11 无线局域网中。通过扩展发射信号的频谱，DSSS 带来了诸多好处，如抗非恶意干扰、低功率谱密度、抗人为干扰、消除多径效应等[5]。跳频扩频（Frequency-Hopping Spread Spectrum，FHSS）是另一种正文频分复用，具有较强的抗干扰能力，已经普遍地应用于短距离无线通信系统中。由于 OFDM 在多径环境中的巨大优势，已经成为短距离无线通信系统实现更高吞吐量的关键技术[6, 7]。OFDM 与其他技术相比具有如下优点：

1）不需要进行时域均衡，只需采用简单得多的频域均衡即可有效工作㊀。

2）由于使用了循环前缀（Cyclic Prefix，CP），对频率选择性衰落信道具有良好

㊀ 注意频域均衡同样适用于单载波频分多址（Single-carrier Frequency Domain Multiple Access，SC-FDMA）系统[8]。

的鲁棒性。

3）由于在每个子载波上，信道都是频域平坦衰落，因此可以很容易实现多输入多输出（Multiple-Input Multiple-Output，MIMO）技术。

由于上述优点，当前 OFDM 技术已经为多个标准所采纳，如 ECMA-368（高速 UWB 物理层和媒体接入层标准[6]）和 ECMA-387 （高速 60GHz 物理层和媒体接入层标准，PAL 制式高清电视标准[7]）。当前可能影响未来短距离无线通信系统的其他技术包括：MIMO 技术（能够实现更高的数据速率和更高的可靠性）[9~13]，感知无线电技术（能更有效、更可靠地利用无线频谱）[14~17]。

在此还需强调标准化组织在短距离无线通信广泛应用中发挥的至关重要的作用。通过标准化，相关企业和研究机构针对确定的无线通信技术，获得了具有明确定义的技术规范。标准化工作为该技术的可实现性和互操作性带来了巨大潜力，也对应用场景、潜能和可达到的极限有了深入的理解，就如何以合适的方法加以实现达成了共识。当前，我们在日常生活中使用的、成功的短距离无线通信设备，如 Wi-Fi、蓝牙耳机、无线键盘和 ZigBee 设备都是多年标准化的成果。短距离无线通信技术最为重要的标准化组织是 WPAN 的 IEEE 802.15 工作组。除了前面已经讨论过的短距离无线通信技术标准之外，IEEE 802.15 还致力于一些最新技术的标准化工作，如无线体域网（Wireless Body Area Networks，WBAN）、射频识别（Radio Frequency Identification，RFID）系统、mesh 网络和可见光通信（Visible Light Communications，VLC）。短距离无线通信的其他相关标准还包括 ISA-100 和 ECMA 标准，将在 1.3 节和本书其他章节中进行详细介绍。

1.1.2 短距离与中/长距离无线通信技术比较

尽管短距离无线通信技术应用场景广阔，但这些技术仍具有一些共性特点，而与中/长距离无线通信技术相比（如 WLAN、蜂窝系统、无线城域网和卫星通信），却有着显著性的差异。短距离无线通信设备的共性包括：低功率运行、通信距离从几厘米到几百米、主要工作在室内、内置全向天线、设备的低复杂度和低成本、发射机/接收机由电池供电、使用免授权频段等[18]。

短距离无线通信设备通常低速移动或者不移动，这意味着与蜂窝系统相比，其接收机架构更为简单，复杂度也更低。另一方面，多跳（Multihop）和协作通信（Cooperative Communications）可以考虑作为一些短距离无线通信场景（如 WSN）中的重要工作模式。这主要是由于无线传感器密集部署，这些传感器收集本地数据，进行数据融合，并传输到指定的接收机。采用多跳和协作通信，数据包通过多个较短距离的跳（Hop）进行传输，而不是直接在相距较远的发射机和接收机之间进行传输。采用多跳的工作方式，无线传感器网能够以极低的功率运行，降低整个网络的功耗，从而延长网络生存时间。多跳和协作通信技术对于短距离无线通信系统极为重要，将在本书的第三部分重点介绍。

短距离无线通信系统的 QoS 要求（如误包率、数据速率和延迟）与长距离无线通信技术也有很大的不同，而且与应用场景紧密相关。文献[190]中列举了短距离无线通信系统的十大设计准则，与长距离网络的设计明显不同，包括：通信系统架构（点到点和点到多点通信能力）、能量感知、信令和业务信道、可伸缩性与连通性、媒体接入控制与信道接入方法、自组织、服务发现、安全与隐私、灵活的频谱使用、软件无线电设计等。

1.1.3 高速与低速系统比较

可以采用多种方式对短距离无线通信技术进行分类，如按照通信距离、移动性、网络拓扑、QoS 要求、室内或室外工作、使用的频段/带宽和数据速率进行分类。短距离无线通信技术通信距离的量级，可以是几厘米（如 NFC）、几十厘米（如 WBAN）、几米（如 WPAN）或几十到几百米（如 WSN）等[20]。无源 RFID 的通信距离在几十厘米的量级，而有源 RFID 的通信距离则可以到几百米。虽然短距离无线通信技术通常在静止和极低速的环境下使用，但仍然有些场景必须考虑移动性。例如，WBAN 中身体的移动，某些 WSN 应用中，发射机和接收机的移动。需要在接收机设计中考虑这些移动引起的问题。集中式网络拓扑或分布式网络拓扑是短距离无线通信系统常用的两种拓扑结构。

尽管前面提到了一些分类方法，但仍然很难对各种短距离无线通信技术进行分类。各式各样的应用场景和需求、不同的空中接口、工作范围变化等因素，使得即使对于同样的无线通信技术，也很难进行严格定义的分类。本书选择将短距离无线通信技术分为两个大类，即高速系统和低速系统加以研究。这种分类方法相对一致，且定义明确。表 1-1 给出了短距离无线通信的一些应用实例。

表 1-1 短距离无线通信应用举例

低速系统	高速系统
家庭和建筑远程控制	无线 USB
无线耳麦	Internet 接入与多媒体服务
无线鼠标键盘等	未压缩高清视频
无线无钥门禁系统	住院病人监测
无线条码阅读器	无线监控摄像头
无线传感器网	无线视频会议
急救报警	无线 Ad-hoc 通信
无线计费	无线外围接口

当然，高速系统和低速系统之间的划分并不绝对。高速系统主要针对数据速率在

10Mbit/s 至几 Gbit/s，通信距离小于 10m。高速系统的应用场景包括无线视频流、无线文件传输（如无线 USB）、无线视频会议和无线视频监控。此外，如文献[1]中所讨论的，短距离无线通信中的高速技术主要是基于多频带 UWB[21]和毫米波技术[22, 23]。这些技术及相关无线标准将在第 2 章中详细讨论。

另一方面，低速系统针对的是低功率和低复杂度应用，而对数据速率并没有过高的要求。当然，低速系统并非一定需要较远的通信距离，但其最大通信距离仍比高速系统要大得多。除了相关应用需求之外，造成低速率的两个主要原因分别是：

1）较大的通信距离意味着较低的接收功率，这从本质上导致了无法实现高数据速率。

2）高速系统需要相当大的带宽，而只有在较高的中心频率（如 60GHz 频段）才有较大带宽可供使用，但是较高的中心频率会造成较大的路径损耗，从而无法实现较远的通信距离。

WSN 可能是低速系统最为常见的应用。在当前适用于低速系统的技术中，ZigBee 和低速 UWB 是最为重要的两种。第 6 章中将综述 ZigBee 和低速 UWB 技术，及相关无线标准。表 1-1 总结了短距离无线通信应用中，高速和低速系统的应用范例，而相关应用则留待第 2 章和第 6 章加以详细讨论。

对于低速和高速系统而言，QoS 要求和改善可靠性的可能技术与协议都明显不同。例如，主要由于应用场景和要求，WSN 更多地采用低功率运行，如环境感知应用，由电池供电的感知节点可以工作更长时间。功率有效路由技术和协作通信在这种应用场景中也非常重要。当然，这些技术也可以应用于一些高速通信场景中。高速系统中最为典型的应用是无线 UWB。无线 UWB 为点到点通信，因此无需考虑路由和协作通信技术。由于高速系统在高频工作时具有使用多根天线进行数据传输的能力（如毫米波通信），利用波束赋形技术及相关协议可以最大程度地降低干扰和提高系统可靠性，因此对于高速应用十分重要。

低速和高速系统所采用的信号模型差异非常大。例如，高速 ECMA-368 标准采用基于 MB-OFDM 的物理层（PHY 层），使得可以在频域进行简单的均衡处理。另一方面，低速 IEEE 802.15.4a 标准采用基于脉冲的信号传输，这是一种非常理想的信号传输方案，例如在低速 WSN 应用中，可以设计低复杂度的发射机/接收机架构，支持高精度定位。采用基于脉冲的信号传输方案，使得低复杂度收发信机架构，如能量检测和发射参考方案成为可能，而基于 OFDM 传输方案中的 FFT/IFFT 则会增加收发信机的复杂度。

1.1.4　频率监管与可用频段综述

在短距离无线通信系统中，中心频率和通信带宽的选择非常重要。如前所述，在很多情况下，较高的中心频率是较好的选择。因为在较高的中心频率时，可以使用较小尺寸的天线，有助于实现设备的小型化。此外，在高频段中有较多的免授权频段（通常干扰源较少）可供使用。另一方面，由于信号衰减与中心频率成比例，在高频段工作的无线设备由于信号衰减极大，无法实现较远距离上的可靠通信。根据短距离无线通信系统的应用需要，在确定中心频率前，系统设计者必须仔细进行评估和折中。

在大多数情况下，短距离无线通信设备都被限制工作在免授权频段。当然有些免授权频段是全球可用的，而有些免授权频段仅在世界上某些区域可用。短距离无线通信设备可在全球使用的免授权频段包括 13.56MHz 频段（通常用于 NFC）、40MHz 频段、433MHz 频段、2.4GHz 频段和 5.8GHz 频段[5]。在全球免授权频段中，2.4GHz 频段的使用最为普及，通常用于 WLAN 和微波炉。在欧洲、美国、澳大利亚和新西兰，短距离无线通信使用较多的频段还有 868MHz/915MHz 频段。

在大多数国家，ISM 频段可以免授权直接使用，它包括了前面介绍的一些频段。例如，在美国最常使用的 ISM 频段包括 902~928 MHz、2.4 GHz 和 5.7～5.8 GHz 频段。与其他免授权频段类似，ISM 频段是由美国联邦通信委员会（Federal Communications Commission，FCC）法规第 15 条（Part 15）定义的。美国直到 1985 年，才批准无线通信使用 ISM 频段。1985 年，连同 FCC Part 15.247 法规，ISM 频段也向 WLAN 和移动通信开放[24]。1997 年，FCC Part 15.401～15.407 法规中提出了免授权国家信息架构（UNII）频段，并将 5GHz 增加到免授权频段中。

2002 年，FCC 发布了 Part 15 Subpart-F 法规，在该法规中的 15.501～15.525 定义了 UWB 设备（包括通信、成像系统和地质雷达）工作范围和工作方式。基于这些新规定，UWB 设备在 3.1～10.6GHz 频段的最大发射功率为-41.3 dBm/MHz。这使得 UWB 无线设备的可用频段大为扩展。FCC Part 15.255 法规还定义了另一个可供短距离无线设备使用的宽频段，即在 57～63GHz 允许发射功率不超过 500mW。这一频段通常被称为毫米波或 60GHz 频段，是未来高速短距离无线通信系统另一个最为常用的频段。美国 ISM/U-NII 频段、UWB 和 60GHz 频段和发射功率限制如表 1-2 所示。FCC 免授权频段更详细的内容可见文献[25]，而文献[5]进一步讨论了全球使用 1GHz 以下频段的短距离无线通信系统。

表 1-2　美国 ISM/U-NII 频段与 UWB 和 60GHz 使用频段汇总

ISM 频段	功 率 限 制	U-NII 5GHz 频段	功 率 限 制
902～928MHz		Wi-Fi(802.11a/n)	
无绳电话	1W	5.15～5.25GHz	200mW

（续）

ISM 频段	功率限制	U-NII 5GHz 频段	功率限制
微波炉	750W	5.25～5.35GHz	1W
工业加热器	100kW	5.47～5.725GHz	1W
军用雷达	1000kW	5. 725～5.825GHz	4W
2.4～2.4835 GHz		60 GHz 频段	
Wi-Fi (802.11b/g)	1 W	57～64 GHz	0.5W
微波炉	900W		
5 GHz		超宽带	
5.725～5.825 GHz		3.1～10.6 GHz	-41.3 dBm/MHz
Wi-Fi (802.11a/n)	4 W		

1.2　可靠性的定义

短距离无线通信系统的可靠性是本书的重点。就本质而言，可靠性需要由应用本身来定义。对于一些应用，如数据传输，可靠性关注数据完整性，发射机传送的所有信息都必须被接收机准确地接收。对于其他应用，如音频和视频，则对数据完整性不太关注，而更关注应用层可以容忍的失真。失真是一个极为复杂的函数，与误码率、突发错误、时延、错误隐藏技术等有关。传统通信协议栈中的每一层都在不同的时刻纠正那些在下层无法纠正、无法发现或纠正代价高昂的错误。然而，在无线通信系统中，各协议层独立处理往往导致不可靠或低效。因此，需要一定程度的跨层优化和协调（特别是在 PHY 层和 MAC 层之间），大量的研究论文提出了很多方法，并在一些系统中得到了采用。跨层优化和协调的范例将根据其应用环境在本书不同的章节中加以介绍。在本节的后续内容中，将主要介绍不同协议层的决策对可靠性的影响，并从各协议层的角度讨论错误的来源。

1.2.1　物理层可靠性

在数字移动通信系统中，物理层（PHY 层）负责节点之间比特层面信号的发射和接收。必须保证发射的比特在指定的接收机处能可靠地恢复。为了更好地理解数字发射和接收的基本原理，以及物理层中可能引起错误的原因，图 1-1 给出了一个简单的发射和接收架构。其中提及的这些章节将阐述可靠性的不同方面。在发射端，数据被整理成比特（即 0 和 1）的形式，发送到目标接收机。这些比特通过调制和编码阶段后被映射为波形信号。通过一个 RF 振荡器，将发射波形上变频到期望的中心频率，放大后通过天线发射出去。在发射信号到达接收机之前，信号将在无线信道中进行传播。在无线信道中，发射信号将发生各种类型的失真（如图 1-1 所示）。信号到达接收机，经过低噪声放大器（Low-Noise Amplifier，LNA）和下变频后，进行解调和译码，从而得到接收比特。短距离无线通信标准中的发射机结构将在第 2 章和第 6 章中进行详细讨论。

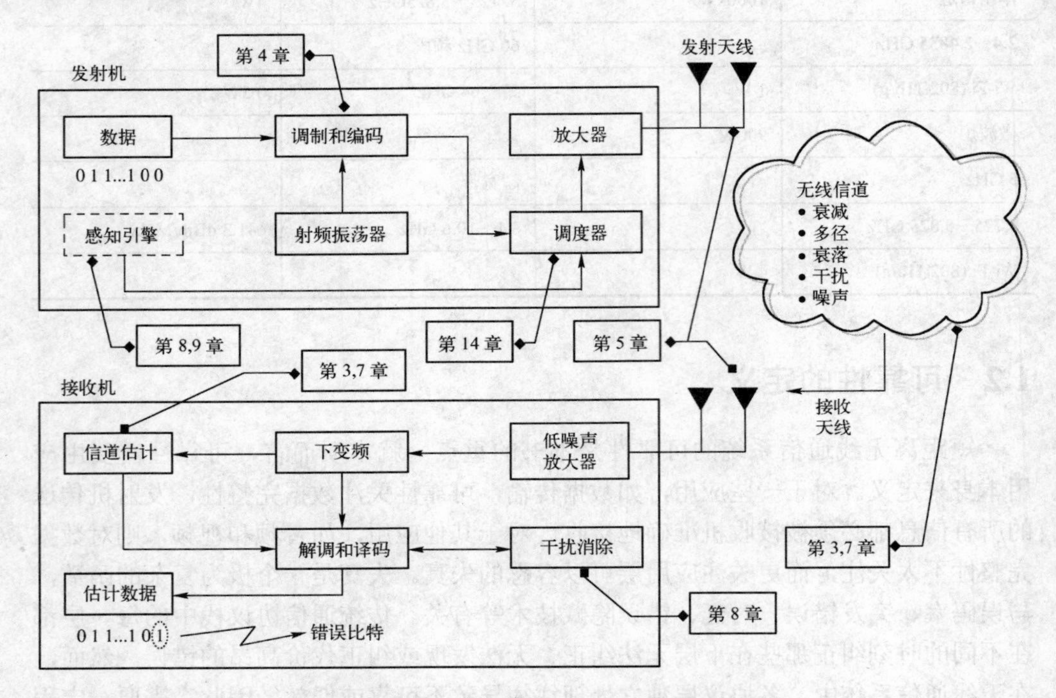

图 1-1 无线发射机/接收机和相关错误来源框图

物理层中描述可靠性的重要参数包括：信干噪比（Signal to Interference Plus Noise Ratio，SINR）、误比特率（Bit Error Rate，BER）、误符号率（Symbol Error Rate，SER）、误包率（Packet Error Rate，PER）和中断概率。物理层中可靠性相关问题和错误源也可以通过基本信道容量公式来加以解释。根据文献[26]，将可靠通信定义为可以实现任意小的错误概率 P_b，而将保证可靠通信条件下，可能达到的最大数据速率定义为信道容量 C。在加性高斯白噪声（Additive White Gaussian Noise，AWGN）信道中，可靠通信能够实现的容量可以简单地写为㊀

$$C_{\text{awgn}} = B\log_2\left(1+\frac{P_{\text{rec}}}{\sigma_{\text{I}}^2+\sigma_{\text{n}}^2}\right) \tag{1-1}$$

㊀ 容量可以很容易地扩展到包括不同类型的 MIMO 技术、多径信道的影响、协作通信等[26]。

式中，B 为通信带宽；P_{rec} 是接收信号功率；σ_{I}^2 是各种误差/干扰项的方差（假定是与噪声独立的白高斯过程）；$\sigma_{\mathrm{n}}^2 = BN_0$ 为噪声的方差；N_0 为噪声功率谱密度；$\dfrac{P_{\mathrm{rec}}}{\sigma_{\mathrm{I}}^2+\sigma_{\mathrm{n}}^2}$ 为信干噪比（SINR）。假定式（1-1）中的干扰服从高斯分布，这仅当有足够多的噪声源时才成立，而在短距离系统中并不是总符合这种情况。随着式（1-1）中信道容量的增加，有可能实现更高速率的可靠通信。为了增加容量，可以通过增加带宽 B（例如通过调度算法），也可以减小干扰功率 σ_{I}^2（例如通过干扰消除技术），或者增加接收功率 P_{rec}（例如通过功率控制算法）等方法来实现。

在本节的后续内容中，将采用图 1-1 和式（1-1）讨论有可能影响物理层可靠性的主要错误源。而且将参考本书相关章节，对可以减弱这些错误源对可靠性影响的技术加以介绍，对该问题予以全面的分析讨论。

1.2.1.1　衰减

要保证对接收比特的可靠检测，式（1-1）中的接收信号功率必须比噪声和干扰信号功率之和大得多。由于路径损耗，接收功率要远低于发射功率。在自由空间中，根据 Friis 定律，发射功率与接收功率关系如下：

$$P_{\mathrm{rec}} = P_{\mathrm{t}}\frac{\lambda^2 G_{\mathrm{t}} G_{\mathrm{r}}}{(4\pi d)^2} \tag{1-2}$$

式中，P_{t} 为发射功率；$\lambda = c/f_{\mathrm{c}}$ 为波长（c 是光速），f_{c} 是中心频率；G_{t} 和 G_{r} 分别为发射天线增益和接收天线增益。由于自由空间传播对大多数环境的描述都不精确，更好的方法是使用路径损耗经验公式：

$$P_{\mathrm{rec}} = P_{\mathrm{t}} P_{\mathrm{o}} \left(\frac{d_{\mathrm{o}}}{d}\right)^{\alpha} \chi_{\mathrm{sh}} \tag{1-3}$$

式中，P_{o} 为在参考距离 d_{o} 处测得的路径损耗（通常在 $d_{\mathrm{o}}=1$ 时，近似为 $(4\pi/\lambda)^2$[27]）；α 为路径损耗指数。由于发射机和接收机之间存在许多障碍物，因此路径损耗还会受阴影衰落的影响，表示为式（1-3）中的乘性系数χ_{sh}。阴影衰落通常建模为一个对数正态随机变量，即 $10\log_{10}\chi_{\mathrm{sh}} \sim \mathscr{N}(0,\sigma_{\mathrm{s}}^2)$，式中，$\sigma_{\mathrm{s}}^2$ 表示χ_{sh} 对数域的方差。

显然，式（1-2）和式（1-3）中的路径损耗都与中心频率成比例。因此，工作在较高中心频率（如工作在毫米波频段）的无线通信系统的通信距离要远小于工作在较低中心频率的通信系统。类似地，路径损耗也与传播距离成比例。因此距离发射机较近的接收机的接收信号功率较强，而距离较远的接收机接收信号功率则较弱。由式（1-1）可知，这意味着较低的可靠度。处理这一问题的一种方法是采用自适应编码调制（Adaptive Modulation and Coding，AMC）方案，即根据接收信号质量，自适应地选择调制和编码方案。当接收信号质量较好时，采用高阶调制方案，如使用 64-QAM 以获得较高的数据速率。当接收机远离发射机时，接收信号的质量发生恶化，接收机不再能够可靠地解调 64-QAM 接收比特。此时，可以采用低阶调制方式，如二进制相移键控（Binary Phase Shift Keying，BPSK）。在 BPSK 中，星座点之间的距离更大，从而以较低的数据速率保证了比特的可靠解调。第 4 章将详细讨论 AMC 方案。

采用功率控制技术是在接收信号功率变化的情况下，改善系统性能的另一可行的方法。对于距离发射机较远的用户，使用较大的发射功率，以保证接收机处足够强的接收信号功率。采用波束赋形技术可以将信号功率集中在波束方向，这部分内容将在第 5 章中进行详细介绍。为了提高网络的生存时间，通常还要考虑 MAC 层的节能方法，这部分内容将在第 10 章中分析和讨论。

1.2.1.2 多径传播

除了路径损耗和阴影衰落之外，接收信号功率还随时间、频率和空间变化（即选择性）。信道上述三个特点对于接收机的设计和可靠通信极为重要。特别是为了可靠检测发射符号，需要对信道进行准确估计。短距离无线通信系统的信道模型，以及与高速系统和低速系统相关的信道估计技术将分别在第 3 章和第 7 章中加以介绍。

虽然精确的信道估计对于可靠通信至关重要，多天线技术通过利用无线信道在时间、频率和空间上的选择性，也可以改善通信可靠性。采用空间复用技术可以提高多天线系统的数据速率，其可实现容量与 $\min\{N_{tx}, N_{rx}\}$成比例。式中，N_{tx} 和 N_{rx} 分别表示发射天线和接收天线的数量。

另一方面，采用分集技术，多天线系统也可以提高系统的可靠性。例如，通过发射分集技术，同样的信息在多根天线上发射，而每根天线发射的信号经历独立的衰落信道。接收分集技术则利用多根接收天线，通过在接收机对发射信号多个独立衰落的副本进行智能合并，实现对接收信号更为可靠的解调。在多天线系统中，通信系统容量和可靠性之间的折中也被称为分集—复用折中[28]。MIMO 和智能天线技术将在第 5 章中进行分析和讨论。

1.2.1.3 干扰源

多用户干扰和窄带干扰等干扰源，将会增大式（1-1）中的 σ_{I}^2，从而降低 SINR 和接收信号的可靠性。如表 1-2 所示，短距离无线通信系统通常需要与各种技术共用频段。因此，可能会受到其他无线通信技术的干扰（如工作在免授权频段的 WLAN），同时也会对其他无线通信技术造成干扰。

在存在其他无线设备干扰的环境中，当前有很多改善传输可靠性的技术。如感知无线电，可以感知干扰源并设法避免干扰[14]。依照这样的思路，第 9 章给出了低速系统的频谱感知技术和相关的实验结果。在一些情况下，干扰无法避免，则需要使用干扰消除技术。短距离无线通信系统中的多用户干扰和窄带干扰消除技术将在第 8 章中详细讨论。

1.2.2 MAC 层可靠性

MAC 层通常从数据完整性的角度定义可靠性，从物理层错误接收到的分组将被丢弃。因此，分组丢失率（Packet Drop Rate，PDR）是 MAC 层可靠性的一个重要的指标，至少对于点到点单播传输的 MAC 层设计，致力于减弱由于链路/信道错误而导致的分组丢失。在 MAC 层中，无冲突信道接入和编码与未编码分组重传是改善 PDR 的主要机制。而对于点到多点无线传输（如多播/广播），MAC 层的许多设计并不试图修正分组错误。对于这样的会话，而是采用低速传输以提高以 PER 为指标的传输可靠性。近来，提出了将 MAC 层的删除编码和物理层的速率控制相结合的方法，该方法针对各种多播/广播场景，是一种极具发展前景的技术[52]。与地面和卫星广播业务相比，短距离无线通信中接收机相对较少（信道条件也可能更为相关），因此即使多播/广播业务，反馈技术也可能是更为合理的选择。跨层优化和协作通信也是当前关注的焦点。跨层优化和协作通信需要在 MAC 层和其他层（包括物理层和路由层）之间进行紧密的协调，以提高在多址和多播信道中的可靠性。第 11 章和第 14 章对一些特别重要的内容进行了深入探讨，综述了有意义的研究结果。

在 MAC 层中，一旦考虑了各种短距离无线通信应用需求，如果仍将可靠性局限于数据完整性和/或丢包率就显得非常狭隘。在一些应用中，如多媒体和互动应用，不加选择地要求低丢包率会导致重传而引入较大的附加时延，可能造成接收分组在应用层失效。时延和抖动都直接受 MAC 层决策的影响。即使在信道条件固定时，调度问题也可能非常难以解决。而将容易发生错误的无线信道与这种调度决策结合在一起，则将会加大这一问题的解决难度。在这方面，许多研究工作都致力于在单跳和多跳无线网络中进行跨层优化[51]。第 14 章介绍了一些这方面的技术。网络或设备生存周期是受 MAC 层决策决定的另一个关键的可靠性指标，这在电池供电环境中尤为重要。第 10 章详细地讨论了能量有效的 MAC 层设计的选择和折中。

1.2.3 路由层可靠性

在路由层，可靠性的目标通常是端到端连通和动态网络条件下保持足够高质量的通信路径。节点或链路失效、移动性、无线信道质量的改变、业务需求的变化等都可能导致网络条件发生变化。这些网络动态特性中几乎没有能够成为决定性的特性，路由协议需要根据不同的可靠性定义进行定制。对于一些特定的场景，例如，在移动 Ad-hoc 网络（Mobile Ad-hoc Networks，MANET）的无线网络环境，路由方面的研究主要集中在开发能够工作在高移动性场景的协议。链路的建立和断开都非常快，因为缺少连通性，导致的路由发现和分组的丢失成为可靠性需要研究的主要问题。因此，MANET 场景中的路由协议通常在确定性的覆盖模型下，主要根据路由开销与分组发送之比来加以衡量[54, 55]。

当无线节点是准静态或静态时，其他如由于无线信道条件的不可靠和拥堵、网络稳定性、时延和网络容量等原因导致的丢失，就成为影响路由层可靠性的关键因素，而非连通度。在无线 mesh 网和无线传感器网的环境中，这些不同方面的可靠性必须归结为一个指标。提高路由层可靠性的一些显著的进展包括：新的路由矩阵设计、机会路由、后退压力算法、协作通信、删除编码和网络编码等。上述的许多方法充分利用了广播媒体和物理层与 MAC 层的跨层优化。第 11 章和第 13 章将探讨其中的一些技术。尤其第 11 章将重点研究基于虚拟波束赋形的协作通信技术和无码率编码（Rateless Coding）。本章在一个简单的中继信道模型上，构建了一个网络和协议的结构单元。此外还研究了在较大规模的网络上，如何基于这些结构单元实现路由和资源分配。而第 12 章则关注块衰落信道中的中继选择问题，以提高通信可靠性，对抗信道中断。第 13 章关注功率受限低 SNR 宽带通信场景，深入研究了不同的中继和多跳路由算法的端到端缩放性能界，以及大范围分布式无线网络的架构。分析将多跳通信形式转化为分集的形式。

除了通信以外，在一些更特殊的领域，如某些传感网络应用中，路由有助于保持高质量（分布式）的计算，产生数据压缩机会，和/或形成网络存储。由于路由最终决定了网络中每个中继节点的负载，因此在网络和节点生存时间上也发挥着重要作用。

MAC 层和路由层如何处理各种不同错误源及相应的章节如图 1-2 所示。

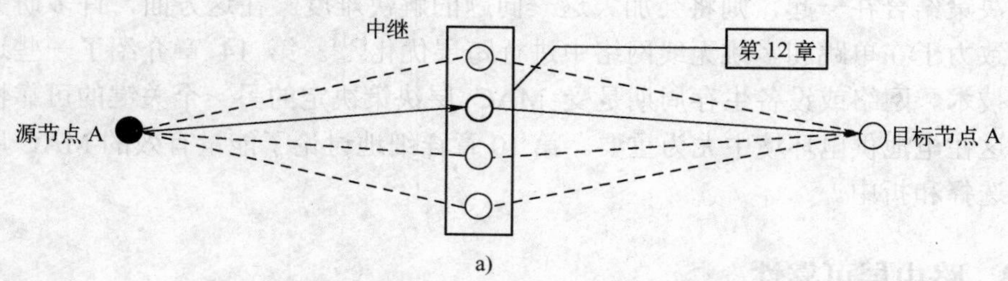

图 1-2 在 MAC 层/路由层实现可靠性的各种技术

a) 中继选择

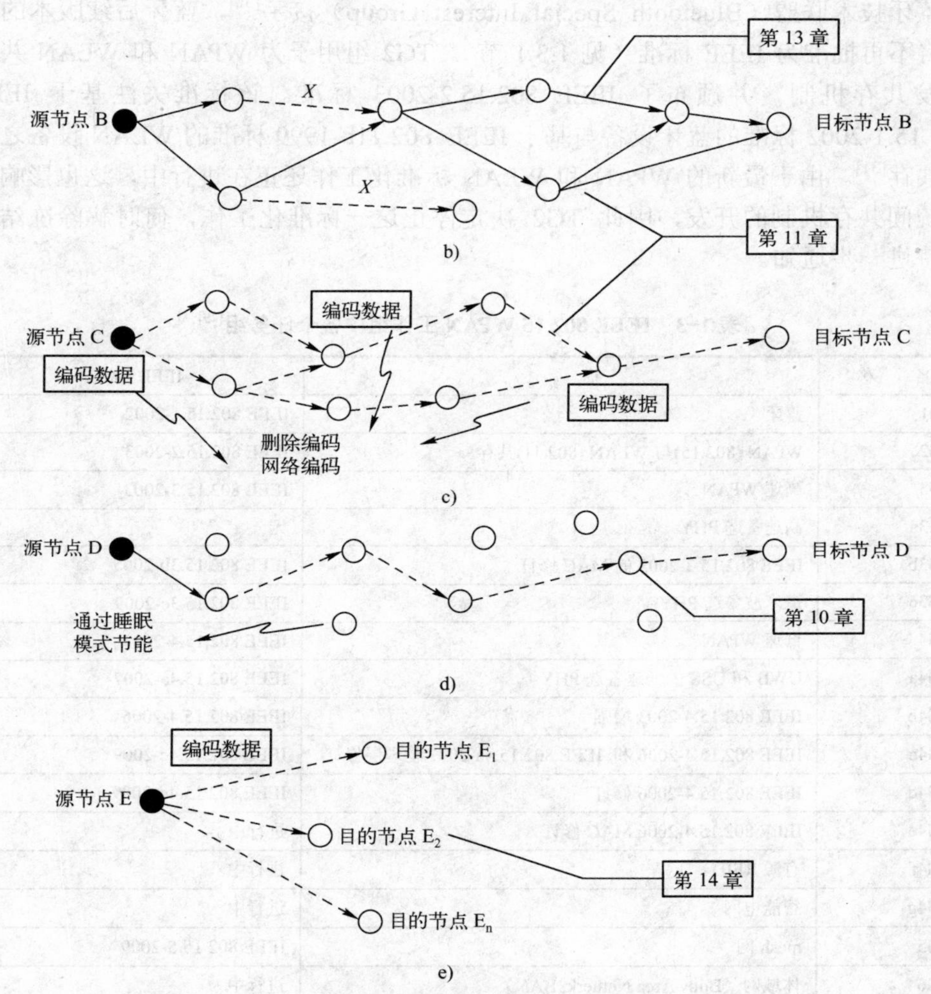

图 1-2 在 MAC 层/路由层实现可靠性的各种技术（续）

b) 协作通信 c) 差错/删除校正码 d) 路由和节能机制 e) 编码机会调度

1.3 相关无线标准概述

标准化工作正在致力于协调不同短距离无线通信系统。IEEE 是当前开展标准化工作的主要实体。IEEE 针对 WPAN 成立了 IEEE 802.15 工作组，为短距离无线通信网络开发一致标准。

表 1-3 列出了 IEEE 802.15 工作组中的各任务组（Task Groups，TG）。TG1 关注蓝牙设备，制定了蓝牙最初版本的标准。然而蓝牙标准化的主要工作目前已

由蓝牙技术联盟（Bluetooth Special Interest Group）接手[30]，蓝牙后续版本的标准将不再批准为 IEEE 标准（见 1.3.1 节）。TG2 组用于为 WPAN 和 WLAN 共存开发共存机制，并颁布了 IEEE 802.15.2-2003 标准。该标准关注基于 IEEE 802.15.1-2002 标准的蓝牙设备与基于 IEEE 802.11b-1999 标准的 WLAN 设备之间的共存[31]。由于最新的 WPAN 和 WLAN 标准化工作还正在进行中，这也影响了系统间共存机制的开发，因此 TG2 决定停止这一标准化工作，何时解除冻结还有待进一步通知。

表 1-3 IEEE 802.15 WPAN 工作组中各个任务组[29]

名 称	描 述	IEEE 标准
TG1	蓝牙	IEEE 802.15.1-2002
TG2	WPAN (802.15)与 WLAN (802.11)共存	IEEE 802.15.2-2003
TG3	高速 WPAN	IEEE 802.15.3-2003
TG3a	高速备选 PHY	无
TG3b	IEEE 802.15.3-2003 的 MAC 修订	IEEE 802.15.3b-2005
TG3c	毫米波备选 PHY	IEEE 802.15.3c-2009
TG4	低速 WPAN	IEEE 802.15.4-2003
TG4a	UWB 和 USS 的低速备选 PHY	IEEE 802.15.4a-2007
TG4b	IEEE 802.15.4-2003 增强	IEEE 802.15.4-2006
TG4c	IEEE 802.15.4-2006 和 IEEE 802.15.4a-2007 物理层修订	IEEE 802.15.4c-2009
TG4d	IEEE 802.15.4-2006 修订	IEEE 802.15.4d-2009
TG4e	IEEE 802.15.4-2006 MAC 修订	进行中
TG4f	有源 RFID	进行中
TG4g	智能电网	进行中
TG5	mesh 网	IEEE 802.15.5-2009
TG6	体域网（Body Area Netuerk, BAN）	进行中
TG7	可见光通信	进行中

TG3 是高速 WPAN 任务组，其目标是高速率（20Mbit/s 以上）、低功率及可便携的消费数字图像与多媒体应用的低成本解决方案[33]。在 TG3 颁布了针对高速 WPAN 的 IEEE 802.15.3-2003 标准之后，新的任务组 TG3b 提供了 IEEE 802.15.3-2003 的修订标准，它将作为毫米波通信技术的另一个物理层备选方案。2.4 节将讨论 TG3c 标准化工作和毫米波技术。TG3a 也曾试图以基于 UWB 的技术作为物理层另一个备选方案。然而 TG3a 无法在两种物理层提案中进行选择，因此不得不在没有提出标准的情况下停止了标准化工作。ECMA 制定了基于 UWB 技术的高速 WPAN 标准[34, 35]，这一内容将在 2.2 节中详细讨论。

TG4 是低速 WPAN 任务组，颁布了 IEEE 802.15.4-2003 标准。这一标准目标是提供低成本、低速率和在无线设备间实现泛在通信。低速 WPAN 和相关标准将在第 6 章加以讨论。TG5、TG6 和 TG7 的标准化工作将在本章的 1.3.2、1.3.3 和 1.3.4 节中分别介绍。

除了上面提到的 IEEE 标准以外，其他标准化组织，如 ECMA 国际[36]和 ISA[37]，也开发了一些短距离无线通信系统标准。同时，市场上还有大量专用系统。1.3.5 节将简要讨论 ISA SP-100 标准，该标准主要针对过程控制和监控，而针对 UWB 和毫米波通信系统的 ECMA 标准也将在第 2 章中详细介绍。

1.3.1　蓝牙

蓝牙是一种用于在短距离交换数据的 WPAN 标准。目前，蓝牙已广泛应用于个人设备，如移动电话和笔记本电脑。蓝牙最初由爱立信（Ericsson）公司于 1994 年开发。在此之后，1998 年 5 家企业成立了蓝牙技术联盟，1999 年发布蓝牙 1.0 规范[30]。接下来的蓝牙 1.1 版和 1.2 版仍是 IEEE 标准，分别命名为 IEEE 802.15.1-2002 标准和 IEEE 802.15.1-2005 标准[38, 39]。蓝牙最初的版本采用高斯频移键控（Gaussian Frequency Shift Keying，GFSK）调制，可提供最高 721kbit/s 的数据速率。

蓝牙的第二个版本，即蓝牙 2.0 版和 2.1 版，提供了增强数据速率（Enhanced Data Rate，EDR）特征，能够达到 2.1Mbit/s 的数据速率。EDR 包头和接入码㊀使用 GFSK 调制，负载则采用 π/4 差分四相相移键控（π/4 Differential Quaternary Phase-shift Keying，π/4 –DQPSK）和八相差分相移键控（Eight-phase Differential Phase-Shift Keying，8-DPSK）调制[40]。负载采用 PSK 调制可以提高数据速率。

蓝牙设备工作在 2.4～2.4835 GHz 的 2.4GHz 免授权 ISM 频段。在这一频段，蓝牙系统使用了 79 个信道，中心频率分别为 2402+k MHz，k=0，1，…，78，每个信道的带宽为 1MHz，工作频率范围为 2.4015～2.4805 GHz。为进行时分双工（time-division duplexing，TDD），每个信道分为若干个时隙。此外还采用跳频扩频对抗无线信道中衰落和干扰等不利影响。跳频将在 79 个或更少的信道上进行，而标准的跳频速率为 1600 跳/秒[39]。此外，如表 1-4 所示，蓝牙标准支持 3 种不同等级，在功率和工作距离之间进行了折中。

表 1-4　蓝牙设备的不同等级

等　级	最大功率/mW	工作距离/m
等级 1	100	100
等级 2	2.5	10
等级 3	1	1

㊀ 接收机通过接入码来识别到来的传输。

蓝牙系统支持点到点及点到多点连接。两个或更多具有相同物理层技术的设备构成一个 Ad-hoc 网络（微微网）。其中一个设备被指定为主节点，而最多 7 个其他设备将作为从节点加入这个微微网。微微网中的所有设备都将同步到共同的参考时钟和跳频图案上，参考时钟和跳频图案将由主节点确定。

2009 年 4 月，蓝牙技术联盟发布了蓝牙 3.0 规范。蓝牙 3.0 规范将之前的蓝牙技术与 802.11 进行了集成。蓝牙 3.0 具有交替 MAC/PHY 特性（Alternate MAC/PHY，AMP），这使得蓝牙设备可以交替使用不同的 MAC/PHY 传输蓝牙数据。通过这样的方法，传输大量数据将比之前的蓝牙版本更快。当然，传统的蓝牙技术将继续在设备发现、初始连接及配置中使用，从而实现整个系统的低功率[42]。

1.3.2 IEEE 802.15.5 （mesh 网）

IEEE 802.15.5 标准定义了 WPAN 物理层和 MAC 层必要的机制，以促进无线 mesh 网络（Wireless Mesh Networking，WMN）的发展[43, 44]。WMN 采用动态自组织和自配置，这意味着网络中的节点可以自动地组成 Ad-hoc 网络，并保持 mesh 连接[45]。如果每个节点都直接连接到其他每一个节点，则 WMN 是一个全连通网络，或称为全 mesh 拓扑。然而在部分 mesh 拓扑中，一些节点连接到其他所有节点，但另一些节点则仅连接那些需要交换大量数据的节点[44]。图 1-3 给出了全 mesh 拓扑和部分 mesh 拓扑。全 mesh 拓扑主要的优点是提高了可靠性和有效性。然而这些优点也需要付出巨大的代价，即需要大量的链路。特别地，对于一个有 N 个节点的全连通网络，需要建立 $N(N-1)/2$ 条链路。

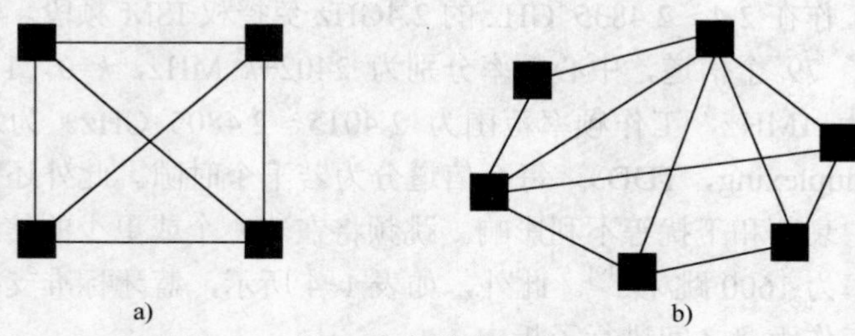

图 1-3 全 mesh 拓扑和部分 mesh 拓扑

a) 全 mesh 拓扑 b) 部分 mesh 拓扑

IEEE 802.15.5 致力于优化 WPAN 的无线 mesh 拓扑，以实现如下特性：

1）在不提高发射功率和接收灵敏度前提下，扩展网络覆盖范围；

2）通过路由冗余增加可靠性；

3）简单的网络配置；

4）延长电池寿命。

稍后将研究与低速和高速 WPAN 的无线 mesh 网络相关的 IEEE 标准。

1.3.2.1　低速 WPAN mesh 网

针对基于 IEEE 802.15.4-2006㊀标准的低速 WPAN，IEEE 802.15.5 标准[43]给出了一个结构框架[46]，实现具有互操作、稳定和可伸缩的无线 mesh 网。最初，IEEE 802.15.4-2006 标准支持星形拓扑和对等网拓扑，如图 1-4 所示。在星形拓扑中，设备连接到一个中心控制器，称之为个域网协调器。然而，在对等网拓扑中，只要它们在彼此工作的范围内，一个设备可以与其他任意一个设备建立连接。尽管对等网拓扑允许在 WPAN 中实现 mesh 网络，然而 IEEE 802.15.4-2006 标准并没有定义如何实现 mesh 网络。

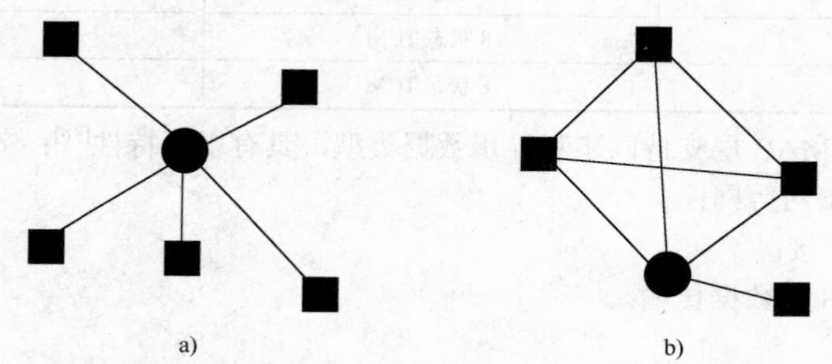

图 1-4　IEEE 802.15.4-2006 标准的网络拓扑，图中，圆表示 PAN 协调器

a) 星形拓扑　b) 对等网拓扑

IEEE 802.15.5 标准描述了在 802.15.4-2006 标准中实现 mesh 网络的方法，并具有如下特征[43]：

1）单播、多播和可靠的广播 mesh 数据转发；

2）mesh 设备的同步和异步节能；

3）路由跟踪功能；

4）终端设备的便携化。

低速 WPAN mesh 网络有很多应用，如自动控制、安全、环境监测、自动抄表等[43,47]。

文献[43]介绍了一个实例，在商业楼宇（如百货商店）里，通过 WPAN mesh 网络，无线电灯开关能够控制整个楼层的电灯，还能够动态地对电灯进行不同的分组，只要简单地按一下开关，就能够实现对电灯组的开和关。

1.3.2.2　高速 WPAN mesh 网

高速 WPAN mesh 网，在基于 IEEE 802.15.3 标准的高速多媒体应用中，实现了网络覆盖范围的扩展、可靠通信和带宽的有效复用[43]。如文献[48]所述，IEEE 802.15.3 协议通过 WPAN 中 2.4GHz 无线传输，实现了数据和多媒体通信设备的可

㊀ 6.2 节将详细研究 IEEE 802.15.4-2006 标准

兼容互联。IEEE 802.15.3 标准的主要目的是采用低功率和低成本系统，满足便携式消费图像和多媒体应用要求。在 IEEE 802.15.3 标准中，采用了不同的调制和编码方式，支持可扩展的数据速率，如表 1-5 所示。

表 1-5　IEEE 802.15.3 中不同调制和编码类型[48]

调 制 方 式	编 码 方 式	数据速率/Mbit/s
QPSK	8 状态 TCM	11
DQPSK	无	22
16-QAM	8 状态 TCM	33
32-QAM	8 状态 TCM	44
64-QAM	8 状态 TCM	55

标准中的 MAC 层支持同步和异步数据类型，具有以下特性[48]：

1）Ad-hoc 对等网；

2）快速连接；

3）有 QoS 的数据传输；

4）安全。

为了修订和增强 IEEE 802.15.3 标准，2005 年颁布了 IEEE 802.15.3b 修订标准[49]。IEEE 802.15.3b 的目标是修订 MAC 子层，主要方法是引入 MAC 层管理实体（MAC Layer Management Entity，MLME）业务接入点的新定义，允许轮询和更有效地使用信道时间的新的确认政策。

一些 IEEE 802.15.3 设备组成一个微微网，通过无线 Ad-hoc 网络使得这些独立的设备能够彼此通信。微微网中的一个设备作为微微网协调器（Piconet Coordinator，PNC），通过向其他设备发送信标信号提供定时信息（如图 1-5 所示）。此外，PNC 还负责节能模式和 QoS 需求的管理，并控制设备接入微微网[48]。

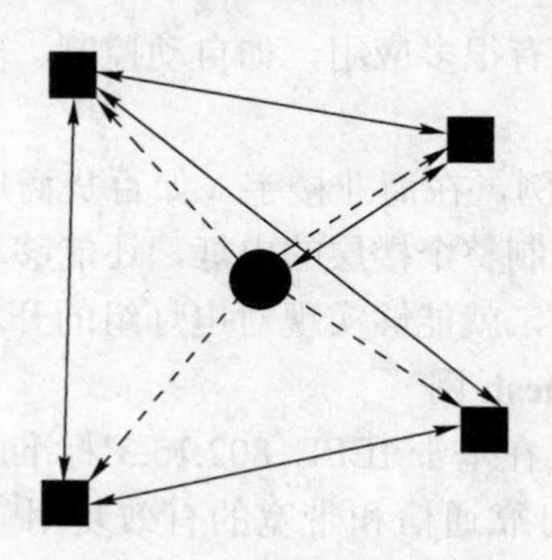

图 1-5　微微网示意图，图中圆表示 PNC，虚线表示从 PNC 发送的信标，而实线表示数据传输

IEEE 802.15.5 的主要目标是建立一个架构，使得 IEEE 802.15.3 微微网中的

PNC 形成 mesh 网。采用这种方法可以实现如 1.3.2 节开头所列举 mesh 网的各种优点。这将有利于各种应用的实现，如多媒体家庭网络覆盖范围的扩展，提高计算机与外围设备之间互联容量[47]。图 1-6 给出了一个应用示例，即在家庭的多个房间实现多媒体网络。

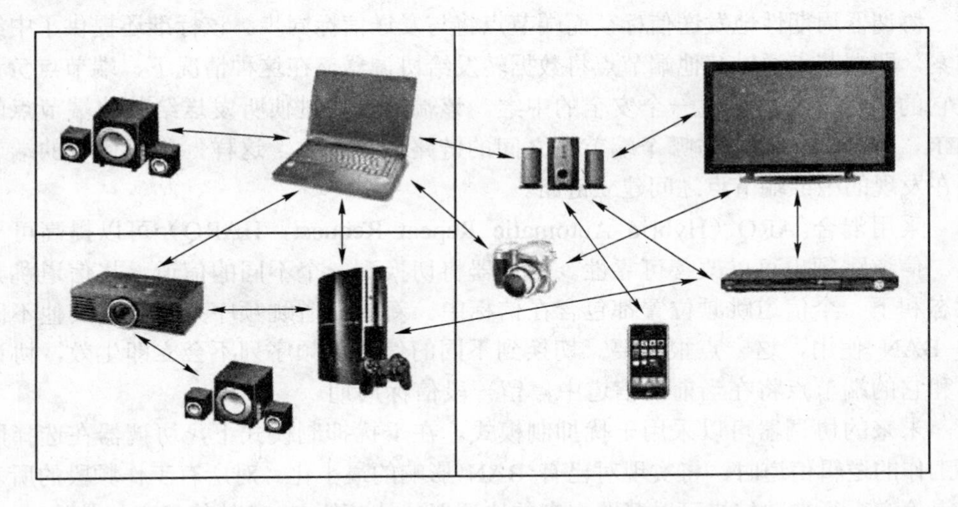

图 1-6　高速 WPAN mesh 网在多媒体家庭网络中的应用

1.3.3　IEEE 802.15 TG6（体域网）

IEEE 802.15 这一进行中的标准正在为低功率设备开发可靠的通信技术，使之能够工作在人体内或周边。目标应用包括消费电子、医疗植入和便携式电子产品、个人娱乐。那些特别得益于该标准的应用包括：脑电图（Electroencephalogram，EEG）、心电图（Electrocardiogram，ECG）、肌电图（Electromyography，EMG）的无线监测，以及重要信号监测。在定制这些技术解决方案时，必须考虑如吸收辐射率（Specific Absorption Rate，SAR）等监管问题。

IEEE 802.15.6 标准支持的频段包括：402～405MHz、420～450MHz、863～870MHz、902～928MHz、950～956MHz、2360～2400MHz 和 2400～2483.5MHz 等。以上频段可以提供的信息数据速率如下：

1）402～405 MHz: {57.5, 75.9, 151.8, 303.6, 455.4} kbit/s

2）420～450 MHz: {57.5, 75.9, 151.8, 187.5} kbit/s

3）863～870 MHz: {76.6, 101.2, 202.4, 404.8, 607.1} kbit/s

4）902～928 MHz: {91.9, 121.4, 242.9, 485.7, 728.6} kbit/s

5）950～956 MHz: {76.6, 101.2, 202.4, 404.8, 607.1} kbit/s

6）2360～2400 MHz: {91.9, 121.4, 242.9, 485.7, 971.4} kbit/s

7）2400～2483.5 MHz: {91.9, 121.4, 242.9, 485.7, 971.4} kbit/s

提高体域网（Body Area Networks，BAN）通信可靠性的技术方案包括中继、混合 ARQ、信道跳频和干扰抑制。

BAN 支持星形网络。在星形网络中，数据帧直接在协调器和终端节点之间传送。协调器周期性地发送信标，而端节点将与发送信标同步。该标准还提供了中继方案，即端节点通过其他端节点将数据转发给协调器。在这种情况下，端节点负责在它的工作范围内发现一个安全的中继。该端节点通过侦听发送给其他端节点的 ACK，以确定协调器与哪个端节点之间的链路最为可靠。这样，进行侦听的端节点在发现的中继端节点之间建立链路。

采用混合 ARQ（Hybrid Automatic Repeat Request，HARQ）可以提高可靠性。信道跳频也可以改善可靠性。协调器将切换到一个不同的信道，将信道跳频状态和下一个信道跳频位置都包含在信标中。新的信道跳频序列不能被其他不同的 BAN 使用，这一点很重要。切换到不同的信道跳频序列不会立即生效，协调器和它的端节点将在当前的信道中停留一段信标周期。

未来的协调器可以采用干扰抑制模式。在干扰抑制模式下，协调器在选择网络工作的逻辑信道时，将实现对已有 BAN 影响的最小化。对所有工作频段的所有逻辑信道进行被动扫描可以帮助未来的协调器估计其他 BAN 的信息，如其他 BAN 的设备数量、业务量及设备的数据速率等。在被动扫描结束后，未来的协调器将选择使用的频段和逻辑信道。

1.3.4 IEEE 802.15 TG7（可见光通信）

IEEE 802.15.7 标准定义了短距离光通信的物理层和 MAC 层，可见光通信（Visible Light Communication，VLC）在光透明介质中采用可见光进行通信。可见光频谱的范围为波长 380～780nm。该标准要求传输速率足够支持音频和视频多媒体业务。由于 VLC 系统需要与外部照明及其他光技术共存，因此需要研究包括可见链路的移动性、与可见光基础设施的兼容性，以及由于非预期光源（如环境光）的噪声和干扰在内的课题。另外 VLC 标准还必须遵守适用眼安全法规。

VLC 设备可以分为基础设施、移动和车载设备等几类。标准支持单向和双向数据传输，采用点到点或点到多点连接方式。支持的拓扑结构包括：对等网、星形和广播（如图 1-7 所示）。

VLC 的目标 PER 为 8%。根据传输距离选择分组大小。对于低数据速率应用，分组大小为 256B；对于高数据速率应用，分组大小为 1024B。VLC 通过对光源（如 LED）强度进行调制实现数据传输[50]。一些关键特性包括：

1）星形或对等网。

2）保证时隙（可选）。

3）具有冲突避免的随机接入。

4）传输确认。

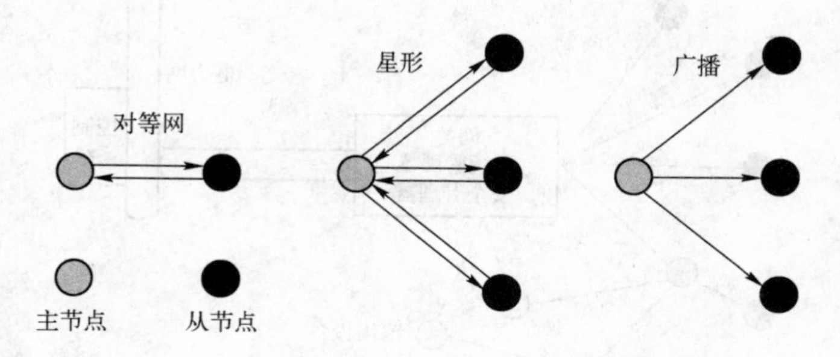

图 1-7　IEEE 802.15.7 VLC 网络支持的 3 种网络拓扑（对等网、星形和广播）示意图

物理层支持 3 种模式：

1）Type- I：针对几十米传输距离和低数据速率（几十 kbit/s）的应用。

采用启闭键控（ON/OFF Keying，OOK）调制方式和可变脉位调制（Variable Pulse Position Modulation, VPM）。

2）Type- II：针对几十米传输距离和几十兆 bit/s 的中等数据速率应用。

支持色移键控（Color Shift Keying，CSK）调制及 OOK 和 VPM 调制。

3）Type CSK：针对使用多光源和多检测器的 CSK 调制的应用。

该标准支持信道跳频以避免相邻蜂窝或相邻协调器的干扰。例如两个协调器可以采用下面的跳变图案以避免相互之间的干扰：{R, B, G, G, G, R, G, B, R}和{G, G, R, B, R, G, B, R, G}。式中，R、G 和 B 分别表示红色、绿色和蓝色。

IEEE 802.15.7-2011 标准于 2011 年 9 月发布。

1.3.5　ISA SP100.11a（过程控制与监测）

SP100.11a 的目标应用是周期性监测和过程控制，在这些应用中可容忍的时延少于 100ms。该标准支持简单的星形拓扑（针对便携和 I/O 设备）、mesh 拓扑（针对路由设备），以及两种拓扑的组合，如图 1-8 所示。未来计划采用路径分集以改善可靠性。

SP100.11a 使用 IEEE 802.15.4-2006 标准中的 2.4GHz 选项作为默认的物理层标准。支持最少 15 个信道。物理层原始数据速率为 250kbit/s/信道。与 802.15.4 的 MAC 不同，基于载波侦听多址接入（Carrier Sense Multiple Access，CSMA）的媒体接入控制是可选的，这是由于 CSMA 的随机退避，会造成分组传输延迟。作为替代，超帧结构被分为时隙，与 IEEE 802.15.4e 中的时隙信道跳频（Time Slotted Channel Hopping，TSCH）配置相似。按照预先设定好的跳频图案，每个时隙分配给在特定的源和目标对之间进行通信。信道跳频也可以基于超帧，这被称为慢跳频。该标准也支持时隙跳频和慢跳频的组合（如图 1-9 所示）。

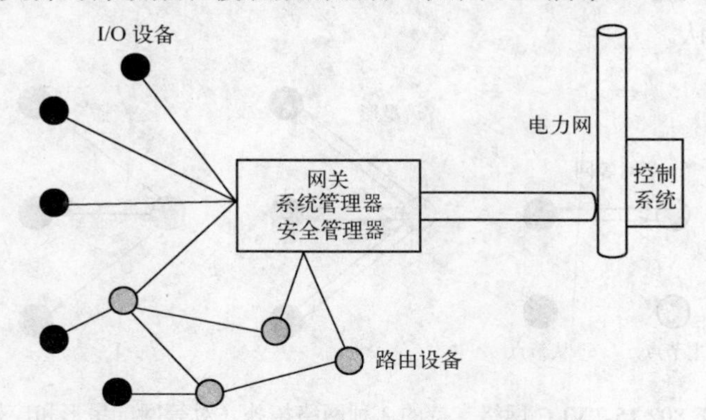

图 1-8 用于 I/O 设备和路由器连接的 SP100.11a 网络拓扑示意图

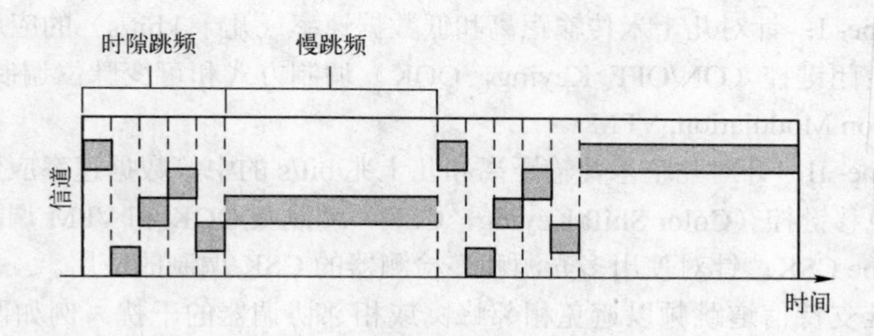

图 1-9 SP100.11a 中的混合信道跳频示意图，其中一些时隙使用时隙跳频，之后紧接着一个慢跳频周期

ISA SP100.11a 的标准化工作已于 2009 年结束，成为了 ISA100 标准系列的第一个工业无线网络标准。这个无线 mesh 网络标准协议有助于电力公司构建具有互操作性的无线自动控制产品。

参考文献

[1] R. Kraemer and M. D. Katz, *Short-Range Wireless Communications: Emerging Technologies and Applications*, 1st ed. West Sussex, United Kingdom: John Wiley & Sons, 2009.

[2] F. F. Dai, Y. Shi, J. Yan, and X. Hu, “MIMO RFIC transceiver designs for WLAN applications,” in *Proc. IEEE International Conference on ASIC*, Oct. 2007, pp. 348–351.

[3] C. C. Lin, S. S. Hsu, C. Y. Hsu, and H. R. Chuang, “A 60-GHz millimeter-wave CMOS RFICon-chip triangular monopole antenna for WPAN applications,” in *Proc. IEEE Antennas and Propag. Soc. Int. Symp.*, June 2007, pp. 2522–2525.

[4] P. J. Guo and H. R. Chuang, "A 60-GHz millimeter-wave CMOS RFIC-on-chip meander-line planar inverted-F antenna for WPAN applications," in *Proc. IEEE Antennas and Propag. Soc. Int. Symp.*, July 2008, pp. 1–4.

[5] A. Harney and C. O. Mahony, "Wireless short-range devices: Designing global license-free system for frequencies < 1 GHz," *Analog Dialogue Mag.*, vol. 40, no. 3, pp. 18–22, Mar. 2006.

[6] ECMA International, "High rate ultra wideband PHY and MAC," ECMA-368 Standard, Dec. 2008. [Online]. Available: http://www.ecma-international.org/publications/files/ECMA-ST/ECMA-368.pdf

[7] ——, "High rate 60 GHz PHY, MAC, and HDMI PAL," ECMA-387 Standard, Dec.2008. [Online]. Available: http://www.ecma-international.org/publications/files/ECMA-ST/ECMA-387.pdf

[8] H. G. Myung, J. Lim, and D. J. Goodman, "Single carrier FDMA for uplink wireless transmission," *IEEE Veh. Technol. Mag.*, vol. 1, no. 3, pp. 30–38, Sep. 2006.

[9] G. Fettweis, E. Zimmermann, V. Jungnickel, and E. Jorswieck, "Challenges in future short range wireless systems," *IEEE Veh. Technol. Mag.*, vol. 1, no. 2, pp. 24–31, June 2006.

[10] W. P. Siriwongpairat, W. Su, M. Olfat, and K. J. R. Liu, "Multiband-OFDM MIMO coding framework for UWB communication systems," *IEEE Trans. Sig. Processing*, vol. 54, no. 1, pp. 214–224, Jan. 2006.

[11] H.Yang, P. F. M. Smulders, and M. H. A. J. Herben, "Channel characteristics and transmission performance for various channel configurations at 60 GHz," *EURASIP J. Wireless Commun. Networking*, pp. 1–15, Jan. 2007, article ID: 19613.

[12] A. M. Kuzminsky and H. R. Karimi, "Multiple-antenna interference cancellation for WLAN with MAC interference avoidance in open access networks," *EURASIP J. Wireless Commun. Networking*, pp. 1–11, Sep. 2007, article ID: 51358.

[13] B. W. Koo, M. S. Baek, Y. H. You, and H. K. Song, "High-speed MB-OFDM system with multiple antennas for multimedia communication and home network," *IEEE Trans. Consumer Electronics*, vol. 52, no. 3, pp. 844–849, Aug. 2006.

[14] S. M. Mishra, R. W. Brodersen, S. T. Brink, and R. Mahadevappa, "Detect and avoid: An ultrawideband/WiMAX coexistence mechanism," *IEEE Commun. Mag.*, vol. 45, no. 6, pp. 68–75, June 2007.

[15] H. Zhang, X. Zhou, K. Y. Yazdandoost, and I. Chlamtac, "Multiple signal waveforms adaptation in cognitive ultrawideband radio evolution," *IEEE J. Select. Areas in Commun.*, vol. 24, no. 4, pp. 878–884, Apr. 2006.

[16] O. Bakr, M. Johnson, R. Mudumbai, and K. Ramchandran, "Multi-antenna interference cancellation techniques for cognitive radio applications," in *Proc. IEEE Wireless Commun. Networking Conf. (WCNC)*, Budapest, Hungary, Apr. 2009, pp. 1–6.

[17] J. Misic and V. B. Misic, "Performance of cooperative sensing at the MAC level: Error

minimization through differential sensing," *IEEE Trans. Veh. Technol.*, vol. 58, no. 5, pp. 2457–2470, June 2009.

[18] A. Bensky, *Short-Range Wireless Communication: Fundamentals of RF System Design and Application*, 2nd ed. Elsevier, 2003.

[19] F. H. P. Fitzek and M. D. Katz, *Short-Range Wireless Communications – Emerging Technologies and Applications*, 1st ed. West Sussex, UK: John Wiley, 2009, ch. 2, pp. 16–23.

[20] R. Kraemer and M.D. Katz, *Short-Range Wireless Communications – Emerging Technologies and Applications*, 1st ed. West Sussex, UK: John Wiley, 2009, ch. 1, p. 5.

[21] B. Allen, T. Brown, K. Schwieger, E. Zimmermann, W. Malik, D. Edwards, L. Ouvry, and I. Oppermann, "Ultra wideband: Applications, technology and future perspectives," in *Proc. Int. Workshop on Convergent Technol. (IWCT)*, Oulu, Finland, June 2005.

[22] H. Singh, S. K. Yong, J. Oh, and C. Ngo, "Principles of IEEE 802.15.3c: Multi-gigabit millimeter-wave wireless PAN," in *Proc. IEEE Int. Conf. Computer Commun. Networks (ICCCN)*, San Francisco, CA, Aug. 2009, pp. 1–6.

[23] S. K. Yong and C. C. Chong, "An overview of multigigabit wireless through millimeter wave technology: Potentials and technical challenges," *EURASIP J.Wireless Commun. Networking*, pp. 1–10, Jan. 2007, article ID: 78907.

[24] C. D. Encyclopedia, "ISM band," The Computer Language Company Inc., Jul. 2009. [Online]. Available: http://encyclopedia2.thefreedictionary.com/ISM+band

[25] FCC, "Part 15 – radio frequency devices," ch. I, Title 47 of the Code of Federal Regulations (CFR). [Online]. Available: http://www.access.gpo.gov/nara/cfr/waisidx 05/47cfr15 05.html

[26] D. Tse and P. Viswanath, *Fundamentals of Wireless Communication*. Cambridge, UK: Cambridge University Press, 2005.

[27] J. G. Andrews, A. Ghosh, and R. Muhamed, *Fundamentals of WiMAX*, 1st ed. Upper Saddle River, NJ: Prentice Hall, 2007.

[28] L. Zheng and D. N. C. Tse, "Diversity and multiplexing: A fundamental tradeoff in multiple-antenna channels," *IEEE Trans. Inf. Theory*, vol. 49, no. 5, pp. 1073–1096, May 2003.

[29] "IEEE 802.15 Working Group for WPAN." [Online]. Available: http://www.ieee802.org/15

[30] "Bluetooth SIG." [Online]. Available: http://www.bluetooth.org

[31] IEEE standard for information technology, telecommunications and information exchange between systems, "Local and metropolitan area networks specific requirements, Part 15.2: Coexistence of wireless personal area networks with other wireless devices operating in unlicensed frequency bands," Aug. 2003. [Online]. Available: http://standards.ieee.org/getieee802/download/802.15.2-2003.pdf

[32] "IEEE 802.15 WPAN Task Group 2 (TG2)." [Online]. Available: http://www.ieee802.org/15/

pub/TG2.html

[33] "IEEE 802.15 WPAN Task Group 3 (TG3)." [Online]. Available: http://www.ieee802.org/15/pub/TG3.html

[34] ECMA-368, "High rate ultra wideband PHY and MAC standard, 1st edition," Dec.2005. [Online]. Available: http://www.ecma-international.org/publications/files/ECMA-ST/ECMA-368.pdf

[35] ECMA-369, "MAC-PHY interface for ECMA-368, 1st edition," Dec. 2005. [Online]. Available: http://www.ecma-international.org/publications/files/ECMA-ST/ECMA-369.pdf

[36] "Ecma International." [Online]. Available: http://www.ecma-international.org

[37] "The International Society of Automation." [Online]. Available: http://www.isa.org

[38] Institute of Electrical and Electronics Engineers, "IEEE Std 802.15.1-2001, wireless medium access control (MAC) and physical layer (PHY) specifications for wireless personal area networks (WPANs)," June 2002. [Online]. Available: http://standards.ieee.org/getieee802/download/802.15.1-2002.pdf

[39] ——, "IEEE Std 802.15.1-2005, wireless medium access control (MAC) and physical layer (PHY) specifications for wireless personal area networks (WPANs)," June 2005. [Online]. Available: http://standards.ieee.org/getieee802/download/802.15.1-2005.pdf

[40] D. McCall, "Taking a walk inside Bluetooth EDR," *Wireless Net DesignLine*, Dec. 2004.

[41] Agilent Technologies, "Bluetooth enhanced data rate (EDR): The wireless evolution," Application Note, May 2006.

[42] "Bluetooth Specification Version 3.0 + HS," Apr. 2009. [Online]. Available: http:// www.bluetooth.com/Bluetooth/Technology/Building/Specifications

[43] Institute of Electrical and Electronics Engineers, "IEEE Std 802.15.5-2009, mesh topology capability in wireless personal area networks (WPANs)," May 2009.

[44] "IEEE 802.15 WPAN task group 5 (TG5) mesh networking." [Online]. Available: http://www.ieee802.org/15/pub/TG5.html

[45] I. F. Akyildiz and X. Wang, "A survey on wireless mesh networks," *IEEE Commun. Mag.*, vol. 43, no. 9, pp. S23–S30, Sep. 2005.

[46] IEEE standard for information technology, telecommunications and information exchange between systems, "Local and metropolitan area networks specific requirements, Part 15.4: Wireless medium access control (MAC) and physical layer (PHY) specifications for low-rate wireless personal area networks (LR-WPANs)," Sep. 2006. [Online]. Available: http://standards.ieee.org/getieee802/download/802.15.4-2006.pdf

[47] M. Lee, "IEEE 802.15.5 WPAN mesh tutorial, IEEE P802.15 working group for wireless personal area networks," Nov. 2006. [Online]. Available: http://grouper.ieee.org/groups/802/802 tutorials/06-November/15-06-0464-00-0005-802-15-5-mesh-tutorial.pdf

[48] IEEE standard for information technology, telecommunications and information exchange between systems, "Local and metropolitan area networks specific requirements, Part 15.3: Wireless medium access control (MAC) and physical layer (PHY) specifications for high-rate wireless personal area networks (WPANs)," Sep. 2003. [Online]. Available:http://standards.ieee.org/getieee802/download/802.15.3-2003.pdf

[49] ——, "Local and metropolitan area networks specific requirements, Part 15.3: Wireless medium access control (MAC) and physical layer (PHY) specifications for high-rate wireless personal area networks (WPANs: Amendment 1: MAC sublayer)," May 2006. [Online]. Available: http://standards.ieee.org/getieee802/download/802.15.3b-2005.pdf

[50] ——, "Local and metropolitan area networks specific requirements, Part 15.7: Wireless medium access control (MAC) and physical layer (PHY) specifications for Visible Light wireless personal area networks (WPANs: Amendment 1: MAC sublayer)," May 2010. [Online]. Available: http://standards.ieee.org/getieee802/download/d1P802-15-7-Draft-Standard.pdf

[51] U. C. Kozat, I. Koutsopoulos, and L. Tassiulas, "Cross-layer design for power efficiency and QoS provisioning in multihop wireless networks," *IEEE Trans. onWireless Commun.*, vol. 5, no. 11, pp. 3306–3315, 2006.

[52] U. C. Kozat, "On the throughput capacity of opportunistic multicasting with erasure codes," in *Proc. IEEE 27th Int. Conf. Computer Commun. (IEEE Infocom 2008)*, Phoenix, AZ, 2008.

[53] J. Chang and L. Tassiulas, "Maximum lifetime routing in wireless sensor networks," in *IEEE/ACM Trans. Networking*, vol. 12, no. 4, pp. 609–619, 2004.

[54] S. R. Das, C. E. Perkins, E. M. Royer and M K. Marina, "Performance comparison of two on-demand routing protocols for ad hoc networks," *IEEE Personal Commun. Mag. Special issue on Ad hoc Networking*, Feb. 2001, pp. 16–28.

[55] J. Broch, D. A. Maltz, D. B. Johnson, Y. Hu, and J. Jetcheva, "A performance comparison of multihop wireless ad hoc network routing protocols," in *Proc. 4th Annual ACM/IEEE Int. Conf. Mobile Computing and Networking (MobiCom'98)*, Dallas, Texas, October 25–30, 1998.

[56] C. E.Koksal and Hari Balakrishnan, "Quality-aware routing metrics for time-varying wireless mesh networks," in *IEEE J. Selected Areas in Commun.*, vol. 24, pp. 1984–1994, 2006.

第一部分 高 速 系 统

第 2 章 高速 UWB 和 60GHz 通信

本章讨论用于无线个域网（Wireless Personal Area Networks，WPAN）高速通信系统中的两种技术，它们分别是：工作在 3.1～10.6GHz 频段的超宽带（Ultrawideband，UWB）技术，和在世界上大多数地区使用 57～64GHz 频段的毫米波（Millimeter Wave，MMW）技术（也称为 60GHz 无线电）。本章首先进行综述，讨论了不同的应用场景，然后研究高速 UWB 系统的 ECMA 标准，最后介绍 60GHz MMW 无线通信的两种标准。

2.1 综述和应用场景

要实现低功耗、高速的无线通信系统，必然需要采用宽带信号。高速通信系统的一种设计方法是使用 UWB 信号作为底层技术，工作在 3.1～10.6GHz 的全部或部分频谱[1–3]。根据美国联邦通信委员会（Federal Communications Commission，FCC）的定义：UWB 信号的绝对带宽至少应为 500MHz 或者相对带宽超过 20%[3, 4]。

为了不对同一频段上的其他无线通信系统，如 IEEE 802.11a 无线局域网，造成不利影响，监管机构（如美国的 FCC[3]和欧洲的 ECC[5]），规定了 UWB 设备发射功率的上限。例如，FCC 要求在 3.1～10.6GHz 频段上，UWB 的平均功率谱密度不得超过−41.3dBm/MHz，而在这一带宽之外则要更低，具体情况依应用而定[3]。图 2-1 给出了 FCC 对室内 UWB 无线通信系统发射功率的限定。

由于受到上述限制，高速 UWB 系统只能用于短距离应用。一些典型应用列举如下[6, 7]。

1．外围设备的无线连接

UWB 系统可以提供大约数百 Mbit/s 的速率，可以用于 PC 与外围设备，如打印机、外部存储设备、扫描仪之间的高速无线连接。就这点而言，无线 USB 是高速 UWB 系统的一项杀手级应用[8]。

2．无线多媒体连接

UWB 系统可以为音频和视频电子设备提供连接，例如数码相机、摄录像机、

MP3 播放器、DVD 等。然而目前 UWB 系统只能提供 480Mbit/s 的速率，尚不能满足高清视频数据流传输的要求。

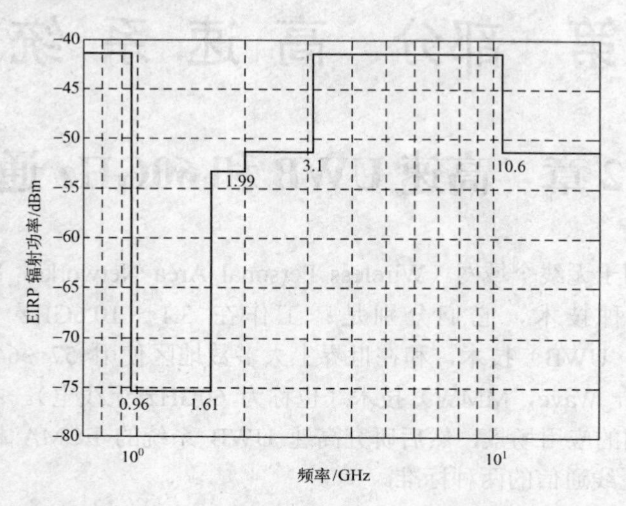

图 2-1 FCC 对室内 UWB 系统发射功率限制。EIRP 为等效全向辐射功率，表示天线发射功率与在给定方向上该天线相对于全向天线增益的乘积[2]

3．定位服务

得益于大带宽，UWB 信号可用于获得准确的位置信息[2]。因此，UWB 系统可以提供定位服务。

4．无线 Ad-hoc 连接

UWB 设备可以组成 Ad-hoc 网络，实现不同电子设备间的数据传输。如一个数码相机可以直接连接到打印机上打印照片[7]。

无线 USB 将 USB 扩展到了无线，将有线技术的速度和安全，与无线技术的便捷融为一体，是 UWB 的重要应用之一[8]。无线 USB 采用多带正交频分复用（Multiband Orthogonal Frequency Division Multiplexing，MB-OFDM）UWB 无线电平台，这点将在 2.2 节中讨论。无线 USB 在通信距离为 3m 时，能提供 480Mbit/s 的速率，10m 时能提供 110Mbit/s 的速率。最近，有大量无线 USB 产品投放市场，如图 2-2 所示。

高速短距离无线通信系统的另一种设计方法是采用 MMW 频段，尤其是 60GHz 频段[9–13,19–28]。世界上大多数地区，将 57～64GHz 频段分配给 MMW 通信[10–12]。MMW 通信系统可以在 10m 范围内提供几 Gbit/s 的速率[9]。

由于 MMW 频段的信号衰减较大，60GHz 无线电需要比其他 WPAN 系统大得多的发射功率。但另一方面，高衰减也有利于减少干扰和实现频谱的有效复用。因此，网络可以实现非常高的吞吐量[11]。采用 60GHz 无线电的另一个好处则与

MMW 频段紧凑的器件尺寸有关。例如，在用户端较易使用多天线[11]。文献[13]中详细说明了 60GHz 无线电相对于 UWB 通信系统的 4 个优点：

图 2-2　商业化无线 USB 产品

1）与 60GHz 无线电相比，UWB 系统工作频段的国际协调非常困难。

2）UWB 系统可能受到频带内其他设备的干扰，例如使用 2.4～5GHz 免授权频段的 WLAN，而 60GHz 无线电则基本不受这些干扰源的影响。

3）UWB 系统可以提供最高 480Mbit/s 的数据传输速率，而 60GHz 设备可以提供约几 Gbit/s 的数据传输速率。

4）由于路径损耗主要取决于中心频率，在 UWB 信号频谱（频谱可能从 3.1～10.6GHz）上接收信号强度可能会发生非常大的变化，而在 60GHz 无线电频谱范围内路径损耗的动态变化则非常小。

由于分配给 MMW 通信系统高达 7GHz 的带宽，相继出现多种高速数据传输应用。文献[12]中列举的主要应用领域如下：

- 高清视频数据流
- 文件传输
- 无线千兆以太网
- 无线扩展口和桌面点对多点连接
- 无线回程
- 无线 Ad-hoc 网络

无线高清视频流传输是 MMW 通信系统最引人注目的应用之一。目前，根据分辨率和帧率不同，高清电视的数据传输速率从几百 Mbit/s 到几 Gbit/s 不等。例如，分辨率 1920×1080，帧率 60Hz 的高清电视，无线传输速率约为 3Gbit/s（假定为 RGB 视频格式 8bit/频道/像素[11]）。因此在高清数据传输中，数千兆 bit/s 的无线通信容量是必需的。

传输高清视频/音频数据至高清电视，可以通过多种设备，例如笔记本电脑、个人掌上电脑或者便携式媒体播放器[12]（如图 2-3 所示）。在这种应用场景下，典型的通信距离为 3～10m，视距（Line-Of-Sight，LOS）和非视距（Non-Line-Of-Sight，NLOS）连接都可能出现。再举一个例子，高清数据流也可以从笔记本电脑传输至投影仪，如图 2-3 所示[12]。

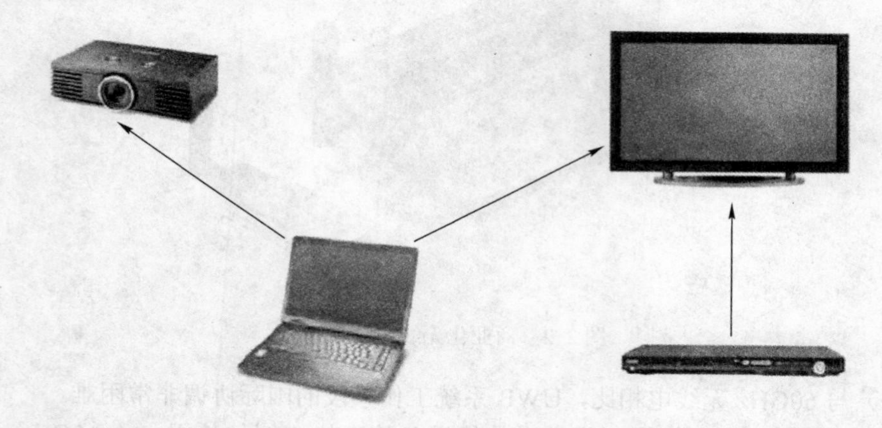

图 2-3 从 DVD 播放机到高清电视，从笔记本电脑到投影仪的高清视频/音频无线传输

在不同设备间通过无线方式传送大文件，是 60GHz 无线电的另一项重要应用[11,12]。例如，在办公室或住宅环境，在计算机及其外围设备，如打印机、摄录机、数码相机之间可以无线传输文件。此外，利用 MMW 通信系统还可实现在小商亭里销售视频/音频产品[12]。

2.2 ECMA-368——高速 UWB 标准㊀

高速 UWB 系统的主要标准是 ECMA-368 标准和 ECMA-369 标准。

ECMA-368 是高速 UWB 的物理层和 MAC 层标准，而 ECMA-369 则是与 ECMA-368 标准配合的 MAC-PHY 接口标准[14, 15]㊁。特别是这些 EMCA 标准为高速短距离 WPAN 确定了技术基础，使用 3.1～10.6GHz 的全部或部分频谱，实现了高达 480Mbit/s 的数据传输速率[2]。

在 ECMA-368 高速 UWB 标准中，3.1～10.6GHz 的频带被分为 14 个子频带，相邻子频带中心频率之差为 528MHz。按照定义，第 n 个子频带的中心频率（单位：GHz）可以表示为

$$f_c^{(n)} = 2.904 + 0.528n \tag{2-1}$$

式中，n=1，…，14。此外，这 14 个子频带被分为 5 个频带组，如表 2-1 所示。

㊀ 本节选自文献[2]中的 2.3.1 节。

㊁ ECMA 国际是致力于信息和通信技术及消费电子标准化的工业协会(www.ecma-international.org)。

一定时间内的发射信号只能占用 14 个子频带中的一个，用时频码（Time-frequency Codes，TFC）来确定信号使用的子频带。例如，图 2-4 描述了 6 个连续符号的时频图，它们的 TFC 分别为{1, 2, 3, 1, 2, 3}。换句话说，第 1 个、第 2 个、第 3 个符号分别在 1 号、2 号、3 号子频带传输，接下来的 3 个符号将重复这一顺序。

表 2-1　ECMA-368 标准的频带分配

频　带　号	中心频率/GHz	频　带　组
1	3.432	1
2	3.960	1
3	4.488	1
4	5.016	2
5	5.544	2
6	6.072	2
7	6.600	3
8	7.128	3
9	7.656	3
10	8.184	4
11	8.712	4
12	9.240	4
13	9.768	5
14	10.296	5

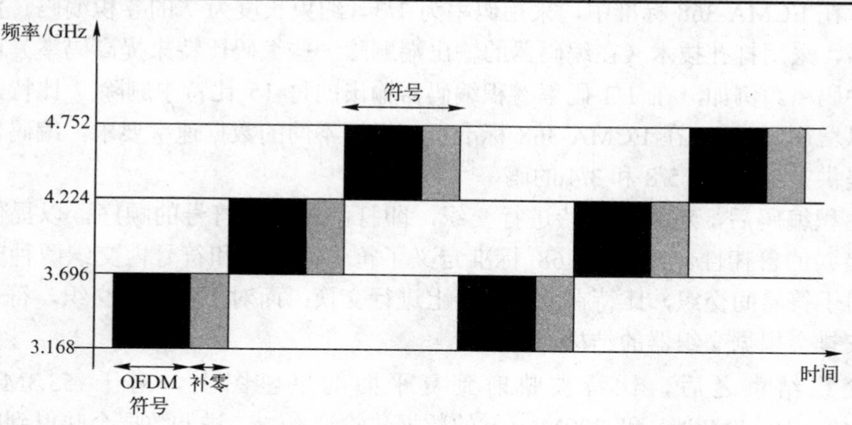

图 2-4　采用{1,2,3,1,2,3}TFC 方案的系统前 3 个子频带的时频图[2]

ECMA-368 标准为第 1 个频带组定义了 7 种 TFC 方案，如表 2-2 所示。同样，2 号、3 号、4 号频带组也定义了 7 种 TFC 方案。然而，对于 5 号频带组，只定义了{13, 13, 13, 13, 13, 13}和{14, 14, 14, 14, 14, 14}两种方案。按照这种方式，

ECMA-368 标准总共定义了 30 个信道。当一个 TFC 包含至少两个不同的频带号时，将进行时频交织，即数据交织后在不同的子频带上进行传输。否则，数据只能在一个子频带中进行传送，这被称为固定频率交织（Fixed-frequency Interleaving，FFI）[2]。

表 2-2 频带组 1 的 7 种 TFC 方案[2]

TFC-1	1	2	3	1	2	3
TFC-2	1	3	2	1	3	2
TFC-3	1	1	2	2	3	3
TFC-4	1	1	3	3	2	2
TFC-5	1	1	1	1	1	1
TFC-6	2	2	2	2	2	2
TFC-7	3	3	3	3	3	3

2.2.1 发射机结构

ECMA-368 采用基于 MB-OFDM 的物理层标准。根据 2.1 节对 TFC 的描述，在 14 个子频带中的某个或某些上进行 OFDM 信号的传输。根据 ECMA-368 标准，通用的 MB-OFDM 发射机结构如图 2-5 所示。首先对信息比特加扰，然后进行卷积编码。在卷积编码器中，输入的比特流通过一个线性有限状态机进行编码，状态数取决于卷积码的约束长度，输入比特数与输出比特数之比为卷积码的码率[2]。在 ECMA-368 标准中，采用码率为 1/3、约束长度为 7 的卷积编码。使用该编码器，采用打孔技术（在编码器的输出端删除一些编码比特来提高码率）可以获得各种码率。例如，在 1/3 码率卷积编码器输出的每 15 比特中删除 7 比特，码率就可以增加到 5/8。在 ECMA-368 标准里，根据不同的数据速率要求，编码器可为系统提供 1/3、1/2、5/8 和 3/4 的码率[2]。

卷积编码后，对编码比特进行交织，即打乱一连串符号的顺序，以提供对抗突发错误的鲁棒性。ECMA-368 标准定义了符号间交织和符号内交织两种交织方法。对于符号间交织，比特在 6 个符号上进行交换；而对于符号内交织，符号内比特的安排会根据交织器的结构而不同[2]。

交织结束之后，比特被映射到复平面的星座图上，对于 53.3Mbit/s、80Mbit/s、106.7Mbit/s 和 200Mbit/s 的数据传输速率，二进制数据会映射到四相相移键控（Quadrature Phase-Shift Keying，QPSK）星座图上，而对于 320Mbit/s、400Mbit/s 和 480Mbit/s 的数据传输速率，二进制数据将采用双载波调制（Dual-Carrier Modulation，DCM）的方法映射到多维星座图上[2]。对于 QPSK 而言，每对二进制比特，b_{2i} 和 b_{2i+1}，按照

$$\frac{1}{\sqrt{2}}(2b_{2i}-1+\mathrm{j}(2b_{2i+1}-1))$$

的规则被映射为一个复数，式中，$i=0, 1, 2, \cdots$。对于 DCM，所有 200 比特，每 4 比特为一组，共分为 50 组，然后将每组按照特定的模式映射为两个复数，最终得到 100 个复数，具体方法见文献[14]。

如图 2-5 所示，经过星座图映射得到的复数，将输入到 OFDM 调制器中，并在 OFDM 调制器的输出端补零[2]。接下来，通过数/模转换器（Digital-to-Analog Converter，DAC）和抗混叠滤波器，将离散的信号转换为连续的时间波形。最后，本地振荡器根据 TFC 设置的信号中心频率，通过天线将信号发射出去。

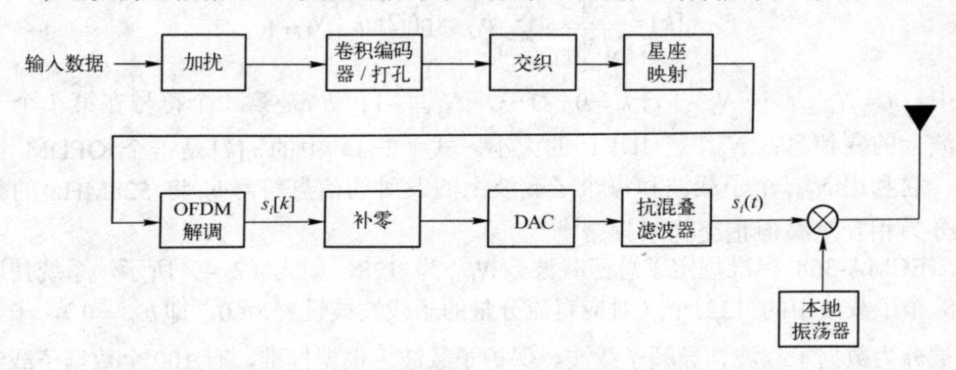

图 2-5　ECMA-368 标准中 MB-OFDM UWB 发射机基本框图

2.2.2　信号模型

发送数据分组的数学表达式为

$$s_{tx}(t)=\mathrm{Re}\left\{\sum_{i=0}^{N_s} s_i(t-iT_s)\exp(\mathrm{j}2\pi f_c^{(q(i))}t)\right\} \tag{2-2}$$

式中，T_s 是符号的长度；N_s 是分组内符号的数量；$s_i(t)$ 是第 i 个符号的复基带信号表示；$f_c^{(n)}$ 是第 n 个子频带的中心频率；$q(i)$ 代表在发射机中根据 TFC 将第 i 个符号映射到相应的子频带上的函数。例如，对于图 2-4 所示的 TFC，$q(i)=\mathrm{mod}\{i,3\}+1$，式中，$\mathrm{mod}\{x,y\}$ 表示 x 被 y 除的余数[2]。

由于每个数据分组都包括同步前导（preamble）、帧头和物理层服务数据单元（PHY Service Data Unit，PSDU）㊀，式（2-2）中的符号 $s_i(t)$ 依据符号编号可以表示为

㊀ PSDU 由级联的帧负载、帧校验序列、尾比特和零比特组成，插入零比特是为了对齐数据流在符号交织器的边界[14]。

$$s_i(t)=\begin{cases} s_{\text{sync},i}(t), & 0\leqslant i<N_{\text{sync}} \\ s_{\text{hdr},i-N_{\text{sync}}}(t), & N_{\text{sync}}\leqslant i<N_{\text{sync}}+N_{\text{hdr}} \\ s_{\text{frame},i-N_{\text{sync}}-N_{\text{hdr}}}(t), & N_{\text{sync}}+N_{\text{hdr}}\leqslant i<N_{\text{s}} \end{cases} \tag{2-3}$$

式中，N_{sync} 和 N_{hdr} 分别代表数据分组的同步前导和帧头中的符号数。接下来仅对帧头和 PSDU 的信号结构进行详细的描述。对于同步前导结构感兴趣的读者可以阅读文献[14]。

通过对复调制数据进行离散傅里叶逆变换（IDFT）可以得到离散信号 $s_i[k]$：

$$s_i[k]=\frac{1}{\sqrt{N_{\text{FFT}}}}\sum_{l=-61}^{61} b_{i,l}\exp(\text{j}2\pi lk/N_{\text{FFT}}) \tag{2-4}$$

式中，$i=N_{\text{sync}}$，$\cdots N_{\text{c}}-1$，$k=0$，$1\cdots$，$N_{\text{FFT}}-1$；$b_{i,l}$ 是第 i 个符号在第 l 个子载波上的复信息；N_{FFT} 是 IDFT 的大小。式（2-4）中的 $s_i[k]$ 是一个 OFDM 符号，它利用 N_{FFT} 个子载波和每个子载波上的发射的信息符号 $b_{i,l}$ 将 528MHz 的频带分为相互重叠但正交的子频带[2,16]。

ECMA-368 标准规定了总子载波数 N_{FFT} 为 128，如式（2-4）所示，系统使用 128 个子载波中的 122 个（对应直流分量的子载波被设置为 0，即 $b_{i,0}=0$）。子载波被分为数据子载波、导频子载波、保护子载波。根据标准，有 100 个数据子载波用来承载数据信息，12 个导频子载波发送已知数据，用于在接收机进行信号参数估计。此外，还有 10 个保护子载波，OFDM 符号两端各 5 个，与最外侧的数据子载波传输相同的信息[2, 14]。

为了减弱多径效应，并为发射机和接收机在不同的频带进行切换提供充足的时间间隔，将经过 IDFT 之后得到的 $s_i[k]$ 补零。其中 $s_{\text{frame},i}[k]$和 $s_{\text{hdr},i}[k]$的计算方式如下：

$$s_{\text{hdr},i}[k]=\begin{cases} s_i[k] & k=0,\ 1,\ \cdots,\ N_{\text{FFT}}-1 \\ 0 & k=N_{\text{FFT}},\ \cdots,\ N_{\text{s}}-1 \end{cases} \tag{2-5}$$

式中，$i=N_{\text{sync}},\ \cdots,\ N_{\text{sync}}+N_{\text{hdr}}-1$。

$$s_{\text{frame},i}[k]=\begin{cases} s_i[k] & k=0,\ 1,\ \cdots,\ N_{\text{FFT}}-1 \\ 0 & k=N_{\text{FFT}},\ \cdots,\ N_{\text{s}}-1 \end{cases} \tag{2-6}$$

式中，$i=N_{\text{sync}}+N_{\text{hdr}},\ \cdots,\ N_{\text{s}}-1$。

通过对离散时间信号 $s_{\text{frame},i}[k]$和 $s_{\text{hdr},i}[k]$进行数/模转换和滤波，得到连续时间信号 $s_i(t)$，如图 2-5 所示。

2.2.3　系统参数

由表 2-3 可以看出，ECMA-368 标准支持从 53.3Mbit/s 到 480Mbit/s 的数据传输速率。通过调节卷积编码器的码率和（或）通过时域扩展/频域扩展可以得到多种数据传输速率。在时域扩展（Time-Domain Spreading，TDS）中，相同的信息在两个连续的 OFDM 符号上传输；而在频域扩展（Frequency-Domain Spreading，FDS）中，相同的信息在一个 OFDM 符号上两个分离的子载波上传输[2]。

表 2-3　ECMA-368 标准中的各种数据传输速率及相应参数[2]

数据传输速率/（Mbit/s）	调制方式	码　率	FDS 参数	TDS 参数
53.3	QPSK	1/3	2	2
80	QPSK	1/2	2	2
106.7	QPSK	1/3	1	2
160	QPSK	1/2	1	2
200	QPSK	5/8	1	2
320	DCM	1/2	1	1
400	DCM	5/8	1	1
480	DCM	3/4	1	1

表 2-4 列出了系统的主要参数。每个符号在 100 个数据子载波上传输，发送时间（符号间隔）为 312.5ns，即每秒发送 3.2×10^8 个子载波。由于每个子载波携带两比特的信息（适用于 QPSK 与 DCM），因此原始数据传输速率为 640Mbit/s。根据卷积编码器码率、TDS 和 FDS 参数，可以计算数据传输速率：

$$\text{数据传输速率}=\frac{\text{原始数据传输速率}\times R}{N_{\text{TDS}}\times N_{\text{FDS}}} \tag{2-7}$$

式中，N_{TDS} 和 N_{FDS} 分别代表 TDS 和 FDS 的参数。通过式（2-7）可以得到表 2-3 所列的数据传输速率。例如，以最高数据传输速率 480Mbit/s 为例，$R=3/4$，$N_{\text{TDS}}=1$，$N_{\text{FDS}}=1$，可得数据传输速率：640Mbit/s×(3/4)/(1×1)=480Mbit/s。

表 2-4　ECMA-368 标准中 MB-OFDM UWB 发射机系统参数[2]

参　数	定　义	取　值
N_{FFT}	总子载波数量（FFT 的大小）	128
N_{T}	使用的子载波的数量	122
N_{D}	数据子载波的数量	100
N_{P}	导频子载波的数量	12
N_{G}	保护子载波的数量	10

（续）

参　数	定　义	取　值
T_s	符号间隔	312.5ns
T_{FFT}	IFFT 和 FFT 周期	242.42ns
T_{ZP}	补零时间	70.08ns
T_{switch}	频带之间的切换时间	9.47ns

2.3 ECMA-387——毫米波无线通信技术标准

毫米波无线通信技术主要有以下标准：

1）ECMA-387：60GHz 高速物理层、MAC 层以及 HDMI PAL（高清多媒体接口）标准[17]。

2）IEEE 802.15.3c：高速 WPAN 的无线 MAC 和 PHY 标准。

上述两个标准存在相似的地方，同时又有各自独特的属性。例如，ECMA 标准采用分布式 MAC 层协议，而 IEEE 802.15.3c 采用集中式的 MAC 层结构[19]。本节将详细介绍 ECMA-387 标准的重要特点，下节将会总结 IEEE 802.15.3c 标准的一些特点。IEEE 802.11TGad 也同样致力于毫米波标准，预计会在 2012 年 12 月完成标准，因此本章将不会对其进行特别的介绍。

ECMA 国际 TC48 在 2008 年 12 月完成了毫米波标准 ECMA-387 的制定工作。该标准的主要应用目标是批量数据传输和高速高清视频流。在 ECMA-387 标准中，57～66GHz 的频段被分为 4 个信道，每个信道的平均带宽为 2.16GHz。在 57 至 57.24GHz 之间有 240MHz 的保护带宽，在 65.88 至 66GHz 之间有 120MHz 的保护带宽。表 2-5 总结了由 ECMA-387 制定的特有的频带编号系统，它使用了所有的 4 个信道和它们之间的不同组合，其中 f_L、f_C 和 f_U 分别代表每个频带的最低频率、中心频率和最高频率。

表 2-5　ECMA 387 的频带分配[17]

频 带 号	信 道 绑 定	f_L/GHz	f_C/GHz	f_U/GHz
1	无	57.24	58.32	59.40
2	无	59.40	60.48	61.56
3	无	61.56	62.64	63.72
4	无	63.72	64.80	65.88
5	信道 1 与 2	57.24	59.40	61.56
6	信道 2 与 3	59.40	61.56	63.72
7	信道 3 与 4	61.56	63.72	65.88
8	信道 1、2 与 3	57.24	60.48	63.72

（续）

频 带 号	信 道 绑 定	f_L/GHz	f_C/GHz	f_U/GHz
9	信道 2、3 与 4	59.40	62.64	65.88
10	信道 1、2、3 与 4	57.24	61.56	65.88

在 ECMA-387 标准中，根据功能的不同定义了 3 种类型的设备，即类型 A、类型 B、类型 C[17,20]。表 2-5 中的所有的 4 个信道均可以独立使用，A 型设备和 B 型设备也可以通过信道绑定（Channel Bonding，CB），合并多个信道来达到更高的数据传输速率。所有 3 种设备均可以独立地工作，也可以彼此之间共存和互操作。表 2-6 列出了 3 种类型设备的部分重要特点，并将在下文进一步的介绍。

A 型设备作为高端设备，利用训练天线，通常用于在视距（LOS）/非视距（NLOS）链路上提供视频/数据业务的。它具有相当强的基带信号处理能力，能够实现复杂的信号均衡和前向纠错技术。A 型设备有两种主要的发射方案：单载波分组传输（Single Carrier Block Transmission，SCBT）和正交频分复用（Orthogonal Frequency Division Multiplexing，OFDM）。对于 SCBT 而言，循环前缀（Cyclic Prefix，CP）的长度有 4 种（0、32、64 或 96 个符号）；而对于 OFDM，循环前缀的长度为 64 符号。SCBT 具有可变长度的循环前缀，使得 SCBT 在各种多径环境中都具有良好的传输性能。如表 2-6 所示，采用 SCBT 的 A 型设备（无信道绑定），可以达到 6.35Gbit/s 的数据传输速率。而将所有可使用的信道合并起来，具有信道绑定功能的 SCBT 可以达到 25.402Gbit/s 的数据传输速率（参见文献[17] 的 10.2.1 节）。

表 2-6　ECMA-387 的设备类型和相应的数据传输速率[17]

设 备 类 型	模　式	发 送 方 案	数据传输速率
类型 A	必备模式	SCBT(A0)	0.397Gbit/s
	可选模式	SCBT	0.794～6.350Gbit/s（无信道绑定）
	可选模式	OFDM	1.008～4.032Gbit/s
类型 B	必备模式	DBPSK	0.794～1.588Gbit/s（无信道绑定）
	可选模式	DQPSK, UEP-QPSK, DAMI	3.175Gbit/s
类型 C	必备模式	OOK	0.8～1.6Gbit/s
	可选模式	4-ASK	3.2Gbit/s

ECMA-387 规定 B 型设备采用简化的单载波传输方案。作为经济型设备，B 型设备使用非训练天线，在 LOS 链路上提供视频和数据业务。B 型设备不支持循环前缀，并且没有天线训练发现模式。在必备模式下，采用差分 BPSK（Differential BPSK，DBPSK）可以达到约 0.8Gbit/s 的数据传输速率。而在可选模式中可以达到约 3.2Gbit/s 的数据传输速率。

最后，C 型设备是低端设备，它具有极小的工作距离（小于 1m），廉价的物理层设备和非训练天线。由于采用幅度键控（Amplitude Shift Keying, ASK）调制，C 型设备可以进行相干解调和非相干解调。与 A、B 型设备不同，C 型设备不支持信道绑定。

图 2-6 为 A 型、B 型、C 型设备的 PSD 频谱模板图，表 2-7 对参数 f_0、f_1、f_2、f_3 和 f_4 进行了规定。由于 C 型设备不支持信道绑定，所以其频谱模板仅适用于单信道传输。而 A 型和 B 型设备的频谱模板既适用于单信道传输也适用于 2 个、3 个或 4 个信道绑定传输。在中心频率 f_c 处 C 型设备形成了一条单独的谱线，其 PSD 频谱模板在-4MHz 到 4MHz 范围内比 A 型和 B 型设备高出 35dBr[⊖]。

表 2-7 ECMA-387 中 A 型、B 型、C 型设备的发射频谱模板要求（单位：MHz）[17]

设备类型	信道绑定	f_0	f_1	f_2	f_3	f_4
A 和 B	单信道	N/A	1050	1080	1500	2000
C	单信道	4	1050	1080	1500	2000
A 和 B	两信道绑定	N/A	2100	2160	3000	4000
A 和 B	三信道绑定	N/A	3150	3240	4500	6000
A 和 B	四信道绑定	N/A	4200	4320	6000	8000

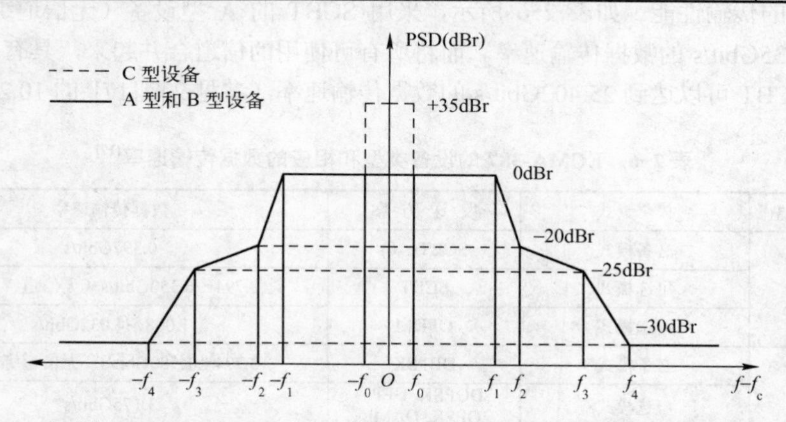

图 2-6 ECMA-387 中 A 型、B 型和 C 型设备的发射频谱模板

2.3.1 发射机结构

ECMA-387 标准可以采用单载波和基于 OFDM 的传输方式。本节基于文献[17]的定义，将对 A 型设备（包括 SCBT 和 OFDM）、B 型设备以及 C 型设备的发射机结构分别进行介绍。

⊖ dBr 表示以 dB 为单位的相对功率。

2.3.1.1　A 型设备

图 2-7 举例说明了具有等错误保护（Equal Error Protection，EEP）的 A 型设备 SCBT 编码过程。首先对负载比特进行加扰，然后进行比特填充，紧接着对经过比特填充之后的比特流在以伽罗华域 GF(2^8)定义的系统里德-所罗门（Reed–Solomon，RS）码（255, 239）编码器中进行编码，该编码器的本原多项式为 $p(z)=z^8+z^4+z^2+1$。经过 RS 编码的比特，通过解复用分为四个比特流，每个比特流由长度为 48 的比特交织器进行交织。在加入尾比特之后，比特流送入码率 R=4/7、2/3、4/5、5/6、6/7 的卷积编码器中进行编码。系统采用网格编码调制（Trellis Coded Modulation，TCM），特别是对于非正方 8QAM（NS8QAM）和 16QAM 调制方式。然后对编码比特流进行复用，得到一个比特流，根据目标数据速率将其映射到星座图上。对获得的数据符号在时域扩展中连续重复 N_{TDS} 次，然后进行比特填充和符号交织。符号交织器采用 21×24 的双螺旋交织器，得到用于发射的输出符号。在进行螺旋扫描交织时，按照螺旋扫描图案，在存储器中进行数据符号写入和读出操作。

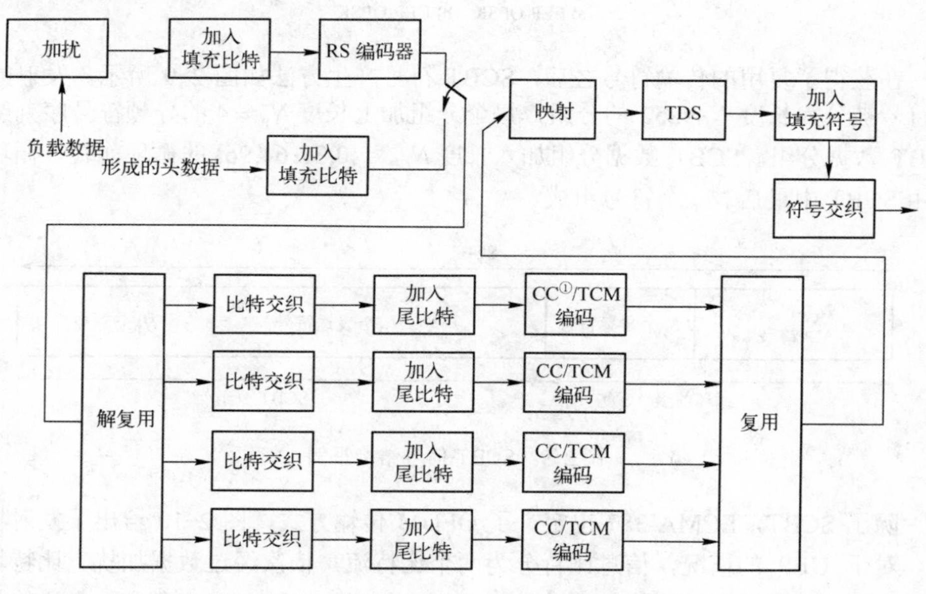

图 2-7　ECMA-387 中 A 型设备 SCBT PHY 基带结构框图（EEP）

① CC 表示卷积码（Convolutional Code）。

对于具有不等保护（Unequal Error Protection，UEP）的 SCBT，其发射器的结构与图 2-7 类似。不同之处在于，在对负载数据加扰之前，要将最低位（Least Significant Bits，LSB）和最高位（Most Significant Bits，MSB）分离。这保证了需要高可靠性的数据比特在接收机对解调错误的鲁棒性更好。例如，相对于 LSB，彩色像素的 MSB 对视频质量的影响更大，因此需要更高的可靠性。图 2-8a 和图 2-8b 分别描述了等错误保护和不等错误保护的 QPSK 调制星座图。对于 EEP-QPSK 调制，星座点均匀布置；而对于 UEP-QPSK，具有不同 MSB 的星座点之间的欧氏距离增加到 2α。在 ECMA-387 标准中，α 设定为 1.25。

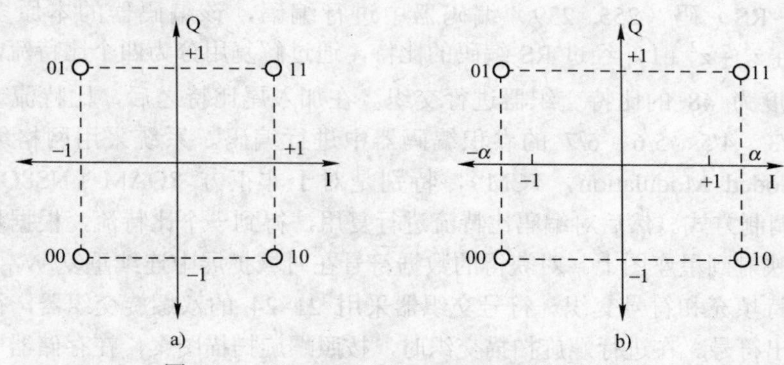

图 2-8　EEP-QPSK 和 UEP-QPSK 调制星座图

a) EEP-QPSK　b) UEP-QPSK

在获得了复用的传输符号之后，SCBT 符号产生方法如图 2-9 所示。发射的数据符号被分为长度 N_D=252 的分组，每个分组加上长度 $N_P=4$ 的导频符号序列组成 SCBT 数据分组。SCBT 数据分组加入长度 $N_{CP}\in\{0,32,64,96\}$ 的循环前缀，循环前缀由 SCBT 中最后 N_{CP} 个符号组成。

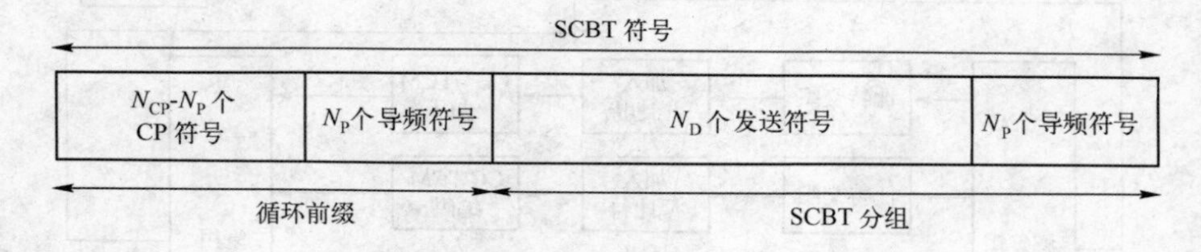

图 2-9　SCBT 信号结构举例

除了 SCBT，ECMA-387 也定义了 OFDM 传输方式，图 2-10 给出了发射机框图。对于 UEP 的情况，信息比特分为两个比特流，依次经过数据加扰、比特填充和 RS 编码，与前面讨论的 SCBT 情况相同。对于 OFDM PHY 而言，在比特的解复用之前加入了外部交织的步骤。解复用阶段将比特分为 4 个 MSB 比特流和 4 个 LSB 比特流，8 个比特流分别由并行的卷积编码器编码，编码器编号为 A 到 H，如图 2-10 所示。8 个并行卷积编码器的约束长度均为 7，母码码率为 1/3，生成多项式 $g_0=133_8$，$g_1=171_8$，$g_2=165_8$，式中下标 8 代表八进制㊀。接下来是打孔阶

㊀ 例如，165_8 的二进制形式为 001110101，对应的生成多项式为 $g_2=X^6+X^5+X^4+X^2+1$。

段，打孔得到 4/7、2/3 或者 4/5 的码率。紧接着对 8 个不同的比特流进行复用和比特交织，并且根据规定的数据速率和 UEP/EEP 规范将比特映射到符号星座图上。经过符号填充加入 $N_{padsym,OFDM}$ 个零符号，得到的数据符号通过 OFDM PHY 调制映射到子载波上。子载波的编号从−256 到 255，其中[−256，…，−190]和[190，…，255]为空子载波，±[14, 39, 64, 89,114,139,164,189]为导频子载波，[−1,0,1]为直流子载波。所有其他的子载波用来携带数据。得到的复符号依次映射到数据载波上。为了确保相邻的符号被映射到不同的载波上，对所有的 QPSK 和 QAM 调制符号进行块交织，块的大小等于 OFDM 符号 FFT 大小。

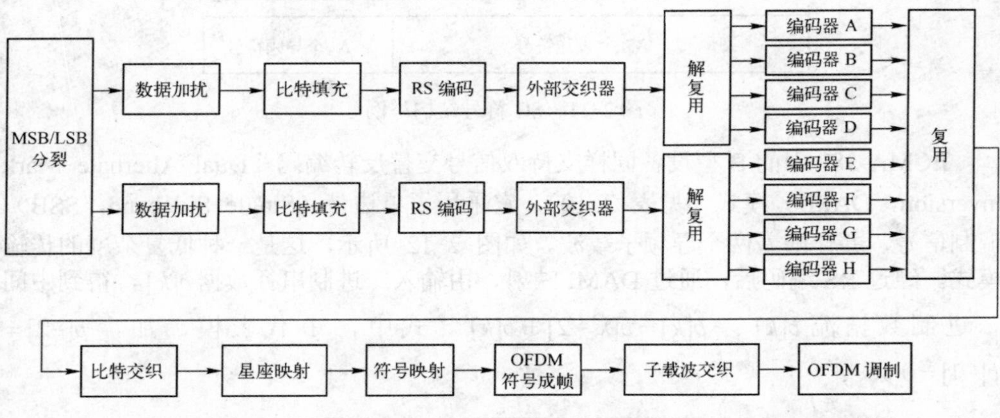

图 2-10　ECMA-387 中 A 型设备 OFDM 物理层基带处理器结构框图[17]

在介绍 ECMA-387 中 B/C 型设备的发射机结构之前，需要对 60GHz 通信系统的单载波传输方案和多载波传输方案进行比较和折中。文献[13]提到，对于较高的中心频率，NLOS 多径分量比 LOS 多径分量有更大的路径损耗。更重要的是，由于较高中心频率在天线设计方面的优势，使得定向天线和波束赋形技术可以更广泛地应用于 60GHz 通信系统。这些事实意味着，与工作在较低频率的无线通信系统相比，在毫米波无线通信系统中，减弱多径传播的影响并没有那么重要。因此，相对于基于 OFDM 的 60GHz 通信系统，单载波传输方案是一个有竞争力的低端传输方案。如表 2-6 所示，利用低复杂度的调制方案，如二进制启闭键控（On-Off Keying，OOK），单载波发射方案可以实现大约 1.6Gbit/s 的数据速率。而对于 NLOS 环境，OFDM 可以较容易地实现频域均衡，因此是一种可行的替代方案。

2.3.1.2　B 型设备

采用等错误保护的 B 型设备发射机结构与图 2-7 所示的 SCBT 发射机结构类似，不同之处在于 B 型设备不加入尾比特，也不进行 CC/TCM 编码。更重要的是，在符号交织后，B 型设备会进行差分编码。如表 2-10 所示，模式 B0、B1 和 B2 对填充数据符号 $v[n]$ 进行了差分编码，编码后的数据符号 $t[n]$ 表示为

$$t[n]=\begin{cases} v[n] & \text{当}n \bmod N_D = 0 \\ t[n\text{-}1]v[n]/|v[n\text{-}1]| & \text{当}n \bmod N_D > 0 \end{cases} \tag{2-8}$$

对于不等错误保护的情况，在加扰阶段，负载数据被分为 MSB 和 LSB 两部分。经过 RS 编码、解复用、比特交织（8 个比特流）和复用过程后，如表 2-10 所示，采用 DBPSK、DQPSK 或 UEP-QPSK 等调制方式中的一种，将比特数据映射到星座图上。在获得了发送符号后，按照图 2-11 所示的 SC 分组的方式进行发送。每 N_D 发送符号中加入 $N_P=4$ 个导频符号。

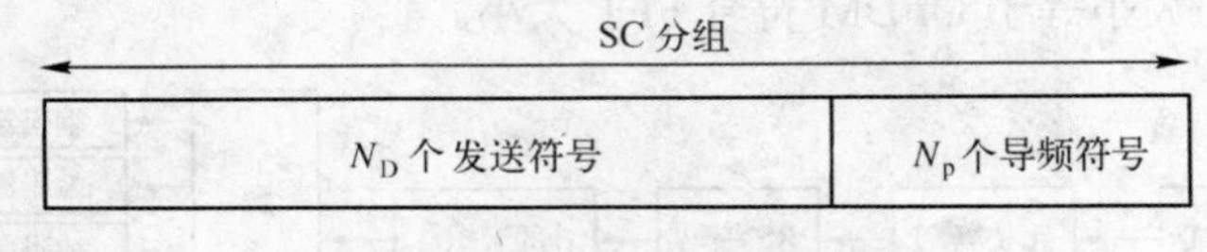

图 2-11 SC 符号结构举例

ECMA-387 中的 B 型设备同样支持双信号交替反转编码（Dual Alternate Mark Inversion，DAMI）模式（见表 2-10），它采用了单边带（Single Sideband，SSB）调制信号，并伴随着两个导频子载波。如图 2-12 所示，这是一种低复杂度的传输模式。经过 RS 编码后，通过 DAMI 映射，由输入二进制串行数据 $b[k]$，得到中间二进制数据流 $\hat{b}[k]$：$\hat{b}[k]=\hat{b}[k-2]\oplus b[k]$。式中，$\oplus$ 代表模二加，$\hat{b}[-2]=\hat{b}[-1]=0$。

图 2-12 DAMI 设备的编码和映射[17]

DAMI 映射的输出为

$$d[k]=\sqrt{2}I[k] \tag{2-9}$$

式中，

$$I[k]=\begin{cases} 0, & \text{如果}\hat{b}[k-2]=0,\hat{b}[k]=0 \\ 1, & \text{如果}\hat{b}[k-2]=0,\hat{b}[k]=1 \\ -1, & \text{如果}\hat{b}[k-2]=1,\hat{b}[k]=0 \\ 0, & \text{如果}\hat{b}[k-2]=1,\hat{b}[k]=1 \end{cases} \tag{2-10}$$

2.3.1.3 C 型设备

ECMA-387 定义的 C 型设备的发射机结构如图 2-13 所示，较图 2-7 所示的 SCBT 结构要简单得多。相对于 A 型和 B 型设备，C 型设备在将编码比特映射到星座图之前，加入了比特反转这一额外的过程。在比特反转过程中，输入的比特序

列为 $b[n]$，输出的比特序列为 $g[n]$，$g[n]=\mathrm{NOT}(b[n])$，式中，$\mathrm{NOT}(\cdot)$表示按位取反运算。

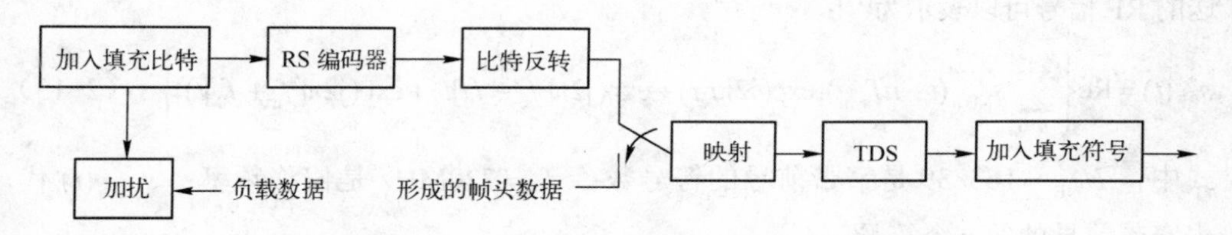

图 2-13　ECMA-387 中 C 型设备编码过程[17]

可以采用 OOK 或者 4-ASK 调制进行星座图映射。如图 2-11 所示，$N_\mathrm{D}=508\,N_\mathrm{TDS}$ 个数据符号和 $N_\mathrm{P}=4N_\mathrm{TDS}$ 个导频符号组成一个 SC 分组。

2.3.2　信号模型

表 2-6 所列的 SCBT、OFDM、DBPSK、DQPSK、UEP-QPS、OOK 和 4-ASK 传输方案的射频信号可以统一表示为[17]

$$s_\mathrm{RF}(t)=\mathrm{Re}\left\{\left\{\sum_{n=0}^{N_\mathrm{f}-1}s_n(t-nT_\mathrm{sym})\exp(\mathrm{j}2\pi f_\mathrm{c}t)\right\}\right\} \quad (2\text{-}11)$$

式中，$\mathrm{Re}\{\cdot\}$代表信号的实部；T_sym 代表符号周期；N_f 是一帧的符号数；f_c 为中心频率；$s_n(t)$ 为第 n 个符号的复基带信号。物理层协议数据单元（PHY Layer Protocol Data Unit，PPDU）的一般格式是由 4 部分组成：前导、帧头、负载数据和天线训练序列（Antenna Training Sequence，ATS）。因此，按照帧中位置的不同，$s_n(t)$ 可以表示为如下不同的形式：

$$s_n(t)=\begin{cases}s_{\mathrm{prm},n}(t), & 0\leqslant n<N_\mathrm{prm}\\ s_{\mathrm{hdr},n-N_\mathrm{prm}}(t) & N_\mathrm{prm}\leqslant n<N_\mathrm{prm}+N_\mathrm{hdr}\\ s_{\mathrm{py1},n-N_\mathrm{prm}-N_\mathrm{hdr}}(t) & N_\mathrm{prm}+N_\mathrm{hdr}\leqslant n<N_\mathrm{prm}+N_\mathrm{hdr}+N_\mathrm{py1}\\ s_{\mathrm{ATS},n-N_\mathrm{prm}-N_\mathrm{hdr}-N_\mathrm{py1}}(t) & N_\mathrm{prm}+N_\mathrm{hdr}+N_\mathrm{py1}\leqslant n\leqslant N_\mathrm{prm}+N_\mathrm{hdr}+N_\mathrm{py1}+N_\mathrm{ATS}-1\end{cases} \quad (2\text{-}12)$$

式中，$s_{\mathrm{prm},n}(t)$、$s_{\mathrm{hdr},n}(t)$、$s_{\mathrm{py1},n}(t)$ 和 $s_{\mathrm{ATS},n}(t)$ 分别代表前导、帧头、负载数据和 ATS 的第 n 个符号；N_prm、N_hdr、N_py1 和 N_ATS 分别代表前导、帧头、负载数据和 ATS 的符号数。因此符号的总数可以表示为 $N_\mathrm{f}=N_\mathrm{prm}+N_\mathrm{hdr}+N_\mathrm{py1}+N_\mathrm{ATS}$。$s_n(t)$ 是由离散时间信号 $s_n[k]$ 的实部和虚部依次经过数模转换和重构滤波得到的。对不同类型的设备，$s_n[k]$ 的产生方法将会在 2.3.1 节进行介绍。

在天线阵完成训练之前，ECMA-387 还定义了发现模式用于通信。在发现模式中，ECMA-387 采用串联的宽带前导和窄带前导，如图 2-14 所示。宽带前导的信号模型如式（2-12）所示，窄带前导由 f_c、f_c+f_0 和 f_c-f_0 3 个频率的载波调制，发送的 RF 信号可以表示为[17]：

$$s_{RF}(t)=\mathrm{Re}\left\{\sum_{n=0}^{N_{NB}-1}s_{NB,n}(t-nT_{sym})[\exp(\mathrm{j}2\pi f_c t)+\exp(\mathrm{j}2\pi[f_c-f_0]t)+\exp(\mathrm{j}2\pi[f_c+f_0]t)]\right\} \quad (2-13)$$

式中，$N_{NB}=163839$ 是窄带前导的符号数；$f_0=720\mathrm{MHz}$ 是偏移频率；$s_{NB,n}(t)$ 代表窄带前导的第 n 个符号。

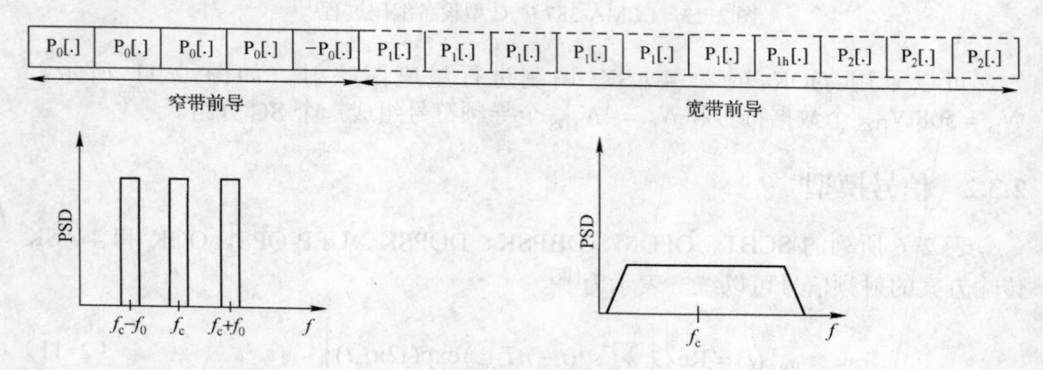

图 2-14　ECMA-387 发现模式的前导结构

窄带前导由 4 个前导序列 $P_0[\cdot]$ 和一个前导序列 $-P_0[\cdot]$ 串联而成。宽带前导由 6 个相同的前导序列 $P_1[\cdot]$，一个前导序列 $P_{1h}[\cdot]$ 以及 3 个相同的前导序列 $P_2[\cdot]$ 组成。因为在训练前不知道阵列增益，发现模式通过重复可以提高 SINR。如表 2-8 所示，标准中定义了 8 种不同的模式（D0～D7），这些模式具有不同重复参数 $N_{DISCREP}$，发现模式的数据速率在 2.255Mbit/s 和 288.655Mbit/s 之间。在表 2-5 中定义的 10 种信道中，BAND_ID=3 的信道被定义为发现信道。

表 2-8　不同数据速率的发现模式[17]

模　式	$N_{DISCREP}$	数据速率/Mbit/s
D0	128	2.255
D1	64	4.510
D2	32	9.020
D3	16	18.041
D4	8	36.082
D5	4	72.164
D6	2	144.327
D7	1	288.655

在 ECMA-387 中，B 型设备支持 DAMI 模式（见表 2-10），该模式采用 SSB 调制信号和两个导频子载波。SSB 信号可表示为[17]：

$$s_{\mathrm{SSB}}(t)=s(t)\cos(2\pi f_{\mathrm{c}}t)+\hat{s}(t)\sin(2\pi f_{\mathrm{c}}t) \tag{2-14}$$

式中，$\hat{s}(t)$ 是 $s(t)$ 的希尔伯特变换。基带信号 $s(t)$ 由下式得到：

$$s(t)=\sum_{k=0}^{N_{\mathrm{t}}-1}d[k]g(t-kT_{\mathrm{sym}}) \tag{2-15}$$

式中，$d[k]\in\{-1,0,1\}$ 表示调制数据的第 k 个符号；$g(t)$是基带成形脉冲。前导、帧头和负载的 $d[t]$产生方法见文献[17]。

2.3.3　系统参数

在这一节中，总结了 ECMA-387 标准中规定的不同类型设备的与模式相关、时间相关和帧相关的系统参数。

2.3.3.1　模式相关参数

根据绑定信道的数量、传输模式选择（单载波或多载波）、星座图映射方案、编码方式、时域扩展和尾比特数量的不同，ECMA-387 设备有不同的峰值数据速率。根据这些参数不同的组合方式，将 A 型设备的工作模式分为 22 种（A0～A21），将 B 型设备的工作模式分为 5 种（B0～B4），将 C 型设备的工作模式分为 3 种（C0～C2）。

表 2-9 总结了 A 型设备与模式相关的参数，以及不同的信道绑定方法的数据速率。基本数据速率假定循环前缀长度为零，N_{B} 代表了绑定信道的数量，R_{CC} 代表卷积码码率，N_{DTS} 为时域扩展系数，N_{t1} 代表尾比特的数量。从表中可以看出，采用 4 个信道绑定时，ECMA-387 标准中的模式 A9 可以达到高达 25Gbit/s 的数据速率。

表 2-9　A 型设备与模式相关的参数[17]

模式	基本数据速率/Gbit/s				调制方式		编码	卷积码码率	N_{TDS}	N_{t1}
	N_{B}=1	N_{B}=2	N_{B}=3	N_{B}=4						
A0	0.397	0.794	1.191	1.588	SCBT	BPSK	RS&CC	1/2	2	4
A1	0.794	1.588	2.381	3.175	SCBT	BPSK	RS&CC	1/2	1	4
A2	1.588	3.175	4.763	6.350	SCBT	BPSK	RS	1	1	0
A3	1.588	3.175	4.763	6.350	SCBT	QPSK	RS&CC	1/2	1	4
A4	2.722	5.443	8.165	10.88	SCBT	QPSK	RS&CC	6/7	1	6
A5	3.175	6.350	9.526	12.70	SCBT	QPSK	RS	1	1	0
A6	4.234	8.467	13.70	16.94	SCBT	NS8QAM	RS&TCM	5/6	1	8

（续）

模式	基本数据速率/Gbit/s				调制方式		编码	卷积码码率	N_{TDS}	N_{t1}
	N_B=1	N_B=2	N_B=3	N_B=4						
A7	4.763	9.526	14.29	19.05	SCBT	NC8QAM	RS	1	1	0
A8	4.763	9.526	14.29	19.05	SCBT	TCM-16QAM	RS&TCM	2/3	1	6
A9	6.350	12.70	19.05	25.40	SCBT	16QAM	RS	1	1	0
A10	1.588	3.175	4.763	6.350	SCBT	QPSK	RS&UEP-CC	R_{MSB} :1/2	1	4
A11	4.234	8.467	12.70	16.93	SCBT	16QAM	RS&UEP-CC	R_{MSB} :4/7 R_{LSB} :4/5	1	4
A12	2.117	4.234	6.350	8.467	SCBT	UEP-QPSK	RS&CC	2/3	1	4
A13	4.234	8.467	12.70	16.39	SCBT	UEP-16QAM	RS&CC	2/3	1	4
A14	1.008	N/A	N/A	N/A	OFDM	QPSK	RS&CC	1/3	1	6
A15	2.016	N/A	N/A	N/A	OFDM	QPSK	RS&CC	2/3	1	6
A16	4.032	N/A	N/A	N/A	OFDM	16QAM	RS&CC	2/3	1	6
A17	2.016	N/A	N/A	N/A	OFDM	QPSK	RS&UEP-CC	R_{MSB} :4/7 R_{LSB} :4/5	1	6
A18	4.032	N/A	N/A	N/A	OFDM	16QAM	RS&UEP-CC	R_{MSB} :4/7 R_{LSB} :4/5	1	6
A19	2.016	N/A	N/A	N/A	OFDM	UEP-QPSK	RS&CC	2/3	1	6
A20	4.032	N/A	N/A	N/A	OFDM	UEP-16QAM	RS&CC	2/3	1	6
A21	2.016	N/A	N/A	N/A	OFDM	QPSK	RS&CC	R_{MSB} :2/3	1	6

表 2-10 和表 2-11 分别总结了 B 型设备和 C 型设备与模式相关的参数，和不同的信道绑定方法的数据速率。在 4 个信道绑定的情况下，B 型设备的数据速率可以达到 12.7Gbit/s，由于 C 型设备的结构简单和不具备信道绑定的能力，所以 C 型设备的最大数据速率只能达到 3.2Gbit/s。

表 2-10　B 型设备与模式相关的参数[17]

模式	基本数据速率/Gbit/s				调制方式		编码	N_{TDS}
	$N_B=1$	$N_B=2$	$N_B=3$	$N_B=4$				
B0	0.794	1.588	2.381	3.175	SC	DBPSK	RS&差分编码	2
B1	1.588	3.175	4.763	6.350	SC	DBPSK	RS&差分编码	1
B2	3.175	6.350	9.526	12.70	SC	DQPSK	RS&差分编码	1
B3	3.175	6.350	9.526	12.70	SC	UEP-QPSK	RS	1
B4	3.175	6.350	9.526	12.70	DAMI	N/A	RS	1

表 2-11　C 型设备与模式相关的参数[17]

模　式	基本数据速率/Gbit/s	调制方式		编　码	N_{TDS}
C0	0.800	SC	OOK	RS	2
C1	1.600	SC	OOK	RS	1
C2	3.200	SC	4ASK	RS	1

为实现互操作性，要求所有的 A 型设备在无信道绑定的情况下，必须支持模式 A0、B0 和 C0；在有信道绑定的情况下，可以选择性支持模式 A0～A21、B0～B3 或者 C1～C2。对于所有的 B 型设备，需要支持有信道绑定的模式 B0、C0 和无信道绑定的模式 A0。B 型设备也可以选择性支持模式 C1 和 C2。C 型设备必须支持模式 C0，可选择性支持模式 C1 和 C2。

2.3.3.2　时间相关和帧相关的参数

根据设备类型和单载波/多载波传输方式的不同，ECMA-387 中与时间相关的参数有所不同。表 2-12 总结了 ECMA-387 标准中单载波传输系统与时间相关的参数（也可参见图 2-9 和图 2-11），包括 SCBT A 型、B 型和 C 型设备。从表中可以看出，对于单载波而言，各种设备与时间相关的参数非常类似。与 B 型设备和 C 型设备相比较，SCBT 包括 4 种不同长度的 CP 持续时间。另一方面，C 型设备 SC 分组中的导频和数据符号的数量会随着时域扩展系数而变化。

表 2-12　A 型（SCBT）设备，B 和 C 型（SC）设备与时间相关参数[17]

参　数	描　述	SCBT（A 型）	SC（B 型）	SC（C 型）
f_{sym}	符号速率	1.728Gsym/s	1.728Gsym/s	1.728Gsym/s
T_{sym}	符号持续时间	0.5787ns	0.5787ns	0.5787ns
N_B	每个 SCBT（或 SC）块中的符号数	256	256	512 N_{TDS}
T_{SCBTB}	SCBT 块时间间隔	148.148ns	N/A	N/A
N_D	每个 SCBT（或 SC）块中数据符号数	252	252	508 N_{TDS}
N_P	每个 SCBT（或 SC）块中导频符号数	4	4	4 N_{TDS}
N_{CP}	CP 长度	0,32,64,96	0	N/A
T_{CP}	CP 持续时间	0ns,18.51ns, 37.03ns,55.55ns	0	N/A
N_{SCBTS}	每个 SCBT 中的符号数	256,288,320,352	N/A	N/A
T_{SCBTS}	SCBT 符号时间间隔	148.148ns, 166.667ns, 185.185ns, 203.707ns	N/A	N/A

表 2-13 总结了 A 型设备 OFDM 模式的参数。结合表 2-12 和表 2-13 可以看出，多载波传输方式相对于单载波传输方式，除符号持续时间和 CP 长度有所不同之外，

多载波方式还有一些其他的参数，如 FFT 大小和 DC 子载波/空子载波的数量。

表 2-13 A 型设备 OFDM 传输与时间相关参数[17]

参数	描述	OFDM
f_{sym}	符号速率	2.592Gbit/s
T_{sym}	符号持续时间	0.386ns
N_{FFT}	子载波数	512
T_{FFT}	FFT 周期	197.53ns
N_D	数据子载波数	360
N_{DC}	DC 子载波数	3
N_P	导频子载波数	16
N_N	空子载波数	133
N_{CP}	循环前缀长度	64
T_{CP}	CP 周期	24.70ns
$T_{sym,OFDM}$	OFDM 符号周期	222.23ns

表 2-14 列举了 SCBT 和 OFDM 的 A 型设备、B 型设备和 C 型设备与帧相关的参数，其中 A 型设备 ATS 中的符号数量表示为

$$N_{ATS}^{(A)} = 256(N_{TXTS} + N_{RXTS})N_{DISCREP} \tag{2-16}$$

表 2-14 ECMA-387 传输中与帧相关参数[17]

参数	描述	SCBT	OFDM	SC（B 类）	SC（C 类）
N_{sync}	FSS 中的符号数	2048	1792	2048	4096
T_{sync}	FSS 持续时间	1185.19 ns	691.7 ns	1185.19 ns	2370.37 ns
N_{CE}	CES 中的符号数	768	1088	768	1536
T_{CE}	CES 持续时间	444.444 ns	419.97 ns	444.444ns	888.89ns
N_{prm}	帧前导中的符号数	2816	2880	2816	5632
T_{prm}	帧前导持续时间	1629.63 ns	1111.68 ns	1629.63 ns	3259.26 ns
N_{ATS}	ATS 中的符号数	$N_{ATS}^{(A)}$	$N_{ATS}^{(A)}$	256 N_{RXTS}	N/A
T_{ATS}	ATS 持续时间	$N_{ATS}T_{sym}$	$N_{ATS}T_{sym}$	$N_{ATS}T_{sym}$	N/A
N_{frm}	帧中的符号数	$N_{sync}+N_{hdr}+N_{py1}+N_{ATS}$	$N_{prm}+N_{hdr}+N_{py1}+N_{ATS}$	$N_{sync}+N_{hdr}+N_{py1}+N_{ATS}$	$N_{prm}+N_{hdr}+N_{py1}$
T_{frm}	帧持续时间	$N_{frm}T_{sym}$	$N_{frm}T_{sym}$	$N_{frm}T_{sym}$	$N_{frm}T_{sym}$

式中，N_{TXTS} 和 N_{RXTS} 分别代表发射天线和接收天线的训练序列的数量，$N_{DISCREP}$ 指表 2-8 所列的重复系数㊀。对于 SCBT 与 B 型设备，帧同步序列（Frame

㊀ ECMA-387 使用 Frank–Zadoff （FZ）序列进行天线训练、帧同步和信道估计。

Synchronization Sequence，FSS）、信道估计序列（Channel Estimation Sequence，CES）和物理层会聚协议（Physical Layer Convergence Protocol，PLCP）中前导的符号数量都是相同的。而 C 型设备中，上述各种符号的数量，都是 SCBT 与 B 型设备的两倍。相对于其他的单载波设备，OFDM 传输的参数设置有所不同。由于 C 型设备无天线训练，因此该设备没有规定 ATS。

2.4 IEEE 802.15.3c——MMW 无线电标准

2009 年 10 月发布的 IEEE 802.15.3c 标准（以下简称为 15.3c 标准）是在毫米波频段进行高速通信的另一标准。便携式点对点文件传送和视频流媒体都是 IEEE 802.15.3c 标准的主要应用实例。与采用分布式 MAC 协议的 ECMA-387 标准不同，15.3c 标准采用集中式 MAC 结构㊀。MAC 结构的重要特征包括帧聚合、波束赋形、信道探测和不等差错保护等。

15.3c 和 ECMA-387 标准都使用表 2-5 中规定的 4 种信道中的第 1 个，这样有利于两者和谐共存。信道绑定在 15.3c 标准中不作为可选项，这点与 ECMA-387 不同。15.3c 标准采用的频谱模板与图 2-6 中 A 类和 B 类设备的频谱模板类似，截止频率稍有不同，其中 f_1=0.94GHz，f_2=1.1GHz，f_3=1.6GHz，f_4=2.2GHz。对于 OOK 传输，在$\pm f_0$之间允许的发射功率最高可提高 40dB，其中 f_0=6MHz。

15.3c 标准的两个重要且独有的特征分别是：设备发现过程和 MAC 服务数据单元（MAC service data units，MSDU）聚合[19]。由于波束赋形的定向发射，需要新协议发现波束。假定一个微微网控制器（Piconet Controller，PNC）有 $A_{T,PNC}$ 个发射天线和 $A_{R,PNC}$ 个接收天线，设备有 $A_{T,DEV}$ 个发射天线和 $A_{R,DEV}$ 个接收天线。发射天线/接收天线的数量也代表了一个 PNC 或设备可以发射/接收的方向数。为了找到波束，PNC 在 $A_{T,PNC}$ 个不同方向发送相同的信标副本。这样使得不同位置的设备能够发现并加入该微微网（Piconet）。每一个设备在 $A_{R,DEV}$ 个不同方向侦听 PNC 发送的信标，在比较至少 $A_{T,PNC}$ 和 $A_{R,DEV}$ 对发射/接收方向后，设备选出具有最佳和次最佳链路质量的方向对，并将其通知 PNC。通过这一过程可选出一个粗略的波束方向。第二阶段将选择最好波束方向。在第二阶段中，利用类似于粗波束筛选的方法，找到设备和 PNC 之间的最佳发射/接收波束方向，使用该波束进行数据通信。因为波束发现过程中使用了大量本可用于数据传输的分组，造成了较大的开销，因此在慢衰落信道中可以采用波束跟踪。波束跟踪比波束发现要省时得多，因为它是在已经找到的粗波束对中寻找最佳的波束对[19]。

㊀ 注意 IEEE 802.15.3c 标准是基于之前的 IEEE 802.15.3 标准（高速 WPAN）和 IEEE 802.15.3b 标准（IEEE 802.15.3-2003 的 MAC 修订标准）

15.3c 标准的另一重要特征是 MAC 服务数据单元聚合和 Block ACK 过程。15.3c 标准中，帧聚合的主要目的是利用大负载来提高吞吐量。标准中提出了两种聚合类型：高速数据/视频传输的标准聚合和低时延双向数据传输聚合。Block ACK 仅和聚合帧一起使用，当目的节点收到聚合帧时，会检查是否所有子帧都成功接收。对于那些没有正确接收的子帧，Block ACK 位映射字段中的相应比特被置 0，将会要求发射机重传该子帧。对于两种不同聚合类型，重传控制也不同，详细内容可见 8.8 节的 15.3c 标准[18]。

15.3c 标准共定义了 3 种物理层（PHY）模式：

- 单载波物理层（SC PHY）
- 高速接口物理层（HSI PHY）
- 音频/视频物理层（AV PHY）

在前面已经讨论过，单载波传输模式更适于 LOS 场景，而 OFDM 传送模式更适于 NLOS 场景。根据 15.3c 标准，每个设备上至少要选用以上 3 种 PHY 模式中的一种。在接下来的章节中，将会对 3 种 PHY 模式的调制、编码方式和传输架构等相关参数作简要综述。

2.4.1 SC-PHY

15.3c 中的 SC-PHY 是基于低复杂度的单载波传输，且支持工作在 LOS 和 NLOS 场景。它规定了 3 类调制编码方式（Modulation and Coding Schemes，MCS），如表 2-15 所示。第 1 类 MCS 可以达到最高 1.5Gbit/s 的数据速率，其目标应用是有高速数据传输要求的低功耗、低成本移动市场[18]。第 2 类 MCS 可以达到第 1 类 MCS 峰值速率的两倍。第 3 类可以达到超过 5Gbit/s 的速率。所有 SC-PHY 设备（这里不讨论 OOK/DAMI 可选模式）都要求采用共模信号（Common Mode Signaling，CMS）MCS（模式 0）和必选 PHY 速率 MCS（模式 3）㊀。15.3c 中的 SC-PHY 支持 $\pi/2$ BPSK、$\pi/2$ QPSK、$\pi/2$ 8-PSK、$\pi/2$ 16-QAM 调制，以及不同码率的 RS 编码（必选）和 LDPC 编码（可选）模块。导频字段长度记为 L_p，标准支持 L_p=0, 8, 64。为了提高鲁棒性，编码比特序列在映射到不同星座图前，需进行扩频，有多种扩频系数。SC-PHY 支持扩频系数 L_{sf}=64, 4, 2, 1；CMS 模式下，L_{sf}=64 用于实现可靠通信，数据速率峰值只有 25.8Mbit/s。

15.3c 标准中 SC-PHY 负载结构如图 2-15 所示。对 MAC 帧实体进行加扰和利用 RS 码或 LDPC 码进行 FEC 编码后，在 MAC 帧实体里插入填充比特（不包含任

㊀ 而且，所有具有 PNC 能力的 HIS-PHY 和 AV-PHY 设备都必须在每个超帧中发送 CMS 干扰消除同步帧，它们也能够接收和译码 CMS 同步帧和其他 CMS 命令帧。这确保了每个具有 PNC 能力的设备可以在每个超帧中发送 CMS 同步帧，用于消除其他微微网的潜在干扰。

何信息的比特）。由于编码数据长度通常不能被子块数据部分的长度整除，所以要使用填充比特。为提高帧头和 MAC 帧实体的鲁棒性，用长度为 64 位的格雷码来扩展中间比特序列。得到的比特序列继而被映射到期望的星座图上。利用导频字段进行时钟跟踪、时钟漂移补偿，以及频偏补偿。星座映射将产生子块。导频字段作为已知的循环前缀，使得系统可以进行频域均衡。作为可选阶段，在帧的尾部可以插入导频信道估计序列（Pilot Channel Estimation Sequence，PCES），使得接收机能周期性获得信道信息。

表 2-15　单载波 PHY 的 MCS 参数

MCS 类别	MCS 编号	数据速率/(Mbit/s) $L_p=0$	数据速率/(Mbit/s) $L_p=64$	调制方式	扩频系数 L_{sf}	FEC 类型
类别 1	0（CMS）	25.8	-	π/2 BPSK/(G)MSK	64	RS(255,239)
	1	412	361		4	RS(255,239)
	2	825	722		2	RS(255,239)
	3（MPR）	1650	1440		1	RS(255,239)
	4	1320	1160		1	LDPC(672,504)
	5	440	385		1	LDPC(672,336)
	6	880	770		1	LDPC(672,336)
类别 2	7	1760	1540	π/2 QPSK	1	LDPC(672,336)
	8	2640	2310		1	LDPC(672,504)
	9	3080	2700		1	LDPC(672,588)
	10	3290	2870		1	LDPC(1440,1344)
	11	3300	2890		1	RS(255,239)
类别 3	12	3960	3470	π/2 8-PSK	1	LDPC(672,504)
	13	5280	4620	π/2 16-QAM	1	LDPC(672,504)

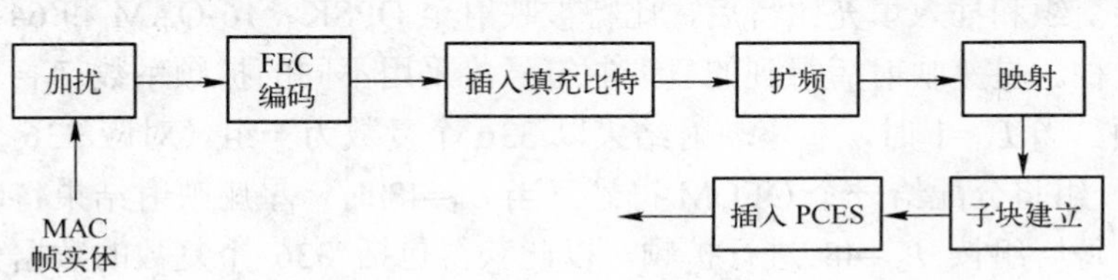

图 2-15　IEEE 802.15.3c SC PHY 发射机的一般结构[18]

2.4.2 HSI-PHY

15.3c 标准中的 HSI-PHY 模式基于 OFDM 技术，适用于高速、低时延双向通信，例如在会议室中，连接电脑/设备的 Ad-hoc 系统。如表 2-16 所示，HSI-PHY 支持 QPSK、16-QAM 和 64-QAM 等调制方式，不同码率的 LDPC 编码，以及 EEP 和 UEP 星座图（64-QAM 只采用 EEP）。使用 UEP 时，最高有效位（MSB）和最低有效位（LSB）采用不同的编码码率，MSB 和 LSB 均由 8bit 组成的。表（2-16）显示 HSI-PHY 可获得的数据速率从 32.1Mbit/s 到 5.005Gbit/s 不等。HSI-PHY 使用 336 个数据子载波、141 个空子载波、16 个保护子载波、16 个导频子载波和 3 个直流子载波。

表 2-16 HSI PHY 的 MCS 参数[18]

MCS 编号	数据速率/Mbit/s	调制方式	扩频系数 L_{sf}	编码方式	FEC 码率	
					MSB 8b	LSB 8b
0	32.1	QPSK	48	EEP	1/2	
1	1540	QPSK	1	EEP	1/2	
2	2310	QPSK	1	EEP	3/4	
3	2695	QPSK	1	EEP	7/8	
4	3080	16-QAM	1	EEP	1/2	
5	4620	16-QAM	1	EEP	3/4	
6	5390	16-QAM	1	EEP	7/8	
7	5775	64-QAM	1	EEP	5/8	
8	1925	QPSK	1	UEP	1/2	3/4
9	2503	QPSK	1	UEP	3/4	7/8
10	3850	16-QAM	1	UEP	1/2	3/4
11	5005	16-QAM	1	UEP	3/4	7/8

15.3c 的 HSI-PHY 模式的负载产生方法如图 2-16 所示。经过加扰、FEC 编码、比特交织和插入填充比特后，比特被映射至 QPSK、16-QAM 和 64-QAM 星座图中的一种。星座映射后得到的复调制符号，采用不同的扩频系数 L_{sf}=1 或 L_{sf}=48 进行扩频。当 L_{sf}=1 时，星座映射结果以 336 个复数为一组（对应 336 个数据子载波）。每一组将分配给一个 OFDM 符号。当 L_{sf}=48 时，星座映射结果将以 7 个复数为一组，每一组按 L_{sf}=48 进行扩频，以此获得包括 336 个复数的数据分组。扩频后，对每一个数据块进行子载波交织，以便将相邻数据符号映射到分离的子载波上。最后，交织后的复数映射到 OFDM 子载波上，第 n 个 OFDM 符号可以表示为

$$s_{k,n}=\frac{1}{\sqrt{N_{\mathrm{sc}}}}\left[\sum_{m=0}^{N_{\mathrm{D}}-1}d_{m,n}\exp\left(\mathrm{j}2\pi\frac{kM_{\mathrm{D}}(m)}{N_{\mathrm{sc}}}\right)+x_n\sum_{m=0}^{N_{\mathrm{P}}-1}p_{m,n}\exp\left(\mathrm{j}2\pi\frac{kM_{\mathrm{P}}(m)}{N_{\mathrm{sc}}}\right)\right.$$
$$\left.+\sum_{m=0}^{N_{\mathrm{G}}-1}g_{m,n}\exp\left(\mathrm{j}2\pi\frac{kM_{\mathrm{G}}(m)}{N_{\mathrm{sc}}}\right)\right] \tag{2-17}$$

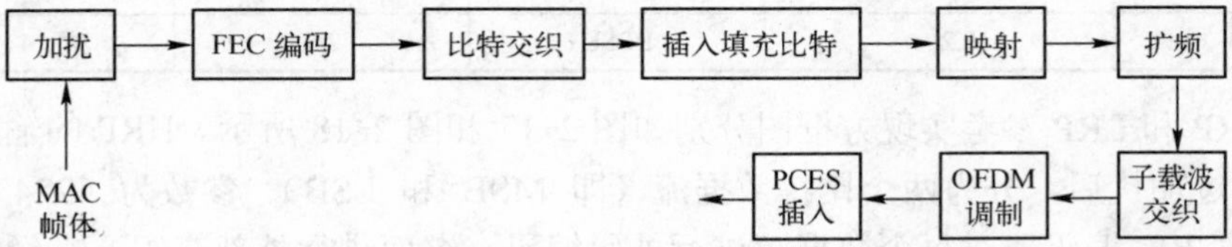

图 2-16　IEEE 802.15.3c HSI PHY 的发射机的一般结构[18]

式中，$k\in\{0,1,\cdots,N_{FFT}-1\}$；$N_{\mathrm{D}}$ 表示数据子载波的个数；N_{P} 表示导频子载波的个数；N_{G} 表示保护子载波的个数；N_{sc} 是总子载波的个数；$d_{m,n}$、$p_{m,n}$、$g_{m,n}$ 分别是第 n 个 OFDM 符号上的第 m 个数据子载波、导频子载波、保护子载波；$M_{\mathrm{D}}(m)$、$M_{\mathrm{P}}(m)$、$M_{\mathrm{G}}(m)$分别为数据子载波、导频子载波、保护子载波的映射函数。

2.4.3　音频/视频 PHY

15.3c 的 AV-PHY 模式同样基于 OFDM 技术，主要用于无压缩高清视频流传输。AV-PHY 包括两种模式：高速 PHY（High-Rate PHY，HRP）和低速 PHY（Low-Rate PHY，LRP）。HRP 支持的数据速率如表 2-17 所示，该模式下 AV-PHY 可以达到最高 3.8Gbit/s 的数据速率。HRP 模式支持 EEP 和 UEP，及 QPSK 和 16-QAM 调制方式。HRP 还支持一种传输模式，只传输 4 个 MSB，而丢弃剩下的 4 个 LSB。LRP 模式结构较为简单，只支持非常低的数据速率。如表 2-18 所示，该模式可达到的速率在 2.5Mbit/s 和 10.2Mbit/s 之间。LRP 只支持 BPSK 调制，码率为 1/2、1/3、2/3 的 FEC 编码，以及 4 倍和 8 倍的重复率。

表 2-17　AV PHY 的 MCS 参数（HRP）[18]

MCS 编号	数据速率/（Gbit/s）	调 制 方 式	内 码 码 率		编 码 方 式
			MSB	LSB	
0	0.952	QPSK	1/3	1/3	EEP
1	1.904	QPSK	2/3	2/3	EEP
2	3.807	16-QAM	2/3	2/3	EEP
3	1.904	QPSK	4/7	4/5	UEP
4	3.807	16-QAM	4/7	4/5	UEP
5	0.952	QPSK	1/3	N/A	仅 MSB
6	1.904	QPSK	2/3	N/A	仅 MSB

表 2-18 AV PHY 的 MCS 参数（LRP）[18]

MCS 编号	数据速率/（Mbit/s）	调 制 方 式	FEC 码率	重 复 率
0	2.5	BPSK	1/3	8
1	3.8	BPSK	1/2	8
2	5.1	BPSK	2/3	8
3	10.2	BPSK	2/3	4

HRP 和 LRP 参考实现方框图分别如图 2-17 和图 2-18 所示。HRP 的输入数据比特经过加扰后，分为两个比特数据流（即 MSB 和 LSB）。参数为（224, 216, t=4）的 RS 编码器对每个数据流进行外码编码，继而进行外部交织。在经过卷积编码（内码编码）和打孔后，将多个比特数据流复合成一个数据流，然后进行比特交织。输出比特序列映射到 QPSK 或 16-QAM 星座上，并且插入保护子载波、导频子载波、直流子载波，然后进行子载波交织后，映射到 OFDM 子载波上。图 2-18 所示的 LRP 结构中不包括 RS 编码、分离/复用和 UEP 阶段。因此 LRP 比 HRP 要简单很多，但付出的代价是性能较差。

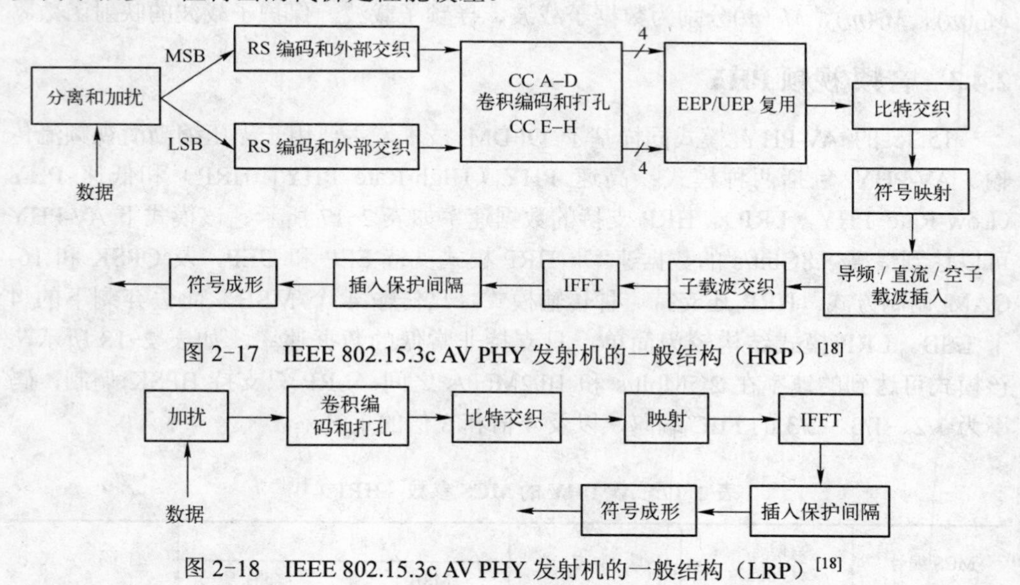

图 2-17 IEEE 802.15.3c AV PHY 发射机的一般结构（HRP）[18]

图 2-18 IEEE 802.15.3c AV PHY 发射机的一般结构（LRP）[18]

参考文献

[1] H. Arslan, Z. N. Chen, and M.-G. D. Benedetto (editors), *Ultra Wideband Wireless Communications*. Hoboken: Wiley-Interscience, 2006.

[2] Z. Sahinoglu, S. Gezici, and I. Guvenc, *Ultra-Wideband Positioning Systems: Theoretical Limits, Ranging Algorihtm, and Protocols*. New York: Cambridge University Press, 2008.

[3] Federal Communications Commission, "First Report and Order 02-48," Feb. 2002.

[4] S. Gezici and H.V. Poor, "Position estimation via ultrawideband signals," *Proc. IEEE (Special Issue on UWB Technology and Emerging Applications)*, vol. 97, no. 2, pp. 386–403, Feb. 2009.

[5] The Commission of the European Communities, "Commission Decision of 21 February 2007 on allowing the use of the radio spectrum for equipment using ultrawideband technology in a harmonised manner in the Community," Official Journal of the European Union, 2007/131/EC, Feb. 23, 2007. [Online]. Available: http://eur-lex.europa.eu/LexUriServ/site/en/oj/2007/l 055/l 05520070223en00330036.pdf

[6] B. Allen, T. Brown, K. Schwieger, E. Zimmermann, W. Malik, D. Edwards, L. Ouvry, and I. Oppermann, "Ultra wideband: Applications, technology and future perspectives," in *Proc.IEEE Int. Workshop on Convergent Technologies (IWCT)*, Oulu, Finland, June 2005.

[7] "Ultrawideband (UWB) technology: Enabling high-speed wireless personal area networks,"2005, White Paper, Intel. [Online]. Available: http://www.intel.com/technology/comms/uwb/download/ultrawideband.pdf

[8] "USB.org, Wireless USB." [Online]. Available: http://www.usb.org/developers/wusb

[9] R. Kraemer and M. D. Katz (Editors), *Short-Range Wireless Communications.*West Sussex, UK: Wiley, 2009.

[10] Federal Communications Commission, "Part 15 – Radio Frequency Devices, cfr 15.255: Operation within the band 57–64 GHz," Oct. 2006. [Online]. Available: http://www.access.gpo.gov/nara/cfr/waisidx 06/47cfr15 06.html

[11] S. K. Yong and C.-C. Chong, "An overview of multigigabit wireless through millimeter wave technology: Potentials and technical challenges," *EURASIP J. Wireless Commun. And Networking*, vol. 2007, article ID 78907, 10 pages.

[12] N. Guo, R. C. Qiu, S. S. Mo, and K. Takahashi, "60-GHz millimeter-wave radio: Principle, technology, and new results," *EURASIP J. Wireless Commun. Networking*, vol. 2007, article ID 68253, 8 pages.

[13] S. K. Yong, P. Xia, and A. V. Garcia, *60 GHz Technology for Gbps WLAN and WPAN: From Theory to Practice*, 1st edition, Wiley, 2011.

[14] ECMA-368, "High rate ultra wideband PHY and MAC standard, 1st edition," Dec. 2005. [Online]. Available: http://www.ecma-international.org/publications/files/ECMA-ST/ECMA-368.pdf

[15] ECMA-369, "MAC-PHY interface for ECMA-368, 1st edition," Dec. 2005. [Online]. Available: http://www.ecma-international.org/publications/files/ECMA-ST/ECMA-369.pdf

[16] A. R. S. Bahai, B. R. Saltzberg, and M. Ergen, *Multi-carrier Digital Communications: Theory and Applications of OFDM*, 2nd ed. Springer, 2004.

[17] ECMA International, "High rate 60 GHz PHY, MAC, and HDMI PAL," ECMA-387 Standard,

Dec. 2008. [Online]. Available: http://www.ecma-international.org/publications/files/ECMA-ST/ECMA-387.pdf

[18] IEEE standard for information technology, telecommunications and information exchange between systems, "Local and metropolitan area networks specific requirements, Part 15.3: Wireless medium access control (MAC) and physical layer (PHY) specifications for high-rate wireless personal area networks (WPANs)," Sep. 2003. [Online]. Available: http://standards.ieee.org/getieee802/download/802.15.3-2003.pdf

[19] H. Singh, S. K. Yong, J. Oh, and C. Ngo, "Principles of IEEE 802.15.3c: Multi-gigabit millimeter-wave wireless PAN," in *Proc. IEEE Int. Conf. Computer Commun. Networks (ICCCN)*, San Francisco, CA, Aug. 2009, pp. 1–6.

[20] ECMA International, "ECMA-387/ISO/IEC/13156: High rate 60 GHz PHY, MAC, and HDMI PAL," ECMA-387 website (presentation slides), Mar. 2008. [Online]. Available: http://www.ecma-international.org/activities/Communications/tc48-2009-006.ppt

[21] S. K. Yong and C. C. Chong, "An overview of multigigabit wireless through millimeter wave technology: Potentials and technical challenges," *EURASIP J.Wireless Commun. Networking*, pp. 1–10, Jan. 2007, article ID: 78907.

[22] C. Park and T. S. Rappaport, "Short-range wireless communications for next-generation networks: UWB, 60 GHz millimeter-wave WPAN, and ZigBee," *IEEE Wireless Commun.*, vol. 14, no. 4, pp. 70–78, Aug. 2007.

[23] P. Smulders, "Exploiting the 60 GHz band for local wireless multimedia access: Prospects and future directions," *IEEE Commun. Mag.*, vol. 40, no. 1, pp. 140–147, Jan. 2002.

[24] ——, "60 GHz radio: Prospects and future directions," in *Proc. IEEE Int. Symp. Commun. and Vehic. Technol. (ISCVT)*, Benelux, Nov. 2003, pp. 1–8.

[25] M. Piz, M. Krstic, M. Ehrig, and E. Grass, "An OFDM baseband receiver for short-range communication at 60 GHz," in *Proc. IEEE Int. Symp. Circuits and Syst. (ISCAS)*, Taipei, Taiwan, May 2009, pp. 409–412.

[26] K. Kornegay, "60 GHz radio design challenges," in *Proc. IEEE Symp. Gallium Arsenide Integrated Circuit (GaAsIC)*, San Diego, CA, Nov. 2003, pp. 89–92.

[27] C. C. Lin, S. S. Hsu, C. Y. Hsu, and H. R. Chuang, "A 60-GHz millimeter-wave CMOS RFICon-chip triangular monopole antenna for WPAN applications," in *Proc. IEEE Antennas and Propag. Soc. Int. Symp.*, June 2007, pp. 2522–2525.

[28] P. J. Guo and H. R. Chuang, "A 60-GHz millimeter-wave CMOS RFIC-on-chip meander-line planar inverted-F antenna for WPAN applications," in *Proc. IEEE Int. Symp. Antennas and Propag.*, July 2008, pp. 1–4.

第 3 章　高速短距离无线通信系统中的信道估计

在本章中，讨论基于 OFDM 的高速短距离无线通信系统的信道估计问题。尽管针对各种 OFDM 系统，已有一系列信道估计方案，但还没有适合对成本和可靠性都有严格要求的 ECMA-368 超宽带（Ultrawideband，UWB）和 60GHz 毫米波通信系统的信道估计方案。本章的主要目的是总结和比较已有的信道估计技术，为低成本、超可靠短距离无线通信设备的实际实现，确定一个有效的可选方案。

本章首先在 3.1 节介绍了信道模型，并根据多径分量（Multipath Components，MPC）成簇的特性，研究了时延色散信道的传播特性。3.2 节以基于块状结构训练序列的估计方案为重点，评估了数个已有的信道估计方案，其中特别关注了最小二乘估计（Least-Squares，LS）、线性最小均方误差估计（Linear Minimum Mean-squared Error，LMMSE）和最大似然估计（Maximum-Likelihood，ML）算法，随后对多级信道估计器（Multistage Channel Estimator）进行了详细介绍。并从均方误差（Mean-Squared Error，MSE）性能和在 ECMA-368UWB 系统中的应用复杂度这两个方面，对这些估计方法进行了比较，证明多级信道估计可以取得理想的性能复杂度折中。3.3 节研究了信道估计误差对系统性能的影响。分析和数值结果说明，对于误符号率（Symbol Error Rate，SER）和误帧率（Frame Error Rate，FER）指标，多级信道估计大大优于传统 LS 方法，而在多种高噪声多径信道下，多级信道估计和最大似然估计的性能相当。采用多级方案可实现高效信道估计，满足了短距离无线通信中超高可靠设备对高性价比的要求。

3.1　高速系统信道模型

传播信道建模在无线通信系统的发展中扮演着重要角色。实际系统的性能很大程度上取决于信道特征，因此对传播信道的深入研究是系统设计中不可或缺的一环。例如，在系统定义时，用户需求和信道环境可能对于正确选择系统参数同样重要的。在系统实现时，为了最大化系统能力，需要不断改进接收机设计（如改进采用的信道估计算法和技术），这也依赖于对传播信道的理解。

电波传播本身是极其复杂的，因此为电波传播建立一个精确、通用的信道模型是不现实的。实际上，无线信道建模一般采用两种简化方法。方法一是在特定场景已知几何属性和介质属性获取信道特性。可以采用实际测量的方法，也可以利用射线跟踪技术，求解麦克斯韦方程组（或它的一个近似）[3]。这种特定场景法被称为确定性建模，该方法可以精确地描述传播环境，在蜂窝通信系统设计中特别有用。但是作为建模工具，该方法的计算复杂度使它在大多数场合都不可用，特别是在那些多径数目很大，且传播环境中有用户或/和物体移动带来信道时变的场景。此外，在室内短距离无线通信环境中，对 UWB 通信而言，传播过程（反射、衍射等）的频率选择性使确定性建模的难度更大。在这些情况下，常使用统计模型。从实际信道测量中得到统计模型的方法被称为统计建模，这种与位置无关的建模方法一般比确定性建模方法简单[4]。

在统计模型中，由于传播信道存在随机性，变化的信道状态无法用确定值来描述，而是由概率分布来描述。如下文所述，在室内环境中，用统计模型来描述信号传播路径上的障碍物，例如家具或其他物体，引起损耗的统计特性；也可用统计模型描述多径带来的有害的干扰或有益的贡献，统计模型的参数一般包括路径损耗、阴影衰落、时延功率谱和小尺度衰落等。本章通过评估这些信道参数，研究短距离无线通信系统中 UWB 信道的统计特性，重点对应用广泛的 IEEE 802.15.3a 和 IEEE 802.15.3c 这两个标准的信道模型进行研究。然而本节只给出这两个模型的简单介绍，其他文献对标准形成背后，大量的信道测量和深入的信道研究有很多更详细的描述，有兴趣的读者可以阅读文献[3,5～7]，这将有助于对这些信道模型及其参量有更全面的理解。

3.1.1 大尺度传播的影响

在无线传播信道中，接收信号功率在数个波长以上距离的变化，用路径损耗和阴影衰落来表征。路径损耗是由于发射机辐射功率的耗散和无线传播信道上的很多影响。它是大尺度衰落和小尺度衰落的平均[4]，可用发射功率 P_t 和接收功率 P_r 的比值估算。在 UWB 通信系统中，路径损耗还与频率有关。频率 f 的信号，在距离 d 上的路径损耗为[8]

$$\zeta_P(d,f)=\mathrm{E}\left\{\int_{f-\Delta f/2}^{f+\Delta f/2}\left|H(d,\tilde{f})\right|^2\mathrm{d}\tilde{f}\right\}\Big/\Delta f \tag{3-1}$$

式中 E{.}表示期望；$H(d,f)$为传输函数（包含天线的作用）；Δf 是一个相对小的带宽，在这个带宽内，衍射系数、介电常数和其他与传播相关的介质属性保持不变，该期望由小尺度衰落和大尺度衰落共同决定[3]。

路径损耗和频率相关性与路径损耗和距离相互性通常可视为是相互独立的，即 $\zeta_P(d,f)=\zeta_P(d)\,\zeta_P(f)$，$\zeta_P(d)\propto d^{-n}$，$\zeta_P(f)\propto f^{-2\kappa}$，其中 n 和 κ 分别表示路径损耗指数和频率衰减因子，且 n 和 κ 都与系统所处的环境有关。如在典型的自由空间路径损耗中，n=2，κ=1。当信号在 3.1～10.6GHz 频段传输时，视距内 n 的标准值为 1.5，非视距范围 n 的值为 3～4，对于多种不同的室内环境，κ 的值在 0.5～

1.5 之间。在 57～66GHz 频段，视距内 n 的取值在 1.2～2.0 之间，非视距范围 n 的值为 1.97～10，κ 的取值会更高。这是因为绕射、透射损耗随信号频率的提高而增加[3]。

除了路径损耗，信号传播路径上的障碍物会使信号能量产生随机变化。障碍物会使某一位置的路径损耗变大，且这种变化具有随机性。另外，信号传播路径上反射物表面的变化和散射物的变化也会给路径损耗带来随机变化。这种现象称为大尺度衰落或阴影衰落。大量测量证明，在窄带信道中该衰落的概率密度函数近似于对数正态分布。近期的测量也证明，这一结论依然适用于 UWB 信道[5,6]。以 dB 为单位，考虑阴影衰落效应，与距离有关的路径损耗可表示为

$$\zeta_{\mathrm{P}}(d)=\zeta_{\mathrm{P}_0}+10n\log_{10}(d/d_0)+X_{\mathrm{dB}},\ d>d_0 \tag{3-2}$$

式中，d_0 是参考距离（例如 1m）；ζ_{P_0} 是 d_0 处以 dB 为单位的路径损耗；X_{dB} 是均值为 0 标准差为 σ_x 的高斯随机变量，单位为 dB。标准差 σ_x 与环境密切相关，在 UWB 信道中，典型值为 1～2dB（视距）和 2～6dB（非视距）。

3.1.2　小尺度传播的影响

无线信道的一个突出特点就是多径传播，即信号从发射机通过不同的路径，与路径上物体发生相互作用后到达接收机。由于多径传播，在很短的距离上（波长的量级），接收信号的能量就会发生变化，这些变化有时被称为小尺度传播效应或多径衰落。多径衰落信道可以建模成一组多径信号之和，它们是由发射天线发出的电磁波通过不同的路径，或作用于不同物体到达接收机的电磁波。根据传播路径不同，每个 MPC 具有一定的传播时延、衰减和到达方向。假设信道带宽为 B，可将时间（时延）轴均分为长度为 $1/B$ 的时延间隔，落到同一个时延间隔内的信号不能被分辨，形成简单的叠加。同一个时延间隔内 MPC 间的干扰会加大小尺度衰落，即由于 MPC 间的相对相位不同，其叠加有时增强，有时减弱[3]。

研究和测量表明，UWB 传播信道和传统窄带传播信道的小尺度衰落有一个重要差别，主要体现在两个方面。

（1）在同样环境下，由于 UWB 系统具有高时间分辨率，在一个时延间隔内通常包含更少的 MPC。因此，在窄带无线系统中描述接收信号包络变化时，广泛采用的（基于中心极限定理）瑞利分布，可能不适合相对而言小尺度衰落不那么严重的 UWB 系统。要更精确地描述 UWB 传播信道的小尺度衰落，就需要根据传播环境和用户需求选择一个合适的分布，如 Nakagami 分布、Weibull 分布、Rice 分布或对数正态分布。实际上，大量测量表明，对数正态分布适合大多数环境，因此在 UWB 系统中，它被普遍用于描述小尺度衰落。

（2）在 UWB 传播信道中，不同 MPC 通常成簇到达，它们具有不同的时延、

相位和衰落程度。形成 MPC 簇是由于在多数室内环境中，物体在空间上的分布不是均匀的，而是成簇的。简单而言，一个簇就是彼此靠得很近而和其他物体相距较远的一组物体。椅子围着餐桌，或者书在书架上，都是物体成簇出现的例子。作为近似，把物体的成簇等价为 MPC 的成簇。需要强调的是，成簇的现象不只出现在时域，也出现在角度域，特别是在多天线系统中，需要考虑 UWB 传播信道的角度色散。图 3-1 说明了到达时间（Time-of-Arrival，ToA）和到达角（Angle-of-Arrival，AoA）具有近似均值的成簇 MPC [6]。

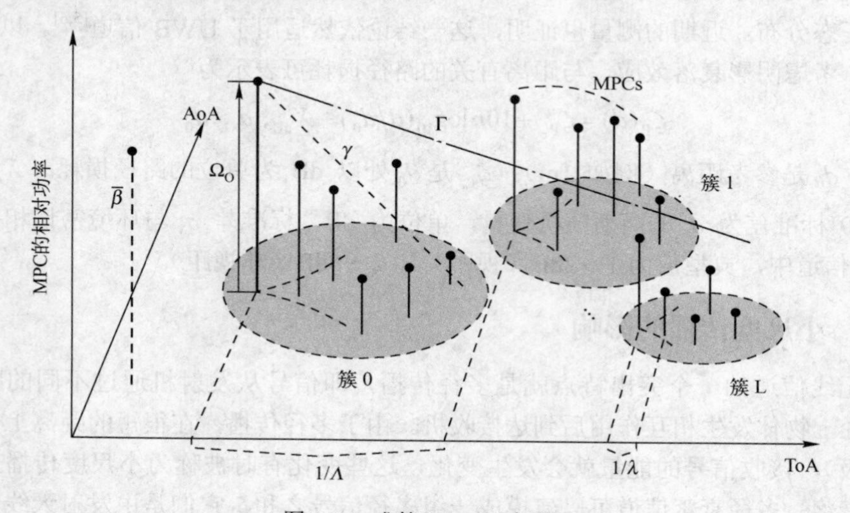

图 3-1 成簇 MPC 示意图

基于 MPC 成簇特性，UWB 信道多径模型的复基带冲激响应可精确表示为[6,9]

$$h(t,\theta)=\overline{\beta}\delta(t,\theta)+\sum_{l=0}^{L-1}\sum_{k=0}^{K_l-1}\beta_{k,l}\delta(t-T_l-\tau_{k,l})\delta(\theta-\Theta_l-\upsilon_{k,l}) \tag{3-3}$$

式中，L 为簇的数目，其取值和环境有关，尽管在一些测试环境下 L 可取到 14，但其标准值在 1~5 之间；K_l 是第 l 簇中，射线（MPC）的数目；T_l 和 Θ_l 分别表示第 l 簇的时延和平均 AoA；$\tau_{k,l}$、$\upsilon_{k,l}$ 和 $\beta_{k,l}$ 分别表示第 l 簇中第 k 条射线的时延、方位角和信道复振幅；$\overline{\beta}\delta(t,\theta)$ 表示区别于成簇 MPC 出现的直射路径或强镜面反射路径的信道响应，特别是在使用定向天线的情况下。

流行的 Saleh-Valenzuela（S-V）模型[10]认为簇到达时间 T_l 和一个簇中射线到达时间 $\tau_{k,l}$ 均为泊松分布的随机变量，其到达率分别为 Λ 和 λ，这意味着可以用相互独立的，以到达率为参数的指数概率密度函数，分别表示簇到达时间和射线到达时间

$$\mathrm{p}(T_l\,|\,T_{l-1})=\Lambda\exp(-\Lambda(T_l-T_{l-1})),\qquad l>0$$

$$\mathrm{p}(\tau_{k,l}\,|\,\tau_{k-1,l})=\lambda\exp(-\lambda(\tau_{k,l}-\tau_{k-1,l})),\qquad k>0$$

另一方面，在角度域，在给定 Θ_{l-1} 情况下，Θ_l 的条件分布（或 $p(\Theta_l/\Theta_{l-1})$，$l>1$）近似为 $[0,2\pi)$ 内的均匀分布，且一个簇内 MPC 的到达角 $\upsilon_{k,l}$ 可以用零均值拉普拉斯分布随机变量表示[6,11]，即

$$\mathrm{p}(\upsilon_{k,l})=\frac{1}{\sqrt{2}\sigma_\theta}\exp\left(-\frac{\sqrt{2}|\upsilon_{k,l}|}{\sigma_\theta}\right)$$

式中，σ_θ 是标准差。

应当指出，只有在簇和射线是统计独立，且时间和角度的概率分布也是统计独立的假设条件下，即

$$\mathrm{p}(T_l,\Theta_l\,|\,T_{l-1},\Theta_{l-1})=\mathrm{p}(T_l\,|\,T_{l-1})\mathrm{p}(\Theta_l\,|\,\Theta_{l-1}),\qquad l>0$$

$$\mathrm{p}(\tau_{k,l},\upsilon_{k,l}\,|\,\tau_{k-1,l})=\mathrm{p}(\tau_{k,l}\,|\,\tau_{k-1,l})\mathrm{p}(\upsilon_{k,l}),\qquad k>0$$

式（3-3）的模型才成立。

当 UWB 系统不包含定向天线和多天线时，式（3-3）模型可简化为㊀

$$h(t)=X\sum_{l=0}^{L-1}\sum_{k=0}^{K_l-1}\alpha_{k,l}\delta(t-T_l-\tau_{k,l})\tag{3-4}$$

式中，X 表示对数正态阴影衰落；$\alpha_{k,l}$ 是第 l 簇中第 k 条射线的信道增益参数（实数）。本模型通常用于 3.1～10.6GHz 频段的高速 UWB 中[9]。若每个簇内的功率时延谱是指数分布，且簇的平均能量呈指数衰减，可精确表示为

$$\mathrm{E}\{|\alpha_{k,l}|^2\}=\Omega_0\mathrm{e}^{-\frac{T_l}{\Gamma}}\mathrm{e}^{-\frac{\tau_{k,l}}{\gamma}}$$

式中，Ω_0 是第 1 簇第 1 路径的平均能量；Γ 是该簇的衰减因子；γ 是该射线的衰减因子。此外，根据第 3.1.1 节的讨论，阴影衰落项 X 为对数正态分布的随机变量，即 $20\log_{10}X\sim\mathcal{N}(0,\sigma_x^2)$ 所以将信道的总能量 $\{\alpha_{k,l}\}$ 归一化为单位值，即

$$\sum_{l=0}^{L-1}\sum_{k=0}^{K_l-1}|\alpha_{k,l}|^2=1\tag{3-5}$$

功率时延谱相关的一些参数对描述多径信道时间色散特性很重要。功率时延谱的第一个参数是平均时延扩展，根据式（3-5），它可以表示为

$$\tau_\mathrm{m}=\sum_{l=0}^{L-1}\sum_{k=0}^{K_l-1}|\alpha_{k,l}|^2(T_1+\tau_{k,l})$$

㊀ 式（3-3）为复基带模型，而式（3-4）是实带通模型。

而功率时延谱定义的第二个重要参数是均方根（Root-Mean-Square，RMS）时延扩展，可表示为

$$\tau_{\mathrm{rms}}=\sqrt{\sum_{l=0}^{L-1}\sum_{k=0}^{K_l-1}\left|\alpha_{k,l}\right|^2(T_l+\tau_{k,l}-\tau_{\mathrm{m}})^2}$$

除此之外，信道的重要参数还包括：功率高于门限值（例如，低于峰值功率10dB）的路径的平均数目 NP_1；包含大部分信道能量（例如，85%）的路径的平均数目 NP_2。可以用这两个参数描述最大时延扩展。最大时延扩展和 RMS 时延扩展可以给出信道的多径时延扩展信息。

需注意的是，尽管式（3-4）中的信道模型简单，且广泛用于描述 UWB 无线传播特性，但它主要适用于全向天线-全向天线的 UWB 无线通信系统设计中。当一个无线通信系统包含定向天线和/或多天线时，应采用更具普遍性的式（3-3）所示的信道模型，它特别适合 60GHz 毫米波传播信道。与传统的 3.1～10.6GHz UWB 无线电相比，60GHz 频段无线电的建筑材料穿透损耗高，氧气吸收严重。毫米波通信技术的可行性研究表明，一对全向-全向天线配置可获得的增益，不足以支持 60GHz 的甚高速应用[12]。且在 60GHz 频段，即使在视距条件下，使用具有高天线增益（例如，大于 30dBi）和低半功率波束宽度 (Half Power Beamwidth，HPBW)（例如，6.5°）的单天线设备，也很难建立一个可靠的通信链路，因为人体很容易衰减和阻挡一个窄波束信号。在这种情况下，采用多天线（即天线阵）和波束赋形算法，在获得高增益的同时，还可以将主要波束方向控制在最强传播路径方向以抑制多径影响。在式（3-3）所示毫米波信道型模中，很重要的一点是将定向天线的相关统计特征值 $\overline{\beta}$、Θ_l、$\upsilon_{k,l}$ 添加到式（3-3）中。$\overline{\beta}$ 的变化和其对信道特征的影响，可以通过莱斯因子 K 来说明，其中 K 被定义为视距分量和成簇 MPC 功率的比值，即

$$K=\mathrm{E}\{\left|\overline{\beta}\right|^2\}\Big/P_{\mathrm{mpc}}$$

式中，P_{mpc} 是成簇 MPC 的平均功率。莱斯因子 K 的值越大，信道中视距分量越强。实验结果表明，莱斯因子 K 一般随着信道均方根时延扩展的减小而增加[7,13]。

IEEE 802.15.3 研究组 3a（研究 3.1～10.6GHz UWB）和工作组 3c（研究 60GHz 毫米波），通过将统计信道模型的重要特性和实际测量的特征进行匹配，给出并推荐了多种视距和非视距信道模型参数[5,6]。

表 3-1 针对 3.1～10.6GHz UWB 系统设计，总结了统计信道模型的一些重要特征参数值。作为一个例证，它是本章更加深入地研究信道估计的基础。对 60GHz 毫米波通信系统信道建模细节感兴趣的读者，可以阅读文献[6]。

表 3-1　IEEE 802.15.3 SG 3a 提供的 UWB 信道模型多径参数

参量和特征	CM1 视距，0～4m	CM2 非视距，0～4m	CM3 非视距，4～10m	CM4 非视距，强时延色散
Λ(1/ns)	0.0233	0.4	0.0667	0.0667
λ(1/ns)	2.5	0.5	2.1	2.1
Γ	7.1	5.5	14.0	24.0
γ	4.3	6.7	7.9	12
σ_x/dB	3	3	3	3
τ_m/ns	5.0	9.9	15.9	30.1
τ_{rms}/ns	5	8	15	25
NP_1（10dB）	12.5	15.3	24.9	41.2
NP_2（85%）	20.8	33.9	64.7	123.3

3.1.3　离散时间模型

通过研究 UWB 传播信道的统计特征，获得了到达时间和信号幅值均连续的连续时间多径模型。实际上，式（3-4）中 UWB 信道多径模型的冲激响应可表示为

$$h(t)=\sum_{q=0}^{Q-1}\alpha_q\delta(t-t_q) \tag{3-6}$$

式中，Q 是路径数目；α_q 和 $t_q=\tau_q T_s$（$\tau_0<\tau_1<\ldots<\tau_{Q-1}$）分别表示第 q 个路径的增益系数和时延。这里 T_s 表示接收信号的采样间隔，例如 UWB 系统中 $T_s\approx1.894$ns[1]，60GHz 毫米波系统中 $T_s\approx0.386$ns[2]。

要获得离散时间信道冲激响应（Channel Impulse Response，CIR），首先将 $h(t)$ 转换为过采样离散时间样本㊀

$$h_d(m)=\sum_{\substack{0\leqslant q<Q\\ m-0.5<G\tau_q\leqslant m+0.5}} h(\tau_q T_s),\ m=0,1,\cdots,N_G-1 \tag{3-7}$$

式中，$N_G=\lceil G\tau_{Q-1}+0.5\rceil$，$G$ 是一个足够大的整数。G 的选择需遵循经验法则——确保 $G\geqslant1$ 且 G/T_s 至少为 100GHz[5]。过采样离散时间样本 $\{h_d(m)\}$ 经过脉冲成形滤波，复下变频和抽取因子为 G 的抽取，得到有 N_Q 个抽头的离散时间复基带 CIR，即

$$\bar{\boldsymbol{h}}=\left[\bar{h}(0),\ \bar{h}(1),\ \ldots,\ \bar{h}(N_Q-1)\right]^{\mathrm{T}} \tag{3-8}$$

㊀ 标记 $x(t)$ 和 $x[m]$（$x[m]=x(mT)$，T 为采样间隔）常用于表示连续时间信号和离散时间信号。在本章中，为了简单起见，用 $x(m)$（$x(m)=x(mT)$）表示离散时间信号。

式中，$N_Q = \lceil \tau_{Q-1} + 0.5 \rceil$。基带仿真系统的设计通常采用有限冲激响应（Finite Impulse Response，FIR）滤波器信道模型。IEEE 802.15.3 研究组 3a 针对 UWB 系统的性能评估，为每种信道类型（CM1、CM2、CM3 或 CM4）推荐了 100 种不同的 FIR 实现[5,9,14]。

从 $h(t)$ 获得离散时间 CIR 的另一种方式是，首先获得它对应的连续时间复基带 CIR

$$\tilde{h}(t) = \sum_{q=0}^{Q-1} \alpha_q \delta(t - t_q) \tag{3-9}$$

$\tilde{\boldsymbol{h}} = \left[\tilde{h}(0),\ \tilde{h}(1),\ \cdots,\ \tilde{h}(N-1)\right]^{\mathrm{T}}$ 表示 $\tilde{h}(t)$ 的等价离散时间复基带 CIR。这里研究每个 OFDM 信号中有 N 个子载波的 OFDM-UWB 系统，也就是说，需要以采样间隔 T_{s} 对接收信号采样，并按 N 个一组，对采样数据按组进行处理。$\tilde{\boldsymbol{h}}$ 的第 l 个元素可以表示为[15,16]

$$\tilde{\boldsymbol{h}}(l) = \sum_q \alpha_q \mathrm{e}^{-\mathrm{j}\pi[l+(N-1)\tau_q]/N} \frac{\sin(\pi\tau_q)}{\sin(\pi(\tau_q - l)/N)},\ l = 0,\ 1,\ \cdots,\ N-1 \tag{3-10}$$

式（3-10）考虑了频域采样带来的功率泄漏。注意，等式意味着 $\tilde{\boldsymbol{h}}$ 的频域响应和 $\tilde{h}(t)$ 在 N 个子载波上的频率响应一样。相应地，如果是非整数倍采样间隔信道，即 $\{\tau_q\}$，q=0,1，…Q−1，不全为整数$^{\ominus}$，$\bar{\boldsymbol{h}}$ 的频域响应一般不同于 $\tilde{h}(t)$ 在 N 个子载波上的频率响应。等价离散时间 CIR 的长度通常为 N，且大多数情况下 $N \gg N_Q$。$\tilde{h}(t)$ 代表实际的信道模型，$\bar{\boldsymbol{h}}$ 为近似离散时间复基带 CIR，它略不同于等价离散时间复基带 CIR $\tilde{\boldsymbol{h}}$。

实际上，$\bar{\boldsymbol{h}}$ 和 $\tilde{\boldsymbol{h}}$ 间的差异对选择合适的信道估计算法有重要影响。如果信道估计只在频域进行，在基于仿真的系统性能估计中，采用 $\bar{\boldsymbol{h}}$ 或 $\tilde{\boldsymbol{h}}$ 没有明显差别时，采用 $\bar{\boldsymbol{h}}$ 的信道估计技术会导致性能的过估计，因为 $\bar{\boldsymbol{h}}$ 与信道的瞬时特性有很大关系。在后续章节中，将针对 $\bar{\boldsymbol{h}}$ 和 $\tilde{\boldsymbol{h}}$ 间差异给信道估计器的设计，带来的影响进行更详细的讨论。

3.2 信道估计算法概述

由 3.1 节可知，大部分信号能量分布在 UWB 传播信道的多径信号上。这是因为，很宽的带宽在一定程度上可以帮助接收机分辨出这些包含有用能量的多径信号。这进一步解释了为什么 OFDM 会成为高速 UWB 通信系统的一个有效的调制

⊖ 当 $\{\tau_q\}$，q=0,1，…Q−1，全为整数时，信道常被称为整数倍采样间隔信道。

方案，并日益被广泛采用[9,17,18]。OFDM 系统不是直接将高速数据信号送入无线信道去经历严重的频率选择性衰落，而是将其转换为一组正交信号再送入无线信道中传输，每个信号的带宽小于信道的相干带宽，各个正交信号被调制到不同的子载波上，因而每个正交信号在无线信道中的传播就只经历频域平坦衰落。所以当发射机采用 OFDM 调制方式和前向纠错（Forward Error Correction，FEC）信道编码技术时，接收机只需要一个简单的单抽头均衡器就可以补偿每个子载波信号的衰落。在编码 OFDM 系统中㊀，相干检测是接收机首选的检测方式，因为它能为信道译码器提供正确的星座信息，因此需要对信道进行估计和跟踪。信道估计和跟踪一般在频域㊁进行，即通过估计信道频域响应（Channel Frequency Response，CFR）完成。

OFDM 系统的信道估计可以分为两大类：导频辅助估计[19~22]和盲（或半盲）信道估计[23~28]。如图 3-2 所示，在导频辅助方法中，导频信号以块状或梳状结构嵌在 OFDM 符号特定的子载波上。采用梳状导频结构时，接收机需要先估计出插入导频符号的信道，再利用已估计出的信道进行插值滤波，来获得对整个信道的估计。另外，插入的导频符号也用于跟踪信道变化。盲估计方案不需要插入导频符号，可以获得很高的频谱利用率。但它需要更高的实现复杂度且估计性能较差。半盲估计方法通过插入少量导频的方式，消除盲估计方法中的相位模糊问题，并提供初始信道估计，在一定程度上提高了估计性能。在实际的信道估计中，利用获得的虚拟块状导频，采用著名的判决反馈相关检测法，密切跟踪信道的时域变化[29]。与导频辅助方法相比，半盲估计方法中导频密度较稀疏，因此它保留了高频谱利用率的特点。

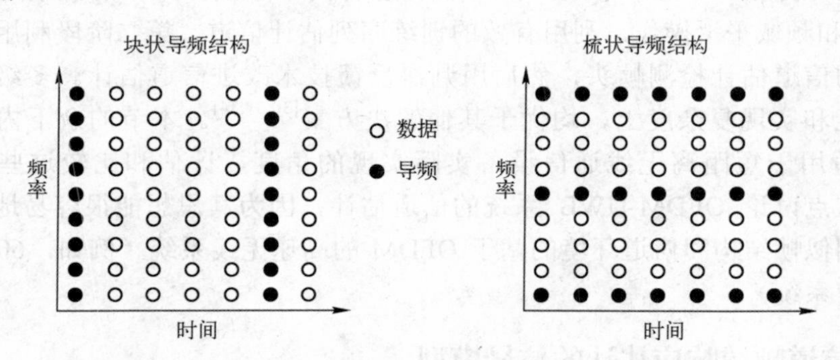

图 3-2　OFDM 系统中块状和梳状导频结构

基于 OFDM 的短距离高速无线通信系统通常采用基于帧的传输方式[1,2]。一般而言，在一个 OFDM 帧传输周期内，可以认为 UWB 信道是不变的。利用位于帧

㊀ 文献中，采用 FEC 编码的 OFDM 系统通常称为编码 OFDM 系统（coded OFDM，COFDM）。
㊁ 因为 OFDM 系统的多载波特性，很少在时域进行信道估计。

前导中的信道训练序列（即块状导频）可以完成对 CFR 的估计。因此本章将重点讨论采用块状导频结构的信道估计技术。一般来说，任何一个估计方案如 LS、ML 或基于 MMSE 的算法，都可以用于估计 CFR[19,29~34]。在这些方法中，LS 估计复杂度最低，但在低信噪比（Signal-to-Noise Ratio, SNR）情况下，LS 的估计精度不能满足要求[35]。因此在 UWB 接收机设计中，需要更优的信道估计算法。尽管 ML 和 MMSE 估计可以获得足够高的估计精度，但它们要么计算复杂度很高，要么需要信道统计信息和 SNR，都不适合低成本、低能耗的应用场合。

针对 OFDM 系统，提出了一些改进 MMSE 和 LS 估计方法。改进的估计方法复杂度更低或估计性能更好（见文献[32]及其参考文献）。Edfors 等人采用低秩近似方法，提出了一种基于奇异值分解（Singular Value Decomposition, SVD）的频域 LMMSE 估计方法[33]。Li 等人利用离散傅里叶变换（Discrete Fourier Transform, DFT），提出了另一个简化的基于 SVD 的信道估计[30]。这两种方法都需要频域信道相关信息和 SNR。Deneire 等人结合信道的有限时延扩展和频域信道相关，引入了一种 ML 估计方案，本方案可以获得和 LMMSE 估计近似的降噪能力[34]。为了降低多频段（Multiband, MB）OFDM UWB 信道估计的复杂度，Li 和 Minn 最近提出了一种时域 LS 估计[31]。这种估计方法也利用信道的有限时延扩展特性，是具有等价降噪性能的 ML 估计器的时域版本。然而作为传统的 ML 估计，它需要预先存储一个大矩阵，或者执行实时矩阵求逆运算。一般来说，这在低能耗和低成本的便携式设备的实际实现中是不允许的。

最近 Wang 等人提出了一种为 MB-OFDM UWB 系统量身定做的，实用的多级信道估计方案[36]。这一多级 CFR 估计包含两个阶段。第一阶段使用简单的 LS 估计和频域平滑操作，利用有效的训练序列估计信道。第二阶段利用第一阶段获得的信道估计检测帧头，然后用判决反馈技术改进信道估计。多级估计在估计性能和实现复杂度上，均优于其他解决方案[30,31,34]。本节的余下内容，将从是否适用于短距离无线通信设备实际实现的角度，评估和比较这些解决方案。将重点讨论 OFDM-UWB 系统的信道估计，因为其思想能很容易地扩展到其他有相似帧结构和信道环境的基于 OFDM 的高速无线系统（例如，60GHz 毫米波通信系统）。

3.2.1 信道频域响应估计的信号模型

在评估 CFR 估计之前，首先以 MB-OFDM UWB 系统为例，简要描述为估计 CFR 而特意建立的信号模型。如图 3-3 所示，每个 MB-OFDM UWB 帧都由前导、帧头和负载组成。与文献[1]描述的一样，前导包含 30 个 OFDM 符号，其中最后 6 个符号用于信道估计。帧头由承载帧配置信息的 12 个 OFDM 符号组成。负载由 M 个 OFDM 符号组成，M 是 6 的倍数。在图 3-3 中，标记出了用于信道估计的 OFDM 符号，即前导中的信道训练符号和帧头符号㊀，这些符号被分为两组，每一组由连续 6 个 OFDM 符号组成。

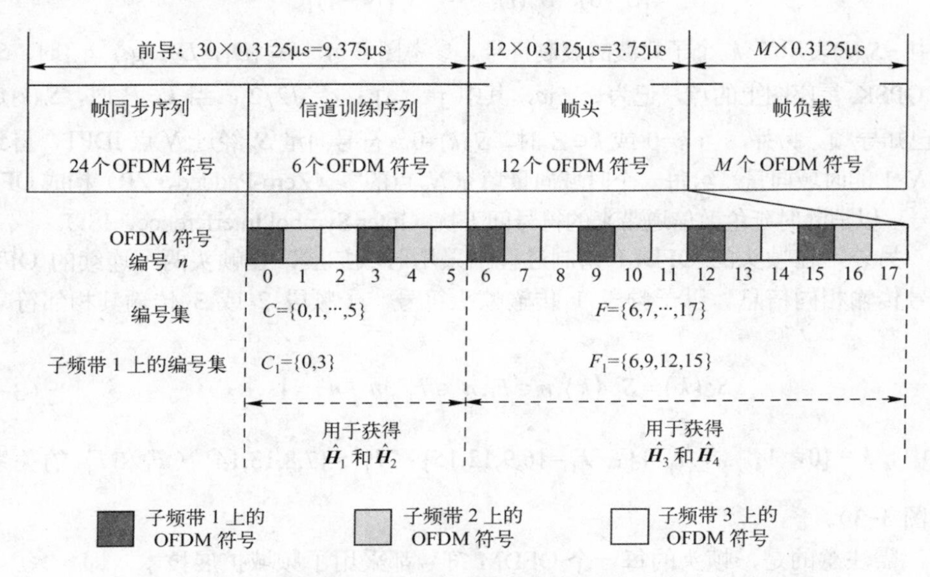

图 3-3　MB-OFDM UWB 帧结构，OFDM 符号编号和时频码 TFC=1 的多频段信号组（2010 IEEE）[36]

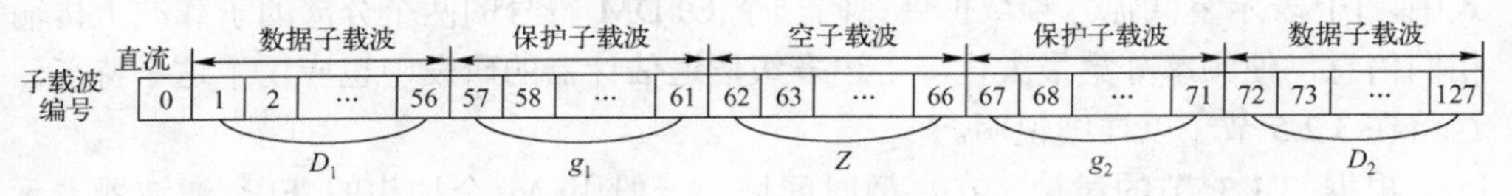

图 3-4　OFDM 符号中的子载波编号（2010 IEEE）[36]

一组中的 6 个 OFDM 符号可以在多个频段上传输。时频码（Time Frequency Code，TFC）规定了每个符号传输的中心频率。图 3-3 是 TFC 的一个实现（与文献[1]定义的 TFC=1 相对应），其中子频段 1 上传输每组的第 1 个符号，子频段 2 上传输每组的第 2 个符号，子频段 3 上传输每组的第 3 个符号，子频段 1 上传输每组的第 4 个符号，依此类推。不失一般性地，本章采用 TFC=1 的方案。在这种情况下，系统有 3 个子频段，每个子频段由 M_1=2 个训练符号和 M_2=4 个帧头符号组成。如图 3-3 所示，编号集 C_1 和 F_1 分别规定了子频段 1 上的训练符号和帧头的编号。

图 3-4 形象地说明了一个 OFDM 符号的子载波结构。需要特别说明的是，每一个符号包含 N=128 个子载波，其中 R=112 个承载数据（标记为 D_1 和 D_2），R_1=10 个保护子载波（标记为 g_1 和 g_2）以及 R_2=6 个直流（Direct Current，DC）子载波和空子载波（标记为 Z）。在 R 个数据子载波中，有 P=12 个是导频子载波

㊀ 帧头符号用于多级信道估计，见文献[36]。图 3-3 中的估计值 $\widehat{\boldsymbol{H}}_1$、$\widehat{\boldsymbol{H}}_2$、$\widehat{\boldsymbol{H}}_3$ 和 $\widehat{\boldsymbol{H}}_4$ 将在 3.2.5 节介绍。

（被标记为 P）。第 n 个 OFDM 符号可表示为

$$\boldsymbol{S}_n=\left[S_n(0),\ S_n(1),\ \cdots,\ S_n(N-1)\right]^{\mathrm{T}} \tag{3-11}$$

式中，$S_n(k)$表示第 k 个子载波的调制符号。参考图 3-4，$k\in\{D_1,\ D_2,\ g_1,\ g_2\}$时，$S_n(k)$是 QPSK 星座图上的点，记为$\pm c\pm \mathrm{j}c$，其中 $\mathrm{j}=\sqrt{-1}$；$c=\sqrt{2}/2$。当 $k\in P$ 时，$S_n(k)$是一个已知导频。另外，当 $k=0$ 或 $k\in Z$ 时，$S_n(k)=0$。符号向量 $\boldsymbol{S}_n$ 经过 N 点 IDFT，得到一个 $N\times1$ 的时域向量。给每一个时域向量填充 N_g 点的零（Zero-Padded，ZP）构成 OFDM 符号，以消除时延色散信道带来的符号间干扰（Inter-Symbol Interference，ISI）。

另外，在帧头的 OFDM 调制过程中采用时域扩展，让帧头两个连续的 OFDM 符号传输相同信息。以子频段 1 传输帧头符号，子频段 2 或 3 传输其相邻符号为例，有

$$S_n(k)=S_{n'}(k),n\in F_1,n'\in F_1',|n-n'|=1 \tag{3-12}$$

式中，$k\in\{0,\ 1,\ \ldots,\ N-1\}$；$F_1=\{6,9,12,15\}$；$F_1'=\{7,8,13,14\}$（$F_1$ 和 F_1' 的关系参见图 3-3）。

需注意的是，帧头的每一个 OFDM 符号都采用了频域扩展技术，即

$$S_n(k)=\left[S_n(N-k)\right]^*,k\in D_1,n\in F \tag{3-13}$$

式中，$[\cdot]^*$表示复共轭。频域扩展在同一个 OFDM 符号的两个分离的子载波上传输相同信息，使频率分集最大化。上述多级信道估计器的研发中也应用了这个特征，这将在 3.2.5 节予以详细说明。

根据 3.1.3 节的讨论，在离散时间域，一般用 N_h 个抽头的 FIR 滤波器表示 UWB 信道，其子频段的冲激响应可以表示为㊀

$$\boldsymbol{h}=\left[h(0),\ h(1),\ \ldots,\ h(N_h-1)\right]^{\mathrm{T}} \tag{3-14}$$

由 $\boldsymbol{H}=\boldsymbol{F}_{N_h}\boldsymbol{h}$ 可以得到对应的 CFR $\boldsymbol{H}=\left[H(0),\ H(1),\ \ldots,\ H(N-1)\right]^{\mathrm{T}}$，$\boldsymbol{F}_{N_h}$ 是 N 点 DFT 矩阵的前 N_h 列。

在接收机，运用重叠相加法（在 ZP-OFDM 系统中，将线性卷积转换为循环卷积[37]）去掉每个 OFDM 符号的 N_g 个点的 ZP，再将接收样本送入 N 点 DFT 处理器。假设 $N_h\leqslant N_g$，且接收帧前导㊁的前 24 个 OFDM 符号实现了定时和频率同步（帧定时、符号定时和载波频偏补偿），则 DFT 处理器输出样本和第 n 个 OFDM 符

㊀ 为了不失一般性且更方便标记，没有采用不同的符号表示不同子频段上的冲激响应（包括 N_h）。此外，这里的 CIR 也包含发射滤波器和接收滤波器。

㊁ $N_h\leqslant N_g$ 的假设可能不会一直严格成立，特别是在 CM4 模型下。但是基本上这种情况下的 ISI，对本章描述的信道估计的有效性没有明显影响。

号对应，即 $\boldsymbol{Y}_n=[Y_n(0), Y_n(1), \ldots, Y_n(N\text{-}1)]$可由式（3–15）得到

$$Y_n(k)=S_n(k)H(k)+V_n(k),\ k\in\{0,\ 1,\ \ldots,\ N-1\} \tag{3-15}$$

式中，$V_n(k)$代表第 k 个子载波的信道噪声，为均值为 0，方差为σ^2的复高斯随机变量，即 $V_n(k)\sim \mathcal{CN}(0,\sigma^2)$。

需重点注意的是，与其他所有标准 OFDM 系统中子载波的安排类似，DC 子载波和位于 OFDM-UWB 信号的频谱边沿的 R_1+R_2-1 个子载波（即保护和空子载波），用于提供频率保护以对抗邻频干扰或其他系统的干扰，并且简化了接收机的设计。因此它们一般不能用于 OFDM 系统的信道估计。在文献中常常忽略零频保护和 DC 抑制，特别是在以分析为目的的研究中。在后续讨论中，对于实际应用时，只使用 R 个非零数据子载波进行信道估计，以此来强调这些零子载波的存在。

令 $R_0=R/2$，$\breve{\boldsymbol{S}}_n=\mathrm{diag}\{S_n(N-R_0),\ S_n(N-R_0+1),\ \cdots,\ S_n(N-1),\ S_n(1),\ S_n(2),\ \cdots,\ S_n(R_0)\}$ 是一个对角项为$\{S_n(k)\}$，(k 是满足 $k\in\{D_1,\ D_2\}$的所有值)的 $R\times R$ 的对角矩阵。令$\breve{\boldsymbol{Y}}_n$、$\breve{\boldsymbol{H}}$ 和$\breve{\boldsymbol{V}}_n$为 $R\times 1$ 向量，它们分别表示$\boldsymbol{Y}_n$、$\boldsymbol{H}$ 和$\boldsymbol{V}_n$中与数据子载波相关的子集，即

$$\breve{\boldsymbol{Y}}_n=\left[Y_n(N-R_0),\ Y_n(N-R_0+1),\ \cdots,\ Y_n(N-1),\ Y_n(1),\ Y_n(2),\ \cdots,\ Y_n(R_0)\right]^{\mathrm{T}}$$

$$\breve{\boldsymbol{H}}=\left[H(N-R_0),\ H(N-R_0+1),\ \ldots,\ H(N-1),\ H(1),\ H(2),\ \ldots,\ H(R_0)\right]^{\mathrm{T}}$$

$$\breve{\boldsymbol{V}}_n=\left[V_n(N-R_0),\ V_n(N-R_0+1),\ \ldots,\ V_n(N-1),\ V_n(1),\ V_n(2),\ \ldots,\ V_n(R_0)\right]^{\mathrm{T}}$$

$\breve{D}=\{0,1,\cdots,R-1\}$ 是数据子载波的一个可选编号集。令$\breve{S}_n(k)$为$\breve{S}_n$的第 k 个对角线元素，$\breve{Y}_n(k)$、$\breve{H}(k)$ 和$\breve{V}_n(k)$ 分别为$\breve{\boldsymbol{Y}}_n$、$\breve{\boldsymbol{H}}$ 和$\breve{\boldsymbol{V}}_n$的第 k 个元素。$k\in\breve{D}$ 和 $m\in\{D_2,\ D_1\}$元素之间是一一映射 $\breve{S}_n(k)=S_n(m)$、$\breve{Y}_n(k)=Y_n(m)$、$\breve{H}(k)=H(m)$ 和 $\breve{V}_n(k)=V_n(m)$。因此，可以把信号模型由式（3–15）改写成

$$\breve{\boldsymbol{Y}}_n=\breve{\boldsymbol{S}}_n\breve{\boldsymbol{H}}+\breve{\boldsymbol{V}}_n \tag{3-16}$$

3.2.2 LS 信道频率响应估计

令$\widehat{\boldsymbol{H}}$ 表示$\breve{\boldsymbol{H}}$ 的估计，LS 方法通过使$\breve{\boldsymbol{S}}_n\widehat{\boldsymbol{H}}$与$\breve{\boldsymbol{Y}}_n$之间的平方误差最小化来得到对$\breve{\boldsymbol{H}}$ 的估计，其中$\breve{\boldsymbol{S}}_n\widehat{\boldsymbol{H}}$是确定但未知的向量，$\breve{\boldsymbol{Y}}_n$假定是数据的观测向量，它受噪声和建模误差的影响。平方误差$J_{\mathrm{LS}}(\widehat{\boldsymbol{H}})$为

$$J_{\mathrm{LS}}(\widehat{\boldsymbol{H}})=(\breve{\boldsymbol{Y}}_n-\breve{\boldsymbol{S}}_n\widehat{\boldsymbol{H}})^{\mathrm{H}}(\breve{\boldsymbol{Y}}_n-\breve{\boldsymbol{S}}_n\widehat{\boldsymbol{H}}) \tag{3-17}$$

式中，$(\cdot)^{\mathrm{H}}$ 表示厄米特转置。假定$J_{\mathrm{LS}}(\widehat{\boldsymbol{H}})$对$\widehat{\boldsymbol{H}}$的偏导数为 0，可得到基于 OFDM 训练符号$\breve{\boldsymbol{H}}$ 的 LS 估计为

$$\widehat{\boldsymbol{H}}_{\text{LS}}=(\breve{\boldsymbol{S}}_n^{\text{H}}\breve{\boldsymbol{S}}_n)^{-1}\breve{\boldsymbol{S}}_n^{\text{H}}\breve{\boldsymbol{Y}}_n=\breve{\boldsymbol{S}}_n^{-1}\breve{\boldsymbol{Y}}_n=\breve{\boldsymbol{S}}_n^{\text{H}}\breve{\boldsymbol{Y}}_n \tag{3-18}$$

式中，$(\breve{\boldsymbol{S}}_n^{\text{H}}\breve{\boldsymbol{S}}_n)^{-1}\breve{\boldsymbol{S}}_n^{\text{H}}$ 和 $\breve{\boldsymbol{S}}_n^{-1}$ 等价是因为 $\breve{\boldsymbol{S}}_n$ 为对角矩阵，最后一个等号成立是建立在 QPSK 有限字符集的特性之上。

使用式（3-18）从同一个子频段 C_1 获得 M_l 个估计值进行平均有

$$\widehat{\boldsymbol{H}}_{\text{LS}}=\frac{1}{M_1}\sum_{n\in C_1}\breve{\boldsymbol{S}}_n^{\text{H}}\breve{\boldsymbol{Y}}_n \tag{3-19}$$

估计的归一化均方误差（Normalized Mean-Ssquared error，NMSE）为[38]

$$\text{MSE}_{\text{LS}}=\frac{\text{E}\{\|\widehat{\boldsymbol{H}}_{\text{LS}}-\breve{\boldsymbol{H}}\|^2\}}{\text{E}\{\|\breve{\boldsymbol{H}}\|^2\}}=\frac{\beta}{M_1\cdot\text{SNR}} \tag{3-20}$$

式中，$\beta=\text{E}\{|\breve{S}_n(k)|^2\}\text{E}\{|\breve{S}_n(k)|^{-2}\}$ 是与调制星座图相关的一个常量，对于 QPSK，β=1；SNR 是所有数据子载波的平均接收 SNR。如果 UWB 传播信道采用模型 CM1、CM2、CM3 或 CM4，可得到 $\text{SNR}=E_0/\sigma^2$，对于所有 $k\in D$，有 $E_0=\text{E}\{|\breve{H}(k)|^2\}=\exp(0.0265\sigma_x^2)$ [39,式(8)]。

3.2.3 LMMSE 信道频率响应估计

LMMSE 是基于贝叶斯方法的统计估计算法，$\breve{H}$ 建模为一个随机向量。$\breve{H}$ 的 LMMSE 估计具有最小的 MSE。MSE 表达式为[15]

$$J_{\text{MMSE}}(\widehat{\boldsymbol{H}})=\text{E}\{\|\widehat{\boldsymbol{H}}-\breve{\boldsymbol{H}}\|^2\} \tag{3-21}$$

$\breve{\boldsymbol{H}}$ 的 LMMSE 估计为

$$\widehat{\boldsymbol{H}}_{\text{MMSE}}=\boldsymbol{R}_{\breve{H}\breve{Y}}\boldsymbol{R}_{\breve{Y}\breve{Y}}^{-1}\breve{\boldsymbol{Y}}_n \tag{3-22}$$

式中，$\boldsymbol{R}_{\breve{H}\breve{Y}}$ 是 $\breve{\boldsymbol{H}}$ 和 $\breve{\boldsymbol{Y}}_n$ 的互协方差矩阵；$\boldsymbol{R}_{\breve{Y}\breve{Y}}$ 是 $\breve{\boldsymbol{Y}}_n$ 的自协方差矩阵。$\boldsymbol{R}_{\breve{Y}\breve{Y}}=E\{\breve{\boldsymbol{H}}\breve{\boldsymbol{H}}^{\text{H}}\}$ 是 CFR 的协方差矩阵，由式（3-16）可得到

$$\boldsymbol{R}_{\breve{H}\breve{Y}}=\text{E}\{\breve{\boldsymbol{H}}\breve{\boldsymbol{Y}}^{\text{H}}\}=\boldsymbol{R}_{\breve{H}\breve{H}}\breve{\boldsymbol{S}}_n^{\text{H}} \tag{3-23}$$

$$\boldsymbol{R}_{\breve{Y}\breve{Y}}=E\{\breve{\boldsymbol{Y}}_n\breve{\boldsymbol{Y}}_{\text{n}}^{\text{H}}\}=\breve{\boldsymbol{S}}_n\boldsymbol{R}_{\breve{H}\breve{H}}\breve{\boldsymbol{S}}_n^{\text{H}}+\sigma^2\boldsymbol{I}_{\boldsymbol{R}} \tag{3-24}$$

式中，$\boldsymbol{I}_R$ 是一个 $R\times R$ 的单位矩阵。对于 QPSK 星座图采用 $\breve{\boldsymbol{S}}_n\breve{\boldsymbol{S}}_n^{\text{H}}=\boldsymbol{I}_R$，或者采用更具一般性的以 $\text{E}\{\breve{\boldsymbol{S}}_n\breve{\boldsymbol{S}}_n^{\text{H}}\}$ 近似 $\breve{\boldsymbol{S}}_n\breve{\boldsymbol{S}}_n^{\text{H}}$ 的方法，后者适用于多幅值星座图。由式（3-22）~（3-24）及式（3-19），可得到 $\breve{\boldsymbol{H}}$ 的 LMMSE 估计

$$\widehat{\boldsymbol{H}}_{\text{MMSE}}=\boldsymbol{R}_{\breve{H}\breve{H}}\left(\boldsymbol{R}_{\breve{H}\breve{H}}+\frac{\beta}{M_1\cdot\text{SNR}}\boldsymbol{I}_R\right)^{-1}\widehat{\boldsymbol{H}}_{\text{LS}} \tag{3-25}$$

对于采用 QPSK 星座图的 OFDM-UWB 系统，式（3-25）中的 β=1。

需指出的是，式（3-25）中 LMMSE 估计的表达式，只有在 CFR 向量 $\breve{\boldsymbol{H}}$ 是高斯分布，且 $\breve{\boldsymbol{H}}$ 与信道噪声向量 $\breve{\boldsymbol{V}}_n$ 无关的条件下才成立。如果 $\breve{\boldsymbol{H}}$ 不是高斯分布，式（3-25）的 $\breve{\boldsymbol{H}}_{\mathrm{MMSE}}$ 就不一定是 $\breve{\boldsymbol{H}}$ 的最小均方误差估计，在 UWB 通信系统中 $\breve{\boldsymbol{H}}$ 正好不是高斯分布的。但是即使在非高斯信道系统中，式（3-25）也是均方估计误差性能最好的线性估计[15]。

由式（3-25）可以明显看出，LMMSE CFR 估计是 LS CFR 估计的一个线性变换，变换矩阵可以表示为

$$\boldsymbol{Q}_{\mathrm{MMSE}} = \boldsymbol{R}_{\breve{H}\breve{H}}\left(\boldsymbol{R}_{\breve{H}\breve{H}} + \frac{\beta}{M_1 \cdot \mathrm{SNR}}\boldsymbol{I}_R\right)^{-1} \tag{3-26}$$

变换矩阵 $\boldsymbol{Q}_{\mathrm{MMSE}}$ 包含信道频率相关信息和工作环境的 SNR。$\boldsymbol{Q}_{\mathrm{MMSE}}$ 将 $\widehat{\boldsymbol{H}}_{\mathrm{LS}}$ 变换成具有更优 NMSE 性能的 $\widehat{\boldsymbol{H}}_{\mathrm{MMSE}}$，也大大提高了计算复杂度，尤其是要获得 $\boldsymbol{Q}_{\mathrm{MMSE}}$，需进行矩阵求逆运算。

运用基于 SVD 方法低阶逼近 LMMSE 估计，可以降低式（3-25）的复杂度。将 SVD 应用于 $\boldsymbol{R}_{\breve{H}\breve{H}}$，可得到

$$\boldsymbol{R}_{\breve{H}\breve{H}} == \boldsymbol{U}\boldsymbol{\Lambda}\boldsymbol{U}^{\mathrm{H}} \tag{3-27}$$

式中，$\boldsymbol{U}$ 是一个包含奇异向量的酉矩阵；$\boldsymbol{\Lambda}$ 是一个对角矩阵，奇异值 $\lambda_0 \geqslant \lambda_1 \geqslant \ldots \geqslant \lambda_{R-1}$ 位于其对角线上。将式（3-27）代入式（3-25）,可得到

$$\widehat{\boldsymbol{H}}_{\mathrm{MMSE}} = \boldsymbol{U}\boldsymbol{\Lambda}\left(\boldsymbol{\Lambda} + \frac{\beta}{M_1 \cdot \mathrm{SNR}}\boldsymbol{I}_R\right)^{-1}\boldsymbol{U}^{\mathrm{H}}\,\widehat{\boldsymbol{H}}_{\mathrm{LS}} \tag{3-28}$$

实际上，真实信道相关信息和 SNR 通常是未知的。但是，考虑最差的信道相关，即信道具有均匀的功率时延谱，并选择相对较高的 SNR，可设计出对信道相关不匹配和/或 SNR 不匹配具有鲁棒性的估计。在高信噪比条件时，信道估计误差被有效地抑制，相对于信道噪声，估计误差成为主导因素。

很明显，与式（3-25）的 LMMSE 估计相比，基于 SVD 的 LMMSE 估计是有更低的计算复杂度，因为它仅需要对一个对角矩阵求逆。为了进一步降低基于 SVD 的 LMMSE 估计的复杂度，接下来只考虑最大的 N_{s}（$N_{\mathrm{s}} < R$=个奇异值。$\overline{\boldsymbol{U}}$ 是 $\boldsymbol{U}$ 的前 N_{s} 列，$\overline{\boldsymbol{\Lambda}}$ 是位于 $\boldsymbol{\Lambda}$ 左上角的大小为 $N_{\mathrm{s}} \times N_{\mathrm{s}}$ 的子矩阵，$\boldsymbol{I}_{N_{\mathrm{s}}}$ 是 $N_{\mathrm{s}} \times N_{\mathrm{s}}$ 的单位矩阵。最佳 N_{s} 阶基于 SVD 的 LMMSE 估计可表示为[33]

$$\widehat{\boldsymbol{H}}_{\mathrm{MMSE\text{-}SVD}} = \overline{\boldsymbol{U}}\,\overline{\boldsymbol{\Lambda}}\left(\overline{\boldsymbol{\Lambda}} + \frac{\beta}{M_1 \cdot \mathrm{SNR}}\boldsymbol{I}_{N_{\mathrm{s}}}\right)^{-1}\overline{\boldsymbol{U}}^{\mathrm{H}}\,\widehat{\boldsymbol{H}}_{\mathrm{LS}} \tag{3-29}$$

$\widehat{\boldsymbol{H}}_{\mathrm{MMSE\text{-}SVD}}$ 的 NMSE 为

$$\mathrm{MSE}_{\mathrm{SVD}}(N_{\mathrm{s}}) = \frac{1}{R}\sum_{k=0}^{N_{\mathrm{s}}-1}\left[\lambda_k(1-\delta_k)^2 + \frac{\beta\delta_k^2}{M_1 \cdot \mathrm{SNR}}\right] + \frac{1}{RM_1}\sum_{k=N_{\mathrm{s}}}^{R-1}\lambda_k \tag{3-30}$$

式中，$\delta_k = \lambda_k \big/ \left[\lambda_k + \beta \big/ \left(M_1 \cdot \mathrm{SNR} \right) \right]$。

$N_{\rm s}$阶估计可以看作是通过$\overline{\boldsymbol{U}}^{\rm H}$变换，将$R$维LS估计器映射到一个$N_{\rm s}$维子空间后，进行$N_{\rm s}$维估计，最后通过$\overline{\boldsymbol{U}}$变换，将$N_{\rm s}$维估计变换回$R$维的估计。如果$N_{\rm s}$维子空间不能很好地描述信道，即对于$k \geqslant N_{\rm s}$，$\lambda_k=0$不恒成立，则存在一个NMSE差错平底

$$\underline{\mathrm{MSE}_{\mathrm{SVD}}}\left(N_{\rm s} \right) = \frac{1}{RM_1} \sum_{k=N_{\rm s}}^{R-1} \lambda_k \tag{3-31}$$

由于3.1.3节提到的功率泄漏效应和奇异值与信道功率相关这一事实[33]，在选择$N_{\rm s}<R$时，这一差错平底同样存在于非整数倍采样间隔信道。在高信噪比条件下，这会给SER性能带来一个不可降低的差错平底。实际应用中，可选择一个足够大的阶数$N_{\rm s}$，将NMSE差错平底带来的系统性能损失限制在一个可接受的水平。由于低阶均衡器的复杂度与阶数相关，在低阶LMMSE估计的实际实现中很重要的一点，就是做好系统性能和复杂度之间的折中。

3.2.4 ML信道频率响应估计

令N_m是$[N_h, N_g]$范围内的一个整数，定义一个$N_m \times 1$的向量$\boldsymbol{h}_{N_m}$，其中前N_h个元素与式（3-14）定义的$\boldsymbol{h}$一样，其他元素全为0，即

$$\boldsymbol{h}_{N_m} = \left[\boldsymbol{h}^{\rm T}, 0, 0, \cdots, 0 \right]^{\rm T} \tag{3-32}$$

定义一个$R \times N_m$矩阵$\boldsymbol{D}_{N_m}$

$$\left[\boldsymbol{D}_{N_m} \right]_{m,k} = \begin{cases} \mathrm{e}^{-\mathrm{j}2\pi k(m-R_0)/N} & m \in \left\{ 0,\ 1,\ \ldots,\ R_0 - 1 \right\} \\ \mathrm{e}^{-\mathrm{j}2\pi k(m-R_0+1)/N} & m \in \left\{ R_0,\ R_0+1,\ \ldots,\ R-1 \right\} \end{cases} \tag{3-33}$$

$k \in \{0,\ 1,\ \ldots\ N_m - 1\}$。由$\breve{\boldsymbol{H}} = \boldsymbol{D}_{N_m} \boldsymbol{h}_{N_m}$，从式（3-16）的线性模型可获得$\breve{\boldsymbol{H}}$的ML估计[34]

$$\widehat{\boldsymbol{H}}_{\mathrm{ML}} = \boldsymbol{D}_{N_m} \left(\boldsymbol{D}_{N_m}^{\rm H} \boldsymbol{D}_{N_m} \right)^{-1} \boldsymbol{D}_{N_m}^{\rm H} \widehat{\boldsymbol{H}}_{\mathrm{LS}} \tag{3-34}$$

与LMMSE估计类似，通过式（3-35）给定的线性变换，可以将LS估计转换成ML估计，

$$\boldsymbol{Q}_{\mathrm{ML}} = \boldsymbol{D}_{N_m} \left(\boldsymbol{D}_{N_m}^{\rm H} \boldsymbol{D}_{N_m} \right)^{-1} \boldsymbol{D}_{N_m}^{\rm H} \tag{3-35}$$

可以清楚看出，$R \times R$矩阵$\boldsymbol{Q}_{\mathrm{ML}}$先将LS估计变换到时域，为抑制噪声，再对得到的CIR作线性变换，最后，把它变换到频域。因此，该类估计有时被称为基于DFT的信道估计，在文献中$\boldsymbol{Q}_{\mathrm{ML}}$被称为噪声抑制矩阵。ML估计和基于DFT的估计有

微小的不同，后者需要假定在信道估计中，所有的子载波都是可用的，在 3.2.1 节也指出了在实际应用中并不是这样的。由这一点可见，基于 DFT 的信道估计是 ML 估计的一个特例。

和 LS 估计类似，MS 估计也是基于 $\breve{\boldsymbol{H}}$ 是一个确定但未知的向量这一假设。由于 $\boldsymbol{Q}_{\mathrm{ML}}$ 是厄米特矩阵也是幂等矩阵，即 $\boldsymbol{Q}_{\mathrm{ML}}=\boldsymbol{Q}_{\mathrm{ML}}^{\mathrm{H}}$ 且 $\left(\boldsymbol{Q}_{\mathrm{ML}}\right)^2=\boldsymbol{Q}_{\mathrm{ML}}$，可得到具有 CIR 设定有效长度的 ML 估计器的 NMSE

$$\mathrm{MSE}_{\mathrm{ML}}\left(N_m\right)=\frac{N_m}{R}\cdot\frac{\beta}{M_1\cdot\mathrm{SNR}} \tag{3-36}$$

比较式（3-36）和式（3-20）可知，ML 估计的 MSE 性能优于 LS 估计 N_m/R 倍。ML 估计的 MSE 更小，这是因为室内无线多径信道有限的时延扩展远小于 N，$\left(\boldsymbol{D}_{N_m}^{\mathrm{H}}\boldsymbol{D}_{N_m}\right)^{-1}$ 线性变换将估计的 CIR 的噪声尾部（从 N_m 到 N）强制归零，因此只要选择的 N_m 满足 $N_h\leqslant N_m<N$，或者更精确地说，满足 $N_h\leqslant N_m<R$，就可以在时域进一步减小初始 LS 估计中的残留误差。

为了得到最好的 MSE 性能，低阶 LMMSE 估计需要详细的频域信道相关信息。和它略微不同，ML 估计只需要知道 CIR 的有效长度 N_h，从而设定 $N_m=N_h$。对于整数倍采样间隔信道，CIR 的有效长度与信道的时延扩展，以及定时不同步时的定时偏差有关㊀。由于 N_h 不总是已知的，常见做法是设定 $N_m=N_g$。

对于非整数倍采样间隔信道，N_m 理想值的选择会有些棘手。由式（3-10）可知，非整数倍采样间隔信道 $N_h=N$。因此设定 $N_m<R$ 会产生无法降低的 MSE 平底，这可能会降低系统性能，特别是在高信噪比情况下。但是，因为大部分信道能量保持在初始脉冲位置附近[15,41]，在 $N_m<R$ 范围内选择足够大的 N_m 值，可以将信道功率泄漏效应减小到可接受的水平。N_m 的实际选择与其应用场合有关，对大多数非整数倍采样间隔信道 OFDM 系统，ML 估计取 $N_m=N_g$ 依旧是一个实用又合适的选择。

对基于 DFT 的 ML 信道估计算法，减小信道功率泄漏带来的性能损失的一种方法是，使用基于离散余弦变换（Discrete Cosine Transform，DCT）的噪声抑制技术。最初采用 DCT 是为了提高基于 DFT 插值的梳状导频结构信道估计的性能[42]。用 DCT 代替 DFT，是因为 DFT 会把一个长度为 N 的数据序列，当成一个以 N 为周期的周期信号，因此当两个长度为 N 的数据的结尾不连续时，经过 DFT 后，频域会出现高频成分。此时高频成分会带来很大的混叠误差，影响插值操作[43]。而 N 点 DCT 等价于镜像延拓法，将原本长度为 N 的数据扩展到长度为 $2N$，再对包含幅度和相位成分的扩展数据作 $2N$ 点的 DFT。因为信号的镜像延拓法可以消除不

㊀ 在 ML 估计中，当 CIR 的有效长度作为 N_m 的最佳取值时，它取决于 SNR[40]。

连续边沿，所以基于 DCT 插值的混叠误差更低，信道功率泄漏更小，对于非整数倍采样间隔信道来说，与基于 DFT 的插值相比，基于 DCT 插值的优势更大。

对于基于非插值的块状导频结构的信道估计，DCT 比 DFT 更适合[44]。利用 DCT 完美的能量压缩特性，可获得新的噪声抑制矩阵：

$$\boldsymbol{Q}_{\mathrm{DCT}}=\boldsymbol{C}_R\boldsymbol{W}_R\boldsymbol{C}_R^{\mathrm{H}} \tag{3-37}$$

式中，$\boldsymbol{C}_R$ 是 R 点的 DCT 向量；$\boldsymbol{W}_R$ 是一个 $R\times R$ 的矩阵，其形式为

$$\boldsymbol{W}_R=\begin{pmatrix}\boldsymbol{I}_{N_m} & 0\cdots & 0\\ 0 & \ddots & 0\\ \cdots & & \cdots\\ 0 & 0\cdots & 0\end{pmatrix}$$

得到的基于 DCT 的 ML 估计为

$$\widehat{\boldsymbol{H}}_{\text{ML-DCT}}=\boldsymbol{Q}_{\mathrm{DCT}}\widehat{\boldsymbol{H}}_{\mathrm{LS}} \tag{3-38}$$

基于 DCT 的 ML 估计有比相同 N_m 参数的基于 DFT 的 ML 估计具有更低的 MSE 平底。因此在非整数倍采样间隔信道下，它对功率泄漏效应有更好的鲁棒性。实际上，由于大多数 OFDM 系统中，R 不是 2 的幂方数（例如，在 OFDM-UWB 系统中，R=112），因此该估计处理 R 点的 DCT 和逆 DCT，具有较高的计算复杂度，关于这一点的担心在不断增长。有兴趣的读者可以在文献[45]中，寻找进一步降低基于 DCT 估计计算复杂度的可能解决方案。

3.2.5　多级信道频率响应估计

在前面的章节中，已经评估了几种在 OFDM 通信系统中很流行也很重要的信道估计方法。可以看出 ML 和 LMMSE 估计以及其变换的精度都远高于 LS 估计。但 ML 和 LMMSE 估计需进行大矩阵运算，实现复杂度更高。这就造成了如下困境：低 SNR 条件（小于 0dB）要求 OFDM-UWB 硬件采用优良的信道估计方案，而在实际实现中，高复杂度算法很难满足低功率、低开销的要求。因此，在小尺寸 OFDM-UWB 设备的实际中实现很少采用 LMMSE 和 ML 估计。这也使得下面将介绍的低复杂度、高精度估计极具吸引力。

文献[36]提出的信道估计包含 5 个步骤，可进一步分成两个阶段。第一阶段包含前 2 个步骤，第二阶段包含剩下的 3 个步骤。令 $\widehat{\boldsymbol{H}}_q=[\widehat{\boldsymbol{H}}_q(0),\ \widehat{\boldsymbol{H}}_q(1),\ \cdots,\ \widehat{\boldsymbol{H}}_q(R-1)]$ 是第 q 步完成之后，$\breve{\boldsymbol{H}}$ 的估计值。相应地，MSE_q 表示 $\widehat{\boldsymbol{H}}_q$ 的 NMSE，q=1,2,3,4,5。

3.2.5.1　第一阶段——初始 CFR 估计

第 1 步，由式（3-19）得到 $\breve{\boldsymbol{H}}$ 的 LS 估计

$$\widehat{\boldsymbol{H}}_1=\widehat{\boldsymbol{H}}_{\mathrm{LS}}=\frac{1}{M_1}\sum_{n\in C_1}\breve{\boldsymbol{S}}_n^{\mathrm{H}}\breve{\boldsymbol{Y}}_n \tag{3-39}$$

此时 $\mathrm{MSE}_1=1/\left(M_1\cdot\mathrm{SNR}\right)$。

第 2 步，对 $\widehat{\boldsymbol{H}}_1$ 进行一个简单的频域平滑得到 $\widehat{\boldsymbol{H}}_2$

$$\widehat{H}_2(k)=\alpha_h[\widehat{H}_1(k-1)+\widehat{H}_1(k+1)]+(1-2\alpha_h)\widehat{H}_1(k) \tag{3-40}$$

式中，$k\in\breve{D}$；$0<\alpha_h<0.5$。频域平滑操作借助相邻子载波信道的估计值，平滑本数据子载波的 CFR 估计值。对每个数据子载波的 CFR 估计值进行平滑，减小了初始 LS 估计的残余误差。从图 3-4 可以看出，当 $k\in\{0,R_0-1,R_0,R-1\}$ 时，第 k 个数据子载波只有一个可用的相邻子载波。此时需对式（3-40）做相应地改进，只采用一个相邻子载波完成平滑操作。

由信道的相干带宽和子载波间隔之间的关系可证明，使用上述频域平滑技术是合理的。$\rho\left(\Delta k\right)$ 表示 $H(k)$归一化互相关，即 $\rho\left(\Delta k\right)=\mathrm{E}\{\breve{H}(k+\Delta k)[\breve{H}(k)]^*\}/\mathrm{E}\{|\breve{H}(k)|^2\}$，$\triangle k$ 为一个很小的整数，有[39]

$$\left|\rho\left(\Delta k\right)\right|\approx\left|\frac{1+\dfrac{\Lambda\Gamma NT_{\mathrm{s}}}{NT_{\mathrm{s}}+\mathrm{j}2\pi\Delta k\Gamma}}{1+\Lambda\Gamma}\right|\left|\frac{1+\dfrac{\lambda\gamma NT_{\mathrm{s}}}{NT_{\mathrm{s}}+\mathrm{j}2\pi\Delta k\gamma}}{1+\lambda\gamma}\right| \tag{3-41}$$

将 Λ、λ、Γ 和 γ 的实际值（见表 3-1）代入式（3-41），可发现当 $|\Delta k|=1$ 时，模型 CM1、CM2、CM3、CM4 的 $\left|\rho\left(\Delta k\right)\right|$ 分别为 0.99、0.98、0.94 和 0.84。UWB 信道的相干带宽远大于子载波间隔，相邻子载波的 CFR 近似相等[46]，因此采用频域平滑操作是合理的。严格地讲，在频率选择性衰落信道中，只有当 $\alpha_h=0$ 时，$\widehat{\boldsymbol{H}}_2$ 才是 $\breve{\boldsymbol{H}}$ 的无偏估计。尽管如此，当平滑因子 α_h 足够小时，$\widehat{\boldsymbol{H}}_2$ 接近 $\breve{\boldsymbol{H}}$ 的无偏估计。

实际上选择平滑因子 α_h 的值，应考虑 MSE_2。令 $\eta=6-2\Re\left[4\rho(1)-\rho(2)\right]$，$\Re\left[X\right]$ 表示 X 的实部。得到最小 MSE_2 的最佳 α_h 的闭式解为[36]

$$\alpha_h^{\mathrm{opt}}=\left(3+0.5\eta M_1\cdot\mathrm{SNR}\right)^{-1} \tag{3-42}$$

式（3-40）中要用其最优值取代 α_h，需知道信道统计信息和 SNR，实际上这些是不可知的。一个次优的实用解决方案是，在 4 种 UWB 信道的有效 SNR 范围内估计 MSE_2。定义 $R_{\mathrm{mse}}^{1,2}:=\mathrm{MSE}_1/\mathrm{MSE}_2$，可得到

$$R_{\mathrm{mse}}^{1,2}=\left(\eta\alpha_h^2M_1\cdot\mathrm{SNR}+6\alpha_h^2-4\alpha_h+1\right)^{-1} \tag{3-43}$$

图 3-5 给出了 4 种不同 UWB 信道，在不同 α_h 和 SNR 下的 NMSE 比 $R_{\mathrm{mse}}^{1,2}$。在信道模型 CM1 和 CM2 中，信噪比的范围为-5～20dB；在信道模型 CM3 和 CM4 中，信噪比的范围为-5～9dB，后者只应用于最高信噪比较低的低速传输情况[9]。$R_{\mathrm{mse}}^{1,2}$

（单位为 dB）为正数时，表示 $\widehat{\boldsymbol{H}}_2$ 比初始 LS 估计 $\widehat{\boldsymbol{H}}_1$ 更精确。从图 3-5 可知，要使 $R_{\mathrm{mse}}^{1,2}>0\mathrm{dB}$ 在任何场景㊀下都成立，平滑因子应满足 $0<\alpha_h\leqslant 0.1$。

信道估计的第二阶段需用第 2 步得到的 $\widehat{\boldsymbol{H}}_2$ 检测帧头，再依次处理检测到的帧头，这将在下一节介绍。

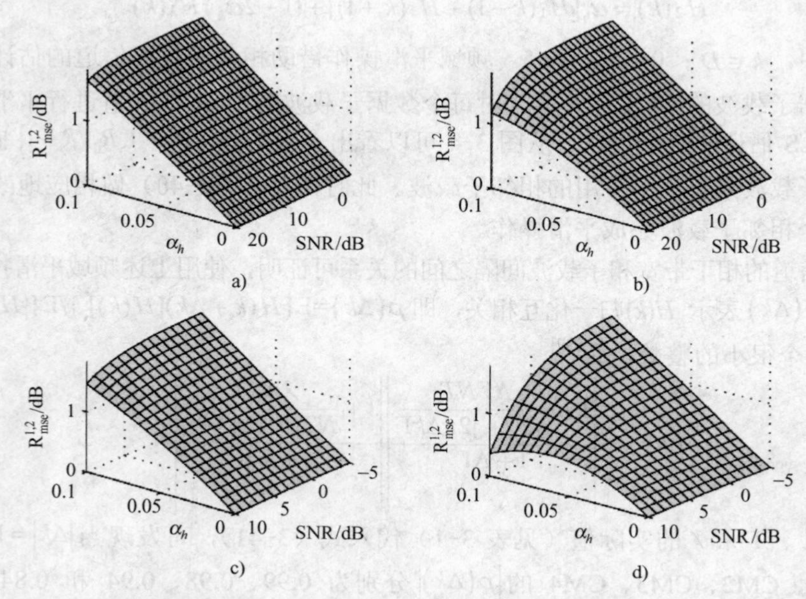

图 3-5　多种信道环境下，不同 α_h 和 SNR 的 NMSE 比 $R_{\mathrm{mse}}^{1,2}$ （©2010 IEEE）[36]

a) CM1　b) CM2　c) CM3　d) CM4

3.2.5.2　第二阶段——增强 CFR 估计

在本阶段中，首先利用第一阶段获得的信道估计 $\widehat{\boldsymbol{H}}_2$ 检测帧头中的 OFDM 符号，即图（3-3）中 $n\in F$ 指示的部分。然后对检测到的帧头符号进行判决反馈，获得一个精确的 CFR 估计。令

$$Z_n\left(k\right)=\breve{Y}_n(k)[\widehat{H}_2(k)]^*, n\in F_1$$

$$Z_{n'}\left(k\right)=\breve{Y}_{n'}(k)[\widehat{H}_2'(k)]^*, n'\in F_1' \tag{3-44}$$

式中，$k\in\breve{D}$；$\widehat{H}_2'(k)$在子频段 1 上的对应项$\widehat{H}_2'(k)$表示和子频段 2 或 3 有关的信道估计。$\widehat{S}_n(k)k\in\breve{D}$ 表示和 $\widehat{S}_n(k)$ 对应的检测数据。$\widehat{S}_n(k)$ 是 QPSK 星座图的点，即 $\widehat{S}_n(k)=c[\widehat{u}_n(k)+\mathrm{j}\widehat{v}_n(k)]$，其中 $c=\sqrt{2}/2$，且 $\widehat{u}_n(k),\widehat{v}_n(k)\in\{+1,-1\}$。因此，由式（3-12）和式（3-13），可以得到 $\widehat{u}_n(k)$ 和 $\widehat{v}_n(k)$：

㊀ UWB 的实际传播环境可能与模型 CM1~CM4 描述的不一样。但是，只要 $\rho(1)$、$\rho(2)$ 和 SNR 的范围是大体可用的，运用式（3-43）可以轻松地获得想要的 α_h 取值。

$$\widehat{u}_n(k)=\operatorname{sgn}\left(\Re\left[Z_n(k)+Z_n(R-1-k)+Z_{n'}(k)+Z_{n'}(R-1-k)\right]\right)$$
$$\widehat{v}_n(k)=\operatorname{sgn}\left(\Im\left[Z_n(k)-Z_n(R-1-k)+Z_{n'}(k)-Z_{n'}(R-1-k)\right]\right) \tag{3-45}$$

式中，$k\in\breve{D}$；$n\in F_1$；$n'\in F_1'$；$|n-n'|=1$；$\Im[X]$ 表示 X 的虚部。可以看出式（3-44）和式（3-45）的帧头符号检测，包含了一个有效的 CFR 加权处理，大大降低了检测误差[36]。

第 3 步利用检测到的帧头符号，可获得一个判决反馈信道估计 $\widehat{\boldsymbol{H}}_3$㊀

$$\widehat{H}_3(k)=\frac{c}{M_2}\sum_{n\in F_1}\breve{Y}_n(k)[\widehat{u}_n(k)-\mathrm{j}\,\widehat{v}_n(k)] \tag{3-46}$$

第 4 步中，对 $\widehat{\boldsymbol{H}}_3$ 进行第 2 步介绍的频域平滑操作，得到 CFR 估计 $\widehat{\boldsymbol{H}}_4$ 为

$$\widehat{H}_4(k)=\beta_h[\widehat{H}_3(k-1)+\widehat{H}_3(k+1)]+\left(1-2\beta_h\right)\widehat{H}_3(k) \tag{3-47}$$

式中，$k\in\breve{D}$；β_h 是平滑因子，其取值过程和 α_h 的类似。

第 5 步对 $\widehat{\boldsymbol{H}}_2$ 和 $\widehat{\boldsymbol{H}}_4$ 加权平均得到 $\widehat{\boldsymbol{H}}$：

$$\widehat{\boldsymbol{H}}=\widehat{\boldsymbol{H}}_5=(M_1\widehat{\boldsymbol{H}}_2+M_2\widehat{\boldsymbol{H}}_4)/(M_1+M_2) \tag{3-48}$$

最终得到的 CFR 估计 $\widehat{\boldsymbol{H}}$ 比在第一阶段得到的 $\widehat{\boldsymbol{H}}_2$ 更精确，将用它处理本帧中的 OFDM 负载。

3.2.5.3　MSE 性能

多级 CFR 估计的 NMSE 上边界约为[36]

$$\mathrm{MSE_{Mul}}\approx 4\tilde{P}_\mathrm{e}+\frac{1}{(M_1+M_2)^2}\left\{\eta\left(M_1\alpha_h+M_2\beta_h\right)^2+\right.$$
$$\left.\left[M_1\left(6\alpha_h^2-4\alpha_h+1\right)+M_2\left(6\beta_h^2-4\beta_h+1\right)\right]\Big/\mathrm{SNR}\right\} \tag{3-49}$$

式中，$\tilde{P}_\mathrm{e}$ 和第 3 步中的 OFDM 帧头符号检测器的平均误比特率（Bit Error Probability, BEP）有关，可近似表示为

$$\tilde{P}_\mathrm{e}\approx\frac{1}{\sqrt{2\pi}\sigma_x}\int_{-\infty}^{\infty}Q\left(4\sqrt{\frac{(\wp+1)\mathrm{SNR}}{\left[\wp(4\mathrm{SNR}+1)+1\right]E_0}}\cdot 10^{\frac{x}{20}}\right)\mathrm{e}^{-\frac{x^2}{2\sigma_x^2}}\mathrm{d}x \tag{3-50}$$

式中，$\wp=\eta\alpha_h^2+\left(6\alpha_h^2-4\alpha_h+1\right)/\left(4M_1\cdot\mathrm{SNR}\right)$；$Q(\cdot)$表示标准高斯分布的互补累积分布函数。

令 $R_\mathrm{mse}=\mathrm{MSE_{LS}}/\mathrm{MSE_{Mul}}$，图 3-6 给出了 α_h=0.1，β_h=0.05 时，不同信道环境

㊀ 对于与导频相关的子载波，$\widehat{u}_n(k)$ 和 $\widehat{v}_n(k)$ 对接收终端来说是已知的，所以在判决反馈检测中不一定要检测到它们。

下，SNR 不同取值对应的 R_{mse}。从图 3-6 可以看出，相比于只使用 6 个 OFDM 符号（每个子频段中 M_1=2）的传统 LS 估计方法，使用 18 个 OFDM 符号（每个子频段有 M_1+M_2=6）的多级 CFR 估计，可获得 4.1~5.9dB 的 NMSE 性能增益。假设式（3-36）中 CM1/CM2 的 $N_m=N_g$=37，M3/CM4 的 N_m=64，相对于传统 LS 估计，C 基于 6 个 OFDM 符号（每个子频段中 M_1=2）的 ML 估计在信道模型 CM1/CM2 和信道模型 CM3/CM4 中分别有 4.81dB 和 2.43dB 的 NMSE 性能增益。需注意的是，CM3 和 CM4 的一些信道实现中，最大时延扩展大于 N_g 的情况不可忽略，因此这里设定 CM3/CM4 的 $N_m>N_g$。通过以上比较可以得出结论：多级估计的 NMSE 性能明显优于传统 LS 估计，几乎可以媲美更高端的 ML 估计。

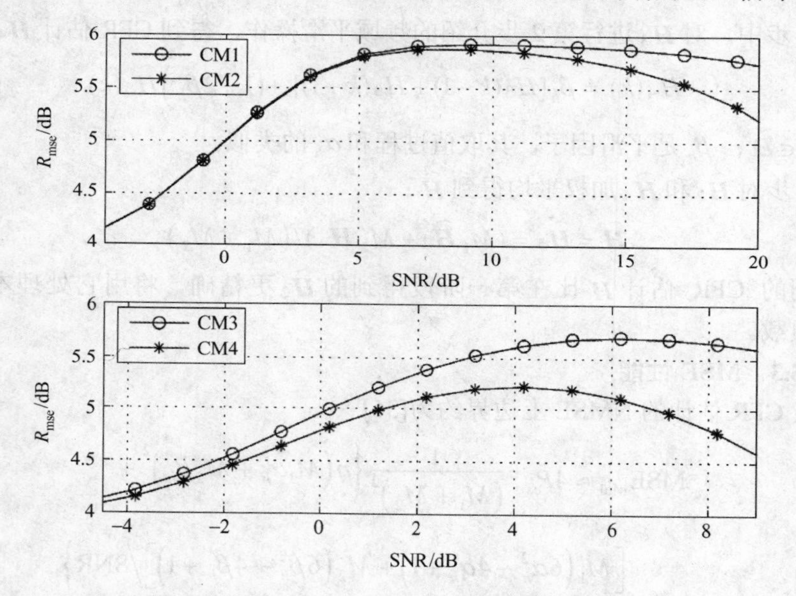

图 3-6　在 α_h =0.1，β_h =0.05 时，不同信道环境下的 R_{mse}，R_{mse} 为多级估计的分析 NMSE 比[36]（©2010 IEEE）

需要指出的是，多级信道估计只在频域进行，和 ML、LMMSE 估计不同，它不会受到信道功率泄漏的影响，特别是在非整数倍采样间隔信道中。

3.2.6 复杂度比较

包括基于 SVD 低阶形式的 LMMSE 估计，一般比 ML 估计更复杂。在本节中，只比较 LS、ML 和多级估计解决方案的复杂度。表 3-2 列出了多种估计方法执行一个子频段信道估计时所需的实数乘法和加法运算次数。

尽管多级 CFR 估计需要的 OFDM 符号多于 ML 估计，但它在实现复杂度上的优势是显而易见的。如表 3-2 所示，与传统的 LS 估计相比，尽管多级方案要增加 3 倍的实数乘法运算次数和 5 倍的实数加法运算次数，但 ML 估计要增加大约 28 倍（当 N_m=37 时）或 77 倍（当 N_m=64 时）的乘法运算次数，以及 15 倍（当 N_m=37 时）或 31 倍（当 N_m=64 时）的加法运算次数。因此在实际中，不采用计算复杂度大幅增加的 ML 方案。

表 3-2　一帧中每个子频段 CFR 估计所需的计算复杂度（基于文献[36]）

方案		实数乘法次数	实数加法次数
LS（2 个符号）		$2R(=224)$	$6R(=672)$
多级（每个子频段 6 个符号）	第一步	$2R(=224)$	$6R(=672)$
	第二步	$2R$	$4R$
	第三步	$2R$	$20R-6P$
	第四步	$2R$	$4R$
	第五步	0	$2R$
	总计	$8R(=896)$	$36R-6P(=3960)$
ML（2 个符号）		6508，当 N_m=37 17416，当 N_m=64	10690，当 N_m=37 21544，当 N_m=64

需指出的是，表 3-2 中 ML 方案的复杂度是基于矩阵尺寸为 $N_m \times N_m$ 的假设，即式（3-34）中的 $\left(\boldsymbol{D}_{N_m}^{\mathrm{H}}\boldsymbol{D}_{N_m}\right)^{-1}$ 预存在设备中。但 N_m 是随实际信道环境而变化的，而有限的硬件资源不能同时预存几个不同的 ML 矩阵，因此 ML 矩阵与 N_m 相关的特性成为在 OFDM 系统中使用 ML 信道估计算法的一大弊端。事实上，这个问题在 OFDM-UWB 系统中更为严重。假设只需要预先存储一个有 $2N_m^2$ 个实数据元素的矩阵，每个实数占 8 比特，存储 1 比特需要 3 个逻辑门，那么存储一个 ML 矩阵需要大约 66K（N_m=37）到 197K（N_m=64）个逻辑门。这相当于实现 UWB 物理层整个数字部分所用逻辑门的大部分，这在手持 UWB 设备中是不允许的[9]。另一个方法是实时地计算 ML 矩阵，但它包含矩阵求逆运算，运算复杂度高且不可行。

相对而言，多级方案不需要存储矩阵，且保持了和简单的 LS 估计相似的计算复杂度，因而它在实际应用中是可行，具有较大吸引力。

3.3　信道估计误差对性能的影响

在前面的章节中，介绍了具有不同估计误差的信道估计方法。在本节中，将通过比较它们的平均 SER 和 FER，评估 LS、ML 和多级估计的 MSE 对系统性能的影响。估计方法的性能评估在数据传输速率为 53.3Mbit/s 的 OFDM-UWB 系统中完成。作为例证，文献[1]中最低数据传输速率的选择，是基于 UWB 短距离无线通信系统的信道估计在低 SNR 条件下有效的事实。在这种情况下，帧负载采用码率为 1/3，约束长度为 7 的卷积编码，QPSK 调制方式，并使用和式（3-12）、式（3-13）描述的在帧头进行扩展操作类似的方法，在帧负载中进行时域和频域扩展。假定 TFC=1，帧负载为 1024 字节，且实现了定时同步和频率同步。选取由 CM1、CM2、CM3、CM4 信道模型产生的 100 个信道实现[9]。在传统的 OFDM-UWB 系统设计中，所有与 SER 和 FER 相关的性能评估均不考虑每种信道模型中最差的 10 种信道实现[9,39]。因为这些信道实现中的最大时延扩展大于 N_g 的情况不可忽略，与 3.2.5 节提到的一样，这在 CM3 和 CM4 的最差信道实现中更明显。另外，设定多级估计的 $\alpha_h=0.1$，$\beta_h=0.05$，在 CM1/CM2、CM3/CM4 模型下 ML 估计的 N_m 分别为 $N_m=N_g=37$ 和 $N_m=64$。

3.3.1 平均未编码 SER

硬判决符号检测器的输出错误率被称为未编码 SER。MSE 表示一个 CFR 估计的 NMSE，参考文献[36]附录 B，有

$$\mathrm{SER}_{\mathrm{uc}}=1-\left(1-P_{\mathrm{e}}\right)^2 \tag{3-51}$$

式中，P_{e} 的上边界近似为 $P_{\mathrm{e}}^{\mathrm{ub}}$

$$P_{\mathrm{e}}^{\mathrm{ub}}\approx\frac{1}{\sqrt{2\pi}\sigma_x}\int_{-\infty}^{\infty}Q\left(2\sqrt{\frac{(\mathrm{MSE}+1)\mathrm{SNR}/E_0}{(\mathrm{SNR}+1)\mathrm{MSE}+1}}\cdot10^{\frac{x}{20}}\right)\mathrm{e}^{-\frac{x^2}{2\sigma_x^2}}\mathrm{d}x \tag{3-52}$$

令 $\overline{\mathrm{SER}_{\mathrm{uc}}}=1-\left(1-P_{\mathrm{e}}^{\mathrm{ub}}\right)^2$ 为的 $\mathrm{SER}_{\mathrm{uc}}$ 近似值。图 3-7 给出了不同的信道估计方案中不同 SNR 对应的 $\overline{\mathrm{SER}_{\mathrm{uc}}}$。和预期的一样，在 $\mathrm{SER}=10^{-3}$ 时，相对于 LS 估计，多级估计和 ML 估计均有 1dB 的增益；在 CM1 模型下相对于在已知信道信息的情况，多级估计和 ML 估计均有大约 0.5dB 的损失。这和仿真得出的结论一致，仿真结果见图 3-8。

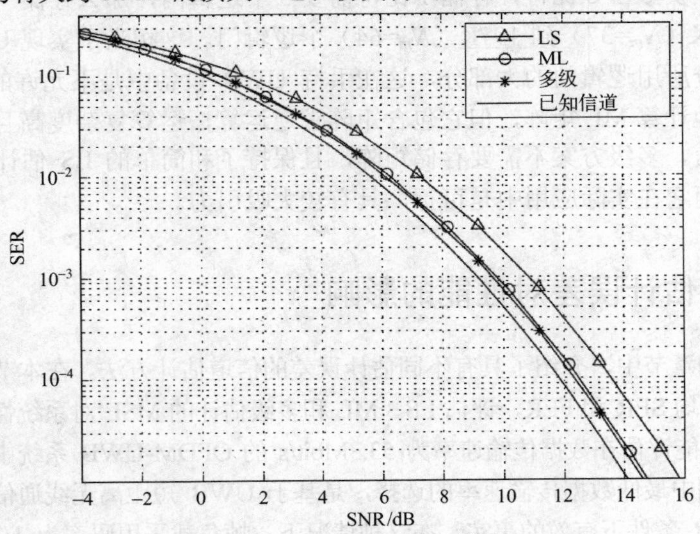

图 3-7 CM1 模型下，采用不同信道估计方法时，基于分析的 SER 性能比较

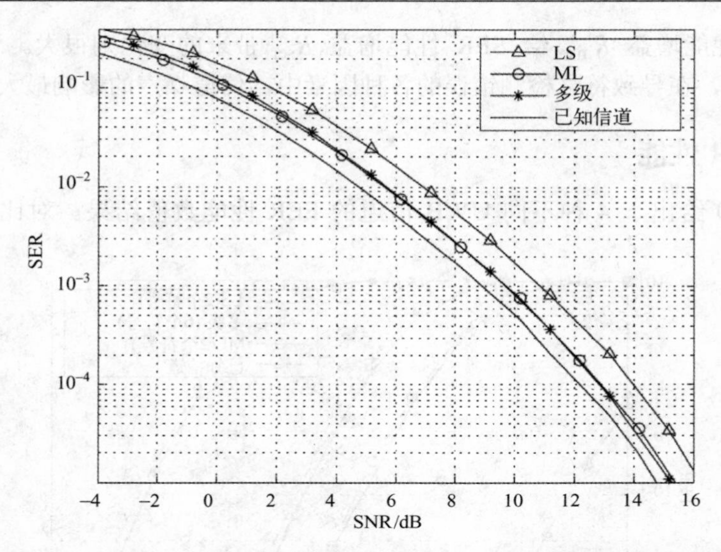

图 3-8　CM1 模型下，采用不同信道估计方法时，基于仿真的 SER 性能比较

令 $R_{\text{ser}}=\text{SER}_{\text{uc}}^{(\text{LS})}/\text{SER}_{\text{uc}}^{(\text{Mul})}$，$R_{\text{ser}}$ 是多级估计相对于 LS 估计的 SER 性能增益。图 3-9 给出了在不同信道条件下，SNR 取不同值时得到的 R_{ser} 和 R_{mse} 的仿真值。从图 3-9 可以清楚看出，SER 性能随着信道估计误差的减小不断提高。特别地，在低信噪比时，SER 性能增益 R_{ser} 对 MSE 性能增益 R_{mse} 不太敏感；而高信噪比

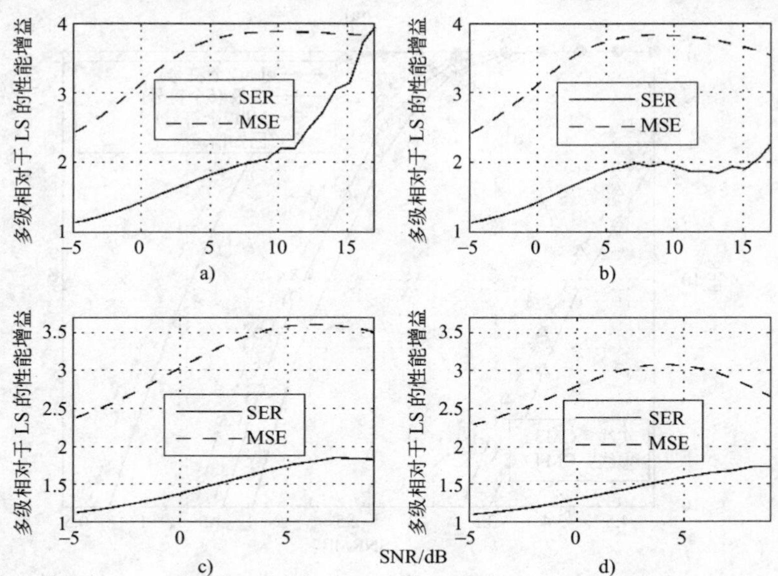

图 3-9　不同信道环境下，多级估计相对于 LS 估计的 MSE 和 SER 性能增益（注意：两者的单位均不是 dB）

a) CM1 模型　b) CM2 模型　c) CM3 模型　d) CM4 模型

时，MSE 性能增益 R_{mse} 给 SER 性能增益 R_{ser} 带来的变化则很大。这是因为在 SNR 较低时，在导致符号检测错误的各种因素中，信道噪声的影响最大。

3.3.2 FER 性能

图 3-10 给出了 4 种不同 UWB 信道的 FER 性能数值结果。对比图 3-10 和

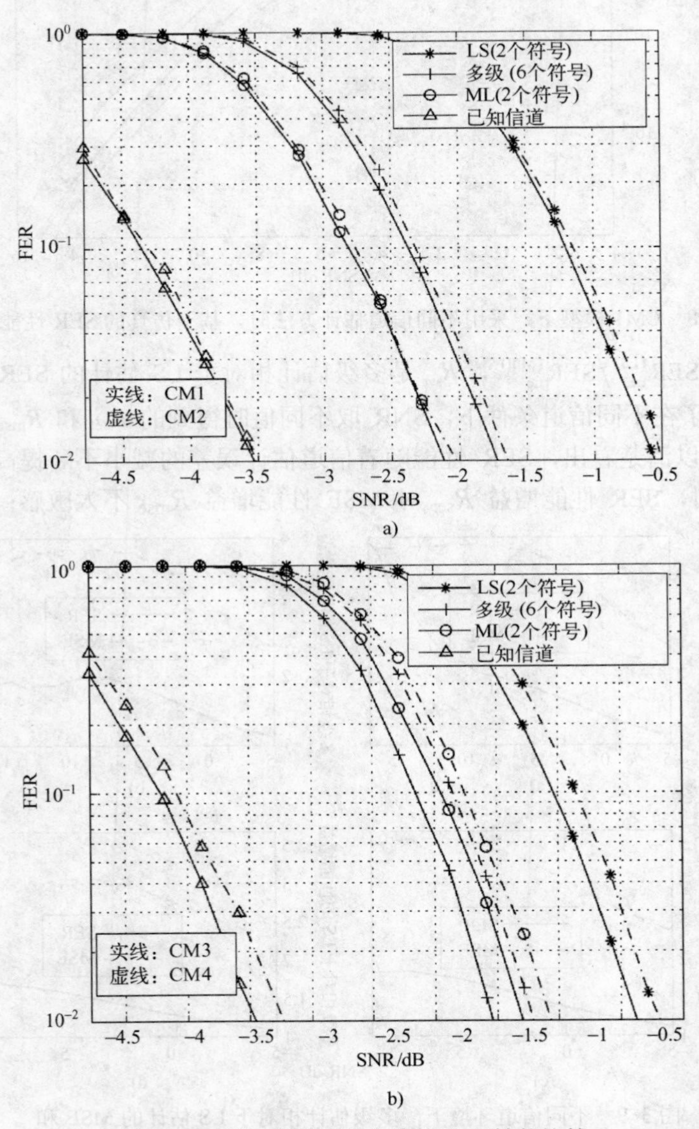

图 3-10　不同信道估计方法的 FER 性能比较

a) CM1 和 CM2 模型　b) CM3 和 CM4 模型[36]（©2010 IEEE）

图 3-6 可以看出，MSE 性能增益相应转化成了 FER 性能增益㊀，也就是说，对于所有的信道环境，相对于 LS 估计，多级估计大约有 1～1.2dB 的增益（在 FER=0.08 时，性能比较来自文献[1]）；相对于已知信道信息的情况，多级估计有一定的损失（大约 2dB）。然而在 CM1/CM2 模型下，多级估计的性能略差于 ML 估计，而在 CM3/CM4 模型下优于 ML 估计。

总体来说，多级 CFR 估计方案可以获得与计算更为复杂的 ML 估计相媲美的估计精度，而在 OFDM-UWB 系统中，其计算复杂度和传统的 LS CFR 估计相近。与已有的其他信道估计方法相比，多级估计取得了更好的性能复杂度折中。因此它在低开销、低功率的 UWB 设备的实际应用中具有吸引力。本章主要讨论 OFDM-UWB 系统中的信道估计，需强调的是，多级信道估计方案也可以很容易地应用于其他在实现中对开销和可靠性有严格要求的短距离无线通信系统（例如，60GHz 毫米波通信系统）。

参考文献

[1] High Rate Ultra Wideband PHY and MAC Standard, Std. ECMA-368, Dec. 2005.

[2] Wireless Medium Access Control (MAC) and Physical Layer (PHY) Specifications for HighRate Wireless Personal Area Networks (WPANs) – Amendment 2: Millimeter-Wave Based Alternative Physical Layer Extension, IEEE P802.15.3c/D05, 2009.

[3] A. F.Molisch, “Ultra-wide-band propagation channels,” *Proc. IEEE*, vol. 97, no. 2, pp. 353–371, Feb. 2009.

[4] A. Goldsmith, *Wireless Communications*. Cambridge University Press, 2005.

[5] J. R. Foerster, “Channel modeling sub-committee report – final,” *IEEE 802.15-02/490r1-SG3a*, Feb. 2003.

[6] S.-K. Yong, “TG3c channel modeling sub-committee final report,” *IEEE 802.15-07/0584-01-003c*, Jun. 2009.

[7] H.Yang, P. F. M. Smulders, and M. H. A. J. Herben, “Channel characteristics and transmission performance for various channel configurations at 60 GHz,” *EURASIP J. Wireless Commun. Networking*, vol. 2007, 2007.

[8] Z. Sahinoglu, S. Gezici and I. Guvenc, Ultra-wideband Positioning Systems: Theoretical Limits, Ranging Algorithms, and Protocols. Cambridge University Press, 2008, Ch. 3.

[9] A. Batra, J. Balakrishnan, G. R. Aiello, J. R. Foerster, and A. Dabak, “Design of a multiband OFDM system for realistic UWB channel environments,” *IEEE Trans. Microw. Theory Tech.*,vol.

㊀ 严格地说，在 4 种信道下，多级估计和 ML（或 LS）估计的 NMSE 差异，和它们之间的 FER 差异，并不是很相关。这是因为在接收 OFDM 符号中存在 ISI，且多级估计的 MSE 信道噪声和帧头估计误差的共同结果，ML 和 LS 估计的 MSE 只和信道噪声有关。可以在文献[36]的第五节找到对 MSE/FER 不匹配现象的详细解释。

52, no. 9, pp. 2123–2138, Sep. 2004.

[10] A. Saleh and R. Valenzuela, "A statistical model for indoor multipath propagation," *IEEE J.Sel. Areas Commun.*, vol. 5, no. 2, pp. 128–137, Feb. 1987.

[11] Q. H. Spencer, B. D. Jeffs, M. A. Jensen, and A. L. Swindlehurst, "Modeling the statisticaltime and angle of arrival characteristics of an indoor multipath channel," *IEEE J. Sel. Areas-Commun.*, vol. 18, no. 3, pp. 347–360, Mar. 2000.

[12] S. K. Yong and C.-C. Chong, "An overview of multigigabit wireless through millimeter wavetechnology: Potentials and technical challenges," *EURASIP J.Wireless Commun. Networking*, vol. 2007, 2007.

[13] S. Geng, J. Kivinen, X. Zhao, and P.Vainikainen, "Millimeter-wave propagation channel characterization-for short-range wireless communications," *IEEE Trans. Veh. Technol.*, vol. 58,no. 1, pp. 3–13, Jan. 2009.

[14] A. Batra *et al*., "Multiband OFDM physical layer proposal for IEEE 802.15 Task Group 3a,"*IEEE P802.15-04/0493r1-TG3a*, Sep. 2004.

[15] J. van de Beek, O. Edfors, M. Sandell, S. K. Wilson, and P. O. B¨orjesson, "On channelestimation in OFDM system," in *Proc. IEEE Veh. Technol. Conf. (VTC)*, vol. 2, Chicago, IL, Jul. 1995, pp. 815–819.

[16] J. Liu and J. Li, "Parameter estimation and error reduction for OFDM-based WLANs," *IEEE Trans. Mobile. Comput.*, vol. 3, no. 2, pp. 152–163, Apr.–Jun. 2004.

[17] "Wireless universal serial bus specification," Universal Serial Bus Implementers Forum (USBIF), Rev. 1.0, May 12, 2005. [Online]. Available: http://www.usb.org

[18] L. Yang and G. B. Giannakis, "Ultra-wideband communications: An idea whose time has come," *IEEE Signal Process. Mag.*, vol. 21, no. 6, pp. 26–54, Nov. 2004.

[19] R. Negi and J. Cioffi, "Pilot tone selection for channel estimation in a mobile OFDM system," *IEEE Trans. Consum. Electron.*, vol. 44, no. 3, pp. 1122–1128, Aug. 1998.

[20] Y. Li, "Pilot-symbol-aided channel estimation for OFDM in wireless systems," *IEEE Trans. Veh. Technol.*, vol. 49, no. 4, pp. 1207–1215, Jul. 2000.

[21] J. Rinne and M. Renfors, "Pilot spacing in orthogonal frequency division multiplexing systems on practical channels," *IEEE Trans. Consum. Electron.*, vol. 42, no. 4, pp. 959–962, Nov. 1996.

[22] O. Simeone, Y. Bar-Ness, and U. Spagnolini, "Pilot-based channel estimation for OFDM systems by tracking the delay-subspace," *IEEE Trans. Wireless Commun.*, vol. 3, no. 1, pp. 315–325, Jan. 2004.

[23] B. Muquet, M. de Courville, and P. Duhamel, "Subspace-based blind and semi-blind channel estimation for OFDM systems," *IEEE Trans. Signal Process.*, vol. 50, no. 7, pp. 1699–1712, Jul. 2002.

[24] M.-X. Chang and Y. T. Su, "Blind and semiblind detections of OFDM signals in fading channels," *IEEE Trans. Commun.*, vol. 52, no. 5, pp. 744–754, May 2004.

[25] G. B. Giannakis, "Filterbanks for blind channel identification and equalization," *IEEE Signal*

Process. Lett., vol. 4, no. 6, pp. 184–187, Jun. 1997.

[26] Y. Zeng and T. S. Ng, "A semi-blind channel estimation method for multiuser multiantenna OFDM systems," *IEEE Trans. Signal Process.*, vol. 52, no. 5, pp. 1419–1429, May 2004.

[27] R. W. Heath and G. B. Giannakis, "Exploiting input cyclostationarity for blind channel identification in OFDM systems," *IEEE Trans. Signal Process.*, vol. 47, no. 3, pp. 848–856, Mar. 1999.

[28] M. Luise, R. Reggiannini, and G. M.Vitetta, "Blind equalization/detection forOFDMsignals over frequency-selective channels," *IEEE J. Sel. Areas Commun.*, vol. 16, no. 8, pp. 1568–1578, Oct. 1998.

[29] S. Zhou and G. B. Giannakis, "Finite-Alphabet based channel estimation for OFDM and related multicarrier systems," *IEEE Trans. Commun.*, vol. 49, no. 8, pp. 1402–1414, Aug. 2001.

[30] Y. Li, A. F. Molisch, and J. Zhang, "Practical approaches to channel estimation and interference suppression for OFDM-basedUWBcommunications," *IEEE Trans.Wireless Commun.*, vol. 5, no. 9, pp. 2317–2320, Sep. 2006.

[31] Y. Li and H. Minn, "Channel estimation and equalization in the presence of timing offset in MB-OFDM systems," in *Proc. IEEE Global Commun. Conf. (GLOBECOM)*, Washington, DC, Nov. 26–30, 2007, pp. 3389–3394.

[32] M. Morelli and U. Mengali, "A comparison of pilot-aided channel estimation methods for OFDM systems," *IEEE Trans. Signal Process.*, vol. 49, no. 12, pp. 3065–3073, Dec. 2001.

[33] O. Edfors, M. Sandell, J. van de Beek, S. K. Wilson, and P. O. B¨orjesson, "OFDM channel estimation by singular value decomposition," *IEEE Trans. Commun.*, vol. 46, no. 7, pp. 931–939, Jul. 1998.

[34] L. Deneire, P.Vandenameele, L.V. d. Perre, B. Gyselinckx, and M. Engels, "Alowcomplexity ML channel estimator for OFDM," *IEEE Trans. Commun.*, vol. 51, no. 2, pp. 135–140, Feb. 2003.

[35] J. Kim, J. Park, andD. Hong, "Performance analysis of channel estimation inOFDMsystems," *IEEE Signal Process. Lett.*, vol. 12, no. 1, pp. 60–62, Jan. 2005.

[36] Z.Wang,Y. Xin, G. Mathew, and X.Wang, "Alowcomplexity and efficient channel estimator for multiband OFDM-UWB systems," *IEEE Trans. Veh. Technol.*, vol. 59, no. 3, pp. 1355–1366, Mar. 2010.

[37] B. Muquet, Z. Wang, G. B. Giannakis, M. de Courville, and P. Duhamel, "Cyclic prefixing or zero padding for wireless multicarrier transmissions?," *IEEE Trans. Commun.*, vol. 50, no. 12, pp. 2136–2148, Dec. 2002.

[38] O. Edfors, M. Sandell, J. van de Beek, S. K. Wilson, and P. O. B¨orjesson, "Analysis of DFTbasedchannel estimators for OFDM,"*Wireless Personal Commun.*, vol. 12, no. 1, pp. 55–70, Jan. 2000.

[39] Q. Zou, A. Tarighat, and A. H. Sayed, "Performance analysis of multiband OFDM UWB communications with application to range improvement," *IEEE Trans. Veh. Technol.*, vol. 56, no.

6, pp. 3864–3878, Nov. 2007.

[40] Z. Wang, G. Mathew, Y. Xin, and M. Tomisawa, “An iterative channel estimator for indoorwireless OFDM systems,” in *Proc. IEEE Int. Conf. Commun. Syst. (ICCS)*, Singapore, Oct. 30 – Nov. 1, 2006.

[41] Y. Li, L. J. Cimini, and N. R. Sollenberger, “Robust channel estimation for OFDM systems with rapid dispersive fading channels,” *IEEE Trans. Commun.*, vol. 46, no. 7, pp. 902–915, July 1998.

[42] Y.-H. Yeh and S.-G. Chen, “Efficient channel estimation based on discrete cosine transform,” *Proc. IEEE Int. Conf. Acoust., Speech, Signal Process. (ICASSP)*, vol. 4, Hongkong, Apr. 6–10, 2003, pp. IV-676–679.

[43] B. Yang, Z. Cao, and K. Letaief, “Analysis of low-complexity windowed DFT-based MMSE channel estimator for OFDM systems,” *IEEE Trans. Commun.*, vol. 49, no. 11, pp. 1977–1987, Nov. 2001.

[44] A. Troya, K. Maharatna, M. Krsti´c, E. Grass, U. Jagdhold, and R. Kraemer, “Efficient inner receiver design for OFDM-based WLAN systems: Algorithm and architecture,” *IEEE Trans. Wireless Commun.*, vol. 6, no. 4, pp. 1374–1385, Apr. 2007.

[45] D. Takeda, Y. Tanabe, and K. Sato, “Channel estimation scheme with low complexity discretecosine transformation in MIMO-OFDM system,” in *Proc. IEEE Veh. Technol. Conf. (VTC)*, Dublin, Ireland, Apr. 22–25, 2007, pp. 486–490.

[46] H. Xu and L. Yang, “Differential UWB communications with digital multicarrier modulation,” *IEEE Trans. Signal Process.*, vol. 56, no. 1, pp. 284–295, Jan. 2008.

第4章 高速短距离无线通信系统中的自适应编码调制

无线信道具有衰落特性，数据传输容易发生错误，自适应编码调制（Adaptive Modulation and Coding，AMC）不但能够改善可靠性，而且能够提高频谱效率，在无线通信系统中发挥着非常重要的作用。AMC 针对信道的时变特性，通过调整传输方案，实现了较大的数据传输速率和优良的误码性能。因此，AMC 在无线通信标准中得到了广泛应用，例如 GSM、CDMA 蜂窝系统、IEEE 802.11 WLAN、IEEE 802.16 WMAN、以及基于短距离超宽带（Ultra-wideband，UWB）的无线个域网（Wireless Personal Area Network，WPAN），如多频带正交频分复用（Multiband Orthogonal Frequency Division Multiplexing，MB-OFDM）和毫米波（Millimeter Wave，MMW）系统。

另一方面，链路层的差错控制通常采用自动反馈重发（Automated Repeat Request，ARQ）机制。通过重传错误的数据包，ARQ 可以进一步提高无线通信系统的可靠性。链路层的排队和 ARQ 与物理层的 AMC 之间的相互作用，引出了有趣的跨层设计问题。

文献[1,4]针对平坦衰落信道（例如瑞利衰落信道和 Nakagami-m 衰落信道）中，传统窄带系统的 AMC 进行了研究。AMC 和 ARQ 联合传输系统的设计和分析也引起了研究人员相当大的兴趣[5,8]。然而，在短距离高速无线通信系统中，考虑了 UWB 信道特点和 MAC 层协议的 AMC 系统性能研究，则相对较少。为了填补这一空白，本章对高速 WPAN 中的差错控制机制进行了深入的研究。

本章的安排如下：在 4.1 节中，概述了无线通信链路中差错控制机制的一般结构，包括物理层 AMC 和链路层 ARQ。在 4.2 节中，详细论述了 MB-OFDM 中的 AMC 技术[9,10]。接着，4.3 节给出了 ECMA-368 标准定义的 WPAN 链路模型。由于 AMC 的目标是适应和抑制信道衰落，所以在 4.4 节中介绍了室内 UWB 衰落信道和身体遮蔽效应（Body Shadowing Effect，BSE）模型。在 4.5 节中，分析 UWB 衰落信道中采用 MB-OFDM、AMC 和 ARQ 技术的链路性能，仿真结果和性能评估结果将会在 4.6 节中给出。最后，在 4.7 节中，介绍了基于 MMW 的 60GHz UWB 通信系统的 AMC，以及性能分析方法。

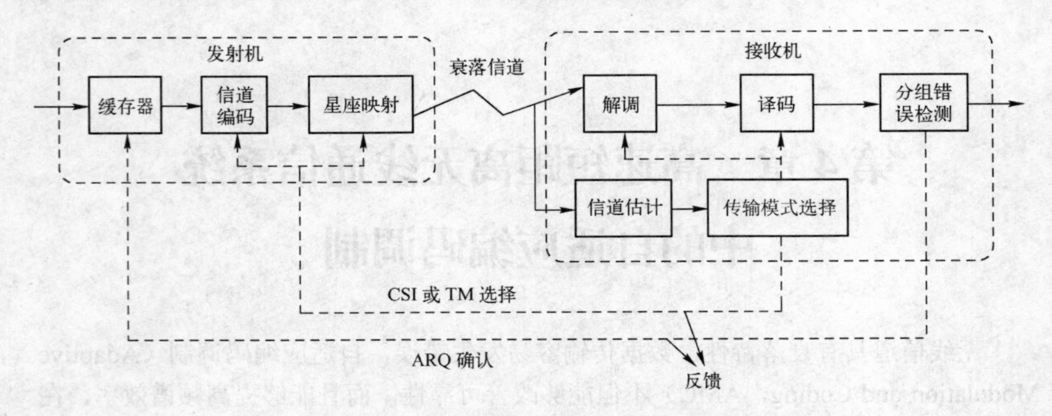

图 4-1 AMC 和 ARQ 联合下的无线传输系统

4.1 自适应编码调制

由于无线信道通常经历时变衰落，固定传输机制下的性能变化很大，这就造成了传输的不可靠和信道资源的浪费。AMC 主要根据信道条件改变传输机制。当信道条件比较好时，例如当接收信噪比（Signal-to-Noise Ratio，SNR）很高时，系统采用较高的数据传输速率；反之，当信道条件不好时，系统采用较低的数据传输速率。研究结果表明，在平均功率约束下，当 SNR 低于一个特定门限时，停止传输可以实现频谱效率的最大化[11]。相对于固定传输机制，通过选择传输模式（Transmission Mode，TM），AMC 可以实现更加可靠的通信和更高的信道利用率。

图 4-1 给出了自适应传输的系统框图（假定发射功率固定，这一点后面将加以讨论）。AMC 选择器置于接收机部分，可以通过信道估计，决定传输模式，并将传输模式信息，通过反馈信道反馈给发射机。MB-OFDM 的传输模式将在后面给出详细描述。物理层处理每帧的传输，每帧都包含从链路层获得的一个或多个数据包。为了保证可靠传输，使用 ARQ 机制对错误数据包进行重传。

在多种传输模式中，由一组传输参数，例如星座图和前向纠错编码（Forward Error Correction，FEC），来表示每一种传输模式。令 K 表示传输模式的总数，将整个 SNR 范围分为 K 个不重叠的连续区间，各个区间的边界为 Γ_k，k=1，2，…，K-1。当接收 SNR 处于 Γ_k 和 Γ_{k-1} 之间时，即 $\gamma\in[\Gamma_{k-1},\Gamma_k)$，$k$=1，2，…，$K$，选择第 k 种传输模式 M_k。在实际系统中，AMC 的目的是：在给定的发射功率约束，保持平均或瞬时误码率 ε_0 的条件下，使平均链路吞吐量最大化。AMC 尤其适用于短距离高速通信系统，例如 WPAN 中 MB-OFDM 和 MMW。

第一，AMC 首先要有反馈链路。接收机将信道状态消息（Channel State Information，CSI）或者最佳数据速率，通过反馈链路反馈给发射机，从而提高吞吐量，减小误帧率（Frame Error Rate，FER）。在 WPAN 中，设备周期性地广播信标帧，来维持整个网络的结构和网络时序。信标帧中包含 CSI 和系统给出的用于接收数据的最佳传输模式等信息单元（Information Element，IE）。而在 WPAN 中，链路层使用 ARQ 技术，这样对于每一个数据帧（使用实时 ACK）或者包含多个数据帧的一个突发（使用块 ACK），接收机需要发送一个确认（Acknowledgment，ACK）。这样，ACK 帧可以携带 CSI，发射机则根据 CSI，为下一次的传输调整传输模式。通过 WPAN 的跨层设计，可以将 ARQ 和 AMC 完美地结合起来。

第二，由于 CSI 估计和反馈中的延时，AMC 仅适用于慢衰落信道。如果信道特性变化太快，AMC 就无法适应当前的信道状态，AMC 增益会大为降低。例如，在窄带移动通信系统中，由多径引起的快衰落会导致信道变化非常快，所以必须采用编码、分集等技术来抑制多径造成的影响。然而，在短距离无线通信中，由于收发信机基本上是固定的，信道变化主要是由移动的障碍物（例如人）的阴影效应引起的，因此 AMC 可以有效地跟踪信道的这些慢变化。

第三，在长距离、大范围的无线网络中，如蜂窝系统，发射功率控制可以提高频谱效率，避免远近效应，因此十分重要。但是在 UWB 系统中，发射功率被频谱模板严格限定[12]。因此功率控制所带来的网络吞吐量的提高将非常有限[13]，而 AMC 在提高短距离通信可靠性和传输速率方面则更为有效。

4.2　MB-OFDM 系统中的 AMC

第 2 章已经详细介绍了 MB-OFDM 系统。本节主要关注应用于 MB-OFDM 系统的 AMC。在 ECMA-368 MAC 协议中，数据包被封装，并在物理层汇聚协议（Physical Layer Convergence Protocol，PLCP）帧中传输。为了让所有设备都能接收和解读 MAC 信标帧，帧负载以 53.3 Mbit/s 的最低数据传输速率传输。对于数据帧和命令帧，PLCP 报头通常以 39.4Mbit/s 的数据传输速率传输，而负载，即 PHY 服务数据单元（PHY Service Data Unit，PSDU）则以期望数据传输速率传输，如表 4-1 所示。

ECMA-368[10]规定了可以支持的数据传输速率为 53.3、80、106.7、200、320、400 和 480Mbit/s。如表 4-1 所示，星座类型（调制方式）、FEC 编码和时间/频率扩展都可以改变数据速率和传输可靠性。接收设备使用反馈链路信息单元，建议源设备使用最佳数据传输速率。在 PLCP 报头中的 PHY 报头，5 bit 的数据传输速率域指示了 PSDU 使用的传输模式。

PSDU 中的加扰、编码、调制过程如图 4-2 所示。这 3 种技术实现的不同的数据传输速率和传输可靠性将在下面详细介绍。

表 4-1　MB-OFDM 系统中的传输模式[10]

数据传输速率/（Mbit/s）	调制方式	码率（R）	FDS	TDS	编码比特/6 个 OFDM 信号（N_{CBP6S}）	信息比特/6 个 OFDM 信号（N_{IBP6S}）	数据速率域
53.3	QPSK	1/3	Y	Y	300	100	00000
80	QPSK	1/2	Y	Y	300	150	00001
106.7	QPSK	1/3	N	Y	600	200	00010
160	QPSK	1/2	N	Y	600	300	00011
200	QPSK	5/8	N	Y	600	375	00100
320	DCM	1/2	N	N	1200	600	00101
400	DCM	5/8	N	N	1200	750	00110
480	DCM	3/4	N	N	1200	900	00111

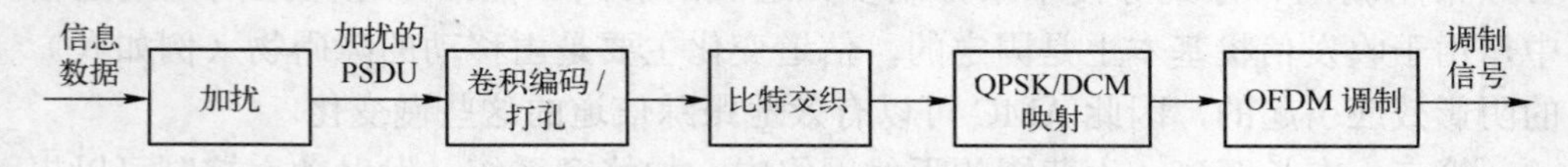

图 4-2　PSDU 的调制和编码过程

首先，卷积码编码器码率 R=1/3，生成多项式为 $g_0=133_8$，$g_1=165_8$，$g_2=171_8$。至于其他的码率，则通过对 R=1/3 的卷积码进行打孔得到，也就是说为了提高数据传输速率，发射机将删除一些编码比特，这样就可以减少传输的数据，由此从编码获得的对信息比特的保护将减少。打孔图案可以查阅 ECMA-368 标准，通过打孔得到的码率为 R=1/3、R=1/2、R=5/8 和 R=3/4。

其次，数据传输速率和纠错能力还取决于星座映射，即将经过编码和交织的二进制比特流映射到复平面的星座图上。对于 200Mbit/s 及以下的数据传输速率，二进制数据将会采用 QPSK 调制方式进行映射；对于 320Mbit/s 及以上的数据传输速率，将采用双载波调制（Dual-Carrier Modulation，DCM）方式进行映射。

最后，时域扩展和频域扩展的共同作用将会降低有效码率，在低数据传输速率模式下得到额外的扩频增益，从而进一步加强传输的可靠性。时域扩展通过在两个连续的 OFDM 符号上传输相同的信息，而频域扩展则通过在数据子载波上交换比特，从而在两个分离的子载波上使用相同的 OFDM 符号传输相同的数据（复数据）。因此，连续 OFDM 符号的时间分集和一个 OFDM 符号不同子载波的频率分集，能够在数据传输速率和错误概率之间取得折中。例如，频域扩展提供了对抗窄带干扰的鲁棒性。

基于上述 AMC 技术，如果负载的长度为 L 字节，传输模式为 $\mathcal{M}_k$，PLCP 帧的传输时间为

$$T_{\mathrm{F}}(L,\mathcal{M}_k)=6\times\left\lceil\frac{8L+38}{N_{\mathrm{IBP6S}}(\mathcal{M}_k)}\right\rceil\times T_{\mathrm{s}}+T_{\mathrm{pre}}+T_{\mathrm{hdr}} \tag{4-1}$$

式中，N_{IBP6S} 是 6 个 OFDM 符号中的信息比特数量，由表 4-1 中所列的传输模式决定；T_s、T_{pre} 和 T_{hdr} 分别是 OFDM 符号、PLCP 帧前导和帧头的传输时间。

4.3　ECMA-368 中的 WPAN 链路结构

在本节中，首先综述了 ECMA-368 标准中 WPAN 系统架构和模型，包括 MAC 协议和链路层的块确认（Block-Acknowledgment，B-ACK）ARQ 机制。

4.3.1　超帧结构和 DRP

ECMA-368 中基本时序结构就是超帧，如图 4-3a 所示。一个超帧的持续时间 T_{SF}=65536 μs 被分成 256 个媒体接入时隙（Media Access Slot，MAS）。一个 MAS 的持续时间为 256μs，是预留的最小时间单位。每一个超帧都以一个信标周期（Beacon Period，BP）作为开始。在信标周期中，IE 指示了在本超帧中使用的 MAS。BP 之后是数据传送期（Data Transfer Period，DTP）。在数据传送期，用户通过基于竞争或者基于预留的信道接入方式进行通信。

根据 WPAN 的 MAC 协议，ECMA-368 针对基于预留的媒体接入，提出了分布式预留协议（Distributed Reservation Protocol，DPR）。一个节点与其目的节点协商之后，根据它的业务负载和服务质量（Quality-of-Service，QoS）要求，预留 MAS。同时，通过对可用 IE 的观测，得到为业务传输预留的 MAS。为了减少延迟变化，预留出均匀间隔的时间块是必要的（在两个预留之间的间隔和预留周期都是恒定的）。然而，由于预留是以分布式的方式进行，并没有中央控制器，源节点到目的节点的预留 MAS 将会分布到任一超帧中，如图 4-3a 所示。同一个用户预留的一个或多个连续 MAS 被称为一个预留块（Reservation Block，RB）。用户在它的预留块中处于服务状态，否则处于空闲状态。一个用户的两个连续的 RB 之间的间隔被称为空闲时间段。每一个 RB 和它之前的空闲时间段合在一起被称为一个预留时隙（Reservation Slot，RS）。

4.3.2　块确认机制

ECMA-368 中规定了两种错误恢复机制：立刻确认（Imm-ACK）和块确认（B-ACK），块确认在 IEEE 802.15.3 中也称为延迟确认。立刻确认机制就是对于每一个发送的数据帧，接收机都会发送一个 ACK 帧作为回复，以确认发送帧的接收状态（接收成功或者失败）。对于块确认（延迟确认）机制，发射机在发送一系列帧之后，接收机才回复一个 ACK 帧状态报告。由于减少了 ACK 帧的数量，B-ACK 能够提高带宽效率，特别是在高速链路中[14]。综合考虑，本节将介绍 B-ACK。

在图 4-3b 所示的 B-ACK 机制中，将 B 个数据帧和一个 ACK 帧一起称为一个传输突发。在一个传输突发中，最后一个数据帧和 ACK 帧之间被短帧间隔（Short InterFrame Spacing，SIFS）分开来。在两个连续的数据帧之间还有一个最短帧间隔（Minimum Interframe Spacing，MIFS）。假定给第 n 个 RB 的信道分配时间为Δ_n，数据帧的负载为 L 字节，传输模式为$\mathcal{M}_k$，一个突发传输中帧的个数，即突发大小为

$$B_{n,k} = \left\lfloor \frac{\Delta_n - T_{\text{ACK}} - 2 \times SIFS - GT + MIFS}{T_F(L, \mathcal{M}_k) + MIFS} \right\rfloor \tag{4-2}$$

式中，T_{ACK} 是 ACK 帧的传输时间；GT 是保护间隔；T_{ACK} 是常数，这是因为 ACK 的负载基本是固定的，而且为了保证 ACK 总是能够被可靠接收，选择的传输模式的数据传输速率固定为 53.3Mbit/s。

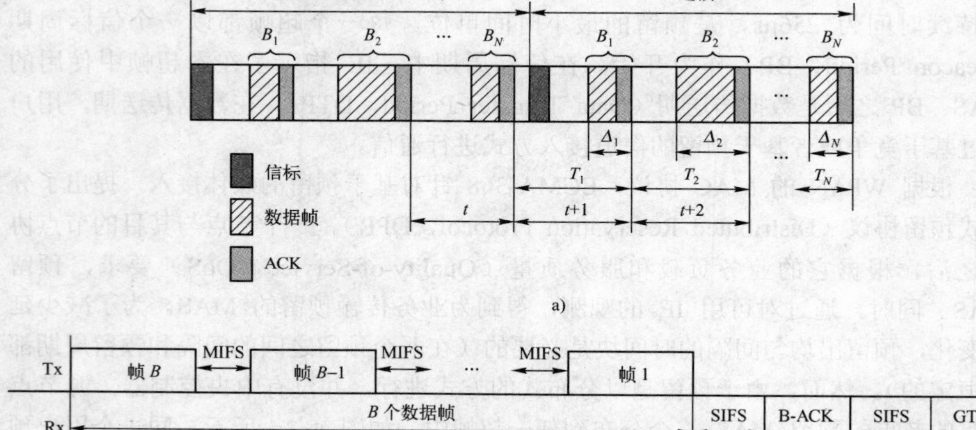

a）

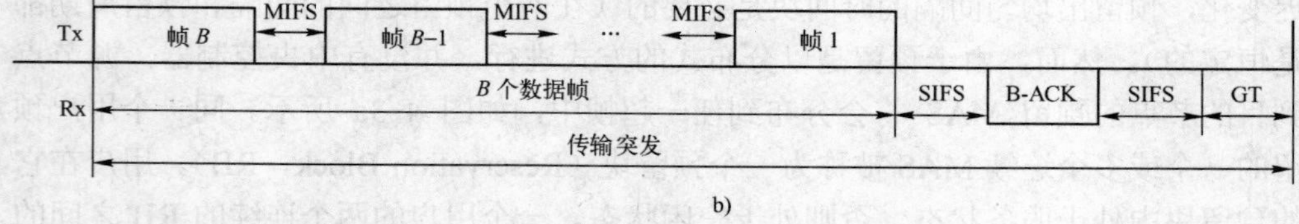

b）

图 4-3　超帧中的 MAS 预留

a）超帧中的 MAS 预留　b）在一个预留块中 B-ACK 突发传输的时序（©2010 IEEE）[19,20]

装载在 ACK 帧中的链路反馈信息单元，将给出对数据传输速率和发射功率的调整建议。于是发射机将在下一个突发传输中相应地修改传输模式。

4.4 阴影效应下的分组级 UWB 信道模型

4.4.1 UWB 信道中的身体遮蔽效应

无线个域网一般部署在办公室或者居民区。在这些区域中，UWB 信号的信道

冲激响应（Channel Impulse Response，CIR）会加强多径包络。室内 UWB 系统的性能主要取决于从最强路径，例如视距路径（Line-Of-Sight，LOS），捕获到的信号能量。尽管收发信机是固定的，但是还是存在一些障碍物，例如人，会经常的来回移动，并遮挡住主要传播路径。由于 UWB 系统的发射功率很低，身体遮蔽效应会在很大程度上降低接收信号的功率和 SNR，导致明显的信道变化。如果收发信机都采用全向天线，则 BSE 的测量显示，功率衰减高达 8dB[15,16]。文献[17,18]提出了基于一阶有限状态马尔科夫链（Finite-State Markov Chain，FSMC）的随机身体遮蔽效应下的 UWB 系统分组级模型，如下所述。

如果 UWB 信道中信号的一些传播路径，被处于收发信机之间的人所遮挡，就会产生阴影效应。图 4-4 给出了阴影模型，其中人体被建模为半径 r=30cm 的圆柱体[21]，接收机（Rx）处于原点，发射机（Tx）位于点（D, 0）处，移动中的人的位置为（x, y）。以 Rx 处的视角，多径信道的到达角（Angle-Of-Arrival，AOA）在一定范围内被阻隔。余下的接收功率，或者说功率衰减，能够由角度功率谱密度（Angular Power Spectrum Density，ASPD）和被阻挡的 AOA 中估计出来。角度功率谱密度描述了入射功率的角度分布。同样地，发射机天线上的阴影效应也可以这样估计[17,18]。这样，身体遮蔽效应$\chi(x, y)$，可以通过将收发天线上的阴影效应叠加得到

$$\chi(x,y)(\text{dB}) = 10\log_{10}[E_{\text{r}}(\theta_1,\theta_2)] + 10\log_{10}[E_{\text{t}}(\theta_3,\theta_4)] \tag{4-3}$$

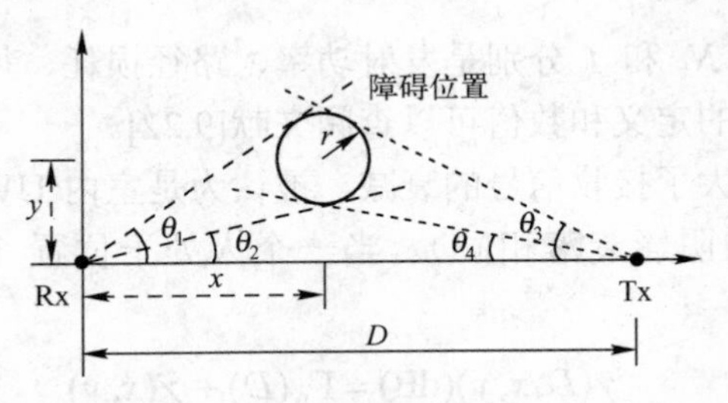

图 4-4　身体遮蔽效应模型（©2010 Elsevier）[17]

式中，E_{r} 和 E_{t} 分别是接收机天线和发射机天线处的功率衰减。例如，在 UWB 系统中，收发信机距离是 4.5m，并且人站在收发信机之间的不同位置时，身体遮蔽效应的等高线如图 4-5 所示，x 轴和 y 轴表示遮挡物的位置。

当 UWB 系统中收发信机的距离为 D，没有阴影效应时，平均 SNR 由链路预算给出[9,22]㊀

㊀ 由于频率选择性衰落，MB-OFDM 系统中不同子载波的瞬时接收比特能量和 SNR 是随机的。对小尺度衰落平均后的接收 SNR，即 E_b/N_0，主要由发射功率、路径损耗、实现损耗、天线增益和阴影效应决定。

$$\Gamma_0(D)(\mathrm{dB}) = P_t - L(D) - N - N_F - I \tag{4-4}$$

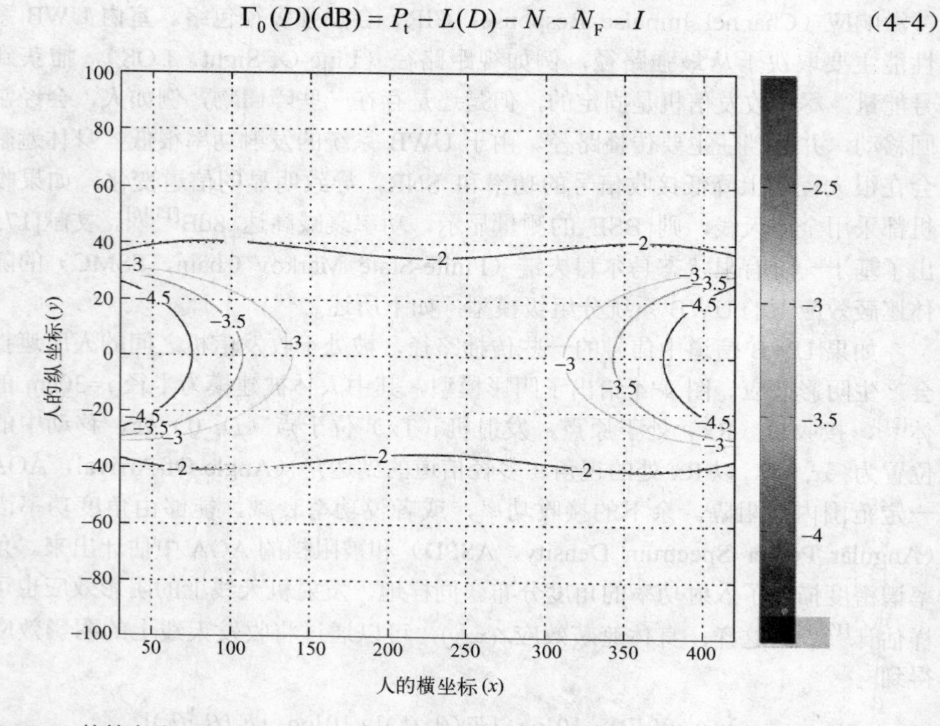

图 4-5　BSE 的等高线（表示为 dB 形式），人站在二维平面上（D=4.5m）（©2010 Elsevier）[17]

式中，P_t、$L(D)$、N、N_F 和 I 分别是发射功率、路径损耗、每比特热噪声、系统噪声、实现损耗。它们的定义和数值可以查阅文献[9,22]。

身体遮蔽效应加大了接收信号的衰减，被认为是室内 UWB 信道中的大尺度衰落（与窄带信道中的阴影衰落相同）。当一个人处于位置（x, y）时，平均接收 SNR 如下所示

$$\gamma(D,x,y)(\mathrm{dB}) = \Gamma_0(D) + \chi(x,y) \tag{4-5}$$

式中，$\chi(x,y)$ 由式（4-3）得到。在接收 SNR 为γ时，FER 可以由$\varepsilon(\gamma)$表示，其中$\varepsilon(\gamma)$由 MB-OFDM 的传输性能决定。

4.4.2　信道模型中的信道状态定义

因为身体遮蔽效应取决于障碍物的角度位置和离天线的距离，人的随机移动会导致接收 SNR 在一定范围内的慢变化，即 UWB 信道中的大尺度衰落。

在 4.2 节中，假定通信系统中 AMC 支持 K 种传输模式，这 K 种传输模式分别工作在 K 个 SNR 区间$[\Gamma_{k-1},\Gamma_k)$，k=1，2，…，K。这样，定义每个 SNR 区间为一

个信道状态 S_k。因为接收 SNR 取决于障碍物位置，状态 S_k 相当于第 k 个空间区域，该区域介于两条等高线 $\gamma=\Gamma_{k-1}$ 和 $\gamma=\Gamma_k$ 之间。状态 S_K 相当于最接近发射机/接收机天线的区域，因此具有最严重的身体遮蔽效应，SNR 最低。状态 S_1 的 SNR 区间为 $[\Gamma_0,\Gamma_1)$，相当于在最外面的等高线 $\gamma=\Gamma_1$ 之外的空间区域，表示没有阴影效应（没有人站在系统附近）的信道条件。Γ_0 代表没有 BSE 的信噪比区域，由式（4-4）中定义。

最后，信道状态 S_k 的平均误比特率（Bit Error Rate，BER）为

$$\overline{\varepsilon}_n=\begin{cases}\varepsilon[\Gamma_0(\mathrm{D})], & k=1\\ \dfrac{1}{A_k}\iint_{(x,y)\in A_k}\varepsilon[\gamma(D,x,y)]\mathrm{d}x\mathrm{d}y, & k=2,\ 3,\ \cdots,\ K\end{cases} \tag{4-6}$$

式中，$\Gamma_0(\mathrm{D})$ 和 $\gamma(D,x,y)$ 分别由式（4-4）和式（4-5）给出，A_k 是状态 S_k 区域面积。

4.4.3　信道状态转移

由于信道状态相当于不同的空间区域，并且人可以从现在的区域移动到相邻的区域，阴影效应是一个从出现到消失的过程。因此，阴影效应下的 UWB 信道可以用连续状态一阶 FSMC 表示，如图 4-6 所示。

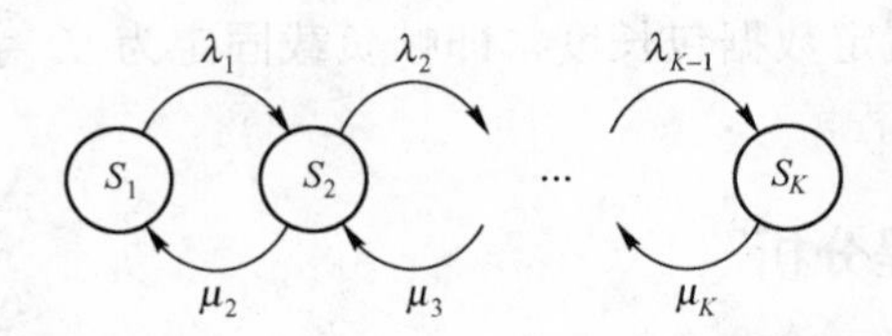

图 4-6　有阴影效应的 UWB 信道的 FSMC 模型

首先，Γ_1 的等高线是阴影区域的边界。刚到达的人（进入边界）会引起阴影效应，同时，状态从 S_1 转移到 S_2。假定人的到达服从到达率为 λ_{p} 的泊松过程。其中，λ_{p} 随着人的密度和在室内/办公区活动的增加而增大。当本区域的人移动边界时，它将会再次进入下一个区域。

其次，人停留在一个区域的时间近似服从指数分布。在第 k 个区域的平均停留时间为 $\overline{t}_k=A_k\tau$，τ 是人在单位区域内的平均停留时间。人从状态 S_k 的离开率是 $v_k=1/\overline{t}_k=1/(A_k\tau)$。假定移动到内部区域（从 S_k 到 S_{k+1}）的概率为 α，$0<\alpha<1$。因此，转移到相邻的内部区域的转移率为

$$\lambda_k=\begin{cases}\lambda_{\mathrm{p}}, & k=1\\ \alpha v_k=\dfrac{\alpha}{A_k\tau} & k=2,\ 3,\ \cdots,\ K-1\end{cases} \tag{4-7}$$

而转移到相邻的外部区域（从 S_k 到 S_{k-1}）的转移率为

$$\mu_k = \begin{cases} (1-\alpha)v_k = \dfrac{1-\alpha}{A_k\tau} & k=2,\ 3,\ \cdots,\ K-1 \\ v_k = \dfrac{1}{A_k\tau} & k=K \end{cases} \tag{4-8}$$

4.5 WPAN 链路性能分析

4.5.1 系统模型

下面研究 UWB 链路，用户采用 DRP 协议在一个超帧中预留了 N 个 RB，如图 4-3a 所示。RB 用 n 进行编号，n=1, 2, ⋯, N。因为 MAS 预留是任意的，RB 的持续时间（即 MAS 的数量）是可变的，表示为$\varDelta_n$。RS（前文已经定义，RS 包含 RB 和空闲时间）用 T_n 表示。一个 B-ACK 的突发传输在一个 RB 中进行，其中，在每个块的结尾从接收机返回延迟 ACK。ACK 对当前突发中的所有帧进行确认，并且携带在该突发接收中进行信道估计所获得的信道信息。正在进行的通信链接会频繁地受到移动中的人所引起的阴影效应，从而导致大尺度衰落。在 MB-OFDM 系统中，AMC 自适应地选择传输模式以保持平均或瞬时 FER。

为了分析简单，假定数据包长度，即帧负载固定为 L 字节，而且数据包为到达率为λ包/秒的泊松过程。

4.5.2 马尔科夫过程分析

本节的目的包括以下两个方面：（1）对发射机缓存器的排队特性进行建模。（2）得到队列长度的分布。在这里如果采用传统的排队分析方法即使不是不可能，也非常困难。因此，基于超帧中的 RS，建立了一个三维的 FSMC 模型进行分析，如下所示[19,20]。

以节点编号的角度，将一个超帧分为 N 个 RS。每一个 RS 起始时的系统状态用三变量(n, k, q)表示，其中 $n\in\{1, 2, \cdots, N\}$为 RS 的编号，$k\in\{1，2，\cdots，K\}$是信道状态，$q\in\{1，2，\cdots，F\}$是缓存器中数据包的个数。三维 FSMC 模型可以模拟 MAC 协议调度、信道演进、排队特性。RS 作为离散时间马尔科夫模型的时隙，持续时间不是固定的，而是在每个超帧中都重复从 T_1 到 T_{N}。总共有$(F+1)NK$ 个状态。时隙 t 的状态表示为(n_t, k_t, q_t)。

将同一块中的系统状态按行编号

$$(n,1,0),\cdots,(n,1,F),\cdots,\ (n,K,0),\cdots,(n,K,F), \tag{4-9}$$

图 4-7 中给出了马尔科夫链。每一行的状态数是$(F+1)K$，每一列中的状态数是 N。需要注意的是，最后一行的状态用虚线圈表示，这是因为它们是首行状态的

复制，仅用来说明状态转移。

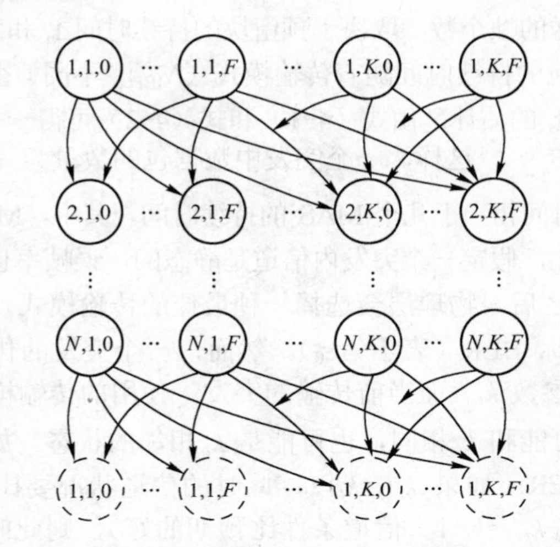

图 4-7　嵌入马尔科夫链模型（©2010 IEEE）[19,20]

非零的一步转移概率推导如下：

（1）到达过程：令 a_t 表示时隙 t 内到达的数据包的个数

在时隙的起始，缓存器有 q_t 个数据包。因此，至多可以再放置 $b_t=\min\{a_t, F-q_t\}$ 个数据包，超出的数据包将会因缓存器溢出而丢弃。由于时隙的持续时间是 T_{n_t}，b_t 的概率质量函数（Probability Mass Function，PMF）为

$$f_{b_t}(x\mid n_t,q_t)=\begin{cases}\dfrac{(\lambda T_{n_t})^x}{x!}\mathrm{e}^{-\lambda T_{n_t}} & x<F-q_t\\ 1-\sum_{y=0}^{M-q_t-1}\dfrac{(\lambda T_{n_t})^y\mathrm{e}^{-\lambda T_{n_t}}}{y!} & x=F-q_t\\ 0 & x>F-q_t\end{cases}\tag{4-10}$$

（2）信道状态转移

信道变化是由人的移动而引起的，每个信道状态上的停留时间远大于一个时隙的持续时间 T_n（n=1, …, N）。因此，在一个时隙内，信道状态转移超过一次的概率基本可以忽略。信道状态转移概率可以近似估计为

$$\begin{cases}h_{k,k+1}=\lambda_k T_{n_t}, & k=1,\ 2,\ \cdots,\ K-1\\ h_{k,k-1}=\mu_k T_{n_t}, & k=2,\ 3,\ \cdots,\ K\\ h_{k,k}=1-h_{k,k+1}, & k=1\\ h_{k,k}=1-h_{k,k-1}, & k=K\\ h_{k,k}=1-h_{k,k+1}-h_{k,k-1}, & k=2,\ 3,\ \cdots,\ K-1\end{cases}$$

（3）服务排队过程

一个突发中所发送的帧个数，取决于预留块的持续时间Δ_n和发射机所选择的传输模式，这是因为数据包的持续时间随着传输模式（N_{IBP6S}不同）变化。传输模式的改变取决于对信道状态 k_t 的估计。由式（4-1）和式（4-2）可得一个突发中可以容纳帧的最大数量，表示为B_{n_t,k_t}。这样，一个突发中数据包的数量为 $v_t=\min\{q_t, B_{n_t,k_t}\}$。另外，一个 RB 的持续时间相当于几个 MAS 的持续时间，其中，MAS 的持续时间远小于信道相干时间。因此，假定一个突发内信道是静态的，误帧率也是不变的。

采用 AMC 机制之后，物理层会选择一种最佳的传输模式，确保在每一个信道状态中，都能达到目标 BER（表示为ε_0）。然而，一个突发的传输模式取决于前一个突发接收机估计的参数 k_t。而当前传输的突发，使用的传输模式为$\mathcal{M}_{k_t}$，此时的信道状态是 k_{t+1}，它可能和 k_t 相同，也可能是 k_t 相邻的状态。如果 $k_{t+1}=k_t$，将得到目标 BER 和目标 FER；如果 $k_{t+1}=k_t+1$，此时的信道状况要比预期的差，此时的$\varepsilon_{\mathrm{w}}>\varepsilon_0$；同样地，如果 $k_{t+1}=k_t-1$（信道条件比预期的好），则此时的 BER $\varepsilon_{\mathrm{b}}<\varepsilon_0$。误帧率为$\eta_{k_t,k_{t+1}}=1-(1-\varepsilon)^L$，对于上面提到的三种情况，$\varepsilon$分别表示为$\varepsilon_0$、$\varepsilon_{\mathrm{w}}$和$\varepsilon_{\mathrm{b}}$。帧头和 ACK 帧通常是以 39.4Mbit/s 的基本速率传输的，经过差错控制编码，可以近似认为它们可以被正确接收。

在时隙 t 中，如果一个突发传输中可以正确接收 d_t 个帧，缓存器将移除这 d_t 个帧。d_t服从二项分布，其 PMF 为

$$f_{\mathrm{d}_t}(x\,|\,v_t,k_t,k_{t+1})=\binom{v_t}{x}(1-\eta_{k_t,k_{t+1}})^x\,\eta_{k_t,k_{t+1}}{}^{v_t-x}=\Phi(x,v_t,1-\eta_{k_t,k_{t+1}}) \qquad (4\text{-}11)$$

式中，$\Phi(\cdot)$ 是二项分布函数。

（4）系统状态转移概率

第 t+1 个时隙中的 RS 编号为 $n_{t+1}=(n_t \bmod N)+1$，同时时隙起始时的排队长度是 $q_{t+1}=q_t+b_t-d_t$。从状态(n_t, q_t, k_t)到状态$(n_{t+1}, q_{t+1}, k_{t+1})$的转移概率为

$$\begin{aligned}&\Pr\{(n_{t+1},q_{t+1},k_{t+1})\,|\,(n_t,q_t,k_t)\}\\&=\Pr\{k_{t+1}\,|\,k_t,n_t\}\Pr\{b_t-d_t=q_{t+1}-q_t\,|\,n_t,k_t,q_t,k_{t+1}\}\end{aligned} \qquad (4\text{-}12)$$

随机变量 b_t-d_t的 PMF 为

$$f_{b_t-d_t}(x\,|\,n_t,k_t,k_{t+1},q_t)=\sum_{y=0}^{F-q_t}f_{b_t}(y\,|\,n_t,q_t)\,f_{d_t}(y-x\,|\,b_t,q_t,k_t,k_{t+1}) \qquad (4\text{-}13)$$

式中，f_{b_t}、f_{d_t}分别由式（4-10）和式（4-11）中给出。

将状态(n, k, q)一直到所有其他系统状态编成一个列向量，

$$\boldsymbol{P}_{(n,k,q)}=[\Pr\{(1,1,0)\,|\,(n,k,q)\}\cdots\Pr\{(N,K,F)\,|\,(n,k,q)\}]^T \qquad (4\text{-}14)$$

然后，可以得到状态转移概率矩阵

$$\boldsymbol{P} = [\boldsymbol{P}_{(1,1,0)} \cdots \boldsymbol{P}_{(1,K,F)} \cdots \boldsymbol{P}_{(N,1,0)} \cdots \boldsymbol{P}_{(N,K,F)}] \tag{4-15}$$

（5）平稳分布

用 $\pi_{(n,k,q)}$ 表示状态(n,k,q)的稳态概率，定义稳态概率分布的列向量为 $\prod = [\pi_{(1,1,0)} \cdots \pi_{(1,K,F)} \cdots \pi_{(N,1,0)} \cdots \pi_{(N,K,F)}]^{\mathrm{T}}$，通过以下方程可以求解：

$$\begin{cases} \prod = \mathbf{P} \prod \\ \sum_{n=1}^{N} \sum_{k=1}^{K} \sum_{q=0}^{F} \pi_{(n,k,q)} = 1 \end{cases}$$

最后，用 Q 表示 RS 起始的排队长度，Q 的平稳分布为

$$f_Q(q) = \sum_{n=1}^{N} \sum_{k=1}^{K} \pi_{(n,k,q)} \tag{4-16}$$

4.5.3　丢包率和吞吐量

考虑到物理层的 AMC 机制可以改善 BER。帧由于过度重传而导致的丢包率可以被忽略，因此仅仅考虑由于缓存器溢出所导致的丢包率。由于空闲时间长度是任意的，所以我们估计每个 RS 的丢包率（Packet drop rate, PDR）。

超帧中第 n 个 RS 起始时的排队长度表示为 Q_n。Q_n 的平稳分布为

$$f_{Q_n}(q) = \sum_{k=1}^{K} \pi_{n,k,q} \tag{4-17}$$

令 D_n 表示第 n 个 RS 中丢弃的数据包的数量。这样，$a_n=F-Q_n+D_n$ 是一个时隙中到达的数据包的总数量。D_n 的条件概率为

$$f_{D_n}(x \mid Q_n = y) = f_{a_n}(F - y + x) = \frac{(\lambda T_n)^{F-y+x}}{(F-y+x)!} \mathrm{e}^{-\lambda T_n} = \psi(F - y + x, \lambda T_n)$$

第 n 个时隙的平均丢包数为

$$\bar{D}_n = \sum_{y=0}^{F} \sum_{x=1}^{\infty} x f_{D_n}(x \mid Q_n = y) f_{Q_n}(y) = \sum_{y=0}^{F} \sum_{x=1}^{\infty} [x \psi(F - y + x, \lambda T_n) f_{Q_n}(y)] \tag{4-18}$$

表 4-2　传输模式和信道模型

信道状态	传输模式/（Mbit/s）	SNR 区间 $[\Gamma_{k-1}, \Gamma_k)$	转移率 λ_k/s	转移率 μ_k/s	稳态概率
S_1	200	[7.74　8.62)	0.023	—	0.514
S_2	160	[6.77　7.74)	0.027	0.027	0.435
S_3	106.7	[5.01　6.77)	0.259	0.259	0.046
S_4	80	[0　5.01)	—	2.023	0.006

然后，给定一个超帧中丢包的平均数量，则 PDR 为

$$\overline{D}=\frac{\sum_{n=1}^{N}\overline{D}_n}{\lambda T_{\mathrm{SF}}} \tag{4-19}$$

因此，吞吐量为 $H=(1-\overline{D})\lambda$。

4.6 仿真结果

在本节中，仿真典型的室内 WPAN。房间的大小是 7.5×8m^2，收发信机之间的距离设为 D=7.5m。对于 106.7Mbit/s 的传输模式，由于阴影效应的随机性，接收 SNR 的变化范围为[0, 8.62]dB。在这一距离上可以工作的四种传输模式分别为 80、106.7、160、200Mbit/s [10]㊀。数据包的大小是 1500B。

评估两种 AMC 机制性能，其 FER 分别设为η_M=0.02 和η_M=0.08。对于第一种 AMC，这四种传输模式的区间如表 4-2 所示，以确保瞬时 FER 不会超过 0.02。然后，利用每种传输模式的 SNR 范围作为边界，根据 4.4 节中介绍的内容，可以得到四种信道状态的遮挡区域。假定α=1/2，数据分组级信道模型的传输速率和稳态概率也由表 4-2 给出。对于第二种 AMC，可用同样的方法获得信道模型。

在链路层，假定每个目标用户在每个超帧中分配到两个 RB，同时，在每个块中，分配 8 个 MAS，位置分别为 129～136 和 193～200（数字代表 MAS 的编号从 1,2，…，256）。对于四种传输模式，RB 中的突发大小分别是 22、15、12 和 8 帧。

图 4-8 给出了一个缓存器大小为 90KB，排队长度平稳分布的累积分布函数（Cumulative Distribution Function，CDF）。分析和仿真结果的一致性证明了分析的正确。η_M=0.08 的 AMC 机制可以获得更好的排队长度分布，即排队长度具有更小数值的概率较大（小于 20KB 的概率为 0.55）；对于η_M=0.02 的 AMC 机制，排队长度具有很大的动态特性（小于 20KB 的概率为 0.3）。

图 4-9 给出了两种机制的吞吐量。对于用户而言，使用每个超帧 256 个 MAS 之中的 16 个，最大的吞吐量（没有数据包丢失）为 8.06Mbit/s。仿真中的业务负载服从平均数据速率为 5.5Mbit/s 的泊松分布。同排队长度分布结果一致，η_M=0.08 的 AMC 机制有更小的 PDR，所以具有更高的吞吐量。

㊀ 当接收 SNR 较大，将采用具有较高数据速率的传输模式，比如 320、400、480Mbit/s[10]，而分析方法也同样适用。

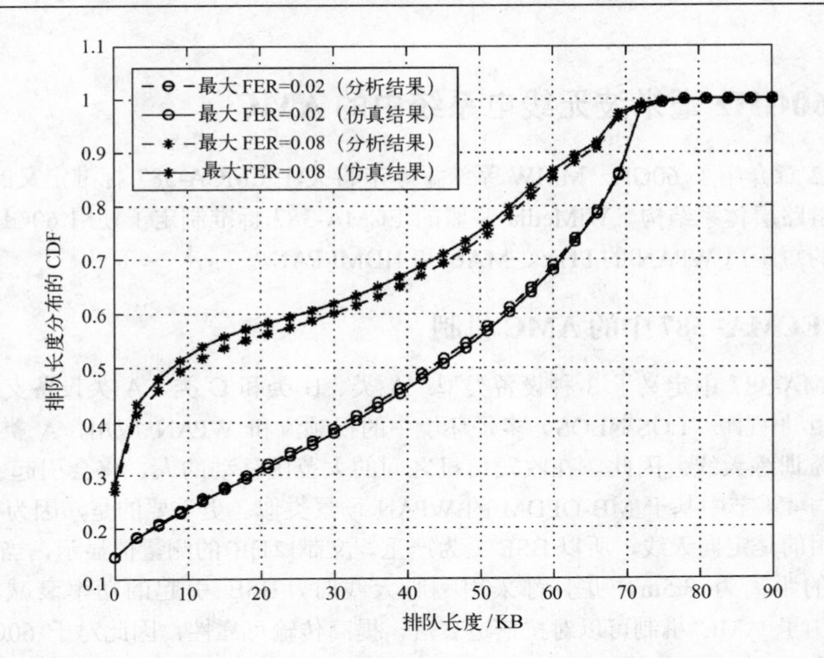

图 4-8　排队长度稳态分布的累积分布函数（Cumulative Distribution Function，CDF）

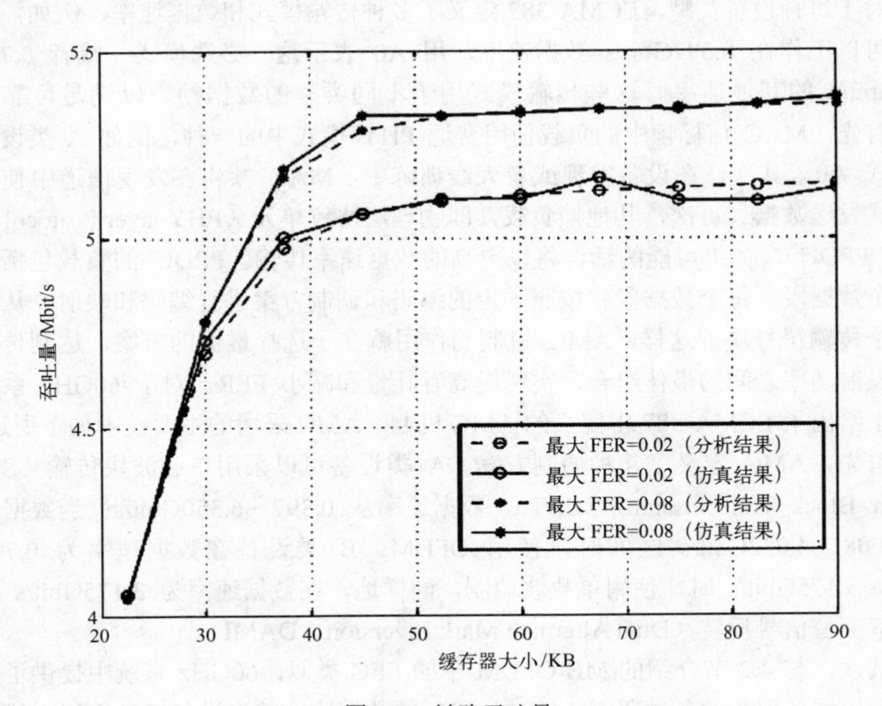

图 4-9　链路吞吐量

4.7 60GHz 毫米波无线电系统中的 AMC

第 2 章介绍了 60GHz MMW 系统。本节将关注 EMCA-387 标准定义的 AMC 机制和链路层体系结构。WiMedia 联盟的 ECMA-387 标准制定了使用 60GHz 免授权频段的短距离 WPAN 的 PHY、MAC 和 HDMI PAL。

4.7.1 ECMA-387 中的 AMC 机制

ECMA-387 中定义了 3 种设备类型：A 类、B 类和 C 类。A 类设备支持 10m 范围视距/非视距（LOS/NLOS）多径环境中的视频流和 WPAN 应用，A 类设备使用高增益训练天线。因此，在收发信机之间的大范围移动的人，将会引起 BSE，这一点与 4.4 节中基于 MB-OFDM 的 WPAN 场景类似。更重要的是，因为 60GHz 系统使用的是定向天线，所以 BSE 更为严重。文献[21]中的测量值显示，当收发信机之间的距离为 3.5m，并且都采用喇叭天线时，BSE 引起的功率衰减将大于 20dB。由于 AMC 机制可以对抗信道衰落，提高传输可靠性，因此对于 60GHz 系统非常重要。

对于每种设备类型，ECMA-387 定义了多种传输模式和数据速率。例如，A 类设备可以工作在 0.397Gbit/s 数据速率，用 A0 表示这一必选模式，或者 0.794～6.35Gbit/s 的其他速率。这些传输模式用于不同类型的数据帧，以满足可靠性要求。首先，MAC 信标帧中的负载使用普通 PHY 模式中的一种，例如 A 类设备使用模式 A0。其次，在设备发现或者天线训练中，MAC 帧将在发现信道中使用发现模式发送数据。再次，其他帧负载，即物理层协议单元（PHY-layer Protocol Date Unit，PPDU），如果可能的话，将以更高的数据速率传输。PPDU 的负载包括一个或多个数据段，每个数据段将按照一定的编码和调制方案进行编码和映射，从而形成一个传输符号块。这样，AMC 机制的作用就在于选择最优的方案，达到传输速率和发射功率之间的最佳组合，实现提高吞吐量和减小 FER。对于 60GHz 系统，图 4-1 给出了 ECMA-387 中定义的 AMC 机制。AMC 采用的主要技术如下所述。

首先，AMC 定义了几种调制方案。A 类设备可以采用单载波块传输（Single Carrier Block Transmission，SCBT），数据速率从 0.397～6.350Gbit/s；当数据速率在 1.008～4.032Gbit/s 之间时，使用 OFDM。B 类设备在数据速率为 0.794、1.588、3.175Gbit/s 时，使用单载波调制，同样地，在数据速率为 3.175Gbit/s 时，采用双交替信号反转（Dual Alternate Mark Inversion，DAMI）。

其次，与 4.2 节介绍的 MB-OFDM 中的 FEC 类似，60GHz 系统中提供了具有一定编码增益保护的各种码率。经过加扰后的数据比特首先进行 RS 编码，然后对经过 RS 编码后的负载比特进行交织和卷积编码。接着，根据数据速率模式，进行

（或不进行）网格编码调制。卷积编码器的码率 R=1/2，而其他码率则可以通过对“母码”进行打孔的方式得到，最终的码率为 R=4/7、2/3、4/5、5/6 和 6/7。

再次，使用不同的星座映射方式，将经过编码和交织后的二进制数据流映射到复平面的星座上。ECMA-387 中定义了 BPSK、QPSK 和 16QAM 等调制方式。

最后，与 MB-OFDM 中的时域扩展类似，数据符号可以在时域上扩展，也就是说，数据符号将被连续重复 N_{TDS} 次，其中 N_{TDS} 为时域扩展系数（Time Domain Spreading Factor，TDSF）。对于 A 型设备传输模式 A0，采用 N_{TDS}=2 的时域扩展来提高传输可靠性。

4.7.2 ECMA-387 中的 MAC 协议

ECMA-387 定义了链路层信道接入协议，不同类型设备之间的同步、共存和互操作，能量管理和安全策略。本节中，将关注 MAC 和 ARQ 机制。

通过发射和接收信标帧与控制帧，可以实现无线覆盖范围内的设备之间的协调。在设备发现和天线训练时，设备在发现信道中使用竞争接入机制，发送信标帧和控制帧。一旦设备找到了它的通信伙伴，并选择了一条信道，它将使用基于预留的信道接入机制传输数据。数据传输采用 ECMA-387 中 MB-OFDM 系统定义的超帧结构和 DRP 协议，如下所述。

在数据传输过程中，帧交换的基本时序结构是超帧。与 ECMA-387 中定义超帧结构类似，超帧的持续时间 16384μs 被分成 256 个 MAS，每个 MAS 的持续时间为 64μs。超帧由 BP 和数据周期组成，其中，BP 分布在一个或者多个连续的 MAS 中。使用 DPR，设备将在每个超帧中预留一个或者多个 MAS，用以和目标进行通信。因此，在 ECMA-387 规定的 60GHz WPAN 系统中，设备使用相同的基于预留的机制来接入信道和交换数据，如图 4-3a 所示。

ECMA-387 的 ARQ 机制与 ECMA-368 类似，也定义了 Imm-ACK 和延迟 ACK。图 4-3b 给出了 B-ACK 的结构，并且 B-ACK 将在每个 RB 中使用。延迟 ACK 在 RB 的结尾部分发送并反馈信道信息。这样，源设备就可以相应地调节传输模式。

ECMA-387 中定义的 ARQ 机制和基于预留机制的信道接入方式和 ECMA-368 中基本一样。4.5 节给出的链路层性能分析架构可以直接应用于基于 60GHz MMW 的 WPAN。另外，用于室内 MB-OFDM 系统中的 BSE 评估方法，同样可以扩展到配备定向天线的 60GHz 传播信道和数据分组级信道模型，与 4.4 节中所述的方法类似。

4.8 结论

总之，本章研究了短距离 UWB 系统中，可以提高传输可靠性的 AMC 机制。

速率自适应是 UWB 系统中极具吸引力的特点。本章简要地研究了由于随机阴影衰落引起的 UWB 信道衰落，以及数据分组级信道模型。使用 AMC、B-ACK 和 DPR 协议的 WPAN 链路模型也在本章中予以介绍，并采用马尔科夫排队模型对衰落信道中链路性能进行了理论评估。ECMA-368 中的 MB-OFDM 系统和 ECMA-387 中的 60GHz MMW 系统都可以使用这一分析架构。这是因为这两种标准有相似的 ARQ 和 MAC 协议。AMC 和 ARQ 两者的结合，可以有效地支持时变无线信道下的高速数据传输。本章的分析和仿真结果可以为设计最佳差错控制策略提供重要的指导，从而达到提高 WPAN 系统传输可靠性和 QoS 的目的。

参考文献

[1] A. J. Goldsmith and S. Chua, "Variable-rate variable-power MQAM for fading channels," *IEEE Trans. Commun.*, vol. 45, no. 10, pp. 1218–1230, Oct. 1997.

[2] M. S. Alouini and A. J. Goldsmith, "Adaptive modulation over Nakagami fading channels," *IEEE J. Sel. Areas Commun.*, vol. 13, nos. 1–2, pp. 119–143, May 2000.

[3] S. T. Chung and A. J. Goldsmith, "Degrees of freedom in adaptive modulation: A unified view," *IEEE Trans. Commun.*, vol. 49, no. 9, pp. 1561–1571, Sep. 2001.

[4] K. J. Hole, H. Holm, and G. E. Oien, "Adaptive multidimensional coded modulation over flat fading channels," *IEEE J. Sel. Areas Commun.*, vol. 18, no. 7, pp. 1153–1158, Jul. 2000.

[5] Q. Liu, S. Zhou, and G. B. Giannakis, "Cross-layer combining of adaptive modulation and coding with truncated ARQ over wireless links," *IEEE Trans. Wireless Commun.*, vol. 2, no. 5, pp. 1746–1775, Sep. 2004.

[6] ——, "Queuing with adaptive modulation and coding over wireless links: Cross-layer analysis and design," *IEEE Trans. Wireless Commun.*, vol. 4, no. 3, pp. 1142–1153, May 2005.

[7] X. Wang, Q. Liu, and G. B. Giannakis, "Analyzing and optimizing adaptive modulation coding jointly with ARQ for QoS-guaranteed traffic," *IEEE Trans. Veh. Technol.*, vol. 56, no. 2, pp. 710–720, Mar. 2007.

[8] H.-C. Yang and S. Sasankan, "Analysis of channel-adaptive packet transmission over fading channels with transmit buffer management," *IEEE Trans. Veh. Technol.*, vol. 57, no. 1, pp. 404–413, Jan. 2008.

[9] Multi-band OFDM Physical Layer Proposal for IEEE 802.15 Task Group 3a, IEEE P802.15.3a Working Group, P802.15-03/268r3, Mar. 2004.

[10] *High rate ultra wideband PHY and MAC standard*, ECMA International Std. ECMA-368, Dec. 2005. [Online]. Available: http://www.ecma-international.org/publications/standards/Ecma-368.htm

[11] A. Goldsmith, *Wireless Communications*. New York, NY, USA: Cambridge University Press, 2005.

[12] Z. Sahinoglu, S. Gezici, and I. Guvenc, *Ultra-Wideband Positioning Systems: Theoretical Limits,*

Ranging Algorihtm, and Protocols. NewYork,NY, USA: Cambridge University Press, 2008.

[13] K.-H. Liu, L. Cai, and X. Shen, "Exclusive-region based scheduling algorithms for UWB WPAN," *IEEE Trans. Wireless Commun.*, vol. 7, no. 3, pp. 933–942, Mar. 2008.

[14] H. Chen, Z. Guo, R. Yao, X. Shen, and Y. Li, "Performance analysis of delayed acknowledgement scheme inUWBbased high rate WPAN," *IEEE Trans. Veh. Technol.*, vol. 55, no. 2, pp. 606–621, Mar. 2006.

[15] P. Pagani and P. Pajusco, "Characterization and modeling of temporal variations on an ultrawideband radio link," *IEEE Trans. Antennas Propag.*, vol. 54, no. 11, pp. 3198–3206, Nov. 2006.

[16] Z. Irahhauten, J. Dacuna, G. J. Janssen, and H. Nikookar, "UWB channel measurements and results for wireless personal area networks applications," in *Proc. European Conf. Wireless Technol.*, Paris, France, Oct. 2005, pp. 189–192.

[17] R. Zhang, L. Cai, S. He, X. Dong and J. Pan, "Modeling, validation and performance evaluation of body shadowing effect in ultra-wideband networks," *ELSEVIER Phys. Commun.*,vol. 2, no. 4, pp. 237–247, Dec. 2009.

[18] R. Zhang and L. Cai, "A packet-level model for UWB Channel with people shadowing process based on angular spectrum analysis," *IEEE Trans. Wireless Commun.,* vol. 8, no. 8, pp. 4048–4055, Aug. 2009.

[19] R. Zhang and L. Cai, "Joint AMC and packet fragmentation for error-control over fading channels," *IEEE Trans. Veh. Technol.,* vol. 59, no. 6, pp. 3070–3080, Jul. 2010.

[20] R. Zhang and L. Cai, "Optimizing throughput of UWB networks with AMC, DRP, and Dly-ACK," in *Proc. IEEE Global Commun. Conf. (GLOBECOM)*, New Orleans, LA, Nov. 2008.

[21] M. Ghaddar, L. Talbi, and T. Denidni, "A conducting cylinder for modeling human body presence in indoor propagation channel," *IEEE Trans. Antennas Propag.*, vol. 55, no. 11, pp. 3099–3103, Nov. 2007.

[22] J. Foerster *et al.*, "Channel modeling sub-committee report final," IEEE 802.15-02/490, Tech. Rep., Feb. 2003.

第 5 章　高速通信中的 MIMO 技术

本章将分析采用多天线系统给系统容量和可靠性带来的增益，介绍多输入多输出（Multiple-Input Multiple-Output，MIMO）系统的基本原理，并强调实际设计中的考虑。本章关注了超宽带（Ultrawideband，UWB）和 60GHz 系统这两种短距离无线通信技术的优势和前景，并在 MIMO 系统环境下对其进行了讨论。在测量和仿真的基础上，讨论了传播信道的情况并研究了其对 MIMO 性能的影响。传播信道的一个重要方面就是空间相关性，本章对其进行了详细的分析并给出了 MIMO 阵列的设计结论。对于候选的通信方案，针对 MIMO 传输策略进行了研究，如时间反转、波束赋形和注水等，并对相应的性能提升进行了评估。本章给出了结果的物理意义，并对未来基于 UWB 和 60GHz MIMO 技术的无线通信系统的实际设计提出了建议。

5.1　MIMO 系统的原理

在通信系统的设计中，提升无线链路的容量和可靠性已经成为数十年来引发巨大兴趣的主题。由于多天线或 MIMO 阵列在性能提升方面具有的巨大潜力，因此其应用于无线通信系统中引起了广泛关注[1~4]。在过去的 10 年间，MIMO 技术发展迅速，已成为目前许多无线标准和应用的一部分，例如 IEEE 802.11n Wi-Fi 系统、802.16e WiMAX 系统和一系列 4G 建议系统。

MIMO 系统利用传播信道的空间维度，在发射机和接收机之间产生多个正交的通信路径。分集技术可利用这些独立的路径，发送相同信号的多个副本，从而对抗多径并减少中断概率。空分复用方案则可利用这些路径产生并行数据流，提高信息传输速率。采用 MIMO 系统可获得分集增益和复用增益。MIMO 天线阵列由在空间、极化或发射图案上正交的阵元组成。其中，空间天线阵列，尤其是均匀线性阵最为常见。这是因为均匀线性阵结构简单，便于制造且性能良好。

对于一个传统的窄带 $N_{\mathrm{T}} \times N_{\mathrm{R}}$ MIMO 系统，接收信号为

$$\begin{bmatrix} y_1 \\ \vdots \\ y_{N_{\mathrm{R}}} \end{bmatrix} = \sqrt{\frac{\rho}{N_{\mathrm{T}}}} \begin{bmatrix} h_{1,1} & \cdots & h_{1,N_{\mathrm{T}}} \\ \vdots & \ddots & \vdots \\ h_{N_{\mathrm{R}},1} & \cdots & h_{N_{\mathrm{R}},N_{\mathrm{T}}} \end{bmatrix} \begin{bmatrix} x_1 \\ \vdots \\ x_{N_{\mathrm{T}}} \end{bmatrix} + \begin{bmatrix} w_1 \\ \vdots \\ w_{N_{\mathrm{R}}} \end{bmatrix} \tag{5-1}$$

上式可简写为

$$\boldsymbol{y}=\sqrt{\frac{\rho}{N_{\mathrm{T}}}}\boldsymbol{Hx}+\boldsymbol{w} \tag{5-2}$$

式中，ρ为平均接收信噪比（Signal-to-Noise Ratio，SNR）；$\boldsymbol{x}$ 是发射信号；$\boldsymbol{w}\sim\mathcal{N}(0,\mathbf{I})$ 是加性高斯白噪声；$\boldsymbol{H}$ 是具有平坦衰落系数的 MIMO 信道矩阵。这一窄带 MIMO 信道模型是进行分析的基础。

UWB 和 60GHz 系统是未来高性能无线通信技术的两个候选方案，在本章的余下部分，将研究以上两种系统中 MIMO 技术的可行性和前景。通过理论和实验分析，探索了与传播信道特征和系统架构有关的多个方面，并为实际系统设计提出了建议。但是，在着手介绍这些具体技术之前，首先要对窄带和宽带 MIMO 系统的信道容量概念进行综述。

在接收端具有理想信道状态信息（Channel State Information，CSI）的情况下，窄带 MIMO 信道的一个信道实现 $\boldsymbol{H}$，其容量为（单位为 bit/s/Hz）[2,5,6]

$$\mathcal{I}_{\mathrm{NB}}=\log_2\det\left\{\boldsymbol{I}_{N_{\mathrm{R}}}+\frac{\rho}{N_T}\boldsymbol{H}^{\dagger}\boldsymbol{H}\right\} \tag{5-3}$$

式中，$\boldsymbol{I}_{N_{\mathrm{R}}}$ 是 $N_{\mathrm{R}}\times N_{\mathrm{R}}$ 的单位矩阵；$(\cdot)^{\dagger}$ 是厄米特转置，假设 $N_{\mathrm{R}}\geqslant N_{\mathrm{T}}$。注意，该表达式假定发射向量 $\boldsymbol{x}$ 中的各个元素为互不相关的零均值循环对称复高斯变量，从而使 $\boldsymbol{H}$ 的输入/输出互信息最大化。有时，容量也被称为频谱效率。相应地，可实现的最大传输速率为 $R=W\mathcal{I}_{\mathrm{NB}}$，$W$ 为信道带宽。

现在来考虑频率选择性 MIMO 信道，其频域传递函数为 $\boldsymbol{H}(f)$。考虑到 $\boldsymbol{H}(f)$ 在单一频率 f 上是一个窄带信道，因此可以利用式（5-3）计算相应的容量 $\mathcal{I}_{NB}(f)$。宽带信道的容量可以认为是多个窄带信道的集合，因此宽带信道容量可表示为[2]

$$\mathcal{I}_{\mathrm{WB}}=\varepsilon_{f\in W}\left\{\mathcal{I}_{\mathrm{NB}}(f)\right\} \tag{5-4}$$

通常情况下，式（5-4）需要对无穷多个窄带信道的容量进行积分。但是，UWB 和 60GHz 信道可认为是带宽为 Δf 的窄带信道之和，因此积分可以由求和替代。就概念而言，在正交频分复用（Orthogonal Frequency Division Multiplexing，OFDM）情况下，这种方法很容易理解。OFDM 将频率选择性 MIMO 信道分解为 M 个正交的子载波，每个子载波可认为是平坦的。

上述容量表达式假设发射功率在空间和频域上是均匀分配的，因此发射端不需要 CSI。在发射端具有理想 CSI 的情况下，天线间的功率分配可以通过注水（Water Filling，WF）法进行优化[2]。本章没有给出与式（5-3）和式（5-4）相应的注水功率容量，读者可以查阅文献[2]了解相关内容。

5.2 UWB 系统中的 MIMO 技术

MIMO 技术为大幅提升 UWB 系统性能，解决其存在的关键问题提供了可能，这些关键问题由文献[8-13]中的大量理论和实验研究给出。MIMO 空分复用和波束赋形对 UWB 系统而言非常重要。UWB MIMO 系统的数据传输速率可达 1Gbit/s，是短距离无线通信技术可达到的最大数据传输速率。利用波束赋形，MIMO 阵列可以在不增加发射功率的情况下对抗 UWB 链路严重的距离限制。由于 UWB 信道通常在工作环境中不经历空间和时间衰落[8,14,15]，因此 UWB 系统中的 MIMO 技术一般不把天线分集作为最重要的应用。天线分集的一个应用是，在接收机用天线阵元代替一部分所需的 Rake 接收机，这在 UWB 系统实际接收机设计中非常有用[16,17]。本节将深入研究 UWB MIMO 传播信道和系统设计中的关键问题。

5.2.1 信道模型

UWB 信道带宽 W 的范围可以从数百 MHz 到数 GHz，目前 FCC 规范所允许的 UWB 传输频段为 3.1~10.6GHz[18]。如此大的带宽及由此产生的频率选择性，如图 5-1 所示，造成了良好的时间分辨率，以及较小的时间间隔，$\Delta\tau = 1/W$。因此 UWB 信道具有高多径分辨率。一个单输入单输出（Single-Input Single-Output，SISO）UWB 信道可表示为抽头延迟线模型

$$h(\tau) = \sum_{l=1}^{L} \alpha_l e^{j\phi_l} \delta(\tau - \tau_l)$$

$$= \sum_{n=0}^{n_T - 1} \alpha_n e^{j\phi_n} \delta(\tau - n\Delta\tau) \quad (5\text{-}5)$$

式中，τ 是相对于第一个可分辨多径分量（Multipath Component，MPC）到达时间的时延；L 是可分辨的 MPC 数量；n_T 是时间间隔的数量；α_l、ϕ_l 和 τ_l 分别表示第 l 个 MPC 的幅度、相位和时延。信道的频域传输函数与信道冲激响应构成一个傅里叶变换对，可表示为

$$H(f) = \mathcal{F}\{h(\tau)\} = \sum_{k=0}^{n_f - 1} A_k e^{j\theta_k} \delta(f - k\Delta f) \quad (5\text{-}6)$$

式中，$\mathcal{F}\{\cdot\}$ 代表傅里叶变换；A_k 和 θ_k 是第 k 个频率成分的幅度和相位；Δf 是频率间隔。上述频域表达式将 UWB 信道表示为多个相邻但不重叠的窄带信道的集合，因此可以非常方便地使用现有的窄带分析方法。根据式（5-6），可使用矢量网络分析仪对基于频域测量的 UWBMIMO 信道进行直接分析。接下来将使用这一信道模型，并结合信道测量数据得出下面的结果。信道测量的设置和传播环境的细节

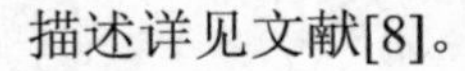
描述详见文献[8]。

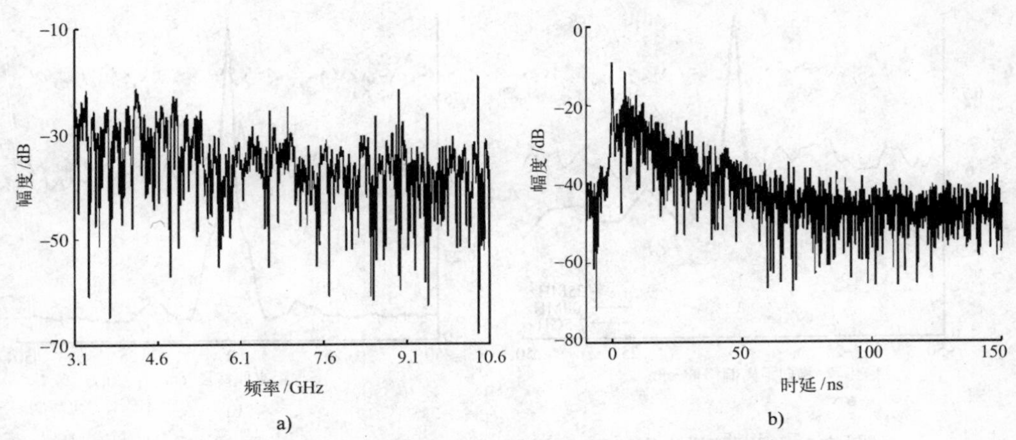

图 5-1　由室内传播环境中的测量数据得到的视距 UWB 信道㊀

a) 信道传输函数　b) 信道冲激响应

5.2.2　空间相关性

室内 UWB 信道具有多径丰富和角度扩展大的特点[14]，因此典型的 UWB 信道的空间相关性低。另一个决定空间相关性的因素是 MIMO 天线阵的几何特性：较大的阵元间距可以降低 MIMO 子信道间的相关性。因此，多径相关性的强弱由传播环境（多径的丰富程度和角度扩展）和系统架构（天线阵设计）共同决定。

在窄带瑞利衰落信道下，根据第一类贝塞尔函数，空间相关性与波长λ有关[19]。根据这一模型，相关函数的第一个零点出现在大约半波长处。因此，$d=\lambda/2$ 被认为是阵元间的理想间距，可以实现信号的不相关。但是，各向异性的散射条件会使相关距离增加。相关距离定义为相关性系数大于等于 0.5 的距离。因此，为了获得足够的去相关性，需要更大的阵元间距。

由于高的频率选择性，UWB 信道相对于窄带信道表现出不同的相关性特点。据悉，在 MB-OFDM UWB 系统中，相关系数与频率有关，且随着子载波改变，但通常当 d=10cm 时相关性系数将保持在 0.5 以下[12]。根据图 5-2 所示的实验数据，研究了 d 和信道带宽对 UWB 空间相关性的影响，这里采用文献[20]定义的复相关系数。结果显示：带宽增加会造成相关距离的减小。对于 7.5GHz 的 UWB 信道，在横向距离和距离方向上约 4cm 以外的相关值的旁瓣均低于 0.5。距离和横向距离相关函数的差异是由于实际传播环境中各向异性散射所导致，这一差异会随着角度

㊀ 1）图 5-1 中功率归一化传输函数显示出信道高频率选择性的性质。2）图 5-1a 中信道的功率归一化冲激响应表明了信道的高时间和多径分辨率。

扩展的增加而降低。

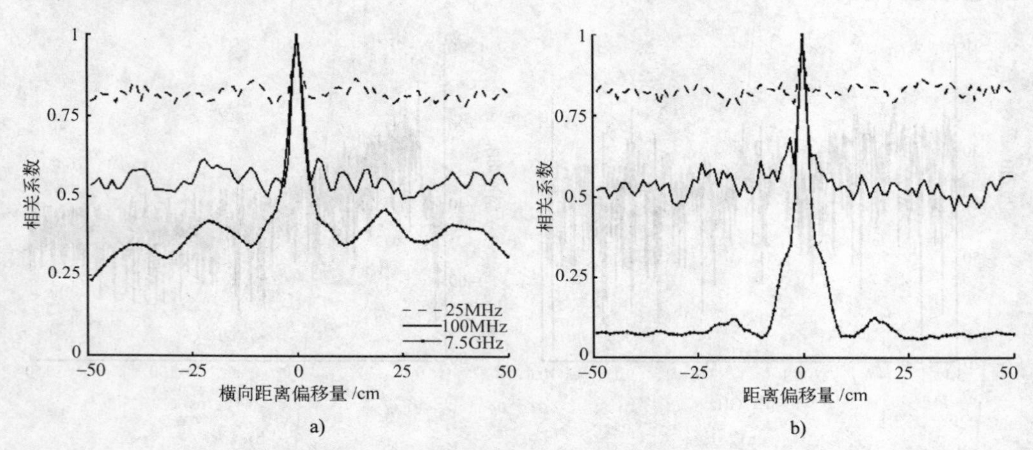

图 5-2 视距信道中空间复相关系数的幅度①，中心频率为 6.85GHz。
距离指的是沿着连接发射机和接收机的方向，而横向距离是指垂直于上述方向
a) 横向距离方向 b) 距离方向

有关信道带宽对相关性影响的进一步研究表明：当带宽达到 500MHz 时，相关距离会随着带宽迅速减小。此外，带宽的增加仅会带来去相关性很少的增加[20]。中心频率对相关性也有很大的影响，这是因为空间相关性与阵元的电气距离，即 d/λ 紧密相关[4]。为了分析中心频率的影响，对 W=500MHz，中心频率在 3.1~10.6GHz（由 FCC 定义的 UWB 频段），室内传播环境进行了测量。分析表明，相关距离与波长 λ_c 相当，而波长则与 UWB 信道中心频率相对应[20]。在设计多频带 UWB 系统时，这是需要考虑的一个重要因素。因为对于给定的多频带 MIMO 系统，相关距离取决于瞬时的工作频率，因此对于不同的子频带，空间相关性和信道容量在一定程度上也会有所不同。

相关性分析非常重要，它决定了 MIMO 系统的性能。与窄带系统类似，UWB MIMO 子信道间应具有低衰落相关性以获得 MIMO 系统性能的提升。当 UWB MIMO 信道矩阵 $\boldsymbol{H}(f)$在空间上均匀分布（即白色）时，可获得最大容量。在这种条件下，考虑仅有接收机获得 CSI 的情况。

5.2.3 信道容量

本节对室内 UWB 信道的 MIMO 容量进行了研究，MIMO 测量采用阵元间距为 6cm 的均匀线性阵。利用式（5-3）和式（5-4）对 UWB MIMO 信道 $\boldsymbol{H}(f)$ 的容量分布进行评估，并分析中断概率为 1%条件下的容量。

由图 5-3a 可知，对于 $1\times N_R$ 的单输入多输出（Single-Input Multiple-Output,

SIMO）系统，其容量随着 N_R 对数增加。增加的接收天线带来的容量增益并不随 SNR 的增加而改变。但是，在使用 $N_T \times N_R$ 的 MIMO 阵，当 $N=N_T=N_R$ 时，容量随着 N 值线性增加。由于信道的空间相关性不为零，因此容量增益会略小于 N。采用适当的信号方案可以利用 N 倍的容量增益，得到具有很高数据传输速率的空分复用系统。

在对容量的评估中，假设功率均匀分配，即接收机具有瞬时 CSI。CSI 的延时将使 MIMO 性能显著降低，但对于室内 UWB 信道而言，这并不是一个严重的问题。这是因为室内 UWB 信道具有非常强的时间稳态特性。不同于窄带系统，根据 FCC 对 UWB 发射的规定，要求 UWB 发射功率谱密度在各方向都符合限制条件（小于-41.3dBm/MHz）[18]，因此 UWB 系统无法利用发射端 CSI，而使用最优功率分配方案，例如注水法，仅能在接收机使用空间成形技术。

由于式（5-4）中的期望运算，随着带宽增加，信道容量的分布将越来越向均值集中，这一结果反映在图 5-3b 对室内信道测量得到的容量中。这些观察值可根据中断和遍历容量值进行量化。对于随机信道，q% 的中断容量是指可保证 $(100-q)$% 的信道实现的信息速率，而遍历容量是信道实现整体的平均信息速率。因此，由图 5-3 可获得一个重要结论，即随着信道带宽或 MIMO 阵尺寸的增加，信道的中断容量将逼近遍历容量，详见文献[21,22]。换言之，UWB MIMO 信道具有高可靠性和稳定性，且几乎在所有的信道实现中均可保证高信道容量。

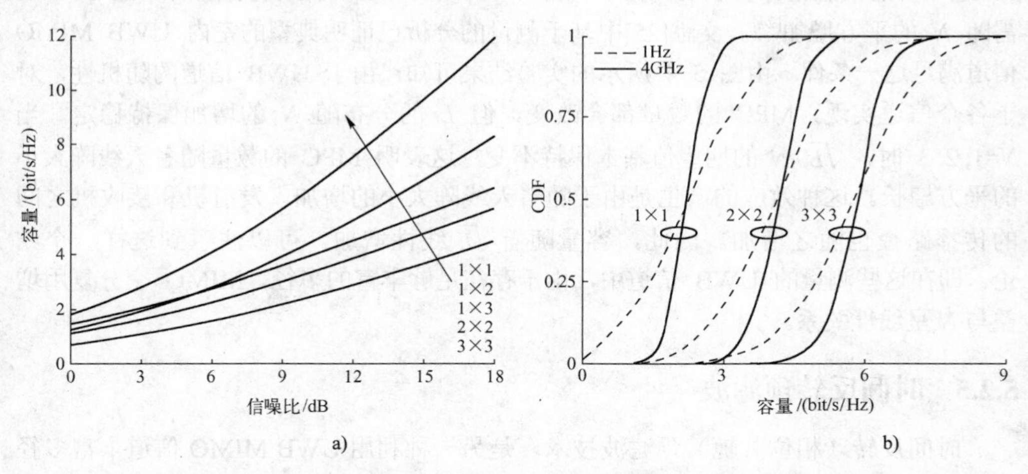

图 5-3　在 3.1～10.6GHz 频段上测量的室内 LOS 信道的 MIMO 容量

a) UWB 信道带宽 W=7.5 GHz，中断概率为 1%时，$N_T \times N_R$ MIMO 容量

b) W=1 Hz（窄带）和 W=4 GHz（UWB），中心频率 f_c=8.5 GHz，$N \times N$ MIMO 容量

信道容量的方差是系统维度的函数，为了进一步对其进行分析，这里，引入了信道容量的变异系数（Coefficient of Variation，CV）。CV 是表征分布离散程度

的归一化度量，用非零均值随机变量标准差与均值的比值表示。在这种情况下，CV 是一个很有用的测度，这是因为在信道容量中，CV 也是衰落数量（Amount of Fading，AF）的平方根，可以用于区分无衰落 AWGN 信道（$AF\to 0$）和瑞利衰落信道（$AF\to 1$）。可以发现，对于一个窄带 LOS 室内信道，其容量的 CV 值由 1×1 系统的 50%降至 3×3 系统的 20%，同样的，CV 值从窄带信道的 50%降至 SISO 或 1×1 系统中 7.5GHz UWB 信道的 4%[21]。

5.2.4 多径的作用

在 5.2.1 节介绍信道表达式的基础上，可以得到一些有趣的结论。在窄带瑞利衰落信道中，$N_T \times N_R$ MIMO 空分复用系统的容量增益是 $\min\{N_T, N_R\}$[2]。而在一个具有 L 个可分辨 MPC 的多径 UWB 信道中，增益的上限是 $\min\{N_T, N_R, L\}$[2,4,23]。对于多径丰富的室内信道，具有实际 MIMO 阵大小的 UWB 系统，有 $L >> N_T, N_R$。因此，UWB 信道的 MIMO 容量仅受阵列配置（N_T 和 N_R）的限制，而且与阵列大小成比例。此外，UWB 信道的分集增益受 $N_T N_R L$ 限制[2]，这意味着当 N_T 和 N_R 与 L 可比时，MIMO 分集增益才会非常大，这是由于 UWB 信道中的 L 通常非常大。

考虑到室内 UWB 信道经历非常丰富的多径（多达数十个 MPC），上述讨论表明，对于实际天线阵的大小，MIMO 空分复用增益将随着 N_T 和 N_R 增加，但小于 L。进一步的信息论分析表明：为了保持 $N \times N$ 宽带 MIMO 系统容量的线性增长，L 需随 N 的平方增加[24]。文献[25]中基于测量的分析已证明典型的室内 UWB MIMO 信道满足这一条件。由图 5-4 所示的实验结果可知，由于 UWB 信道的随机性，对于各个信道实现，MPC 的数量都会改变，但 L 的分布随 N 的增加保持稳定。当 N=1, 2, 3 时，$\sqrt{L}/N$ 的期望值基本保持不变，这表明 MPC 的数量随着天线阵大小的平方增长。这种效应的产生是由于随着天线阵大小的增加，发射机和接收机之间的传播路径也随之增加。因此，容量随着 $\sqrt{L}$ 线性增加。可以注意到这样一个结论，即在这些测量的 UWB 信道中，由于存在足够丰富的多径，MIMO 空分复用增益与 N 呈线性关系。

5.2.5 时间反转预滤波

时间反转（相位共轭）预滤波技术，是另一种利用 UWB MIMO 信道丰富多径传播的方法。该方法可提高可靠性、简化接收机设计、抑制干扰、实现高分辨率成像，并提高物理层无线通信的安全性[26~30]。时间反转（Time-Reversal，TR）技术起源于声学和海洋学，利用该技术可在大带宽-时延扩展积的信道中实现四维（Four-Dimensional，4D）空-时定位[31~33]。UWB 信道满足这一条件，因此可以使用 TR 技术[34,35]。

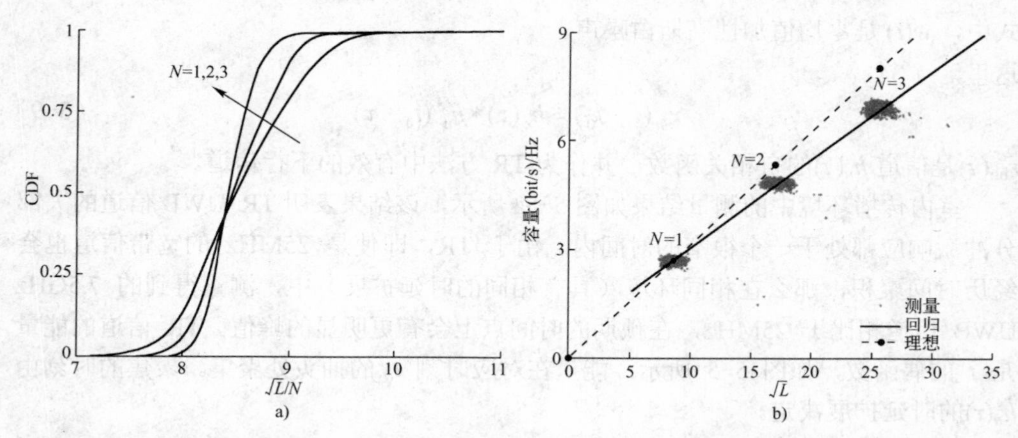

图 5-4　多径成分的数量 L 与 7.5GHz 下测量到的室内 UWB 信道 $N\times N$ MIMO 容量间的关系

a) MPC 数量 L 随 N 的平方增长，$\sqrt{L}/N$ 的期望值基本不变　b) 采用 $N\times N$ 阵列时 MIMO 容量随 $\sqrt{L}$ 线性增长

理论上，TR 技术的出现是源于波动方程，其描述了电磁波 ψ 以速度 υ 通过介质时的传播

$$\nabla^2\psi-\frac{1}{\upsilon^2}\frac{\delta^2\psi}{\delta t^2}=0$$

由于二阶导数，波动方程不随 sign(t)改变，使得利用 TR 技术在某一时刻，将辐射波场聚焦回波源成为可能。波场在目标处的空-时相长干涉和在其他地方的相消干涉提供了聚焦增益。

本质上，TR 依赖于 UWB 信道的互易性，该特性说明前向和反向信道有着相同的传输函数[35]。TR 预滤波器相当于空-时匹配滤波器，TR 预滤波器利用前向信道冲激响应的时间反转副本对发射信号进行预失真。发射信号在接收机周围的小区域内，以远小于信道时延扩展的时间跨度上聚集。现在考虑一个具有 N 个发射天线的 UWB 多输入单输出（Multiple-Input Single-Output，MISO）系统。第 n 个子信道可表示为

$$h_n(\tau)=\sum_{l=1}^{L_n}\alpha_{n,l}e^{j\phi_{n,l}}\delta(\tau-\tau_{n,l}) \tag{5-7}$$

假设发射端具有理想 CSI，可在第 n 个天线前采用自适应的发射滤波器 g_n。在 TR 方法中，有 $g_n=h_n^*(t_0-\tau)$，式中，t_0 是固定时延，引入 t_0 的目的是为了满足因果系统；$(\cdot)^*$ 代表复共轭。若 E_n 是分配给第 n 个天线的功率且发射信号为 $x(t)$，E_n 受约束条件 $\sum_{n=1}^{N}E_n=1$ 的限制，则接收信号为

$$y(t)=\sum_{n=1}^{N}\sqrt{E_n}\,r_{hh}(\tau-t_0)*x(t)+w(t) \tag{5-8}$$

式中，$w(t)$是零均值加性高斯白噪声。

这里，

$$r_{hh}(\tau-t_0)=h_n(\tau)*h_n^*(t_0-\tau) \tag{5-9}$$

$r_{\mathrm{hh}}(\tau)$是信道$h_n(\tau)$的自相关函数，并作为 TR 方法中有效的下行信道。

室内传播环境中的测量结果如图 5-5a 所示，该结果表明 TR UWB 信道的大部分冲激响应都处于一个很窄的时间内。由于 TR，即使是 25MHz 的宽带信道也会经历时间聚积，那么在相同环境（具有相同的时延扩展）中，测量得到的 7.5GHz UWB 信道相比于 25MHz，在预期的时间点上会有更明显的峰值。TR 信道的能量是 t 的偶函数，如图 5-5 所示，能量在对应时刻 t_0 的抽头处聚集。聚焦的时刻由$h_n(\tau)$的时延扩展决定。

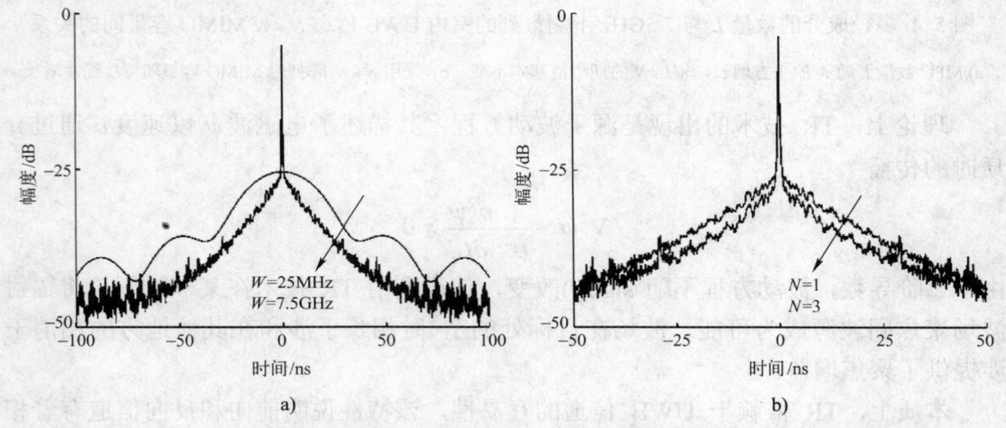

图 5-5 功率归一化时间反转下行信道，$r_{hh}(\tau)$是标准信道$h(\tau)$的时间自相关函数，带宽 W 和发射天线数 N 由图 5-1 中测量到的 LOS 信道获得。图中显示了 5-5a 中带宽和 5-5b 中阵列大小对时间反转信道冲激响应的影响

TR 非常依赖于密集的多径，传播环境中密集多径产生的虚拟源类似于稀疏、分布式的虚拟天线阵。对相干 TR 传输加以适当的相位权重，可以使虚拟天线阵发射的信号在期望空-时焦点处聚集。因此，对于 TR 系统，介质的随机散射性越强，聚焦增益越高。注意到，在多径足够丰富的情况下，单个物理发射天线也可实现明显的聚焦，这一点在图 5-5a 中可以得到证明。当所有由源发射出的波均被包围源的时间反转镜（例如在混沌谐振腔中）捕捉到时，可产生理想的聚焦，即利用 TR 可产生一个半径无穷小的焦点。否则，聚焦会绕射受限且点扩散函数不在源点集中而是在源点周围扩散[36]。在实际的传播环境中，仅有一部分发射能量在散射后可到达接收机。在这种情况下，发射端的多天线阵列可用来产生 TR 镜并增加聚焦[37]，但在具有大时延扩展和角度扩展的 UWB 信道中，这种改善并不显著[33,35]。图 5-5b 中所示的结果表明，由于存在阵列增益和离焦信号的抑制，有 N 个天线的

发射机可提高能量聚焦的能力，但是这种效果并不十分明显。

对于 UWB 系统而言，TR 信号可带来许多重要的结果。除了接收信号能量的空-时聚集之外，它还可提供功率增益和分集增益。由于发射功率受到限制，UWB 链路是功率受限的，因此功率增益可以改善 UWB 链路的可靠性。通过 TR 技术，压缩有效信道冲激响应，可以减少接收机抽头的数量，降低接收机的复杂度。能量的空-时聚焦可保证发射信号仅能到达期望的接收机，从而降低发射信号被非期望接收机截获的概率，从而在物理层上，为无线链路提供了安全保障。空-时聚焦的另一个优点是降低了对共享同一介质的其他无线设备的干扰，这一点对处于相同环境下的多个共存的无线链路非常重要。

5.2.6　小结

本节对 UWB MIMO 系统进行了分析，重点介绍了 UWB MIMO 的几种极有潜力的应用，并展望了 UWB MIMO 在未来无线通信中的前景。室内 UWB 传播信道的高频率选择性和密集多径，使得在短距离，通常在大约 4 cm 处，信道具有足够的空间不相关。因此，这一特性使得设计紧凑的 MIMO 阵列、有效地利用 MIMO 空分复用和分集技术成为可能。结果表明，在给定距离的衰落相关数值不会随着 UWB 带宽发生明显改变，但会随着中心频率的增加而减少。因此多频带 UWB 系统的天线阵需要按照天线间距的最差要求，也就是系统工作的最低子频带进行设计。信息论和实验分析表明：MIMO 空分复用可以在 UWB 信道中提供几乎无限制的容量扩展。带宽对 MIMO 容量的一个显著影响在于容量的方差随着信道带宽增加快速降低，这使得 UWB 信道的中断容量趋近于遍历容量。对于时间反转预滤波技术的分析表明：UWB 信道可很好地适应这项传输技术，且其在安全通信、成像和定位等应用中均可获得明显的空-时聚焦。但是，MISO 阵列大小对时间反转聚焦增益带来的改善并不显著，这是由于信道中的大量散射体扮演了密度巨大的时间反转镜。因此分析表明，MIMO 是提升 UWB 通信系统性能的有效方法。

5.3　60GHz 系统中的 MIMO 技术

现在来考虑 60GHz 系统（高速无线通信中另一个有前途的领域）中的 MIMO 技术。国际上在这一频段发布了高达 7GHz 的免授权频谱，由此引发了最近几年对 60GHz 通信的巨大关注。60GHz 通信系统有高达到数 Gbit/s 数据速率的潜力，是开展下一代短距离无线业务最强有力的竞争者之一。

不利的一面是，60GHz 通信潜力在一定程度上被其信道特性所阻碍，这给 60GHz 通信系统设计和运行带来了巨大挑战。除了很高的自由空间路径损耗外，氧气吸收、物体反射或穿透引起的信号衰减，在60GHz也比在2.4GHz或5GHz的Wi-Fi频带高得多（参见文献[38-42] 中相关内容）。此外，60GHz还具有较弱的绕射能力[39]。这些传播特性意味着，60GHz通信对阴影效应和LOS阻挡非常敏感。例如，人体的阻挡会导致接收信号功率超过20dB的剧烈下降[43]。自适应天线阵列的解决方案可提供高天线增益与可灵活操纵的波束，通常被认为是克服这些不利信道条件的必要方法（参见文献[40～42]）。60GHz射频器件和天线的小尺寸，使得将多个60GHz天线集成在一个小型的设备中成为可能。

在接下来的内容中，将对60GHz信道特性进行综述，并讨论信道特性对收发信机设计的重要影响。

5.3.1 MIMO信道模型

尽管已经开展了一些60GHz通信系统的标准化工作（参见文献[44～46]），但目前在这个频段尚不存在通用的MIMO信道模型。但是，最近IEEE任务组TGad正在非常积极地为下一代802.11ad Wi-Fi系统研发MIMO信道模型[46]。TGad模型涵盖了60GHz信道的空-时特性，包括发射机和接收机的方位角和俯仰角等信息[47]。因此这个模型适合MIMO通信，而且可以克服例如IEEE 802.15.3c模型等早期60GHz信道模型存在的局限[42,48]，早期的这些模型仅限于单天线发射机和方位角特性。TGad采用了对时间域和相位域中的簇进行统计的方法来描述信道，簇的统计数据由测量和射线追踪法得到的数据中提取而来[47,49]。在撰写本书期间，TGad信道模型工作正在顺利地向前推进，欲了解最新进展，可查阅IEEE 802.11ad网站[46]。

本章给出采用相干3D射线追踪法得到60GHz信道结果，具体细节详见文献[50,51]。信道整体由文献[51]描述的传播环境获得，根据文献[50]中描述的参数，假设在3m的参考距离处链路预算ρ=8.3dB。从一般性角度出发，采用理想的半波长偶极子垂直天线阵列，而不使用60GHz专用天线。此外，假设OFDM子载波数M=64。

5.3.2 空间相关性

与UWB信道不同（见5.2.2节），60GHz信道没有丰富的多径，因此其空间相关性较高。正如5.2.2节中所提到的，空间相关性会降低MIMO信道容量[52,53]，是决定系统性能的重要因素。本节中的数值结果将相关性量化为天线间距的函数。为了达到这一目的，需在单天线发射机和单天线接收机间使用射线追踪法。单天线发射机布置在固定位置，而单天线接收机则处于正方形网格的所有点上，该网格具有固定的网格间距。网格的行（距离方向）与LOS路径平行，而网格的列（横向距离方向）与LOS路径垂直，若存在障碍，则LOS路径为虚拟LOS路径。

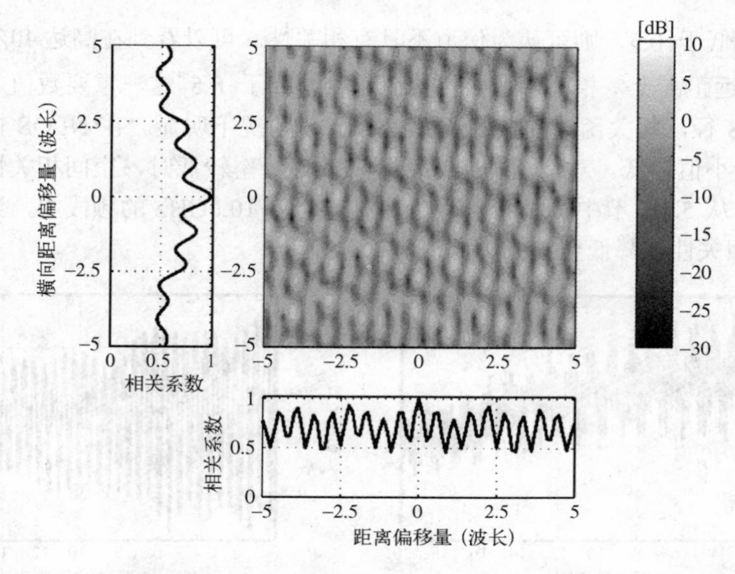

图 5-6　60GHz LOS 信道的衰落图和空间复相关系数的幅度。衰落图显示中心子载波上归一化信道幅度的平方值，单位为 dB。在变换到对数域之前，对信道幅度的平方进行了归一化，使所有网格点的均值为 1。也可以得到其他子载波上与之类似的图。

图 5-6 给出了归一化信道幅度的平方，接收机位于 $10\lambda_c \times 10\lambda_c$ 的网格上，网格间距为 $\lambda_c/8$，且存在 LOS。有趣的是，该图显示出一个非常规则的干涉图案，有两个主要部分：一组波峰和波谷几乎与纵轴对齐，而另一组在对角线上沿顺时针方向与横轴呈 30° 。实际上，这一规则干涉图案的产生是因为较强的 MPC 数量较少。为了说明这一点，从射线追踪 CIR 中取出 p 个最强的 MPC，并画出了相应的衰落图。对于如 p=3 这一很低的值，图案就显示出与图 5-6 极大的相似性。值得一提的是，该情况不仅发生在有强 LOS 径的环境中，当 LOS 径受到阻挡时，这种情况也同样会发生。受篇幅限制，相应的结果没有在这里给出。

上述少量强 MPC 还支配了空间相关函数的表现形式，并导致极高的空间相关性。按照文献[20]中提出的方法，分别在距离和横向距离上对复相关系数进行了测量，并在图 5-6 的左侧和下方画出了它们的绝对值。可以看到，相关性只是缓慢地下降，而且其正负偏移量几乎对称。图 5-6 清晰地显示出，在相应的方向上，两个相关函数的周期与干扰图案相匹配。特别地，可以看出在距离方向上振荡的速度比横向距离方向上的要快。这是因为干涉图案的波峰和波谷在距离方向上相遇的速率更高。结果表明：空间相关性与天线阵的方向密切相关。通常相关性最小的方向与距离或横向距离方向不一致，而更多的是由处于重要位置上的主导 MPC 决定。

图 5-7 给出了典型的 60GHz 信道，在较大的距离和横向距离上的相关性，分别考虑了存在 LOS 和不存在 LOS 两种情况。正如 5.2.2 节中所提到的，通常相关

函数值一旦低于 0.5，则可认为信道不具有相关性。可以看到在高达 $40\lambda_c$，等同于 20cm 的较远距离上，相关性系数仍接近，甚至高于 0.5 这一重要数值。由于存在主导的 LOS 径，相关函数的振荡不如在 NLOS 情况下明显。在 NLOS 情况下，振荡的局部极小值较低。对比这些结果可知，载波频率较低时，空间相关性下降得更快。例如，从 5.2.2 节中可以看出，在 UWB 3.1～10.6GHz 的频段中，当参考点位于 4cm 时相关性就降低至 0.5 以下。

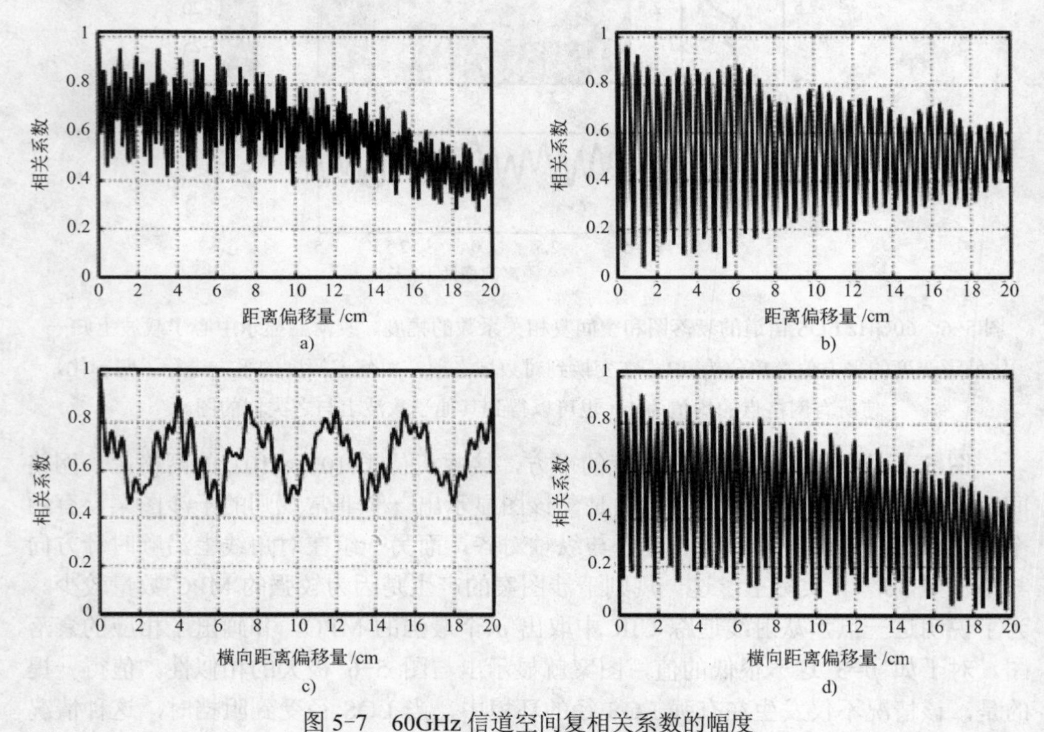

图 5-7 60GHz 信道空间复相关系数的幅度

a) 距离方向，LOS b) 距离方向，NLOS c) 横向距离方向，LOS d) 横向距离方向，NLOS

5.3.3 波束赋形

由于信号在 60GHz 时具有极高的传播损耗、穿透损耗和反射损耗，波束赋形（Beamforming，BF）被认为是实现毫米波通信的技术之一。实际上，在目前和未来的 60GHz 标准中（包括 Wireless HD、ECMA-387 和 IEEE 802.11ad 等[44~46]），智能天线都是不可或缺的技术。本节不对这些标准中的专用 BF 协议进行介绍，而是关注两种通用的 BF 技术，分别为子载波方式 BF 和符号方式 BF。这两种技术为实际 BF 算法提供了基准。实际上，子载波方式 BF 代表了所有基于 OFDM 的 BF 方案的性能上界。下面仅考虑终端进行 BF 的情况。

5.3.3.1　子载波方式的波束赋形

OFDM 系统中固有的 BF 方法是在每个子载波上利用分离的窄带波束赋形器，如图 5-8a 所示。基于子载波方式 BF 的处理过程，在发射端需要将 BF 操作放到

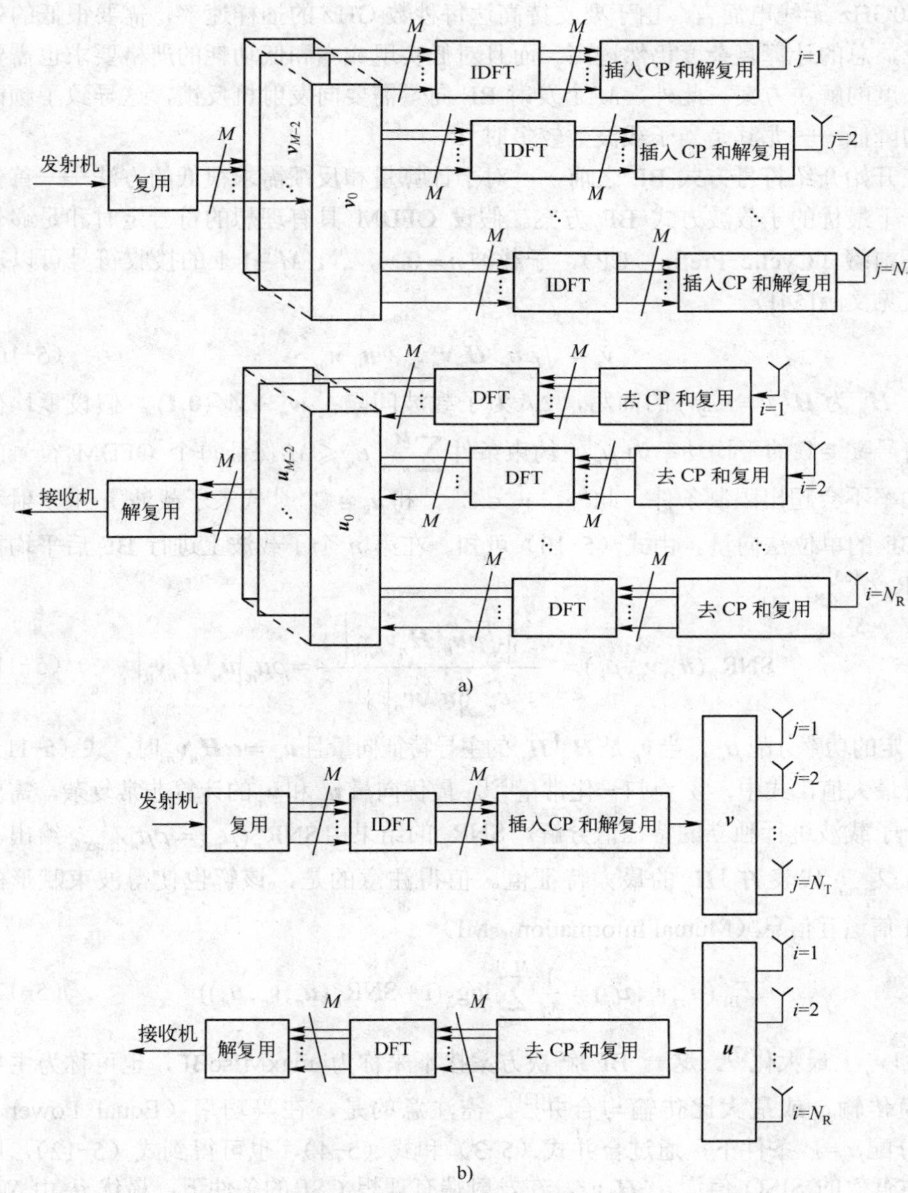

图 5-8　通用 MIMO-OFDM 联合发射和接收 BF 的一般结构

a) 子载波方式 BF　b) 符号方式 BF[54](©2009 IEEE)

OFDM 调制（IDFT）前进行，而在接收端则需放到 OFDM 解调（DFT）之后。因此，需要计算每个子载波的天线权重，而且每个天线阵元均需要进行 M 点 DFT[54]。尽管 DFT 可以通过快速傅里叶变换有效地加以实现，但对于实际应用的高速 60GHz 无线电而言，由于要支持高达每秒数 GHz 的抽样速率，需要很低的处理时延，总的计算复杂度仍然过高。而且对低实现成本和低功耗的严格要求也需要低复杂度的解决方案。此外，M 个发射 BF 向量需要向发射机反馈，这导致了频谱效率的降低——尤其是当子载波数较多时㊀。

在开始介绍符号方式 BF 之前——对于计算量和反馈需求很低的方法——首先回顾一下最优的子载波方式 BF 方案。假设 OFDM 具有理想的符号定时和足够长的循环前缀（Cyclic Prefix，CP），子载波 $n=0, 1, \ldots, M-1$ 上的接收符号可以表示为（见文献[54]）

$$y_n = \sqrt{\rho}\boldsymbol{u}_n^{\dagger}\boldsymbol{H}_n\boldsymbol{v}_n x_n + \boldsymbol{u}_n^{\dagger}\boldsymbol{w}_n \tag{5-10}$$

式中，$\boldsymbol{H}_n$ 为 $\boldsymbol{H}(f=n\Delta f)$ 的简写，Δf 为子载波间隔；$\boldsymbol{w}_n \sim \mathcal{N}(\mathbf{0},\mathbf{I})$。假设零均值数据符号 $x_n \in \mathbb{C}$ 的平均功率为 μ_n，约束条件 $\sum_{n=0}^{M-1}\mu_n \leqslant M$ 保证每个 OFDM 符号的发射功率不会超出限制条件。此外，$\boldsymbol{v}_n \in \mathbb{C}^{N_\mathrm{T}\times 1}$ 和 $\boldsymbol{u}_n \in \mathbb{C}^{N_\mathrm{R}\times 1}$ 代表子载波 n 上发射和接收 BF 的单位法向量。由式（5-10）可知，在第 n 个子载波上进行 BF 后平均接收 SNR 为[55]

$$\mathrm{SNR}_n(\boldsymbol{u}_n,\boldsymbol{v}_n,\mu_n) = \frac{\varepsilon_{x_n}\left\{\left|\sqrt{\rho}\boldsymbol{u}_n^{\dagger}\boldsymbol{H}_n\boldsymbol{v}_n x_n\right|^2\right\}}{\varepsilon_{\mathbf{w}_n}\left\{\left|\boldsymbol{u}_n^{\dagger}\boldsymbol{w}_n\right|^2\right\}} = \rho\mu_n\left|\boldsymbol{u}_n^{\dagger}\boldsymbol{H}_n\boldsymbol{v}_n\right|^2 \tag{5-11}$$

对于给定的功率分配 μ_n，当 $\boldsymbol{v}_n$ 是 $\boldsymbol{H}_n^{\dagger}\boldsymbol{H}_n$ 的主导特征向量且 $\boldsymbol{u}_n = \alpha\boldsymbol{H}_n\boldsymbol{v}_n$ 时，式（5-11）可取得最大值，式中，α 为归一化常量[55]。最优向量 $\boldsymbol{u}_n$ 和 $\boldsymbol{v}_n$ 的计算非常复杂，需要对每个子载波进行独立的特征值分解。SNR_n 的结果由 $\mathrm{SNR}_n(\mu_n)=\rho\mu_n\lambda_{\max,n}$ 给出。式中，$\lambda_{\max,n}$ 代表 $\boldsymbol{H}_n^{\dagger}\boldsymbol{H}_n$ 的最大特征值。值得注意的是，该解也使得波束赋形的 OFDM 信道互信息（Mutual Information，MI）

$$\mathcal{I}_{\mathrm{BF}}(\boldsymbol{u}_n,\boldsymbol{v}_n,\mu_n) = \frac{1}{M}\sum_{n=0}^{M-1}\log_2(1+\mathrm{SNR}_n(\boldsymbol{u}_n,\boldsymbol{v}_n,\mu_n)) \tag{5-12}$$

在 $\boldsymbol{u}_n$ 和 $\boldsymbol{v}_n$ 上最大化[7]。这一 BF 解决方案接下来称为 maxMIscBF，也可称为主导特征模传输，或最大比传输与合并[2]。需注意的是，在等功率（Equal Power，EP）分配 $\mu_n=1$ 条件下，通过合并式（5-3）和式（5-4），也可得到式（5-12），用于评估有效的 SISO 信道 $\boldsymbol{u}_n^{\dagger}\boldsymbol{H}_n\boldsymbol{v}_n$。在发射端有理想 CSI 的条件下，最优 μ_n 由 WF

㊀ 在本章中，假设在接收端计算 BF 向量。

功率分配给出（见 5.1 节）。

5.3.3.2 符号方式波束赋形

模拟域的 BF，特别是相位阵列 BF[56]，由于其简单的特性，与子载波方式 BF 相比更适于低复杂度实现。在 OFDM 系统中，这些 BF 方法被归为符号方式 BF[54]。该名称强调了发射和接收权重向量 $\boldsymbol{u}$ 和 $\boldsymbol{v}$ 对整个 OFDM 符号保持不变这一事实，这等同于权重向量 $\boldsymbol{u}$ 和 $\boldsymbol{v}$ 跨越 M 个子载波[54]。从数学角度出发，符号方式 BF 可认为是对所有的 n 而言，子载波方式 BF 在 $\boldsymbol{u}_n=\boldsymbol{u}$ 和 $\boldsymbol{v}_n=\boldsymbol{v}$ 情况下的特例[54]。在这种代换下，式（5-10）到式（5-12）对符号方式 BF 也同样适用。

符号方式 BF 的一个主要优势在于，一个终端仅需要一个 OFDM 调制（解调）器[54]，如图 5-8b 所示。在 DFT 的数量方面，符号方式 BF 和基于 OFDM 的单天线系统等价。除了计算量的减少，符号方式 BF 的反馈也明显降低：与反馈 M 个向量 $\boldsymbol{v}_n$ 相比，该方法仅需要向发射机反馈一个向量 $\boldsymbol{v}$ [54]。而不利的一面是，与子载波方式 BF 相比，符号方式 BF 降低了自由度，会造成性能损失。但是，5.3.4 节的计算机仿真证明，这种损失在典型的 60 GHz 信道中较小。

符号方式 BF 的优化是一项具有挑战性的任务。文献[57]中首先研究了 $\boldsymbol{u}$ 和 $\boldsymbol{v}$ 的联合优化，实现了平均成对码字距离的最大化通过迭代算法解决成对耦合特征问题。在文献[54]中，通过使输入 OFDM 解调器的信干噪比最大化的方法，符号方式 BF 扩展到存在同频干扰的情况中。实际上，由此产生的迭代算法 maxSINRsym 将文献[57]中的算法作为一个特例包含其中。文献[58]中，采用最大互信息准则产生了 maxMIsym 算法。虽然该准则比 maxSINRsym 算法更为复杂，但文献[58]提出了一种基于梯度的 $\boldsymbol{u}$ 和 $\boldsymbol{v}$ 更新方法。应当强调的是，上述 3 种算法的收敛速度都很快[54,57,58]。还需注意的是，不考虑优化度量，上述提到的自由度降低导致了难以分析的非凸优化问题。此外，不同于子载波方式 BF 的情况，由于优化问题不成对，因此 BF 向量和功率分配的联合优化也难以解决。

5.3.4 接收机性能

本节的目的是对 60GHz 通信中，基于天线阵的不同技术的性能限进行评估。本节将阐述 60GHz 信道可获得的复用增益，并解决实际天线间距是否足以获得这些增益的问题。此外，本节将研究子载波方式 BF 和符号方式 BF 的潜力。性能将根据互信息进行评估。

图 5-9 给出了 2×2 信道互信息的互补累积分布函数，信道存在 LOS 和 NLOS 的混合情况，且天线间距为 $20\lambda_c$。曲线对应的 MIMO 信道容量（见 5.1 节）和根据式（5-12）得到的子载波方式 BF 的互信息，均由优化的 WF 功率分配方法得到。此外，利用等功率（Equal Power，EP）分配方法的 SISO 系统性能也作为参考

给出。有趣的是，由图 5-9 可以看出，maxMIsc BF 方法基本可实现 60GHz MIMO 能够达到的信道容量，这意味着仅能获得很少的复用增益。尤其是当概率大于 0.7 时，maxMIsc 和 MIMO WF 的曲线几乎一致。需注意的是，高概率区域所对应的数据速率可由高可靠性支持，换言之，几乎不存在中断。结果证明 MIMO 技术可以大幅提高 60GHz 通信的可靠性。

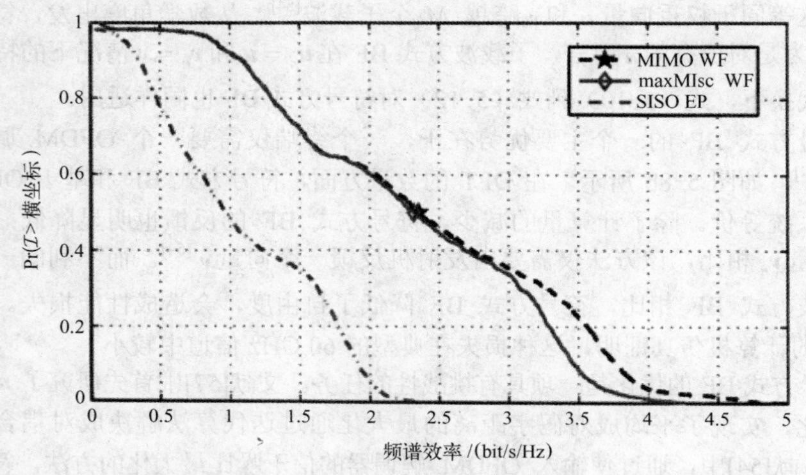

图 5-9　2×2 60GHz 信道的互信息分布（天线间距为 $20\lambda_c$， $\rho_0 = 8.3\text{dB}$ ）。

观察到的小复用增益符合前一节提到的极高的空间相关性，而且可以归咎于信道的特征值分布。为了进一步说明这一现象，图（5-10）给出了 $\lambda_{n,2}/\lambda_{n,1}$ 比值的直方图，

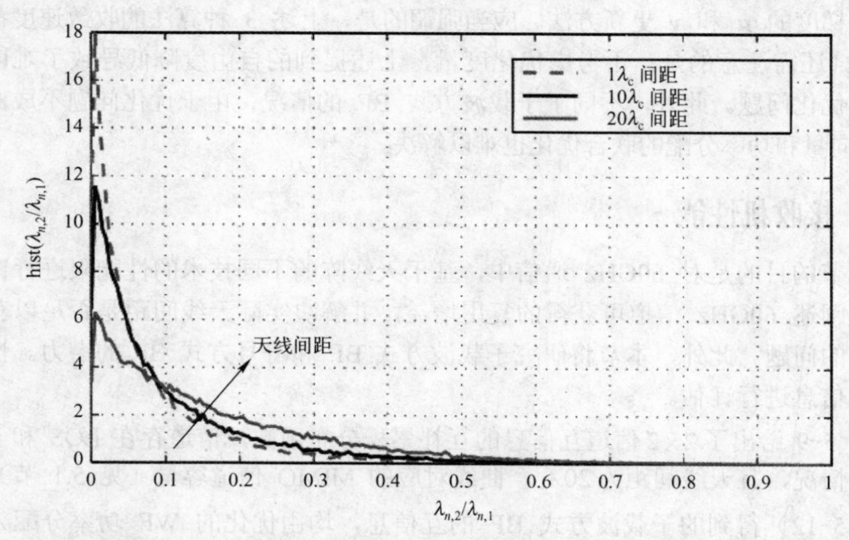

图 5-10　2×2 60GHz 信道不同天线间距时特征值比值 $\lambda_{n,2}/\lambda_{n,1}$ 的直方图。直方图由所有子载波和信道实现的特征值比值得到。直方图下方的区域归一化为 1。

式中，$\lambda_{n,1}$ 和 $\lambda_{n,2}$ 分别代表子载波 n 上的最大的特征值和第二大特征值。比值接近于 1 意味着，各特征模的强度相近，因此复用增益高。可以看出，对于绝大多数信道而言，这一比值远低于 1，这意味着第二特征模强度要低得多。此外，可以看出天线间距从 λ_c 增加到 10λ_c 甚至 20λ_c 不会引起特征值分布明显的向 1 移动。由图 5-11 中可以得到类似的观察结果，由图可知，天线间距为 λ_c 和 20λ_c 时 MIMO 容量分布几乎一致。

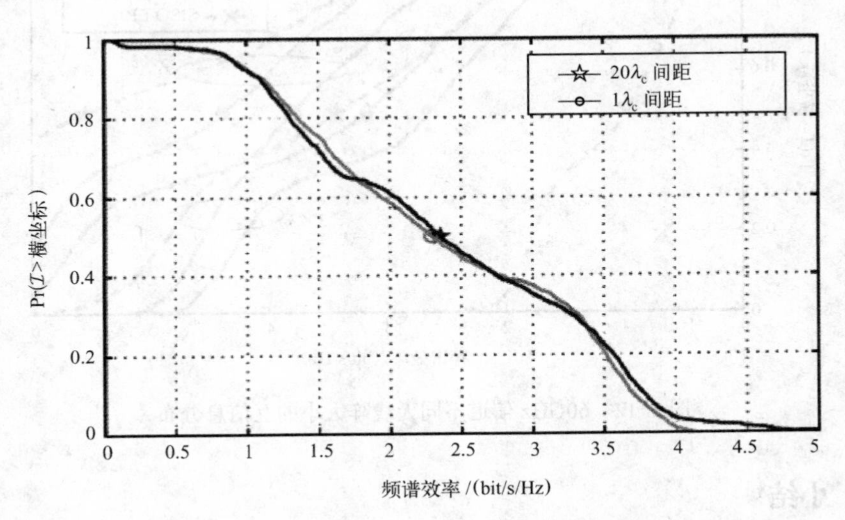

图 5-11　天线间距为 λ_c 和 20λ_c 时，2×2 60GHz 信道的 MIMO WF 容量分布，$\rho_0 = 8.3$dB

天线间距达到 20λ_c 时，提供的复用增益仍很小，由此可以得到结论：具有合理/实际天线间距的 60GHz 设备通常不适于采用空分复用。但是需注意，在特殊情况下，当传输发生在具有 LOS 的短距离情况时，空分复用结合极化分集仍可以得到良好的性能[59]。与依赖于丰富多径传播相比，这种方法可利用多径稀疏和弱极化联合带来的优势。感兴趣的读者可查阅文献[59]中相关内容。

为了研究 60GHz 通信中符号方式 BF 的潜力，图 5-12 对比了 maxMIsym 和 maxMIsc BF 的性能，其在每个终端使用 3 根或 5 根天线。由于符号方式 BF 情况中还没有优化的功率分配方案（见 5.3.3 节），因此图 5-12 中所有的 BF 结果由均匀的功率分配方法得到㊀。maxMIsym 算法的初始化方法见文献[58]。作为参考，MIMO WF 容量的分布也在这里给出。正如前面提到的，maxMIsc 的性能非常接近于性能上限，这意味着仅能获得很小的复用增益。从图 5-12 中还可以看出，除了较低的复杂度外，与 maxMIsc 相比，maxMIsym 的性能损失很小。当概率大于 0.8

㊀ 但是需注意，子载波方式 BF 的仿真结果表明，优化 WF 分配方法得到的增益通常不大，这是因为波束赋形信道具有较高的 SNR。

时，即在高可靠性区域，3×3 情况下的差距小于 0.35bit/s/Hz，5×5 情况下的差距小于 0.5bit/s/Hz。值得一提的是，由于 maxSINRsym 与 maxMIsym 的曲线几乎完全一致，因此被省略了。

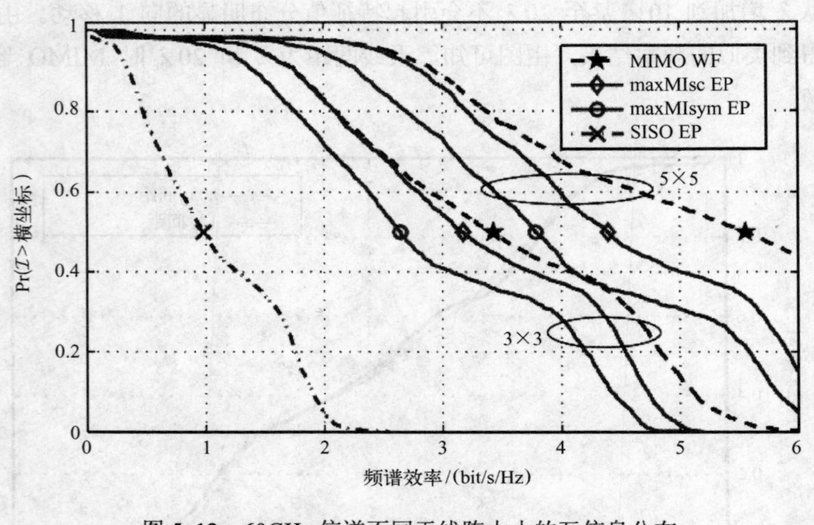

图 5-12　60GHz 信道不同天线阵大小的互信息分布

5.3.5　小结

本章得出的结果表明：60GHz MIMO 信道一般仅能提供很小的复用增益。但是，我们也发现 BF 方法可在单天线系统中显著地提高性能和可靠性，而且实际上也具备达到 MIMO 信道容量的潜力。不幸的是，优化子载波方式 BF 方法的 maxMIsc 处理过程提高了计算复杂度，难以在实际的 60GHz 收发信机中采用。符号方式 BF 很好地在复杂度和性能之间得到了折中，因此对于 60GHz 通信而言更为理想。与子载波方式 BF 相比，maxMIsym 算法，及具有低复杂度的 maxSINRsym 算法，在性能上的损失很小。

在实际应用中，一般通过在发射和接收 BF 向量的有限个码本中进行简单的筛选，来取代优化向量所需的联合和精确的计算。这种方法尤其有利于（周期性的）天线权重训练，而且已经在例如 Wireless HD 和 ECMA-387 中采用[44,45]。跟踪 BF 向量（例如，通过自适应算法[56]）可以实现良好的调整，并对抗较小的信道扰动。Wireless HD 和 ECMA-387 均包含跟踪协议[44,45]。比较这些 BF 协议/码本/算法与由 maxMIsym 或 maxSINRsym 获得的性能上限，可以很好地给系统设计和性能评估提供帮助。

5.4　结论

本章分析了 UWB 和 60GHz 系统中采用 MIMO 技术的可行性。采用 MIMO 技术后，UWB 和 60GHz 系统具有提供极高无线数据速率的潜力。通过对 UWB 和 60GHz 中 MIMO 信道的传播特性和信息论容量进行实验研究，确定了这些专用系统中 MIMO 技术的适用性。分析表明：室内 UWB 信道（3.1～10.6 GHz 频段）的相关距离仅为数厘米，而且由于具有丰富的多径，其空间相关性随着距离快速衰减。但是，这一点与 60GHz 信道不同。60GHz 信道具有准光学传播特性，而且有着大且振荡的空间相关函数。因此，在 UWB 系统中，MIMO 空分复用可以提供大的复用增益，并且提高可实现的数据速率，但在 60GHz 系统中则不可行。而波束赋形在 60GHz 系统中更具有优势，而且几乎可以实现 MIMO 信道的容量。UWB 和 60GHz 信道均缺少明显的空间衰落，这意味着极化 MIMO 天线阵可以有效地应用于这两个系统中。这些理论和实践结果将对未来高性能 UWB 和 60GHz 系统的算法和设备研发提供帮助。

参考文献

[1] E. Biglieri, R. Calderbank, A. Constantinides, A. Goldsmith, A. Paulraj, and H. V. Poor, MIMO Wireless Communications . Cambridge, UK: Cambridge University Press,2007.

[2] A. J. Paulraj, R. Nabar, and D. Gore, Introduction to Space-Time Wireless Communications. Cambridge, UK: Cambridge University Press, 2003.

[3] C. Oestges and B. Clerckx, MIMO Wireless Communications. Orlando, FL, USA: Academic Press, 2007.

[4] S. N. Diggavi, N. Al-Dhahir, A. Stamoulis, and A. R. Calderbank, “Great expectations: The value of spatial diversity in wireless networks,” Proc. IEEE, vol. 92, no. 2, pp. 219–270, Feb. 2004.

[5] G. J. Foschini and M. J. Gans, “On limits of wireless communications in a fading environment when using multiple antennas,” Wireless Personal Commun., vol. 6, Mar. 1998.

[6] I. E. Telatar, “Capacity of multi-antenna Gaussian channels,” Eur. Trans. Telecommun., vol. 10, no. 6, pp. 585–595, Nov./Dec. 1999.

[7] A. Goldsmith, Wireless Communications. Cambridge, UK: Cambridge University Press, 2005.

[8] W. Q. Malik and D. J. Edwards, “Measured MIMO capacity and diversity gain with spatial and polar arrays in ultrawideband channels,” IEEE Trans. Commun., vol. 55, no. 12, pp. 2361–2370, Dec. 2007.

[9] L. Yang and G. B. Giannakis, “Analog space-time coding for multiantenna ultrawideband transmissions,” IEEE Trans. Commun., vol. 52, no. 3, pp. 507–517, Mar. 2004.

[10] H. Liu, R. C. Qiu, and Z. Tian, "Error performance of pulse-based ultrawideband MIMO systems over indoor wireless channels," IEEE Trans. Wireless Commun., vol. 4, no. 6, pp. 2939–2944, Nov. 2005.

[11] L.-C. Wang, W.-C. Liu, and K.-J. Shieh, "On the performance of using multiple transmit and receive antennas in pulse-based ultrawideband systems," IEEE Trans. Wireless Commun., vol. 4, no. 6, pp. 2738–2750, Nov. 2005.

[12] T. Kaiser, F. Zheng, and E. Dimitrov, "An overview of ultrawide-band systems with MIMO," Proc. IEEE, vol. 97, no. 2, pp. 285–312, Feb. 2009.

[13] T. Kaiser and F. Zheng, Ultra Wideband Systems with MIMO. Chichester, UK, John Wiley, 2010.

[14] A. Molisch, "Ultra-wide-band propagation channels," Proc. IEEE, vol. 97, no. 2, pp. 353–371, Feb. 2009.

[15] W. Q. Malik, B. Allen, and D. J. Edwards, "Bandwidth-dependent modelling of small-scale fade depth in wireless channels," IET Microwave Antennas Propagat. , vol. 2, no. 6, pp. 519–528, Sep. 2008.

[16] J. Keignart, C. Abou-Rjeily, C. Delaveaud, and N. Daniele, "UWB SIMO channel measure-ments and simulations,"IEEE Trans. Microwave Theory Tech. , vol. 54, no. 4, pp. 1812–1819, Apr. 2006.

[17] W. Q. Malik and D. J. Edwards, "UWB impulse radio with triple-polarization SIMO," in Proc. IEEE Global Commun. Conf. (Globecom), Washington, DC, USA, Nov. 2007.

[18] B. Allen, M. Dohler, E. E. Okon, W. Q. Malik, A. K. Brown, and D. J. Edwards, Eds., Ultra-Wideband Antennas and Propagation for Communications, Radar and Imaging. London, UK: John Wiley, 2006.

[19] G. L. St ¨uber, Principles of Mobile Communications, 2nd ed. Norwell, MA, USA: Kluwer, 2001.

[20] W. Q. Malik, "Spatial correlation in ultrawideband channels," IEEE Trans. Wireless Commun., vol. 7, no. 2, pp. 604–610, Feb. 2008.

[21] ——, "MIMO capacity convergence in frequency selective channels," IEEE Trans. Commun., May 2008.

[22] A. F. Molisch, M. Steinbauer, M. Toeltsch, E. Bonek, and R. S. Thom, "Capacity of MIMO systems based on measured wireless channels," IEEE J. Select. Areas Commun., vol. 20, no. 3, pp. 561–569, Apr. 2002.

[23] G. G. Raleigh and J. M. Cioffi, "Spatio-temporal coding for wireless communication," IEEE Trans. Commun. , vol. 46, no. 3, pp. 357–366, Mar. 1998.

[24] K. Liu, V. Raghavan, and A. M. Sayeed, "Capacity scaling and spectral efficiency in wide-band correlated MIMO channels," IEEE Trans. Inf. Theory , vol. 49, no. 10, Oct. 2003.

[25] W. Q. Malik, "MIMO capacity and multipath scaling in ultrawideband channels," IET Elec-tron. Lett. , vol. 44, no. 6, pp. 427–428, Mar. 2008.

[26] H. T. Nguyen, J. B. Andersen, G. F. Pedersen, P. Kyritsi, and P. C. F. Eggers, "Time reversal in wireless communications: A measurement-based investigation," IEEE Trans. Wire ,vol.5, no. 8, pp. 2242–2252, Aug. 2006.

[27] Y. Jin, J. M. F. Moura, and N. O'Donoughue, "Time reversal in multiple-input multiple-output radar," IEEE J. Select. Areas Sig. Proc. , vol. 4, no. 1, pp. 210–225, Feb. 2010.

[28] M. E. Yavuz and F. L. Teixeira, "Space-frequency ultrawideband time-reversal imaging," IEEE Trans. Geosci. Remote Sensing , vol. 46, no. 4, pp. 1115–1124, Apr. 2008.

[29] P. Kosmas and C. M. Rappaport, "A matched-filter FDTD-based time reversal approach for microwave breast cancer detection," IEEE Trans. Antennas Propagat. , vol. 54, no. 4, pp. 1257–1264, Apr. 2006.

[30] R. Wilson, D. Tse, and R. A. Scholtz, "Channel identification: secret sharing using reciprocity in ultrawideband channels," IEEE Trans. Inf. Forensics Security, vol. 2, no. 3, pp. 364–375, Sep. 2007.

[31] G. Lerosey, J. de Rosny, A. Tourin, and M. Fink, "Focusing beyond the diffraction limit with far-field time reversal," Science, vol. 315, no. 5815, pp. 1120–1122, Feb. 2007.

[32] M. Fink, "Time-reversed acoustics," Sci. Am., Nov. 1999.

[33] C. Oestges, A. D. Kim, G. Papanicolaou, and A. J. Paulraj, "Characterization of space-time focusing in time-reversed random fields," IEEE Trans. Antennas Propagat., vol. 53, no. 1, pp. 283–293, Jan. 2005.

[34] G. Lerosey, J. de Rosny, A. Tourin, A. Derode, G. Montaldo, and M. Fink, "Time reversal of electromagnetic waves," Phys. Rev. Lett., vol. 92, no. 19, May 2004.

[35] R. C. Qiu, C. Zhou, N. Guo, and J. Q. Zhang, "Time reversal with MISO for ultrawide-band communications: Experimental results," IEEE Antennas Propagat. Lett. , vol. 5, no. 1, pp. 269–273, Dec. 2006.

[36] L. Borcea, G. Papanicolaou, C. Tsogka, and J. Berryman, "Imaging and time reversal in random media," Inverse Problems , vol. 18, no. 5, pp.1247–1279, Jun. 2002.

[37] Y. Jin and J. M. F. Moura, "Time-reversal detection using antenna arrays," IEEE Trans. Sig. ,vol. 57, no. 4, pp. 1396–1414, Apr. 2009.

[38] J. Sch ¨onthier, "The 60 GHz channel and its modelling," WP3-Study, BROADWAY IST-2001-32686, Version V1.0, May 2003. [Online]. Available: http://www.ist-broadway.org/public.html

[39] P. Smulders, "Exploiting the 60 GHz band for local wireless multimedia access: Prospects and future directions," IEEE Commun. Mag. , vol. 40, no. 1, pp. 140–147, Jan. 2002.

[40] S. K. Yong and C.-C. Chong, "An overview of multigigabit wireless through millimeter wave technology: Potentials and technical challenges," EURASIP J. Wireless Commun. And Networking, vol. 2007, 2007, 10 pages, article ID 78907.

[41] N. Guo, R. C. Qiu, S. S. Mo, and K. Takahashi, "60-GHz millimeter-wave radio: Principle,

technology, and new results," EURASIP J. Wireless Commun. and Networking , vol. 2007, 2007, 8 pages, article ID 68253.

[42] S. Kato, H. Harada, R. Funada, T. Baykas, C. S. Sum, J. Wang, and M. A. Rahman, "Single carrier transmission for multi-gigabit 60-GHz WPAN systems," IEEE J. Sel. Areas Commun., vol. 27, no. 8, pp. 1466–1478, Oct. 2009.

[43] S. Collonge, G. Zaharia, and G. Zein, "Influence of the human activity on wide-band characteristics of the 60 GHz indoor radio channel," IEEE Trans. Wireless Commun. , vol. 3, no. 6, pp. 2396–2406, Nov. 2004.

[44] "WirelessHD specification version 1.0a overview," Overview, Aug. 2009. [Online]. Available: http://www. wirelesshd.org/pdfs/WirelessHD-Specification-Overview-v1%200%%204%20Aug09.pdf

[45] "Standard ECMA-387 – High rate 60 GHz PHY, MAC and HDMI PAL," ECMA, Standard, Dec. 2008. [Online]. Available: http://www.ecma-international.org/publications/files/ECMA-ST/Ecma-387.pdf

[46] IEEE 802.11ad Very High Throughput in 60GHz,http://www.ieee802.org/11/Reports/tgad update.htm.

[47] A. Maltsev, "Channel models for 60 GHz WLAN systems," Document IEEE 802.11-09/0334r2, May 2009. [Online]. Available: https://mentor.ieee.org/802.11/dcn/09/11-09-0334-02-00ad-channel-models%-for-60-ghz-wlan-systems.doc

[48] IEEE P802.15 Working Group for Wireless Personal Area Networks (WPANs), "TG3c channel modeling sub-committee final report," Document IEEE 15-07-0584-01-003c, Mar. 2007. [Online]. Available: https://mentor.ieee.org/802.15/file/07/15-07-0584-01-003c-tg3c-channel-%modeling-sub-committee-final-report.doc

[49] M. Jacob, "Deterministic channel modeling for 60 GHz WLAN," Document IEEE 802.11-09/0302r0, Mar. 2009. [Online]. Available: https://mentor.ieee.org/802.11/dcn/09/11-09-0302-00-00ad-deterministic-%channel- modeling-for-60-ghz-wlan.pdf

[50] I. D. Holland, A. Pollok, and W. G. Cowley, "Design and simulation of NLOS high data rate mm-wave WLANs," in Proc. NEWCOM-ACoRN Joint Workshop, Vienna, Austria, Sep. 2006.

[51] I. Holland and W. Cowley, "Physical layer design for mm-wave WPANs using adaptive coded OFDM," in Proc. Australian Commun. Theory Workshop (AusCTW) , Christchurch, New Zealand, Jan. 2008, pp. 107–112.

[52] H. B¨olcskei, D. Gesbert, and A. J. Paulraj, "On the capacity of OFDM-based spatial multiplexing systems,"IEEE Trans. Commun., vol. 50, no. 2, pp. 225–234, Feb. 2002.

[53] D.-S. Shiu, G. Foschini, M. Gans, and J. Kahn, "Fading correlation and its effect on the capacity of multielement antenna systems," IEEE Trans. Commun., vol. 48, no. 3, pp. 502–513, Mar. 2000.

[54] A. Pollok, W. G. Cowley, and N. Letzepis, "symbol-wise beamforming for MIMO-OFDM

transceivers in the presence of co-hhannel interference and spatial correlation," IEEE Trans. Wireless Commun., vol. 8, no. 12, pp. 5755–5760, Dec. 2009.

[55] K. Wong, R. Cheng, K. Letaief, and R. Murch, "Adaptive antennas at the mobile and base stations in an OFDM/TDMA system," IEEE Trans. Commun., vol. 49, no. 1, pp. 195–206, Jan. 2001.

[56] L. Godara, "Application of antenna arrays to mobile communications. II. Beam-forming and direction-of-arrival considerations," Proc. IEEE, vol. 85, no. 8, pp. 1195–1245, Aug. 1997.

[57] D. Huang and K. B. Letaief, "Symbol-based space diversity for coded OFDM systems," IEEE Trans. Wireless Commun. , vol. 3, no. 1, pp. 117–127, Jan. 2004.

[58] J. Via, V. Elvira, I. Santamaria, and R. Eickhoff, "Analog antenna combining for maximum capacity under OFDM transmissions," in Proc. 2009 IEEE Int. Conf. Commun.,Dresden, Germany, Jun. 2009, pp. 1–5.

[59] A. Pollok, W. G. Cowley, and I. D. Holland, "Multiple-input multiple-output options for 60 GHz line-of-sight channels," in Proc. Australian Commun. Theory Workshop (AusCTW), Christchurch, New Zealand, Jan. 2008, pp. 101–106.

第二部分 低 速 系 统

第 6 章 ZigBee 网络和低速超宽带通信

本章讨论针对无线个域网（Wireless Personal Area Network，WPAN）和无线传感器网络（Wireless Sensor Network，WSN）的低速通信系统的技术和标准。首先对基于 IEEE 802.15.4 标准的 ZigBee 技术进行了综述，接着对基于 IEEE 802.15.4a 标准的低速超宽带（Ultra Wideband，UWB）技术进行了综述。最后，总结了由 IEEE 802.15 工作组（Working Group，WG）提出的一些相关标准。

6.1 概述和应用实例

随着射频（Radio Frequency，RF）和微机电系统（Micro-Electro-Mechanical Systems，MEMS）集成电路技术的发展，无线传感器的价格变得越来越低廉，体积也越来越小，但功能却越来越多。无线传感器网络的发展使大量新应用成为可能，包括监控、楼宇控制、工厂自动化、车辆检测等[1]。在不久的将来，我们还将看到楼宇、家具、汽车、街道、公路等都会嵌入无线传感器网络。按照无线世界研究论坛（Wireless World Research Forum，WWRF）的愿景，到 2017 年世界上预计约 70 亿人要使用 7 万亿个无线设备，这些设备大部分将是短距离无线设备，包括小尺寸、低功耗、低复杂度的无线传感器网络[2]。为了让读者对无线传感器网络的潜在应用有一个更好的了解，在本章结尾的表 6-8 中列举了文献中提到的近期的应用实例。

无线传感器网络通常大量部署，网络希望在相同电池的条件下，运行更长的时间。因此，无线传感器网络收发信机的关键是要求传感器节点成本低、外形尺寸小、能耗低。此外，无线传感器网络的抗干扰和抗多径衰落能力、支持可变数据速率和高精度定位能力也是大家关注的焦点[1]。最近的候选方案 ZigBee 和 IEEE 802.15.4a 都具有这些特点。

ZigBee 标准于 2004 年完成，它具有多种特性，能够在恶劣的信道环境和干扰条件下进行可靠的通信[3]：

（1）自我修复：动态更新不同设备之间的连接，防止路由故障。

（2）自我配置：检测到另外一个新设备进入网络，不断更新和优化网络的最佳路径。因此网络可以最小的人为干预来处理任务。

（3）低功耗运行：降低来自其他节点的干扰，使电池寿命更长，延长网络的工作时间。

（4）网状（mesh）网络：允许网络节点之间路由重组，提供灵活性和可扩展性。

（5）冗余：由于网络中大量设备可以彼此互连，因此网络故障时间很短。

大量的可用信道，灵活的频率配置，以及健壮的调制方式都有助于 ZigBee 网络应对干扰和恶劣的信道条件。IEEE 802.15.4a 标准中的物理层采用了窄带直接序列扩频（Direct Sequence Spread Spectrum，DSSS），通过扩频序列扩展频谱来提高抗干扰能力。

ZigBee 已在个人、商业、工业和军事等方面有了大规模应用[3~5]，如下所列：

（1）家庭网络和控制：控制电视、录像机、DVD、鼠标、键盘等。

（2）楼宇自动化/控制：照明控制、门禁、安防。

（3）工业厂房监控：资产管理、过程控制、环境能源管理。

（4）互动式玩具。

（5）自动化远程抄表：快速/准确地采集表信息。

（6）医疗：通过家居病人监控系统，患者在他们舒适的家中就可接受到高质量和低成本的服务。

ZigBee 联盟[6]是一个拥有 300 多家会员企业的非营利性协会，致力于促进全球范围内 ZigBee 技术的普及和发展，目前规定了 ZigBee 网络的 6 种公共配置，它们是：ZigBee 智能电网；ZigBee 远程控制；ZigBee 家庭自动化；ZigBee 个人医疗保健；ZigBee 楼宇自动化；ZigBee 电信服务。使用这些公共配置可以实现不同厂商设备间的互通（如某个制造商生产的开关可以与其他制造商生产的照明设备互通），以及进行产品一致性测试和认证。

作为 IEEE 802.15.4 标准的修订版，2007 年公布的 IEEE 802.15.4a 标准采用了低速 UWB 技术。与物理层采用窄带 DSSS 的 ZigBee 技术相比，由于带宽很宽，UWB 具有很强的抗多径能力，在给定的频段有更低的传输功率（如美国 FCC 对频谱模板有强制规定），以及高精度的定位能力。

与 ZigBee 网络不同，脉冲无线电超宽带（Impulse Radio Ultrawideband，IR-UWB）系统还可以应用于需要高精度定位的场合。IEEE 802.15.4a 标准化过程中已经记录了一些采用 UWB 进行高精度定位的实例，表 6-1 中总结并给出了它们的工作范围和精度[7]。

表 6-1　重要的实时定位系统（Real-Time Localization System，RTLS）及其工作范围和精度

重要的 RTLS 应用	工作范围/m	精度/cm
贵重库存物品（仓库、港口、停车场，制造工厂）	100～300	30～300
体育追踪（纳斯卡赛车、赛马、足球）	100～300	10～30

（续）

重要的 RTLS 应用	工作范围/m	精度/cm
大型仓库货物追踪	300	300
汽车经销商和重型设备租赁	100～300	300
办公室的重要人员/厂房设施	100～300	15
大型游乐园的儿童	300	300
宠物/家畜/野生动物追踪	300	15～150
小众市场		
机器人除草、耕种	300	30
超市手推车（匹配客户与广告产品）	100～300	30
车辆商队/个人电台/家庭无线电服务	300	300
军事应用		
军事训练设施	300	30
军事搜救：失事飞行员、人员落水、海岸警卫队救援行动	300	300
军队小型战术单位友军态势感知	300	30
政府/安全应用		
警卫和囚犯追踪	300	30
消防员和急救人员追踪	300	30
防撞系统：飞机/地面车辆	300	30
矿工追踪	300	30
飞机着陆系统	300	30
搜寻雪崩受难者	300	30
定位射频噪声和干扰源	300	30
丢失车辆寻回系统	300	300

近年来，为了满足低数据速率应用的要求，IEEE 推出了新的任务组（Task Group，TG），即 IEEE 802.15.4e、IEEE 802.15.4g 和 IEEE 802.15.4f。IEEE 802.15.4e 任务组正在开发一种基于 IEEE 802.15.4-2006 标准的 MAC 层修订标准，它旨在支持具有严格时延和可靠性要求的工厂自动化和控制应用。IEEE 802.15.4g 任务组正在开发支持实际应用的物理层（Physical，PHY）技术。通常，每个集成了 IEEE 802.15.4g 设备的智能仪表，每天至少能够转发 40 KB 的数据到骨干网[8]。IEEE 802.15.4f 任务组正在定义一个新的物理层，以增强 IEEE 802.15.4 MAC 层功能，支持有源射频识别（Radio Frequency Identification，RFID）应用和实时定位系统。本章将概述这些标准。

6.2 ZigBee

ZigBee 网络支持星形、树形和网格形的网络拓扑结构，如图 6-1 所示。在星形拓扑配置中，终端设备直接同 ZigBee 协调器相连，而协调器负责启动和维护网络设备。在树形拓扑配置中，数据是通过使用分层路由策略的路由器在网络中传送。在网格形拓扑的网络中，通信是点对点的，不受限于分层路由。

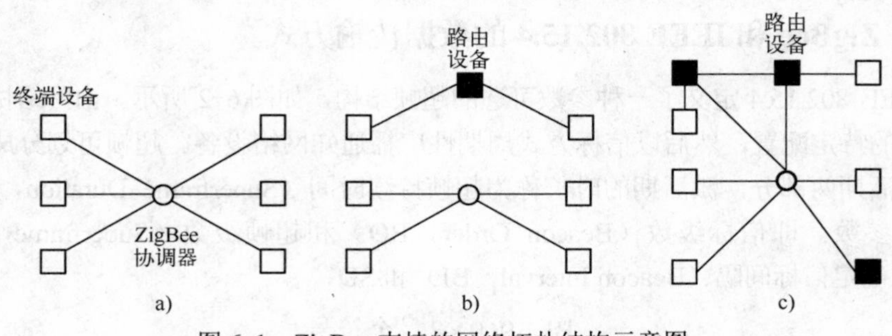

图 6-1　ZigBee 支持的网络拓扑结构示意图

a) 星形拓扑　b) 树形拓扑　c) 网格形拓扑

ZigBee 底层的媒体介质访问机制为有冲突避免的载波侦听多址接入（Carrier Sense Multiple Access with Collision Avoidance，CSMA-CA）。尽管媒体访问是基于竞争的，但参数可选的超帧结构仍然可以为有严格时间要求的数据提供工作时隙。6.2.1 节和 6.2.2 节给出了 IEEE 802.15.4 物理层和 MAC 层。

6.2.1　ZigBee 和 IEEE 802.15.4 的信道分配

表 6-2 给出了 IEEE 802.15.4 支持的频段和相应的数据传输速率。2400～2483.5MHz 是唯一全球可用的免授权频段，而且对发送占空比没有限制，只要 6dB 带宽大于 500kHz，并且最大功率谱密度为+8dBm/3kHz[9]即可。这个频段被视为 IEEE 802.15.4 和 ZigBee 的主要频段，总共有 16 个可用信道。此外，在 915MHz 频段有 10 个信道，在 868MHz 频段有 1 个可用信道。这些信道的中心频率可以通过以下计算确定：

$$F_{\mathrm{c}}^{(868)}(k)=868.3,\ k=0$$

$$F_{\mathrm{c}}^{(902)}(k)=906+2(k-1),\ k=1,\ 2,\ \cdots 10$$

$$F_{\mathrm{c}}^{(2400)}(k)=2405+5(k-11),\ k=11,\ 12,\ \cdots,\ 26 \tag{6-1}$$

式中，$F_{\mathrm{c}}^{(i)}(k)$ 表示第 i 个频段中第 k 个信道的中心频率，单位是 MHz。868 MHz 和 915 MHz 频段采用差分编码二进制相移键控（Binary Phase Shift Keying，BPSK）调制方式，而 2400 MHz 频段采用正交四相相移键控（Orthogonal QPSK，O-QPSK）调制。

表 6-2　IEEE 802.15.4 可用频段

频段/MHz	调制方式	比特速率/kbit/s	信道数	地区
868～868.6	BPSK	20	1	欧洲
902～928	BPSK	40	10	美国
2400～2483.5	O-QPSK	250	16	全球

6.2.2 ZigBee 和 IEEE 802.15.4 的数据传输方式

IEEE 802.15.4 定义了一种参数可选的超帧结构，如图 6-2 所示。由网络协调器定义超帧的特定配置，然后以信标方式周期性广播通知网络设备。超帧可划分成激活期和非激活期两部分，激活期的时长称为超帧持续时间（Superframe Duration，SD）。用两个参数，即信标级数（Beacon Order，BO）和超帧级数（Superframe Order，SO）来确定信标间隔（Beacon Interval，BI）和 SD：

$$\mathrm{BI} = 960 \times 2^{\mathrm{BO}} \text{个符号}$$

$$\mathrm{SD} = 960 \times 2^{\mathrm{SO}} \text{个符号} \tag{6-2}$$

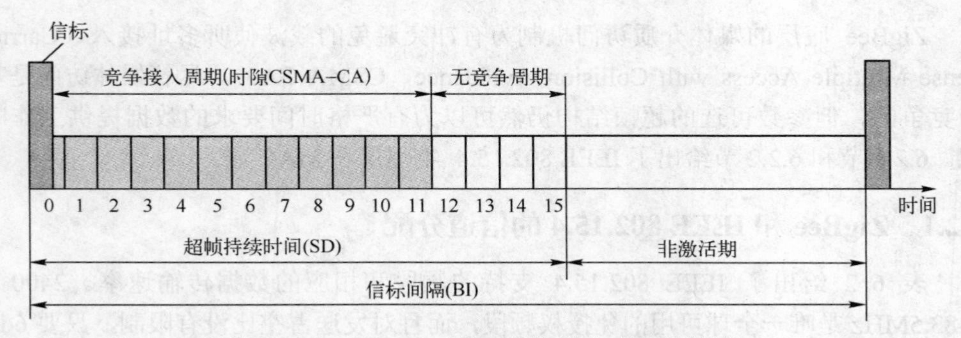

图 6-2 IEEE 802.15.4 信标使能模式下的超帧结构

SD 划分为 16 个等长的时隙。第一个时隙传输信标，剩下的时隙划分为竞争接入周期（Contention Access Period，CAP）和无竞争周期（Contention Free Period，CFP）。

根据 IEEE 802.15.4 规定，在 CAP 阶段数据帧传输之前要使用 CSMA-CA 算法。如果个域网（Personal Area Network，PAN）是运行在信标使能模式下，那么超帧会在 CAP 采用 CSMA-CA。而在非信标使能模式下，设备在传输数据时会采用非时隙式 CSMA-CA，如图 6-3 所示。

因为 CFP 是用于那些需要确保有信道的应用，协调器可以在 CFP 内指定最多 7 个时隙作为保证时隙（Guaranteed Time Slots，GTS）。CFP 总是紧跟在 CAP 之后。

不希望使用超帧结构（称为非信标使能网络）的协调器会把 BO 和 SO 设置为 15。在这种情况下无信标传播，网络中的设备会使用非时隙式 CSMA-CA 信道接入机制。

一般来说，根据 CSMA-CA 算法，设备在每一次尝试传输时都要维护 3 个变量，即 *NB*、*CW*、*BE*，分别表示每次传输退避的次数、竞争窗口长度、退避指数。*CW* 仅用于时隙式 CSMA-CA，它定义了在传输前信道连续空闲的退避周期数。BE 与接入信道前等待的退避周期数有关。

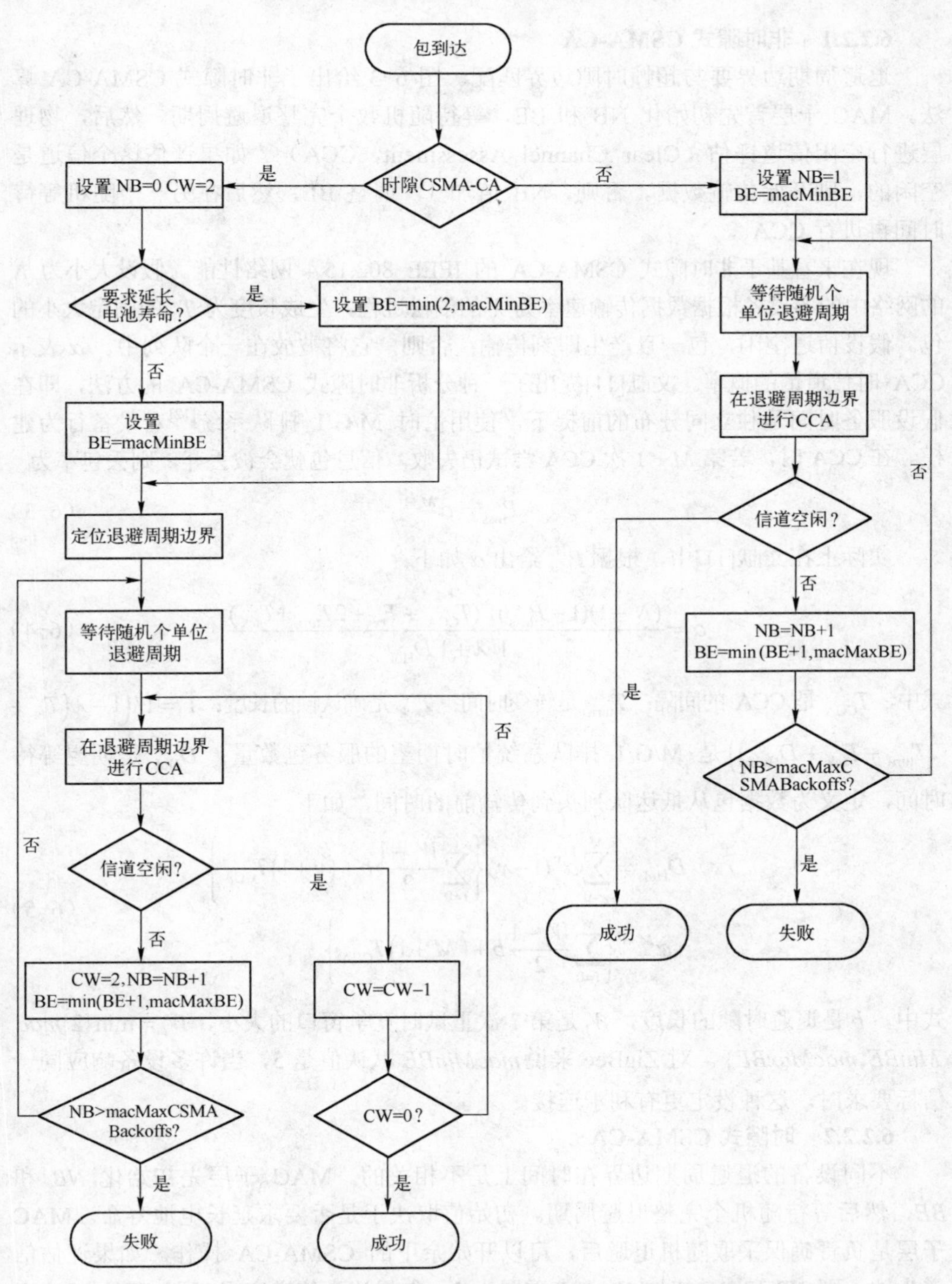

图 6-3 IEEE 802.15.4 协议中时隙式和非时隙式 CSMA-CA 信道访问机制流程图（改编自文献[10]）

6.2.2.1 非时隙式 CSMA-CA

退避周期边界要与超帧时隙边界匹配。图 6-3 给出了非时隙式 CSMA-CA 算法。MAC 子层首先初始化 NB 和 BE，等待随机数个完整退避周期。然后，物理层进行空闲信道评估（Clear Channel Assessment，CCA）。如果评估这个信道是空闲的，则开始传输数据。否则，NB 值加 1，调整 BE，然后在另一个随机等待时间再进行 CCA。

现在来看基于非时隙式 CSMA-CA 的 IEEE 802.15.4 网络性能。假设大小为 N 的网络中的各设备根据数据传输速率为 λ 的泊松过程，生成长度为 T_{tx} 的固定大小的包。假设信道空闲，包一旦产生即刻传输；否则，它将被放在一个队列中。α 表示 CCA 时信道忙的概率。文献[11]提出了一种分析非时隙式 CSMA-CA 的方法，即在假设服务时间是独立同分布的前提下，使用忙时 M/G/1 排队系统[12]对设备行为建模。在 CCA 时，若第 $M+1$ 次 CCA 尝试仍失败，信息包就会被丢弃，则丢包率为

$$P_{\text{loss}} = \alpha^{M+1} \tag{6-3}$$

实际上在文献[11]中，根据 P_{loss} 给出 α 如下：

$$\alpha = \frac{(N-1)(1-P_{\text{loss}})\hat{\Gamma}(T_{\text{CCA}} + T_{\text{tx}} + 2T_{\text{turn}} + T_{\text{ack}})}{1/\lambda + \hat{\Gamma}\hat{D}_{\text{HoL}}} \tag{6-4}$$

式中，T_{CCA} 是 CCA 的间隔；T_{turn} 是转变时间；T_{ack} 是确认帧的长度；$\hat{\Gamma} = 1/\left(1-\lambda\left(T_{\text{tx}} + 2T_{\text{turn}} + T_{\text{ack}} + \hat{D}_{\text{HoL}}\right)\right)$ 是 M/G/1 排队系统忙时期望的服务包数量；$\hat{D}_{\text{HoL}}$ 是期望等待时间，定义为数据包从抵达队列头到传输前的时间，如下：

$$\begin{aligned}\hat{D}_{\text{HoL}} = {} & \sum_{v=0}^{M} \alpha^{v}(1-v)\left\{\sum_{i=0}^{v} \frac{W_i - 1}{2} b + (v+1) T_{\text{CCA}}\right\} \\ & + \alpha^{M+1}\left\{\sum_{i=0}^{M} \frac{W_i - 1}{2} b + (M+1) T_{\text{CCA}}\right\}\end{aligned} \tag{6-5}$$

式中，b 是退避时隙的长度，W_i 是第 i 次重试时竞争窗口的大小，$W_i = \min\{2^{\text{j}} macMinBE, macMaxBE\}$。对 ZigBee 来说 $macMinBE$ 默认值是 5，当许多设备响应同一信标要求时，这种设定更有利于连接。

6.2.2.2 时隙式 CSMA-CA

不同设备的退避周期边界在时间上是不相关的。MAC 子层先初始化 *NB* 和 *BE*，然后等待随机个完整退避周期。初始值取决于是否要求延长电池寿命。MAC 子层是负责确保采取随机退避后，可以开始余下的 CSMA-CA 操作。如果评估信道为忙，则 *NB* 和 *BE* 值加 1，*CW* 重置为 2。如果认为信道空闲，则 *CW* 减 1，直至 *CW*=0，才能传输。

文献[13]对 IEEE 802.15.4 时隙式 CSMA-CA 的性能进行分析。下面给出了传输失败概率 P_{loss}，

$$P_{\mathrm{loss}} = b_{0,0}(\alpha - \beta\alpha + \beta)^{NB+1} \tag{6-6}$$

式中，α 表示第一次 CCA 失败的概率，β 表示在第一次 CCA 信道空闲的前提下，第二次 CCA 仍然失败的概率。参数 $b_{0,0}$ 满足等式[13]：

$$\begin{aligned}1 = \frac{b_{0,0}}{2}\Bigg\{&\left(3+2(1-\alpha)-2c_{\alpha,\beta}N_{\mathrm{tx}}\right)\left(\frac{1-c_{\alpha,\beta}^{NB}}{1-c_{\alpha,\beta}}\right)\\&+2^d W_0\left(\frac{c_{\alpha,\beta}^{d+1}-c_{\alpha,\beta}^{NB}}{1-c_{\alpha,\beta}}\right)+W_0\left(\frac{1-(2c_{\alpha,\beta})^{d+1}}{1-2c_{\alpha,\beta}}\right)\Bigg\}\end{aligned} \tag{6-7}$$

式中，$c_{\alpha,\beta} = \alpha - \alpha\beta + \beta$；$d = macMaxBE - macMinBE$；$N_{\mathrm{tx}}$ 是以时隙为单位的数据包传输时间。

6.2.2.3　无竞争周期

本节中研究 GTS 传输中的平均传输延迟和丢包率。假设安排一个从设备在各超帧使用一个 GTS，设备连续两个保证时隙之间的时间为 B_{I}。平均传输延迟 Δ 可以表示为

$$\Delta = \sum_{i=0}^{\infty} P_i^f\left(\varepsilon + iB_{\mathrm{I}}\right) \tag{6-8}$$

式中，P_i^f，$0 \leqslant i \leqslant \infty$，是设备产生的 GTS 帧在第 i 个超帧成功传输的概率；ϵ 是环回时延。在文献[14]中给出了 p_i^f

$$P_i^f = (1 - P_{\mathrm{e}}\mathrm{e}^{-\lambda B_{\mathrm{I}}})\left(P_{\mathrm{e}}\mathrm{e}^{-\lambda B_{\mathrm{I}}}\right)^i \tag{6-9}$$

式中，P_{e} 是在给定信道的误包率；λ 是设备服从泊松过程的 GTS 数据包到达率。平均传输延迟可表示为

$$\Delta = \varepsilon + \frac{P_{\mathrm{e}}\mathrm{e}^{-\lambda B_{\mathrm{I}}}}{1 - P_{\mathrm{e}}\mathrm{e}^{-\lambda B_{\mathrm{I}}}} B_{\mathrm{I}} \tag{6-10}$$

对丢包率来说，如果尝试传输达到最大次数时仍未成功，或者待传输包还在等待传输时又有新帧到达，数据包就会被丢弃。丢包率是 λ 和信标间隔 B_{I} 的函数。用随机变量 Z 表示 GTS 帧到达间隔时间，并假设 Z 是均值为 $1/\lambda$ 的指数分布。要计算 P_{drop} 首先需要计算概率 P_{di}，即在第 i 个超帧到达后帧丢失率。在 $0 \leqslant I < \infty$ 区间对 P_{di} 求和，得出了 P_{drop} 闭式解。文献[14]给出了 P_{di} 和 P_{drop}，

$$P_{\mathrm{di}} = (1 - P_{\mathrm{d0}})P_{\mathrm{e}}^i(1 - \mathrm{e}^{-\lambda B_{\mathrm{I}}})\mathrm{e}^{-(i-1)\ \lambda B_{\mathrm{I}}} \tag{6-11}$$

$$P_{\mathrm{drop}} = P_{\mathrm{d0}} + (1 - P_{\mathrm{d0}})\sum_{i=1}^{\infty} P_{\mathrm{di}} \tag{6-12}$$

式中，$\mathrm{e}^{-(i-1)\lambda B_1}$ 表示在前 $i-1$ 超帧没有到达；$1-\mathrm{e}^{-\lambda B_1}$ 表示在超帧 i 至少有一个到达；$1-P_{\mathrm{d0}}$ 是在第一个超帧不丢包的概率。P_{d0} 可以表示为

$$P_{\mathrm{d0}} = 1 - \frac{\lambda B_1 \mathrm{e}^{-\lambda B_1}}{1-\mathrm{e}^{-\lambda B_1}} \tag{6-13}$$

图 6-4 给出了不同 λ 条件下，GTS 丢包率随 P_{e} 的变化情况。直观上看，包到达率越高就会引起越高的丢包率。另一方面，即使 $P_{\mathrm{e}} \to 0$，丢包率可以下降但不能完全为 0，这是因为在同一个超帧内有新的数据包到达，GTS 包就会被丢掉。

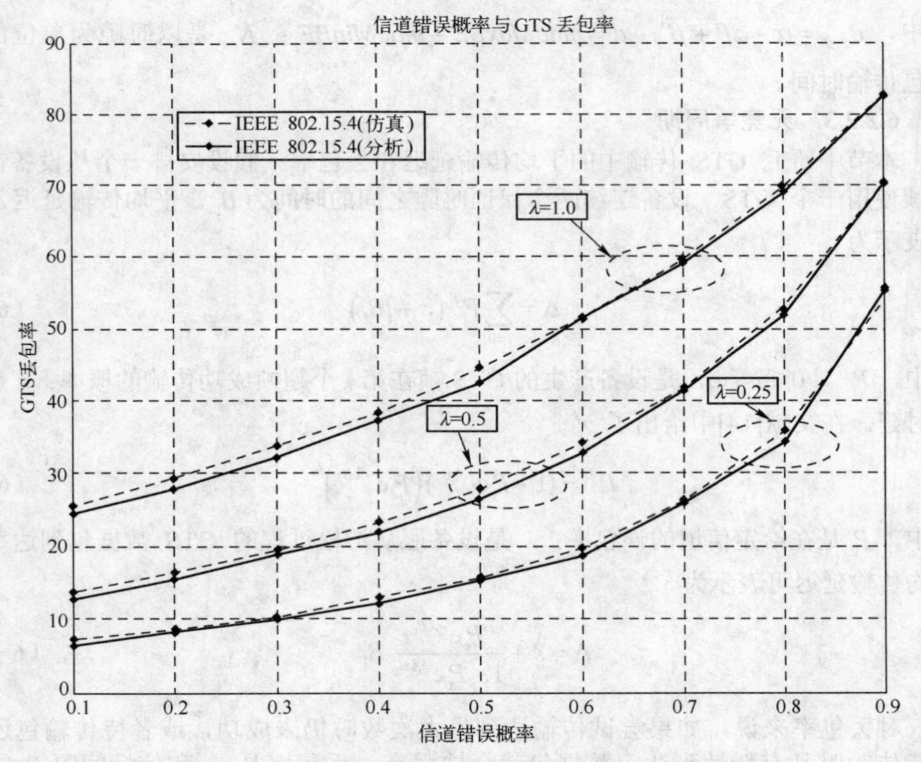

图 6-4　IEEE 802.15.4 信标使能网络中 GTS 包不同到达率 λ 条件下，GTS 丢包率与 P_{e} 的关系（改编自文献[14]）

6.2.3　干扰消除的网络信道管理

ZigBee 规定了一种干扰避免机制[15]，这种机制使网络协调器在推断出目前工

作信道 c_j 有干扰时，能将整个网络从信道 c_j 转移到信道 c_i^*。图 6-5 所示的流程图说明了确切的干扰消除机制。N_f、N_{tx}、E_i 和 γ 分别表示传输失败的数量、传输的总量、信道 c_i 能量水平和能量阈值。如果当前信道 c_j 中 N_f/N_{tx} 比值超过 0.25，那么协调器就会在所有的信道执行能量扫描。如果当前信道 c_j 的能量高于其他信道，为了避免干扰，将会选择具有最小能量水平的信道 c_i^* 作为候选信道来启动网络。如果 $E_{c_i^*}$ 达不到能量阈值 γ，那么协调器广播 c_i^* 作为新信道并且重置 N_f 和 N_{tx}，否则不发生信道切换。

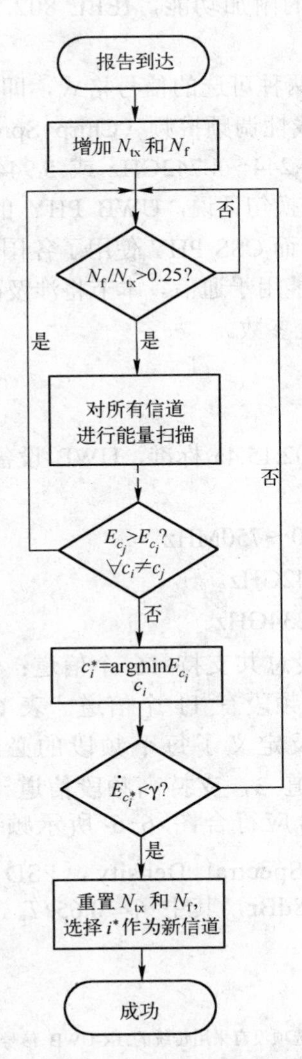

图 6-5　ZigBee 干扰避免机制示意图（改编自文献[15]）

6.3 脉冲无线电超宽带（IEEE 802.15.4a）

除了第 2 章讨论的高速率 WPAN 应用外，专注于低功耗和低复杂设备的低速 WPAN 也考虑采用 UWB 信号。2004 年 3 月，IEEE 成立了任务组 4a（Task Group 4a，TG4a），对现有的 IEEE 802.15.4 标准进行修订，给出了 PHY 替代方案[17]。TG4a 的主要目的是提供低功耗和低成本的可靠/抗干扰通信设备和高精度测距设备等。2007 年 TG4a 经努力推出了 IEEE 802.15.4a 标准。借由 15.4a 修订版提供的附加功能，IEEE 802.15.4 标准促进了新的应用和市场机遇。

IEEE 802.15.4a 指定了两种可选的信号格式，即脉冲无线电超宽带（Impulse Radio UWB，IR-UWB）和线性调频扩频（Chirp Spread Spectrum，CSS）㊀。IR-UWB 使用 250～750MHz，3.244～4.742GHz 或 5.944～10.234GHz 频段，而 CSS 使用 2.4～2.4835GHz 频段。换句话说，UWB PHY 的工作频段覆盖了全球范围内所有 UWB 设备的可用频段，而 CSS PHY 使用了各国通用 ISM 频段。IR-UWB 有测距的能力，而 CSS 信号只能用于通信。本节将涉及两种 PHY 技术的信道分配、发射机结构、信号模型和系统参数。

6.3.1 信道分配

如上所述，根据 IEEE 802.15.4a 标准，UWB 设备可以在以下一个或多个频段中传输：

（1）1GHz 以下频段：250～750MHz。

（2）低频段：3.244～4.742GHz。

（3）高频段：5.944～10.234GHz。

UWB PHY 这 3 个频段总共支持 16 个信道：低于 1GHz 频段有 1 个信道，低频段有 4 个信道，高频段有 11 个信道。表 6-3 列出了这些信道以及它们的中心频率和带宽，以及定义了每个频段的必选信道。具体来说，一个 UWB 设备应支持低频段信道 3，支持高频段信道 9，而其余的信道则是可选的。UWB PHY 传输的信号应符合图 6-6 所示频谱模板。当 $f_1 < |f - f_c| < f_2$ 时，功率谱密度（Power Spectral Density，PSD）应该小于-10dBr㊁；当 $|f - f_c| > f_2$，PSD 应小于-18dBr，其中 $f_1 = 0.65/T_P$，$f_2 = 0.8/T_P$，T_P 表示脉冲持续时间。

㊀ IEEE 802.15.4a 标准的 UWB 选项没有采用传统的 IR-UWB 信号，而是在不同的突发间隔上传输突发脉冲，由突发脉冲的位置和极性携带信息，第 6.3.2 节将对此进行研究。

㊁ dBr 表示相对于信号最大谱密度的 dB 值。

表 6-3 IEEE 802.15.4a 标准的 UWB 信道[16]

信 道 号	中心频率/MHz	带宽/MHz	UWB 频段	必 选
0	499.2	499.2	1GHz 以下频段	是
1	3494.4	499.2	低频段	否
2	3993.6	499.2	低频段	否
3	4492.8	499.2	低频段	是
4	3993.6	1331.2	低频段	否
5	6489.6	499.2	高频段	否
6	6988.8	499.2	高频段	否
7	6489.6	1081.6	高频段	否
8	7488.0	499.2	高频段	否
9	7987.2	499.2	高频段	是
10	8486.4	499.2	高频段	否
11	7987.2	1331.2	高频段	否
12	8985.6	499.2	高频段	否
13	9484.8	499.2	高频段	否
14	9984.0	499.2	高频段	否
15	9484.8	1354.97	高频段	否

对于 IEEE 802.15.4a 标准的 CSS PHY，表 6-4 列出了 2.4GHz 频段内的 14 个可用信道。此外又有 4 种不同的子 chirp 序列，这意味着共有 14×4=56 个组合的可用信道。世界不同地区采用不同组的信道。CSS 信号的功率谱密度应该符合类似于图 6-6 所示的频谱模板，当 $f_1 < |f - f_c| < f_2$，PSD 应小于−30dBr；而当 $|f - f_c| > f_2$ 时 PSD 应小于−50dBr。式中，$f_1 = 11\text{MHz}$，$f_2 = 22\text{MHz}$。

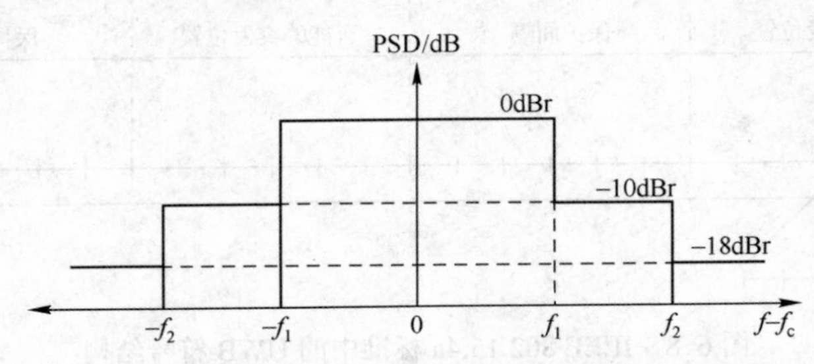

图 6-6 IEEE 802.15.4a 标准中 UWB PHY 频谱模板

表 6-4 IEEE 802.15.4a 的 CSS 信道[18]

信 道 号	中心频率/MHz	信 道 号	中心频率/MHz
0	2412	7	2447
1	2417	8	2452
2	2422	9	2457
3	2427	10	2462
4	2432	11	2467
5	2437	12	2472
6	2442	13	2484

6.3.2 发射机结构和信号模型

6.3.2.1 UWB PHY

图 6-7 列出了标准规定的 IR-UWB 发射机的主要组成部分。信息比特首先经过 Reed-Solomon 编码器，Reed-Solomon（RS）码是一种分组纠错码[19]。RS 编码器一次取 330 比特大小的块，并根据标准中确定的生成多项式添加 48 个校验位。因此，RS 码的码率约为 0.87。经 RS 编码后的比特再经过码率为 1/2 的卷积编码。

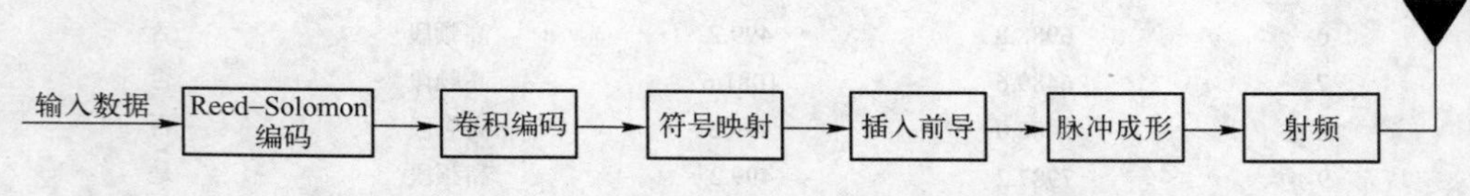

图 6-7 IEEE 802.15.4a 标准中脉冲无线电超宽带发射机基本结构[18]

一个 UWB 符号携带一对编码比特。UWB 符号结构如图 6-8 所示，一个符号周期 T_{sym} 被划分成两个 T_{BPM} 间隔，一个符号周期传输一个 UWB 突发脉冲，用突发是位于第一或是第二间隔来指示比特的信息。换句话说，如果突发存在于符号的前半段，表示传“0”；如果突发存在于符号的后半段，表示传“1”。这就是所谓的突发位置调制（Burst Position Modulation，BPM）。此外对应于 BPSK，突发的极性可以携带另一比特的信息。因此，突发位置调制-二进制相移键控调制（BPM-BPSK）每个符号携带两比特信息。

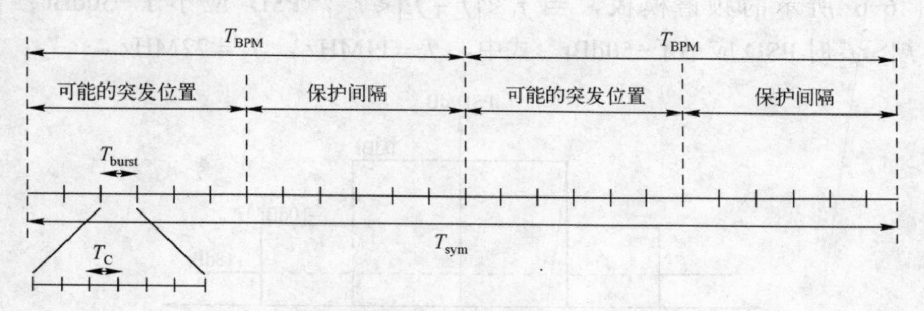

图 6-8 IEEE 802.15.4a 标准中的 UWB 符号结构

从图 6-8 中还注意到突发可以在符号的四分之一或四分之三处发送，每个突发长度为 T_{burst}。突发的具体位置由突发的跳频序列决定，这能有效对抗多用户干扰。

如图 6-7 所示，符号映射后，每个数据包头都会添加一个前导，用来进行定时捕获、频率粗/细恢复、数据包和帧同步、信道估计，以及用于测距时信号前沿跟踪等。之后，UWB 脉冲再通过脉冲成形，射频单元和天线将比特发送出去，如图 6-7 所示。

第 i 个符号的发射信号数学表达式为

$$s_i(t)=(1-2b_{i,1})\sum_{n=0}^{N_{\text{cpb}}-1}\left(1-2s_{n+iN_{\text{cpb}}}\right)\omega\left(t-b_{i,0}T_{\text{BPM}}-\tilde{h}_i T_{\text{burst}}-nT_{\text{c}}\right) \tag{6-14}$$

式中，$T_{\text{burst}}=N_{\text{cpb}}T_{\text{c}}$，$N_{\text{cpb}}$ 是每个突发的码片数，T_{c} 表示码片间隔；$\omega(t)$ 是 UWB 的脉冲波形；$\left\{s_{n+iN_{\text{cpb}}}\right\}_{n=0}^{N_{\text{cpb}}-1}$ 是二进制扩频序列；$\tilde{h}_i\in\{0,\ 1,\ \cdots,\ N_{\text{burst}}/4-1\}$ 是第 i 个符号的突发跳变位置；$N_{\text{burst}}=T_{\text{sym}}/T_{\text{burst}}$。注意到突发跳变的位置被限制到每个符号的四分之一范围内，这就为符号提供了保护间隔，如图 6-8 所示。第 i 个符号的信息比特表示为 $b_{i,0}$ 和 $b_{i,1}$，$b_{i,0}\in\{0,1\}$ 是决定突发位置的 BPM 信息，$b_{i,1}\in\{0,1\}$ 确定 BPSK 突发的极性。

IEEE 802.15.4a UWB PHY 的一些特性，能提高低速 WPAN 在恶劣信道条件下的抗干扰性能[18]：

（1）超宽带：即使在非常恶劣的多径和干扰情况下仍能提供可靠的通信。

（2）级联的前向纠错码：即使是非常不利的多径场景下，码率仍可以自适应变化来保证通信的可靠性。

（3）可选 UWB 脉冲特性：标准规定了强制的脉冲类型，同时还提供了另外 3 种可选的脉冲类型。

UWB PHY 的强制脉冲成形受根升余弦脉冲的互相关函数波形约束㊀，定义为[18]

$$r(t)=\frac{4\beta}{\pi\sqrt{T_{\text{P}}}}\frac{\cos\left[(1+\beta)\pi t\Big/T_{\text{P}}+\dfrac{\sin\left((1-\beta)\pi t/T_{\text{P}}\right)}{4\beta t/T_{\text{P}}}\right]}{(4\beta t/T_{\text{P}})^2-1} \tag{6-15}$$

式中，β= 0.6 是滚降系数；T_{P} 是脉冲持续时间。

除了强制的脉冲，还有 UWB Chirp （Chirp on UWB，CoU）脉冲、连续谱（Continuous Spectrum，CS）脉冲和线性组合脉冲（Linear Combination of Pulses，LCP）等。CoU 脉冲是由强制脉冲波形乘以一个 chirp 信号产生，能提供第 3 个维度（除频率和直接序列码之外），可以支持同时运行的微微网（Simultaneously Operating Piconet，SOP）。CS 脉冲是由强制脉冲波形通过一个全通 CS 滤波器产生的，它与 CoU 一样是为了减少 SOP 之间的干扰。LCP 是 4 种具有不同相对延迟的强制成形脉冲的加权线性组合，最大相对延迟可达 4ns。 LCP 可以用来最小化共存技术之间的干扰，特别适合于检测和避免（Detect-And-Avoid，DAA）方案，对于某些频谱受到干扰的脉冲加权值可设置为零。

㊀ 在指定时间段 T_w，互相关函数的主瓣应大于 0.8，而互相关函数的旁瓣不得大于 0.3。

6.3.2.2 CSS PHY

图 6-9 所示为 CSS 发射机框图。信息比特首先解复用为两个比特流。每个比特流通过串/并变换和符号映射得到数据符号，当数据传输速率为 1Mbit/s 时（高速），每个符号由 3 个比特组成，而当数据传输速率为 0.25Mbit/s 时（低速），每个符号由 6 个比特组成。高速时将 3 个比特映射到四码片的双正交码字（由±1 组成），而低速时则将 6 个比特映射到 32 码片的双正交码字。仅对于低速率比特流可以进行比特交织处理，这能有效减少由差分检测引起的连续两符号内错误。然后经过并/串变换后，码字映射成一个 QPSK 符号，随后是差分 QPSK（Differential QPSK，DQPSK）编码。最后，DQPSK 符号调制到 subchirp，获得差分正交 chirp 键控（Differential Quadrature Chirp-shift Keying，DQCSK）输出。subchirp 由 chirp 线性调频键控（Chirp-Shift Keying，CSK）器产生，CSK 发生器周期性地给出 4 种 subchirp 序列中的某一个。

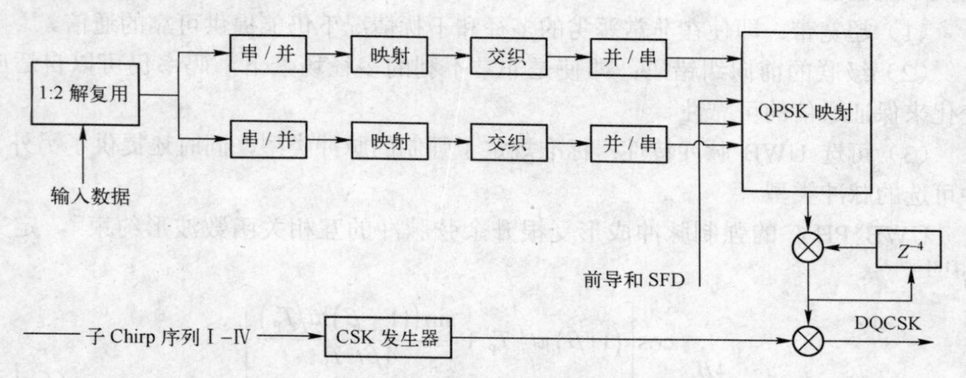

图 6-9 IEEE 802.15.4a 标准定义的 CSS PHY 发射机基本结构[18]

IEEE 802.15.4a 标准的时域基带 chirp 符号为

$$\begin{aligned}\tilde{s}^m(t) &= \sum_{n=0}^{\infty} \tilde{s}^m(t,n) \\ &= \sum_{n=0}^{\infty}\sum_{k=1}^{4} \tilde{c}_{n,k} \exp\left[\mathrm{j}\left(2\pi f_{k,m} + \frac{\mu}{2}\xi_{k,m}\left(t-T_{n,k,m}\right)\right)\left(t-T_{n,k,m}\right) \right] P_{\mathrm{RC}}\left(t-T_{n,k,m}\right)\end{aligned} \tag{6-16}$$

式中，n 是 chirp 符号的序列号；$k \in \{1,2,3,4\}$ 是 subchirp 的编号；$m \in \{1,2,3,4\}$ 是 4 个不同的 subchirp 序列；$\tilde{c}_{n,k} = a_{n,k} + j \cdot b_{n,k}$ 是通过 DQPSK 编码产生的复数据，其中 $\left(a_{n,k}, b_{n,k} \in \{\pm 1\}\right)$；$f_{k,m}$ 是 subchirp 信号的中心频率；$T_{n,k,m}$ 是实际 subchirp 信号的起始时间；$\mu = 2\pi \times 7.3158 \times 10^{12}[\mathrm{rad/s}]$ 是定义 subchirp 信号特性的常数；$P_{\mathrm{RC}}(\cdot)$ 是用于 chirp 脉冲成形的升余弦窗函数。

IEEE 802.15.4a 的 CSS PHY 可以替代 UWB PHY，以支持更大覆盖范围或适

应更高的移动速度。由于 CSS PHY 的独特性质，CSS 设备可以免受多径衰落的影响，并能以最低的能耗进行工作。

6.3.3　框架结构和系统参数

6.3.3.1　UWB PHY

UWB PHY 设备使用如图 6-10 所示的数据包格式进行通信。UWB PHY 数据包由同步头（Synchronization Header，SHR）前导、物理层报头（Physical Layer Header，PHR）和数据域组成。

SHR前导		物理层报头(PHR)	数据
前导 {16,84,1024,4096}符号	SFD {8,64}符号		

图 6-10　IEEE 802.15.4a 数据包结构示意图，数据部分采用 BPM-BPSK 调制

SHP 前导由测距前导和帧起始定界符（Start of Frame Delimiter，SFD）组成。前导部分用于捕获，信道探测和边缘检测。根据标准规定，测距前导符号数可为{16，64，1024，4096}之一。前导长度是由应用程序指定，其选择标准是基于信道多径分布，信噪比（Signal-to-noise Ratio，SNR），以及物理层接收能力（例如，相干/非相干接收，边缘搜索引擎的性能和跟踪能力）。短前导降低了信道占用时间，为邻居设备提供了更多的传输机会。但需要注意的是，低信噪比链路中的短前导使捕获变得更加困难。关于测距前导的使用将在 6.3.4 节进一步讨论。

图 6-10 中 SHR 前导的 SFD 部分有助于接收机同步到帧数据部分的起始。只有在前导期间建立捕获，接收机才知道它接收到数据包的前导。但它并不知道前导在哪儿结束。SFD 标志着前导的结束和物理层服务数据单元（PHY Service Data Unit，PSDU）的开始。SFD 由 8 个或 64 个符号组成。IEEE 802.15.4a PHY 支持的默认模式（1Mbit/s）和中等数据速率强制采用短 SFD（8 个符号），而 106kbit/s 低数据速率则采用长 SFD（64 个符号）。SFD 越长，提供的处理增益越大。因此，如果想设计一个长距离通信系统，长 SFD 是首选，因为距离越长，信噪比越差，因此需要更大的处理增益。

PHR 在 SFD 之后，包含数据传输速率、帧长、测距标志、前导的长度、纠错和检测比特等字段。PHR 的长度是 19 字节，其结构如图 6-11 所示。PHR 以强制数据速率传输㊀，帧的数据域（见图 6-10）传输速率由 PHR 的数据传输速率子字

㊀ 作为低数据速率选项的一个例外，PHR 以低数据速率传输，扩展帧起始定界符有 64 个符号长度，用来作为低速率指示。

段指示。数据传输速率和前导长度信息由两比特表示，如图（6-11）所示。测距标志值 I 为 1，告知接收机物理层它是一个测距帧（Ranging Frame，RFRAME）。

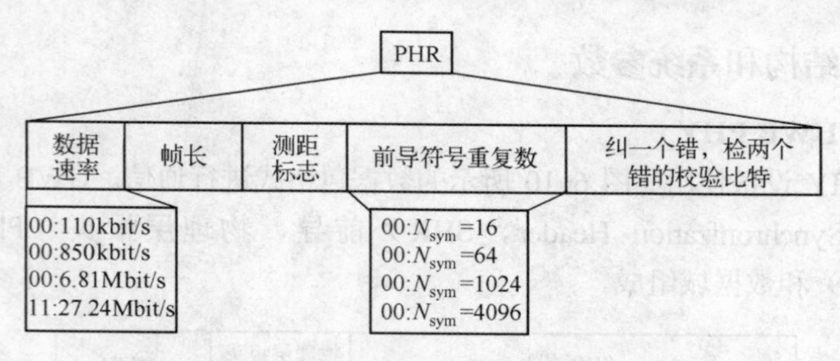

图 6-11 物理层报头的结构

最后，图 6-10 所示的数据域是携带通信数据的部分。IEEE 802.15.4a 标准的 UWB PHY 采用变长突发，以支持不同的数据传输速率，信道支持的比特速率为 {0.11，0.85，1.7，6.81，27.24} Mbit/s。此外，信道可以各种平均脉冲重复频率（Pulse Repetition Frequency，PRF）进行传输，平均 PRF 分别为 3.90、15.6 和 62.4MHz。表 6-5 列出了平均 PRF 为 62.4MHz 的参数。注意到每个符号突发数（N_{burst}）保持固定不变，改变每个突发的码片数（N_{cpb}），就形成不同的符号长度（表 6-5 中，每个符号的码片数 N_c），因此能够获得不同的数据传输速率。

表 6-5 平均 PRF 为 62.4MHz 的 IEEE 802.15.4a 标准的 UWB PHY 参数

RS 码率	卷积码率	N_{burst}	N_{cpb}	N_c	比特率/(Mbit/s)
0.87	0.5	8	512	4096	0.11
0.87	0.5	8	64	512	0.85
0.87	0.5	8	8	64	6.81
0.87	0.5	8	2	16	27.24

6.3.3.2 CSS PHY

CSS PHY 数据包也包括前导、SFD、PHR 和数据域部分。对于 1Mbit/s 模式，前导包括 8 个 chirp 符号（32 比特）；对于 0.25Mbit/s 模式（可选模式），前导包括 20 个 chirp 符号（80 比特）。对于上述两种模式，CSS PHY 的前导序列由全 1 组成。SFD 域由一个 16 比特的序列（4 个符号）组成，高速和低速模式采用的序列有所不同，其中前 7 个比特为负载的长度信息，其余比特未被使用或予以保留。

6.3.4 测距和位置感知

IEEE 802.15.4a 标准中测距功能是可选的，仅适用于 UWB PHY 选项。标准采用的主要测距协议是双向到达时间（Two-way Time Of Arrival，TW-TOA）协议。但是它也支持到达时间差（Time Difference Of Arrival，TDOA）和对称双边测距

（Symmetric Double Sided，SDS）协议[16]。为了使恶意设备难以解码测距波形和保护测距信息，标准还描述了一种所谓的私人测距协议，该协议是可选的。它强化了测距通信流的完整性，以防止恶意攻击。

测距算法的目的是为了准确检测多径分量中最先到达的（前沿）分量。如果前沿分量为视距（Line-Of-Sight，LOS）分量，那么能对发射机和接收机之间的距离进行可靠估计。如果前沿分量为非视距（Non-LOS，NLOS）分量，它仍然能够对发射机和接收机之间的距离进行相当不错的估计。如何设计一个系统，保证能够准确地检测到接收信号中前沿分量至关重要。因此，需要对 UWB PHY 的前导波形进行优化，以提高捕获、同步以及检测前沿分量的性能。

表 6-6 基本前导符号集[16]

编 号	符 号
S_1	-0000+0-0+++0+-000+-+++00-+0-00
S_2	0+0+-0+0+000-++0-+---00+00++000
S_3	-+0++000-+-++00++0+00-0000-0+0-
S_4	0000+-00-00-++++0+-+000+0-0++0-
S_5	-0+-00+++-+000-+0+++0-0+0000-00
S_6	++00+00---+-0++-000+0+0-+0+0000
S_7	+0000+-0+0+00+000+0++---0-+00-+
S_8	0+00-0-0++0000--+00-+0++-++0+00

测距前导符号是一个长度为 31 的三元序列 $\boldsymbol{S}_i$，如表 6-6 所示。每个长度 $L_{\mathrm{ts}}=31$ 的 $\boldsymbol{S}_i$ 包含 15 个 0 和 16 个非 0，并有非常理想的周期自相关特性。换句话说，周期相关的旁瓣为零，因此连续两个自相关峰之间的接收机观测值就只能是信道的功率时延谱。这样确保了自相关峰之间的径是由多径信道产生的，而不是周期相关的旁瓣。UWB PHY 还支持长度为 127 三元序列，这能够获得更好的性能。请注意，表（6-3）规定的可用于 UWB 信道的码字是有限的。24 个长度为 127 的可用码中有 8 个预留给私人测距协议，一般不供日常使用。

802.15.4a 标准 PHY 通过一个 8 位的优值（Figure of Merit，FoM）字段指示其应用的距离测量性能（如距离测量的可靠性）。FoM 包含 3 个重要的子字段：置信区间的比例因子、置信区间（Confidence Interval，CI）和置信度。置信度表示信号前沿预计到达时间偏离真正到达时间 CI 的概率。例如，在图 6-12 中，置信区间和置信度分别是 25ns 和 90%。可以扩展 CI，获得不同的有效置信区间，其值会在 50ps 和 12ns 之间变化。通过使用 FoM 反馈，测距设备（Ranging Devices，RDEV）可动态改变前导部分的长度来适应信道条件。但是，请注意，在某些情况下甚至最长的前导也不能保证测距过程的可靠性，例如，信道条件非常苛刻或前沿搜索引擎设计的不好。当然，例如{1024，4096}较长的前导是低速率非相干接收机的首选，可以通过更多的处理增益以及更可靠的 ToA 估计来改善信噪比。

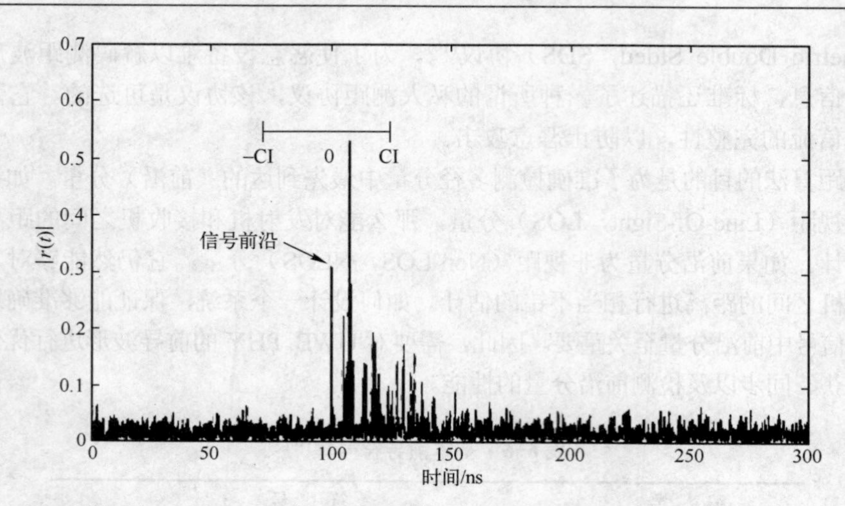

图 6-12 UWB PHY 接收波形和信道前沿分量到达时间的置信区间

最后，关于测距过程需要注意 IEEE 802.15.4a ALOHA 信道接入协议。在ALOHA 中，设备发送帧时并不感知信道是否繁忙，如果传输时与另一个帧发生碰撞，这个帧则在随机退避后进行重传。假设 ALOHA 帧的泊松到达率为 λ，实现吞吐量 $\tilde{\eta}=\lambda e^{-2\lambda}$ [20]。因为 IEEE 802.15.4a 的测距帧很长㊀，即使单独一个帧也可能占据信道毫秒级的时间，重发的代价很高。因此，稀疏网络中的测距设备在执行测距时，往往可能会像密集网络一样造成较低的吞吐量。

6.4 无线个域网的低时延 MAC 层（IEEE 802.15.4e）

为了降低时延提高可靠性，IEEE 802.15.4 标准对 IEEE 802.15.4-2006 标准进行了修订，预计在 2011 年完成㊁。标准包含以下几个选项：

- 用于调度业务网络的扩展保护时隙（Extended Guaranteed Time Slot，EGTS）。
- 用于工厂自动化的低时延协议（Low Latency Protocol，LLP）。
- 用于程控的时间同步信道跳变（Time Synchronized Channel Hopping，TSCH）协议。

这一节将概述这些选项。

6.4.1 EGTS

EGTS 的典型应用是水/污水处理、石油天然气工业、化学生产等行业。EGTS 规定了一种称为多超帧（Multisuperframe）的结构，如图 6-13 所示。多超帧是由多个超

㊀ 特别是在低速选项中，前导和 SFD 分别包括 4096 和 64 个符号。

㊁ IEEE 802.15.4e 任务组已于 2011 年 9 月发布 802.15.4-2011 修订标准。

帧组成，每个超帧由信标、CAP 以及 CFP 构成。CFP 紧跟在 CAP 的后面，包含一系列 GTS。当 GTS 要求重传时，CFP 可扩展至超帧末尾。每一个多超帧中所含的超帧的个数 N_s 由公式 $N_s=2^{MO-SO}$ 得出，式中 MO 是多超帧级数，SO 是超帧级数。

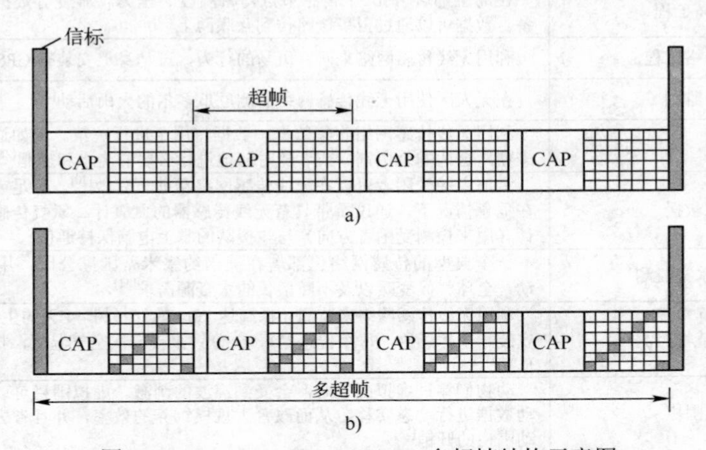

图 6-13　IEEE 802.15.4e EGTS 多超帧结构示意图

a) 在 CFP 期间没有频率分集　b) 在 CFP 中，不同时隙占用不同信道，实现了频率分集
每行表示不同频率的信道。黑色方块表示占用特定频率信道和时隙传输

多径衰落和射频干扰可能会降低信道质量。为了解决信号接收较差的问题，IEEE 802.15.4e MAC 协议在每个超帧的 CFP 中，提供了两种类型的信道分集技术，分别为信道自适应和信道跳变。

IEEE 802.15.4e 中的信道自适应机制只适用于 EGTS 选项。当接收信号质量低于某个阈值时，通信将切换到另外一个信道；否则，仍在当前的信道上进行通信。

信道跳变机制在信标使能和无信标使能情况下都能运行；根据预先设定好的信道跳变模式，不同时隙采用不同信道，这是由 MAC 层上层所设定的。令 L_j 表示为一个逻辑信道号，它将映射为一组长度为 i 的信道跳变序列 $L_j=\{c_{j1}, c_{j2}, \cdots, c_{ji}\}$，式中 c_{ji} 表示信道编号。如果物理层使用逻辑信道 $\{L_j, L_k\}$ 来信道跳变，那么生成的跳变序列即为 $\{c_{j1}, c_{j2}, \cdots, c_{ji}, c_{k1}, c_{k2}, \cdots, c_{ki}\}$。实际分配给协议 IEEE 802.15.4e 的逻辑信道编号如表 6-7 所示。

表 6-7　IEEE 802.15.4e 逻辑信道编号

物理层信道跳变序列	逻辑信道编号
{1,3,5,7}	L_1
{2,4,6,8}	L_2
{9,11,13,15}	L_3
{10,12,14,16}	L_4

表 6-8　无线传感网络应用示例

应　用	描　述
大鸭岛工程	在岛上部署 150 个传感节点，将温度、压力、湿度等数据传输给中央设备。数据可以通过卫星链路传到互联网上[25]
斑马网络工程	利用无线传感网络来研究斑马的行为，斑马身上安装有 GPS 设备的项圈[26]
火山监测	在无人区使用无线传感网络监测厄瓜多尔的火山活动[27]
农业监测（例如，无线葡萄园）	利用无线传感网络收集数据，数据将用于进行决策。例如通过寄生虫检测来使用合适的杀虫剂，或者随时随地进行必要的浇水和施肥[28,29]
紧急救援	雪崩中的受困者可以在无线传感网络帮助下获救[30]。远足或者爬山的游客在危急情况下，通过携带具有无线传感器的血氧计、氧气传感器以及加速度计（用来检测受困者方向）与救援队的掌上电脑保持通信
气象和水文监测	一个典型的传感网络已部署在美国约塞米蒂国家公园，用来监测气候波动、全球气候变暖以及不断增长的水资源需求[31]
野生动植物监测	利用无线传感网络来监测一棵高达 70m 的红杉树 44 天的生命状态，每 2m 安装一个传感器，每个传感器每 5 分钟报告一次空气温度，相对湿度，光合作用[32]
虚拟围栏	动物们穿过虚拟围栏时，会受到声波的刺激。虚拟围栏可以根据动物的运动数据进行动态转移，从而改善大规模饲养的效率，并且省去安装实际可移动围栏的开销[33]
军事应用	用于反狙击系统（检测和定位射手以及子弹轨迹）[34]，自我修复地雷（确保一定区域范围内的地雷覆盖；如果敌人破坏了某个地雷，那么另外一个地雷将通过火箭发射器填补过去）[35, 36]；通过无人机投下来的传感器，来追踪敌人的军事车辆（如坦克等）[35]，以及无人机控制[37]
其他医药和商业应用	土木结构损伤检测（如智能结构积极应对地震，确保建筑更安全[28]），持续医疗监控[38]，老人看护[39]，观察室[40]，智能幼儿园[41]，设备的基本维护[28]，游客引导系统[42]

6.4.2　LLP

LLP 广泛应用于工厂自动化、机器人、便携式设备、机场物流以及包装行业。这些应用需要高可靠性和小于 10ms 的低时延。低时延协议采用如图 6-1a 所示的星形网络拓扑结构。传感器和驱动器通过网络协调器连接，网络协调器又称为网关。传感器和驱动器之间的无线连接省去了布线问题，并且能够支持移动。

LLP 超帧结构如图 6-14 所示，由一个信标时隙，M 个分配给传感器的等长时隙以及 K 个分配给驱动器的等长时隙组成。由于分配给设备的时隙是确定的，因此不需明确的地址。紧接着信标时隙后的是下行链路管理专用时隙，紧随其后的是一个上行链路管理专用时隙。在管理时隙中，采用时隙式 CSMA-CA 方式，其中 *macMinBE*=3 和 *macMaxBe*=5。在这两个时隙之后的是 M 个用于传感器初次传输时隙，一个组确认（Group Acknowledgment，GACK）时隙，以及 N 个用于传感器数据重传的时隙。最后的 K 个时隙分配给驱动器。GACK 是一个 M 比特位图，根据传感器最初的传输顺序，指示各传感器传输成功与否。例如，将位图中第 3 个和第 5 个比特设置为 1，其余设置为 0，这就表示第 3 个和第 5 个传感器初次传输失败，然后第 3 个和第 5 个传感器设备将分配在第 1

和第 2 时隙（即 R_1 和 R_2）进行各自数据的重传。在所有时隙中，没有用于驱动器的重传机制。如果有超过 N 个传感器初次传输失败，前 N 个传感器设备将使用相应的重传时隙，其余传感器的数据则被丢弃不传。

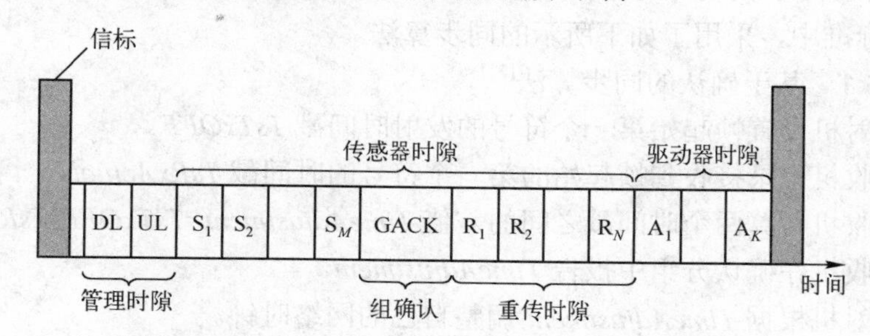

图 6-14 IEEE 802.15.4e 低时延协议（Low Latency Protocol，LLP）超帧结构
DL：下行传输，UL：上行传输，S_i：传感器 i 的传输时隙，GACK：组确认，
R_i：第 i 个失败传感器的重传时隙，A_i：驱动器 i 的传输时隙

LLP 网络如果采用多个传感器共享一个时隙的方案，就要采用时隙式 CSMA-CA 接入机制。在信标里可以指出各个传感器和驱动器的通信方向和时隙。因此，一旦某个时隙被设置成下行时隙，那么在这个时隙中协调器发送分组就不需要使用时隙式 CSMA-CA 机制。

6.4.3 TSCH

TSCH 采用时分多址（Time-Division Multiple-Access，TDMA）技术。一系列时隙的集合被称为一个时帧（Slotframe），如图 6-15 所示，时帧会周期性重复。在给定的时间段内，两个设备之间的直接通信，称为一个链路。链路由网络协调器分配。较短时帧会造成较小的时延，但会增加带宽。一个给定超帧中时隙的数量决定了每个时帧的重复频率。链路是指用一对有一定信道偏置，在给定的时隙内，完成设备之间的双向通信。时隙持续时间长度的选择以及时隙如何分配确定了通信的性能限。

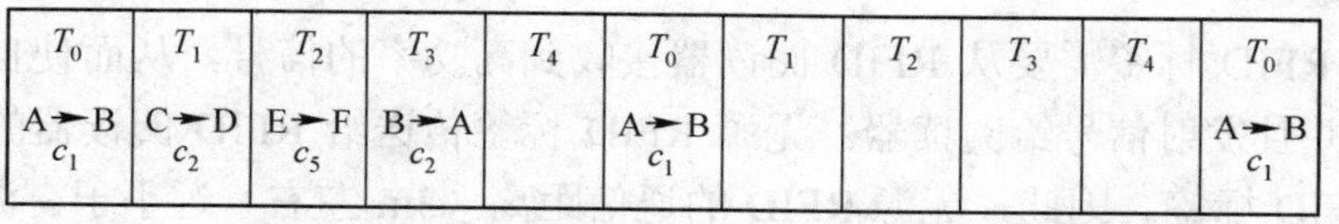

T_0	T_1	T_2	T_3	T_4	T_0	T_1	T_2	T_3	T_4	T_0
A→B c_1	C→D c_2	E→F c_5	B→A c_2		A→B c_1					A→B c_1

图 6-15 有 5 个时隙的 TSCH 时帧结构示意图。T_i 表示时隙 i，
给定时隙的通信方向和频率分配分别由→和 c_i 表示（改编自文献[21]）

一般情况下，较短时帧的时延小，但功率消耗大。因此，从功率角度考虑，应采用长时帧。多时隙可以为多个节点组提供无冲突的通信调度。一个设备有可能被分配在多个时隙和多个时帧中通信，也有可能跳过某些时帧。TSCH 网络的形成

有两个部分：通告和加入。已入网的网络设备会发送控制帧广播网络的存在。由于 TSCH 需要严格的时间同步，因此这些通告控制帧中要包含时间同步信息以及个域网 ID。获取同步的方法就是在交换数据和帧确认时使用定时信息。在 IEEE 802.15.4e 标准中，采用了如下所示的同步算法。

算法 6.1 基于确认的同步算法[21]

1）发射机设置帧起始第一个符号的发射时间戳 *TsTxOFF*。

2）接收机记录接收到帧起始的第一个符号的时间戳 *TsRxActual*。

3）接收机计算两个时间戳之间的差值 *TimeAdjustment=TsTxOFF-TsRxActual*。

4）接收机在确认分组中报告 *TimeAdjustment*。

5）发射机根据 *TimeAdjustment* 调整自己的网络时钟。

如果一个设备接收到有效的通告控制帧，那么这个设备就可以尝试加入网络。空闲信道评估（Clear Channel Assessment，CCA）被用来提高与其他无线信道用户的共存性。TSCH 设备也可以进行跳频，因此，在 CCA 认定信道没有传输的情况下，将不会有回退周期。当要传输数据时，设备需要等待可用的传输链路，如图 6-15 所示。TSCH 协议适用于在多跳链路上实现具有可容忍时间预算的过程控制应用。由于网络是集中管理的，因此网络故障恢复比较慢。

6.5 IEEE 802.15.4f（有源 RFID）

RFID 可用于物体的识别和定位。贴在物体上的 RFID 标签通过和 RFID 阅读器通信，进行身份识别和信息交换。RFID 标签通常分为有源和无源两类，如下所示：

（1）有源 RFID

有源 RFID 标签有自己的电源，通常为集成电池组㊀。换句话说，RFID 标签由自己的电源产生无线电信号，不需要从外部的无线电信号获得能量[22]。

（2）无源 RFID

无源 RFID 标签没有自己的内部电源，通过接收 RFID 阅读器发射 RF 能量供内部电路工作[23]。

无源 RFID 标签需要从 RFID 阅读器接收到高功率的信号，从而使自己的内部电路工作并且发射信号给阅读器。无源 RFID 标签传送给 RFID 阅读器的功率远低于有源 RFID 标签。因此，无源 RFID 的通信距离（3m 左右）远小于有源 RFID 的通信距离（数百米）[23]。因此，有源 RFID 适合无线传感器遥测、控制、位置估计，以及区域监控等方面的应用[22]。而无源 RFID 的主要优点是低成本。

近来成立的 IEEE 802.15.4f 任务组，目标是定义新的物理层，并对 IEEE

㊀ 在一些情况下，有源 RFID 标签也采用周边环境的外界能源[22]。

802.15.4-2006 标准相关的 MAC 层进行修订，使新的物理层能支持有源 RFID 标签以及阅读器[22]。该协议旨在提供一个超低能耗、低成本、灵活、通信可靠性高的标准，以及支持有源 RFID 和传感器应用[24]的空中接口协议。IEEE 802.15.4f 在项目授权申请文件中列出了以下几个特点，这些在标准[24]中也有体现：

（1）超低能耗（低占空比）。

（2）低物理层发射功率。

（3）支持单工和双工通信。

（4）多标签识别。

（5）阅读器对标签、标签对标签通信（单播）。

（6）一对多通信（多播）。

（7）认证。

（8）传感器一体化。

（9）精确定位的能力。

（10）100m 读取范围。

（11）小于 3MHz 带宽的窄带物理信道。

（12）对干扰的鲁棒性。

IEEE 802.15.4f 任务组关于有源 RFID 的协议修订预计将在 2010 年完成㊀。

6.6　IEEE 802.15.4g（智能电网）

在当前经济激烈竞争的世界，对能源生产、传输、分配和消耗的控制与管理至关重要。信息技术使得节能和智能电网成为现实。智能电网是平衡电力供求关系的关键系统，它可能包括数十亿个智能设备，且设备之间需要能互相通信，如图 6-16 所示。这些设备包括计量仪表、显示系统、控制器、以及其他各种基础设施组件。在智能能源领域，新的基于服务的机会将会在未来的 10-15 年内出现。

目前，关于信息格式、通信和需求响应（Demand Response，DR）信号等的“标准”似乎是最为重要的问题。开发新标准和采用现有标准是智能电网领域的主要课题，深受能源监管机构、能源公司，以及美国国家标准与技术研究院（National Institute of Standards and Technology，NIST）关注。对于标准是否应该开放，部分开放或专有，仍然需要讨论。

智能仪表和电力中心之间的通信可以通过蜂窝网络、GPRS 和互联网，当然要考虑到负载（楼宇，家庭等），现在越来越多采用的是 ZigBee 和基于电力线的通信技术。此外，IEEE 802 标准组织于 2009 年推出了 IEEE 802.15.4g 任务组，目标

㊀ IEEE 802.15.4f 任务组已于 2012 年 2 月发布了有源 RFID 最新的协议修订标准 IEEE 802.15.4f-2012。

是对 IEEE 802.15.4-2006 协议的物理层和 MAC 层进行修订，给出可靠的电力通信架构，以推动智能电网的发展。IEEE 802.15.4g 任务组主要满足户外低数据速率无线智能电表网络的需求。为了能与网络中的每一个节点通信，要求网络具有短至几m，长到 5km 视距（Line Of Sight，LOS）通信能力。通信频率采用免授权频段，从 700MHz 到 1GHz，以及 2.4GHz，达到至少 40kbit/s 的数据传输速率。Mesh 网络拓扑结构不在此标准讨论中。目前，正在考虑基于正交频分复用（Orthogonal Frequency Division Multiplexing，OFDM）、频移键控（Frequency Shift Keying，FSK）的物理层设计方案。该标准预计在 2011 年底完成⊖。

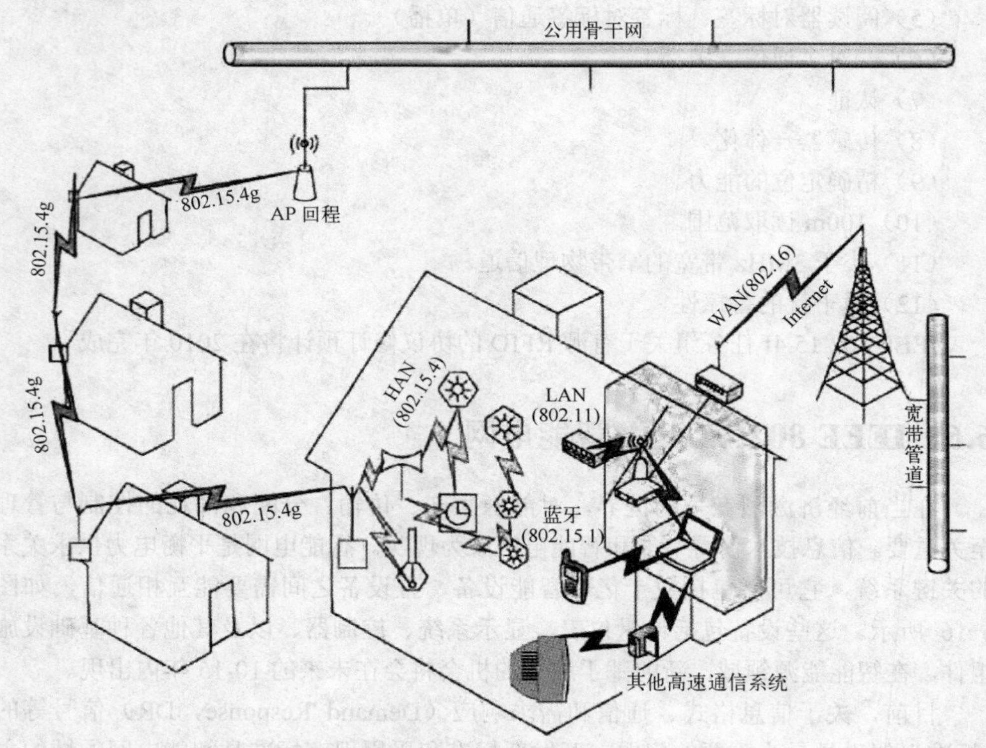

图 6-16 IEEE 802.15.4g 典型网络通过多跳通信将智能仪表的读数传送到公用骨干网（采用自文献[8]）。

参考文献

[1] J. Zhang, P. P. Orlik, Z. Sahinoglu, A. F. Molisch, and P. Kinney, “UWB systems for wireless sensor networks,” *Proc. IEEE*, vol. 97, no. 2, pp. 313–331, Feb. 2009.

⊖ IEEE 802.15.4g 任务组已先后于 2011 年 9 月和 2012 年 4 月发布了 Std 802.15.4g—2011 和 Std 802.15.4g—2012 修订标准。

[2] R. Kraemer andM. D. Katz, Short-RangeWireless Communications: Emerging Technologies and Applications, 1st ed. Chichester, UK: John Wiley, 2009.

[3] Daintree Networks, “What’s so good about mesh networks?” Jan. 2007, white paper.

[4] ZigBee Alliance, “ZigBee wireless sensor applications for health, wellness, and fitness,” Mar. 2009, white paper.

[5] B. Heile, “Wireless sensors and control networks: Enabling new opportunities with ZigBee,” San Jose, CA, Apr. 2006, ZigBee Alliance Tutorial.

[6] “ZigBee Alliance.” [Online]. Available: http://www.zigbee.org

[7] K. Siwiak and J. Gabig, “IEEE 802.15.4IGa informal call for application response, contribution#11,” Doc.: IEEE 802.15-04/266r0, July, 2003. [Online]. Available: http://www. ieee802.org/15/pub/TG4a.html

[8] B. Rolfe, “IEEE 802.15.4g application characteristics-summary,” Doc.: IEEE 802.15-09/0026r0-004g, January, 2009. [Online]. Available: http://www.ieee802.org/15/ pub/TG4g.html

[9] S. Farahani, ZigBee Wireless Networks and Transceivers, 1st ed. MA: Newnes, 2008.

[10] IEEE standard for information technology, telecommunications and information exchange between systems, “Local and metropolitan area networks specific requirements, Part 15.4: Wireless medium access control (MAC) and physical layer (PHY) specifications for low-rate wireless personal area networks (LR-WPANs),” Sep. 2006. [Online]. Available: http://standards.ieee.org/getieee802/download/802.15.4-2006.pdf

[11] T. O. Kim, J. S. Park, H. K. Chong, K. J. Kim, and B. D. Choi, “Performance analysis of IEEE 802.15.4 non-beacon mode with unslotted CSMA-CA,” IEEE Commun. Lett., vol. 12, no. 4, pp. 238–240, Apr. 2008.

[12] S. Ross, Stochastic Processes, 2nd ed. New York: John Wiley, 1996.

[13] S. Pollin, M. Ergen, S. C. Ergen, and B. Bougard, “Performance analysis of slotted carrier sense IEEE 802.15.4 medium access layer,” IEEE Trans. Wireless Commun., vol. 7, no. 9, pp. 3359–3371, Sep. 2008.

[14] A. Mehta, G. Bhatti, Z. Sahinoglu, R. Viswanathan, and J. Zhang, “Performance analysis of beacon-enabled IEEE 802.15.4 MAC for emergency response applications,” in Proc. IEEE Conf. Advanced Networks and Telecom. Systems (ANTS), New Delhi, India, Dec. 2009, pp. 1–5.

[15] Z. Alliance, “053474r18zb-csg-zigbee-specification,” June 2009.

[16] Z. Sahinoglu, S. Gezici, and I. Guvenc, Ultra-Wideband Positioning Systems: Theoretical Limits, Ranging Algorihtm, and Protocols. New York: Cambridge University Press, 2008.

[17] IEEE standard for information technology, telecommunications and information exchange between systems, “Local and metropolitan area networks specific requirements, Part 15.4: Wireless medium access control (MAC) and physical layer (PHY) specifications for low-rate wireless personal area

networks (LR-WPANs)," May 2003. [Online]. Available:http://standards.ieee.org/getieee802/download/ 802.15.4-2003.pdf

[18] IEEE P802.15.4a/D4 (amendment of IEEE Std 802.15.4), "Part 15.4: Wireless medium access control (MAC) and physical layer (PHY) specifications for low-rate wireless personal area networks (LRWPANs)," July 2006.

[19] S. B. Wicker and V. K. B. Eds., Reed-Solomon Codes and Their Applications, 1st ed. Wiley-IEEE Press, 1999.

[20] D. Bertsekas and R. Gallager, Data Networks, 2nd ed. Upper Saddle River, NJ: Prentice Hall, 1992.

[21] L. L. Ludwig Winkel and Z. Sahinoglu, "IEEE 802.15.4e 1st draft specification," Doc.: IEEE 802.15- 09-0604-04-004e, Jan. 2010. [Online]. Available: http://www.ieee802.org/15/pub/TG4e.html

[22] "IEEE 802.15 WPAN Task Group 4f (TG4f) Active RFID System." [Online]. Available: http://www.ieee802. org/ 15/ pub/TG4f.html

[23] Savi Technologies, "Active and passive RFID: Two distinct, but complementary, technologies for real-time supply chain visibility," Jan. 2002.

[24] "IEEE 802.15.4f Project Authorization Request (PAR)." [Online]. Available: http://www.ieee802.org/15/ pub/TG4f.html

[25] "Habitat monitoring on Great Duck Island." [Online].Available: http://www.greatduckisland.net/

[26] P. Juang, H. Oki, Y. Wong, M. Martonosi, L. S. Peh, and D. Rubenstein, "Energy-efficient computing for wildlife tracking: Design tradeoffs and early experiences with ZebraNet," in Proc. Int. Conf. Architectural Support for Programming Languages and Operating Syst. (ASPLOS-X), San Jose, CA, Oct. 2002, pp. 96-107.

[27] G.W. Allen, K. Lorincz, M. Ruiz, O. Marcillo, J. Johnson, J. Lees, and M.Welsh, "Deploying a wireless sensor network on an active volcano," IEEE Internet Computing, Special Issue on Data-Driven Applications in Sensor Networks, vol. 10, no. 2, pp. 18-25, March/April 2006.

[28] N. Patwari, J. N. Ash, S. Kyperountas, A. O. Hero, R. L. Moses, and N. S. Correal, "Locating the nodes: Cooperative localization in wireless sensor networks," IEEE Sig. Processing Mag., vol. 22, no. 4, pp. 54-69, July 2005.

[29] A. Baggio, "Wireless sensor networks in precision agriculture," in ACM Workshop on Real-World Wireless Sensor Networks (REALWSN), Stockholm, Sweden, June 2005.

[30] F. Michahelles, P. Matter, A. Schmidt, and B. Schiele, "Applying wearable sensors to avalanche rescue," Computers and Graphics, vol. 27, no. 6, pp. 839-847, 2003.

[31] J. D. Lundquist, D. R. Cayan, and M. D. Dettinger, "Meteorology and hydrology in Yosemite national park: A sensor network application," Lecture Notes in Computer Science, vol. 2634, pp.

518–528, Apr. 2003.

[32] G. Tolle, J. Polastre, R. Szewczyk, N. Turner, K. Tu, P. Buonadonna, S. Burgess, D. Gay, W. Hong, T. Dawson, and D. Culler, "A macroscope in the redwoods," in Proc. ACM Conf. on Embedded Networked Sensor Syst. (SenSys), San Diego, CA, Nov. 2005, pp. 51–63.

[33] Z. Butler, P. Corke, R. Peterson, and D. Rus, "Networked cows: Virtual fences for controlling cows," in Proc. Workshop on Applications of Mobile Embedded Syst. (WAMES), Boston, MA, June 2004.

[34] G. Simon, A. Ledeczi, and M. Maroti, "Sensor network-based countersniper system," in Proc. ACM Conf. on Embedded Networked Sensor Syst. (SenSys), Baltimore, MD, Nov. 2004, pp. 1–12.

[35] K. Romer and F. Mattern, "The design space of wireless sensor networks," IEEE Wireless Commun. Mag., vol. 11, no. 6, pp. 54–61, Dec. 2004.

[36] W. Merrill, L. Girod, B. Schiffer, D. McIntire, G. Rava, K. Sohrabi, F. Newberg, J. Elson, and W. Kaiser, "Defense Systems: Self Healing Land Mines", in Wireless Sensor Networks: A Systems Perspective, eds N. Bulusu and S. Jha, Artech House Publishers., Aug. 2005.

[37] D. A. Lawrance, R. E. Donahue, K. Mohseni, and R. Han, "Information energy for sensorreactive UAV flock control," in Proc. AIAA Unmanned Unlimited Tech. Conf., Workshop and Exhibit, Chicago, IL, Sep. 2004.

[38] G. Virone, A. Wood, L. Selavo, Q. Cao, L. Fang, T. Doan, Z. He, R. Stoleru, S. Lin, and J. A. Stankovic, "An advanced wireless sensor network for health monitoring," in Transdisciplinary Conf. on Distributed Diagnosis and Home Healthcare (D2H2), Arlington, VA, Apr. 2006.

[39] S. Consolvo, P. Roessler,B. Shelton, A. LaMarca,B. Schilit, and S. Bly, "Computer-supported coordinated care: Using technology to help care for elders," in Intel Res. Int. Report, IR-TR-2003-131, Dec. 2003.

[40] C. Kidd, R. J. Orr, G. D. Abowd, C. G. Atkeson, I. A. Essa, B. MacIntyre, E. Mynatt, T. E. Starner, andW. Newstetter, "The aware home: A living laboratory for ubiquitous computing research," in Proc. Int. Workshop on Cooperative Buildings, Mar. 1999, pp. 191–198. [Online]. Available: http://www.awarehome.gatech.edu

[41] M. Srivastava, R. Muntz, and M. Potkonjak, "Smart kindergarten: Sensor-based wireless networks for smart developmental problem-solving environments," in Proc. ACM SIGMOBILE Int. Conf. on Mobile Computing and Networking, Rome, Italy, July 2001, pp. 166–179.

[42] X. Wang, F. Silva, and J. Heidemann, "Follow-me application–active visitor guidance system," in Proc. ACM Int. Conf. Embedded Networked Sensor Syst. (SenSys), Baltimore, MD, Nov. 2004, p. 316.

第 7 章 信道估计对可靠性的影响

本章讨论超宽带（Ultrawideband，UWB）系统采用路径时延和幅度联合估计时，信道估计对可靠性的影响[1]。路径时延估计的克拉美-罗界（Cram´er-Rao Bound，CRB）表示为信噪比（Signal-to-Noise Ratio，SNR）和信号带宽的函数。本章在分析采用 Rake 接收机和最大比合并（Maximal Ratio Combining，MRC）的 UWB 系统性能时，考虑了克拉美-罗界预测的估计误差。从误比特率（Bit Error Rate，BER）表达式可以看出，导频符号和多径分量的数量对系统整体性能的影响。本章讨论了信道估计对收发信机设计的影响，例如导频符号的功率分配、信号带宽和接收机使用的分集路径（抽头）数量等。最后，在 UWB 系统信号带宽和 Rake 接收机抽头数量优化中，对估计误差加以考虑。

7.1 引言

UWB 系统最引人注意的特点之一是其多径分辨能力。大量的研究证明，UWB 信道可以被分解成大量不同的多径分量[2-4]。在 UWB 系统中，采用最大比合并的 Rake 接收机，可以获得多径分集。然而，Rake 接收机需要多径时延和幅度的信息。实际上，这些信息通过导频辅助的信道估计获得[5, 6]，而估计得到的非理想的信道状态信息（Channel State Information，CSI），会导致性能的下降。

文献[6-12]广泛研究了分集合并系统中路径幅度估计误差造成的影响。在其中的一些研究工作中，将各条路径幅度的估计误差用真实路径幅度与其估计值之间的相关系数加以描述，且假定这些相关系数与 SNR 无关。然而，该模型不能反映为什么随着 SNR 的增加，估计性能会提高。信道估计和分集合并问题与 UWB 通信息息相关。文献[6]讨论了 UWB 系统导频辅助信道估计的应用。文献[13]指出，在存在路径幅度估计误差的情况下，分集合并的性能是信号带宽的函数。所有这些研究均假定已获得了理想的路径时延信息。有些研究指出，零点几纳秒的定时误差也会严重降低系统性能[14,15]。文献[5]定量分析了路径时延和路径幅度的估计误差对 BER 的影响。文献[16,17]研究了时延估计方差的克拉美-罗界。文献[18]在简单的均匀独立同分布信道模型下，基于带宽无限的假设，对时延估计误差的影响进行了一般性分析。最后，文献[1]在路径时延和路径幅度的联合估计下，对实际的脉冲无线电（Impulse Radio，IR）UWB Rake 接收机的性能进行了准确分析。

本章首先分析了非理想的时延和幅度估计对 IR-UWB 系统可靠性的影响。此外，本章利用分析结果来确定最佳的信号带宽，以及接收机需要合并哪些路径。为实现这一目标，需要在具有路径分集的多径信道中发送导频符号。本章的研究对文献[6,9,13,18-21]的分析方法进行了扩展。使用参数估计方差的 CRB 预测误差水平，本章分析了采用 MRC 的 Rake 接收机的性能。BER 表示为导频符号数量和分集路径数量的函数。在考虑估计误差影响的情况下，本章讨论了收发信机的设计问题，例如导频符号的功率分配、信号带宽和接收机使用的分集路径（抽头）数量等问题[1]。

由于信号带宽会影响接收机的多径分辨率，IR-UWB 中信号带宽的选择尤为重要。随着信号带宽的增加，多径分量的数量也在增加。此外，由于 UWB 信号有将多径解析到单个散射体的能力，衰落的影响变得不那么明显[22]。与此同时，分辨的路径数量的增加，也意味着在总功率固定的情况下，每条路径平均功率的减少[20,21]，这反过来又导致更大的信道估计误差。因此，事实上，两者之间存在一个折中，由此可以得到在 UWB 通信链路中最佳的信号带宽。可以证明，由于要考虑到实际情况的限制以及信道估计误差，因此接收机仅可以使用一部分的分集支路[1]。

本章其他部分安排如下：7.2 节介绍了系统模型，并给出了路径时延和幅度估计的 CRB。7.3 节分析了分集合并的平均 SNR 和 BER。7.4 节讨论了收发信机的设计问题，特别是导频符号的功率分配、信号带宽、分集路径数量。最后在 7.5 节中进行了总结。

7.2 存在信道估计误差的信号和信道模型

本节给出了系统模型。对本章需要用到，且在之前的文献中已经提到的一些信道估计误差结果也在本节中加以讨论[1]。

7.2.1 信号和信道模型

在单用户 IR-UWB 传输系统中，二进制比特流通过多径信道进行传输。每个数据比特用一个持续时间较短的脉冲 $q(t)$表示，其能量为 $E_{\mathrm{p}}=\int_{-\infty}^{+\infty} q^2(t)\mathrm{d}t$。该脉冲可以是一般的高斯脉冲，也可以是它的衍生形式[4,23]，

$$q(t)=\frac{c_1}{\sqrt{2\pi}\sigma_{\mathrm{p}}}\exp\left\{-\frac{t^2}{2\sigma_{\mathrm{p}}^2}\right\} \qquad (7\text{-}1)$$

式中，c_1 是常数；σ_{p} 控制脉冲时域宽度和频域带宽。严格地说，高斯脉冲的持续时间是无限的。在这里，脉冲宽度 T_{p} 定义为包含 99.99%能量的时间间隔。

UWB 多径信道可以用冲激响应表示为

$$h(t)=\sum_{l=0}^{L-1}\alpha_l\delta(t-\tau_l) \tag{7-2}$$

式中，L 是多径分量的数量；α_l 和 τ_l 分别是第 l 条路径的幅度和时延㊀。时延 τ_l 在连续的时间上进行取值。测量结果表明，UWB 信道具有固有的稀疏结构[2]。这意味着，并不是每个分辨时延间隔都包含明显的能量。在数学上，这表示为 $L<<\lceil\tau_{\max}/T_{\mathrm{p}}\rceil$，式中，$\lceil x\rceil$ 表示大于或等于 x 的最小整数；$\tau_{\max}=\tau_{L-1}-\tau_0$ 表示最大时延扩展。在稀疏信道模型中，可以忽略路径间干扰（Inter-path Interference，IPI）。当然，上述假设并不总是正确的[25]。然而，可分辨的多径信道仍然可以作为实际 UWB 信道的合理近似[2]。因此，本章的分析仍可对实际 Rake 接收机的性能进行深入分析。在分析和数值说明中，使用 Nakagami-m 衰落作为路径包络的分布[26]。已经证明，当参数选择适当时，具有到达簇的多径信道模型可以简化为具有类似仿真性能的单指数功率时延分布[27]。第 l 条路径的平均接收功率表示为

$$\Omega_l=E\left[\alpha_l^2\right]=\bar{\Omega}\exp\{-(\tau_l/\tau_{L-1})\delta_0\} \tag{7-3}$$

式中，选择 $\bar{\Omega}$ 使得总的平均接收功率为 1；δ_0 是一个决定功率衰减因子的常数。为了合理比较路径个数 L 不同时的信道，常数 δ_0 由文献[18]中提出的步骤决定，为了方便读者，接下来对其进行简单的回顾。常数 δ_0 选定后，信道观测值具有一个确定的动态范围，令 x=30dB，与 L 的取值独立。因此，δ_0 可由 $\exp\left\{\delta_0\left(1-\tau_0/\tau_{L-1}\right)\right\}=10^{x/10}$ 求得。由此可见，$\delta_0=\left(\dfrac{\tau_{L-1}}{\tau_{\max}}\right)\left(\left(\dfrac{x}{10}\right)\ln 10\right)$。显然，这种方法将忽略设定的动态范围之外的路径。

讨论路径数量 L 和信号带宽之间的关系是一个很有趣的课题。在所有相关研究中，均假设信号功率为固定值。信道中可分辨时延数量为 $L_{\mathrm{res}}\approx\lceil\tau_{\max}/T_{\mathrm{p}}\rceil\approx\lceil\tau_{\max}W\rceil$，式中，$W$ 是信号带宽（根据任意的带宽定义）。即使实际的路径数量 $L<<L_{\mathrm{res}}$，增加带宽仍然意味着会增加 L 的数量。类似地，由于假设平均接收功率不变，带宽的增加会导致路径幅度的降低。

令发射脉冲采用二相调制，并且每一个脉冲代表一个 UWB 符号。T_{s} 代表符号间隔。在时间间隔 $0\leqslant t\leqslant T_{\mathrm{s}}$，接收信号可以表示为

$$\begin{aligned}y(t)&=d\,q(t)*h(t)+n(t)\\&=d\sum_{l=0}^{L-1}\alpha_l q(t-\tau_l)+n(t)\quad 0\leqslant t\leqslant T_{\mathrm{s}}\end{aligned} \tag{7-4}$$

式中，$d\in\{\pm 1\}$ 表示二进制的符号；$*$ 表示卷积运算；$n(t)$ 是零均值加性高斯白噪声，其双边功率谱密度（Two-sided Power Spectral Density，PSD）为 $N_0/2$。忽略发

㊀ UWB 信道模型的详细研究请参考本书第 3 章及第 3 章的参考文献[24]。

射和接收脉冲不匹配所带来的影响。假设符号的持续时间远大于最大时延扩展，即 $T_s >> \tau_{max}$，这样符号间干扰（Inter-symbol Interference，ISI）就可以忽略不计。

这里采用了有 L 个相关器（抽头）的 Rake 接收机，每个抽头可以从一个多径中分量中提取信号。相关器的输出采用 MRC 的方式进行相干合并。合并器需要每条路径的时延与幅度信息。实际上，参数 $\{\alpha_l\}$ 和 $\{\tau_l\}$ 并非是先验的，需要进行估计。在本章中，假定估计是由报头的 M 个导频符号辅助完成，而整个分组包含 Q 个符号。此外，假设对于导频符号和数据符号，每个脉冲的能量固定为 E_p。为了发送（$Q-M$）个数据符号，所需的总能量为 E_pQ。那么，每个数据符号所需的能量 E_b 为 $E_pQ/(Q-M)$。

通过计算导频符号得到的信道估计结果可用于检测后续的数据符号。假定是块衰落，即式（7-4）中的 $\{\alpha_l\}$ 和 $\{\tau_l\}$ 在一个分组的持续时间内保持不变，而在分组与分组之间是独立变化的。

7.2.2 信道参数估计误差

本节对最大似然（Maximum Likelihood，ML）估计和路径时延与幅度估计误差的 CRB 进行了讨论，而 CRB 是导频符号参数的函数。7.4 节采用数值仿真方法对 ML 估计进行了讨论。路径 CRB 的闭合形式表达式可用于理论分析。路径幅度的 ML 估计由于时延误差而存在偏差。在这种情况下，计算了条件估计及其误差。假定路径的数量 L 始终是已知的。在随后的 7.4 节，发现 L 是系统带宽和 Rake 抽头数量的函数。

不失一般性地，假设分组中所有 M 个导频符号 $d=1$，那么，导频符号的接收信号可表示为

$$y(t)=\sum_{m=0}^{M-1}\sum_{l=0}^{L-1}\alpha_l q(t-mT_s-\tau_l)+n(t) \qquad 0\leqslant t\leqslant MT_s \tag{7-5}$$

定义 $\boldsymbol{\alpha}=[\alpha_0, \cdots, \alpha_{L-1}]$ 和 $\boldsymbol{\tau}=[\tau_0, \cdots, \tau_{L-1}]$，$\{\boldsymbol{\alpha}, \boldsymbol{\tau}\}$ 的 ML 估计就是使成对 $\{\tilde{\boldsymbol{\alpha}}, \tilde{\boldsymbol{\tau}}\}$ 的对数似然函数最大化的取值[1]。

$$\ln[\Lambda(\tilde{\boldsymbol{\alpha}},\tilde{\boldsymbol{\tau}})]=2\sum_{m=0}^{M-1}\sum_{l=0}^{L-1}\tilde{a}_l\int_0^{MT_s}y(t)q(t-mT_s-\tilde{\tau}_l)\mathrm{d}t-ME_p\sum_{l=0}^{L-1}\tilde{\alpha}_l^2 \tag{7-6}$$

式中，$\tilde{x}$ 是变量 x 的估计值。文献[5，16，17]指出，路径时延 $\hat{\tau}_l$ 的 ML 估计等于寻找使下式最大化的 L 个 $\hat{\tau}_l$ 的取值

$$\left[\sum_{m=0}^{M-1}\int_0^{MT_s}y(t)q(t-mT_s-\tilde{\tau}_l)dt\right]^2 \tag{7-7}$$

现在，将第 l 条路径时延估计表示为两项之和

$$\hat{\tau}_l = \tau_l + \epsilon_l T_\mathrm{p} \tag{7-8}$$

式中，ϵ_l 是由脉冲宽度归一化后的时延估计误差。文献[29]指出，当导频符号的数量 M 足够大时，式（7-8）中的 $\hat{\tau}_l$ 非常接近真实时延 τ_l，其概率接近 1，且大致遵循高斯分布。文献[16，17]给出了 ε_l 方差的 CRB

$$\sigma_{\epsilon_l}^2 \geqslant \frac{1}{\dfrac{2E_\mathrm{p}}{N_0}\Omega_l M \rho^2 T_\mathrm{p}^2} \tag{7-9}$$

式中，ρ 是 UWB 脉冲的均方根带宽[30]。由式（7-9）可知，路径时延估计的 CRB 不仅与路径 SNR $(2E_\mathrm{p}/N_0)\Omega_l M$ 成反比，也与脉冲的均方带宽 ρ^2 成反比。在给定路径增益条件下，随着信号带宽的增加，时延估计会变得更精确。然而，正如在上一节中讨论的，带宽的增加导致了每条路径平均功率 Ω_l 的降低，这将增加估计的方差。

从文献[5，16，17]可知，路径增益的 ML 估计 $\hat{\alpha}_l$ 为

$$\hat{\alpha}_l = \frac{1}{ME_\mathrm{p}} \sum_{m=0}^{M-1} \int_0^{MT_\mathrm{s}} y(t) q(t - mT_\mathrm{s} - \hat{\tau}_l)\, dt \qquad l = 0, \cdots, L-1 \tag{7-10}$$

将式（7-5）带入式（7-10），取决于路径时延估计的路径幅度为

$$\hat{\alpha}_l = \alpha_l \mu_l + e_l \tag{7-11}$$

式中，μ_l 是第 l 条路径的归一化相关函数，定义为

$$\mu_l \triangleq \frac{1}{E_\mathrm{p}} \int_{-\infty}^{\infty} q(t-\tau_l) q(t-\hat{\tau}_l) \mathrm{d}t \tag{7-12}$$

而 e_l 是由噪声引起的估计误差，可表示为

$$e_l \triangleq \frac{1}{ME_\mathrm{p}} \sum_{m=0}^{M-1} \int_0^{MT_\mathrm{s}} n(t) q(t - mT_\mathrm{s} - \hat{\tau}_l) \mathrm{d}t \tag{7-13}$$

当路径时延 τ_l 完全已知时，可以证明，幅度估计是无偏且有效的[30,p.32]。然而，当路径时延存在误差时，由于 $\mu_l<1$，则路径幅度估计 α_l 会有偏差。注意到，e_l 包含两个不相关的随机过程 $n(t)$ 和 $q(t - mT_\mathrm{s} - \hat{\tau}_l)$ 的乘积。由中心极限定理可知，e_l 作为积分求和的结果，近似服从高斯分布[6]。因此，式（7-13）中的 e_l 可以建模为一个实高斯随机变量，其期望 $E[e_l]=0$，方差为

$$\sigma_{e_l}^2 = \frac{1}{\dfrac{2E_\mathrm{p}}{N_0} M} \tag{7-14}$$

由式（7-9）和式（7-14）可知，路径功率越少，路径幅度和时延估计误差的归一化方差越大。类似地，由于每条路径功率的降低，估计误差随着信号带宽的增加而变大。正如后续内容所讨论的，这个特征将影响系统的可靠性和系统设计。

7.3　存在信道估计误差的系统可靠性

本节在考虑路径时延和幅度的估计误差的情况下，得出了采用 MRC 的 Rake 接收机的 BER[1]。表达式直接体现出导频符号的数量和多径分量的个数对整个系统性能的影响。

由式（7-4）的模型和信道估计参数（时延和幅度），接收信号 $y(t)$的 MRC 输出为

$$\begin{aligned} D &= \frac{1}{E_{\mathrm{p}}}\int_0^{T_s} y(t)\sum_{l=0}^{L-1}\hat{\alpha}_l q(t-\hat{\tau}_l)\mathrm{d}t \\ &= d\frac{1}{E_{\mathrm{p}}}\sum_{k=0}^{L-1}\sum_{l=0}^{L-1}\alpha_k\hat{\alpha}_l\int_0^{T_s} q(t-\tau_k)q(t-\hat{\tau}_l)\mathrm{d}t+\sum_{l=0}^{L-1}\hat{\alpha}_l\omega_l \end{aligned} \tag{7-15}$$

式中，

$$\omega_l=\frac{1}{E_{\mathrm{p}}}\int_{-\infty}^{\infty} n(t)q(t-\hat{\tau}_l)\,\mathrm{d}t \qquad l=0,\ \cdots,\ L-1 \tag{7-16}$$

是 Rake 接收机相应支路的噪声项。注意ω_l 包括两个不相关的随机过程 $n(t)$和 $q(t-\hat{\tau}_l)$ 的乘积。由中心极限定理（Central Limit Theorem，CLT）可知，作为积分求和，式（7-16）中的估计误差ω_l可假定服从零均值的高斯分布，其方差是

$$\sigma_{\omega}^2=\frac{1}{2E_{\mathrm{p}}/N_0} \tag{7-17}$$

需要注意的是，IPI 并不是总可以被忽略。因为路径之间的相互重叠，噪声项ω_l 可能并不是相互独立的。在这种情况下，应该采用最佳合并[31]。文献[32]指出，采用 MRC 的 Rake 接收机忽略了由脉冲重叠和噪声相关性引起的 IPI，其性能与理想信道估计下的最小均方误差接收机性能相当。具有可忽略 IPI 的信道模型仍然可以作实际 UWB 信道的合理近似。

将式（7-12）中μ_l的定义带入式（7-15），判决统计量 D 可以表示为

$$D=d\sum_{l=0}^{L-1}\hat{\alpha}_l\alpha_l\mu_l+\sum_{l=0}^{L-1}\hat{\alpha}_l\omega_l \tag{7-18}$$

式（7-18）的意义在于信道估计误差对判决统计量的影响体现在以下两个方面：

（1）定时误差造成信号增益的损失，表示为$\mu_l \leqslant 1$。

（2）导致 MRC 中使用的路径增益 $\hat{\alpha}_l$ 与实际值 α_l 不一致。

7.3.1　SNR 分析

不失一般性地，将数据符号设置为 1，即 d=+1。那么当 D<0 时，就会产生错

误。将式（7-11）中的路径幅度估计代入式（7-18），经运算，判决统计量为

$$D=\sum_{l=0}^{L-1}\alpha_l^2\mu_l^2+\eta_1+\eta_2+\eta_3 \tag{7-19}$$

式中，

$$\eta_1\triangleq\sum_{l=0}^{L-1}\alpha_l\mu_l e_l,\ \ \eta_2\triangleq\sum_{l=0}^{L-1}\alpha_l\mu_l\omega_l,\ \ \eta_3\triangleq\sum_{l=0}^{L-1}e_l\omega_l \tag{7-20}$$

取决于$\{\alpha_l\mu_l\}_{l=0}^{L-1}$的一系列取值，$\eta_1$和$\eta_2$服从均值为零的高斯分布，其方差分别为

$$E\left[\eta_1^2\right]=\frac{N_0}{2ME_{\mathrm{p}}}\sum_{l=0}^{L-1}\alpha_l^2\mu_l^2 \tag{7-21}$$

$$E\left[\eta_2^2\right]=\frac{N_0}{2E_{\mathrm{p}}}\sum_{l=0}^{L-1}\alpha_l^2\mu_l^2 \tag{7-22}$$

根据中心极限定理，当 L 很大时，由于η_3为两个不相关的高斯噪声项（e_l和ω_l）乘积，也可认为近似服从均值为零的高斯分布，其方差为[6]：

$$E\left[\eta_3^2\right]=\sum_{l=0}^{L-1}E\left[e_l^2\right]E\left[\omega_l^2\right]=L\times\frac{N_0}{2ME_{\mathrm{p}}}\times\frac{N_0}{2E_{\mathrm{p}}} \tag{7-23}$$

式（7-19）可以这样理解：定时误差对判决统计量的影响可以建模为一个乘性噪声项，而幅度误差可表示为加性噪声项。因此，其性能分析与衰落信道中的分析类似。对于一个给定的信道实现，通信可以看作是发生在“衰落”信道，只不过该“衰落”是由时延误差所致。在以下分析中，首先确定取决于时延误差的有效SNR。对时延误差求平均，可获得给定的信道实现的平均 SNR[1]。

在继续分析时，要注意噪声项η_1、η_2 和η_3 相互之间是不相关的。取决于信道实现和定时估计误差$\{\alpha_l\mu_l\}$的有效 SNR 为

$$\begin{aligned}\gamma_{\mathrm{eff}}&=\frac{\left(\sum_{l=0}^{L-1}\alpha_l^2\mu_l^2\right)^2}{E\left[\eta_1^2\right]+E\left[\eta_2^2\right]+E\left[\eta_3^2\right]}\\&=\frac{2E_{\mathrm{p}}}{N_0}\sum_{l=0}^{L-1}\frac{\alpha_l^2\mu_l^2}{1+\frac{1}{M}\left(1+\frac{L}{\frac{2E_{\mathrm{p}}}{N_0}\sum_{l=0}^{L-1}\alpha_l^2\mu_l^2}\right)}\end{aligned} \tag{7-24}$$

定义

$$\gamma_{\mathrm{t}}\triangleq\frac{2E_{\mathrm{p}}}{N_0}\sum_{l=0}^{L-1}\alpha_l^2\mu_l^2 \tag{7-25}$$

式（7-24）变为

$$\gamma_{\text{eff}}=\frac{\gamma_{\text{t}}}{1+\dfrac{1}{M}\left(1+\dfrac{L}{\gamma_{\text{t}}}\right)} \tag{7-26}$$

对于给定的信道实现，式（7-24）中的有效 SNR 是路径时延估计误差的函数，表现为γ_{t}和μ_l项。可以证明γ_{eff}是γ_{t}的凸函数。那么，对路径时延误差求平均并利用詹森不等式，可得$\bar{\gamma}_{\text{eff}}\triangleq E\left[\gamma_{\text{eff}}\right]$，

$$\frac{\bar{\gamma}_{\text{t}}}{1+\dfrac{1}{M}(1+\dfrac{L}{\bar{\gamma}_{\text{t}}})}\leqslant\bar{\gamma}_{\text{eff}}\leqslant\frac{\gamma_0}{1+\dfrac{1}{M}(1+\dfrac{L}{\gamma_0})} \tag{7-27}$$

式中，

$$\bar{\gamma}_{\text{t}}\triangleq E\left[\gamma_{\text{t}}\right]=\frac{2E_{\text{p}}}{N_0}\sum_{l=0}^{L-1}\alpha_l^2E\left[\mu_l^2\right] \tag{7-28}$$

且

$$\gamma_0\triangleq\frac{2E_{\text{p}}}{N_0}\sum_{l=0}^{L-1}\alpha_l^2 \tag{7-29}$$

为了获得式（7-27）的边界，需要利用一个事实，即γ_{eff}是γ_{t}单调递增函数。

下面将依次给出与式（7-26）有关的几点解释。根据 7.2 节的假设，信道的平均功率增益是 1，γ_{eff}是路径数量 L 的递减函数。然而，由于受分集合并的影响，$\text{Var}(\gamma_{\text{eff}})$也会随着 L 的增长而减少。对于一个固定的 L，通过降低式（7-26）中分母的差错项，来观察导频符号数量的影响。注意到，γ_{t} 是 E_{p}/N_0 的函数（查阅（7-25）），且发送（Q-M）个数据符号需要的能量为 E_pQ，通过回顾以上参数可以观察到一个相反的结果，即每个脉冲的 SNR 为

$$\frac{E_{\text{p}}}{N_0}=(1-\frac{M}{Q})\frac{E_{\text{b}}}{N_0} \tag{7-30}$$

这个关系表明，给定每个数据符号的能量 E_{b} 后，每个脉冲的 SNR（E_{p}/N_0）要低于每个数据符号的 SNR（E_{p}/N_0）。因此，根据式（7-25），式（7-26）中的有效 SNR 将随着 M 的增大而逐渐减小。通过下面的 BER 的分析，可以更好地理解这些参数的影响[1]。

7.3.2　BER 分析

下面将对 BER 进行分析，即 $P_{\text{e}}=\Pr(D<0)$。由式（7-26）可知，平均 BER 为

$$P_e=E\left[\Pr(e\,|\,\gamma_{\text{t}})\right]=E\left\{\frac{1}{2}\text{erfc}\left(\sqrt{\frac{\gamma_{\text{t}}}{2\left[1+\dfrac{1}{M}(1+\dfrac{L}{\gamma_{\text{t}}})\right]}}\right)\right\} \tag{7-31}$$

式中，$\mathrm{erfc}(z) \triangleq \left(2/\sqrt{\pi}\right)\int_z^{\infty}\exp\{-t^2\}dt$ 为互补误差函数，它的期望与γ_t有关（即路径时延与幅度误差的均值）。由于式（7-31）尚无闭合解，所以采用另一种方法求BER。

式（7-19）的判决统计量可以用下式替代：

$$D = \sum_{l=0}^{L-1}(\alpha_l\mu_l + e_l)(\alpha_l\mu_l + \omega_l) \tag{7-32}$$

现在，设$X_l \triangleq \alpha_l\mu_l + e_l$和$Y_l \triangleq \alpha_l\mu_l + \omega_l$，将其代入式（7-32），可得

$$D = \sum_{l=0}^{L-1} X_l Y_l \tag{7-33}$$

X_l和 Y_l取决于α_l和μ_l，而且由于 X_l和 Y_l的噪声项 e_l和ω_l是在不同的时间测得（分别为训练阶段和数据传输阶段），因此 X_l和 Y_l之间相互独立且服从高斯分布。这 L 对$\{X_l，Y_l\}$是相互独立的实高斯随机变量，均值分别是$E[X_l]=E[Y_l]=\alpha_l\mu_l$。由式（7-14）和式（7-17）可得其方差为

$$\mathrm{Var}(X_l) = \mathrm{E}\left[(X_l - E[X_l])^2\right] = \sigma_{e_l}^2 = \frac{1}{\frac{2E_{\mathrm{p}}}{N_0}M} \tag{7-34}$$

$$\mathrm{Var}(Y_l) = \mathrm{E}\left[(Y_l - E[Y_l])^2\right] = \sigma_{\omega}^2 = \frac{1}{\frac{2E_{\mathrm{p}}}{N_0}} \tag{7-35}$$

因此，D 是高斯随机变量的平方形式。参照文献[33]，基于$\{\alpha_l\mu_l\}$的 BER 可以表示为

$$\begin{aligned}\Pr(e|\gamma_{\mathrm{t}}) = {} & Q_1(a,b) - \frac{1}{2}I_0(ab)\exp\left\{-\frac{a^2+b^2}{2}\right\} \\ & + \frac{1}{2}\sum_{n=1}^{L-1}I_n(ab)\left[\left(\frac{b}{a}\right)^n - \left(\frac{a}{b}\right)^n\right]C_n\exp\left\{-\frac{a^2+b^2}{2}\right\}\end{aligned}, \quad L\geqslant 2 \tag{7-36}$$

对于L=1，有

$$\Pr(e|\{\alpha_l\mu_l\}) = Q_1(a,b) - \frac{1}{2}I_0(ab)\exp\left\{-\frac{a^2+b^2}{2}\right\} \tag{7-37}$$

式中，$Q_1(a，b)$是一阶 Marcum 函数；$I_n(z)$是第一类 n 阶修正贝塞尔函数，

$$\begin{aligned} a &= \frac{1}{2}\sqrt{\gamma_{\mathrm{t}}}\left|\sqrt{M}-1\right| \\ b &= \frac{1}{2}\sqrt{\gamma_{\mathrm{t}}}\left|\sqrt{M}+1\right| \end{aligned} \tag{7-38}$$

且

$$C_n = \frac{1}{2^{2L-2}} \sum_{k=0}^{L-1-n} \binom{2L-1}{k} \tag{7-39}$$

式（7-39）中，$\binom{2L-1}{k} = \frac{(2L-1)!}{(2L-1-k)!k!}$表示二项系数。

现在，定义

$$\zeta \triangleq \frac{a}{b} = \left| \frac{\sqrt{M}-1}{\sqrt{M}+1} \right| \tag{7-40}$$

采用有限极限的 $Q_1(a,b)$作为替代[34 中 79 页,式（4-28）]，可得

$$Q_1(a,b) = Q_1(\zeta b, b) = \frac{1}{2\pi} \int_0^{\pi} \left\{ \exp\left\{ -\frac{b^2}{2}(1-2\zeta\cos\theta+\zeta^2) \right\} + \exp\left\{ -\frac{b^2}{2}\left(\frac{(1-\zeta^2)^2}{1-2\zeta\cos\theta+\zeta^2} \right) \right\} \right\} \mathrm{d}\theta \tag{7-41}$$

而 $I_n(z)$的替代形式为[35 中第 376 页]：

$$I_{\mathrm{n}}(z) = \frac{1}{\pi} \int_0^{\pi} \cos(n\theta) \exp\{z\cos\theta\} \mathrm{d}\theta$$

经运算，取决于γ_{t}的 BER 可以表示为

$$\Pr(e|\gamma_{\mathrm{t}}) = \frac{1}{2\pi} \int_0^{\pi} \left\{ \exp\left\{ -\gamma_{\mathrm{t}} \frac{\left(\sqrt{M}+1\right)^2}{8} \frac{(1-\zeta^2)^2}{g(\theta,\zeta)} \right\} + f(\theta,\zeta) \exp\left\{ -\gamma_{\mathrm{t}} \frac{\left(\sqrt{M}+1\right)^2}{8} g(\theta,\zeta) \right\} \right\} \mathrm{d}\theta \tag{7-42}$$

式中，

$$f(\theta,\zeta) = \sum_{n=1}^{L-1} (\zeta^{-n} - \zeta^{n}) C_n \cos(n\theta) \tag{7-43}$$

且

$$g(\theta,\zeta) = 1 - 2\zeta\cos\theta + \zeta^2 \tag{7-44}$$

为了获得绝对 BER，注意到式（7-42）包括了指数函数，并且

$$\mathrm{E}\left[\exp\{s\gamma_{\mathrm{t}}\}\right] = \mathcal{M}_{\gamma_{\mathrm{t}}}(s) \tag{7-45}$$

式中的期望与γ_{t} 有关，$\mathcal{M}_{\gamma_{\mathrm{t}}}(s)$ 是随机变量γ_{t} 的矩母函数（Moment Generating

Function，MGF）[34]。由此可见

$$P_{\mathrm{e}} = E\left[\Pr(e|\gamma_{\mathrm{t}})\right] = \frac{1}{2\pi}\int_0^{\pi}\left\{\mathcal{M}_{\gamma_{\mathrm{t}}}\left(-\frac{(\sqrt{M}+1)^2}{8}\frac{(1-\zeta^2)^2}{g(\theta,\zeta)}\right)\right.$$
$$\left.+f(\theta,\zeta)\mathcal{M}_{\gamma_{\mathrm{t}}}\left(-\frac{(\sqrt{M}+1)^2}{8}g(\theta,\zeta)\right)\right\}\mathrm{d}\theta \tag{7-46}$$

将式（7-25）代入式（7-45），可得

$$\mathcal{M}_{\gamma_{\mathrm{t}}}(s) = \prod_{l=0}^{L-1}\mathcal{M}_l(s) \tag{7-47}$$

式中，

$$\mathcal{M}_l(s) = \mathrm{E}\left[\exp\left\{s\frac{2E_{\mathrm{p}}}{N_0}\alpha_l^2\mu_l^2\right\}\right] \tag{7-48}$$

式（7-48）是对α_l和μ_l求期望。在式（7-47）推导中，假设没有脉冲发生重叠，也就是说，$|\epsilon_l| \leqslant \xi$。假设路径幅度$\alpha_l$服从参数为$\Omega_l$和 m_l的 Nakagami-m 分布，Ω_l在之前已经定义，那么α_l^2服从伽马分布。下面来看随机变量μ_l，对于式（7-1）中的高斯脉冲，有

$$\mu_l^2 = \exp\left\{-\frac{T_{\mathrm{p}}^2}{2\sigma_{\mathrm{p}}^2}\epsilon_l^2\right\} \tag{7-49}$$

式中，ϵ_l在式（7-8）中已经定义。对其求期望可得

$$M_l(s) = \int_{-\infty}^{+\infty}\left[1-s\frac{2E_p}{N_0}\frac{\Omega_l}{m_l}\exp\left\{-\frac{T_{\mathrm{p}}^2}{2\sigma_{\mathrm{p}}^2}\epsilon_l^2\right\}\right]^{-m_l} p(\epsilon_l)\mathrm{d}\epsilon_l \tag{7-50}$$

由文献[30]可知，信道路径时延τ_l的最大似然估计误差ϵ_l，服从均值为零的高斯分布，其方差等于式（7-9）的 CRB。由式（7-50），并经过一些代数运算，式（7-50）可由 Hermite 公式计算

$$\mathcal{M}_l(s) = \frac{2}{\sqrt{\pi}}\sum_{i=1}^{\bar{N}}H_{x_i}f_s(x_i) \tag{7-51}$$

式中，$\bar{N}$ 是 Hermite 多项式的阶数，x_i和 H_{xi}分别为第 i 阶 Hermite 多项式零点和加权因子，可由文献[35，表 25.10]得到，并且

$$f_s(x_i) = \left[1-s\frac{2E_{\mathrm{p}}}{N_0}\frac{\Omega_l}{m_l}\exp\left\{-\frac{x_i^2}{\frac{E_{\mathrm{p}}}{N_0}\Omega_l M}\right\}\right]^{-m_l} \tag{7-52}$$

对式（7-50）进行分析后，将结果代入式（7-47），并最终代入式（7-46）。一般而言，当 $\bar{N}=10$ 时就足以取得良好的精度。

作为验证，当导频符号分配的 SNR 非常大的时候，即当 E_p/N_0 为常数时，$M \to \infty$，则 $f(\theta,\zeta) \to 0$，$g(\theta,\zeta)=2(1-\cos\theta)$，并且 $\gamma_t=\left(\frac{2E_p}{N_0}\right)\sum_{l=0}^{L-1}\alpha_l^2$。经过运算，可得

$$\Pr(e|\gamma_t)=\frac{1}{\pi}\int_0^{\pi/2}\exp\left\{-\frac{\gamma_t}{2\sin^2\theta}\right\}\mathrm{d}\theta \tag{7-53}$$

绝对 BER 由下式给出：

$$P_e=\frac{1}{\pi}\int_0^{\pi/2}\mathcal{M}_{\gamma_t}(-\frac{1}{2\sin^2\theta})\,\mathrm{d}x \tag{7-54}$$

与预期相同，上式即为理想信道估计下的 BER 表达式[34,P268]。

注意当 M=1 时，$a=0$且$b=\sqrt{\gamma_t}$。在这种情况下，式（7-36）具有不确定性，因此，式（7-46）只适用于 $M\geqslant 2$ 的情况。当 M=1 时，取决于γ_t的 BER 在文献[36]中给出，表示为

$$\Pr(e|\gamma_t)=\frac{1}{2}\sum_{n=0}^{L-1}C_n\frac{1}{n!}\left(\frac{\gamma_t}{2}\right)^n\exp\left\{-\frac{\gamma_t}{2}\right\} \tag{7-55}$$

可以证明在这种情况下的绝对 BER 为

$$P_e=E_{\gamma_t}\left[\Pr(e|\gamma_t)\right]=\frac{1}{2}\sum_{n=0}^{L-1}C_n\frac{1}{n!}\frac{d^n}{ds^n}\mathcal{M}_{\gamma_t}(0.5s)\bigg|_{s=-1} \tag{7-56}$$

7.4 信道估计存在误差的情况下的系统优化

非理想 CSI 会对系统设计产生重大影响。本节的目标是用数值方法，通过控制导频符号的数量、信号带宽和 Rake 接收机抽头的数量对性能进行优化[1]。

7.4.1 导频符号的功率分配

在对路径参数进行 ML 估计时，图 7-1 比较了式（7-46）计算得到的 BER 和利用蒙特卡罗数值仿真结果。为了突出 UWB 信道稀疏多径的性质，在数值结果中，使用简化的等距抽头模型，定义为 $\tau_l=(L_{\text{res}}/L)l$，$l$=0，…，$L$−1。例如，假设 L_{res}/L=2。在数值分析中，采用指数功率时延分布（Power Delay Profile，PDP）的 Nakagami-m 衰落信道模型。Nakagami 中的参数 m 设为 1。设多径分量的数量 L = 35，曲线中的参数则是由分组数 Q=800 中的导频符号的数量 M 决定。下面分别给出了 M = 10 和 M = 5 的蒙特卡罗仿真结果。可以看出，BER 的解析表达式与 M 值

较大的蒙特卡罗仿真结果非常吻合。通过观察既有时延误差，又有幅度误差，与幅度误差间的 E_b/N_0 的差，可以得出结论：路径时延估计误差是一个重要因素，尤其是在低 SNR 情况下。

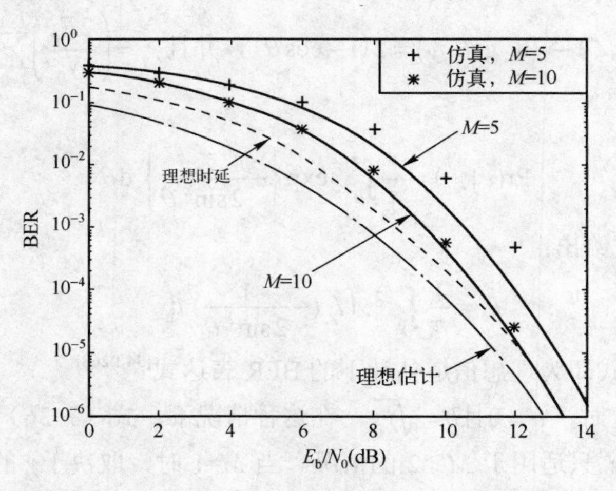

图 7-1　当导频符号 M 数量不同时，BER 与 E_b/N_0 的关系（©2010 IEEE）[1]

假设传输一个分组的总能量受限，由于分配给导频符号的功率不能为数据符号使用，因此在导频符号和数据符号功率的分配之间存在折中。接下来，将采用最优功率策略对 BER 进行优化。回顾一下，对于一个分组，Q 个符号中仅有 $(Q-M)$个符号传输数据。对于确定的 Q 值，如果导频符号占的比例较大，即 M 的值越大，$(1-M / Q)$就越小。因此，一方面，式（7-26）中有效的 SNR γ_{eff} 随着分母的减小而增加，而式（7-31）中 BER 则减少。另一方面，式（7-26）中有效的 SNR 减少，而由于可用于传递数据的符号减少，BER 增加。这在式（7-30）中是显而易见的。如果每个数据符号的能量为固定值 E_b，那么每个脉冲的 SNR（E_p/N_0）会变小，式（7-25）中的γ_t 和式（7-26）中的γ_{eff} 也会变小。图 7-2 中，给出了 BER 与分配给导频的符号比例 M/Q 之间的曲线，BER 由 E_b/N_0 的值决定。

为了对比，将式（7-27）的上限代入式（7-26），然后再代入式（7-31），得出了没有路径时延估计误差情况下的 BER。假设多径支路数量 L=100。可以看出，在高 E_b/N_0 情况下分配给导频的最优符号比例要小于低 E_b/N_0 时。这反映了一个事实，即信道估计的准确性与 E_b/N_0 成正比。还可以看出的是，当同时存在时延和幅度估计误差时，分配给导频的最佳符号比例比只有幅度估计误差的情况要大。这就意味着需要额外的导频符号来弥补时延估计误差带来的损失。通过研究有/无路径时延估计误差两种情况下的 BER 曲线之间的差距，可以更深入的理解信道估计对性能的影响。这种差距随着 E_b/N_0 的增大而缩小。这一点进一步强化了这一结论：必须考虑时延估计误差，尤其是在低 SNR 的情况。

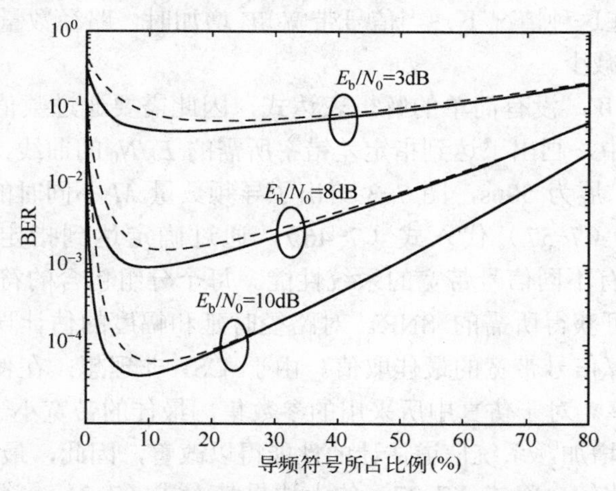

图 7-2　当一个分组包括 800 个数据符号，对于不同的 E_b/N_0，作为导频符号分配比例函数的 BER。实线表示没有路径时延估计误差，虚线表示既有路径幅度估计误差又有路径时延估计误差（©2010 IEEE）[1]

7.4.2　信号带宽

下面将研究信道估计误差与信号带宽的关系，并评估对性能的影响[1]。注意到之前的文献[19]讨论了只存在幅度估计误差的情况。根据 FCC 的规定，IR-UWB 允许工作的最大带宽为 7.5 GHz[24]。找出究竟多大的带宽能取得最优的性能很有意义。正如文献[21，22]指出的，多径支路数量 L 随信号带宽线性增加。在短距离室内环境中，由于散射稀疏，L 虽然很大但仍明显小于 $W\tau_{\max}$[2,4]。在这种限制下，当信道分解为无衰落路径时，增加带宽并不会增加更多的路径。假设还没有达到这一种状态，路径数量和带宽仍保持线性关系，能够得到

$$L=\lceil \kappa\tau_{\max}W \rceil \tag{7-57}$$

式中，κ 是取决于信道内散射和脉冲波形的一个标量。特别地，当 $L/L_{\text{res}}=0.5$ 时，可以证明，对于式（7-1）中的普通高斯脉冲，$\kappa\approx0.7$。将式（7-57）代入 BER 表达式，例如式（7-46），就能将信号带宽 W 和接收机性能联系起来。

在本章的模型中，假设信道增益之和是固定的，而与路径数量 L 无关。因此，对于理想 CSI 来说，如果 Rake 接收机利用了所有可用的路径，由于获得了更高的分集，增加信号带宽将首先带来更好的性能。但是这个优势很快就会被拉平，众所周知，随着路径数量的增长，分集带来的增益会逐渐递减。当信号带宽增加时，信道分辨将趋向无衰落的单一路径。基于这一情况，似乎可以得出这样的结

论，即信号带宽应该尽可能的大。然而，当综合考虑信道估计影响时，这一结论将不再成立。因为在这种情况下，当信号带宽 W 增加时，路径数量 L 增加，每条路径的平均 SNR 则减少。

对于最优的 W，没有简单的解析表达式，因此需要通过数值运算方法得到它的取值。图 7-3 中，画出了达到指定差错率所需的 E_b/N_0 的曲线，它是信号带宽的函数。假设时延扩展为 50ns，图 7-3 给出了导频数量 M 不同时的曲线。在此使用的方法是，将式（7-57）代入式（7-46），通过确定达到指定 BER 时所需的 E_b/N_0，来比较具有不同信号带宽的系统性能。每个分组包含的符号数为 Q=800，通过式（7-30）可获得所需的 SNR。对路径时延和幅度的估计误差均加以考虑。可以通过曲线估算信号带宽的最佳取值。由于 CSI 非理想，在使用大的带宽时将导致更高的错误率。对于仿真中所采用的参数集，最佳的带宽小于 1GHz。随着导频符号数量 M 的增加，系统信道估计的性能得以改善，因此，最佳带宽 W 也随之变大。为了便于比较，将式（7-27）的上边界带入式（7-31），得到了理想时延曲线。通过观察可知，当只存在幅度估计误差时，计算出的最佳带宽 W 要大于同时存在幅度和时延估计误差的情况。在此还绘出了理想信道 CSI 的情况以供参考。当信道估计误差不再是问题时，显然，可以通过增加信号带宽来提升系统性能。

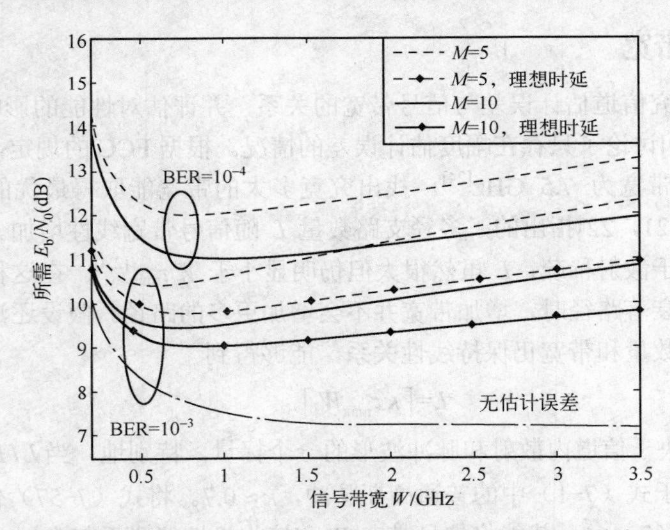

图 7-3 导频符号数量 M 固定时，取得要求 BER 所需的 E_b/N_0，其中 BER 表示为信号带宽的函数。出于比较的需要，图中给出了理想时延条件下，BER=10^{-3} 的曲线[1]

在图 7-3 中，假设 Nakagami 衰落参数 m_l=1。为了观察 m_l 的影响，在图 7-4 中给出了在不同 m_l 情况下，BER 与带宽 W 的关系曲线。这里 E_b/N_0=10dB，M=5。一般情况下，较大的 m_l 值意味着较小的衰落和存在较强视距路径（Line-of-sight，LOS）。可以看到，当m_l增加时，BER 降低，而且最佳信号带宽减小。

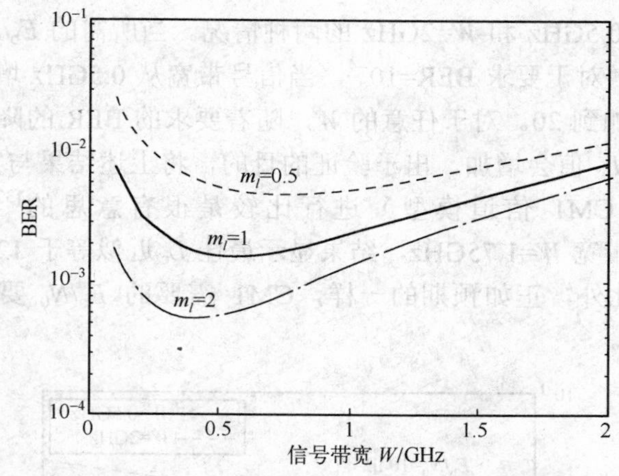

图 7-4　在导频符号数量 M=5，E_b/N_0=10dB 时，对于不同的 Nakagami 衰落参数 m_l，信号带宽 W 与 BER 关系图（©2010 IEEE）[1]

7.4.3　RAKE 接收机设计

前文在假设能够使用所有可用多径分量的条件下，分析了给定带宽时系统的性能。实际上，Rake 接收机通常仅能处理可分辨多径分量中的一部分。这样的 Rake 接收机称为选择性 Rake 接收机。一种可能的处理方法是仅处理 L 条可用路径中最优的 L_c 条路径，并采用 MRC 方式进行合并。这种方法的优点是降低了接收机的复杂度。主要从系统性能的角度出发，当存在不理想 CSI 时，选择性的 RAKE 接收机也是有意义的[9]。一方面，随着 L_c 数量的增加，可以捕获更多的信号能量。然而，事实上，较弱的路径给合并器带来的能量较低，且对于估计误差更为敏感。因此，可以预计到，存在一个最佳的路径数量，这取决于给定的时延扩展。

选择性 Rake 接收机的性能是合并路径数量 L_c 的函数。用 L_c 代替式（7-46）中的 L，可以获得存在路径幅度和时延估计误差情况下，选择性 Rake 接收机的 BER。通过使 P_e 最小化，可以获得 L_c 的最优值。因为没有简单的解析表达式可供使用，所以需要采用数值计算的方法。

在图 7-5 中，绘出了式（7-46）中的 BER 与 Rake 接收机抽头数量的曲线。由式（7-30）中可以得到 E_b/N_0 的取值，其中每个分组的符号数量 Q=800。可以清楚地看到，由于非理想的 CSI，当 W=2GHz 时，收集大约 20 条路径之后，系统性能就不再改善，而当 W=0.5GHz 时，8 条路径就已经足够。当只考虑幅度估计误差时，如果 W=2GHz，Rake 接收机的最佳抽头数量变为 28 条路径。当 E_b/N_0 增加时，BER 降低，Rake 接收机的最佳抽头数量也会增加。

通过观察达到要求 BER 时所需的 E_b/N_0，可以进一步掌握 Rake 接收机的最佳抽头数量。图 7-6 给出了这一结果，其中导频符号的数量 M=5。在此比较了信

号带宽分别为 W=0.5GHz 和 W=2GHz 的两种情况。当所需的 E_b/N_0 最小时，可以获得最佳的 L_c 值。对于要求 BER=10^{-4}，当信号带宽从 0.5GHz 增加为 2GHz 时，最佳 L_c 值从 8 增加到 20。对于任意的 W，随着要求的 BER 的降低，例如从 10^{-3} 降到 10^{-4}，最佳 L_c 值会增加。出于验证的目的，将上述结果与实际 UWB 信道（IEEE 802.15.3c CM1 信道模型）进行比较是很有意思的[37]。对于要求的 BER=10^{-4} 和信号带宽 W=1.75GHz，结果显示最佳 L_c 近似等于 12。这与仿真得出的结果相一致。此外，正如预期的一样，CM1 需要的 E_b/N_0 要比 m_l=1 的信道（瑞利衰落）低[26]。

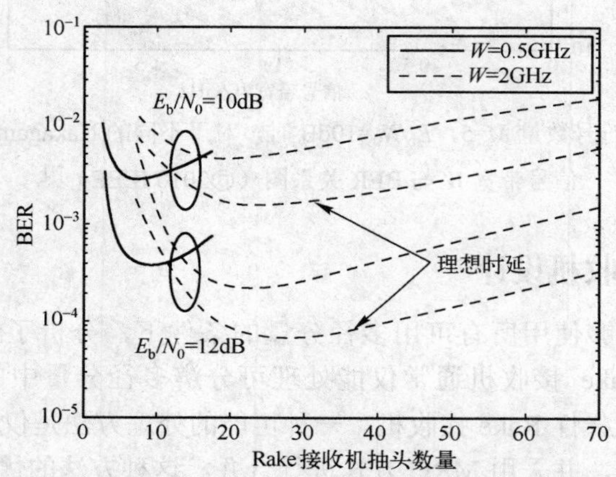

图 7-5 对于不同的信号带宽 W 和 E_b/N_0，BER 与 Rake 接收机抽头数量的关系。导频符号数量 M=5。图中 W=2GHz 的曲线具有理想的时延，用这条曲线来做对比[1]。

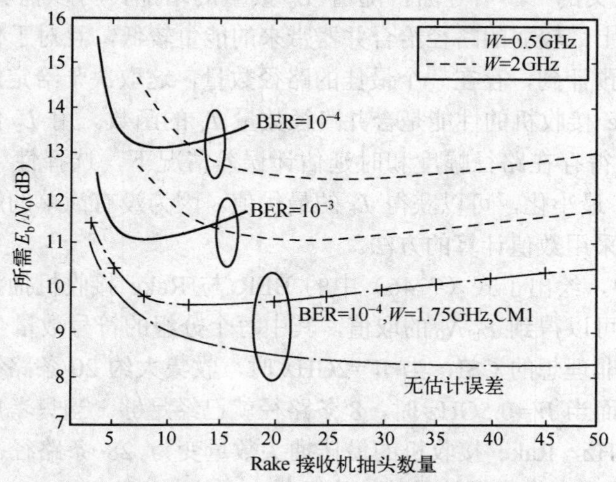

图 7-6 取得要求 BER 所需的 E_b/N_0 与 RAKE 接收机抽头数量的关系。文献[37]对 CM1 信道的仿真结果曲线也在图中给出，其中 W=1.75GHz。仿真中导频符号数量 M=5[1]

7.5 结论

本章在路径时延和幅度联合估计的情况下，研究了非理想估计对 UWB 系统性能的影响。可以看出，路径时延估计误差会导致路径幅度估计有偏差。此外，还发现，路径时延估计的 CRB 是带宽的函数。对于给定的路径增益，随着信号带宽的增加，时延估计会变得更精确。同时，带宽的增加降低了每条路径的平均功率，也增加了估计的方差。这些观测结果对设计可靠的 UWB 通信系统有着重要的指导意义。

当同时考虑路径时延和路径幅度估计误差时，利用由 CRB 获得的误差，分析了采用 MRC 的 Rake 接收机的系统性能。本章给出了 BER 表达式和 MRC 输出的平均 SNR 表达式，它们均为导频符号数量和多径分量数量的函数。随后，通过确定分配给导频的最佳符号比例，使得 BER 最小化。有路径时延误差和无路径时延误差的 BER 曲线之间的差距表明，路径时延误差是一个很重要的参数，尤其是在低 SNR 时。

最后，在确定最佳信号带宽和最佳的合并路径数量时，对路径时延和幅度估计误差加以考虑。当导频符号的数量很少时（一个分组包括 800 个符号，而导频符号小于 10 个），最佳带宽小于 1GHz。对于给定的带宽，在存在非理想 CSI 时，Rake 接收机处理的最佳路径数量决定着能够获得的最小差错率。对于 2GHz 的信号带宽，Rake 接收机处理的最佳路径数大约为 20。

参考文献

[1] H. Sheng and A. M. Haimovich, “Impact of channel estimation on ultrawideband system design,” IEEE J. Selected Topics in Signal Process., vol. 1, no. 3, pp. 498-507, Oct. 2007.

[2] A. F. Molisch, “Ultrawideband propagation channels-theory, measurement, and modeling,”IEEE Trans. Veh. Technol., vol. 54, no. 5, pp. 1528-1545, Sep. 2005.

[3] J. Karedral, S. Wyne, P. Almers, F. Tufvesson, and A. F. Molisch, “A measurement-based statistical model for industrial ultrawideband channels,” IEEE Trans. Wireless Commun.,vol. 6, no. 8, pp. 3028-3037, Aug. 2007.

[4] M. Z. Win and R. A. Scholtz, “Characterization of ultrawide bandwidth wireless indoor communications channel: A communication theoretic view,” IEEE J. Select. Areas Commun.,vol. 20, no. 9, pp. 1613-1627, Dec. 2002.

[5] V. Lottici, A. D’Andrea, and U. Mengali, “Channel estimation for ultrawideband communications,”IEEE J. Select. Areas Commun., vol. 20, no. 9, pp. 1638-1645, Dec. 2002.

[6] L.Yang and G.B. Giannakis, “Optimal pilot waveform assisted modulation for ultrawideband

communications," IEEE Trans. Wireless Commun., vol. 3, no. 4, pp. 1236–1249, July 2004.

[7] M. J. Gans, "The effect of Gaussian error in maximal ratio combiners," IEEE Trans. Commun.Technol., vol. COM-19, no. 4, pp. 492–500, Aug. 1971.

[8] B. M. Sadler and A. Swami, "On the performance of episodic UWB and direct-sequence communication systems," IEEE Trans.Wireless Commun., vol. 3, no. 6, pp. 2246–2255, Nov.2004.

[9] C. R. C. M. da Silva and L. B. Milstein, "The effects of narrowband interference on UWB communication systems with imperfect channel estimation," IEEE J. Select. Areas Commun.,vol. 24, no. 4, pp. 717–723, Apr. 2006.

[10] W. M. Gifford, M. Z. Win, and M. Chiani, "Diversity with pilot symbol assisted channel estimation," in Proc. 38th Annual Conf. Inf. Sci. Syst. (CISS'04), Princeton, NJ, Mar. 2004,pp. 101–105.

[11] H. Niu, J. A. Ritcey, and H. Liu, "Performance of UWB Rake receivers with imperfect tap weights," in Proc. IEEE Conf. Acoustics, Speech, and Signal Processing (ICASSP'03), vol. 4,Apr. 2003, pp. 125–128.

[12] J.Wang and J. Chen, "Performance of wideband CDMA systems with complex spreading and imperfect channel estimation," IEEE J. Select. Areas Commun., vol. 19, no. 1, pp. 152–163,Jan. 2001.

[13] J. D. Choi and W. E. Stark, "Performance of UWB communications with imperfect channel estimation," in Proc. IEEE Military Commun. Conf. (MILCOM'03), vol. 2, Oct. 2003,pp. 915–920.

[14] L. Wu, X. Wu, and Z. Tian, "Asymptotically optimal UWB receivers with noisy templates: Design and comparison with RAKE," IEEE J. Select. Areas Commun., vol. 24, no. 4, pp. 808–814, Apr. 2006.

[15] W. Lovelace and J. K. Townsend, "The effects of timing jitter and tracking on the performance of impulse radio," IEEE J. Select. Areas Commun., vol. 20, no. 9, pp. 1646–1651, Dec. 2002.

[16] L. Huang and C. C. Ko, "Performance of maximum-likelihood channel estimator for UWB communications," IEEE Commun. Lett., vol. 8, no. 6, pp. 356–358, June 2004.

[17] J. Zhang, R. A. Kennedy, and T. D. Abhayapala, "Cram'er-Rao lower bounds for the time delay estimation of UWB signals," in Proc. IEEE Int. Conf. Commun. (ICC'04), vol. 6, June 2004, pp. 3424–3428.

[18] I. E. Telatar and D. N. C. Tse, "Capacity and mutual information of wideband multipath fading channels," IEEE Trans. Inf. Theory, vol. 46, no. 4, pp. 1384–1400, July 2000.

[19] M. S. W. Chen and R. W. Brodersen, "The impact of a wideband channel on UWB system design," in Proc. IEEE Military Commun. Conf. (MILCOM'04), vol. 1, Oct. 2004, pp. 163–168.

[20] D. Cassioli, M. Z. Win, F. Vatalaro, and A. F. Molisch, "Effects of spreading bandwidth on the

performance of UWB Rake receivers," in Proc. IEEE Int. Conf. Commun. (ICC'03),vol. 5, Anchorage, AK, May 2003, pp. 3545–3549.

[21] W. C. Lau, M.-S. Alouini, and M. K. Simon, "Optimum spreading bandwidth for selective RAKE reception over Rayleigh fading channels," IEEE J. Select. Areas Commun., vol. 19,no. 6, pp. 1080–1089, June 2001.

[22] M. Z. Win, G. Chrisikos, and N. R. Sollenberger, "Performance of Rake reception in dense multipath channels: Implications of spreading bandwidth and selection diversity order," IEEE J. Select. Areas Commun., vol. 18, no. 8, pp. 1516–1525, Aug. 2000.

[23] H. Sheng, P. Orlik, A. M. Haimovich, L. Cimini, and J. Zhang, "On the spectral and power requirements for ultrawideband transmission," in Proc. IEEE Int. Conf. Commun. (ICC'03),vol. 1, Anchorage, AK, May 2003, pp. 738–742.

[24] Z. Sahinoglu, S. Gezici, and I. Guvenc, Ultrawideband Positioning Systems: Theoretical Limits, Ranging Algorithms, and Protocols, New York: Cambridge University Press,2008.

[25] J. Kunish and J. Pamp, "An ultrawideband space-variant multipath indoor radio channel model," in Proc. IEEE Conf. Ultra Wideband Syst. Technol. (UWBST'03), Reston, Virginia, Nov. 2003.

[26] D. Cassioli, M. Z.Win, and A. F. Molisch, "The ultra-wide bandwidth indoor channel: From statistical model to simulations," IEEE J. Select. Areas Commun., vol. 20, no. 6, pp. 1247–1257, Aug. 2002.

[27] R.D.Wilson and R. A. Scholtz, "On the dependence ofUWB impulse radio link performance on channel statistics," in Proc. IEEE Int. Conf. Commun. (ICC'04), vol. 6, June 2004,pp. 3566–3570.

[28] J. R. Foerster, "The effects of multipath interference on the performance of UWB systems in an indoor wireless channel," in Proc. IEEE 53rd Veh. Technol. Conf. (VTC Spring'01),vol. 2, May 2001, pp. 1176–1180.

[29] J. P. Ianniello, "Large and small error performance limits for multipath time delay estimation," IEEE Trans. Acous., Speech, and Signal Processing, vol. ASSP-34, no. 2, pp. 245–251, Apr.1986.

[30] S. M. Kay, Fundamentals of Statistical Signal Processing: Estimation Theory. Upper Saddle River, NJ: Prentice-Hall, 1993.

[31] H. Sheng, "Transceiver design and system optimization for ultrawideband communications," PhD dissertation, Electrical and Computer Engineering, New Jersey Institute of Technology, Newark, NJ, May 2005.

[32] S. Zhao and H. Liu, "On the optimum linear receiver for impulse radio systems in the presence of pulse overlapping," IEEE Commun. Lett., vol. 9, no. 4, pp. 340–342, Apr. 2005.

[33] J. G. Proakis, "Probabilities of error for adaptive reception of M-phase signals," IEEE Trans.Commun. Technol., vol. COM-16, no. 1, pp. 71–81, Feb. 1968.

[34] M. K. Simon and M.-S. Alouini, Digital Communication over Fading Channels: A Unified

Approach to Performance Analysis. John Wiley & Sons, Inc., 2000.

[35] M. Abramowitz and I. A. Stegun, Eds., Handbook of Mathematical Functions with Formulas, Graphs, and Mathematical Tables, 10th ed. Government Printing Office, 1972.

[36] R. Price, "Error probabilities for adaptive multichannel reception of binary signals," IRE Trans. Inform. Theory, vol. 8, no. 6, pp. 387-389, Oct. 1962.

[37] IEEE P802.15 Working group for wireless personal area networks (WPANs). Feb. 2003.Channel modeling sub-committee report final.

第 8 章 干扰抑制与检测

无线通信系统通常会受到来自各方面的干扰。例如，当使用同一个无线通信网络的用户达到一定数量时，就会引起多址干扰（Multiple-access Interference，MAI）。此外，在以极低功率谱密度工作的超宽带（Ultrawideband，UWB）系统中，强窄带干扰（Narrowband Interference，NBI）也会对通信可靠性产生很大影响。因此，要实现可靠通信，干扰抑制与检测至关重要。本章首先深入研究基于脉冲的 UWB 系统中多址干扰消除；然后研究如何避免和消除窄带干扰对 UWB 系统的影响；最后讨论低速短距离无线通信系统、下一代无线网络系统和感知无线电系统中的干扰感知。

8.1 多址干扰抑制

在脉冲无线电超宽带通信系统（Impulse Radio Ultrawideband，IR-UWB）中，脉冲信号持续周期短，通常不到 1ns，传输时占空比很小，利用脉冲信号的位置和极性携带信息[1~5]。每个脉冲信号占用的时间间隔称为“帧”，为每一位用户设定的不同跳时（Time-hopping，TH）序列决定了帧内脉冲信号的位置。这种低占空比和特定跳时序列的结构使得 IR-UWB 系统具有多址接入能力[6]。

虽然从理论上讲，IR-UWB 系统在多址接入环境中可容纳大量用户[2,4]，但在实际应用中，为了有效地抑制干扰用户对信息符号检测的影响，还需要更先进的信号处理技术[6]。本节首先研究多种抑制 MAI 的接收机结构，然后深入研究编码设计在抑制 MAI 方面发挥的作用。

8.1.1 MAI 抑制接收机设计

本节主要研究能够抑制 MAI 的影响，具有不同计算复杂度的最优和次优检测器结构。考虑一个能同时容纳 K 个用户的 IR-UWB 系统，设用户 k 的发射信号为：

$$s_{\mathrm{tx}}^{(k)}(t)=\sqrt{\frac{E_k}{N_f}}\sum_{j=-\infty}^{\infty}d_j^{(k)}b_{\lfloor j/N_f\rfloor}^{(k)}p_{\mathrm{tx}}\left(t-jT_f-c_j^{(k)}T_{\mathrm{c}}-a_{\lfloor j/N_f\rfloor}^{(k)}\delta\right) \tag{8-1}$$

式中，$p_{\mathrm{tx}}(t)$是发射的 UWB 脉冲信号；E_k是用户 k 的符号能量；T_f是“帧”时长；N_f表示一个信息符号所需的脉冲信号的个数[7]。在脉冲幅度调制（Pulse Amplitude

Modulation，PAM）中，$a_{\lfloor j/N_f \rfloor}^{(k)}=0$，$\forall j,k$，信息符号$b_{\lfloor j/N_f \rfloor}^{(k)}$决定了脉冲信号的幅度。另外，在$M$进制脉位调制（Pulse Position Modulation，PPM）中，$b_{\lfloor j/N_f \rfloor}^{(k)}=1$，$\forall j,k$，由$a_{\lfloor j/N_f \rfloor}^{(k)}\in\{0,\ 1,\ \cdots,\ M-1\}$携带信息，用$\delta$表示调制指数[4,6,8]。本节主要讨论 PAM，读者可根据文献[6,9]扩展到 PPM。

在式（8-1）中，$c_j^{(k)}\in\{0,\ 1,\ \cdots,\ N_c-1\}$表示用户$k$的跳时序列，$N_c$表示一帧中的码片（chip）数，$N_c=T_f/T_c$。跳时序列能使多个用户在不与其他用户的脉冲信号发生严重冲突的条件下共享信道。可利用极性码$d_j^{(k)}\in\{-1,1\}$进一步降低 MAI 的影响，同时还能减少发射信号功率谱密度（Power Spectrum Density，PSD）的频谱线[10~12]。在下面的推导过程中，假设用户k的接收机已知该用户使用的跳时序列和极性码。

式（8-1）中的 IR-UWB 信号也可以通过引入以下序列表示为码分多址（Code Division Multiple Accessing，CDMA）信号的形式[9,11]：

$$s_j^{(k)}=\begin{cases} d_{\lfloor j/N_c \rfloor}^{(k)}, & \text{当} j-N_c\lfloor j/N_c \rfloor=c_{\lfloor j/N_c \rfloor}^{(k)} \\ 0 & \text{其他} \end{cases} \tag{8-2}$$

则，式（8-1）可改为

$$s_{\text{tx}}^{(k)}(t)=\sqrt{\frac{E_k}{N_f}}\sum_{j=-\infty}^{\infty}s_j^{(k)}b_{\lfloor j/(N_f N_c) \rfloor}^{(k)}p_{\text{tx}}(t-jT_c) \tag{8-3}$$

式中，以 CDMA 信号形式表示的$s_j^{(k)}$定义了一个从集合{-1，0，+1}中取值的广义扩频序列[6,9,11,13]。因此，应用于 CDMA 系统的多址干扰抑制技术或多用户检测（Multi User Detection，MUD）算法也适用于 IR-UWB 系统[8,13~16]。然而，这些技术的复杂度通常非常高，可以利用 IR-UWB 的信号结构，专门设计一些更简单的多用户干扰抑制算法，这些算法也是本节的重点。

假设在多径分辨率为T_c的抽头延迟线信道模型中，用户k的离散信道$\boldsymbol{\alpha}^{(k)}=[\alpha_1^{(k)}\cdots\alpha_L^{(k)}]$，则接收信号可表示为

$$\begin{aligned} r(t)=&\sum_{k=1}^{K}\sqrt{\frac{E_k}{N_f}}\sum_{j=-\infty}^{\infty}\sum_{l=1}^{L}\alpha_l^{(k)}d_j^{(k)}b_{\lfloor j/N_f \rfloor}^{(k)} \\ &\times p_{\text{rx}}(t-jT_f-c_j^{(k)}T_c-(l-1)T_c)+\sigma_n n(t) \end{aligned} \tag{8-4}$$

式中，$p_{\text{rx}}(t)$表示接收到的单位能量 UWB 脉冲信号，由于天线的影响，$p_{\text{rx}}(t)$通常建模为$p_{\text{tx}}(t)$的其他衍生脉冲形式。$n(t)$表示均值为 0，单位谱密度的加性高斯白噪声（Additive White Gaussian Noise，AWGN）。

经过滤波和放大后，接收机前端能对接收到的模拟信号进行复杂度和精确度不一的各种处理。从这个角度而言，接收机可以进行如下分类：

- 直接采样接收机
- 匹配滤波接收机
- 能量检测接收机

虽然直接采样接收机有助于根据样本正确重构出接收信号，但在 UWB 系统中，该接收机需要非常高的采样速率（接近几个 GHz），增加了能耗和接收机复杂度[18]。而能量检测接收机的功耗和复杂度都很低[19~22]。但是，这些优点的实现往往伴随着性能损失，而且在多址环境下这种性能损失是至关重要的。

匹配滤波器在某种意义上提供了直接采样和能量检测之间折中的方案，它既表现出比能量检测接收机更好的性能，又有助于设计比直接采样接收机更低能耗和复杂度的接收机。此外，匹配滤波器还可以设计成具有多种采样率的形式。

如图 8-1 所示，接收到的模拟信号输入与脉冲信号波形相匹配的滤波器中，滤波器输出信号以码片速率采样。由于当码片速率达到几个 Gbit/s 时，若按码片速率采样，需要高速的模数转换器。另一种低成本、低能耗的替代方案是通过多个匹配滤波器（同样也可用相关器替代）并行地以帧速率进行采样，如图 8-2 所示。每一路匹配滤波器只对多径信道中的一个路径的信号采样。具体地，假设用户 1 为期望用户，则这些滤波器要匹配用户 1 的 UWB 脉冲信号 $p_{\mathrm{rx}}(t)$以及跳时序列和极性码。当每一帧中路径$l\in\mathcal{L}$，$\mathcal{L}=\{l_1, \cdots, l_M\}$且 $M\leqslant L$ 到达时即开始采样。即对 $l\in\mathcal{L}$，$\mathrm{s}^{(1)}_{\mathrm{temp},l}(t)=\mathrm{d}^{(1)}_j p_{\mathrm{rx}}(t-\mathrm{c}^{(1)}_j T_{\mathrm{c}}-(l-1)T_{\mathrm{c}})$，第 i 个符号的采样时刻为 $t=(iN_f)T_f$，…，$((i+1)N_f-1)T_f$。换句话说，M 个相关器用于收集来自 L 路多径分量的 M 路帧速率样本。由于帧间干扰（Interframe Interference，IFI）的存在，不同多径分量间会发生冲突，不同信息符号每符号采样样本的实际个数 N 小于 $N_f M$。

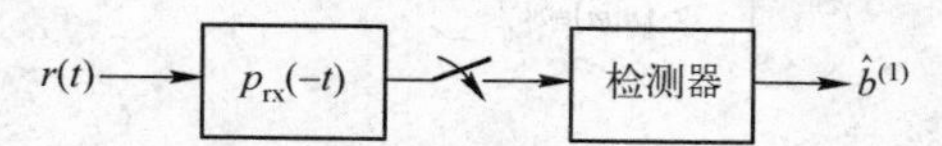

图 8-1　码片速率采样接收机结构

基于图 8-2 所示的接收机前端，第 j 帧，第 l 条路径中第 i 个信息比特的离散信号可表示为

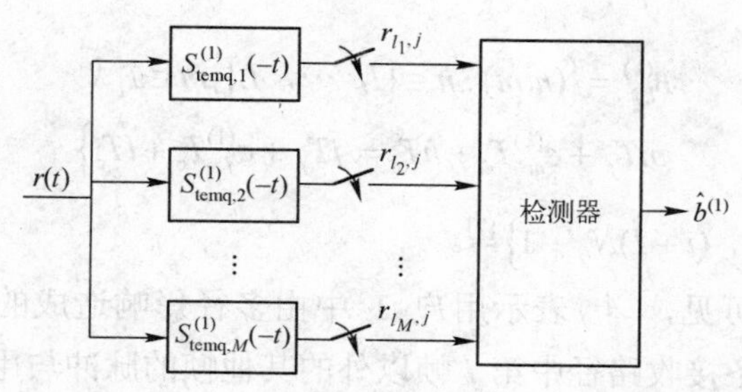

图 8-2　M 支路的接收机结构图，在每个支路采用帧速率采样

$$r_{l,j}=\boldsymbol{s}_{l,j}^{\mathrm{T}}\boldsymbol{A}\boldsymbol{b}_i+n_{l,j} \tag{8-5}$$

式中，$l=l_l, \cdots, l_M$；$j = iN_f, \cdots, (i+1)N_f-1$；$\boldsymbol{b}_i = [b_i^{(1)}\cdots b_i^{(k)}]^{\mathrm{T}}$；$n_{l,j}\sim\mathcal{N}(0,\sigma_n^2)$。且

$$\boldsymbol{A}=\begin{bmatrix}\sqrt{\dfrac{E_1}{N_f}} & \cdots & 0\\ \vdots & \ddots & \vdots\\ 0 & \cdots & \sqrt{\dfrac{E_K}{N_f}}\end{bmatrix} \tag{8-6}$$

此外，$\boldsymbol{s}_{l,j}$ 是一个 $K\times1$ 维向量，它是期望信号分量、IFI 和 MAI 之和

$$\boldsymbol{s}_{l,j}=\boldsymbol{s}_{l,j}^{(\mathrm{SP})}+\boldsymbol{s}_{l,j}^{(\mathrm{IFI})}+\boldsymbol{s}_{l,j}^{(\mathrm{MAI})} \tag{8-7}$$

第 k 个元素可表示为

$$\left[\boldsymbol{s}_{l,j}^{(\mathrm{SP})}\right]_k=\begin{cases}\alpha_l^{(1)} & k=1\\ 0 & k=2, \cdots, K\end{cases} \tag{8-8}$$

$$\left[\boldsymbol{s}_{l,j}^{(\mathrm{IFI})}\right]_k=\begin{cases}d_j^{(1)}\sum\limits_{(n,m)\in\mathcal{A}_{l,j}} d_m^{(1)}\alpha_n^{(1)} & k=1\\ 0 & k=2, \cdots, K\end{cases} \tag{8-9}$$

$$\left[\boldsymbol{s}_{l,j}^{(\mathrm{MAI})}\right]_k=\begin{cases}0 & k=1\\ d_j^{(1)}\sum\limits_{(n,m)\in\mathcal{B}_{l,j}^{(k)}} d_m^{(k)}\alpha_n^{(k)}, & k=2, \cdots, K\end{cases} \tag{8-10}$$

式中，

$$\begin{aligned}\mathcal{A}_{l,j}=\{(n,m):n\in\{1, \cdots, L\},m\in\mathcal{F}_{\mathrm{i}}\ \ m\neq j\\ mT_f+c_m^{(1)}T_{\mathrm{c}}+nT_{\mathrm{c}}=jT_f+c_j^{(1)}T_{\mathrm{c}}+lT_{\mathrm{c}}\}\end{aligned} \tag{8-11}$$

且

$$\begin{aligned}\mathcal{B}_{l,j}^{(k)}=\{(n,m):n\in\{l, \cdots, L\},m\in\mathcal{F}_i\\ mT_f+c_m^{(k)}T_{\mathrm{c}}+nT_{\mathrm{c}}=jT_f+c_j^{(1)}T_{\mathrm{c}}+lT_{\mathrm{c}}\}\end{aligned}, \tag{8-12}$$

式中，$\mathcal{F}_i=\{iN_f, \cdots, (i+l)N_f-1\}$[7]。

由式（8-11）可见，$\mathcal{A}_{l,j}$ 表示用户 1 中由多径影响造成的帧间脉冲干扰的集合，该集合是由各条接收路径中第 j 帧以外的其他帧的脉冲与用户 1 第 l 路第 j 个帧脉冲的冲突造成的。同样地，$\mathcal{B}_{l,j}^{(k)}$ 表示用户 k 与用户 1 第 l 条路径第 j 个脉冲冲

突造成的多址干扰的集合[7]。

下面，假设相邻符号间存在一个保护间隔，其长度等于信道冲激响应（Channel Impulse Response，CIR），从而避免发生符号间干扰。因此，比特 i 只受到当前符号各帧中脉冲信号的干扰，即 iN_f，…，$(i+1)N_f-1$ 个脉冲信号的干扰[7]。另外，考虑采用 $b_i^{(k)}\in\{-1,1\}$ 进行二进制调制。

为了能够对以下一些多址干扰抑制算法提供直观解释，利用式（8-5）中单径信道特定条件下的信号模型。在这种模型中，考虑 $l>1$，$\forall k$ 时，$\alpha_l^{(k)}=1$ 和 $\alpha_l^{(k)}=0$ 的情况。因此，每帧中只进行一次采样，得到用户 1 第 0 个符号的接收信号如下：

$$\boldsymbol{r}=[\,r_{1,0}\ r_{1,1}\cdots r_{1,N_f-1}]^{\mathrm{T}},\tag{8-13}$$

式中，$r_{1,j}$ 已在式（8-5）中给出，$\boldsymbol{s}_{1,j}$ 的第 k 个元素可表示为

$$[\boldsymbol{s}_{1,j}]_k=\begin{cases}1 & k=1\\ d_j^{(1)}d_j^{(k)}I_{\{c_j^{(k)}=c_j^{(1)}\}} & k=2,\ \cdots,\ K\end{cases}\tag{8-14}$$

式中，$I_{\{c_j^{(k)}=c_j^{(1)}\}}$ 表示指示函数，当 $c_j^{(k)}=c_j^{(1)}$ 时等于 1，否则等于 0。从式（8-14）中可以看出，对于单径信道，不存在 IFI，主干扰为 MAI。而在式（8-13）中，接收信号可表示为如下向量形式：

$$\boldsymbol{r}=\boldsymbol{SAb}+\boldsymbol{n}\tag{8-15}$$

式中，$\boldsymbol{b}=\left[b_0^{(1)}\cdots b_0^{(K)}\right]^{\mathrm{T}}$，$\boldsymbol{n}$ 是 $K\times1$ 维独立同分布高斯噪声分量，$\boldsymbol{n}\sim\mathcal{N}(\boldsymbol{0},\sigma_n^2\boldsymbol{I})$，$\boldsymbol{S}$ 是 $N_f\times K$ 维信号矩阵，第 j 行由式（8-14）中 $\boldsymbol{s}_{1,j}^{\mathrm{T}}$ 给出[6]。

由于 IR-UWB 脉冲信号占空比很小，来自其他用户的信号可能不会与期望用户信号冲突。在这种情况下，用户信号与式（8-15）中的信号模型不同，需建立一个更简单的信号模型。如果 K_1 是会与用户 1 的脉冲信号产生冲突的用户数量，接收信号可表示为如下向量形式：

$$\boldsymbol{r}=\boldsymbol{S}_1\boldsymbol{A}_1\boldsymbol{b}_1+\boldsymbol{n}\tag{8-16}$$

式中，$\boldsymbol{b}_1$ 是一个$(K_1+1)\times1$ 维的向量，包括第 1 个用户以及与该用户冲突的其他用户的信息符号，$\boldsymbol{A}_1$ 是一个对角矩阵，第 1 个分量是用户信号幅度，剩下的分量是与用户 1 发生冲突的用户信号的幅度，$N_f\times(K_1+1)$维信号矩阵 $\boldsymbol{S}_1$ 是通过删除式（8-15）中 $\boldsymbol{S}$ 矩阵里对应未与第 1 个用户发生冲突的列分量得到的[6]。

8.1.1.1　最大似然的检测器

最大似然（Maximum Likelihood，ML）检测器是能够最大限度地减少平均错误概率的最优检测器。具体来说，ML 检测器会选择对数似然函数最大的信息符号，ML 检测器计算复杂度随用户数量 K 指数增长，即计算复杂度为 $O(2^K)$[6,15,24]。

另一种复杂度较低的检测器，则只考虑在期望用户即用户 1 发出的脉冲信号到达时刻进行的采样，即所谓的准 ML（quasi-ML）检测器：

$$\hat{b}^{(1)} = \arg \max_{b^{(1)} \in \{-1,1\}} \sum_{\tilde{\boldsymbol{b}} \in \{-1,1\}^{K_1}} \left\| \boldsymbol{r} - \boldsymbol{S}_1 \boldsymbol{A}_1 \left[b^{(1)} \tilde{\boldsymbol{b}} \right]^{\mathrm{T}} \right\|^2 \tag{8-17}$$

式中，$\boldsymbol{r}$、$\boldsymbol{S}_1$ 和 $\boldsymbol{A}_1$ 即式（8-16）介绍的变量，K_1 表示与用户 1 的脉冲信号发生冲突的用户个数。

从式（8-17）可以注意到，准 ML 检测器的计算复杂度为 $O(2^{K_1})$，相比最优 ML 检测器，当与第 1 个用户冲突的用户数 K_1 较小时，准 ML 检测器能大幅度降低计算复杂度。另外，准 ML 检测器仅在用户 1 脉冲信号到达时刻可视为最优 ML 检测器。然而，相比与以码片速率采样的 ML 检测器，准 ML 检测器还是会带来一些性能损失。

8.1.1.2　线性检测器

由于基于 ML 的检测器运算复杂度太高，为在某些应用场合提供复杂度低、性能损失合理的解决方案，常常优先选用线性检测器[6,25]。线性检测器将接收信号采样序列进行线性组合，估计出合并后的采样序列中的信息比特。即

$$\hat{b}^{(1)} = \operatorname{sign}\left\{ \boldsymbol{\theta}^{\mathrm{T}} \boldsymbol{r} \right\} \tag{8-18}$$

式中，$\boldsymbol{\theta}$ 表示加权向量；$\boldsymbol{r}$ 是接收信号样本向量。线性接收机的性能和复杂度取决于加权向量 $\boldsymbol{\theta}$ 的设定，讨论如下。

（1）脉冲丢弃检测器

一种确定式（8-18）中加权向量的简便方法是丢弃所有受到 MAI（显著）影响的接收信号样本。例如，闪烁接收机（Blinking Receiver，BR）能忽略掉所有受到其他用户脉冲信号干扰的信号样本，只接收那些没有受到严重损坏的脉冲信号[14]。具体来说，对于闪烁接收机，根据式（8-13）接收信号模型，式（8-18）中加权向量可表示为

$$[\theta]_j = \begin{cases} 1 & [\boldsymbol{s}_{1,j}]_2 = \cdots = [\boldsymbol{s}_{1,j}]_K = 0 \\ 0 & \text{其他} \end{cases} \tag{8-19}$$

对 $j = 1$，…，N_f，$[\theta]_j$ 表示 $\boldsymbol{\theta}$ 的第 j 个分量。

应当指出的是，为了确定式（8-19）中的加权向量，闪烁接收机需要知道哪些样本受到干扰。注意到，当存在大量的弱干扰信号与期望用户的脉冲信号冲突时，接收机性能会降低。也就是说，由于闪烁接收机会完全忽略掉受到干扰的接收信号样本，同时也会丢弃接收信号中的有用信息，尤其是在弱干扰条件下。因此，在某些情况下，相比于传统的匹配滤波接收机，闪烁接收机是专为性能要求不高的单用户系统设计的，并设 $\boldsymbol{\theta}=\mathbf{1}$[26]。

为改善弱干扰条件下的性能，可以使用能忽略掉那些受到显著干扰的信号样本的码片鉴别器[27]。此时，加权向量可以设置如下：

$$[\boldsymbol{\theta}]_j=\begin{cases}1 & \text{当} \max\left\{\sqrt{E_2}\left|[\boldsymbol{s}_{1,j}]_2\right|,\cdots,\sqrt{E_K}\left|[\boldsymbol{s}_{1,j}]_K\right|\right\}<\tau_{\text{cd}} \\ 0 & \text{其他}\end{cases} \tag{8-20}$$

式中，τ_{cd}是一个阈值，用于确定信号样本是否受到明显影响[25]。

（2）准去相关器

由于 IR-UWB 系统可看作 CDMA 系统的一种，去相关器可用来抑制 MAI 影响[14]。去相关器是一种通过确定加权向量消除 MAI 影响的线性检测器。换句话说，它能在无背景噪声的条件下完全消除 MAI 影响；然而，随着噪声功率的增长，其性能会有所下降[15]。去相关器中加权向量的计算需要对一个 $K\times K$ 的矩阵求逆。基于式（8-16）中简化信号模型，即只考虑那些对期望用户形成干扰的用户的一种简化去相关器，称为准去相关器，可以用加权向量形式定义如下：

$$\theta=\boldsymbol{S}_1\tilde{\boldsymbol{s}}_{\text{decor}} \tag{8-21}$$

式中，$\tilde{\boldsymbol{s}}_{\text{decor}}$表示$\left(\boldsymbol{S}_1^{\text{T}}\boldsymbol{S}_1\right)^{-1}$中的第 1 列，$\boldsymbol{S}_1$表示式（8-16）中信号矩阵。

值得注意的是，准去相关器需要对一个$(K_1+1)\times(K_1+1)$的矩阵求逆，其中K_1是对期望用户产生干扰的用户数量。根据对文献[14]的研究可知，准去相关器可在某些应用场合大幅度降低计算复杂度。然而，其在实用中表现出来的性能与闪烁接收机检测器的性能基本一致，且当用户数较大时，性能损失很大。

（3）准最小均方误差检测器

去相关器在无噪条件下可通过确定加权向量来消除 MAI 影响。而另一方面，传统匹配滤波检测器同样可以通过合并接收信号样本进行检测，形成了无 MAI 影响条件下的最优检测方法。在 MAI 和噪声同时存在的前提下，最小均方误差(Minimum Mean Square Error，MMSE)检测器能提供对这两种干扰的有效抑制[15]。与去相关器相类似，MMSE 检测器也需要对 $K\times K$ 的矩阵求逆。但在 IR-UWB 中，式（8-16）简化信号模型可用于得到准 MMSE 检测器[14],该检测器可由以下指定的加权向量表示：

$$\theta=\boldsymbol{S}_1\tilde{\boldsymbol{s}}_{\text{mmse}} \tag{8-22}$$

式中，$\tilde{\boldsymbol{s}}_{\text{mmse}}$表示$(\boldsymbol{S}_1^{\text{T}}\boldsymbol{S}_1+\sigma_{\text{n}}^2\left(\boldsymbol{A}_1\right)^{-2})^{-1}$的第 1 列。

当 MAI 是主要误差源时，准 MMSE 检测器和准去相关器的性能基本一致。而当噪声是主要误差源时，准 MMSE 检测器与传统匹配滤波检测器的性能基本一致。

（4）多径信道下的最优和次优方案

虽然以上阐述的线性检测器都是基于式（8-16）中的简化信号模型，但实际上时域分辨率很高的 UWB 信号会导致大量多径分量。因此，IR-UWB 接收机若要实现低误码率，不仅要合并各帧的信号，还要高效地合并每一帧中的多径分量。为了实现这个目的，可利用图 8-2 所示的 Rake 接收机，从每一帧的 M 路多径分量中收集信号样本。应当指出的是，典型 UWB 信道中存在大量多径分量，由于计算复杂度的限制，M 通常比 L 小。只合并一部分多径分量的 Rake 接收机称为选择性 Rake 接收机[28]。在选择性 Rake 接收机中，从图 8-2 所示接收机的多径分量中最优选择出 M 路分量十分重要，该过程也称为指峰选择问题[29]。在选择好多径分量后，采用最优方案合并信号样本也同样重要。本节的目的是获得具有不同性能和计算复杂度的各种线性检测器的结构，这里假设已经完成了指峰选择。

（5）最佳线性 MMSE 检测器

首先，根据 MMSE 准则得到针对用户 1 的最佳线性检测器。考虑式（8-5）中接收信号样本 $r_{l,j}$，$l \in \mathcal{L} = \{l_1, \cdots, l_M\}$ 和 $j \in \{1, \cdots, N_f\}$，令 $\boldsymbol{r}$ 表示一个由离散样本 $r_{l,j}$ 组成的 $N\times 1$ 维的向量，式中，$(l, j) \in \mathcal{L} \times \{1, \cdots, N_f\}$：

$$\boldsymbol{r} = \left[r_{l_1, j_1^{(1)}} \cdots r_{l_1, j_{m_1}^{(1)}} \cdots r_{l_M, j_1^{(M)}} \cdots r_{l_M, j_{m_M}^{(M)}} \right]^{\mathrm{T}} \tag{8-23}$$

式中，$\sum_{i=1}^{M} m_i = N$ 表示样本的总次数，$N \leqslant M\, N_f$ [7]。由式（8-5），$\boldsymbol{r}$ 可表示为如下形式㊀：

$$\boldsymbol{r} = \boldsymbol{SAb} + \boldsymbol{n} \tag{8-24}$$

式中，$\boldsymbol{A}$ 和 $\boldsymbol{b}$ 是式（8-5）中的向量，$\boldsymbol{n} \sim \mathcal{N}(\boldsymbol{0}, \sigma_n^2 \boldsymbol{I})$。

同样，$\boldsymbol{S}$ 表示一个信号矩阵，其行元素是式（8-7）中的 $\mathrm{s}_{l,j}^{\mathrm{T}}$，$(l,j) \in \mathcal{C}$，

$$\mathcal{C} = \left\{ (l_1, j_1^{(1)}), \cdots, (l_1, j_{m_1}^{(1)}), \cdots, (l_M, j_1^{(M)}), \cdots, (l_M, j_{mM}^{(M)}) \right\} \tag{8-25}$$

根据式（8-7）～式（8-10），$\boldsymbol{S}$ 可表示为 $\boldsymbol{S} = \boldsymbol{S}^{(\mathrm{SP})} + \boldsymbol{S}^{(\mathrm{IFI})} + \boldsymbol{S}^{(\mathrm{MAI})}$。经过恒等变换，$\boldsymbol{r}$ 可变为

$$\boldsymbol{r} = b^{(1)} \sqrt{\frac{E_1}{N_f}} (\boldsymbol{\alpha} + \boldsymbol{e}) + \boldsymbol{S}^{(\mathrm{MAI})} \boldsymbol{Ab} + \boldsymbol{n} \tag{8-26}$$

式中，$\alpha = \left[\alpha_{l_1}^{(1)} \mathbf{1}_{m_1}^{\mathrm{T}} \cdots \alpha_{l_M}^{(1)} \mathbf{1}_{m_M}^{\mathrm{T}} \right]^{\mathrm{T}}$，$\mathbf{1}_m$ 表示 $m\times 1$ 维的全 1 向量，$\boldsymbol{e}$ 表示 $N\times 1$ 维的向量，元素 $e_{l,j} = d_j^{(1)} \sum_{(n,m) \in \mathcal{A}_{l,j}} d_m^{(1)} \alpha_n^{(1)}$，$(l,j) \in \mathcal{C}$ [7]。式（8-26）中接收信号样本也可表示为信号与噪声之和，如下所示[7]：

$$\boldsymbol{r} = b^{(1)} \boldsymbol{\beta} + \boldsymbol{w} \tag{8-27}$$

㊀ 为简化符号表达式，从符号 b_i 中去掉编号 i。

式中，

$$\boldsymbol{\beta}=\sqrt{\frac{E_1}{N_f}}(\boldsymbol{\alpha}+\boldsymbol{e}) \tag{8-28}$$

$$\boldsymbol{w}=\boldsymbol{S}^{(\mathrm{MAI})}\boldsymbol{A}\boldsymbol{b}+\boldsymbol{n} \tag{8-29}$$

对式（8-27）中信号模型，根据 MMSE 准则可得式（8-18）中权重向量的最优设计如下：

$$\boldsymbol{\theta}=\left(\boldsymbol{\beta}\boldsymbol{\beta}^{\mathrm{T}}+\mathbf{R}_{\mathbf{w}}\right)^{-1}\boldsymbol{\beta}=c\boldsymbol{R}_{\mathbf{w}}{}^{-1}\boldsymbol{\beta} \tag{8-30}$$

式中，$\boldsymbol{R}_{\mathbf{w}}=\boldsymbol{E}\{\boldsymbol{w}\boldsymbol{w}^{\mathrm{T}}\}$，$c=(1+\mathrm{SINR})^{-1}$，而 $\mathrm{SINR}=\beta^{\mathrm{T}}\boldsymbol{R}_{\mathbf{w}}^{-1}\beta$ 表示信干噪比[15]。注意到，对于等概符号，相关矩阵 $\boldsymbol{R}_{\mathbf{w}}$ 可由式（8-29）计算得到，如下所示：

$$\boldsymbol{R}_{\mathbf{w}}=S^{(\mathrm{MAI})}\boldsymbol{A}^2(\boldsymbol{S}^{(\mathrm{MAI})})^{\mathrm{T}}+\sigma_{\mathrm{n}}^2\boldsymbol{I} \tag{8-31}$$

从式（8-30）和式（8-31）可知，MMSE 加权向量的计算需要将一个 $N\times N$ 的矩阵求逆，而这种计算方法在帧数和（或）接收机分支数（Rake 指峰）很大时，会导致很高计算复杂度[30]。

（6）两步 MMSE 检测器

为了降低由式（8-18）和式（8-30）提出的线性 MMSE 检测器复杂度，可以考虑采用一种两步 MMSE 合并方法[7]。

第 1 步，式（8-23）接收信号样本 $\boldsymbol{r}$ 分为成 N_1 个向量如下：

$$\boldsymbol{r}_n=b^{(1)}\boldsymbol{\beta}_n+\boldsymbol{w}_n \tag{8-32}$$

$n=1,\cdots,N_1$。然后，各组样本根据 MMSE 准则进行加权向量合并如下[30]：

$$\boldsymbol{\theta}_n=\left(\boldsymbol{\beta}_n\boldsymbol{\beta}_n^{\mathrm{T}}+\boldsymbol{R}_{\mathbf{w}_n}\right)^{-1}\boldsymbol{\beta}_n=c_n\boldsymbol{R}_{\mathbf{w}_n}^{-1}\boldsymbol{\beta}_n \tag{8-33}$$

式中，$c_n=\left(1+\boldsymbol{\beta}_n^{\mathrm{T}}\boldsymbol{R}_{\mathbf{w}_n}^{-1}\boldsymbol{\beta}_n\right)^{-1}$，$\boldsymbol{R}_{\mathbf{w}_n}=\mathrm{E}\left\{\boldsymbol{w}_n\boldsymbol{w}_n^{\mathrm{T}}\right\}$。

第 2 步，将合并的样本 $\boldsymbol{\theta}_1^{\mathrm{T}}\boldsymbol{r}_1,\cdots,\boldsymbol{\theta}_{N_1}^{\mathrm{T}}\boldsymbol{r}_{N_1}$ 根据 MMSE 准则再次合并。为了阐明第 2 步的过程，令 $\hat{\boldsymbol{r}}$ 表示第 1 步结束后合并信号样本集合，即

$$\hat{\boldsymbol{r}}=\left[\boldsymbol{\theta}_1^{\mathrm{T}}\boldsymbol{r}_1\cdots\boldsymbol{\theta}_{N_1}^{\mathrm{T}}\boldsymbol{r}_{N_1}\right]^{\mathrm{T}} \tag{8-34}$$

可表示为

$$\hat{\boldsymbol{r}}=b^{(1)}\hat{\boldsymbol{\beta}}+\hat{\boldsymbol{w}} \tag{8-35}$$

式中，$\hat{\boldsymbol{\beta}}=\left[\boldsymbol{\theta}_1^{\mathrm{T}}\boldsymbol{\beta}_1\cdots\boldsymbol{\theta}_{N_1}^{\mathrm{T}}\boldsymbol{\beta}_{N_1}\right]^{\mathrm{T}}$，且 $\hat{\boldsymbol{w}}=\left[\boldsymbol{\theta}_1^{\mathrm{T}}\boldsymbol{w}_1\cdots\boldsymbol{\theta}_{N_1}^{\mathrm{T}}\boldsymbol{w}_{N_1}\right]^{\mathrm{T}}$。然后，获得信号估计如下：

$$\hat{b}^{(1)}=\mathrm{sgn}\left\{\boldsymbol{\gamma}^{\mathrm{T}}\hat{\boldsymbol{r}}\right\} \tag{8-36}$$

式中，$\boldsymbol{\gamma}$ 是样本 $\hat{\boldsymbol{r}}$ 中的 MMSE 加权向量，计算公式如下：

$$\boldsymbol{\gamma} = (\hat{\boldsymbol{\beta}}\hat{\boldsymbol{\beta}}^{\mathrm{T}} + \boldsymbol{R}_{\hat{\mathrm{w}}})^{-1}\hat{\boldsymbol{\beta}} = \hat{c}\boldsymbol{R}_{\hat{\mathrm{w}}}^{-1}\hat{\boldsymbol{\beta}} \tag{8-37}$$

式中，$\boldsymbol{R}_{\mathrm{w}}=E\{\hat{\boldsymbol{w}}\hat{\boldsymbol{w}}^{\mathrm{T}}\}$[7]。从式（8-33）到式（8-37）可以发现两步 MMSE 合并方法检测器，与由式（8-18）和（8-30）提出的 MMSE 检测器相比，计算复杂度有所降低。具体地，前者的计算复杂度是 $O(N^{1.8})$，而后者为 $O(N^3)$[30]。通常，这种复杂度的降低总伴随着性能的损失，因为在两步 MMSE 检测器中的第 1 步，每个分组都会忽略掉其他分组的信息。然而，当式（8-32）中 $\boldsymbol{w}_1$，…，$\boldsymbol{w}_N$ 的噪声样本互不相关时，两步 MMSE 检测器就是文献[7]中讨论的最佳线性检测器。换言之，当式（8-31）中相关矩阵 $\boldsymbol{R}_{\mathrm{w}}$ 是块对角结构时，两步 MMSE 检测器即为最佳检测器。当相关矩阵不具备这样的结构时，可以合并成同一组相关性很强的样本来获得“近似块对角”结构，这种结构能提升两步 MMSE 检测器的性能。为了实现这一目标，文献[7]中提出了如下分组算法：

① $\mathcal{S}=\{1, \cdots, N\}$

② for　i=1: N_1-1

③ 从集合 $\mathcal{S}$ 中选择一个随机样本 s

④ $\mathcal{S}=\mathcal{S}-\{s\}$

⑤ $\tilde{\mathcal{S}}_i=\{s\}$

⑥ for　j=1: $\hat{N}_i-1$

⑦ $\tilde{l}=\arg\max\limits_{l\in\mathcal{S}}\sum\limits_{k\in\tilde{\mathcal{S}}_i}|\rho_{lk}|$

⑧ $\tilde{\mathcal{S}}_i=\tilde{\mathcal{S}}_i\cup\{\tilde{l}\}$

⑨ $\mathcal{S}=\mathcal{S}-\{\tilde{l}\}$

⑩ $\tilde{\mathcal{S}}_{N_1}=\mathcal{S}$

式中，$\hat{N}_i$ 表示分组 i 中样本数量，$i=1$，…，N_1，相关系数 ρ_{lk} 如下：

$$\rho_{lk}=\frac{[\boldsymbol{R}_{\mathrm{w}}]_{lk}}{\sqrt{[\boldsymbol{R}_{\mathrm{w}}]_{ll}[\boldsymbol{R}_{\mathrm{w}}]_{kk}}} \tag{8-38}$$

相关系数可用来衡量任意两个样本之间的相关性。在这种低复杂度的分组算法中，首先要对每个组进行随机采样，然后从可用编号集 $\mathcal{S}$ 中选择相关性最强的样本，形成一组高度相关的样本。接着由得到的编号集 $\tilde{\mathcal{S}}_1, \cdots, \tilde{\mathcal{S}}_{N_1}$ 指定两步 MMSE 检测中第 1 步中要合并的接收信号样本分组。

两步 MMSE 检测的设计思路也可推广到多步 MMSE 检测设计中。换言之，为了进一步降低计算复杂度，接收信号样本可以合并两次以上。然而，随着步骤的增多，性能损失也更大。

（7）最佳帧合并（OFC）检测

为了提出比两步 MMSE 检测计算复杂度更低的两步线性检测器，可以考虑文献[31]提出的最佳帧合并（Optimal Frame Combining，OFC）检测。OFC 检测首先根据最大比合并准则，将每帧中多径分量合并，但这种方法通常并不是最理想的；然后根据最佳线性 MMSE 准则，将不同帧中合并后的样本再次组合。从数学的角度讲，第 i 个信息符号（比特）估计为

$$\hat{b}^{(1)} = \text{sign}\left\{ \sum_{j=iN_f}^{(i+1)N_f-1} \hat{\theta}_j \sum_{l\in\mathcal{L}} \alpha_l^{(1)} r_{l,j} \right\} \tag{8-39}$$

式中，$\hat{\theta}_{iN_f}$，…，$\hat{\theta}_{(i+1)N_f-1}$ 是第 i 比特的 MMSE 权重，$\mathcal{L}=\{l_1, \cdots, l_M\}$ 表示接收机使用的多径分量集[31]。

（8）最佳多径合并（OMC）检测

最佳多径合并（Optimal Multipath Combining，OMC）检测，在某种意义上是 OFC 检测的补充，可对不同帧中，每一个多径分量接收信号样本进行次优的等增益合并（Equal Gain Combining，EGC），然后根据最佳线性 MMSE 准则，将不同多径分量的合并样本再次进行合并。换言之，第 i 个信息比特可以估计为

$$\hat{b}^{(1)} = \text{sign}\left\{ \sum_{l\in\mathcal{L}} \tilde{\theta}_l \sum_{j=iN_f}^{(i+1)N_f-1} r_{l,j} \right\} \tag{8-40}$$

式中，$\tilde{\theta}_{l_1}$，…，$\tilde{\theta}_{l_M}$ 是 MMSE 权重[31]。

本节中，为比较各种线性检测的性能，考虑一个 5 用户（$K = 5$）IR-UWB 系统的下行链路，其中对于所有的 k，$E_k=1$[30]。每帧中的码片数 N_c=10，对于所有的 k，离散 CIR 为 $\boldsymbol{\alpha}^{(k)}$=[−0.4019, 0.5403, 0.1069, −0.0479, 0.0608, 0.0005] [32]。用户选择跳的时序列和极性码服从均匀分布，将不同信道实现的结果进行平均。对于两步 MMSE 检测，各个分组选取的采样样本数必须相等。第 1 种情况，N_l = 2，N_f=8，$\mathcal{L}$={1,2,3,4}；也就是说，接收机只使用了 4 条多径分量。图 8-3 给出了最佳线性 MMSE、传统 MMSE㊀和两步 MMSE（分为有分组与无分组的情况）接收机的误比特率（Bit Error Probability，BEP）与信噪比（Signal Noise Ratio，SNR）的关系。显然，两步 MMSE 接收机的性能更加接近最佳线性 MMSE 接收机，而通过最大比合并（Maximum Ratio Combining，MRC）合并多径分量、通过 EGC 合并帧分量的传统接收机的性能最差。另外，可以看出经过分组的两步 MMSE 检测更具优势。

接下来，在以上参数条件不变的前提下，深入研究分组数 N_1 不同时，分组的两步 MMSE 检测的性能，如图 8-4 所示。

㊀ 传统检测器对多径分量进行 MRC 合并，对不同帧的分量进行 EGC 合并。

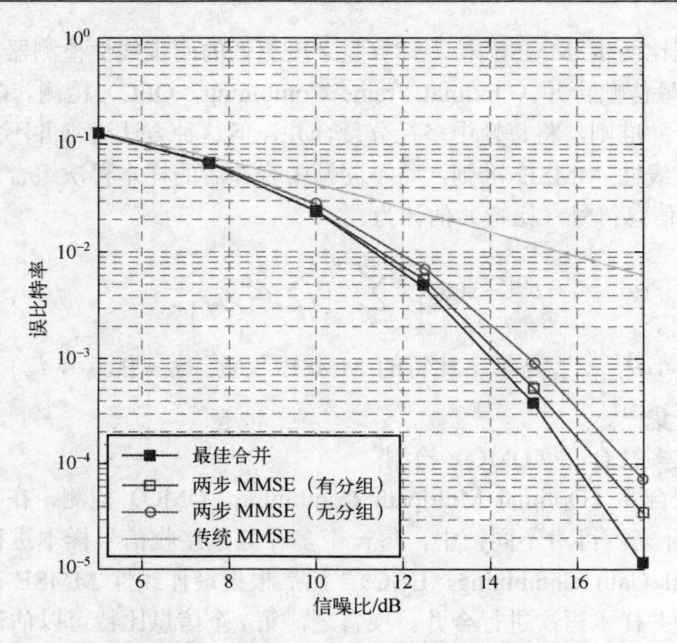

图 8-3　5 用户 IR-UWB 系统中最佳、传统和两步 MMSE 算法的误比特率与信噪比（SNR）关系图，其中 $N_c=10$，$N_f=8$，$\mathcal{L}=\{1,2,3,4\}$ 且 $E_k=1\ \forall k$ [30]

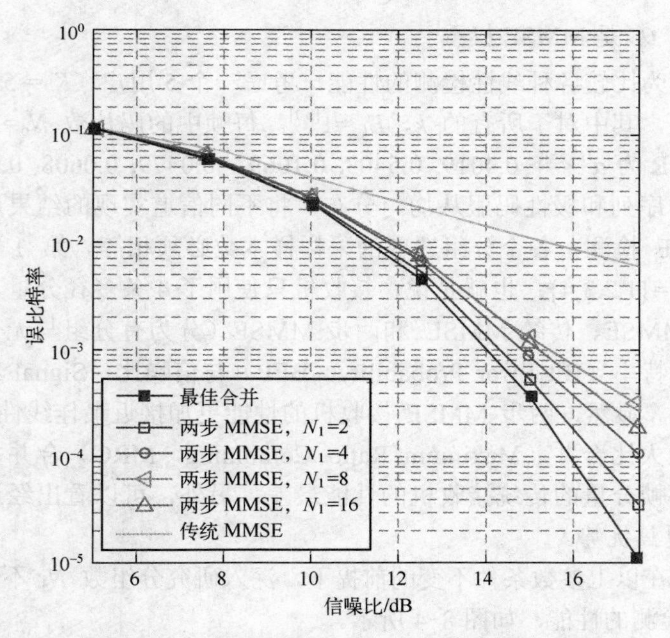

图 8-4　最佳算法、传统算法和不同 N_1 值的两步算法的 BEP 与 SNR 的比较，参数设置同图 8-3[30]

随着分组数的增加，该算法的性能更差。这是由于 MMSE 中各分组的合并，会忽略掉其他分组中的信息。然而，随着 N_1 逐渐接近 N，即接近 32 时，检测的性能开始变好，这是因为两步 MMSE 算法中第 2 步合并更加有效（例如，$N_1 = 16$ 时的性能比 $N_1 = 8$ 时好）。事实上，当 $N_1 = N$ 时，两步 MMSE 检测的 BER 曲线会下降到最佳线性 MMSE 检测的位置。因为在这种情况下，每一组只由一个样本组成第 1 步中没有进行任何合并。

最后，比较两步 MMSE 检测、OMC 检测和 OFC 检测在 $N_f = N_1 = 5$，$\mathcal{L} = \{1, 2, 3, 4, 5\}$ 条件下的性能。从图 8-5 中可以看出，每一步都采用最佳 MMSE 准则的两步 MMSE 检测的性能比在第 1 步分别采用 EGC 和 MRC 的 OMC 检测和 OFC 检测的性能更加出色[7]。

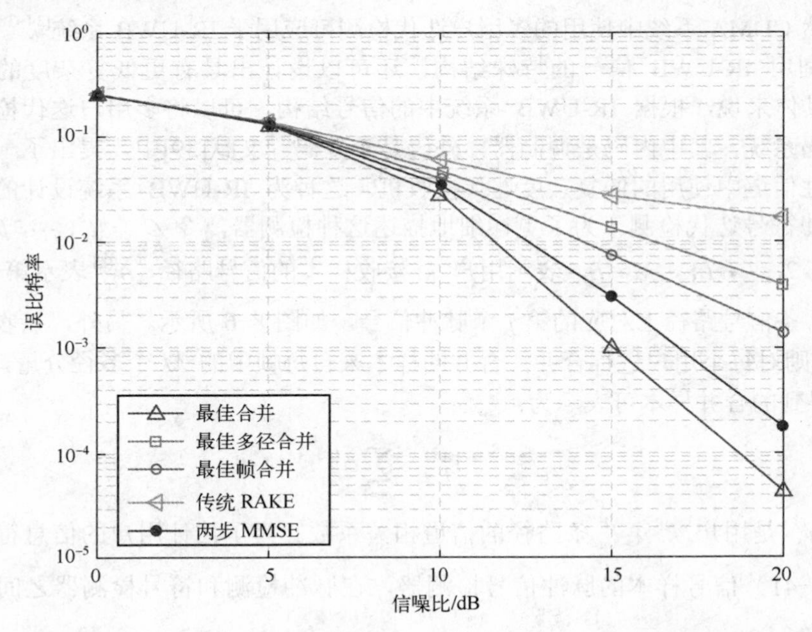

图 8-5　最佳 MMSE、传统 MMSE、OMC、OFC 和两步 MMSE 接收机的 BEP 与 SNR 关系图，其中 $N_f = N_1 = 5, \mathcal{L} = \{1,2,3,4,5\}$，其他参数设置同图 8-4[30]

8.1.1.3　迭代算法

为了在码分多址信道中提供低复杂度、接近最佳的解调，可以采用迭代 MUD 算法。该算法需要在 MUD 和信道译码单元之间交换表示为后验概率形式的软信息[6,33]。在两个判决单元之间使用 Turbo 迭代原理，即软 MUD 和软信道译码，也可应用于采用任何信道编码的 IR-UWB 系统中[34~38]。文献[35]提出了一种应用于卷积编码 IR-UWB 系统的低复杂度迭代接收机。这种接收机主要由脉冲相关器、软干扰消除器（Soft Interference Cancerler-likelihood Calculators，SICLC）、软输入软输出（Soft-Input and Soft-Output，SISO）信道译码器、交织器和解交织器组成。用户 k 的脉冲相关器使接收信号 $r(t)$与接收到的脉冲信号 $p_{rx}(t)$相关，并将相关值输出到 SICLC 单元。在 SICLC 单元中，用户 k 受到的来自所有其他用户的总干扰可由 SISO 信道译码器提供的软信息计算出来，再从用户 k 的相关输出中减去这一部分[6]。然后，根据用户 k 最后输出的结果，通过单用户似然计算器得到第 k 比特的对数似然比（Log- Likelihood Ratio，LLR）[35]。这一对数似然比形式的软（外）信息会传递给第 k 个 SISO 信道译码器，作为一个先验信息，并根据编码约束条件对编码比特的 LLR 进行更新。接着，更新后的对数似然比将传递到 SICLC 模块进行下一次迭代。经过一定次数的迭代后，可根据 SISO 信道译码器的 LLR 计算结果进行比特判决[6,35]。

虽然 CDMA 系统中使用的多用户迭代检测可应用于 IR-UWB 系统[34~38]，但迭代算法利用 IR-UWB 信号的特殊结构，还可以设计出具有更低复杂度的接收机[14,39]。具体来说，根据 IR-UWB 系统中的信号结构，可以将多用户迭代检测视为级联编码系统，其中内码是调制器，外码是重复码。文献[39]中，提出了一种在频率选择性信道中使用的低复杂度迭代接收机。这种为 IR-UWB 系统设计的接收机称为脉冲符号迭代检测。为了更详细地描述这种检测器，令 $\mathcal{L}^k = \{l_1^k, \cdots, l_M^k\}$，其中 $l_m^k \in \{1, 2, \cdots, L\}$，$M \leqslant L$，表示用户 k 接收样本的信号路径，$r_{l,j}^{(k)}$ 表示第 k 个用户，第 l 条信号路径上对应的第 j 个脉冲信号，如图 8-6 所示。另外，接收机根据 MRC 准则对每个用户进行合并，合并的样本来自每帧中的 M 个多径分量，用户 k 第 j 帧得到的合并样本可表示为：

$$\tilde{r}_j^{(k)} = \sum_{m=1}^{M} \alpha_{l_m^k}^{(k)} r_{m,j}^{(k)} \tag{8-41}$$

式中，$\alpha_{l_m^k}^{(k)}$ 是用户 k 第 l_m^k 条路径的信道相关系数。为了估计用户的信息符号，基于式（8-41）信号样本的脉冲信号检测器，在脉冲检测和符号检测器之间执行迭代[39]。

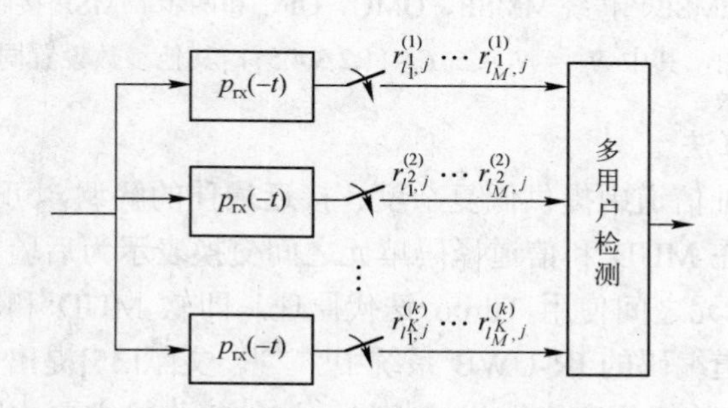

图 8-6　文献[39]中多用户接收机的一般结构，其中 $p_{rx}(t)$表示接收到的 UWB 脉冲信号

（1）脉冲检测器

在这个阶段，假设同一用户的不同脉冲对应的信息符号独立。换句话说，虽然已知所有 $k \in \{1, \cdots, K\}$ 的先验 $b_{(i-1)N_f+1}^{(k)} = \cdots = b_{iN_f}^{(k)}$，但脉冲检测器还是会忽略该信息，其中 $b_j^{(k)}$ 表示用户 k 第 j 个脉冲信号携带的信息符号。在第 n 次迭代，脉冲检测器计算式（8-41）给出 $\tilde{r}_j^{(k)}$ 条件下 $b_j^{(k)}$ 的后验 LLR，其他用户脉冲信号中的信息，以及信号检测器提供给 $b_j^{(k)}$ 的先验信息如下[14]：

$$L_1^n(b_j^{(k)}) \triangleq \log \frac{\Pr(b_j^{(k)} = 1 \mid \tilde{r}_j^{(k)})}{\Pr(b_j^{(k)} = -1 \mid \tilde{r}_j^{(k)})} \tag{8-42}$$

$$= \log \frac{f(\tilde{r}_j^{(k)} \mid b_j^{(k)} = 1)}{f(\tilde{r}_j^{(k)} \mid b_j^{(k)} = -1)} + \log \frac{\Pr(b_j^{(k)} = 1)}{\Pr(b_j^{(k)} = -1)} \tag{8-43}$$

式中，$j = 1, \cdots, N_f$ 且 $k = 1, \cdots, K$，$f(\tilde{r}_j^{(k)} \mid b_j^{(k)} = i)$ 是已知传输符号等于 i 时得到第 k 个用户第 j 个合并样本的似然值。显然传输符号的后验 LLR 是先验 LLR

$$\log \frac{\Pr(b_j^{(k)} = 1)}{\Pr(b_j^{(k)} = -1)} \triangleq \lambda_2^{n-1}(b_j^{(k)}) \tag{8-44}$$

与脉冲检测器提供给传输符号的外信息

$$\log \frac{f(\tilde{r}_j^{(k)} \mid b_j^{(k)} = 1)}{f(\tilde{r}_j^{(k)} \mid b_j^{(k)} = -1)} \triangleq \lambda_1^n(b_j^{(k)}) \tag{8-45}$$

之和。文献[39]给出了式（8-43）中后验 LLR 的具体表达式。

（2）符号检测器

符号检测器的前提是 $b_{(i-1)N_f+1}^{(k)} = \cdots = b_{iN_f}^{(k)}$ 对一切 $k \in \{1, \cdots, K\}$ 都成立。因此，通过脉冲检测器提供的外信息和以上条件，符号检测器可计算出 $b_j^{(k)}$ 的后验 LLR，所得结果如下所示[14]：

$$L_2^n(b_j^{(k)}) \triangleq \log \frac{\Pr(b_j^{(k)} = 1 \mid \{\lambda_1^n(b_j^{(k)})\}_{j=1,k=1}^{N_f,K})}{\Pr(b_j^{(k)} = -1 \mid \{\lambda_1^n(b_j^{(k)})\}_{j=1,k=1}^{N_f,K})}$$

$$= \underbrace{\sum_{i=N_f\lfloor (j-1)/N_f \rfloor+1, i\neq j}^{N_f\lfloor (j-1)/N_f \rfloor+N_f} \lambda_1^n(b_i^{(k)})}_{\lambda_2^n(b_j^{(k)})} + \lambda_1^n(b_i^{(k)}) \tag{8-46}$$

式中，约束条件为对每个 $k \in \{1, \cdots, K\}$ 都有 $b_{(i-1)N_f+1}^{(k)} = \cdots = b_{iN_f}^{(k)}$。显然由式（8-46）可知，符号检测器输出端的后验 LLR 是脉冲检测器先验信息 $\lambda_1^n(b_j^{(k)})$ 以及 $b_j^{(k)}$ 的外

信息 $\lambda_2^n(b_j^{(k)})$ 之和，外信息来自用户 k 除第 j 个脉冲信号之外的其他脉冲信号。在下一次迭代中，后验 LLR 信息会作为用户 k 第 j 个脉冲的先验信息反馈回脉冲检测器[39]。

上述脉冲符号检测器的复杂度在很大程度上取决于每个信息符号中的脉冲数 N_f。某些情况下，增加 N_f 会显著提高复杂度。因此，文献[39]中提出了两个低复杂度检测器的实现方法。第 1 种方法是通过高斯随机变量逼近部分 MAI，而第 2 种方法是基于软干扰消除。图 8-7 中，画出了这两种算法的平均错误概率与 SNR 的曲线图，其中标注“LC”和“SIC”分别对应第 1 种和第 2 种方法。

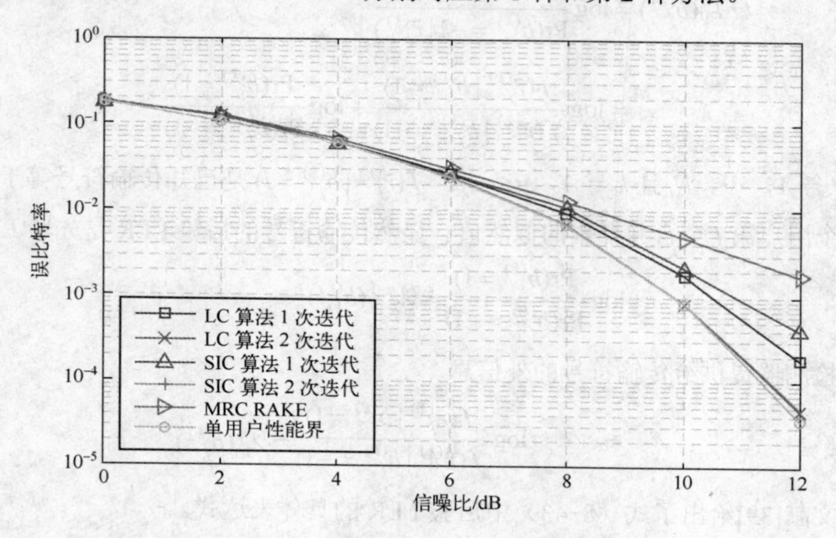

图 8-7　不同接收机的 BEP 与 SNR 关系[39]

图 8-7 中的仿真，采用了 IEEE 802.15.3a 任务组发布的 UWB 室内信道模型 1（CM1），该信道产生了 100 个信道实现。考虑同步 IR-UWB 系统上行，链路参数为 $N_\mathrm{f}=5$，$N_\mathrm{c}=250$，0.5GHz 带宽。同时，为了防止 IFI 的发生，生成的 TH 序列是在{0，1，…，$N_\mathrm{c}-L-1$}范围内均匀分布的整数序列。此外，在 5 用户（即 $K=5$）系统环境中，设第 1 个用户为期望用户。为了深入研究 MAI 受限的情况，每个干扰用户的功率都比期望用户大 10dB。所有接收机使用的都是前 25 个多径分量，即 $\mathcal{L}_1=\{1，\cdots，25\}$。从图 8-7 中可以看出，这两种检测器的错误率远低于 MRC-Rake 接收机，即文献[41]中的传统 MRC-Rake 接收机的性能。此外，仅经过两次迭代后，前面提出的检测器表现出来的性能就已非常接近单用户系统的性能。而且，第 1 次迭代之后，基于高斯近似的低复杂度检测器的性能要优于基于软干扰消除的方法，而后者算法实现代价更小。然而，经过两次迭代后，两种检测器的性能都非常接近单用户的性能。另一个例子，研究只利用前 5 个多径分量

（即 $\mathcal{L}_1 = \{1,2,3,4,5\}$）检测器性能如图 8-8 所示。迭代检测器依然能表现出与单用户检测器性能非常接近的特点，而 MRC-Rake 检测器则有差错平底[39]。

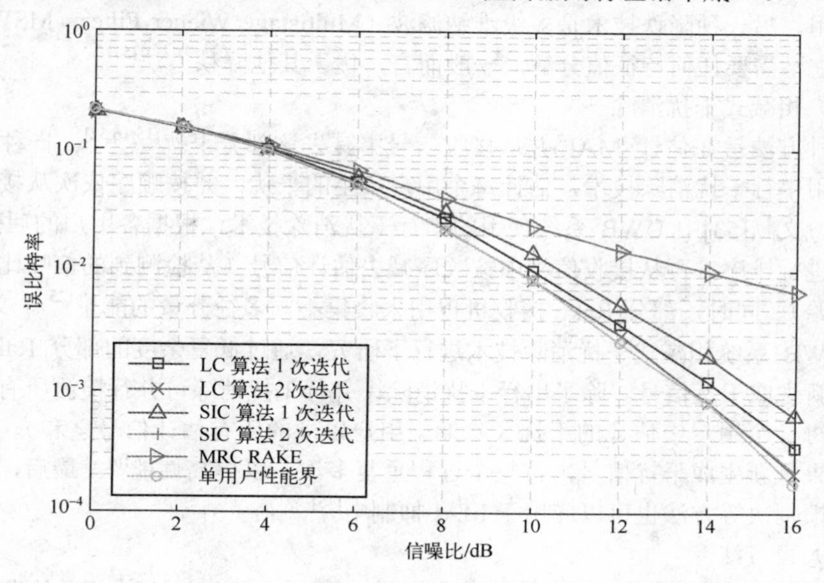

图 8-8　不同接收机的 BEP 与 SNR[39]

8.1.1.4　其他接收机设计方案

除了上述讨论的基于 ML 检测器、线性检测器和迭代检测器之外，以下几种方案也可用于 UWB 系统中 MAI 抑制。

（1）频域方案

接收信号样本可经傅里叶变换后，在频域中进行 MAI 抑制处理来取代时域处理[42~45]。文献[42]中，考虑在 IR-UWB 系统中使用 PPM 技术，不同中心频率上接收信号的傅里叶变换是通过将接收信号与正弦载波进行相关处理得到的。通过这种方法，可将线性信号模型时域中的脉冲位置估计问题转化成频域相位估计问题，由此就能利用典型线性检测器，例如 MMSE 检测器和去相关器[6,25]，抑制 MAI 的影响。文献[43]研究了如何将文献[42]中的结论拓展到多径信道中。另外，文献[45]提出了一种频域 ML 检测器，这种检测器利用了直接序列 UWB 系统 MAI 的频率相关性。

（2）子空间方案

把接收信号向量投影到一个低维信号子空间，将有助于低计算复杂度检测器的设计[25]。例如，8.1.1.2 节研究的最佳线性 MMSE 检测器，就是由协方差矩阵的列确定了一个低秩子空间，从而简化了其设计实现。一种降秩的方法是通过主元素分析实现的[46,47]。这种方法通过使用协方差矩阵特征值分解得到的最大特征值的特征向量来确定信号子空间，通过其余特征值的特征向量确定噪声子空间。然后，接收信号向量投影到这个信号子空间[6]。文献[48]进一步研究了该 IR-UWB 子空间方案的应用。另一种降秩技术是多级维纳滤波（Multistage Wiener Filter，MSWF）法[49,50]，它不需要任何特征值分解，一般而言，优于其他降秩方法[51]。

（3）相减式干扰消除

这种方法旨在估计 MAI 并从接收信号中减去这部分干扰[15,16,52]。一种实现方法是利用串行干扰消除技术，估计每个用户产生的干扰，并按顺序依次从接收信号中减去。文献[53]中 UWB 系统使用的串行干扰消除技术，根据各用户的后验 SNR 对用户进行排序，再从接收信号中按顺序减去估计信号（从检测到的信噪比最大的用户开始）。同时，部分 Rake 接收机也用来收集不同多径分量的能量[25]。文献[54]也对 UWB 系统相减式干扰消除技术进行了研究，通过低复杂度的部分 Rake 接收机可重新生成干扰信号。除了串行干扰消除，并行干扰消除可并行检测所有信号，并减去每一个用户中估计的干扰（除期望用户以外的所有估计信号之和）。利用上一步结果重新生成干扰信号，将整个过程重复多次，以提高性能[6]。最后，多级检测和反馈判决等方法也可以应用于 MAI 抑制中[15]。

（4）盲方法

由于检测器需要预先知晓接收信号参数，如式（8-31）中的相关矩阵，因此在检测之前需要采用训练序列来估计这些参数。但盲检测器不需要知道期望用户除接收信号向量和时序以外的任何相关参数，可以不使用任何训练序列[25,55]。最小方差（Minimum Variance，MV）检测器是一种盲干扰消除法，旨在最大限度地减小输出信号方差。在 MV 检测器中，为了能在消除多用户干扰信号的同时估计期望用户的信号，检测器必须遵守一些编码约束条件[56]。另一个例子是 R 次方（Power of R，POR）技术，该技术利用数据协方差矩阵实质上提升了 SNR[57]。事实上，MV 检测器可视为 POR 检测器的特例[25]。

8.1.2 MAI 抑制的编码设计

上一节中 MAI 的抑制是通过使用接收机中多种信号处理算法实现的。本节将对编码设计在多址干扰中的影响进行深入研究。特别地，从 MAI 抑制影响的角度，对式（8-1）中 TH 序列设计和（或）极性码设计进行研究。

8.1.2.1 跳时序列设计

对于平坦衰落信道中的同步 IR-UWB 系统，可以设计 N_c 个正交 TH 序列使系统在无 MAI 环境下进行通信，N_c 表示式（8-1）中每帧的码片数。具体地，可以选择适当的 TH 序列，使 $c_j^{(k_1)} \neq c_j^{(k_2)}$ 对所有 $k_1 \neq k_2$ 和所有 j 都成立。正交 TH 序列的一种设计方法是使用同余方程[25,58, 59]。而且，线性同余码（Liner Congruence Codes,

LCC）、二次方同余码（Quadratic Congruence Codes，QCC）、立方同余码（Cubic Congruence Codes，CCC）和双曲线同余码（Hyperbolic Congruence Codes，HCC）都可以用于生成 IR-UWB 系统中的 TH 序列。例如，线性同余码的一种变形可表示如下：

$$c_j^{(k)} = (k + j - 1)\,\mathrm{mod}(N_{\mathrm{c}}) \tag{8-47}$$

式中，$j \in \{0, 1, \cdots, N_{\mathrm{f}} - 1\}$ 且 $k \in \{1, \cdots, N_{\mathrm{c}}\}$；mod 表示取模。根据式（8-47）的编码约束条件，平坦衰落信道上同步 IR-UWB 系统可容纳 N_{c} 个正交用户[6]。由于 UWB 信号的时间分辨率很高，IR-UWB 系统的信道通常是频率选择性的。因此，式（8-47）TH 序列设计技术，需要考虑 UWB 信道的多径特点才更具一般性。文献[60，61]中，在频率选择性环境下提出了同步 IR-UWB 系统 TH 序列设计方法，如下所示：

$$c_j^{(k)} = \left((k-1)D + j + \left\lfloor \frac{k-1}{N_{\mathrm{f}}} \right\rfloor \right) \mathrm{mod}(N_{\mathrm{c}}) \tag{8-48}$$

式中，$j = 0$，1，…，$N_{\mathrm{f}} - 1$ 且 k=1，2，…，N_{c}；$D = \lceil \tau_{\mathrm{d}} / T_{\mathrm{c}} \rceil + 1$，$\tau_{\mathrm{d}}$ 是最大延迟扩展，$\lfloor\cdot\rfloor$ 和 $\lceil\cdot\rceil$ 分别表示向下取整和向上取整。另外，选择每符号中脉冲数 $N_{\mathrm{f}} = N_{\mathrm{c}}/D$ 可以防止多径分量破坏正交结构，当 $K \leqslant N_{\mathrm{f}}$ 时，可以实现无 MAI 通信[6]。

为满足某些应用场合中一定的服务质量（Quality of Service，QoS）要求，IR-UWB 系统可以让不同用户的信息符号对应不同数量的脉冲信号[62]。换句话说，不同用户的 N_f 不尽相同。为了方便正交 TH 序列的设计，可以考虑更一般的 IR-UWB 信号结构，即将在某些帧间隔中插入脉冲的约束去掉[6,60]。如果 $N_{\mathrm{f}}^{(k)}$ 表示第 k 个用户每信息符号中的脉冲数，则根据码片持续时间 $N_{\mathrm{c}}' = \sum_{k=1}^{K} N_{\mathrm{f}}^{(k)}$ 可定义出一般符号持续时间。然后，可以采用下面的 TH 序列构造算法[60]：

（1）for　$k = 1 : K$

（2）$\boldsymbol{c}^{(k)} = \mathrm{rand}(\mathcal{S}, N_{\mathrm{f}}^{(k)})$

（3）$\mathcal{S} = \mathcal{S} - \boldsymbol{c}^{(k)}$

（4）end

式中，$\mathcal{S} = \{1, \cdots, N_{\mathrm{c}}\}$，$\boldsymbol{c}^{(k)} = \mathrm{rand}(\mathcal{S}, N_{\mathrm{f}}^{(k)})$ 即从集合 $\mathcal{S}$ 中选择 $N_{\mathrm{f}}^{(k)}$ 个随机元素并插入到向量 $\boldsymbol{c}^{(k)}$ 中，$\mathcal{S} - \boldsymbol{c}^{(k)}$ 表示集合 $\mathcal{S}$ 中除了 $\boldsymbol{c}^{(k)}$ 的其他元素。

对于用户信号不同步的情况，可能无法设计出正交 TH 序列，则设计目标变成了具有良好自相关和互相关特性的 TH 序列。由于跳时和跳频码的设计具有相似性，LCC、QCC、CCC 和 HCC 可用于 IR-UWB 系统中[63]。文献[60]中的分析表明，QCC 相比其他可选的同余码具有相当优良的互相关和自相关特性[6]。

8.1.2.2　伪混沌跳时

另一种抑制 MAI 的编码设计方法是在 IR-UWB 系统中采用伪混沌跳时技术（Pseudo-Chaotic Time-Hopping，PCTH）[64]。这种方法中，伪混沌编码器由独立同分布二进制信息符号确定的帧（也成为“时隙”）驱动，帧中包含给定用户要传输的脉冲信号。此外，为了抑制 MAI 的影响，每个用户都有特定的信号序列。用户 k 的简化传输框图如图 8-9 所示。具体地，用户 k 第 i 个信息符号的发射信号表示为[65]

$$\tilde{s}_i^{(k)}(t)=\sum_{l=0}^{N_c-1}\tilde{d}_l^{(k)}p_{tx}(t-lT_c-\hat{c}_i^{(k)}T_f)\qquad t\in[0,T_s]\tag{8-49}$$

式中，T_s 是符号间隔，分为 N_f 个帧，每帧持续时间为 T_f，而每帧持续时间 T_f 又由 N_c 个码片构成（即 $T_f=N_cT_c$）；$\tilde{d}_l^{(k)}\in\{0,1\}$ 表示用户 k 的信号；$\tilde{c}_i^{(k)}\in\{0,1,\cdots,N_f-1\}$ 为伪混沌编码器的输出，它是由输入的信息比特序列决定的。值得注意的是，每个用户一帧中传输脉冲取决于 $\tilde{c}_i^{(k)}$ 的值，这一点与传统 IR-UWB 系统每个用户每帧中只传输一个脉冲信号的设计不同。在 PCTH 系统中，如果两个用户在不同帧中传输脉冲信号，则不会发生干扰；而如果它们在同一帧发送脉冲，脉冲会发生重叠，但通过精心设计用户的信号序列 $\tilde{d}_l^{(k)}$ 可以减小这种重叠的影响，式中，$l\in\{0,1,\cdots,N_c-1\}$ 且 $k=1,\cdots,K$[6]。

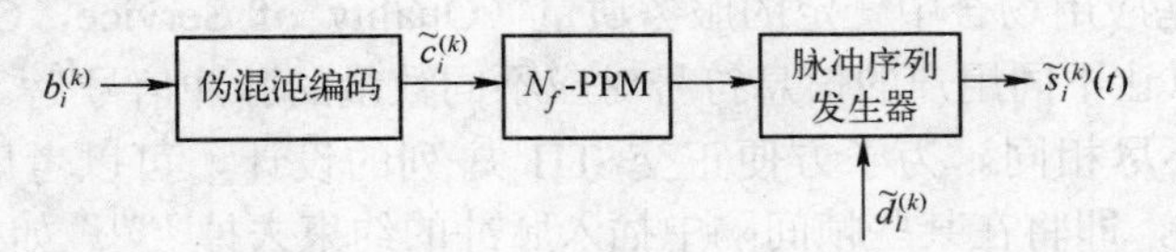

图 8-9　PCTH 系统中用户 k 的传输框图

在典型 PCTH 系统中，独立同分布的信息比特存储在一个 M 位的移位寄存器，系统状态可表示如下：

$$x=0.b_1b_2\cdots b_M=\sum_{i=1}^{M}2^{-i}b_i\tag{8-50}$$

式中，$b_i\in\{0,1\}$ 且 $x\in I=[0,1]$。将时间间隔 I 分为 $I_0=[0,0.5]$和 $I_1=[0.5,1]$，二进制信息比特被分配到不同的时间间隔，这意味着如果一个脉冲是在一个符号间隔的前半段中，传输的信息是 0；如在后半段，传输的信息是 1。将符号间隔 N_f 分隔成 2^M 个时隙，脉冲信号会留在符号间隔里 N_f 个时隙中的任意一个。对每个新信息比特，式（8-50）所示状态 x 中二进制信息比特向左移动一位，同时丢弃最高有效位（Most Significant Bit，MSB）b_1，并将该新信息比特分配为最低有效位（Least Significant Bit，LSB）b_M[6,64]。

图 8-10 所示的 PCTH 接收机框图，主要由脉冲相关器、横向匹配滤波器、脉

冲位置解调器（Pulse-Position Demodulator，PPD）和阈值检测器组成[66]。首先，接收信号与脉冲成形信号进行相关处理，对相关器输出信号按码片速率进行采样。接着，按码片速率采样得到的样本送到由抽头延迟线实现的数字横向匹配滤波器中[65]。之后，PPD 会从匹配滤波器 N_f 个输出样本中找到最大的样本。最后，通过阈值检测器得到比特的估计值。

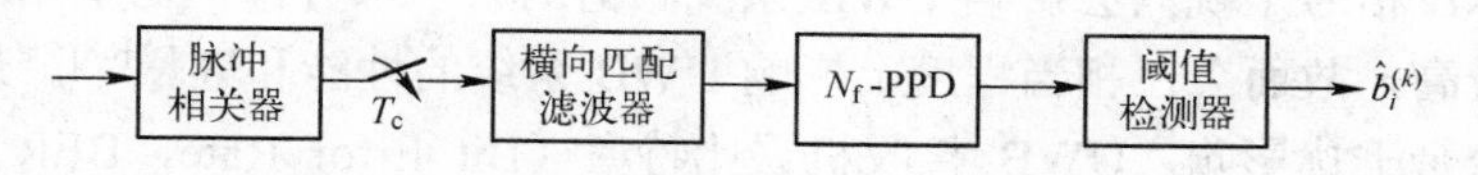

图 8-10　PCTH 系统用户 k 的接收机框图

采用 PCTH 技术的 IR-UWB 系统的优势之一是脉冲间有随机分布的时间间隔，可使传输信号的 PSD 曲线很平滑。而其主要缺点在于，给定用户会受到脉冲信号的自干扰，这种自干扰在多径信道中的影响很大，因为所有的脉冲信号都在同一帧间隔发送。此外，因为 PCTH 技术中脉冲位置取决于输入的信息符号，得到的 TH 序列是非周期的，所以系统的同步非常困难。

8.1.2.3　多级块扩频（MSBS）

式（8-1）传统 IR-UWB 系统中，每个符号的传输都通过 N_f 个脉冲实现，每个帧间隔 T_f 中的脉冲都由 N_c 个码片组成。对 8.1.2.1 节研究的 TH 序列设计而言，每帧中的码片数 N_c 被视为能在无 MAI 条件下平坦衰落信道中正常通信的用户数量的上限。但是，式（8-1）中的极性码 $d_j^{(k)}$ 也可以用来提高 IR-UWB 系统的多址接入能力。特别是，当假设 UWB 脉冲持续时间为 T_c，IR-UWB 系统总处理增益可表示为 $N_f N_c$ 时，这意味着巨大的多用户处理容量[67]。文献[9]中的多级块扩频（Multistage Block-Spreading，MSBS）方法通过利用极性码和 TH 序列实现了大容量 IR-UWB 系统[6]。因此，与上一节的方法相比，它具有支持更多活跃用户的优势。

在 MSBS 方法中，当用户总数满足 $K \leqslant N_f N_c$ 时，一个 TH 序列会分派给一个包含 $\lfloor K/N_c \rfloor$（或 $\lceil K/N_c \rceil$）个用户组中。然后利用极性码（形成了“多用户地址”）来区分同组中的各个用户。而不同组之间的用户通过各组对应的 TH 序列来加以区分。因此，相同的极性码可以被分配给不同组的用户。通过 TH 序列和极性码的联合使用，可以构造出 $N_f N_c$ 个相互正交的用户信号[6,9]。

在采用 MSBS 的 IR-UWB 系统中，发射机首先对符号分组进行扩频，然后进行码片交织。这样，即使在多径信道中也可以保留不同用户之间的正交性。接收机在线性滤波阶段对接收信号进行解扩，这实质上就是将多址接入信道变成一组单用户 ISI 信道。然后，对特定用户使用均衡器，再进行符号检测，而不需要任何额外的多用户信号处理过程[6,9]。

8.2 窄带干扰（Narrowband Interference，NBI）抑制

UWB 系统能在极宽的频带（500MHz 以上）以极低的功率工作，同时各种窄带（Narrowband，NB）系统也会在该频带范围内工作，且功率很大，如图 8-11 所示。虽然 NB 信号干扰只会影响 UWB 系统频谱的一小部分，但由于相对 UWB 信号其功率较高，故而会在相当程度上影响 UWB 系统的性能和容量[68]。最近研究表明，由于窄带干扰影响，UWB 接收机误比特率（Bit Error Rate，BER）性能大为恶化[69~74]。因此，为保持 UWB 系统性能、容量和工作范围，UWB 发射机应避免工作在强 NB 干扰的信号频段，或者 UWB 接收机应采用窄带干扰抑制技术。

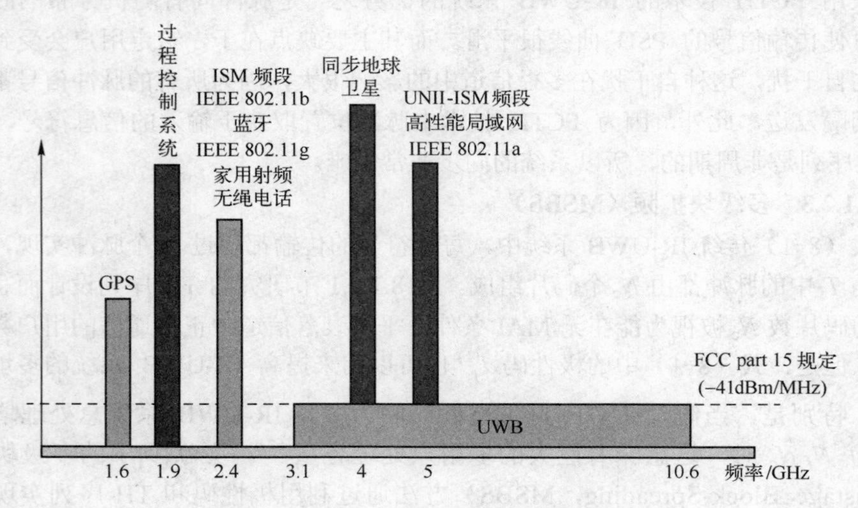

图 8-11　窄带系统与 UWB 系统混和频谱

宽带系统中的 NBI 抑制技术已得到了广泛研究和应用，例如基于直接序列扩频（Direct Sequence Spread Spectrum，DSSS）技术的 CDMA 系统，和免授权频段的广带正交频分复用（Orthogonal Frequency Division Multiplexing，OFDM）系统。在 CDMA 系统中，利用处理增益以及干扰消除技术部分解决了 NBI。干扰消除技术，包括陷波滤波技术[75]、线性和非线性预测技术[76~80]、自适应方法[81~84]、MMSE 检测器[85,86]和变换域技术[87~91]等正在深入研究中。文献[92-95]研究了 OFDM 系统中 NBI 的消除和避免。与 CDMA 和 OFDM 系统相比，UWB 系统 NBI 抑制更困难，这是因为 UWB 系统占用了极宽的频带，NB 干扰源数量巨大，而 UWB 传输功率受限。更为重要的是，在载波调制宽带系统中，所需宽带信号和 NB 干扰信号在接收信号解调之前就都变换到了基带，基带信号至少要以奈奎斯特速率进行采样，这使得各种基于先进数字信号处理技术的有效窄带干扰消除算法得

以应用。而在 UWB 系统中，这种方法要求非常高的采样频率，会导致高功耗并增加了接收机制造成本。除了高采样率，模数转换器（Analog-to-Digital-Converter，ADC）也必须有非常大的动态范围，以便处理强 NBI 信号。目前，这类 ADC 还难以投入实际应用。另一种应用于宽带系统的窄带干扰抑制方法是使用模拟陷波滤波器。为了能在 UWB 系统中使用，这种方法需要一定数量的 NB 模拟滤波器，因为各个 NBI 的频率和功率都不相同。然而，自适应模拟滤波器的实现并不简单。因此，采用模拟滤波会增加 UWB 接收机的复杂性、成本和尺寸。所以，许多应用于其他宽带系统的 NBI 抑制技术不适用于 UWB 系统，或者说这些方法的复杂度对 UWB 接收机来说要求太高。

本节其余部分，首先介绍一些适用于 UWB 和 NB 系统的模型，然后回顾包括多频带/多载波传输和脉冲成形等用于 UWB 系统中的 NBI 避免技术，最后，讨论 UWB 系统中重要的 NBI 消除方法。

8.2.1　UWB 和 NB 系统模型

深入研究 UWB 信号模型和 NBI 模型对于全面理解 NBI 对 UWB 系统的影响至关重要。考虑一个二进制脉冲位置调制（Binary Pulse Position Modulated，BPPM）IR-UWB 信号，发射信号可建模为[96]

$$s(t)=\sum_{j=-\infty}^{\infty} p_{\mathrm{tx}}(t-\mathrm{j}T_{\mathrm{f}}-c_jT_{\mathrm{c}}-a\delta) \tag{8-51}$$

式中，$p_{\mathrm{tx}}(x)$为发射的 UWB 脉冲；T_{f}是脉冲重复持续时间；c_j是第 j 帧中的 TH 码；T_{c}是码片时间；δ是 BPPM 相关的脉冲位置偏移；a代表二进制数据。

根据不同类型，NBI 可由多种方式建模。例如，若考虑其由单音干扰组成，可建模如下：

$$i(t)=\gamma\sqrt{2P}\cos(2\pi f_{\mathrm{c}}t+\phi_i) \tag{8-52}$$

式中，γ代表信道增益；P是平均功率；f_{c}是信号频率；ϕ是相位。

NBI 也可以从带限干扰角度加以考虑，对应信号模型是零均值高斯随机过程，其 PSD 表示为

$$S_i(f)=\begin{cases}P_{\mathrm{int}} & f_{\mathrm{c}}-\dfrac{B}{2}\leqslant|f|\leqslant f_{\mathrm{c}}+\dfrac{B}{2}\\ 0 & 其他\end{cases} \tag{8-53}$$

式中，B、f_{c}和P_{int}分别表示带宽、中心频率和干扰信号的 PSD。

由于 NB 信号带宽远小于信道相干带宽，NBI 时域样本间相关度极高。因此，为深入研究 NBI，首先要研究其相关函数而不是时域或频域表达式。单音和带限条件下分别对应的相关函数可以表示为：

$$R_i(\tau)=P_i|\gamma|^2\cos(2\pi f_c\tau) \tag{8-54}$$

$$R_i(\tau)=2P_{\text{int}}B\cos(2\pi f_c\tau)\text{sinc}(B\tau) \tag{8-55}$$

最后得到第 k 个与第 l 个干扰样本的相关矩阵[97]：

$$[\boldsymbol{R}_i]_{k,l}=4N_sP_i|\gamma|^2|W_r(f_c)|^2[\sin(\pi f_c\delta)]^2\cos(2\pi f_c(\tau_k-\tau_l)) \tag{8-56}$$

对单音干扰，

$$\begin{aligned}[\boldsymbol{R}_i]_{k,l}=2N_sP_{\text{int}}B|W_r(f_c)|^2\times&[2\cos(2\pi f_c(\tau_k-\tau_l))\text{sinc}(B(\tau_k-\tau_l))\\&-\cos(2\pi f_c(\tau_k-\tau_l-\delta))\text{sinc}(B(\tau_k-\tau_l-\delta))\\&-\cos(2\pi f_c(\tau_k-\tau_l+\delta))\text{sinc}(B(\tau_k-\tau_l+\delta))]\end{aligned} \tag{8-57}$$

式中，对于带限干扰，$|W_r(f_c)|^2$ 是频率为 f_c 的接收信号的 PSD。

除了脉冲无线电，另外一种可在 UWB 通信系统中使用的强有力竞争者是多载波技术，多载波技术可通过 OFDM 实现。因为 OFDM 技术具有抗多径干扰的鲁棒性，采用高效前向纠错（Forward Error Correction，FEC）编码能够进行频率分集接收，还能为用户提供高宽带效率等特点，因此在无线通信系统中越来越受到欢迎。UWB 系统中使用 OFDM 技术的另一个重要因素是其抗 NBI 能力，以及根据干扰强度决定是否在各个子载波上承载信息传输的能力。考虑到 OFDM 技术的 NBI 干扰模型包括单音和多音干扰，以及零均值高斯随机过程表示的影响各子载波的白噪声，如下所示：

$$S_n(k)=\begin{cases}\dfrac{N_i+N_w}{2} & \text{当}k_1<k<k_2\text{时}\\[2mm] \dfrac{N_w}{2} & \text{其他}\end{cases} \tag{8-58}$$

式中，k 代表子载波编号；k_1 代表占用的第 1 个子载波编号；k_2 代表占用的最后一个子载波编号；$N_i/2$ 和 $N_w/2$ 分别代表窄带干扰和白噪声的功率谱密度。

8.2.2 NBI 避免

合理设计 UWB 发射信号波形可以避免接收机的 NBI。如果已知 NBI 的统计特性，发射机可以适当调节发射参数。NBI 避免根据接入技术的类型有多种实现方法。

8.2.2.1 多载波方式

多载波技术是避免 NBI 的方法之一。上一节中提到的 OFDM 就是一个众所周知的多载波技术实例。基于 OFDM 的 UWB 系统中，通过自适应的 OFDM 设计可容易地避免 NBI。由于 NBI 只破坏 OFDM 频谱中的部分子载波，所以也只有通过这些子载波传输的信息才会受到干扰的影响。如果干扰子载波可以被识别，则可以避免采用那些被干扰的子载波进行传输。另外，通过充分的 FEC 编码和频率交织也可实现抗 NBI。

OFDM 接收信号夹杂着噪声和干扰。在同步和去循环前缀后，采用快速傅里叶变换（Fast Fourier Transform，FFT）将接收到的时域样本转化为频域信号，则第 m 个 OFDM 符号的第 k 个子载波上的接收信号可写做：

$$Y_{m,k} = S_{m,k}H_{m,k} + \underbrace{I_{m,k} + W_{m,k}}_{\text{NBI+AWGN}} \tag{8-59}$$

式中，$S_{m,k}$ 是由有限集（例如正交相移键控 QPSK 或正交调幅 QAM）中得到的发射符号，$H_{m,k}$ 是信道频率响应值，$I_{m,k}$ 是 NBI，$W_{m,k}$ 表示非相关的高斯噪声样本。

在 OFDM 系统中，为了识别受到干扰的子载波，发射机需要从接收机得到反馈信息，而接收机必须能识别出那些受到干扰的子载波。一旦接收机估计出这些受到干扰的子载波，相关信息将反馈给发射机。发射机会根据反馈信息调整发射状态。在这种情况下，一段时间内的干扰统计特性必须保持恒定。如果干扰统计特性变化太快，当发射机接收到反馈信息再调整发射参数时，接收机估计的干扰特性已发生了变化。

反馈信息可以是多样的，包括被干扰的子载波的编号，在某些情况下还包括在这些子载波上的干扰数量以及 NBI 的中心频率和带宽。识别被干扰的子载波的方法也有很多种。一种简单的方法是观察每个子载波平均信号功率，并将其与设定的阈值进行比较。如果一个子载波上接收信号的平均功率大于阈值，则该信道可视为受到严重 NBI。

8.2.2.2　多带（Multiband）方案

与多载波方法类似，也可以考虑采用多频带方案避免 NBI。UWB 并不使用整个 7.5GHz 频带来进行传输信息，而是将频谱划分成更小的子频带（FCC 定义 UWB 的最小带宽为 500MHz）。多带方案利用这一灵活性实现 NBI 避免[17]。通过灵活合并子频带来优化系统性能。将频谱分割成大于 500MHz 的子频带可避免 NBI 的影响，还可以实现与其他无线系统更好地共存。多带方法还可以使全球范围内的 UWB 设备具有互操作性，因为世界不同地区分配的 UWB 频谱可能有所不同。多带系统中，每个子频带上的信息传输可以使用单载波（基于脉冲信号）或多载波（OFDM）技术。

8.2.2.3　脉冲成形

另一种 NBI 避免技术是脉冲成形。如式（8-56）和式（8-57）所示，接收机脉冲波形的频谱特性直接关系到干扰所能造成的影响。这意味着，如果不使用存在 NBI 的频率，接收信号中干扰的影响就会得到显著抑制。因此，只要正确设计发射脉冲信号的形状，如在某些特定频率上不进行传输，可以起到避免 NBI 的作用。实施这种方法的一个很好的例子是高斯双峰脉冲[98]。高斯双峰脉冲由一对极性相

反的窄带高斯脉冲信号组成，表示一个比特。两脉冲之间的时延为 T_d，该脉冲可表示为

$$s_d(t)=\frac{1}{\sqrt{2}}(s(t)-s(t-T_d)) \tag{8-60}$$

对应的频谱幅值为

$$\left|S_d(f)\right|^2=2\left|S(f)\right|^2\sin^2(\pi f T_d) \tag{8-61}$$

式中，$\left|S(f)\right|^2$ 是单脉冲信号的功率谱。值得注意的是，根据式（8-61）的正弦信号可知，当频率 $f=n/T_d$ 时功率谱中存在零点，其中 n 为任意整数（如图 8-12）。

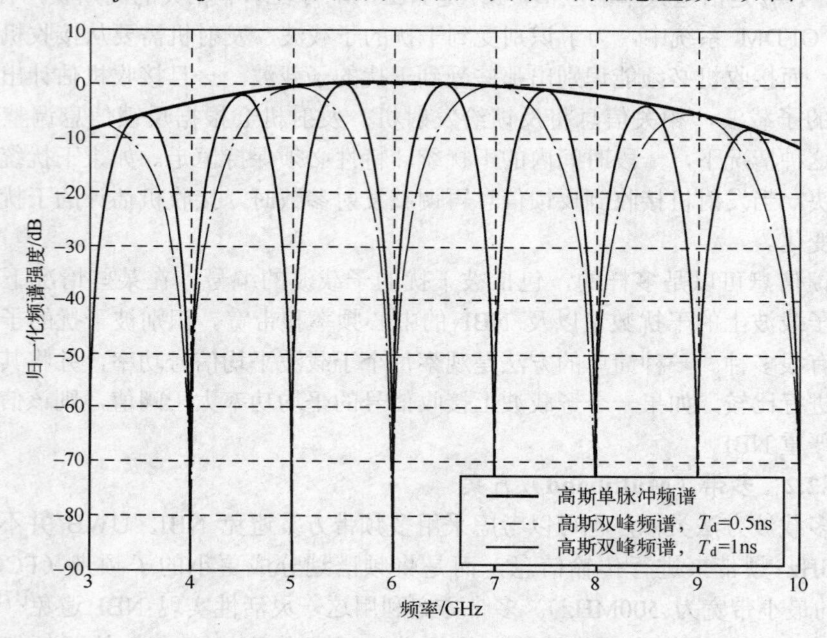

图 8-12 高斯单脉冲和两个不同的高斯双峰的归一化频谱

避免 NBI 的基本思路是调整频谱中的零点，使之与窄带干扰形成的峰值重合。通过修改时延 T_d 可在有 NBI 的特定频率上得到零点，以此来避免强干扰的影响。例如，若将 T_d 调整到 0.5ns 时，中心频率在 2GHz 整数倍的干扰都将得到抑制。

放弃使用受到干扰的频带进行传输的方法来避免 NBI 的目的，也可以通过在发射机采用陷波滤波器实现。为了实现这种方法，必须调整滤波器参数使形成的陷波覆盖在强 NBI 所在频带。当发射机使用陷波滤波器时，发射脉冲信号会发射变化，如图 8-13 所示，会使接收机脉冲信号与 NBI 的相关性最小。

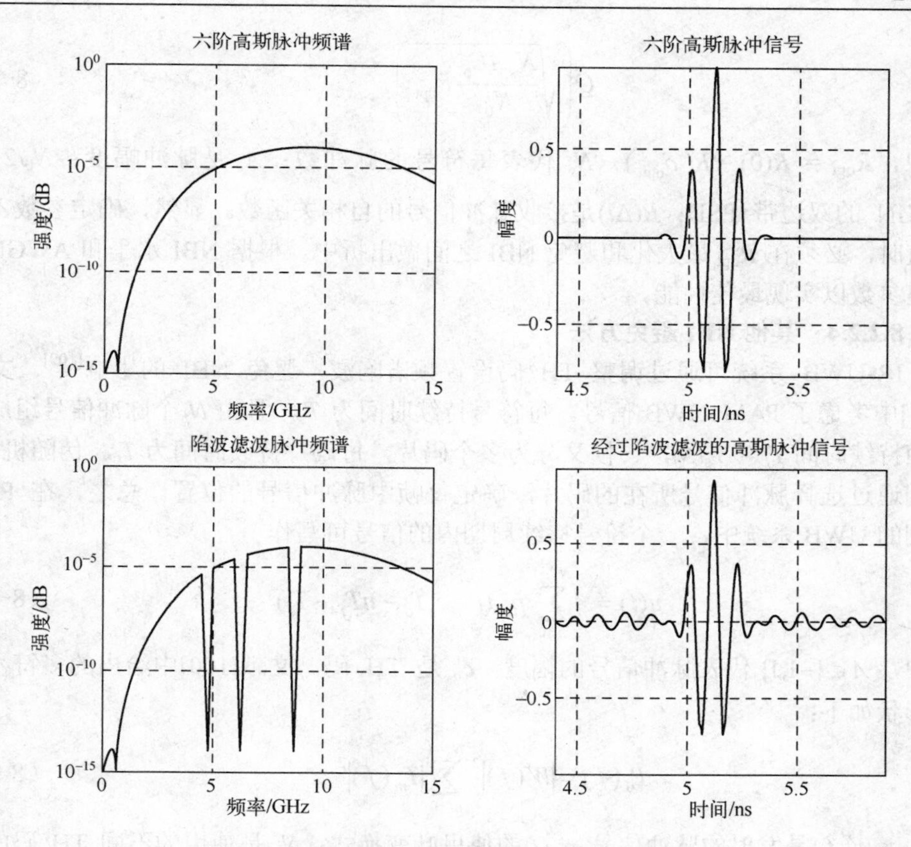

图 8-13 陷波滤波器对传输脉冲信号成形的影响

脉冲成形技术的应用并不局限于高斯双峰和陷波滤波器。另一种可行的方法是调整式（8-51）中 PPM 的调制参数δ。回顾式（8-56）中给出的单音干扰的相关矩阵，可以看出对$\delta = n/f_c$有$[\boldsymbol{R}_i]_{k,l}=0$，式中，$n$ = 1，2，…，M，M表示脉冲信号可能位置的数量。因此，通过设置$\delta = n/f_c$可得一种有效的干扰避免方法。同样，考虑对应带限干扰的相关矩阵，如式（8-57）所示，当$\delta = n/f_c$时，$\cos(2\pi f_c(\tau_k-\tau_l\pm\delta))=\cos(2\pi f_c(\tau_k-\tau_l))$。而且，干扰信号 B 的带宽远小于其中心频率 f_c，当$\delta = n/f_c$时，可以假设$\mathrm{sinc}(B(\tau_k-\tau_l\pm\delta))\simeq\mathrm{sinc}(B(\tau_k-\tau_l))$。通过以上两点可得出如下结论，即当$\delta = n/f_c$时，式（8-57）中的$[\boldsymbol{R}_i]_{k,l}$也会在带限干扰条件下变为零。

虽然调整 PPM 调制参数δ是一种直接避免 NBI 的方法，但这种方法有一个严重缺陷。相关输出也取决于δ，当δ为某一特定值时才能得到相关性最强的信号。当然，δ的取值并非必须等于 $1/f_c$。AWGN 条件下（不考虑 NBI），通过设置最优δ值可得 BER 函数如下[99]：

$$Q\left(\sqrt{\frac{N_{\mathrm{s}}AE_{\mathrm{p}}}{N_0}R_{\mathrm{opt}}}\right) \tag{8-62}$$

式中，$R_{\mathrm{opt}} = R(0) - R(\delta_{\mathrm{opt}})$；$N_{\mathrm{s}}$ 代表每符号的脉冲数；A 是脉冲幅度；$N_0/2$ 是 AWGN 的双边带 PSD；$R(\Delta t)$是接收脉冲信号的自相关函数。显然，确定参数δ的取值时，必须在 R_{opt} 最大化和避免 NBI 之间做出折中。根据 NBI 水平和 AWGN，调整参数以实现最佳性能。

8.2.2.4 其他 NBI 避免方法

IR-UWB 系统可通过调整 TH 码设置频谱陷波，避免 NBI 的影响[100]。文献[101]中考虑了 PAM UWB 信号。每符号持续时间为 T_{s}，且由 N_f个脉冲信号组成，每帧持续时间 $T_f = T_{\mathrm{s}}/N_f$，一帧又分为多个码片，每码片持续时间为 T_{c}。伪随机 TH 序列通过选择脉冲信号所在的码片，确定每帧中脉冲信号的位置。总之，在 PAM 调制的 UWB 系统中，一个符号持续周期内的信号可写作

$$u(t) = A\sum_{n=0}^{N_f-1} p_{\mathrm{tx}}(t - c_nT_{\mathrm{c}} - nT_f - T_{\mathrm{s}}) \tag{8-63}$$

式中，$A \in \{-1,1\}$ 代表脉冲信号的幅度；c_n 是 TH 码。文献[100]中给出的多符号频谱形状如下：

$$P_{\mathrm{u}}(f) = |W(f)|^2 \sum_{m=0}^{N_b-1} |T_m(f)|^2 \tag{8-64}$$

式中，$W(f)$是发射的脉冲信号 $p_{\mathrm{tx}}(t)$的傅里叶变换式；N_{b} 是使用的不同 TH 码的总数；m 是符号编号，且

$$T_m(f) = \sum_{n=0}^{N_f-1} \exp\{-\mathrm{j}2\pi f(c_{n,m}T_{\mathrm{c}} + nT_f + mT_{\mathrm{s}})\} \tag{8-65}$$

从式（8-65）中可以发现，改变 TH 码会引起发射信号的频谱发生变化。这意味着可以采用多种方法调整 TH 码，使频谱在强 NB 干扰的频率上出现陷波，从而避免 NBI 对系统的影响。

除了上述提到的方法以外，也可以考虑用物理方法来避免 NBI 的影响。文献[102]中提出了一种基于天线设计的 NBI 避免技术。其主要思想是在天线中加入窄带谐振结构，有目的地生成频率陷波，使其对某些特定频率不敏感。这项技术比直接的陷波滤波器法更经济，因为它不需要额外的陷波滤波器。文献[102]中，阐述了一种用于避免 NBI 的频率陷波 UWB 天线实现方法，并详细加以解释。这种特殊用途的天线采用平面椭圆偶极子天线，引入了一个半波共振结构，而这种共振结构是通过三角形和椭圆形陷波实现的。值得重点关注的是，天线性能会随着陷波数量的增加而降低。这一事实会导致这种频率陷波天线无法避免大量同时出现的 NBI。

8.2.3　NBI 消除

虽然上述提到的大多数 NBI 避免方法似乎都有很高的可行性，但并不是在任何情况下都能实现。这些方法主要限制在于，需要了解 NBI 信号的确切参数。若没有要抑制的 NBI 信号中心频率的准确信息，以上所述的所有避免技术都无法抑制 NBI。即使可以得到有关 NBI 的全部参数信息，当干扰源达到一定数量时，一些 NBI 避免方法，例如采用陷波滤波器或更改发射脉冲信号参数，都可能会不再实用。当传输阶段的 NBI 影响无法避免时，可在接收机努力从接收信号中提取并消除 NBI。

上一节中，讨论了避免 NBI 的多种方法，以及各自应用的局限性。实际上，只采用避免技术的 UWB 系统无法完全消除 NBI 的影响。本节将综述不同类型的 NBI 消除方法。

8.2.3.1　MMSE 合并

Rake 接收机是当前最常用的 UWB 系统接收机之一。Rake 接收机使用指峰来搜集强多径分量能量[28,29]。Rake 接收机每个指峰中，有一个相关接收机来同步多径分量中的一个路径。相关接收机之后是线性合并器，其权重取决于使用的合并算法。接收机第 i 个脉冲输出可表示为[103]：

$$y_i = \sum_{l=0}^{L_f-1}(a_i\theta_l\psi\beta_l + \theta_l n_l) \tag{8-66}$$

式中，L_{f} 是 Rake 指峰的个数；a_i 是被第 i 个脉冲传输的数据比特；θ_l、β_l 和 n_l 分别表示第 l 条多径分量中合并器、信道增益和噪声的权重。且

$$\psi = \int_{-\infty}^{\infty} p_{\mathrm{rx}}(t)v(t)\mathrm{d}t \tag{8-67}$$

式中，$p_{\mathrm{rx}}(t)$表示接收信号波形；$v(t)$是自相关函数。

传统 Rake 接收机采用 MRC，其合并器的权重是特定多径分量增益的共轭（$\theta_l = \beta_l^*$）。这种方法在无 NBI 时能实现 SNR 的最大化。然而，当存在 NBI 时，由于干扰样本具有相关性，MRC 不再是最优方法，取而代之的是 MMSE 合并方法。MMSE 方法调整权重使期望输出与实际输出之间的均方误差最小。MMSE 中权重的计算方法为[104]：

$$\boldsymbol{\theta} = k\boldsymbol{R}_n^{-1}\boldsymbol{\beta} \tag{8-68}$$

式中，$\boldsymbol{\theta} = [\theta_1, \theta_2, \cdots, \theta_M]^{\mathrm{T}}$；$k$ 是一个比例常数；$\boldsymbol{R}_n^{-1}$ 是噪声加干扰项的相关矩阵的逆矩阵；$\boldsymbol{\beta} = [\beta_1, \beta_2, \cdots, \beta_M]^{\mathrm{T}}$ 是信道增益向量。除了 MMSE 合并方法以外，其他 NBI 消除方法可以从频域、时-频域和时域三个角度进行分类。

8.2.3.2　频域技术

接收端陷波滤波器就是频域消除技术的一个应用实例。通过对大功率 NBI 的

频率估计，陷波滤波器可用于抑制NBI。这种方法的优点在于几乎所有接收机都可以使用这种滤波器，这样 UWB 系统就不必使用相关接收机了。而频域技术的主要不足在于只有当接收信号，包括 UWB 信号和各种 NBI 信号，叠加以后的信号具有平稳特性时才能发挥作用。如果接收信号具有时变特性，采用频率特性分析法时就需要考虑到时间变化，这些分析手段称为时－频域方法。

8.2.3.3　时－频域技术

最常用的时－频域干扰抑制方法是小波变换。与著名的傅里叶变换类似，小波变换利用了一些被称为小波的基函数。小波定义如下：

$$\psi_{a,b}(t)=\frac{1}{\left|\sqrt{a}\right|}\psi\left(\frac{t-b}{a}\right) \tag{8-69}$$

式中，a 和 b 分别表示尺度参数和平移参数。若设参数 $a=1$，$b=0$，则得到母小波。通过对母小波的扩展和平移形成了一族子小波。连续小波变换可以表示为

$$W(a,b)=\int_{-\infty}^{+\infty}f(t)\psi_{a,b}(t)\mathrm{d}t \tag{8-70}$$

通过小波变换抑制窄带干扰的一种可能途径如下：UWB 发射机部分进行估计电磁频谱，并为干扰检测设置一个适当的阈值[105]。小波变换可以确定每个频率成分上的干扰强度，并通过与阈值的比较来区分干扰和非干扰频率成分。根据比较的结果，发射机将不会在强 NBI 存在的频率上进行传输。显然，这种方法与 NBI 避免技术中的多载波方式非常相似。

也有在接收机使用小波变换方法的系统[106,107]。这些方法中，小波变换可应用于接收信号，能量高的频谱成分可以考虑是受到 NBI 的影响。然后，通过陷波滤波方法抑制这些频谱分量。

8.2.3.4　时域技术

时域消除方法，也称为预测方法，是基于窄带信号的可预测性远远高于宽带信号这一假设前提，因为宽带信号的频谱更接近平坦[108]。因此，UWB 系统对接收信号的预测首先反映的是 NBI 而不是 UWB 信号。这一事实使得 NBI 的消除可以通过从接收信号中减去预测信号来实现。

预测方法可分为线性预测和非线性预测。线性预测技术采用横向滤波器，其目的是根据以前的样本和模型假设得到接收信号的估计值[79]。如果使用的滤波器是单向抽头的，称这类滤波器为线性预测滤波器，而如果是双向抽头的，则称之为线性插值滤波器。值得注意的是，事实证明插值滤波器能更有效地消除窄带干扰。

线性预测方法常见的例子是卡尔曼－布西预测，这种预测方法是基于无限脉冲响应（Infinite Impulse Response，IIR）的卡尔曼－布西滤波器，以及基于有限冲激响应（Finite Impulse Response，FIR）结构的最小均方（Least-Mean-Squares，LMS）算法得到的。研究发现，因为能够利用 DS 信号的高度非高斯结构[108]，因

此非线性方法在直扩（Direct Spread，DS）系统中能提供比线性方法更好的解决方案，而 UWB 系统中不存在非高斯结构的 UWB 信号。

研究认为，自适应预测滤波器是对抗 NBI 的强大工具。当系统检测到干扰时，自适应算法会产生一个陷波来抑制干扰。然而，如果干扰信号突然消失，因为没有响应机制，即时删除产生的陷波接收机，会抑制陷波周围的部分有用信号。如果 NBI 以随机方式进出系统，这个缺点会使自适应系统的性能急剧下降。文献[79]中提出了一个更为有效的算法，即使用隐马尔可夫模型（Hidden Markov Model，HMM）来跟踪干扰进出系统。在该算法中，存在干扰的频率是由插入抑制滤波器的 HMM 滤波器检测出来的。当系统检测到的干扰已经消失，滤波器会自动删除。

8.3　干扰感知

至此，对 UWB 系统中的干扰，特别是在多用户环境下的干扰，已经从抑制的角度进行了深入的研究。为了把重点放在干扰感知，有必要对干扰给出一个更广义的定义。这样，讨论的范围也可以拓展到其他无线通信领域，例如下一代无线网络（Next Generation Wireless Networks，NGWN）和感知无线电（Cognitive Radios，CR）。从这个意义上说，干扰可以定义为除了所需信号和噪声信号以外的任何信号。根据干扰源的不同，干扰可能会以如下两种方式发生：

（1）自干扰

因为不合理系统设计，或信道条件恶化导致发射信号本身产生了自干扰，例如 ISI、载波间干扰（Inter-Carrier Interference，ICI）、脉冲间干扰（Inter-Pulse Interference，IPI）和交调干扰（Cross-Modulation Interference，CMI）。自干扰可以通过正确设计系统和收发信机来克服。

（2）其他用户的干扰

其他用户的干扰可进一步分为以下两种类型：

1）多用户干扰。这种干扰来自使用同一系统或采用同种技术的用户之间。同频干扰（Co-Channel Interference，CCI）和邻频干扰（Adjacent Channel Interference，ACI）就属于这一类干扰。可以由适当的多址设计和（或）采用多用户检测技术来消除这类干扰。

2）其他类型技术造成的干扰。这类干扰最需要采用干扰避免或干扰消除技术。与多用户干扰相比，这类干扰更难处理，也通常无法完全抑制这类干扰对系统的影响。NBI 就是这类干扰中的典型例子。

在上述两类干扰中，后者（尤其是 CCI）引起了人们更多的关注，特别是在服务需求日益增长的无线通信系统中。值得注意的是，NGWN 系统与 UWB 系统略有不同，NGWN 关注的是频率复用方案（Frequency Reuse of One，FRO），该方案主要是为了避免采用技术难度大，价格昂贵的系统规划，这种规划方法使得电磁频谱未得到充分利用。然而，FRO 的出现是以产生巨大的 CCI 为代价的，尤其是当用户终端（User Equipments，UE）在蜂窝小区边缘附近时。在这种情况下，实际上迫使 NGWN 和 CR 系统中的节点，需要感知影响干扰的参数，才能更好的工作。

为了建立干扰感知的系统框架，可以从传统协议栈的角度研究影响 CCI 的因素。但是，有一些影响 CCI 的因素无法划分到某一层中，不能对其以自适应方式进行实时测量（即无法控制）。天气和季节的变化就是属于这一类“非层因素”中最令人关注的干扰影响因素之一。由于高气压存在，信号有时可以反射到预期以外的地方[109,110]（相关模型例如两线地面反射模型，请参阅文献[110，第 3 节]）。由于同一信道中的信号能够达到其他终端，CCI 在所难免。尤其是在 UWB 系统中，最值得关注的非层因素，例如极端湿度、其他气态介质或液态形式的水（例如在火灾报警器响起，喷头喷水的办公室中）对传播环境的影响。可以预见的是，UWB 信号的衰减特性会随着环境特性发生急剧变化，而环境特性的改变意味着不同的干扰影响[111]。

由于无线传输很大程度上受物理环境支配，包括地形乃至人口统计特征（以及间接取决于这两个因素的交通分布情况[112,113]），由此可以得出结论，CCI 也会受到物理环境的影响。然而，对这种影响的建模分析非常困难，因为它们从数学角度上来讲是无法进行多项式分解的。从统计数字上看，由于大量基站和手机的存在，市区会受到更为严重的干扰[文献 114 及其引用文献]。在室内环境中，由于许多设备（例如微波炉和电话听筒）都工作在相同频段上，更容易发生 CCI。特别是，在室内环境中，干扰与传输信道特性有关，干扰情况会随传播特性改变而改变，非视距（Non-Line-Of-Sight，NLOS）传播与视距（Line-Of-Sight，LOS）传播相比，会经历更严重的干扰[115]。该分析对 UWB 系统的干扰场景也有效[116]。文献[117]及其引用的文献，深入研究了多种环境传播特性对干扰情况的影响的组合。

与非层参数不同，许多参数可归入协议栈中。干扰功率是物理层中基本的测量项目之一。随着 CR 的出现，干扰功率增益带来了一些在以前的通信系统中不曾有的附加概念，例如“干扰温度”和“主用户”。干扰温度表征的是射频（Radio Frequency，RF）功率，包括环境噪声功率和接收天线上每单位带宽中其他干扰信号的功率。主用户可以定义为对频谱中的特定部分拥有更高优先级或继承权的用户。而次用户是指那些以不对主用户带来干扰的方式占用频谱的用户（具有较低的优先级）。因此，次用户需要有 CR 能力，例如利用可靠的频谱感知技术来检查该频谱是否正在被主用户使用，并改变射频参数来使用未被主用户使用的那部分频谱㊀。因

㊀ 第 9 章中，将给出 CR 系统研究和实验结果的实例，其中 ZigBee 设备可以在存在同信道无线局域网（WLAN）设备的环境中，有效地利用可用频谱。

此，机会频谱感知是 CR 技术中最重要的属性之一。虽然传统意义上的频谱感知被理解为测量频谱成分或频谱干扰温度，但 CR 技术最终认为，频谱感知指的是一个通用术语，涉及到多个层面（包括时间、空间和频率）取得频谱使用特性。在多跳系统中，从网络层的角度来看，对传输路由路径等所有方面的合并也是非常重要的㊀。这种情况下，部分路径可能会受到更多的干扰[118]。因此，相对于下层结构，上层结构中的干扰感知对处理干扰具有更加重要的意义。除了这些，确定信号在频谱中综合特性（包括调制、波形、带宽、载波频率、占空比、应用场合等）在任何通信系统的干扰感知中都是十分必要的。然而，这需要更强大的、能够进行高复杂度计算的信号分析技术。当前在进一步获取干扰感知信息领域所面临的挑战包括以下几方面。

（1）宽带感知的难度和复杂度

宽带感知需要高采样率和高分辨率的 ADC 或多个模拟前端电路以及高速信号处理器等。噪声方差估计或在窄带信号传输中的干扰温度估计已不是什么新鲜话题。这样的噪声方差估计技术已广泛应用于最佳接收机设计（例如信道估计和软信息的生成），以及改进的功率切换、功率控制和信道分配技术中。接收机要接收已知带宽上传输信号时，噪声/干扰的问题也很容易解决。此外，接收机能够利用低复杂度和低功耗的处理器来处理窄带基带信号。然而，CR 系统需要在更广频段上感知通信的机会。

（2）主用户隐藏的问题

例如载波侦听多址接入（Carrier Sense Multiple Accessing，CSMA）系统中的节点/终端隐藏的问题。引起该问题的原因很多，例如严重的多径衰落或阴影衰落，使得次用户在扫描中无法发现主用户传输。隐藏终端问题可通过合作的分布式感知来加以避免，其中多个检测终端共享感应信息，而不是在每次判决时仅基于本地终端的测量。频谱池就是一个分布式感知的例子。这项技术中[119]的合作感知能大大降低检测漏报和误报的概率。租用用户（是那些一旦有机会获得频谱，就能暂时使用该频段直到授权用户出现）将感知结果发送到基站，基站经过判决后再将最终判决结果返回给租用用户。该方案中，所有感知信息都在基站之间进行交换，移动台可能会对周围的主用户产生干扰。而这种干扰可以由一个特殊的信号处理方案消除，即通过快速获得可靠结果而使移动台对主用户的干扰可以忽略不计[119]。此外，文献[119]再次提到，由于该特殊信号处理方案不涉及媒体访问控制（Medium Access Control，MAC）层，可以在物理层直接进行操作，故能将对网络开销的影响最小化。

（3）主用户采用跳频（Frequency Hopping，FH）对信号进行扩频

㊀ 注意单跳系统不需要关注这类的干扰感知。

虽然实际信息带宽非常窄，但通过跳频，主用户信号的功率会分布在很宽的频率，但从频谱感知技术的角度来讲，扩频信号会产生严重的问题，尤其是 FH 信号。若已知跳频序列图样，且能正确的实现信号同步就可避免随之产生的问题。然而这在实际应用中并不可行。最近正在研究一种利用信号的循环平稳特性的方法，该方法无需已知跳频序列图样和信号同步。基于信号循环平稳特性的技术就是利用了接收信号周期特性或信号统计特性（均值，自相关性等）。

（4）业务类型是影响干扰的另一因素

业务类型的统计特性决定了干扰时间和干扰频率的情况，并有助于确定关键的 QoS 参数，例如链路容量、缓冲区大小以及预测需求带宽。据了解，不同类型的业务表现出不同的统计特性。了解业务类型的相关信息，有助于节点利用多种方法，例如智能调度算法避免/消除/减少干扰的影响。而值得一提的是，随着对服务质量和应用需求不断提高，节点会更多地受到由不止一种业务类型组成的干扰的影响，例如语音、多媒体和游戏等，它们的统计特性各不相同。此外，为了可靠地描述业务特性，需要统计大量的实时数据。

（5）移动性是无线通信[120,121]的重要特性

从干扰的角度来看，引入移动性的概念会进一步引发对诸如移动行为等的关注[122]。在 MAI 环境中，整个干扰可视为环境内所有移动体移动行为的函数，这些移动体可以以个体也可以以群组的形式移动。受干扰的节点可以自行提取或者从其他渠道获得各干扰移动行为或移动行为图样，节点可利用该图样提高通信性能。综合考虑多干扰源的移动速度和方向信息的分布式感知技术似乎是一个合理的方法。

“干扰感知”这一术语实际上涵盖了从短距离到广域网（Wide Area Network，WAN）以及 NGWN 等所有的通信系统，尤其是采用多址接入的通信系统的感知方案。虽然在不久的将来，可能无法实现对干扰感知系统中列出的所有影响因素进行感知，但不断探索干扰影响因素，并研发高效感知技术是未来改善通信系统性能的唯一出路。

8.4 结论

本章重点研究了 UWB 系统中 MAI 和 NBI 的抑制。为了实现干扰环境下的可靠通信，深入研究了多种干扰抑制技术。此外，还讨论了干扰感知这一包含多种参数的综合性术语。很显然，可靠无线通信系统中的干扰避免、干扰消除和干扰抑制技术的提高，依赖于如何更好地识别和感知表征干扰信号的参数。

参考文献

[1] R. A. Scholtz, “Multiple access with time-hopping impulse modulation,” in *Proc. IEEE Military*

Commun. Conf., vol. 2, Bedford, MA, Oct. 1993, pp. 447–450.

[2] M. Z.Win and R. A. Scholtz, "Impulse radio: How it works," *IEEE Commun. Letters*, vol. 2, no. 2, pp. 36–38, Feb. 1998.

[3] ——, "On the energy capture of ultra-wide bandwidth signals in dense multipath environments," *IEEE Commun. Letters*, vol. 2, pp. 245–247, Sep. 1998.

[4] ——, "Ultra-wide bandwidth time-hopping spread-spectrum impulse radio for wireless multiple-access communications," *IEEE Trans. Commun.*, vol. 48, no. 4, pp. 679–691, Apr. 2000.

[5] M. L. Welborn, "System considerations for ultrawideband wireless networks," in *Proc. IEEE Radio and Wireless Conf.*, Boston, MA, Aug. 2001, pp. 5–8.

[6] H. Arslan, Z. N. Chen, and M. -G. D. Benedetto, Eds., *Ultra Wideband Wireless Communications*. Hoboken: Wiley-Interscience, 2006.

[7] S. Gezici, A. F. Molisch, H.Kobayashi, and H.V. Poor, "Low-complexity MMSE combining for linear impulse radioUWBreceivers," in *Proc. IEEE Int. Conf. Commun. (ICC)*, Istanbul, Turkey, June 2006, pp. 4706–4711.

[8] C. J. Le-Martret and G. B. Giannakis, "All-digital impulse radio for wireless cellular systems," *IEEE Trans. Commun.*, vol. 50, no. 9, pp. 1440–1450, Sep. 2002.

[9] L. Yang and G. B. Giannakis, "Multi-stage block-spreading for impulse radio multiple access through ISI channels," *IEEE J. Selected Areas in Commun.*, vol. 20, no. 9, pp. 1767–1777, Dec. 2002.

[10] Y. -P. Nakache and A. F. Molisch, "Spectral shape of UWB signals - influence of modulation format, multiple access scheme and pulse shape," in *Proc. IEEE 57th Veh. Technol. Conf. (VTC 2003-Spring)*, vol. 4, Jeju, Korea, Apr. 2003, pp. 2510–2514.

[11] E. Fishler and H. V. Poor, "On the tradeoff between two types of processing gain," *IEEE Trans. Commun.*, vol. 53, no. 10, pp. 1744–1753, Oct. 2005.

[12] S. Gezici, H. Kobayashi, H. V. Poor, and A. F. Molisch, "Performance evaluation of impulse radio UWB systems with pulse-based polarity randomization," *IEEE Trans. Signal Processing*, vol. 53, no. 7, pp. 2537–2549, July 2005.

[13] U. Madhow and M. L. Honig, "On the average near-far resistance for MMSE detection for direct sequence CDMA signals with random spreading," *IEEE Trans. Inf. Theory*, vol. 45, pp. 2039–2045, Sep. 1999.

[14] E. Fishler and H. V. Poor, "Low-complexity multiuser detectors for time-hopping impulse radio systems," *IEEE Trans. Signal Processing*, vol. 52, no. 9, pp. 2561–2571, Sep. 2004.

[15] S. Verdu, *Multiuser Detection*. 1st ed. Cambridge, UK: Cambridge University Press, 1998.

[16] S. Moshavi, "Multi-user detection for DS-CDMA communications," *IEEE Commun. Mag.*, vol. 34, no. 10, pp. 124–136, Oct. 1996.

[17] Z. Sahinoglu, S. Gezici, and I. Guvenc, *Ultra-Wideband Positioning Systems: Theoretical Limits, Ranging Algorihtm, and Protocols*. New York: Cambridge University Press, 2008.

[18] C. Falsi, D. Dardari, L. Mucchi, and M. Z. Win, "Time of arrival estimation for UWB localizers in realistic environments," *EURASIP J. Applied Sig. Processing*, pp. 1-13, 2006.

[19] D. Dardari and M. Z. Win, "Threshold-based time-of-arrival estimators in UWB dense multipath channels," in *Proc. IEEE Int. Conf. Commun. (ICC)*, vol. 10, Istanbul, Turkey, June 2006, pp. 4723-4728.

[20] I. Guvenc, Z. Sahinoglu, and P. Orlik, "TOA estimation for IR-UWB systems with different transceiver types," *IEEE Trans. Microw. Theory and Techniques (Special Issue on Ultrawideband)*, vol. 54, no. 4, pp. 1876-1886, Apr. 2006.

[21] D. Dardari, C. C. Chong, and M. Z. Win, "Analysis of threshold-based TOA estimator in UWB channels," in *Proc. Euro. Sig. Processing Conf. (EUSIPCO)*, Florence, Italy, Sep. 2006.

[22] D. Dardari, C. C. Chong, and M. Win, "Threshold-based time-of-arrival estimators in UWB dense multipath channels," *IEEE Trans. Commun.*, vol. 56, no. 8, pp. 1366-1378, Aug. 2008.

[23] H. V. Poor, *An Introduction to Signal Detection and Estimation*. New York: Springer-Verlag, 1994.

[24] Y. C. Yoon and R. Kohno, "Optimum multi-user detection in ultrawideband (UWB) multiple-access communication systems," in *Proc. IEEE Int. Conf. Commun. (ICC)*, New York City, NY, Apr. 2002, pp. 812–816.

[25] I. Guvenc and H. Arslan, "A review on multiple access interference cancellation and avoidance for IR-UWB," *Elsevier Signal Processing J.*, vol. 87, no. 4, pp. 623–653, Apr. 2007.

[26] S. Gezici, H. Kobayashi, and H. V. Poor, "A comparative study of pulse combining schemes for impulse radio UWB systems," in *Proc. IEEE Sarnoff Symp.*, Princeton, NJ, Apr. 2004, pp. 7–10.

[27] W. M. Lovelace and J. K. Townsend, "Chip discrimination for large near-far power ratios in UWB networks," in *Proc. IEEE Military Commun. Conf. (MILCOM)*, vol. 2, Boston, MA, Oct. 2003, pp. 868–873.

[28] S. Gezici, H. Kobayashi, H. V. Poor, and A. F. Molisch, "Performance evaluation of impulse radio UWB systems with pulse-based polarity randomization," *IEEE Trans. Signal Processing*, vol. 53, no. 7, pp. 2537–2549, July 2005.

[29] S. Gezici, M. Chiang, H. V. Poor, and H. Kobayashi, "Optimal and suboptimal finger selection algorithms for MMSE Rake receivers in impulse radio ultrawideband systems," *EURASIP J. Wireless Commun. and Networking*, vol. 2006, no. 7, 2006, article ID 84249.

[30] S. Gezici, H. V. Poor, H. Kobayashi, and A. F. Molisch, "Optimal and suboptimal linear receivers for impulse radio UWB systems," in *Proc. IEEE Int. Conf. on Ultra-Wideband (ICUWB)*, Waltham, MA, Sep. 2006, pp. 161–166.

[31] S. Gezici, H. Kobayashi, H. V. Poor, and A. F. Molisch, "Optimal and suboptimal linear receivers for time- hopping impulse radio systems," in *Proc. IEEE Conf. on Ultra Wideband Systems and Technologies (UWBST)*, Kyoto, Japan, May 2004, pp. 11–15.

[32] C. J. Le-Martret and G. B. Giannakis, "All-digital PAM impulse radio for multiple-access through frequency-selective multipath," in *Proc. IEEE Global Telecommun. Conf. (GLOBECOM)*, vol. 1, San Francisco, CA, Nov. 2000, pp. 77–81.

[33] H. V. Poor, "Iterative multiuser detection," *IEEE Signal Processing Mag.*, vol. 21, no. 1, pp. 81–88, Jan. 2004.

[34] A. R. Forouzan, M. Nasiri-Kenari, and J. A. Salehi, "Performance analysis of time-hopping spread-spectrum multiple-access systems: Uncoded and coded schemes," *IEEE Trans. On Wireless Commun.*, vol. 1, no. 4, pp. 671–681, Oct. 2002.

[35] A. Bayesteh and M. Nasiri-Kenari, "Iterative interference cancellation and decoding for a coded UWB- TH- CDMA system in AWGN channel," in *Proc. IEEE Int. Symp. on Spread Spectrum Techniques and Applications*, vol. 1, Prague, Czech Republic, Sep. 2002, pp. 263–267.

[36] ——, "Iterative interference cancellation and decoding for a coded UWB-TH-CDMA system in multipath channels using MMSE filters," in *Proc. IEEE Int. Symp. on Personal, Indoor and Mobile Radio Communications (PIMRC)*, vol. 2, Sep. 2003, pp. 1555–1559.

[37] K. Takizawa and R. Kohno, "Combined iterative demapping and decoding for coded UWBIR systems," in *Proc. IEEE Conf. on Ultra Wideband Syst. and Technol. (UWBST)*, Reston, VA, Nov. 2003, pp. 423–427.

[38] N. Yamamoto and T. Ohtsuki, "Adaptive internally turbo-coded ultra wideband-impulse radio (AITC-UWB-IR) system," in *Proc. IEEE Int. Conf. on Commun. (ICC)*, vol. 5, Anchorage, AK, May 2003, pp. 3535–3539.

[39] E. Fishler, S. Gezici, and H. V. Poor, "Iterative ("turbo") multiuser detectors for impulse radio systems," *IEEE Trans. onWireless Commun.*, vol. 7, no. 8, pp. 2964–2974, Aug. 2008.

[40] J. Foerster, "Channel modeling sub-committee report final, IEEE802.15-02/490," 2002. [Online]. Available: http://ieee802.org/15

[41] D. Cassioli, M. Z. Win, F. Vatalaro, and A. F. Molisch, "Performance of low-complexity RAKE reception in a realistic UWB channel," in *Proc. IEEE Int. Conf. Commun. (ICC)*, vol. 2, New York City, NY, Apr. 2002, pp. 763–767.

[42] Z. Xu, J. Tang, and P. Liu, "Frequency-domain estimation of multiple access ultrawideband signals," in *Proc. IEEE Workshop on Statistical Signal Processing*, Louis, MO, Sep. 2003, pp. 74–77.

[43] S. Morosi and T. Bianchi, "Frequency domain multiuser detectors for ultrawideband shortrange commun- ications," in *Proc. IEEE Conf. on Acoust., Speech, Sig. Processing (ICASSP)*, vol. 3,

Quebec, Canada, Mar. 2004, pp. 637–640.

[44] Y. Tang, B. Vucetic, and Y. Li, "An FFT-based multiuser detection for asynchronous blockspreading CDMA ultrawideband communication systems," in *Proc. IEEE Int. Conf. on Commun. (ICC)*, vol. 5, Seoul, Korea, 2005, pp. 2872–2876.

[45] A. M. Tonello and R. Rinaldo, "Frequency domain multiuser detection for impulse radio systems," in *Proc. IEEE Veh. Technol. Conf.*, vol. 2, Stockholm, Sweden, May 2005, pp. 1381–1385.

[46] H. Hotelling, "Analysis of a complex of statistical variables into principal component," *J. Educ. Psychol.*, vol. 24, pp. 417–441, 498–520, 1933.

[47] C. Eckart and G. Young, "The approximation of one matrix by another of lower rank," *Psychometrica*, vol. 1, pp. 211–218, 1936.

[48] P. Liu, Z. Xu, and J. Tang, "Subspace multiuser receivers forUWBcommunication systems," in *Proc. IEEE Conf. on Ultra Wideband Systems and Technologies (UWBST)*, Reston, VA, Nov. 2003, pp. 16–19.

[49] J. S. Goldstein, I. S. Reed, and L. L. Scharf, "A multistage representation of theWiener filter based on orthogonal projections," *IEEE Trans. Inf. Theory*, vol. 44, no. 7, pp. 2943–2959, Nov. 1998.

[50] W. Sau-Hsuan, U. Mitra, and C.-C. J. Kuo, "Multistage MMSE receivers for ultra-wide bandwidth impulse radio communications," in *Proc. IEEE Conf. on UltraWideband Systems and Technologies (UWBST)*, Kyoto, Japan, May 2004, pp. 16–20.

[51] M. L. Honig and W. Xiao, "Performance of reduced-rank linear interference suppression," *IEEE Trans. Inf. Theory*, vol. 47, no. 5, pp. 1928–1946, July 2001.

[52] A. Muqaibel, B. Woerner, and S. Riad, "Application of multiuser detection techniques to impulse radio time hopping multiple access systems," in *Proc. IEEE Conf. on Ultra Wideband Syst. Technol. (UWBST)*, Baltimore, MD, May 2002, pp. 169–173.

[53] N. Boubaker and K. B. Letaief, "Combined multiuser successive interference cancellation and partial RAKE reception for ultrawideband wireless communications," in *Proc. IEEE Veh. Technol. Conf.*, vol. 2, Los Angeles, CA, Sep. 2004, pp. 1209–1212.

[54] D. H. S. Han, C.C.Woo, "UWB interference cancellation receiver in dense multipath fading channel," in *Proc. IEEE Veh. Technol. Conf.*, vol. 2, Milan, Italy, May 2004, pp. 1233–1236.

[55] Z. Xu, P. Liu, and J. Tang, "Blind multiuser detection for impulse radio UWB systems," in *Proc. IEEE Topical Conf. on Wireless Commun. Technol.*, Honolulu, HI, Oct. 2003, pp. 453–454.

[56] P. Liu, Z. Xu, and J. Tang, "Minimum variance multiuser detection for impulse radio UWB systems," in *Proc. IEEE Conf. on Ultra Wideband Syst. Technol. (UWBST)*, Reston, VA, Nov. 2003, pp. 111–115.

[57] P. Liu and Z. Xu, "Performance of POR multiuser detection for UWB communications," in *Proc. IEEE Conf. on Acoust., Speech, Sig. Processing (ICASSP)*, Philadelphia, PA, Mar.2005.

[58] M. S. Iacobucci and M. G. D. Benedetto, "Multiple access design for impulse radio communication systems," in *Proc. IEEE Int. Conf. Commun. (ICC)*, vol. 2, NewYork City, NY, Apr. 2002, pp. 817–820.

[59] T. Erseghe, "Time-hopping patterns derived from permutation sequences for ultrawideband impulse-radio applications," in *Proc. WSEAS Int. Conf. on Commun.*, vol. 1, Crete, July 2002, pp. 109–115.

[60] I. Guvenc and H. Arslan, "Design and performance analysis of TH sequences for UWB-IR systems," in *Proc. IEEEWireless Commun. and Networking Conf. (WCNC)*, vol. 2, Atlanta, GA, Mar. 2004, pp. 914–919.

[61] ——, "TH sequence construction for centralised UWB-IR systems in dispersive channels," *IEE Electron. Lett.*, vol. 40, no. 8, pp. 491–492, Apr. 2004.

[62] I. Guvenc, H. Arslan, S. Gezici, and H. Kobayashi, "Adaptation of two types of processing gains for UWB impulse radio wireless sensor networks," *IET Commun.*, vol. 1, no. 6, pp. 1280–1288, Dec. 2007.

[63] O. Moreno and S. V. Maric, "A new family of frequency-hop codes," *IEEE Trans. Commun.*, vol. 48, no. 8, pp. 1241–1244, Aug. 2000.

[64] G. M. Maggio,N. Rulkov, and L. Reggiani, "Pseudo-chaotic time hopping forUWBimpulse radio," *IEEE Trans. Circuits and Syst. I: Fundamental Theory and Applications*, vol. 48, no. 12, pp. 1424–1435, Dec. 2001.

[65] G. M. Maggio, D. Laney, F. Lehmann, and L. Larson, "A multi-access scheme for UWB radio using pseudo-chaotic time hopping," in *Proc. IEEE Conf. on Ultra Wideband Syst. Technol. (UWBST)*, Baltimore, MD, May 2002, pp. 225–229.

[66] D. C. Laney, G. M. Maggio, F. Lehmann, and L. Larson, "Multiple access for UWB impulse radio with pseudochaotic time hopping," *IEEE J. on Selected Areas in Commun.*, vol. 20, no. 9, pp. 1692–1700, Dec. 2002.

[67] L. Yang and G. B. Giannakis, "Ultra-wideband communications: An idea whose time has come," *IEEE Sig. Processing Mag.*, vol. 21, no. 6, pp. 26–54, Nov. 2004.

[68] J. Foerster, "Ultra-wideband technology enabling low-power, high-rate connectivity (invited paper)," in *Proc. IEEE Workshop Wireless Commun. Networking*, Pasadena, CA, Sep.2002.

[69] J. R. Foerster, "The performance of a direct-sequence spread ultrawideband system in the presence of multipath, narrowband interference, and multiuser interference," in *Proc. IEEE Veh. Technol. Conf.*, vol. 4, Birmingham, AL, May 2002, pp. 1931–1935.

[70] K. Shi, Y. Zhou, B. Kelleci, T. Fischer, E. Serpedin, and A. Karsilayan, "Impacts of narrowband interference on OFDM-UWB receivers: Analysis and mitigation," *IEEE Trans. Signal Proc.*, vol. 55, no. 3, p. 1118, 2007.

[71] C. da Silva and L. Milstein, "The effects of narrowband interference on UWB communication systems with imperfect channel estimation," *IEEE J. Select. Areas Commun.*, vol. 24, no. 4, pp. 717–723, 2006.

[72] Y. Alemseged and K. Witrisal, "Modeling and mitigation of narrowband interference for transmitted-reference UWB systems," *IEEE J. Select. Topics Signal Proc.*, vol. 1, no. 3, p. 456, 2007.

[73] L. Zhao and A. Haimovich, "Performance of ultrawideband communications in the presence of interference," *IEEE J. Select. Areas Commun.*, vol. 20, pp. 1684–1691, Dec. 2002.

[74] G. Durisi and S. Benedetto, "Performance evaluation of TH-PPM UWB systems in the presence of multiuser interference," *IEEE Commun. Lett.*, vol. 7, no. 5, pp. 224–226, May 2003.

[75] J. Choi and N. Cho, "Narrow-band interference suppression in direct sequence spread spectrum systems using a lattice IIR notch filter," in *Proc. IEEE Int. Conf. Acoustics, Speech, Signal Processing (ICASSP)*, vol. 3, Munich, Germany, April 1997, pp. 1881–1884.

[76] L. Rusch and H. Poor, "Multiuser detection techniques for narrowband interference suppression in spread spectrum communications," *IEEE Trans. Commun.*, vol. 42, pp. 1727–1737,Apr. 1995.

[77] J. Proakis, "Interference suppression in spread spectrum systems," in *Proc. IEEE Int. Symp. on Spread Spectrum Techniques and Applications*, vol. 1, Sep. 1996, pp. 259–266.

[78] L. Milstein, "Interference rejection techniques in spread spectrum communications," in *Proc. IEEE*, vol. 76, June 1988, pp. 657–671.

[79] C. Carlemalm, H. V. Poor, and A. Logothetis, "Suppression of multiple narrowband interferers in a spread-spectrum communication system," *IEEE J. Select. Areas Commun.*, vol. 18, no. 8, pp. 1365–1374, Aug. 2000.

[80] P. Azmi and M. Nasiri-Kenari, "Narrow-band interference suppression in CDMA spreadspectrum commun- ication systems based on sub-optimum unitary transforms," *IEICE Trans. Commun.*, vol. E85-B, No.1, pp. 239–246, Jan. 2002.

[81] T. J. Lim and L. K. Rasmussen, "Adaptive cancellation of narrowband signals in overlaid CDMA systems," in *Proc. IEEE Int.Workshop Intel. Signal Processing and Commun. Syst.*, Singapore, Nov. 1996, pp. 1648–1652.

[82] H. Fathallah and L. Rusch, "Enhanced blind adaptive narrowband interference suppression in DSSS," in *Proc. IEEE Global Telecommun. Conf. (GLOBECOM)*, vol. 1, London, UK, Nov. 1996, pp. 545–549.

[83] W.-S. Hou, L.-M. Chen, and B.-S. Chen, "Adaptive narrowband interference rejection in DS-CDMA systems: A scheme of parallel interference cancellers," *IEEE J. Select. Areas Commun.*, vol. 20, pp. 1103–1114, June 2001.

[84] P.-R. Chang, "Narrowband interference suppression in spread spectrum CDMA communications

using pipelined recurrent neural networks," in *Proc. IEEE Int. Conf. Universal Personal Commun. (ICUPC)*, vol. 2, Oct. 1998, pp. 1299–1303.

[85] H. V. Poor and X. Wang, "Code-aided interference suppression in DS/CDMA spread spectrum commun- ications," *IEEE Trans. Commun.*, vol. 45, no. 9, pp. 1101–1111, Sept. 1997.

[86] S. Buzzi, M. Lops, and A. Tulino, "Time-varying MMSE interference suppression in asynchronous DS/CDMA systems over multipath fading channels," in *Proc. IEEE Int. Symp. on Personal, Indoor and Mobile Radio Commun.*, Sep. 1998, pp. 518–522.

[87] M. Medley, "Narrow-band interference excision in spread spectrum systems using lapped transforms," *IEEE Trans. Commun.*, vol. 45, pp. 1444–1455, Nov. 1997.

[88] A. Akansu, M. Tazebay, M. Medley, and P. Das, "Wavelet and subband transforms: Fundamentals and communication applications," *IEEE Commun. Mag.*, vol. 35, pp. 104–115, Dec. 1997.

[89] B. Krongold, M. Kramer, K. Ramchandran, and D. Jones, "Spread spectrum interference suppression using adaptive time-frequency tilings," in *Proc. IEEE Int. Conf. Acoustics, Speech, Signal Processing (ICASSP)*, vol. 3, Munich, Germany, April 1997, pp. 1881–1884.

[90] Y. Zhang and J. Dill, "An anti-jamming algorithm using wavelet packet modulated spread spectrum," in *Proc. IEEE Military Commun. Conf.*, vol. 2, Nov 1999, pp. 846–850.

[91] T. Kasparis, "Frequency independent sinusoidal suppression using median filters," in *Proc. IEEE Int. Conf. Acoustics, Speech, Signal Processing (ICASSP)*, vol. 3, Toronto, Canada, April 1991, pp. 612–615.

[92] D. Zhang, P. Fan, and Z. Cao, "Interference cancellation for OFDM systems in presence of overlapped narrow band transmission system," *IEEE Consum. Electron.*, 2004.

[93] R. Lowdermilk and F. Harris, "Interference mitigation in orthogonal frequency division multiplexing (OFDM)," in *Proc. IEEE Int. Conf. Universal Personal Commun. (ICUPC)*, vol. 2, Cambridge, MA, Sep. 1996, pp. 623–627.

[94] R. Nilsson, F. Sjoberg, and J. LeBlanc, "A rank-reduced lmmse canceller for narrowband interference suppression in OFDM-based systems," *IEEE Trans. Commun.*, vol. 51, no. 12, pp. 2126–2140, Dec. 2003.

[95] M. Ghosh and V. Gadam, "Bluetooth interference cancellation for 802.11g WLAN receivers," in *Proc. IEEE Int. Conf. Commun. (ICC)*, vol. 2, Anchorage, AK, May 2003, pp. 1169–1173.

[96] M. Z. Win and R. A. Scholtz, "Impulse radio: How it works," *IEEE Commun. Lett.*, vol. 2, no. 2, pp. 36–38, Feb. 1998.

[97] X. Chu and R. Murch, "The effect of NBI on UWB time-hopping systems," *IEEE Trans. on Wireless Commun.*, vol. 3, no. 5, pp. 1431–1436, Sep. 2004.

[98] A. Taha and K. Chugg, "A theoretical study on the effects of interference on UWB multiple access impulse radio," in *Proc. IEEE Asilomar Conf. on Signals, Syst., Comput.*, vol. 1, Pacific Grove,

CA, Nov 2002, pp. 728–732.

[99] I. Guvenc and H. Arslan, "Performance evaluation of UWB systems in the presence of timing jitter," in *Proc. IEEE Ultra Wideband Syst. Technol. Conf.*, Reston, VA, Nov 2003, pp. 136–141.

[100] L. Piazzo and J. Romme, "Spectrum control by means of the TH code in UWB systems," in *Veh. Technol. Conf.*, vol. 3, Apr. 2003, pp. 1649–1653.

[101] ——, "On the power spectral density of time-hopping impulse radio," in *IEEE Conf. Ultrawideband Syst. Technol. (UWBST)*, May 2002, pp. 241–244.

[102] H. Schantz, G. Wolenec, and E. Myszka, "Frequency notched UWB antennas," in *IEEE Conf. Ultrawideband Syst. Technol. (UWBST)*, vol. 3, Nov. 2003, pp. 214–218.

[103] I. Bergel, E. Fishler, and H. Messer, "Narrowband interference suppression in impulse radio systems," in *IEEE Conf. on UWB Syst. Technol.*, Baltimore, MD, May 2002, pp. 303–307.

[104] S. Verdu, *Multiuser Detection*. 1st ed. Cambridge, UK: Cambridge University Press, 1998. [105] R. Klein, M. Temple, R. Raines, and R. Claypoole, "Interference avoidance communications using wavelet domain transformation techniques," *Electron. Lett.*, vol. 37, no. 15, pp. 987–989, July 2001.

[106] M. Medley, G. Saulnier, and P. Das, "Radiometric detection of direct-sequence spread spectrum signals with interference excision using the wavelet transform," in *IEEE Int. Conf. on Commun. (ICC 94)*, vol. 3, May 1994, pp. 1648–1652.

[107] J. Patti, S. Roberts, and M. Amin, "Adaptive and block excisions in spread spectrum communication systems using the wavelet transform," in *Asilomar Conf. on Signals, Syst., Computers*, vol. 1, Nov. 1994, pp. 293–297.

[108] X.Wang and H. V. Poor,*Wireless Communication Systems: Advanced Techniques for Signal Reception*. 1st ed., Upper Saddle River, NJ: Prentice Hall, 2004.

[109] C. W. Rhodes, "Reduction of NTSC co–channel interference by referencing carrier frequencies to the LORAN–C signal," *IEEE Trans. on Broadcasting*, vol. 41, no. 2, pp. 37–43, June 1995.

[110] B. L. Cragin, "Prediction of seasonal trends in cellular dropped call probability," in *Proc. IEEE Int. Conf. on Electro/Inf. Technol.*, East Lansing, Michigan, USA, May 7–10, 2006, pp. 613–618.

[111] Y. Pinhasi and A. Yahalom, "Spectral characteristics of gaseous media and their effects on propagation of ultrawideband radiation in the millimeter wavelengths," *J. Non-Crystalline Solids*, vol. 351, no. 33–36, pp. 2925–2928, 2005.

[112] A. R. S. Bahai and H. Aghvami, "Network planning and optimization in the third generation wireless networks," in *Proc. First Int. Conf. on 3G Mobile Commun. Technologies*, London, UK, Mar. 27–29, 2000, pp. 441–445.

[113] V. M. Jovanovic and J. Gazzola, "Capacity of present narrowband cellular systems: Interference-limited or blocking-limited?" *IEEE Personal Commun. [see also IEEE Wireless Commun.]*, vol.

4, no. 6, pp. 42–51, Dec. 1997.

[114] S. Farahvash and M. Kavehrad, "Co-channel interference assessment for line-of-sight and nearly line-of-sight millimeter-waves cellular LMDS architecture," *Int. J. Wireless Inf. Networks*, vol. 7, no. 4, pp. 197–210, 2000.

[115] M. Yang, D. Kaffes, D. Mavrakis, and S. Stavrou, "The impact of environment variation on co-channel interference inWLAN," in *Proc. Twelfth Int. Conf. on Antennas and Propagation (ICAP 2003)*, vol. 1. University of Exeter, UK: IEE, Mar. 31– Apr. 3, 2003, pp. 71–75.

[116] Q. Li and L. A. Rusch, "Multiuser detection for DS–CDMA UWB in the home environment," *IEEE J. on Selected Areas in Commun.*, vol. 20, no. 9, pp. 1701–1711, Dec. 2002.

[117] G. L. St¨uber, *Principles of Mobile Communications*. Kluwer Academic Publishers, 1996, 4th printing.

[118] R. Menon, A. B. MacKenzie, R. M. Buehrer, and J. H. Reed, "A game–theoretic framework for interference avoidance in ad hoc networks," in *Proc. IEEE Global Telecommun. Conf. (GLOBECOM '06)*, vol. 1, San Francisco, CA, Nov. 27– Dec. 1, 2006, pp. 1–6.

[119] T.Weiss and F. K. Jondral, "Spectrum pooling: An innovative strategy for the enhancement of spectrum efficiency," *IEEE Commun. Mag.*, vol. 42, no. 3, pp. S8–14, Mar. 2004.

[120] Y.-D. Yao and A. U. H. Sheikh, "Investigations into co-channel interference in microcellular mobile radio systems," *IEEE Trans. on Veh. Technol.*, vol. 41, no. 2, pp. 114–123, May 1992.

[121] B. C. Jones and D. J. Skellern, "An integrated propagation–mobility interference model for microcell network coverage prediction," *Wireless Personal Commun.*, vol. 5, pp. 223–258, 1997.

[122] S.Yarkan, A. Maaref, K. H. Teo, and H. Arslan, "Impact of mobility on the behavior of interference in cellular wireless networks," in *Proc. IEEE Global Commun. Conf. (GLOBECOM 2008)*, New Orleans, LA, Nov. 30–Dec. 4, 2008.

第9章　WPAN动态信道分配中的Wi-Fi干扰特性

9.1　自适应WPAN

9.1.1　概述

近年来，由于无线通信的便捷和业务的多样化，人们对无线通信的需求与日俱增。新的无线系统不断涌现，尤其是在免授权的工业、科学和医学（Industrial Scientific and Medical，ISM）2.4GHz 频段。由于频谱为多种无线通信标准共享，变得非常拥挤，无线通信系统之间的相互干扰引发了严重的共存问题，这可能会导致性能恶化，甚至网络故障。

为了克服频谱资源稀缺的问题，同时保持网络的性能和可靠性，可以采用感知无线电（Cognitive Radio，CR）方法。CR 是一种新兴的无线通信方式，它依据所感知的无线环境来设置传输参数，旨在提供更加高效、灵活的频谱使用方案。根据 CR 方法，智能节点的工作频率不是固定分配的，而是通过不断进行“频谱感知”，动态分配最佳的可用信道，实现可靠的、高频谱效率的通信。要推进 CR 的应用，首先需要了解各共存系统之间的干扰特性。本章重点关注基于 IEEE 802.15.4 标准的无线个域网（Wireless Personal Area Network，WPAN）与基于 IEEE 802.11b 标准的 Wi-Fi 共存时的情况。由图 9-1 可知，分配给这两个系统的信道几乎完全重叠[1,2]。

然而，802.11 设备发射功率大，且两个标准所使用的载波侦听机制不同，导致两个标准的设备之间的干扰情况极不对称。IEEE 802.15.4（WPAN）设备具有计算能力弱，射频输出功率低，可利用带宽有限和数据速率低等特点。因此，与 Wi-Fi 技术的共存，成为 WPAN 节点遇到的主要问题。

为了更好地理解在不同 Wi-Fi 业务速率条件下的 IEEE 802.15.4 信道占用模式，并评估 IEEE 802.15.4 性能的恶化，本章在理想和实际的室内环境中进行了试验测量。这一研究将作为研发“频率捷变感知 WPAN”的重要基础，频率捷变感知 WPAN 可以动态选择最佳可用信道，自动规避 Wi-Fi 业务的干

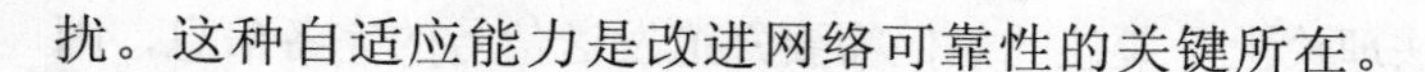

扰。这种自适应能力是改进网络可靠性的关键所在。

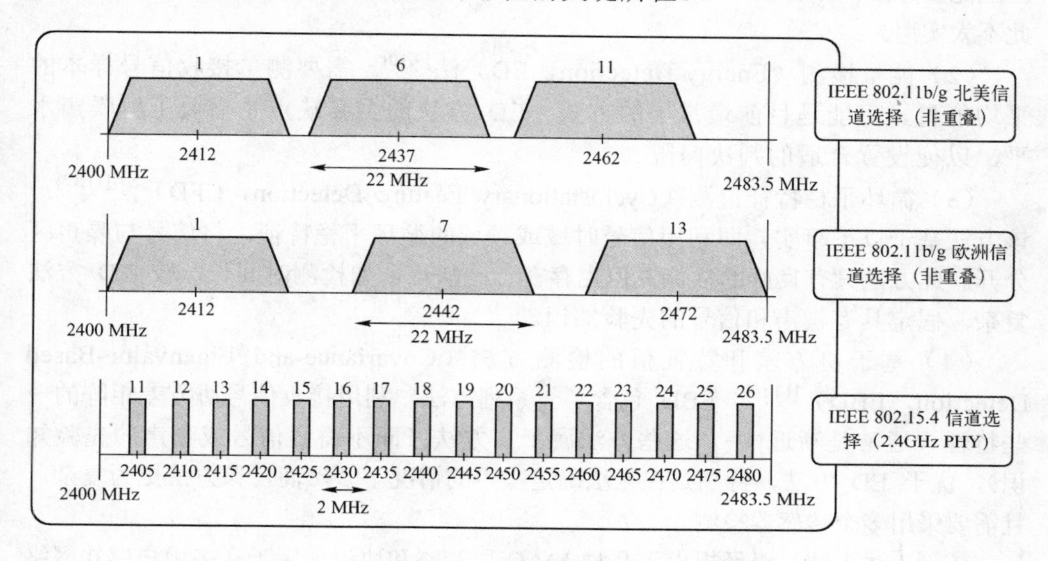

图 9-1　IEEE 802.11 和 IEEE 802.15.4 标准中的信道占用

本章安排如下：9.1 节简要介绍 CR 网络环境中的频谱感知，作为应用的背景知识。9.2 节概述 WPAN 的干扰检测方法，并介绍干扰测试平台的配置，该平台将用于研究 Wi-Fi 对基于 IEEE 802.15.4 的 WPAN 的干扰影响。另外，还介绍了 Wi-Fi 干扰的数学模型，分析了频谱感知过程的可靠性和响应能力。9.3 节介绍了不同场景的干扰评估指标，试验结果和分析结果。最后，9.4 节依据先前的结果建立了一种信道选择算法，以此处理 Wi-Fi 干扰下 WPAN 通信的可靠性问题，并测试了该算法的性能。

9.1.2　感知无线电网络的频谱感知

CR[3,4]是基于多用户共享频谱的方法，有利于灵活、伺机、高效地利用频谱资源。为此需要实时监测频谱的占用情况，根据信道变化情况做出反应，以实现两个主要目标：

（1）尽可能避免或减少对“主用户”（授权用户）任何有害的干扰。

（2）最大化“次用户”（感知用户）的无线传输数据量（吞吐量）。

这一频谱监测过程称为频谱感知。频谱感知对实现同一频带上，不同用户或网络的共存十分重要。频谱感知作为 CR 系统实现的关键因素，已成为近年来的研究热点。与这一问题相关的各种研究，以及最新的主要解决方案可参考文献[5-7]。

针对频谱感知，已提出了大量算法。包括：

（1）匹配滤波检测（Matched Filter Detection，MFD）法[8]。采用众所周知的

匹配滤波方法，尽管该方法理论上是最佳的，但需要知道发送信号的完备信息，因此不太实用。

（2）能量检测（Energy Detection，ED）法[9,10]。需要测量接收信号样本的平均能量，可能是目前最常用的方法。ED 方法的主要缺点是需要了解噪声水平，以便设置合适的判决门限。

（3）循环平稳特征检测（Cyclostationary Feature Detection，CFD）法[11,12]：该方法基于以下事实，即利用信号时域或频域的循环平稳特征，将信号与噪声区分开。此方法具有良好的性能，但也存在一些缺点，如检测时间长，较 ED 方法复杂，假定具有噪声和信号的先验知识。

（4）基于协方差和特征值的检测方法（Covariance-and Eigenvalue-Based Detection，EBD）[13,16]。EBD 包含了一系列方法，利用接收信号协方差矩阵的一些特性（通常是渐近性）。这些方法属于盲方法（即不需要信号或噪声的先验知识），优于 ED 方法，特别是在无法确定噪声的情况下。然而，该方法更为复杂，且需要采用多个传感器检测。

依据上述方法，已经提出了几种 MAC 层策略和协议，用于在多用户感知网络中进行有效的频谱感知。例如，文献[17]和[18]提出采用随机控制方法将频谱感知与信道接入相结合；文献[19,20]针对 CR 网络的多用户、多信道机会接入，提出了最佳和近似的算法。

9.2 Wi-Fi 干扰下的 WPAN

9.2.1 干扰检测——WPAN 的频谱感知

对于 WPAN 技术（每个节点的复杂度受限），ED 是目前最合适的频谱感知解决方案。尽管 ED 方法不是最佳的，而且需要知道（或估计出）噪声方差，但它的复杂度较小，硬件实现比较容易，所以相对于其他更为复杂的方法，较为可取。此外，在突发信号的场景中，对噪声的估计较为容易。

在当前的研究工作中，某些特定的 WPAN 平台，也采用能量检测方法进行试验性测量。特别是，接收信号强度（Received Signal Strength Indicator，RSSI）的测量是由 IEEE 802.15.4 射频模块在物理层采集，并用于估计信道占用情况。

与之前的 CR 研究相比，现有的频谱感知方法考虑到待测干扰的突发特性。有鉴于此，研发了特定的频谱感知模型，并相应确定了不同的参数。后续章节将予以详细说明。

频谱感知有着不同且差异显著的要求，这会对测量的准确性和频谱效率产生一定的影响。原则上，对于给定的 ED 采样率，需要较长时间的观测以获得对实际信道占用更为准确的特征描述。另一方面，频谱感知过程需要对网络无线覆盖范围内的干扰源进行快速检测，因此需要较短时间和更为频繁的观测，以提高系统的反应速度。此外，当进行 ED 测量时，往往需要停止正常的传输。因此长时间的观测会导致网络数据吞吐量的下降。

因此，需要在检测时间、采样数量及采样速率之间进行折中。9.2.4 节和 9.2.5 节将对这一问题进行更为深入的论述。

9.2.2　试验台配置和场景

通过两组试验来研究 IEEE 802.11b 干扰对 IEEE 802.15.4 WPAN 的影响：

（1）Wi-Fi 信号对 2.4GHz IEEE 802.15.4 系统的干扰统计特征。

（2）在 Wi-Fi 干扰业务典型应用场景下，对 WPAN 吞吐量性能恶化进行评估。

根据上述目标，定义了基于 802.15.4 的 WPAN 试验平台。试验平台采用美国 Crossbow 公司的 Telos motes 开发套件，配备了 Chipcon 公司的 CC2420 通信收发器。3Com Office Connect IEEE 802.11a/b/g 无线接入点（Access Point，AP）将由 PC 产生的伪 Internet 流量发送至 Wi-Fi 笔记本电脑，以此作为干扰信号。需要特别说明的是，3Com 公司 AP 设置为 802.11b 模式，发射功率为 18.8dBm[22]。

PC 和 Wi-Fi 笔记本电脑都安装了免费应用软件——分布式 Internet 流量发生器（Distributed Internet Traffic Generator，D-ITG）[23,24]，用来得到伪网络流量。PC 的 D-ITG 软件在应用层配置为恒定比特率（Constant Bit Rate，CBR）数据源，使用 TCP（Transmission Control Protocol）协议发送流量。Wi-Fi 笔记本电脑上的 D-ITG 软件配置作为 TCP 接收器。数据包的大小设置为 1500 字节。

为开展设定的两组试验，试验平台采用了两种不同的设置方法，如下所示：第 1 组旨在刻画 IEEE 802.11b 能量分配特征，第 2 组用来评估 Wi-Fi 干扰下 IEEE 802.15.4 性能恶化。配置方法如图 9-2 所示。后续章节将对此进行详细描述。

9.2.2.1　IEEE 802.11b 的能量分布

第 1 组测量的设置如图 9-2a 所示。Wi-Fi AP 和 Wi-Fi 笔记本电脑与 Telos mote 的距离为 3.35m。

将在 TinyOS 系统中[25]开发的频谱感知应用程序安装在 Telos 设备上。此应用程序将定期对接收信号的能量值进行采样，即读取 CC2420 的 RSSI 寄存器值，同时顺序扫描 16 个物理信道。如图 9-3 所示，设 T_S 为 RSSI 采样时间间隔（连续两次从 RSSI 寄存器读取之间的时间），T_W 为一个信道上感知窗的持续时间（从检测器检测此信道至移到下一个信道的时间），N_W 是在总的感知时间内，在每个信道上感知窗的数量。采样数 N 为

$$N = N_W \frac{T_W}{T_S} \tag{9-1}$$

试验中采用下列参数：$T_S = 4\text{ms}$，$T_W = 1\text{s}$，$N_W = 60$，则每个信道的采样数 $N = 15000$。设定 T_S 时应考虑到 RSSI 寄存器是以一定的速率更新的；如果采样时间小于更新时间，则能量采样值是相关的㊀。

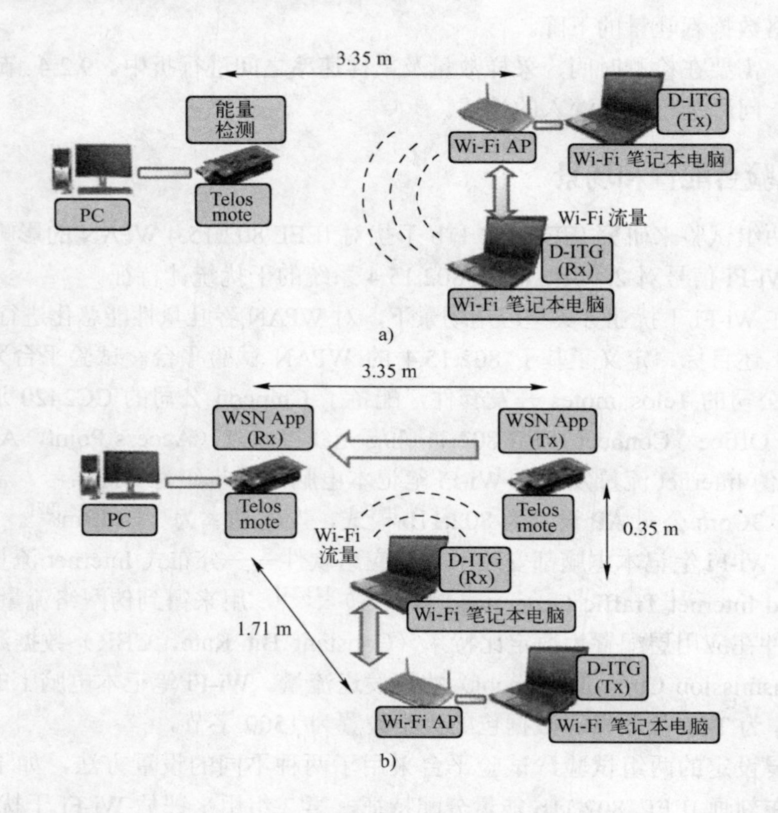

图 9-2 试验平台

a) 配置 1：刻画 IEEE 802.11b 能量分布特征 b) 配置 2：评估 Wi-Fi 干扰下的 IEEE 802.15.4 性能恶化

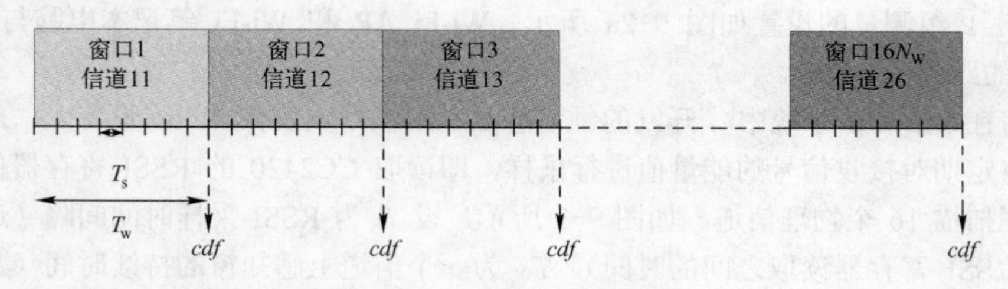

图 9-3 RSSI 采样方案[27]（©2009 IEEE）

㊀ 对于 CC2420，RSSI 寄存器每 16μs 更新一次，将 8 个符号周期，即 128μs 中的 RSSI 值进行平均[21]。这表明，对于 T_S>128μs，则 RSSI 值不相关。

在每一个感知周期后，Telos 应用程序将处理收集到的 RSSI 数据。RSSI 数据被分为 15 个区间（从-100 dBm 到-25dBm，步长 5dB）。这等价于计算感知周期的（量化的）累积密度函数（Cumulative Density Function，CDF）。结果由串口传送到 PC，在 PC 中计算 N 个样本的量化 CDF（或是 PDF）。样本数量足够大，以保证测量的平均分布能很好地近似概率密度函数（Probability Density Function，PDF）$f_W(x)$。（残差是由于对数量化间隔导致的）

9.2.2.2　干扰环境下 IEEE 802.15.4 的性能

第 2 组试验的设置如图 9-2b 所示。由相距 3.35m 的两个相互通信的 Telos 节点组成，Wi-Fi 干扰源置于两者之间。Wi-Fi AP 与两个 Telos 的距离都是 1.71m，与两个 Telos 的视距路径的距离为 35 cm，发送功率为 0dBm。

定制的 TinyOS 应用程序用于在存在干扰时，估计两个 WPAN 通信节点实现的吞吐量。试验以“相对吞吐量”为测度，“相对吞吐量”定义为节点间成功传输数据与提供给网络传输的总的数据（即提供的负载）之比。

试验配置中包括一个程控的发送节点，在周期 T_p 内，在应用层连续发送数据包给接收节点，其中 T_p 是一个可配置参数；通过空中接口传输的物理层负载的长度为 l（表示为比特），也是参数之一。网络提供的负载 L（bit/s）可以计算为

$$L=\frac{l}{T_p} \tag{9-2}$$

试验中参数的值为：$T_p=9.766$ms，$l=37$B，由此可得网络提供的负载 $L=30310$bit/s。l 值设置为与 WPAN 正常吞吐量一致，同时在无干扰情况下也可实现。

WPAN 接收节点记录接收数据包的数量，并向 PC 发送所需的时间 $T_{RX,i}$，$T_{RX,i}$ 是接收到一堆数据（包括 500 个数据包）所需的时间。PC 计算的第 i 堆数据的瞬时吞吐量 R_i，为

$$R_i=\frac{500l}{T_{RX,i}} \tag{9-3}$$

为计算平均吞吐量，考虑 R_i 的一组 N_b 个观测值，则平均吞吐量为

$$\overline{R}=\frac{1}{N_b}\sum_{i=1}^{N_b}R_i=\frac{500lN_b}{\sum_{i=1}^{N_b}T_{RX,i}} \tag{9-4}$$

注意在 TinyOS 部分采用了 IEEE 802.15.4 的轻量级安装文件，主要包括了有冲突避免的载波侦听多址接入（Carrier Sense Multiple Access with Collision Avoidance，CSMA-CA）无时隙机制，并且不进行 MAC 中继转发。虽然与 IEEE 802.15.4 协议栈全标准实现不同，但它不影响最终结果的正确性，即在 Wi-Fi 干扰

存在时可以评估 WPAN 性能恶化。

9.2.2.3 场景

为研究 Wi-Fi 干扰在不同通信速率和传播环境对 IEEE 802.15.4 的影响，在不同配置下进行了上述两组试验。

首先，考虑 4 种通信速率场景：250、90、45 和 9 数据包/s，分别对应数据速率 3000kbit/s、1080kbit/s、540kbit/s 和 108kbit/s。第 1 个场景有很强的干扰，例如两个 802.11 节点发送了大量数据流，最后一个场景则对应于典型 Internet 应用的平均业务量水平。

其次，对室内理想环境与实际环境进行了进一步的区分。第 1 组测量在电波暗室内完成，以排除可能改变信号平稳性的多径传播和不希望的干扰源。第 2 组测量在实际室内环境中进行。为了观察多径传播的影响，考虑了背景干扰可忽略的场景（室内 1）；而另一个场景，则为有强烈背景噪声的场景（室内 2），用于观察多径传播和多干扰源的共同影响。

9.2.3 Wi-Fi 干扰模型

设 $y(n)$为由感知设备接收到的 Wi-Fi 干扰信号在时间点 n 上的采样，令 $W(n) = |y(n)|^2$ 为其能量值。$W(n)$是随机变量，其 PDF 是 $f_W(x)$。

能量检测是在一定的频谱感知周期中，周期性地对接收信号能量进行采样，则由 N 个能量值组成的矢量 $\boldsymbol{w}_N(y)$可定义为

$$\boldsymbol{w}_N(y) = [W(1) \cdots W(N)] \tag{9-5}$$

假定在检测期间，干扰信号保持不变，则随着 N 值的增加，$\boldsymbol{w}_N(y)$的经验分布收敛于 $f_W(x)$。假定 N 足够大，测量的分布值近似于统计值。

一般来说，Wi-Fi 信号是不连续的（突发的），一个突发的持续时间比能量检测器的采样时间要短很多。结果，即便存在突发干扰信号，在采样时刻，信号也不占据信道。因此采用不连续信号模型[26]，设 N_1 是有干扰信号时的采样数，剩余的采样数 $N_0 = N - N_1$。出现率和缺勤率分别定义为 $p_1 = N_1/N$，$p_0 = N_0/N$。整体能量分布可表示为

$$f_W(x) = p_0 f_0(x) + p_1 f_1(x) \tag{9-6}$$

$f_0(x)$ 和 $f_1(x)$ 是两个可能事件下的部分能量分布。这个模型得到了试验结果的证实，这将在 9.3 节描述。

在该模型中，干扰信号能量超出给定的门限 γ 的概率定义为中断概率 $P_{\text{out}}(\gamma)$。这个门限表示 WPAN 正常运行的临界干扰水平

$$P_{\text{out}}(\gamma) = \int_{\gamma}^{+\infty} f_W(x)\mathrm{d}x \tag{9-7}$$

此模型的中断概率如图 9-4 所示。

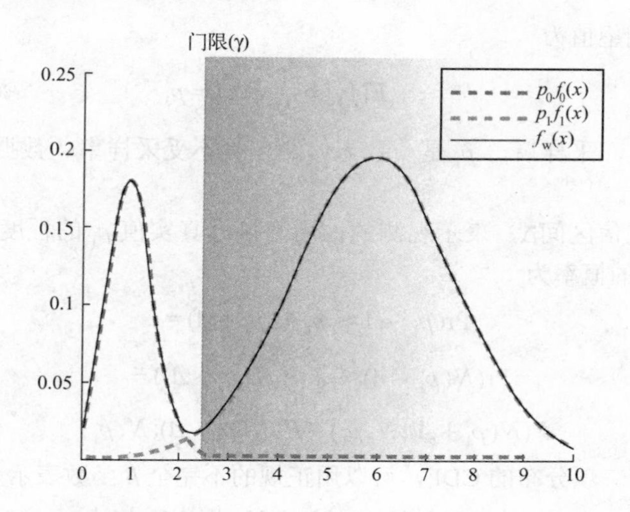

图 9-4　接收能量的概率分布 $f_W(x)$和中断概率（阴影区）[28]（©2009 IEEE）

9.2.4　检测窗的持续时间

为精确观察干扰信号，在检测窗采样数量的选择时，需要考虑前面介绍的不连续信号。例如，如果信号是间歇性的，且占用率很低时，较短的检测时间会导致干扰特性的不准确。

本节提供了简单的数据分析，旨在确定必要的采样数量，用以采集“足够准确”的干扰数据。进行了如下假设：

（1）干扰信号在检测时间内是平稳随机过程，模型如式（9-6）所示。

（2）Wi-Fi 干扰源发出的数据包的到达时间与 ED 采样时间是独立且异步的。

第 2 个假设合理的原因如下：检测设备和干扰源之间没有联系，它们绝不会同步。此外，ED 的采样时间是等间隔的，而 Wi-Fi 数据包的到达时间是一个随机变量（因为 TCP 和信道有随机延迟）。

在以上假设的基础上，检测过程可被看做 N 个伯努利试验的序列，N 是采集样本的数量。每次试验中，检测到 Wi-Fi 数据包的概率是 p_1。令 K 是检测窗中检测的数量（成功的伯努利试验数量）。观察到的占用率 $\hat{p}_1$ 可表示为

$$\hat{p}_1 = \frac{k}{N} \tag{9-8}$$

根据伯努利过程的定义，变量 k 和成功率 p_1 之间服从二项分布，即

$$k \sim B(N, p_1) \tag{9-9}$$

概率质量函数（Probability Mass Function，PMF）表示为

$$f_k(k)=\binom{N}{k}p_1^k(1-p_1)^{N-k} \tag{9-10}$$

N 和 p_1 的期望值为

$$E[\hat{p}_1]=\frac{1}{N}E[k]=p_1 \tag{9-11}$$

由此证实了，采样后，$\hat{p}_1$ 是一致无偏的，且不受采样率、数据包持续时间和其他参数的影响。

现在引入置信区间Δ，表示观测的占用率接近真实值 p_1 的程度。$\hat{p}_1$ 处于区间 $[p_1-\Delta,\ p_1+\Delta]$ 的概率为

$$\begin{aligned}&\Pr(p_1-\Delta\leqslant\hat{p}_1\leqslant p_1+\Delta)=\\&\Pr(N(p_1-\Delta)\leqslant\hat{k}\leqslant N(p_1+\Delta))=\\&F(N(p_1+\Delta);N,p_1)-F(N(p_1-\Delta);N,p_1)\end{aligned} \tag{9-12}$$

$F(k;N,p)$是二项分布的 CDF，可以用正规的不完全 β 函数表示

$$F(k;N,p)=I_{1-p}(N-\lfloor k\rfloor,1+\lfloor k\rfloor) \tag{9-13}$$

式（9-12）给出了检测时间的采样数与置信度之间的准确关系，为占用率的函数。然而，只能通过数值的方式得到 N 值。为获得更简单的表达式，使用二项分布的正态近似（如果 N 足够大就是准确的）

$$B(N,p)\approx\mathcal{N}(N_p,N_p(1-p)) \tag{9-14}$$

由式（9-12）开始，采用式（9-14）的近似方法，概率变为

$$\Pr(p_1-\Delta\leqslant\hat{p}_1\leqslant p_1+\Delta)\simeq\operatorname{erf}\left(\frac{\Delta\sqrt{N}}{\sqrt{2p_1(1-p_1)}}\right) \tag{9-15}$$

与预期的一致，随着 N 的增大，概率趋近于 1。

由式（9-15）的反函数可知，N 是要求的置信度的函数。

举例 9.1　假定数据包在空口传输持续时间是 2ms，速率是 90 包/秒，则概率 p_1 是 0.18。要使得观测值 $\hat{p}_1$ 在置信区间$[p_1-0.02，p_1+0.02]$中的置信度为 95%，则所需的最小采样数量 $N=1418$。

在试验中采用同样的数据包速率和概率 p_1，采样速率 N 设定为 15000，则可以保证在置信区间$\Delta=0.01$ 内的置信度为 99.86%。这表明根据占用概率估计的结果十分准确。

注意 $\hat{p}_1$ 不是由接收机计算得到的 p_1 的估计值，而是对检测窗中 p_1 的一个实现的估计值。但是，随着 N 的增加，$\hat{p}_1$ 越来越接近 p_1。以上的分析结果将 $\hat{p}_1$ 和 p_1 之间的差值表示为 N 的函数。由此可以依据所需的频谱感知可靠性，选择合适的 N 值。

9.2.5 检测占空比

除检测窗持续时间外，还需要定义检测占空比，即除了实际应用的运行时间，还有设备进行频谱感知，而不是进行实际业务传输，所需时间的比例。显然，如果占空比过大，将会对网络的数据处理和传输造成大量的延迟，并降低了数据吞吐量。而如果检测占空比过小，网络难以对信道变化情况做出及时响应，导致干扰出现在工作信道，造成数据包丢失和数据吞吐量下降。

WPAN 设备由于频谱感知过程造成的通信数据损失为

$$数据损失 = 检测时间 \times WPAN\ 设备数据速率 \tag{9-16}$$

吞吐量的减少量相当于通信数据量的减少量。然而，在高速率下，即使频谱感知会导致吞吐量减少，但是通过将网络切换到一个占用较少的信道，也会获得吞吐量的增益。如果正在工作的信道没有受到干扰，而频谱感知则会导致吞吐量减少，可以通过降低检测占空比来缓解吞吐量的减少。可以在 WPAN 设备本地或以集中的方式，动态伺机地控制由于频谱感知造成的吞吐量减少。9.4.2 节将通过试验测量进一步阐明这一问题。

9.3 干扰特性和性能恶化

本节阐明了前面介绍的试验场景（电波暗室、室内 1、室内 2）的试验结果并进行了分析。除了通过量化能量 PDF（测量直接输出的值），还可以通过以下方式进行分析：

（1）频谱图

在时域和频域范围内观测干扰流量的变化。为实现这一目标，在频谱图中，横坐标表示时域，纵坐标表示频域，频谱图中每个时间点的纵切面都对应于某一时刻的频谱。频谱图可以用来观测干扰信号的特性，看干扰信号是连续占用频谱还是仅在一小段时间中占用频谱。

（2）中断概率

根据式（9-7）定义的中断频率，其中门限 $\gamma = -75\text{dBm}$（接近于 CC2420 收发信机“信道干净”的门限）。中断概率在同一图中画出了所有信道（IEEE 802.15.4 标准 16 个信道）WPAN 失效概率，以及所有测试的干扰速率。这样就给出了“瞬时”的频谱占用状态。

（3）吞吐量图

给出了第 2 组试验的结果（描述见 9.2.2 节）。吞吐量测量意味着将先前章节介绍的物理层特性与面向应用的性能度量联系起来。

在存在干扰源时，这些度量可用于表征和理解频谱占用模式。WPAN 可以利用这些信息，有效地和可靠地检测频谱的状态，识别有干扰的信道，以及提供频段内较少占用的信道信息。9.4 节将介绍利用频谱感知信息完成动态频率选择。

9.3.1 电波暗室

电波暗室作为理想的传播环境，适用于观察不变的 Wi-Fi 信号，并描述 Wi-Fi 信号在能量检测中对能量分布的影响。由于电波暗室的电磁特性，在整个频谱的情况是一致的，所以试验所选择的信道是无差异的。选择如下：Wi-Fi 干扰在 802.11 频谱的信道 7，WPAN 对 802.15.4 频谱的信道 17～20（第 1 组试验）进行检测，WPAN 在信道 19 进行通信（第 2 组试验）。

9.3.1.1 能量分布

图 9-5 为 4 个 WPAN 信道的估计能量 PDF，数据速率是 3000kbit/s。图中给出了试验中能量 PDF 的总览。9.2.3 节中介绍的不连续信号模型是经过验证的，其 PDF 由两个单独分量组成：左侧为 $p_0f_0(x)$，只包含噪声；$p_1f_1(x)$包含信号和噪声。噪声部分 $p_0f_0(x)$的 RSSI 值很小（包含了-100dBm 及以下）。对于这 4 个信道，噪声的权重 p_0 近似为常量 0.5。由于 Wi-Fi 信号波瓣形状的原因，信号部分 $p_1f_1(x)$表明在两个中心信道（信道 18 和 19）有很高的 RSSI 值。

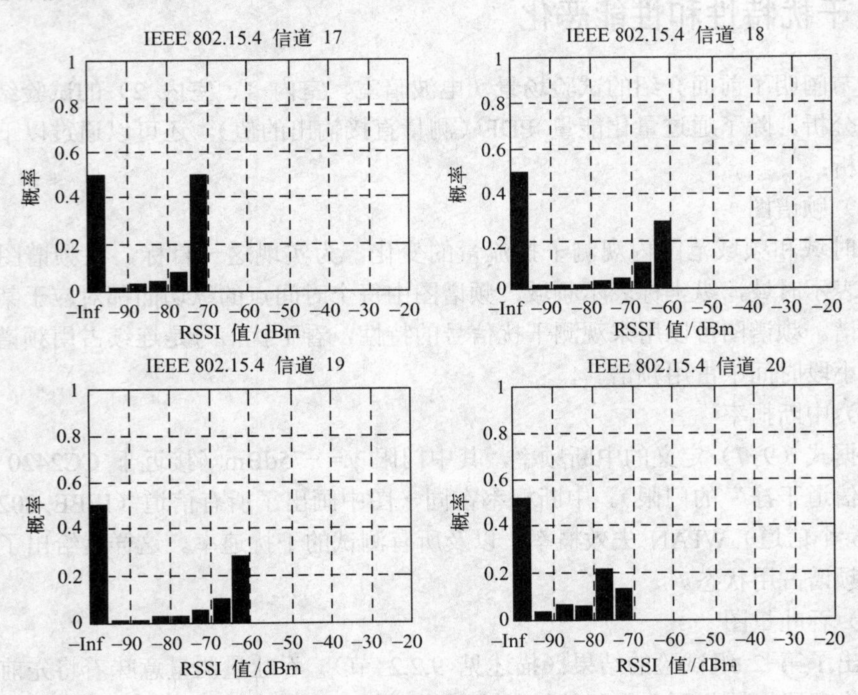

图 9-5 电波暗室：4 个干扰 IEEE 802.15.4 信道（17～20）的能量 PDF。Wi-Fi 信道 7 上的数据速率是 3000kbit/s

图 9-6 给出了不同 Wi-Fi 数据速率的影响，提供了频谱占用的全面特征。正如预期，在电波暗室中，除了有意加入的 Wi-Fi 干扰信道之外，其他所有信道都是空闲的。改变 Wi-Fi 数据速率，干扰强度随着速率的增加而越发明显。如前所述，中心信道存在干扰，强度大于其他信道，此特性可在频谱中看出，干扰速率为 3000kbit/s 时十分明显（右下侧频谱图）。图 9-6b 证实了同样的特征，对于单个 IEEE 802.15.4 信道 19，图 9-6b 表示了不同的数据速率的影响。

图 9-7 给出了各种分布的分析，说明不同 Wi-Fi 数据速率对以下两个参量的影响。

1）全局 PDF $f_w(x)$的平均值 μ 定义为

$$\mu = \mathrm{E}[f_w(x)] = \mathrm{E}[p_0 f_0(x) + p_1 f_1(x)] \tag{9-17}$$

2）信号分量平均值 μ_1 定义为

$$\mu_1 \simeq \mathrm{E}[f_1(x)] \tag{9-18}$$

在这个表达式中平均值是个近似，因为 f_0 和 f_1 之差可以是任意的。由于噪声分量的区域很狭窄，定义的 f_1 就显得十分直观。

通过对平均值进行分析，得到：

1）μ 尤其是 μ_1 的曲线准确反映了 Wi-Fi 干扰波瓣的形状。

2）不同数据速率下 μ_1 保持不变，证实了高数据速率会对占用率产生影响，而对 RSSI 值无影响。（注意 μ_1 没有对占用率做出解释，它在式（9-18）的定义不包含权重 p_1）。

3）μ 包含权重 p_1 和 p_0 的共同影响。因此，在图 9-7a 中可以看出，μ 值随数据速率减少而减少。数据速率低于 540kbit/s，就看不见波瓣了，此时主导分量是 $p_0 f_0$。也就是说，在低数据速率时，包含信号的分量 $p_1 f_1$ 相对于 $p_0 f_0$，可以忽略不计。

最后，图 9-7b 给出了中断概率的值，该值是根据测量的量化 PDF 值计算得到的，针对不同数据速率和不同的信道。中断概率提供了信道占用状态的可靠表征，由于它将物理层能量与应用相关的参数（门限 γ）连接了起来。因此，可被用作动态信道分配的标准，检测每个信道的干扰，并决定使用哪个信道最为合适（9.4 节将有详述）。在电波暗室中，对于所有数据速率，Wi-Fi 干扰波瓣的中心信道 18 和 19 的中断概率的值，都高于其他信道。中断概率值与 Wi-Fi 数据速率是接近线性的关系。

9.3.1.2　吞吐量

图 9-8 是第 2 组试验的结果，表明了在不同 Wi-Fi 数据速率下，可达到的 WPAN 吞吐量。

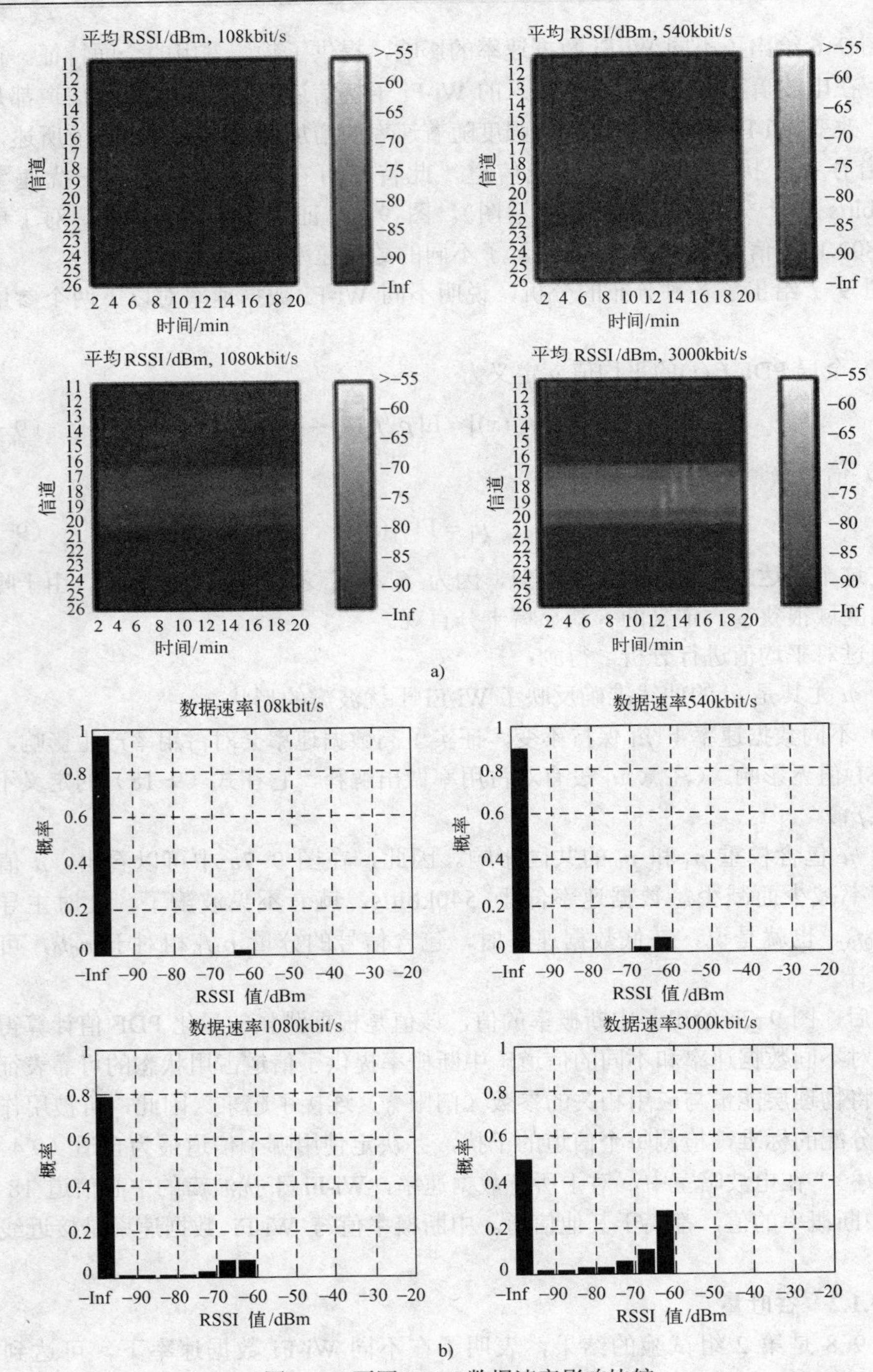

图 9-6　不同 Wi-Fi 数据速率影响比较

a) IEEE 802.15.4 各信道的频谱图　b) IEEE 802.15.4 信道 19 的能量分布[28]

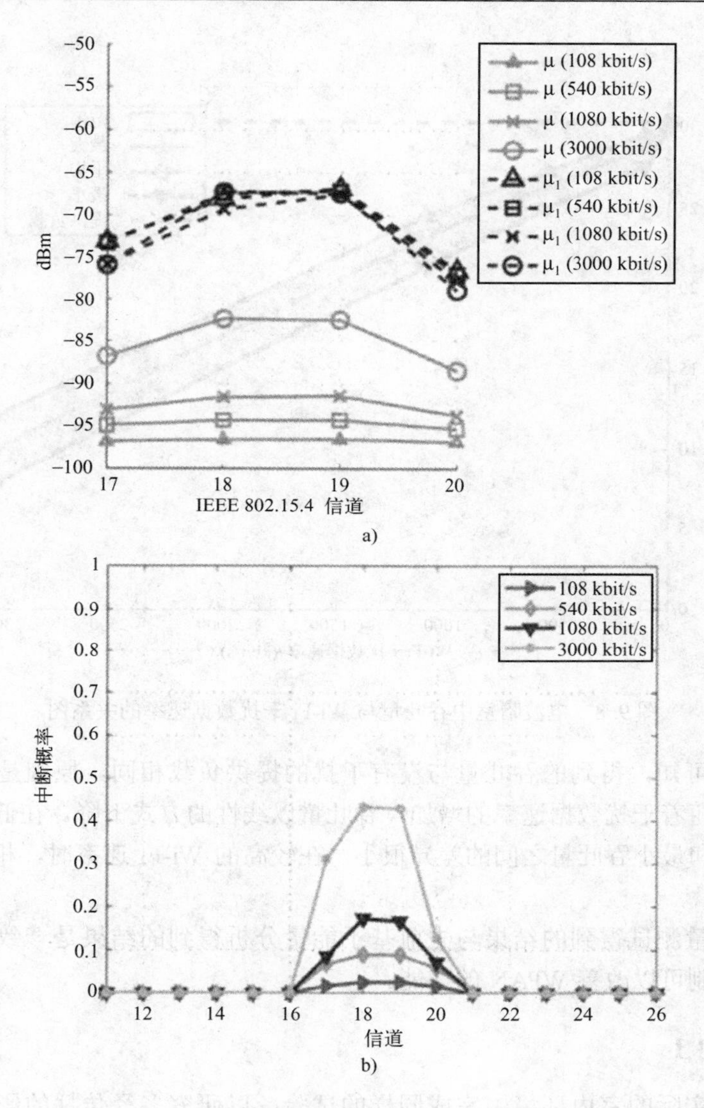

图 9-7　电波暗室：分析结果

a) 在各个信道的全局平均量 μ 和信号分量平均量 μ_1　b) 在不同数据速率下，各个信道的中断概率[28]

由图 9-8 可知，对于各种 Wi-Fi 数据速率，所得吞吐量测量的最大值、最小值和平均值。图最上方的水平虚线是最大理论吞吐量，即发射机“提供负载”。正如 9.2.2.2 节所阐述，在一个时间窗内计算瞬时吞吐量，相当于 500 个接收数据包（发射机每 9.766ms 发送一次），每个试验持续 15min。由此会得到足够准确的数据，确定吞吐量的边界。

图 9-8 中的阴影区域由最大和最小吞吐量曲线限定，代表试验场景的“可实

现区域”。

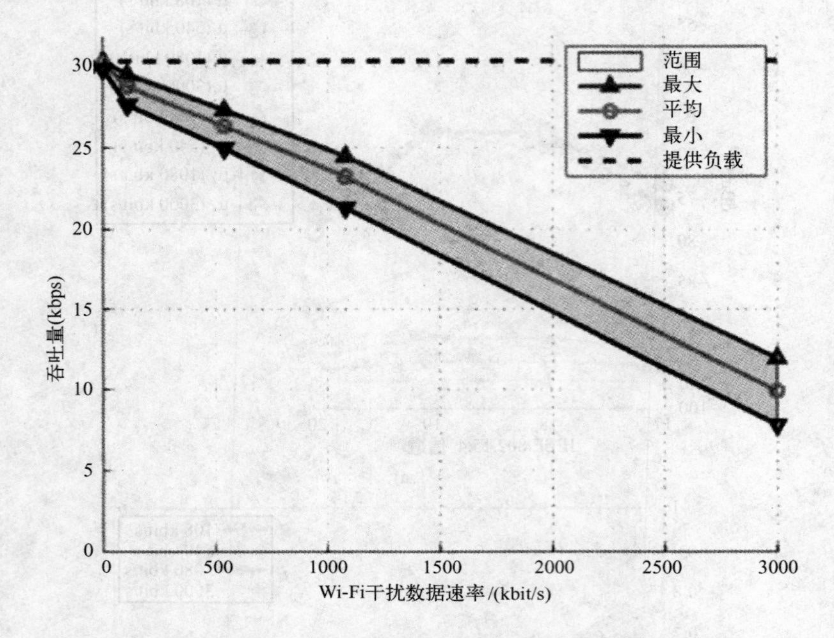

图 9-8 电波暗室中吞吐量与 Wi-Fi 干扰数据速率的关系图

由结果可知，得到的吞吐量与没有干扰的提供负载相同，原因是电波暗室是理想环境。随着干扰数据速率的增加，吞吐量以线性的方式下降。在低干扰数据速率下，最大和最小吞吐量之间的差异很小，在较高的 Wi-Fi 速率时，相对差异会大一些。

由吞吐量测试得到的结果与先前基于能量分析得到的结果是一致的。因此，频率跳变机制可以改善 WPAN 的性能。

9.3.2 室内 1

本节在实际的室内环境中完成同样的试验，以研究多径传播的影响。这是一个典型的 WPAN 环境。本节的目标是仅隔离室外的电波，不考虑可能同时存在的背景 Wi-Fi 干扰（下一个场景“室内 2”考虑 Wi-Fi 干扰）。

为达到上述目的，先进行前期测量，在不加入 Wi-Fi 干扰的情况下观测自身的频谱情况。得到结果如图 9-9 所示。频谱图展示了背景干扰集中在 3 个 Wi-Fi 子带，对应图中条纹。这些条纹的出现取决于所考虑的环境中可用 Wi-Fi 网络目前的使用情况。在图中，对应 802.11b 频谱 Wi-Fi 信道 1、6 和 11。干扰更集中于 Wi-Fi 信道 6 和 Wi-Fi 信道 11。IEEE 802.15.4 信道 25 和 26 则没有流量。

基于这些条件，用于试验的信道选择如下：Wi-Fi 干扰在 802.11b 频谱的信道

13（与 IEEE 802.15.4 信道 23～26 重叠），WPAN 检测 IEEE 802.15.4 频谱的信道 26（第 1 组试验），WPAN 在 802.15.4 频谱的信道 25（第 2 组试验）通信。在这样的选择下室内环境中，IEEE 802.15.4 信道 25 和 26 没有背景干扰；而另外两个信道 23 和 24，则存在背景噪声，但不是非常大。

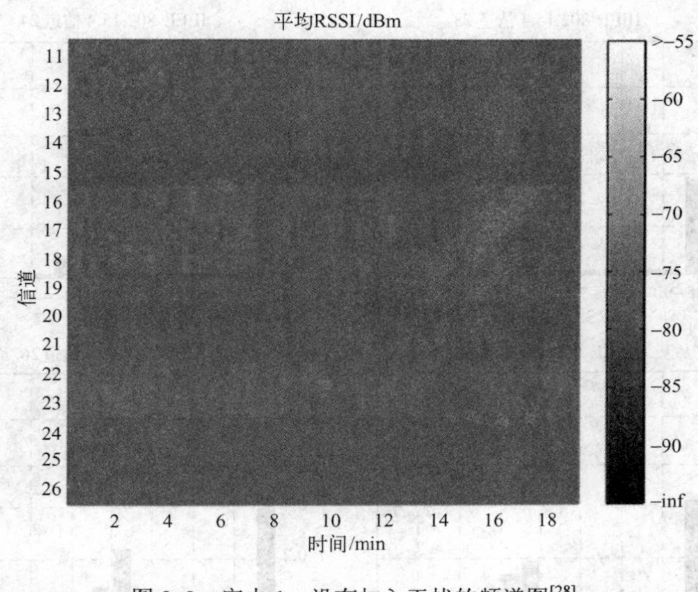

图 9-9　室内 1：没有加入干扰的频谱图[28]

9.3.2.1　能量分布

在数据速率为 3000kbit/s 的 Wi-Fi 干扰下，IEEE 802.15.4 信道 23～26，室内 1 环境获得的能量 PDF 如图 9-10 所示。

与电波暗室相比，信号分量 f_1 的形状有所不同，看起来比较对称，这是由于多径传播的影响，多个分量相加形成了对数正态分布（注意 RSSI 是用 dBm 衡量的）。占用率 p_0 和 p_1 仍然近似相当。而 f_1 的 RSSI 值比电波暗室中高约 10dB。

图 9-11a 和图 9-11b 分别以频谱图和信道 25 的能量 PDF 图，比较了不同数据速率的影响。在频谱图中，除了先前存在的干扰之外，流量的影响也是显而易见的。相对于电波暗室，室内 1 有更高的能量值。PDF 证实了相同的结果：占用率与先前的那些场景类似，但是 f_1 的 RSSI 值更高。

图 9-12a 和图 9-12b 分别从平均值和中断概率两个方面分析了 PDF 测量值，在电波暗室观察到的趋势在室内环境中也得到证实。在图 9-12 中，尽管数据速率在变化，但 μ_1 基本保持不变（尤其是无背景噪声的信道 25 和 26）。但是平均值 μ 随数据速率增加而增加。然而，与先前的情况相比，因为有反射和潜在的传

播环境的改变（移动的人、物体等），性能不理想。另外，与电波暗室测试相比，对于相应的数据速率，μ 和 μ_1 更高。这个现象同样发生在不受背景噪声影响的信道 25 和 26 中。由此可得出结论：多径传播加大了信号干扰，因此增大 RSSI 值。

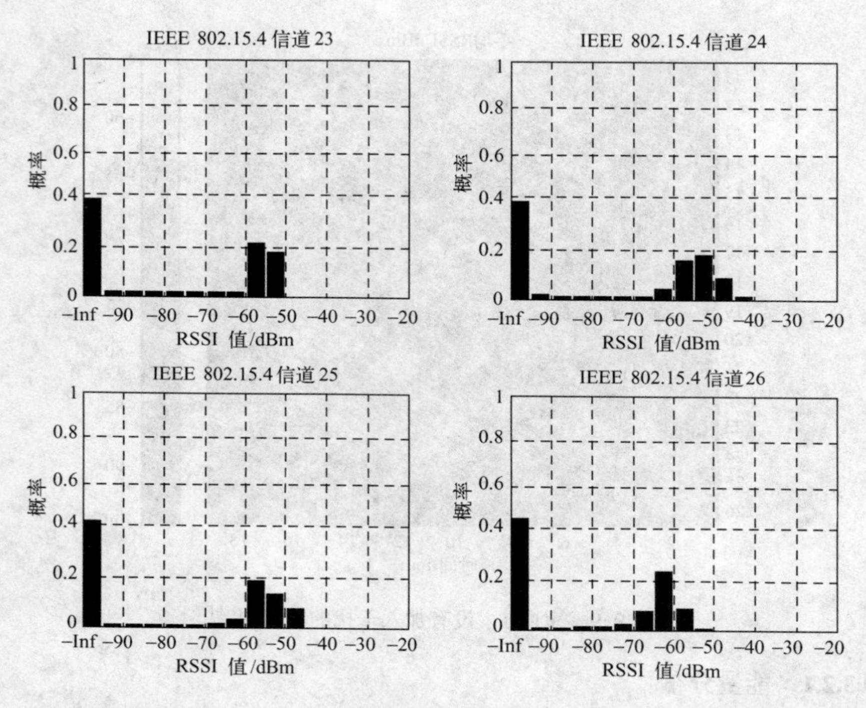

图 9-10 室内 1：4 个被干扰的 IEEE 802.15.4 信道 23～26 的能量 PDF；Wi-Fi 信道 13 上 Wi-Fi 数据速率为 3000kbit/s

图 9-12b 的中断概率再一次说明了信道占用情况。IEEE 802.15.4 信道 11～21 的计算值基本为零，因此背景干扰在这一部分可以忽略。相反地，有 Wi-Fi 干扰的信道可以清晰地被识别出。相比于图 9-7 中的理想条件，对应于各个速率，可以得出以下结论：

1）在“中心”信道（室内 1 中的信道 25 与电波暗室中的信道 19），室内 1 的中断概率值略高。由于 ED 能检测到更多的反射信号，因此这一增加不是十分显著。

2）在“旁侧”信道（室内 1 中的信道 26 与电波暗室中的信道 20），室内 1 场景的中断概率明显较高，与中心信道的相当。这一现象的原因如下：在室内场景，多径传播改变 Wi-Fi 的脉冲成形滤波器，导致信号频率波形的变形。结果，干扰波瓣变为矩形而不是电波暗室中的升余弦形状。

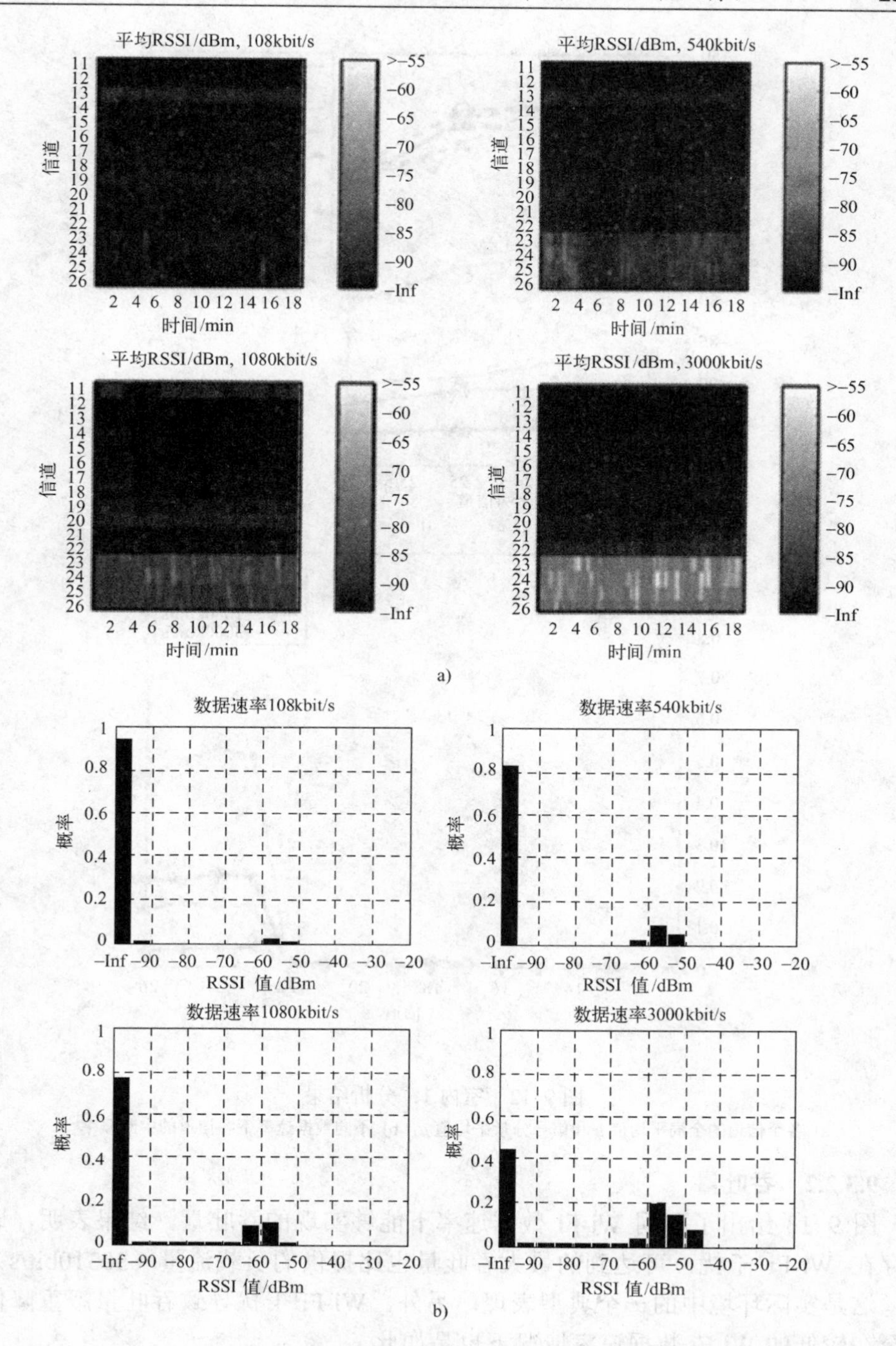

图 9-11　室内 1：使用不同 Wi-Fi 数据速率的影响比较

a) IEEE 802.15.4 信道的频谱　b) IEEE 802.15.4 信道 25 的能量分布

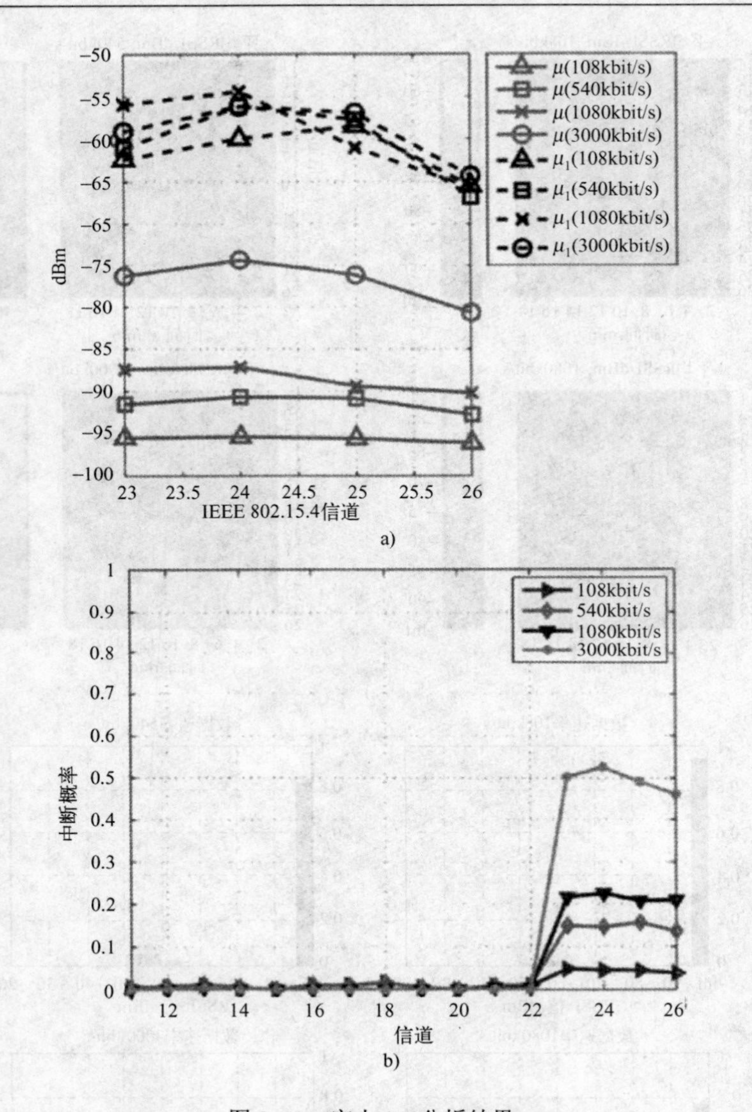

图 9-12　室内 1：分析结果

a) 各个信道的全局平均值 μ 和信号分量平均值 μ_1　b) 不同数据速率下各信道的中断概率[28]

9.3.2.2　吞吐量

图 9-13 给出了不同 Wi-Fi 数据速率下能够实现的吞吐量。结果表明，即使不存在 Wi-Fi 干扰，可达到的最大吞吐量也比提供的负载流量（30310bit/s）要低，这是实际环境中的一个典型表现。另外，Wi-Fi 干扰导致吞吐量严重降低，甚至在较低的 Wi-Fi 数据速率情况下也是如此。

在图 9-13 中可以明显看出，由于流量增加导致的随机性，造成在各 Wi-Fi 速率下的吞吐量的变化，比电波暗室中要大很多。在本场景中可达到的吞吐量最大值，处于图 9-8 电波暗室环境的吞吐量范围内，这意味着在室内场景中的最好的环境条件（具有可忽略的背景噪声）接近于电波暗室或理想环境。

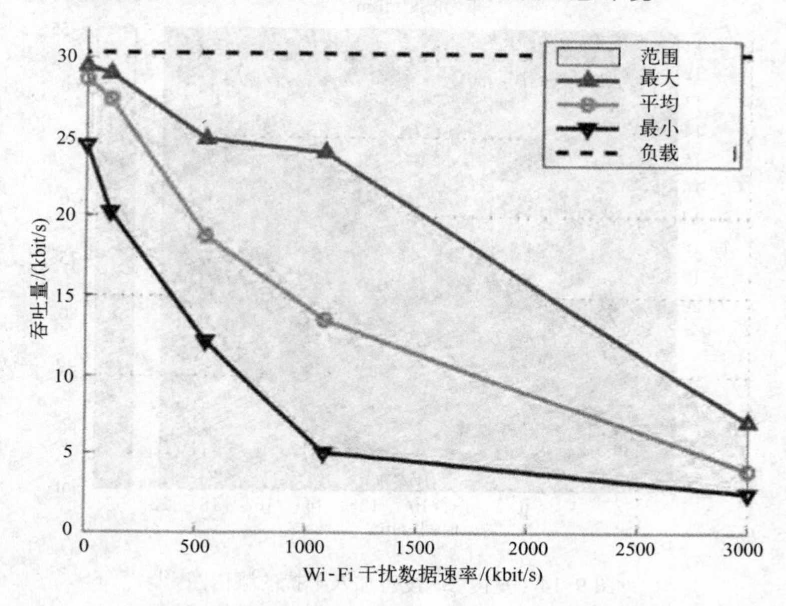

图 9-13　室内 1 场景中吞吐量与 Wi-Fi 干扰数据速率的关系图

9.3.3　室内 2

这个场景是有较大的背景干扰存在的实际室内环境，用来研究多径传播和多干扰源的影响。

IEEE 802.15.4 信道没有流量的频谱如图 9-14 所示，相比于图 9-9，图 9-14 具有高背景干扰。AP 设置在 Wi-Fi 信道 4 上（与 IEEE 802.15.4 的信道 14-17 重合），此处有较大的背景干扰，确实存在多干扰源。

9.3.3.1　能量分布

图 9-15 给出了在 Wi-Fi 干扰下，数据速率为 3000kbit/s 时，IEEE 802.15.4 信道 14～17 的能量 PDF。可以看出，μ_1 与室内场景 1 中的 μ_1 类似，由此可得出结论，由于多径传播，相比于电波暗室，实际室内环境中 μ_1 会增加。另外，f_1 的形状与室内 1 场景类似，但由于高背景噪声的存在，p_1 的值要比其他两种场景（即电波暗室和室内场景 1）高很多。

图 9-16a 给出了各种 Wi-Fi 干扰数据速率下的 IEEE 802.15.4 信道的频谱。除了突发业务之外，可以看见多个干扰源。IEEE 802.15.4 信道 15 对应各个速率的能量 PDF 如图 9-16b 所示。同样地，μ_1 的值独立于数据速率，而 p_1 则随干扰速率增加而增加。在低干扰速率下（108kbit/s 和 540kbit/s），p_1 与电波暗室和室内场景相似；在

高干扰速率下（1080kbit/s 和 3000kbit/s），由于总干扰水平的增大，p_1 明显增大。

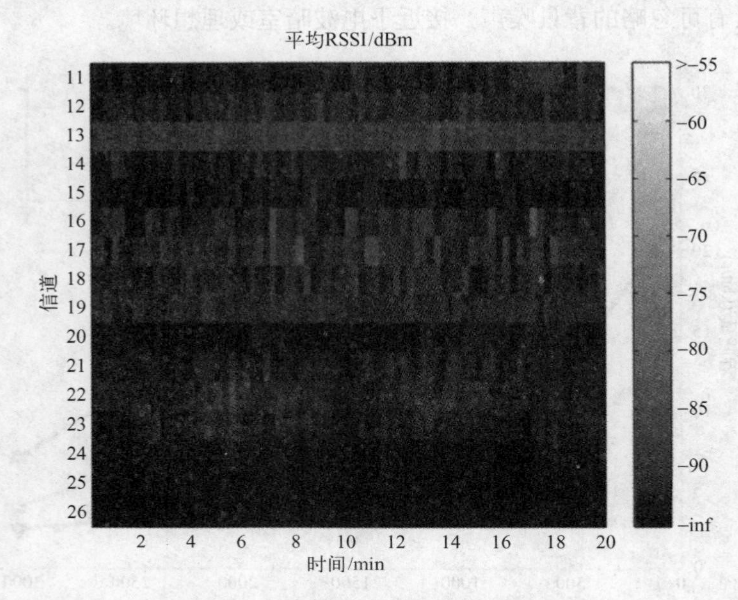

图 9-14　室内 2：没有加入干扰的频谱图[28]

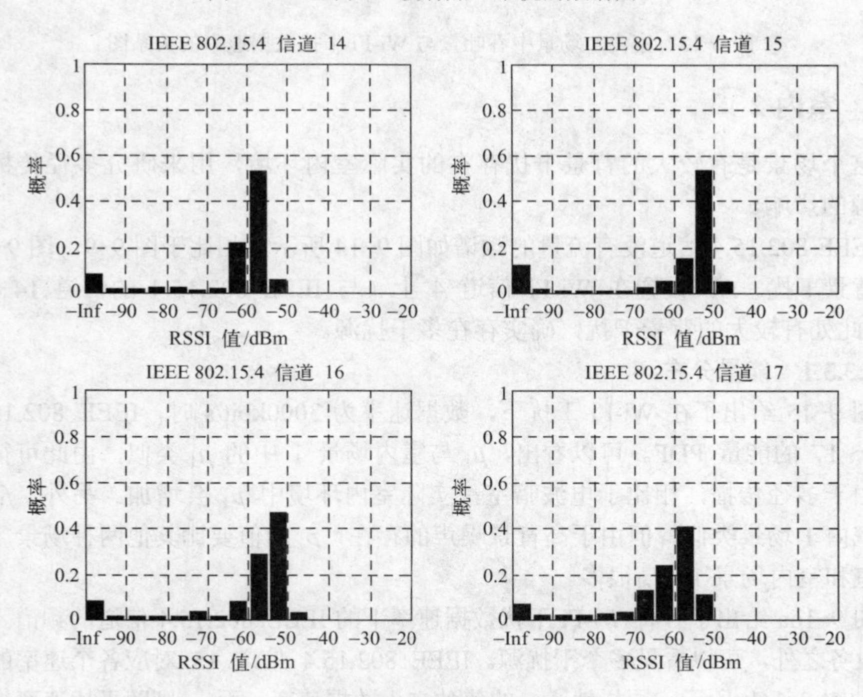

图 9-15　室内 2：4 个受干扰的 IEEE 802.15.4 信道（14～17）的能量 PDF，在 Wi-Fi 信道 4 上的数据速率是 3000kbit/s

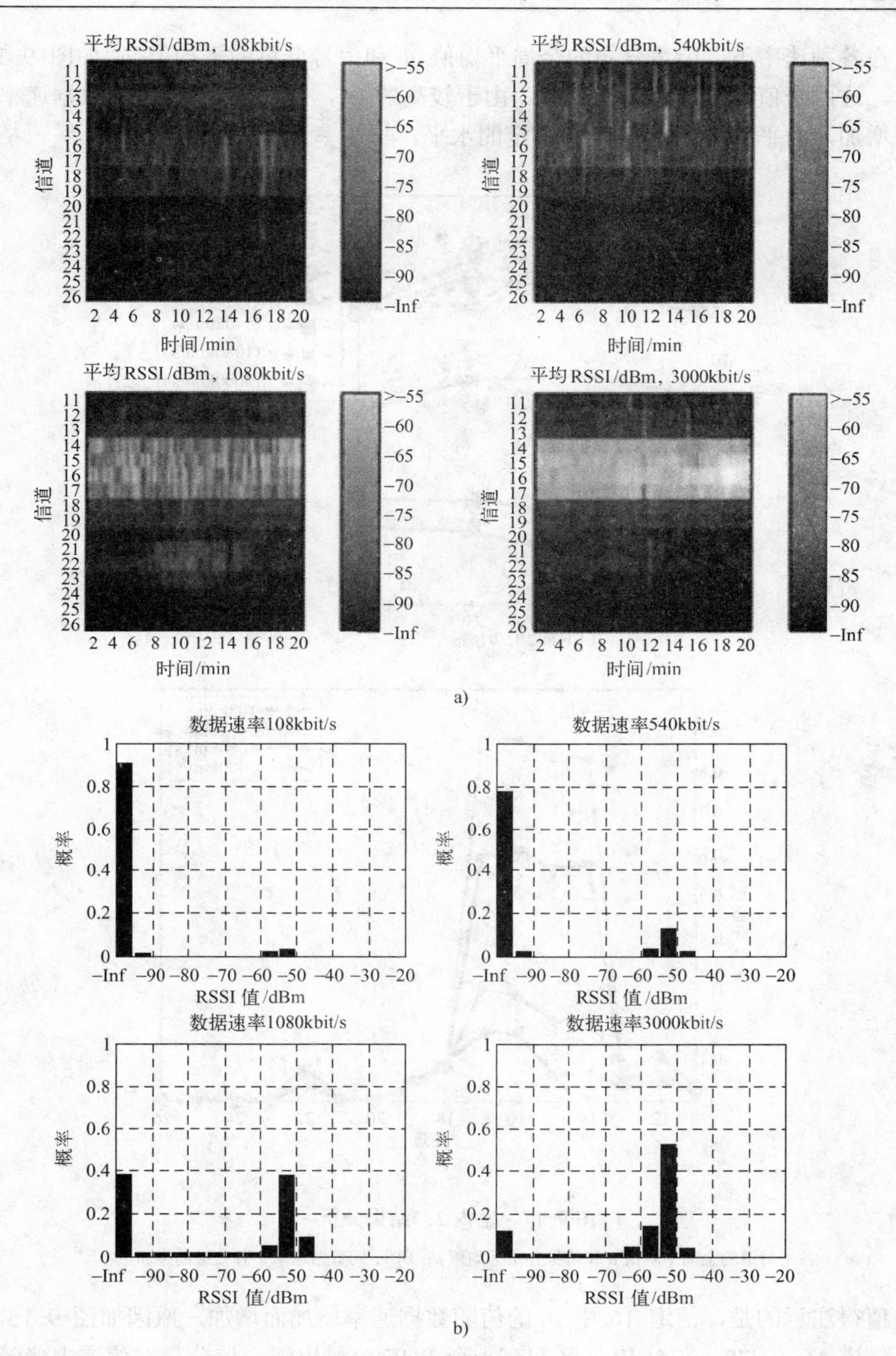

图 9-16　室内 2：各种 Wi-Fi 数据速率影响的对比

a) IEEE 802.15.4 信道的频谱　b) IEEE 802.15.4 信道 15 的能量分布[28]

在各种速率下，能量分布的全局平均值 μ 和信号分量的平均值 μ_1 如图 9-17a 所示。这两个值与前两个场景相似。由于较高的 p_1，全局平均值 μ 随数据速率增加而增加，而平均值 μ_1 保持一个恒定的水平，与速率无关。

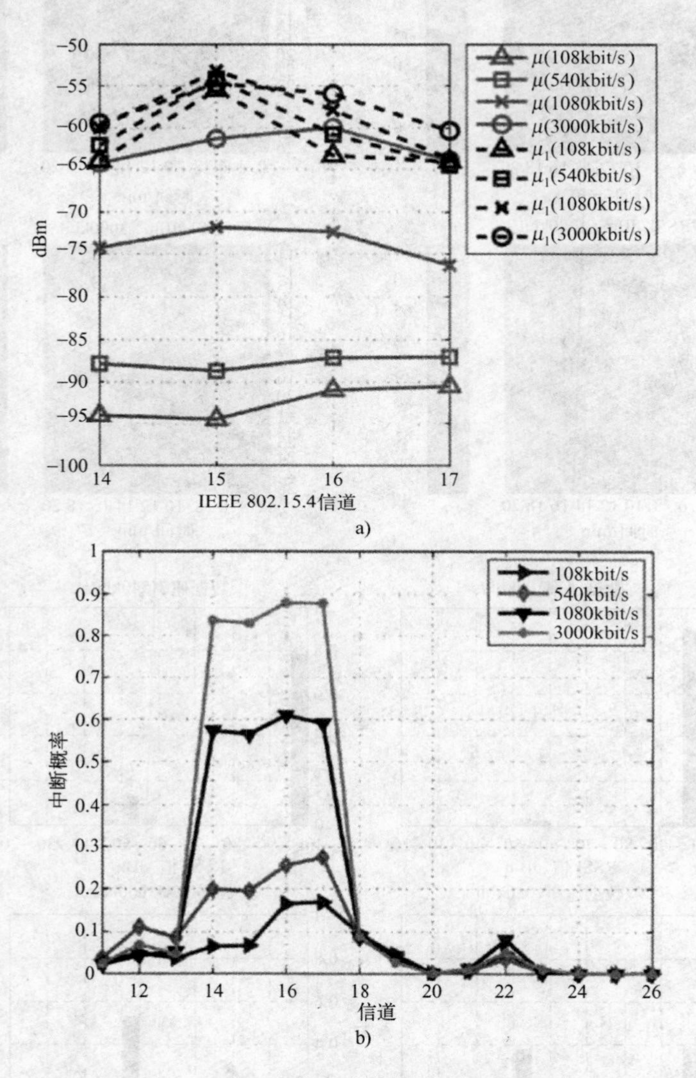

图 9-17　室内 2：结果分析

a) 各个信道的全局平均值 μ 和信号分量平均值 μ_1　b) 不同数据速率下各信道的中断概率[28]

值得注意的是，信道 16 中 μ_1 的值随数据速率增加而增加，原因如图 9-15 所示，信道 16 在-70～-75 dBm 区间有一个 PDF 分量出现。该分量在信道中伴随所有数据速率都会出现，且出现的概率相同。因此，μ_1 受两个分量影响：能量区间和

f_1 实际分布的模式。这是室内 2 环境的典型表现，在这种环境下用户无法控制频谱占用。

在考虑的各个速率下，IEEE 802.15.4 每个信道的中断概率如图 9-17b 所示。可以看出，因为干扰源的存在，有 Wi-Fi 干扰的信道 14～17 出现故障的概率非常高，在高干扰速率下达到了 0.9。在业务速率较低时中断概率也较低。由于相对较高的背景干扰，在其他信道也存在中断概率。

9.3.3.2　吞吐量

图 9-18 显示了相对吞吐量和数据速率之间的关系。在场景 1 中进行了同样的测量，在此进行一个直接的对比。

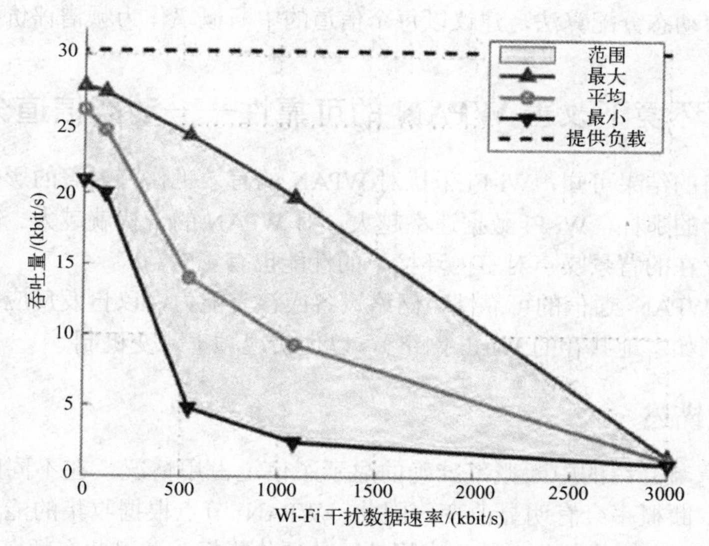

图 9-18　室内 2 场景中吞吐量与 Wi-Fi 干扰数据速率的关系图

总体来说，这个场景的吞吐量范围较小：例如，在 3000kbit/s 时，吞吐量能达到的最大值小于 2kbit/s（室内场景为 7.5kbit/s）。可达到吞吐量的锐减与这个场景中更高的中断概率相一致。正如预期，WPAN 通信在这个场景存在严峻挑战。

值得注意的是，即便在这个环境中没有加入噪声，因为存在背景干扰，吞吐量也不会达到负载。

9.3.4　不同频谱评价标准分析

为了识别频谱占用模式，这里介绍了多种频谱评价指标，以便 WPAN 设备可以有效且可靠地检测到干扰，选择频带中最佳的可用信道。这些评价指标确定着频谱占用状况的不同方面。下面将讨论各个评价指标的意义。

能量概率分布 PDF 是频谱感知过程的直接输出，清楚显示了信号部分 $p_1f_1(x)$

和噪声部分 $p_0f_0(x)$的分布，以及它们在各种速率下的情况。能量 PDF 是所有其他评价指标的基准。

各信道的平均 RSSI 值 μ 和 μ_1 用以检测是否存在干扰，但它们不能表明干扰是否对 WPAN 通信有害。

频谱图呈现了频谱占用瞬时状态，可以通过画出随时间变化的平均 RSSI 值 μ 得到频谱图，因此可以确定干扰源是持续的，还是暂时的。

每个信道的中断概率图可以提供对干扰的准确检测，因为它考虑了对 WPAN 有害的那部分能量 PDF。此外，中断概率随干扰数据速率的变化而相应平滑地变化。也可以将时间维度引入中断概率。

对于信道动态分配算法，建议以每个信道的中断概率作为频谱评价指标。

9.4 干扰环境下改善 WPAN 的可靠性——动态信道分配

由前一节的结果可知，Wi-Fi 干扰对 WPAN 的有效工作有显著的影响。可以看出，正如预计的那样，Wi-Fi 数据速率越大，对 WPAN 的干扰就越大。另外，多径传播和可能存在的背景噪声对室内环境下的性能也有影响。

为改善 WPAN 通信的可靠性，网络设备应该有能力，以自发反应的形式识别紧急情况（例如本地共存的 Wi-Fi 网络），以便实现频率跳变机制。

9.4.1 算法描述

前面的章节介绍的中断概率准确的显示了信道占用情况，在不同的速率和传播环境下，中断概率会有明显改变。因此，WPAN 节点根据收集的能量测量值，实时计算中断概率，将其作为信道占用情况的评价指标，并以此在频率跳变网络协议中选择最合适的信道。

算法 9-1 详细解释了所提出的频率选择算法的工作原理。伪码指的是一个单时隙，由 M 个检测窗组成（M 也是频带内可以使用的信道数）（例如，在试验的 802.15.4 WPAN 中 $M=16$）。此外，算法需要以下参量：量化区间数 Q，检测窗内采样的总数，量化区间的边界（长度为 Q 的向量）和中断概率门限 γ（在试验中是-75dBm），这个算法还与相关的边界编号 θ 有关。以这种方法，可以通过对包含在从 θ 到 Q 采样区间中的采样点求和的方式简单地计算中断概率。

算法 9-1：基于中断概率的信道选择

1）M：可供使用的信道数

2）N：每个信道的能量采样数

3）Q：能量量化区间数

4）γ：中断概率门限

5）*edges*[*Q*+1]：量化区间边界的向量

6）$\theta \leftarrow \arg\min_{i\in\{1,\cdots,Q+1\}} |edges(i)-\gamma|$

7）for c = 1 to M do

8）初始化：$pdf(i)=0$，i = 1 to Q

9）for n = 1 to N do

10）$W(n)\leftarrow$从 RSSI 寄存器读取能量值

11）选择 $i\in\{1, \cdots, Q+1\}$：使得

$edges(i) < W(n) \leqslant edges(i+1)$

12）增加 $pdf(i)$

13）end for

14）$P_{\text{out}}(c)\leftarrow \dfrac{1}{N}\sum_{i=\theta}^{Q} pdf(i)$

15）end for

16）最佳信道：$c^* \leftarrow \arg\min_{c\in\{1,\cdots,M\}} P_{\text{out}}(c)$

在每个时隙，算法的输出都是“最佳信道”的编号，“最佳信道”根据中断概率选出。这一信息将送到上层的网络层，每次频率变化都需要使用这一信息。该算法在后台运行，以实现主动的频谱管理，设备会根据需要，随时准备给自己分配一个信道。

这个频率改变的过程可以由单个节点发起，也可以基于合作协议采用分布式的方式。

当发生吞吐量下降，数据包丢失率高的严重情况，或者在一段时间内中断概率大于最大值时，设备将予以响应，改变频率。一般而言，不是每一次发现有更好的信道时，都会改变信道。这是因为网络需要额外的“成本”，包括交换信息（通知所有节点新的信道是哪一个）和重新同步。因此，只有在确有必要时，才允许网络改变频率。

在完成一次新的频谱感知过程后，对最佳信道选择进行一次更新。最佳信道的选择，如果是基于先前一系列的测量值，而不仅是最新的一个，则这一选择会更加可靠。在这种情况下，网络可以检测到持续的干扰源，而不只是瞬时的干扰源。

确定进行感知操作的节点数和感知过程的调度（包括检测窗持续时间，每个窗的采样数和检测工作周期）交给协议栈的上层完成，应该在检测准确性、留给通信的时间和干扰检测的反应性能等方面进行折中考虑。

下面考虑算法的复杂度。首先，能量检测器收集能量采样值：这个过程包含了对总共 M 个信道中的每一个信道的 RSSI 寄存器进行 N 次读取。接着，对样本进行量化，将样本插入能量区间（总共有 Q 个区间），这个阶段最多进行 $O(\log_2 Q)$次。因此复杂度随 $O(MN)\log_2 Q$ 增加。除了控制采样数 N 之外（如前所

述），可以通过分配不同的节点感知不同的信道进一步调节复杂度，例如一个WPAN设备可以扫描某一组信道而不是整个频带。此外，量化区间数量Q可以减少为最小值，即围绕门限γ的两个区间，这样WPAN设备可以计算出中断概率。通过确定不同的参数，复杂度可以减小到能够为计算能力较低的设备（例如WPAN节点）所承受。

9.4.2　仿真结果

本节给出了仿真结果，阐述了基于信道选择算法的中断概率。第一组测试在以下环境完成：较低的Wi-Fi速率（108kbit/s）和非理想的室内环境（室内1和室内2），证实了算法能够在无法清楚区分干扰和噪声时，识别出最佳信道。为了观测算法的收敛性，选择了粗糙的检测分辨率（每个检测窗的采样数$N=10$，远低于硬件的限制）。

测试结果如图9-19和图9-20所示，分别对应室内1和室内2。图9-19a和图9-20a给出了估计的中断概率随时间变化关系，中断概率是有效采样的函数。图9-19b和图9-20b描述了信道选择算法得到的结果，也就是具有最低中断概率信道的编号。

由图可知，中断概率的收敛性在下面两种环境中都很明显。

（1）在一段短暂的时间后（约40个检测窗，等于400个样本），中断概率的值在所有16个信道都保持稳定。特别是，有Wi-Fi干扰的信道可以清晰地被识别出。

（2）在室内1，受到干扰的4个信道（信道23～26）的中断概率约为0.04～0.05。同时，其他有较强干扰的信道（例如信道18），这一干扰不是试验中故意加入的，但是干扰也可以被清晰地识别出来。由此证实了提出的算法适用于任何干扰条件。

在室内2中，由于背景干扰的加入，中断概率一般比较高。这一影响在信道17十分明显。然而，中断概率曲线仍然很稳定。

关于信道选择，算法可以在最短的时间识别最佳信道。考虑如图9-19b所示的实例，在15个检测窗内，算法就选择信道15，而且这一信道在整个检测区间都几乎不会发生中断。在此之后，信道21成为最佳选择。信道15和21的中断概率非常低，因此最佳信道的改变并不一定代表网络要改变频率。（值得注意的是，此算法不仅输出最佳信道编号，而且输出中断概率的值）。图9-20b的分析也与之类似。

中断概率曲线的收敛性从经验的角度证实了9.2.4节提出的确定检测窗长度的分析方法，即在观察的几个例子中，约300～400个采样后，中断概率收敛，这一点与分析结果一致。

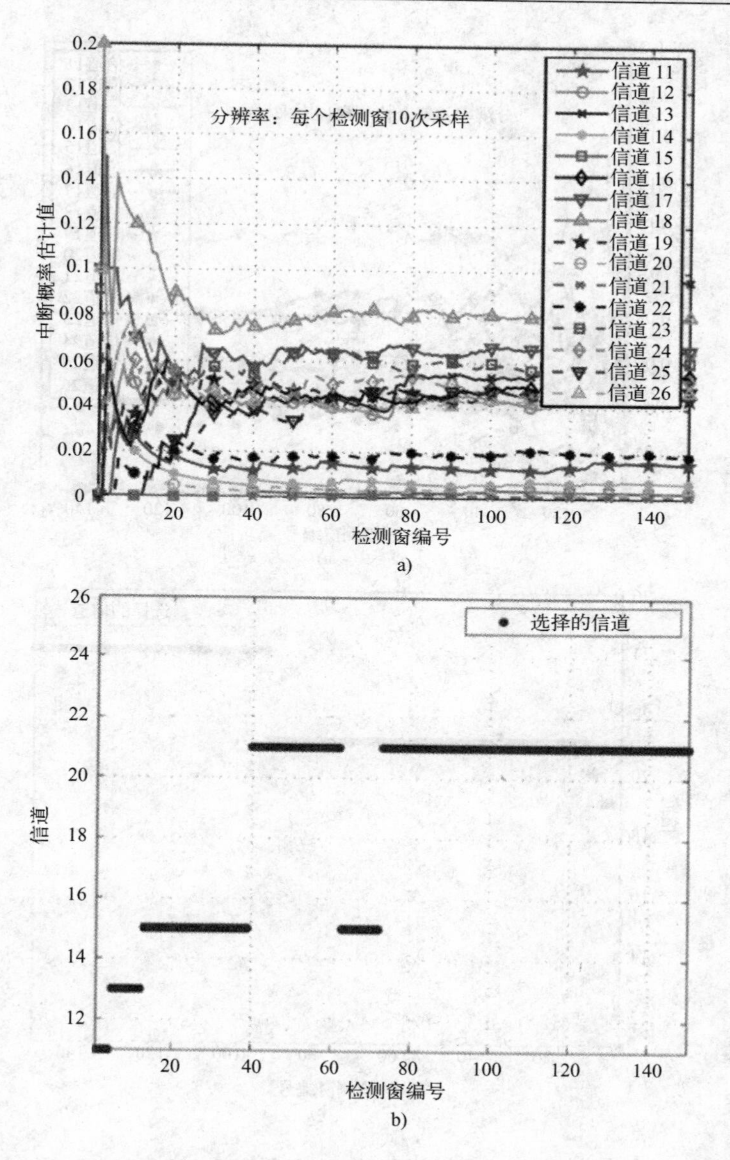

图 9-19　室内 1：信道选择算法的结果，$N=10$，$Q=15$，$M=16$，$\gamma=-75$ dBm，Wi-Fi 数据速率为 108kbit/s

a) 估计的中断概率　b) 算法选择的最佳信道

最后，研究了信道再分配带来的吞吐量增加。在室内 1 场景，Wi-Fi 干扰速率是 540kbit/s 时，图 9-21 给出了这一结果。图中清楚显示了，动态信道分配获得的增益。

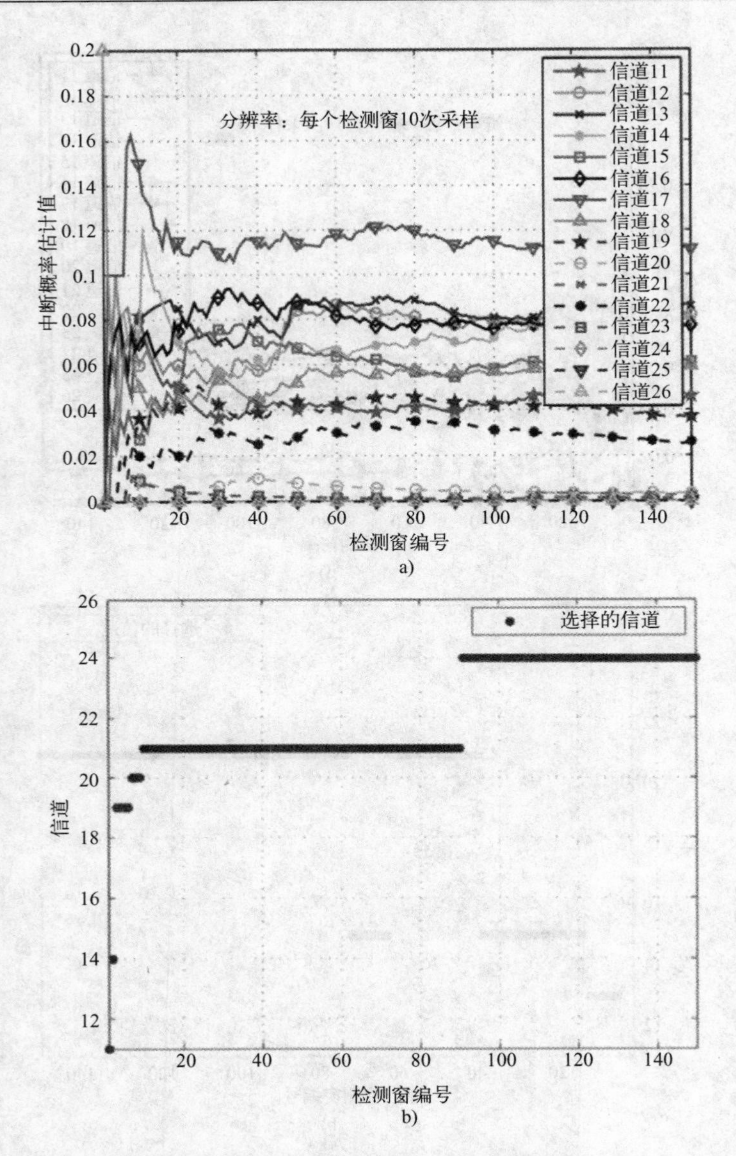

图 9-20 室内 2：信道选择算法的结果，$N=10$，$Q=15$，$M=16$，$\gamma=-75\text{dBm}$，Wi-Fi 数据速率为 108kbit/s

a) 估计的中断概率 b) 算法选择的“最佳信道”

第 1 部分代表“瞬时”吞吐量的值，由 500 个接收数据包的窗口测量而得（参考 9.2.2 节）；第 2 部分是切换到由算法选择的新信道后实现的吞吐量。正如预期的那样，切换后，吞吐量接近最大值 30310bit/s。此外，瞬时吞吐量的变化明显减少，从而保证了持久的高吞吐量传输。

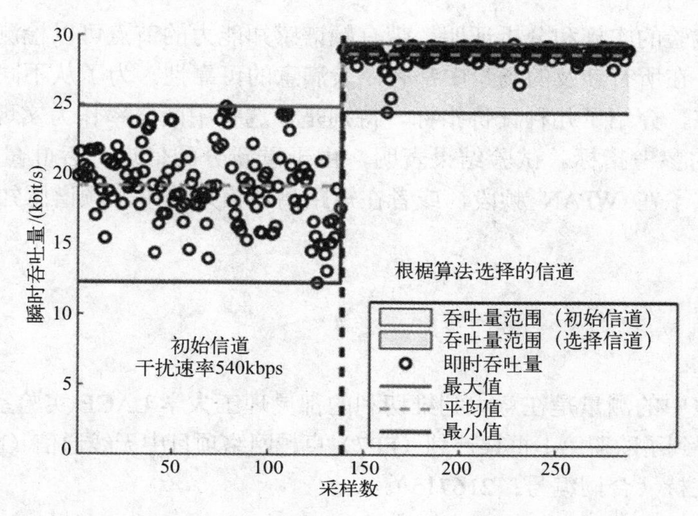

图 9-21　室内 1 场景中，Wi-Fi 干扰速率是 540kbit/s 时，信道由初始信道切换至另一信道吞吐量变化图

这里进一步讨论 9.2.5 节所述由于频谱感知占用通信时间，导致吞吐量减少的问题。初始信道的平均吞吐量接近 19kbit/s，如果检测占空比设置为 10%，而检测窗为 1s，则根据式（9-16），可以计算得到相应的吞吐量损失约为 19kbit/s。通过将新的信道分配给 WPAN，新的吞吐量相当于 29kbit/s，获得了 10kbit/s 的吞吐量增益。即在 WPAN 通信 90%的时间内有 90kB 数据增量。如果初始信道或是正在工作的信道受到较大的干扰，则吞吐量增益会更高。另一方面，如果正在工作的信道没有干扰，则吞吐量的减少不会得到补偿。这种情况下，检测工作周期可以减少，以减小数据吞吐量损失。

9.5　结论

动态信道分配是提高低功率短距离网络可靠性和效率的最为可行方案之一。以感知无线电为范例，通过智能频谱感知和共享频谱，可以实现异构用户的有效共存。这种方法的预想结果是大量设备甚至在频谱过度拥挤区域，例如 2.4GHz ISM 频带，也可以安全可靠地运行。

本章通过在基于 IEEE 802.15.4 标准的 WPAN 试验平台实现频谱感知，全面研究了在与 IEEE 802.11 Wi-Fi 网络共存工作时，低功率网络中频率跳变的潜力。在设计 WPAN 频谱感知时要考虑两个主要方面：

（1）由于这类设备计算能力的限制，需要低复杂度。

（2）干扰的突发特性，这是 Wi-Fi 业务或是相似干扰源的典型属性。

本章对试验的实施和分析证明，带有频谱感知能力的节点可以检测 Wi-Fi 干扰业务的存在，在所有涉及的场景中都有令人满意的可靠性。为了从不同的角度刻画频谱占用状态，介绍了几种评价指标。特别是，选择中断概率作为实现 WPAN 动态信道分配的参考指标。试验结果表明，由于重新分配信道，吞吐量有了明显增长，因此证实了在 WPAN 频段，或者在短距离通信系统中，频谱感知和频率跳变的优点。

致谢

电波暗室中的测量是在意大利维切利的都灵理工大学 LACE 实验室完成。

本工作得到了欧盟第七框架计划（FP7）卓越网络项目中无线通信（Newcom++）课题的部分支持（合同编号：216715）。

参考文献

[1] IEEE Standard 802.15.4-2006, “Wireless medium access control (MAC) and physical layer (PHY) specifications for low-rate wireless personal area networks (WPANs)”, [Online]. Available: http://standards.ieee. org/getieee 802/802.15.html

[2] IEEE Standard 802.11-1999, “Wireless LAN medium access control (MAC) and physical layer (PHY) specifications”, [Online]. Available: http://standards.ieee.org/ getieee802/802.11.html

[3] J. Mitola and G. Q. Maguire, “Cognitive radios: Making software radios more personal”, *IEEE Personal Commun.*, vol. 6, no. 4, pp. 13-18, 1999.

[4] S. Haykin, “Cognitive radio: Brain-empowered wireless communications”, *IEEE Trans. Commun.*, vol. 23, no. 2, pp. 201-220, 2005.

[5] A. Sahai and D. Cabric, “Spectrum sensing: fundamental limits and practical challenges”, *Proc. IEEE Int. Symp. on Dynamic Spectrum Access Networks (DySPAN)*, Baltimore, MD, Nov. 2005.

[6] A. Ghasemi and E. S. Sousa, “Spectrum sensing in cognitive radio networks: Requirements, challenges and design tradeoffs”, *IEEE Commun. Mag.*, Apr. 2008, pp. 32-39.

[7] Y. Zeng,Y. -C. Liang, A. T. Hoang, andR. Zhang, “Areviewon spectrum sensing for cognitive radio: Challenges and solutions”, *EURASIP J. Advances in Signal Processing*, vol. 2010, pp. 1-15, Jan. 2010.

[8] H. S. Chen, W. Gao, and D. G. Daut, “Signature based spectrum sensing algorithms for IEEE 802.22 WRAN”, *IEEE Int. Conf. on Commun. (ICC 07)*, pp. 6487-6492, June 2007.

[9] H. Urkowitz, “Energy detection of unknown deterministic signals”, *Proc. IEEE*, vol. 55, no. 4, pp. 523-531, Apr. 1967.

[10] J. Ma, G. Zhao, Y. Li, “Soft combination and detection for cooperative spectrum sensing in

cognitive radio networks", *IEEE Trans. Wireless Commun.*, vol. 7, no. 11, pp. 4502–4507, Nov. 2008.

[11] S. Enserink and D. Cochran, "A cyclostationary feature detector", *Proc. 28th Asilomar Conf. on Signals, Systs and Computers*, pp. 806–810, Oct. 1994.

[12] H. Sadeghi and P. Azmi, "Cyclostationarity-based cooperative spectrum sensing for cognitive radio networks", *Int. Symp. on Telecommun. (IST)*, pp. 429–434, Aug. 2008.

[13] Y. H. Zeng and Y. -C. Liang, "Eigenvalue based spectrum sensing algorithms for cognitive radio", *IEEE Trans. Commun.*, vol. 57, no. 6, pp. 1784–1793, June 2009.

[14] P. Bianchi, J. Najim, G. Alfano, and M. Debbah, "Asymptotics of eigenbased collaborative sensing", *IEEE Inf. Theory Workshop (ITW 09)*, Oct. 2009.

[15] F. Penna, R. Garello, and M. A. Spirito, "Cooperative spectrum sensing based on the limiting eigenvalue ratio distribution in Wishart matrices", *IEEE Commun. Lett.*, vol. 13, no. 7, pp. 507–509, July 2009.

[16] Y. H. Zeng and Y. -C. Liang, "Spectrum-sensing algorithms for cognitive radio based on statistical covariances", *IEEE Trans. Veh. Technol.*, vol. 58, no. 4, pp. 1804–1815, 2009.

[17] Q. Zhao, L. Tong, A. Swami, and Y. Chen, "Decentralized cognitive MAC for opportunistic spectrum access in Ad-hoc networks: A POMDP framework", *IEEE J. Selected Areas in Commun.*, vol. 25, pp. 589–600, Apr. 2007.

[18] L. Lai, H. El Gamal, H. Jiang, and H.V. Poor, "Optimal medium access protocols for cognitive radio networks" , *The 6th Int. Symp. on Modeling and Optimization in Mobile, Ad-hoc, and Wireless Networks (WiOPT)*, pp. 328–334, Apr. 2008.

[19] Q. Zhao, B. Krishnamachari, and K. Liu "On myopic sensing for multichannel opportunistic access", *IEEE Trans. on Inf. Theory*, vol. 55, no. 9, pp. 4040–4050, Sep. 2009.

[20] S. Guha, K. Munagala, and S. Sarkar, "Jointly optimal transmission and probing strategies for multichannel wireless systems", *The 40th Annual Conf. on Inf. Sci. and Systs*, pp. 955–960, 22–24 Mar. 2006.

[21] Texas Instruments, Chipcon CC2420 radio transceiver datasheet. [Online]. Available: http://inst.eecs.berkeley. edu/˜cs150/Documents/CC2420.pdf

[22] 3Com, "3Comfi OfficeConnectfi Wireless 11a/b/g Access Point" datasheet, [Online]. Available at: http://www. 3com.com/other/pdfs/products/en US/400825.pdf

[23] "Distributed Internet Traffic Generator (D-ITG)" software and documentation. [Online]. Available: http://www. grid.unina.it/software/ITG/index.php

[24] A. Botta, A. Dainotti, and A. Pescape, "Multi-protocol and multi-platform traffic generation and measurement", *The 26th IEEE Conf. on Computer Commun. (INFOCOM 2007) DEMO Session*, Anchorage, Alaska, USA, 6–12 May 2007.

[25] P. Levis, "TinyOS Programming", 2006. [Online]. Available: http://csl.stanford.edu/～pal/pubs/tinyos- programming.pdf

[26] F. Penna, C. Pastrone, M. A. Spirito, and R. Garello, "Energy detection spectrum sensing with discontinuous primary user signal", *Proc. IEEE Int. Conf. on Communic. (ICC 2009)*, Dresden, Germany, 14–18 June 2009.

[27] F. Penna, C. Pastrone, M. A. Spirito, and R. Garello, "Measurement-based analysis of spectrum sensing in adaptive WSNs under Wi-Fi and Bluetooth interference", *Proc. IEEE 69th Veh. Technol. Conf. (VTC)*, Barcelona, Spain, April 26–29, 2009.

[28] H. Khaleel,C. Pastrone, F. Penna, M. A. Spirito, and R. Garello, "Impact ofWi-Fi traffic on the IEEE 802.15.4 channels occupation in indoor environments", *Int. Conf. on Electromagnetics in Advanced Applications (ICEAA '09)*, Turin, Italy, 14–18 Sep. 2009.

第 10 章　低速系统中的节能

在低速无线通信网络中，节能已经成为当前一个具有挑战性的重要研究课题。与传输多媒体数据流和大文件的高速系统相比，低速系统更关注监测和控制方面的应用。在其中绝大部分应用中，设备都具有较低的数据速率而且依靠电池供电工作。因为在大多数情况下，更换电池和充电比较困难，所以在不降低可靠性的情况下，节约电池能量是一个必须应对的挑战。在本章中，讨论了媒体接入控制（Medium Access Control，MAC）层协议的能源效率。MAC 层协议控制着设备的发射和接收，在能耗方面有着十分重要的作用。

10.1　能源效率的背景

近年来，节能已经成为无线通信和社区网络的一个热门话题。几乎所有改变我们生活方式的设备，如笔记本电脑、智能手机、小型环境传感器等，都依靠电池供电，并且通过无线接口设备与外界相连。主要的问题在于：虽然便携设备的技术发展很快，但是在过去的 15 年间，电池的能量密度仅仅提高了 3 倍[1]。此外，在很多应用中，例如环境监测，电池的更换和充电都是代价高昂和不可行的。

低耗能、低速无线网络中唯一的标准 MAC 协议是 IEEE 802.15.4 协议[2]。尽管该标准支持节能，但是如果没有恰当使用其中的一些功能，实际的节能仍然是无法实现的。例如目前在市场中占主导地位，支持 IEEE 802.15.4 标准的 CC2420 收发信机，传输数据帧需要消耗 17.4mA[3]。然而，CC2420 收发信机处于空闲侦听状态的时候，却要高达 19.7mA 的电流消耗。如果一个设备使用两节 1600mAh 的 AA 电池，在不考虑传感器设备、其他模块（例如微控制器和传感器）的能源消耗情况下，这个设备仅能使用 3.4 天[4]。

对于能源效率来说，从周边环境中获取和搜索能源是一个很好的提议。最近，从热能、运动、振动和电磁辐射方面获取能源的研究已经有所进展[1]。表 10-1 给出了最新的能量获取技术使用的能源及相应的能量密度。

表 10-1　周围的能源和能量获取[1]

来源	能源的能量密度	可获得的能量密度
环境光源		
室内	0.1mW/cm^2	10μW/cm^2

（续）

来源	能源的能量密度	可获得的能量密度
室外	100mW/cm^2	10mW/cm^2
振动或运动		
人类	0.5m @1Hz 1m/s^2@50Hz	4μW/cm^2
工业	1m@5Hz 10m/s^2@1kHz	100μW/cm^2
热能		
人类	20mW/cm^2	30μmW/cm^2
工业	100mW/cm^2	1-10mW/cm^2
RF		
手机	0.3μW/cm^2	0.1μW/cm^2

在大多数情况下，由于时间和位置的限制，上述能量获取技术仅能在有限的环境下使用。而且，目前能源获取模块的效率和可获取的能源本身（除了环境光源）尚不足以满足无线设备的需要。因此，通过极低功率的电路技术来减少能源消耗是较为可行的方法[5]。首先需要了解通信技术中不同模块的能源消耗。

要了解通信中的能源消耗，掌握空口信号为了承载信息而消耗的能源是一个必需的步骤。信号能量取决于两个参数：发射功率和持续时间。发射功率由发射机的功率放大器设定。持续时间取决于调制和编码方案，这是因为调制和编码方案决定了信息速率 R。这样，传输一个帧的能量就是这 3 个参数的函数，即信息速率 R、放大器功率 P_{amp} 及帧长 L。

当接收机成功地检测到一个帧时，帧中每个比特的能量应该比接收机要求的能量大一些。一般而言，发射信号每比特能量可由信号功率 P_0 定义，即

$$E_{\mathrm{b}}=\frac{P_0}{R} \tag{10-1}$$

另外，如果 t_0 表示帧的持续周期，每帧的能量就可以得到，如式（10-1）所示。

通过 E_{b} 和 N_0 的函数得到达到期望的 BER 所需要的能量，其中 N_0 是噪声功率谱密度，单位为 W/Hz。发射信号在无线媒介中传输的衰减由工作频率、发射机与接收机之间的距离和天线性能决定。当发射功率为 P_{tx} 时，放大器消耗功率 P_{amp} 为

$$P_{\mathrm{amp}}=\alpha_{\mathrm{amp}}+\beta_{\mathrm{amp}}P_{\mathrm{tx}} \tag{10-2}$$

式中，α_{amp} 和 β_{amp} 是常数，它们的值取决于加工工艺和放大器结构[6]。文献[6]给出了一个实例，其中 α_{amp} 和 β_{amp} 分别是 174mW 和 5mW。这样，当 P_{tx}=1mW（0dBm）的时候，放大器的效率为

$$\frac{P_{tx}}{P_{amp}}=\frac{1}{174+5\times1}\approx0.55\%\tag{10-3}$$

如果接收机希望 P_{amp} 有一个较大的余量时，减少发射功率是必要的，这样才能达到节能的目标。此外，调制和编码方案也同样控制着能源消耗。图 10-2 比较了两种功率控制方法。

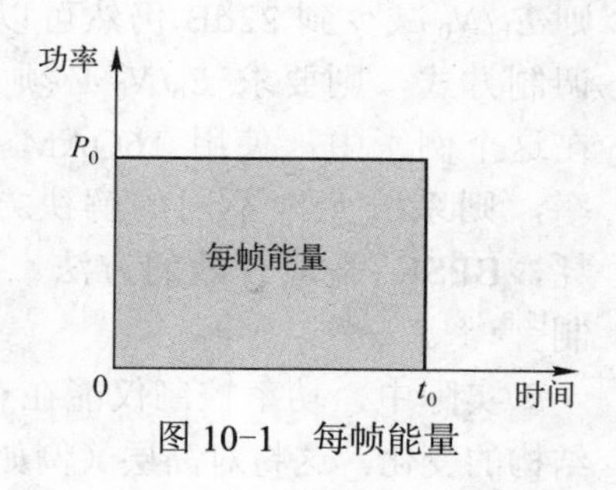

图 10-1　每帧能量

尽管两种控制方案的消耗能源（图 10-2 中的面积）是一样的，但是调制和编码方案必须满足所需的 BER 性能。在图 10-3 中，比较了 4 种调制技术的 BER。

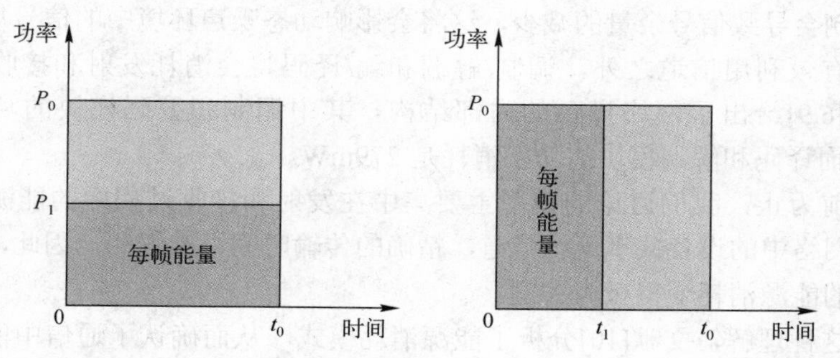

图 10-2　两种功率控制方法的比较：发射功率控制（$P_0\to P_1$）与传输时间控制（$t_0\to t_1$）

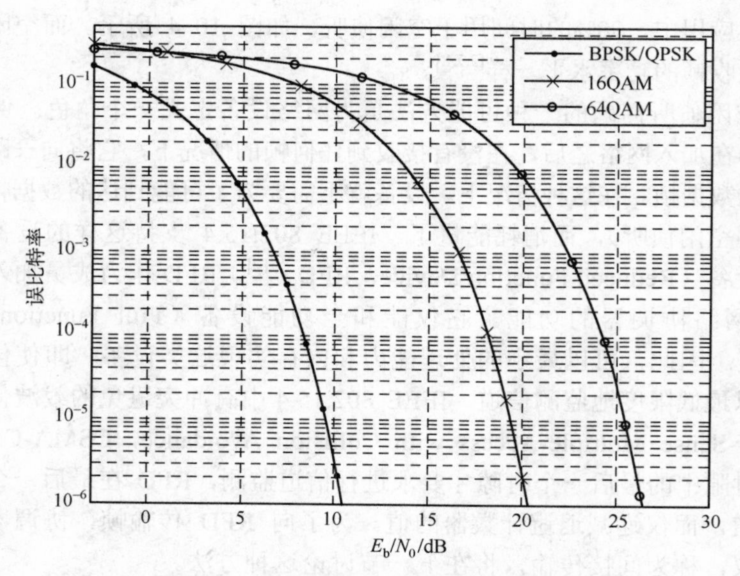

图 10-3　4 种调制方式下的误比特率曲线

假定所需 BER 是 10^{-5}，QPSK 调制的接收信号的 E_b/N_0 为 25dB。系统采用自适应调制方式和固定的发射功率。如果发射机将调制方案改成 16QAM，则 E_b/N_0 减少到 22dB 仍然可以满足 BER 要求（见图 10-3）。如果采用 64QAM 调制方式，则要求 E_b/N_0 必须大于 25dB，才能满足系统对 BER 的要求。因此在这个例子中，使用 16QAM 是最佳的节能选择。但是，如果可以控制发射功率，则系统允许不同的解决方案。既然这样，如果不考虑其他部件的能源消耗，BPSK 是最有效的方法。可惜的是，许多简单的设备不支持自适应编码调制[2,3,7,8]。

实际中，功率控制仅能在有限的情况使用。因为功率控制可能引起网络拓扑结构的变化，这将对高层（例如路由和传输）性能造成影响。还需要注意的是，使用功率控制会导致信号余量的减少，这将会影响动态噪声环境中的信号质量。

除了有效利用信道之外，调制/解调和编/译码将会消耗发射和接收电路的能量。文献[6,9]给出了网络设备的内部结构，其中调制和编码模块的功率消耗为 151mW，而译码和解调模块的功率消耗是 279mW。

到目前为止，我们讨论的模型主要集中在发射和接收过程中的能源消耗。然而，实际网络中的设备共享无线信道，精确的传输时间很难预测。因此，信道侦听和竞争中的能源消耗变得极为关键。

基于这种理解，文献[10]分析了能源消耗模式，从而确认了通信中能源消耗低效率的精确来源。作者给出了 4 种功率消耗的来源，分别为冲突、开销、包控制开销以及空闲侦听。在这些来源中，空闲侦听是主要的能源消耗。文献[11]中已经指出，在许多应用中，90%的时间用于空闲侦听，如图 10-4 所示。而空闲侦听的功率水平和接收帧的功率水平一样[3,7,8]。

解决空闲侦听问题的一种可能方法是为网络设备定义一个角色。例如，一个小型传感器在加入网络之后，在没有接收到任何帧的情况下，它将向一跳范围内的协调器发送数据帧。在这种情况下，设备就不需要为了可能到达的数据帧而进行信道监测（即空闲侦听），而消耗能量了。IEEE 802.15.4 支持这样的设备，并称之为简功能设备（Reduced Function Device，RFD）[2]。RFD 作为成员加入网络，但是不支持网络协调器的功能。它仅能和全功能设备（Full Function Device，FFD）通信。因此，可以最小的处理能力和内存实现这类设备。即使传输，这个设备也可以最低限度地监测信道。IEEE 802.15.4 中有冲突避免的载波侦听多址接入（Carrier-Sense Multiple-Access with Collision Avoidance，CSMA-CA）仅在选择的退避时隙中的最后一个时隙才要求进行信道监测，RFD 在最后一个时隙之前不监测信道，而仅递减退避计数器的值。为了向 RFD 传输帧，协调器必须遵循特殊的协议，称为间接传输，将在下一节讨论这种方法。

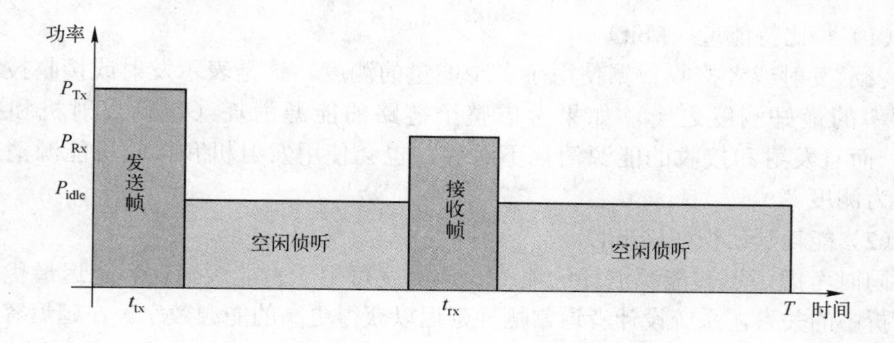

图 10-4　涉及能源消耗的信道激活时间线实例

然而，这类方法很难普及。即使是小型的传感器设备也需要具有接收功能，以便可以重新配置控制参数或者请求传输需求数据。此外，在多跳的传感器网络中，中继帧的接收也是一个必要的功能。

解决空闲侦听的另一种有效方法是在监测通信信道时仅使用低功率无线电[5,11~13]。有一种通常被称为唤醒无线电的方法。因为高质量信号和高功率过程不需要监测到达的帧，因此，系统包括两种无线电：低功率唤醒无线电和高功率主无线电。主无线电支持高速率数据发送和接收，当用于大量数据交换时，比唤醒无线电更节能。但是，主无线电消耗了相当多的能量用于信道监测。因此，当系统不进行帧交换的时候，系统就尝试使主无线电处于休眠状态。

通常，唤醒无线电消耗的能量非常低（大约为μW 级别），并且它仅用来发送二进制信息或者目标地址，以触发指定节点的主无线电。仅仅在处于唤醒无线电的时候，节点才会等候传输到来的帧。如果节点需要传输一个帧，它首先在唤醒信道中传输唤醒请求，然后通过主无线电传输数据帧。

唤醒无线电的一个问题是额外成本的增加。对于许多传感器应用，低硬件成本和小型化是成功的关键指标，增加成本可能成为唤醒无线电的主要障碍。唤醒无线电的第二个问题是低功率唤醒无线电本身的技术问题。制造稳定的低功率唤醒无线电仍然非常具有挑战。文献[5,12]中给出了该领域的技术研究现状。

在只有一个无线电的 MAC 协议的设计中，通过独立无线电控制设备打开和关闭无线电电路的时间节能功能是最为常用的方法。这一功能通常位于信道接入模块（例如 CSMA-CA）之上。在不降低服务质量，包括时延和可靠性的情况下，该协议的目的是安排尽可能多的休眠时间（即关闭无线电）。

可以从不同的方面对能源效率进行讨论。因此，定义一套合适的测度是非常有用的。根据这些测度，可以客观地评估不同的系统。在这里，提出了 4 种常用的测度。

（1）每比特能量（J/bit）

表示发射或者接收数据使用了多少能量的测度。这是表示发射或接收技术能源效率的最好测度之一。如果考虑整个链路的能源消耗（包括发射机和接收机），而且发射和接收的能源消耗不对称，也会使用发射机和接收机能源消耗之和作为测度。

（2）能耗延迟积（J-s/bit）

同时考虑延迟和能源消耗的测度。该测度可用于对能源消耗和延迟最优化。因为折中的关系，系统设计者通常牺牲延迟以获得更高的能源效率。在延迟容忍网络中，例如无线传感器网络，牺牲延迟是可接受的。然而，如果对延迟有约束要求，那么能量时延积是一个更合适的测度。

（3）正确接收每比特的能量（J/bit）

一种用来计算正确接收或传输数据需要多少能量的测度。每比特能量只关注传输进行的时间，而正确接收每比特的能量则包括所有的能源消耗，例如空闲侦听、竞争和开销消耗的能量。尽管这是一种最优化网络整体能源消耗的优良测度，但是基于这一测度的分析建模却非常困难。所以该测度通常用于仿真或者简化模型。

（4）激活时间/激活率

一种在休眠时间内，衡量节能算法效果的测度。尽管激活时间无法区分发射、接收和空闲侦听的实际能量消耗，但是这是一种合理计算能源消耗的测度。在许多低功率设备中，发射的能源消耗基本与接收过程的能源消耗（包括空闲侦听和信道探测）相当。相比于待机或者用于休眠的掉电模式，发射或者接收过程中的能源消耗要大得多[3,7,8]。当设计一个基于占空比的 MAC 时，激活率定义为单位时间内的平均激活期。

10.2 MAC 节能

就像前文提到的，MAC 层在节能中发挥着很重要的作用，是低速网络中非常重要的方面。这里将 MAC 节能协议分为两大类：不对称单跳和对称多跳。

不对称单跳网络是无线网络的基本形式。这类网络的典型例子就是 IEEE 802.11 节能模式[14]和 IEEE802.15.4 信标模式。一般而言，这类网络由一个协调器和处于协调器一跳通信范围内的设备组成。协调器是网络控制器，具有更强的处理能力和更多的能源。尽管 WiFi 联盟有一个任务组，研究依靠电池供电的协调器自身的节能方法（IEEE 802 中的接入点）[20]，但到目前为止，大部分的协议关注的是怎样为一般的设备提供低功率接收。

而对称多跳网络是网络的一种扩展形式。当需要比节点一跳范围更大的覆盖范围时，使用多跳网络是很自然的。一种可选择的方法是，采用多个不对称的单跳网络，将这些簇通过无线或者有线链路的方式连接起来。另一种方法是，设计对称多跳网络。第二种方法在低功耗、低速传感器网络中更为常见。这类 MAC 协议的例子可参阅文献[10,11,16-19,24]。

对于不对称单跳网络和对称多跳网络，只在有帧传输的时候开启无线电路，是最好的节能策略。因此，相应的 MAC 协议应该支持发射机为休眠接收机而缓存帧的功能，以及支持接收机恢复缓存帧的功能。

尽管对于一些应用而言，为了使能源消耗最小化，恢复功能可以非周期地进行，但由于延迟约束，该功能常常在周期性的唤醒间隔中进行。为了比较不同的 MAC 协议，假定所有的 MAC 协议都具有相同的唤醒间隔，而且数据速率很低。同时，为了将空闲侦听的节能与其他问题，例如竞争和开销的节能问题区分开来，这种低速率的假设是非常有用的。最后，使用每个唤醒间隔的激活时间作为测度，进行综合分析。分析中采用具有简化能源消耗模型的时间线。

10.2.1　不对称单跳 MAC

对于不对称 MAC，假定一个由电源或者大容量电池供电的协调器，对于传输过来的帧，无线电一直处于开启的状态。除非信道时间调度给特定的设备，否则帧一旦形成，协调器就立刻将其发射出去。这样，不对称 MAC 的节能主要关注接收缓存帧的最佳方式。不对称单跳 MAC 协议可以被进一步分为同步 MAC 和在设备中基于时间管理方法的异步 MAC。同步 MAC 进一步细分为自动传送和发射机通知，如图 10-5 所示。

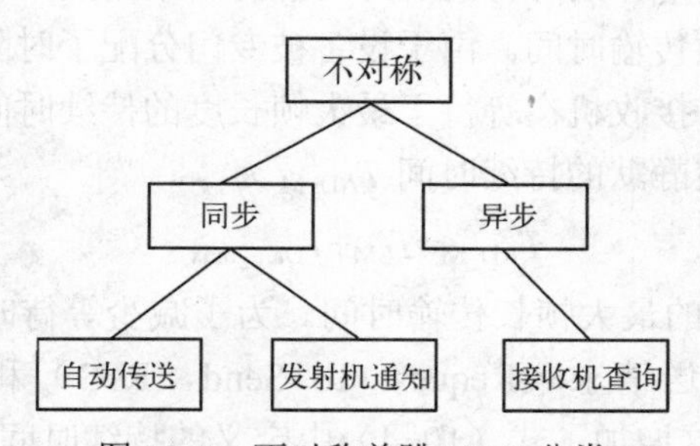

图 10-5　不对称单跳 MAC 分类

10.2.1.1　自动传送

自动传送利用了传统的时分多址（Time-division Multiple-Access，TDMA）算法的优势，达到了节能的目的。在 TDMA 算法中，发射机和接收机将它们的时钟同步，然后在发射机和接收机之间分配一段特定的持续时间。由于只在这一段时间里进行数据帧的传输，而在其他时间里，设备可以关闭无线电以节约能源。在给设备分配时隙时，如何有效分配和管理独立的时隙成为一个具有挑战性的问题。幸运的是，在不对称单跳网络中，假定所有的节点都在协调器的一个单跳范围内。在这种情况下，如果所有的帧都是通过协调器进行交换，问题就会变得相对简单得多。

IEEE 802.15.4 中就有自动传送的实例。在协议中的信标模式里，协调器通过周期性地广播信标帧，提供同步服务。这样，所有的设备有共同的时间线。时间线分成固定的时间间隔，也被称为信标间隔。信标间隔分为两个时间间隔：激活期和可选的非激活期。信标间隔以两个信标帧为边界，称为超帧结构（在第 7 章中予以介绍）。自动传送发生在无竞争周期（Contention Free Period，CFP）。要使用时隙，设备需要请求，或者通过在竞争接入周期（Contention Access Period，CAP）交换控制帧分配一个保证时隙（Guaranteed Time Slot，GTS）。然后在分配的时隙中，将帧发射给该设备。

理想情况下，自动传送是最佳的节能算法，这是因为在调度的激活持续时间中，不进行控制帧的交换。然而，时间同步是自动传送的一个根本问题。如果发射机和接收机的时钟不同步，设备必须花费额外的能量来进行时间同步。

实际上，振荡器在正常工作频率上会有一个很小的随机偏差。这种现象称为时钟漂移或者时钟偏移，这主要是因为晶体不纯和受一些环境条件的影响，例如温度和压力等。时钟漂移通常表示为百万分之几。传感器网络中的时钟漂移在百万分之 1 到 100 之间[22,23]。

考虑没有任何冲突的理想环境。如果激活期仅仅在一个数据帧中使用，则每个唤醒间隔的平均激活期 T_{AD_S} 为

$$T_{AD\_S}=T_{SM}+T_{Data}+T_{ACK} \tag{10-4}$$

式中，T_{SM}、T_{Data} 和 T_{ACK} 分别为再同步时间余量、平均数据传输时间（包括收发信机转换时间）和确认帧传输时间。由于设备被专门分配了时隙，假定不需要退避。当缓存器是空的时候，接收机在等待了最大帧长度的持续时间之后，可以将其识别出来。这样，识别信道静默的持续时间 T_{AD_M} 为

$$T_{AD\_M}=T_{SM}+T_{Data\_max} \tag{10-5}$$

式中，T_{Data_max} 是允许的最大帧长传输时间。为了减少等待时间，交换短的控制帧是很有效的，例如发送请求（Request To Send，RTS）和清除发送（Clear To Send，CTS）。但是，这增加了式（10-4）中定义的持续时间。

另一个问题是时钟同步所导致的附加开销。如果在一个信标间隔中必须接收一个信标，则信标传输的附加时间 T_{BCN}、信标的平均退避时间 $T_{BO}/2$，以及同步余量 T_{SM} 都应该考虑。

基于式（10-4）和式（10-5），图 10-6 给出了每个唤醒间隔的平均激活期，采用 IEEE802.15.4 中的基本参数。既然标准中没有定义 RTS 和 CTS 帧，我们假定它们为新控制帧。表 10-2 给出了本章中使用参数值。

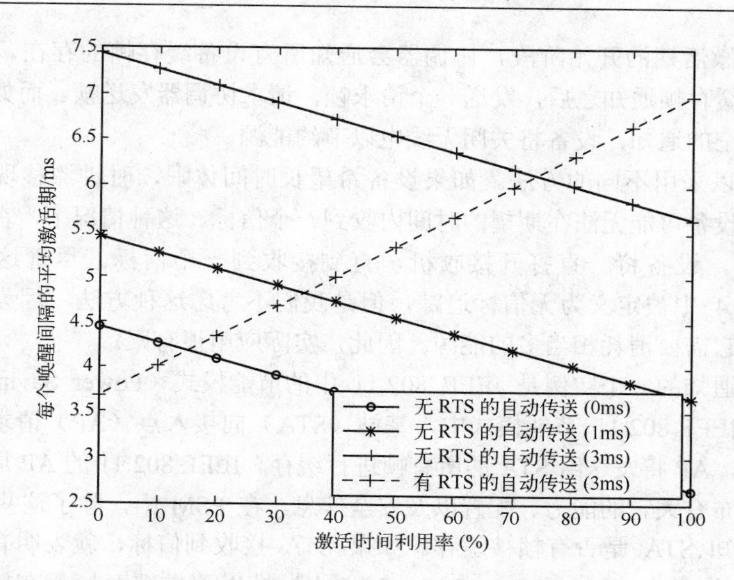

图 10-6　自动传送中每个唤醒间隔的平均激活期

表 10-2　分析参数

符　号	参　数	值
T_{TR}	往返时间	0.192ms
T_{BCN}	信标帧时间	0.608ms（19 字节时间）
T_{BCN_e}	加长信标帧时间	0.928ms（29 字节时间）
T_{RTS}	RTS 帧时间	0.672ms（15 字节时间+T_{TR}）
T_{CTS}	CTS 帧时间	0.672ms（15 字节时间+T_{TR}）
T_{Data}	平均数据帧时间	2.300ms（66.5 字节时间+T_{TR}）
T_{Data_max}	最大数据帧时间	4.300ms（133 字节时间）
T_{ACK}	确认帧时间	0.352ms（11 字节时间）
T_{BO}	最大初始退避时间	2.240ms（7 个时隙）
T_{WI}	唤醒间隔	

正如所预期的，较大的同步余量延长了激活期，从而消耗更多的能量。我们会很有趣的观察到，直到使用的分配时隙达到 70%之前，使用 RTS/CTS 都是有利的。这同样说明了，如果时隙利用率的期望值不那么高的话，在自动传送机制中使用 RTS/CTS 是一个较好的策略。

10.2.1.2　发射机通知

同步 MAC 协议的第二类是发射机通知。在该类协议中，协调器和所有设备约定一个共同的激活期。

在每个激活期的开始阶段，协调器会通知所有设备缓存帧的存在。然后，设备在接收到缓存帧通知之后，发送一个请求帧，请求协调器发送帧。而如果设备接收到缓存为空的通知，设备将关闭无线电以节约能源。

通知可以采用不同的方法。如果设备希望长时间休眠，时钟漂移现象就会变得很严重，设备可能无法在期望的时间内收到一个信标。这种情况下，在没有同步时间信息时，设备将一直打开接收机，直到接收到一个信标。尽管这种操作在 IEEE 802.15.4 中被定义为无信标追踪，但是我们不考虑这种方法，因为在每一次接收尝试中它需要消耗相当多的能源。因此，实际应用很有限。

发射机通知的一个实例是 IEEE 802.11 中的节能模式（Power Saving Mode，PSM）。在 IEEE 802.11 节能模式中，基站（STA）向接入点（AP）请求功率管理服务。然后，AP 将发送给 STA 的所有帧进行缓存。IEEE 802.11 的 AP 周期性地广播信标，发布有关它的能力、配置以及安全信息。在 PSM 中，除了这些消息，AP 使用信标通知 STA 是否有帧被缓存。如果 STA 接收到信标，就表明有缓存帧，STA 发送轮询省电（Power-Save-Poll，PS-Poll）帧以请求缓存帧。在接收到 PS-Poll 帧之后，AP 节点假定 STA 已经准备好了，然后发送缓存帧。IEEE 802.15.4 中，在间接传输信标模式中，相似的操作也是可行的。图 10-7 说明了 IEEE 802.11 中 PSM 的工作方式。

发射机通知的优点包括两个方面。首先，设备无需进行额外的再同步。正如之前所提到的那样，自动传送 MAC 协议需要进行额外的同步。另外一个优点在于，设备在确认缓存器状态后，无需等待就可以进入休眠状态，而在自动传送 MAC 协议中，需要等待最大数据帧长度的持续时间，才能进入休眠状态。与自动传送相比，发射机通知有通知的开销（PSM 中的信标）和帧传输请求（PSM 中的 PS-Poll）的开销。为了保存所有相关节点的缓存器状态，需要的信标长度会成为一个问题。实际中，IEEE 802.11 中的信标包含相关 STA 的位图，即流量指示图（Traffic Indication Map，TIM）。

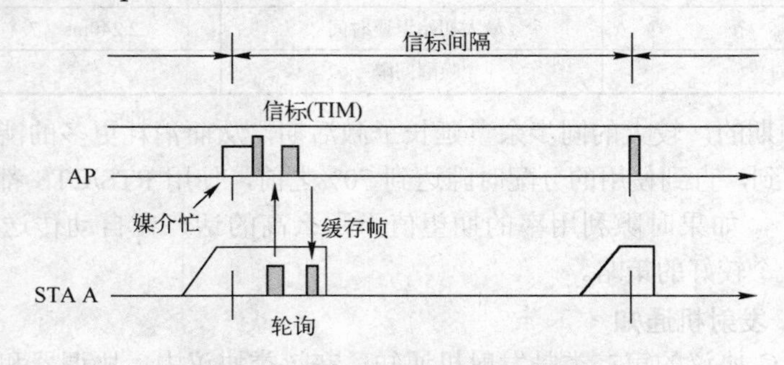

图 10-7　IEEE 802.11 节能模式

如果只为数据帧提供最小的激活期，在每个唤醒间隔中接收一个数据帧的平

均持续时间 T_{TN_S} 为

$$T_{TN\_S}=T_{SM}+T_{BO}+T_{BCN\_e}+T_{RTS}+T_{Data}+T_{ACK} \tag{10-6}$$

式中，T_{BCN_e} 是针对多个目标的加长信标的帧时间长度。在这里，假定加长信标帧在一般的信标长度上简单地增加 10 个字节。在 IEEE 802.15.4 中，如果使用一个 2 字节的短地址，这就等同于 5 个设备的地址。如果使用位图，可以在同一时刻通知 1024 个设备。T_{RTS} 计数请求帧的时间，例如 IEEE 802.11 中 PS-Poll。T_{BO} 是一个信标和一个 RTS 的平均退避时间之和。如果没有缓存帧，每个唤醒间隔的最小激活期为

$$T_{TN\_M}=T_{SM}+T_{BO}/2+T_{BCN\_e} \tag{10-7}$$

采用式（10-6）和式（10-7），唤醒间隔的平均激活期如图 10-8 所示。与自动传送相似，同步余量是一个重要的参数。与有 RTS 的自动传送相比，发射机通知要消耗更多的能量。这是因为自动传送中不包括周期性再同步的开销。在自动传送中，如果每个唤醒间隔接收到的信标都进行再同步，则发射机通知较为节能。

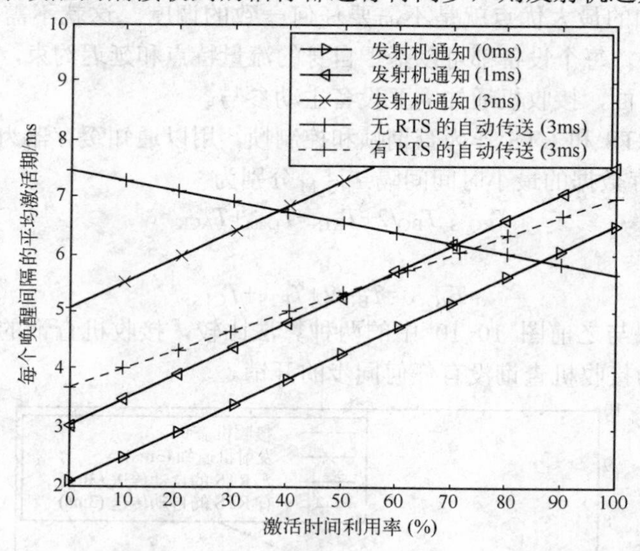

图 10-8　发射机通知中的每个唤醒间隔的平均激活期

10.2.1.3　接收机查询

接收机查询是一个面向接收机的异步算法。没有任何一致的调度，设备通知协调器，该设备处于节能模式。接着，协调器将缓存所有要发送到该设备的帧。这个设备周期性地处于唤醒期，并向协调器查询缓存帧。如果有一个缓存帧，协调器将会将该帧发送给设备。否则，发送一个短控制帧以通知空缓存器状态。

IEEE 802.11 中的非调度自动节能发送（Unscheduled-Automatic Power Save Delivery，U-APSD）是接收机查询的一个很好的实例（如图 10-9 所示）。协议本身并没有为查询定义一个周期性地唤醒间隔。然而，因为延迟约束，周期性查询是必要

的。触发帧是用来查询缓存帧的。任何上行数据帧都可以用来进行查询。如果没有任何数据帧，设备将使用空帧作为触发帧。如果已经查询过，AP 将会发送一个缓存帧，如果有缓存帧的话。否则，AP 将发送一个空帧。

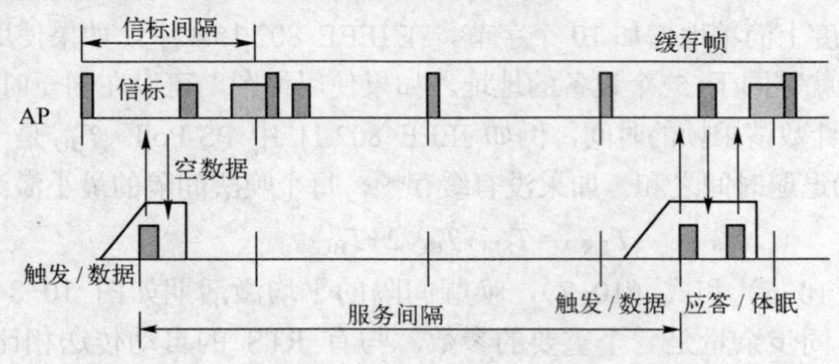

图 10-9 非调度自动节能传输的时间线实例

接收机通知的最大优点就是不需要任何一致的调度。这就不需要为同步留出时间余量。另外，每个设备都可以基于自身的流量特点和延迟约束，对唤醒间隔进行优化。另一方面，接收机通知需要设备主动参与。

如果使用 RTS 和 CTS 作为查询帧和控制帧，用以通知缓存器为空，平均时间 $T_{\text{RQ\_S}}$ 和没有缓存数据的最小时间间隔 $T_{\text{RQ\_M}}$ 分别为

$$T_{\text{RQ\_S}}=T_{\text{BO}}/2+T_{\text{RTS}}+T_{\text{Data}}+T_{\text{ACK}} \tag{10-8}$$

与

$$T_{\text{RQ\_M}}=T_{\text{BO}}/2+T_{\text{RTS}}+T_{\text{CTS}} \tag{10-9}$$

将这些结果与之前图 10-10 中的两种算法比较，接收机查询的能源效率是最好的，这是因为接收机查询没有任何同步的开销。

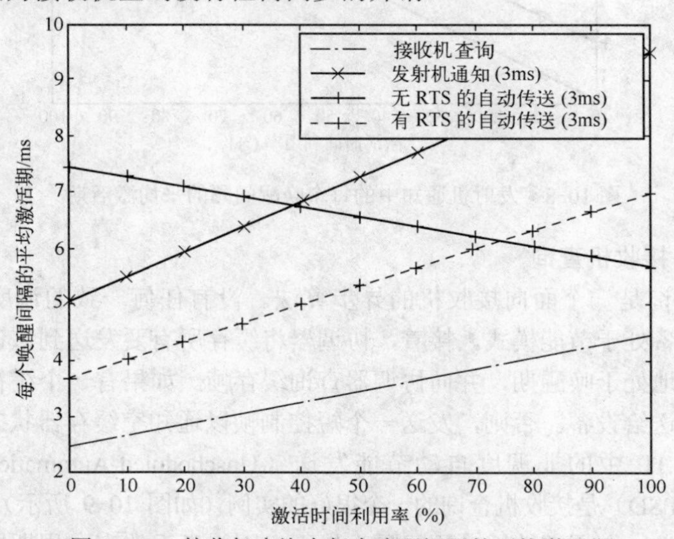

图 10-10 接收机查询中每个唤醒间隔的平均激活期

10.2.2 对称多跳 MAC

在对称多跳网络中，假定所有的设备都依靠电池。这样，所有设备都会重复唤醒和休眠的过程以节省能源。因为所有的设备都参与彼此之间中继帧的过程，因此设计有效的接收方法就变得非常重要。另一个重要的问题是，怎样发送一个帧到设备，分别进行唤醒和休眠。同不对称单跳 MAC 相似，对称多跳 MAC 协议可以分为，同步 MAC 和基于设备时钟管理方法的异步 MAC。然而，在多跳网络中，不考虑自动传送，这是因为对于发射机而言，就算不考虑与所有接收机的精确控制帧交换，仅与不同激活持续时间的所有接收机保持同步也是不切实际的。此外，发射机通知将以不同的方法进行，这是因为发射机所有的邻居都可以作为发射机。异步 MAC 也包括不同的算法，可细分为发射机扫描和接收机通知，如图 10-11 所示。

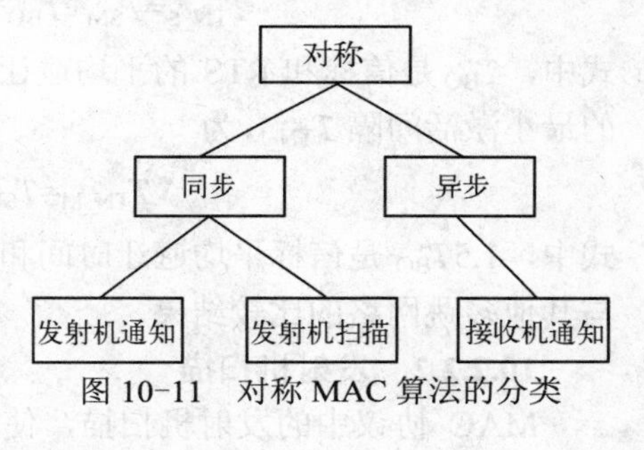

图 10-11　对称 MAC 算法的分类

10.2.2.1 发射机通知

发射机通知通过对网络中所有处于激活期的设备进行全局同步，使得多跳网络中节能设备之间能够进行通信。在激活期中，设备发送信标以确定激活期的存在，并且重新同步激活期。设备如果有帧要发送，将发送例如 RTS 的控制帧来进行通知。接收到 RTS 的设备回复 CTS，然后在 CTS 之后，或者在数据帧传输的持续时间之后开始发送数据帧。与不对称单跳网络中的发射机通知不同，在通常的激活周期的开始，每个节点都要进行竞争，以传输一个信标。同时，一个额外的帧，例如 RTS，用来通知目标数据的存在。

传感器 MAC（Sensor MAC，SMAC）是一个广为人知的采用发射机通知的传感器网络协议[10]。在网络的初始化阶段，所有设备都处于激活模式。具有最短同步值的设备，将在同步帧中周期性地广播它的调度安排。这一过程将时间分为周期性的时间块，包括短激活间隔和长非激活间隔。接收到同步帧的设备会遵循接收到的调度安排。在复制接收到的调度安排之后，设备会在激活间隔开始的时候广播它的同步帧。这一调度将会传播到整个网络。同步的激活间隔将会细分为三个子间隔，即同步、RTS/CTS，以及数据。在同步时间间隔内，设备将广播和接收同步帧。传输过程将尽减少冲突概率。如果一个设备想要发送数据，它首先会交换 RTS/CTS 帧，这使得会话中的设备处于交换数据的状态。而其他的设备则会关闭无线电以节约能源。

发射机通知的优点在于激活期可以工作在不同的模式下，例如非节能模式。如果延长激活期，即在一个激活间隔内可以将帧重传到几个节点。同时，广播可以很容易地被实现。然而，在所有网络设备中，很难有通用的调度安排。在文献[10]中，如果在初始化阶段，多于一个设备开始发送同步帧，则不同调度的边界节点应该有两个周期激活时间间隔。

发射机通知的激活时间间隔的推导方式与不对称单跳网络中的类似。在理想环境中，在唤醒间隔中的平均时间间隔 T_{TN_S} 可以表示为

$$T_{TN\_S}=T_{SM}+T_{BO}+T_{BCN}+T_{RTS}+T_{CTS}+T_{Data}+T_{ACK} \tag{10-10}$$

式中，T_{BO} 是信标和 RTS 的平均避让时间之和。如果没有缓存帧，每个唤醒间隔中的最小激活间隔 T_{TN_M} 为

$$T_{TN\_M}=T_{SM}+1.5T_{BO}+T_{BCN}+T_{RTS} \tag{10-11}$$

式中，$1.5T_{BO}$ 是信标平均避让时间和 RTS 的最大避让时间之和。图 10-14 给出了与其他多跳网络的比较结果。

10.2.2.2 发射机扫描

MAC 协议中的发射机扫描，使得网络设备之间的通信不需要同步，节约了能源。发射机扫描协议最主要的目的，是以相当大的开销实现同步和低流量速率传输。换言之，如果相对于周期性唤醒的数量，传输的数量非常小，更为有效的传输方法是消耗更多的资源，而不是周期性地唤醒和信道探测过程。在发射机扫描过程中，设备定期性地进入唤醒间隔，并且检查信道上是否有传输活动。如果检测到有传输活动，设备将会保持唤醒状态直到数据接收完毕。而另一方面，当设备要发送一个帧时，设备将传输一个长的报头或者一串控制帧进行通知，唤醒目的节点。如果通知占据信道多于一个唤醒间隔，在一跳传输范围内的所有设备都将唤醒，并准备好接收来自于发射机的数据帧。

采用发射机扫描的第一个协议是 BMAC[16]。在该协议中发射机广播一个比唤醒间隔长的报头，之后进行数据传输过程。为了接收数据，设备周期性地进入唤醒间隔，并检查是否有正在传输的报头。如果检测到报头，设备会一直保持接收状态直到数据传输结束。这就保证了设备具有最小的周期性激活期。采用这样方式，当流量非常低的时候，最大化了设备的生存周期。当然发射机扫描也有一些缺点。报头将唤醒所有的邻居节点，即使这些邻居节点不是指定的目的节点。另外，即使目的节点已经识别出了报头的开头，发射机和接收机仍然需要在整个唤醒间隔里面发送和接收长报头。

在 X-MAC[17]中，在目的节点回复初期确认（Acknowledgment，ACK）之前，将传输短控制帧或短报头。如果接收到初期 ACK，将传输数据帧。因为短报头携带目的地址，其他的设备可以关掉无线电电路。然而，探测到短报头的持续时间要长于 BMAC。图 10-12 中说明了 X-MAC。

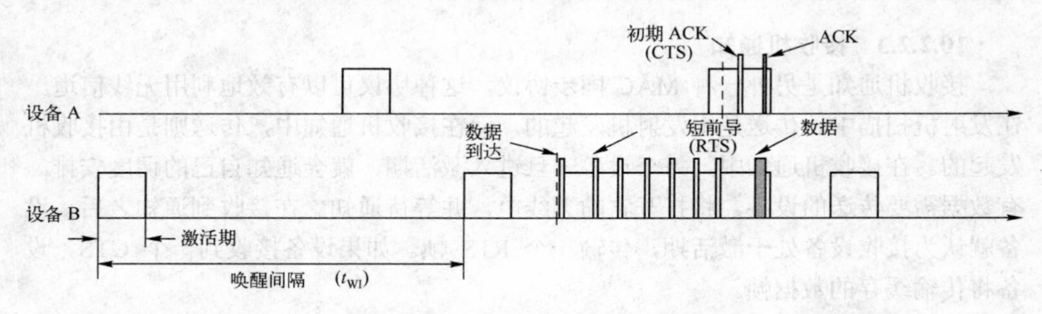

图 10-12　X-MAC 时间线实例[4]

通过最小化激活期，当数据速率比较低的时候，发射机扫描比发射机通知具有更好的能源效率。有趣的是，如果业务速率极低时[4]，BMAC 的能源效率是最好的。然而，由于发射机通知的异步特性，传输的能源消耗是相当大的。而且，信道占用时间也相当长。

使用 X-MAC 而不是 BMAC 进行性能比较，是因为许多分组无线电无法生成长报头[2]。同时，使用 RTS 和 CTS 帧而不是短报头和初期 ACK，从而使与其他协议的比较变得容易。假定在 RTS 流中除了第一个 RTS 之外没有任何补偿。一个数据帧交换的平均持续时间 T_{TS_S} 可以通过以下计算得到：

$$T_{TS\_S}=1.5(T_{RTS}+T_{CTS})+T_{Data}+T_{ACK} \tag{10-12}$$

式中，$0.5(T_{RTS}+T_{CTS})$是第一次接收到 RTS 帧之前平均浪费的时间。如果没有缓存帧，每唤醒间隔的平均激活期 T_{TS_M} 为

$$T_{TS\_M}=2T_{RTS}+T_{CTS} \tag{10-13}$$

式（10-12）和式（10-13）的结果将会在节末的图（10-14）中给出。

此外，可得数据传输的激活期 T_{TS_T}

$$T_{TS\_T}=T_{BO}/2+T_{WI}/2+T_{RTS}+T_{CTS}+T_{Data}+T_{ACK} \tag{10-14}$$

式中，$T_{BO}/2$ 是第一个 RTS 帧的平均补偿时间；$T_{WI}/2$ 是在等待一个 CTS 帧的时候传输 RTS 帧的平均时间。如果没有传输 CTS，一个唤醒间隔 T_{WI} 内填充 RTS。

为了减少传输开销，文献[19,21]中提出了一种局部同步方法。在该方法中，交换一个数据帧之后，相邻节点的唤醒间隔信息将在交换数据帧后，注册到设备本身的时间线上。接着，不进行同步唤醒调度，接收机将在预期的激活时间之前，设备将唤醒并传送设备要传送的数据帧。通过局部同步，传输一个数据帧的平均时间为

$$T_{TS\_TL}=T_{SM}+T_{BO}/2+T_{RTS}+T_{CTS}+T_{Data}+T_{ACK} \tag{10-15}$$

式中，T_{SM} 是本地同步余量。另外，为了处理潜在的冲突，需要在式（10-15）中加入为了避免冲突的额外时间。

10.2.2.3 接收机通知

接收机通知是另外一种 MAC 同步协议，这种协议可以有效地利用无线信道。在发射机扫描中，传送是由发射机发起的，而在接收机通知中，传送则是由接收机发起的。在接收机通知中，每个设备一旦进入激活期，就会通知自己的调度安排。有数据需要传送的设备，将打开它的无线电，并等待通知。在接收到通知之后，设备就认为接收设备处于激活期，传输一个 RTS 帧。如果设备接收到一个 CTS，设备将传输缓存的数据帧。

接收机通知的例子包括 IEEE 802.15.5 异步节能（Asynchronous Energy Saving，AES）模式[15]、RI-MAC[25]和 RICER[18]。图 10-13 说明了 IEEE 802.15.5 AES 模式。在 AES 中，每个设备将广播唤醒通知（Wake-up Notification，WN）帧以通知激活期的长度。需要传送数据的设备将等待 WN 以确定目的接收机。如果 WN 帧显示的目的接收机的激活期足够长的话，数据帧将被传输。否则的话，将传输扩展请求（Extension Request，EREQ）来请求延长激活期。如果这一请求得到扩展回复（Extension Reply，EREP）的确认，设备将传输数据。与发射机扫描中的本地同步类似，可以记录相邻节点的调度安排，以估计接收机的调度。然而，IEEE 802.15.5 AES 协议中没有明确地提出算法，因为这不是协议问题，而是发射机内部工作问题。

接收机通知的一个优点是可以有效地利用信道时间。与发射机扫描不同，在接收机通知中，当设备等待目的接收机信标时，其他节点可以传输数据帧。另外，激活期可以灵活的延长，以容纳任何的突发业务。然而，接收机通知的问题在于在接收机激活期中会发生竞争。而在发射机扫描中，竞争问题在接收机激活期前就已经解决。接收机通知的另一个问题是，不可能进行广播，因为设备的激活持续时间是不同步的。

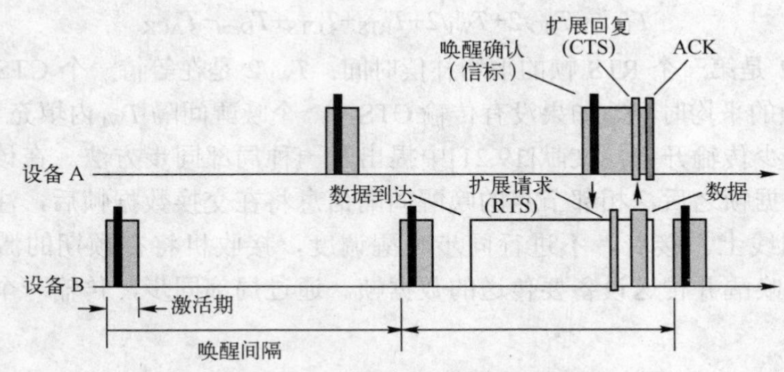

图 10-13 IEEE 802.15.5 异步节能模式下的时间线[4]

类似于之前的协议，可以得到接收机通知的性能。唤醒间隔的平均持续时间 $T_{\mathrm{RN\_S}}$ 为

$$T_{RN\_S}=T_{BO}+T_{BCN}+T_{RTS}+T_{CTS}+T_{Data}+T_{ACK} \tag{10-16}$$

式中，T_{BO} 是信标和 RTS 的平均退避时间之和。如果没有缓存帧，每个唤醒间隔的最小激活期 T_{RS_M} 为

$$T_{RN\_M}=1.5T_{BO}+T_{BCN}+T_{RTS} \tag{10-17}$$

式中，$1.5T_{BO}$ 是信标平均退避时间和 RTS 的最大退避时间之和。注意式（10-16）与式（10-17），与考虑同步余量 T_{SM} 时的式（10-10）与式（10-11）非常相似。当数据帧在无 RTS/CTS 时传送时，式（10-17）变为

$$T_{RN\_MD}=1.5T_{BO}+T_{BCN}+T_{Data\_max} \tag{10-18}$$

注意式（10-18）与式（10-5）非常相似，图 10-14 比较了式（10-16）、式（10-17）和式（10-18）。

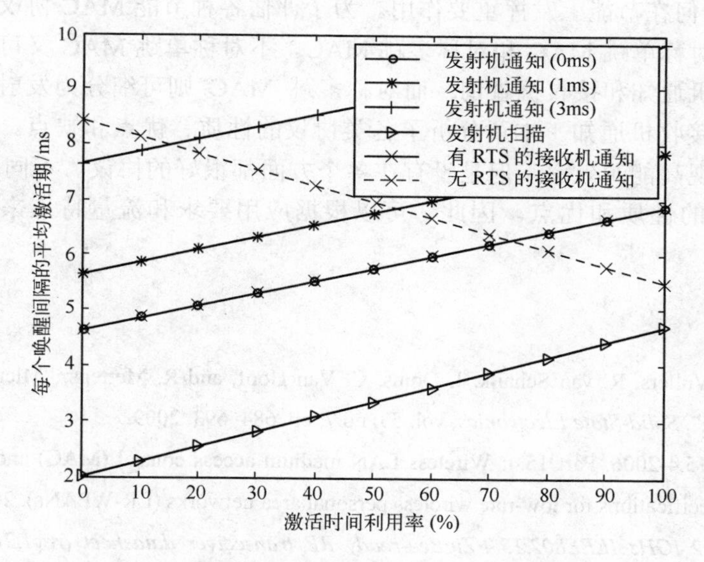

图 10-14　对称 MAC 算法比较

数据传输的激活期计算如下：

$$T_{RN\_T}=T_{WI}/2+T_{BO}+T_{BCN}+T_{RTS}+T_{CTS}+T_{Data}+T_{ACK} \tag{10-19}$$

式中，T_{BO} 是信标和 RTS 的平均退避时间之和；$T_{WI}/2$ 是等待信标的平均时间。当使用本地同步的时候，数据传输的激活期为

$$T_{RN\_TL}=T_{SM}+T_{BO}+T_{BCN}+T_{RTS}+T_{CTS}+T_{Data}+T_{ACK} \tag{10-20}$$

10.2.2.4　比较

与发射机扫描和接收机通知相比，发射机通知需要一些时间余量进行同步。假定为同步安排理想时钟或者外部设备，发射机通知和接收机通知的激活持续时间是相同的，如图 10-14 所示。然而，发射机通知中数据传输不需要额外的开

销。这样，当将流量增加和传输能源消耗一并考虑时，发射机通知是最好的选择。然而，当流量特别低的时候，发射机扫描将是能效最好的算法。文献[4]中给出发射机通知和发射机扫描，在不同流量和不同唤醒间隔下的详细比较。因为要传输信标，接收机通知的能源消耗比发射机扫描更大。但是，接收机通知能够节约信道占用时间。而且如果不使用 RTS/CTS，在较高的业务速率下，接收机通知性能更好。

10.3 结论

本章提出了低速网络中节能的问题，并且解释了在不降低可靠性的情况下，MAC 协议如何在节能上发挥重要作用。为了评估各种节能 MAC 协议，将协议分为两类：不对称单跳 MAC 和对称多跳 MAC。不对称单跳 MAC 又可细分为自动传送、发射机通知和接收机查询；而对称多跳 MAC 则可细分为发射机通知、发射机扫描和接收机通知。本章分析了各类协议的性质、优点和缺点。所有协议的目的在于实现高能源效率，但是没有在各个方面都很好的协议。不同的 MAC 协议有着不同的性质和优点。因此，可以根据应用要求和流量特点来选择最佳的 MAC 协议。

参考文献

[1] R. J. M. Vullers, R. van Schaijk, I. Doms, C. Van Hoof, and R. Mertens, “Micropower energy harvesting”, *Solid-State Electronics*, vol. 53, no.7, pp. 684–693, 2009.

[2] IEEE802.15.4-2006, Part 15.4: Wireless LAN medium access control (MAC) and physical layer (PHY) specifications for low-rate wireless personal area networks (LR-WPANs), 2006.

[3] Chipcon, *2.4GHz IEEE802.15.4/ZigBee-ready RF transceiver datasheet (rev1.2)*, Chipcon AS, Oslo, Norway, 2004.

[4] T. R. Park and M. J. Lee, “Power saving algorithms for wireless sensor networks on IEEE 802.15.4,” *IEEE Commun. Mag.*, vol. 46, no. 6, pp. 148–155, June 2008.

[5] J. Rabaey, J. Ammer, B. Otis, F. Burghardt, Y.H. Chee, N. Pletcher, M. Sheets, and H. Qin, “Ultra-low-power design,” *IEEE Circuits and Devices Mag.*, vol. 22, no. 4, pp. 23–29, July–Aug. 2006.

[6] R. Min and A. Chandrakasan, “A framework for energy-scalable communication in highdensity wireless networks,” in *Proc. Int. Symp. on Low Power Electronics and Des. (ISLPED 2002)*, pp. 36–41, Monterey, CA, Aug. 2002.

[7] Texas Instruments, *cc2430 preliminary datasheet (rev2.01)*, Texas Instruments, Dallas, 2006.

[8] Freescale, *MC13192/MC13193 2.4 GHz low power transceiver for the IEEE 802.15.4 standard (rev 2.9)*, Freescale Semiconductor, 2005.

[9] E. Shih, S.-H. Cho, N. Ickes, R. Min, A. Sinha, A. Wang, and A. Chandrakasan, "Physical layer driven protocol and algorithm design for energy-efficient wireless sensor networks," in *Proc. Int. Conf. on Mobile Computing and Networking (MOBICOM 2001)*, Rome, Italy, pp. 272–287, July 2001.

[10] W. Ye, J. Heidemann, and D. Estrin, "An energy-efficient MAC protocol for wireless sensor networks," in *Proc. IEEE Int. Conf. on Computer Commun. (INFOCOM 2002)*, vol. 3, pp. 1567–1576, New York, NY, June 2002.

[11] C. Guo, L. C. Zhong, and J. M. Rabaey, "Low power distributedMAC for Ad hoc sensor radio networks," in *IEEE Global Telecommun. Conf. (GLOBECOM 2001)*, vol. 5, pp. 2944–2948, S. Antonio, TX, Nov. 2001.

[12] N. M. Pletcher, S. Gambini, and J. Rabaey, "A52Wwake-up receiver with 72 dBm sensitivity using an uncertain-if architecture," *IEEE J. of Solid-State Circuits*, vol. 44, no. 1, pp. 269–280, Jan. 2009.

[13] T. Stathopoulos, D. McIntire, and W. J. Kaiser, "The energy endoscope: Real-time detailed energy accounting for wireless sensor nodes," in *Proc. 7th Int. Conf. on Inf. Processing in Sensor Networks*, Washington, DC, pp. 383–394, April 2008.

[14] IEEE 802.11, "Part 11: Wireless LAN medium access control (MAC) and physical layer (PHY) specifications – Revision of IEEE Std 802.11-1999," 2007.

[15] IEEE 802.15.5, "Part 15.5: Mesh topology capability in wireless personal area networks (WPANs)", 2009.

[16] J. Polastre, J. Hill, and D. Culler, "Versatile low power media access for wireless sensor networks," in *Proc. ACM Conf. on Embedded Networked Sensor Systems (ACM SenSys 2004)*, pp. 95–107, Baltimore, MD, Nov. 2004.

[17] M. Buettner, G. V. Yee, E. Anderson, and R. Han, "X-MAC: A short preambleMAC protocol for duty-cycled wireless sensor networks," in *Proc. 4th ACM Conf. on Embedded Networked Sensor Systs (ACM SenSys 2006)*, pp. 307–320, Boulder, Colorado, Nov. 2006.

[18] E.-Y. A. Lin, J. M. Rabaey, and A. Wolisz. "Power-efficient rendezvous schemes for dense wireless sensor networks," in *Proc. IEEE Int. Conf. on Commun. (ICC 2004)*, Paris, France, pp. 3769–3776, June 2004.

[19] C. C. Enz et al., "WiseNET: An ultralow-power wireless sensor network solution," *IEEE Computer*, vol. 37, no. 8, Aug. 2004.

[20] [Online.] Available: www.wi-fi.org

[21] W. Ye, F. Silva, and J. Heidemann, "Ultra-low duty cycle MAC with scheduled channel polling," in *Proc. 4th ACMConf. on Embedded Networked Sensor Systs (ACMSenSys 2006)*, pp. 321–333, Boulder, Colorado, Nov. 2006.

[22] J. Elson, L. Girod, and D. Estrin, "Fine-grained time synchronization using reference broadcasts", *Proc. 5th Symp. on Operating Systs Des. and Implementation (OSDI 2002)*, Boston, MA, Dec. 2002.

[23] F. Sivrikaya and B. Yener, "Time synchronization in sensor networks: A survey," *IEEE Network*, vol. 18, pp. 45–50, July-Aug. 2004.

[24] T. R. Park, M. J. Lee, J. Park, and J. Park, "FG-MAC: Fine-grained wakeup request MAC for wireless sensor networks," *IEEE Commun. Letters*, vol. 11, no. 12, pp. 1022–1024, Dec. 2007.

[25] Y. Sun, O. Gurewitz, and D. B. Johnson, "RI-MAC: A receiver-initiated asynchronous duty cycleMAC protocol for dynamic traffic loads in wireless sensor networks," in *Proc. 6th ACM Conf. on Embedded Networked Sensor Systs (ACM SenSys 2008)*, Raleigh, NC, pp. 1–14, Nov. 2008.

第三部分　可靠性改进专题

第11章　协作通信中的可靠性

本章讲述了无线节点组如何协作工作以提高信号传输的可靠性。由于无线环境固有的不确定性、时变性和共存特性（反映为阴影衰落、小尺度衰落和干扰），即便采用先进的信号处理技术，如分集（Diversity）和多用户检测（Multi-User Detection），也很难在单个无线链路上获得非常高的可靠性。然而，由于无线传输的本质是广播——可以被覆盖范围内的所有节点监听——研究协作技术提高可靠性就非常自然了。协作通信技术（Cooperative Communications）同时利用多个辅助节点（称之为中继节点）来增加可用无线链路的分集。这些技术可以显著提高可靠性和吞吐量，同时大幅降低能量消耗。

本章首先简要介绍几种基于信道状态信息（Channel State Information，CSI）和设备同步的协作通信方法，然后更加详细地分析两种技术，即使用虚拟波束赋形（Virtual Beamforming）的中继和使用无码率编码（Rateless Code）的中继。在上述两种技术中，都将首先分析由一个源节点、多个并行中继节点和一个目的节点组成的“基本组件”（Fundamental Building Block）。在虚拟波束赋形技术中，中继节点重播译码后的源节点信号。各中继节点通过调整自身发射信号的幅度和相位，产生增强干涉，使目的节点处的信噪比（Signal- to-Noise Ratio，SNR）最大化。在无码率编码技术中，各中继节点单独对源节点信息进行译码。译码成功的数据用独立设计的无码率码重新进行编码，从而避免冗余的重传。由于各中继节点采用相互独立的无码率码，使得目的节点从各中继节点累积源节点消息的信息，提高了译码速度。在了解这些基础组件之后，本章将开始讨论大规模协作网络中的路由和资源分配问题。

11.1　引言

11.1.1　协作通信的可靠性

大量新兴的无线应用，例如医学和工厂自动化，对可靠性水平的要求非常高。需要注意的是，截止到目前，移动通信的主要应用——蜂窝通信，对可靠性的要求相对较低：通话阻塞率为 10%，掉话率为 1%时，就认为服务质量较好。而工业及医学应用对可靠性的要求则与之大不相同，通常要求在给定时延内，数据包无法正确接收的概率低于 0.001%。例如，对于工业自动化，一些企业考虑采用无线通信系统替代当前的有线通信系统，甚至要求无线通信系统获得和有线通信系统同等的可靠性。这一严格要求的原因是，如果数据包不能及时到达目的节点，可能会造成灾难性的后果。例如，机器为了避免过热和爆炸而紧急关闭，这一指令如果不能及时传达，将导致数百万美元的损失，甚至人员伤亡。医学领域也有类似的考虑，例如对重症加护病房患者的监控。

无线信道的特点使得通过单条无线链路获得如此高的可靠性通常是不可能的。这是因为，与数据存储不同，在无线通信系统中，传输出错的可能性不是由纠错编码的错误导致的，而是因为传输信道的变化，即所谓“衰落”㊀。衰落会使接收 SNR 有可能下降到某一临界标准以下。而提高发射功率并不是对抗衰落的有效方法[33,43]。

为了更全面地掌握情况，需要区别小尺度衰落和大尺度衰落[33]。小尺度衰落（通常表示为幅度的瑞利分布）是由不同多径分量的干涉引起的。对抗小尺度衰落的方法有很多，从利用频率分集的宽带系统，到多天线系统。因此，可认为小尺度衰落问题能通过更加智能地设计收发信机来加以解决。但是，上述这些技术无法对抗阴影衰落。阴影衰落本质上是由于部分多径能量被物体阻挡造成的。阴影衰落的影响在所有频率上（大致）是相同的，因此宽带传输并不起作用。类似地，阴影衰落对（位置接近的）各天线阵元的影响也是相同的。换句话说，如果一根天线受到阴影衰落的影响，则很有可能同一设备上的其他天线也存在同样的问题。

因此，要达到新兴无线通信应用（例如医学和工厂自动化）需要的高可靠性，唯一的方法是将信息分散到空间上广泛分布的不同链路中传播。俗话说“众人拾柴火焰高”，在协作通信中也是如此。无线节点之间通过相互合作而实现的系统特性和性能水平与非联网系统完全不同。源节点与目的节点之间可通过增加传输的路径数，提高对抗衰落和节点出错的鲁棒性，减少通话连接过程中掉话的概率。而且由于单个节点传输距离通常大为缩短，因此不再需要较大的发射功率来克服信道的严重衰减，从而提高了能量效率。这两方面实际上是硬币的两面：增加传输中的能量消耗可以提高可靠性。从可靠性角度来说，协作通信的目的是减少一定可靠性要求下的能量消耗，或者在确定能量预算下提高可靠性。

中继最基本的形式是沿着单条路径传送信息。数据包从一个节点传递到下一个节点，就像救火时传递的水桶一样。例如，在低速率、低功率网络中广泛采用的 ZigBee 标准就以中继为基础。更复杂的中继则需要节点间在物理层和 MAC 层更精

㊀ 只有在环境是确定的，而且终端位置是固定，并能人工设定时，深衰落才不会发生。

确的同步，获得的性能提升也大得多，相关内容可参见文献[21,24,38,39,42]及上述文献的参考文献。

在更高的层次上，多跳（Multihop）中继可以分解成两个不同的子问题。第一个子问题是设计物理层和 MAC 层技术，使得中继信息从一个节点传递到下一个节点。第二个子问题是路由，即确定参与传输的可用节点和每个节点应该分配的系统资源（时间、能量和带宽）。这两个子问题是相互关联的。在本章中将会看到，所采用的物理层技术对最佳路由有很大的影响。

针对协作通信这一庞大主题，我们也采用了与上述分解类似的处理方法。前言的后继部分将在高层次上提出各种协作策略。首先讨论每种策略需要的 CSI 类型和接收机设计中要做的修改。然后，11.2 节和 11.3 节集中讨论协作网络中采用的两种主要的物理层技术，分别是虚拟波束赋形技术和无码率编码技术。具体方法是，首先提出两种技术的基本思想，然后讨论两种技术最为适合的应用场景，接下来集中讨论小规模网络的“组成模块”，对其进行深入的讨论。最后考虑大规模协作网络，及由此引出的路由问题，并对各节进行总结。

11.1.2　方法概述

本节集中讨论“译码-转发”协作方案，即中继节点先将数据包完全译码然后再转发。在“译码-转发”方案中，各节点接收数据包，然后将其解调和译码。在这一过程中，节点极有可能纠正传输过程中可能出现所有的错误。最后，节点对数据进行重新编码、调制并再次发送（这里发送的信号可能与之前接收的信号不同）。而在“放大-转发”方案中，中继节点接收到的信号在转发之前不加处理，可靠性较差，因此本章不予讨论。

在一定程度上，协作节点再次发送信号必须经过协调。协调的类型很大程度上取决于收发节点之间可以获得的 CSI 状况。在所有情况下，都假设接收机可获得信道状态信息（Channel State Information of Receiver，CSIR）。因此，目前重点讨论发射机处信道状态信息（Channel State Information of Transmitter，CSIT）。

（1）完全的 CSIT。各节点既知道到达接收节点的信道的幅度，也知道相位。在这种情况下，可以采用“虚拟波束赋形”，类似于多天线系统中的最大比传输。这种方法可以确保在中继节点一定的总功率消耗下，在接收机处得到最大 SNR。由于 SNR 决定了（给定调制和编码方案）数据包成功接收的概率，虚拟波束赋形提供了高可靠性。相关内容将在 11.2 节中详细讨论。

（2）幅度 CSIT。在这种情况下，各节点知道到达接收节点的信道的幅度（强度），但不知道相位。此时，最好的策略是选择单个具有最佳传输质量的中继[9,10]。则有效 SNR 由收发节点链路之间的最佳 SNR 决定，这样也提供了高可靠性。请注意，这种情况中所讲的“节点选择”和多跳网络密切相关。

（3）平均 CSIT 或无 CSIT。在这种情况下，发送节点只能在不知道不同的发射信号会在接收节点处产生正干涉，还是负干涉的情况下提供发射分集。所需的分集可以通过分布式空时码获得，类似于多天线系统中的 Alamouti 空时分组码。“分布式”指的是发射天线在空间上离的足够远（实际上，这些天线处于不同的节点）[23~25]。另一种方法是采用编码协作，将中继和纠错编码相结合，产生分集增强。源节点发出的数据包采用前向纠错编码，码字的不同部分通过网络中的两条（或更多）路径发送出去[21,35,38]。通过发送同一码字的递增冗余编码比特，可以提高编码协作的性能。该方法将在 11.3 节中详细介绍。

注意，获得 CSI 的分布是一个关键问题，尤其是在更大的可靠网络中。许多理论研究假设某个中心节点可以获得理想的 CSIT，这样就可以确定路由和协作类型。然而，获得所有链路的 CSIT 是一项艰巨的任务（节点数为 N 的网络可能有 $N!$ 条信道）。而且，这些信息向中心节点的传输会占用相当多的资源。更为实际的方法是，假设只能获得部分瞬时 CSIT。即便在这种情况下，也必须考虑获得 CSIT 分布所要付出的代价。另一方面，假设知道平均 CSIT 分布较为实际。在这种情况下，用到的只是信道增益的均值而不是瞬时值。这种情况很有意义，因为获得平均 CSIT 比获得瞬时 CSIT 要容易得多，尤其是在快速时变信道中。

传输类型也在很大程度上决定了可实现的接收机类型：

（1）标准接收机。对于虚拟波束赋形和节点选择，解调和译码算法都可以不加任何特别修改就直接采用。在虚拟波束赋形中，接收机从不同发射节点累积能量。这一技术对于接收机是透明的，所有复杂度都在发射机，因为要求所有发送节点的相位必须同步。

（2）空时码接收机。这类接收机也从不同的发射节点累积信号能量。然而，与虚拟波束赋形不同的是，接收节点必须适当地处理各节点发送的信息，即使用空时译码。能量累积接收机的一个最简单的例子是 Rake 接收机。想象一种场景，不同发射节点发送相同的 CDMA 信号，但是彼此间有微小的时延。当节点并非理想同步时，这种情况很常见。采用 Rake 接收机可以分别接收各路信号（每个支路接收一路信号），并对这些信号进行最大比合并或最佳合并。

（3）编码协作接收机。如果发射机采用编码协作或递增冗余传输，则接收节点必须能够从接收信号中合并出原始码字。实际上，接收节点并不是将不同发射信号的能量累加起来，而是将互信息（编码比特）累积起来。因此，这种接收机通常被称为互信息累积接收机。

11.2 采用虚拟波束赋形的协作通信

在虚拟波束赋形中，知道所需 CSI，中继节点将为各自的发射信号进行线性加权，使信号在目的节点相干叠加。这样做的目的是，借助传输过程中的中继，保证数据向目的节点的可靠传输，同时使所有节点消耗的总能量最小。以分布式方式获取并利用 CSI，对于协作波束赋形是一种挑战，也是本节中需要明确建模和分析的。

首先 11.2.1 节介绍了虚拟波束赋形的基本原理，然后在 11.2.2 节中提出网络的基础组件，并介绍了一种适用的通信协议。该协议的分析和数值结果将在 11.2.3 节中给出。最后，在 11.2.4 节中讨论路由问题。

11.2.1 基本原理

首先考虑中继过程中的单步，即众多中继节点如何一起向目的节点（在单跳内）发送信息。虚拟波束赋形的基本原理与多天线系统中利用发射分集的波束赋形或最大比传输相同[24]：调整不同天线阵元发射信号的相位，使得信号在接收机干涉增强。而且，在所有发射机的总功率约束下，对发射信号的幅度进行加权，权重正比于源节点到目的节点之间信道增益的幅度。根据这一原则，任何（具有所需源节点信息的）中继节点都应该向目的节点发送信息，即使有的节点只能用低功率发送。虚拟波束赋形的第一个建议可见文献[22]。

许多文献已经探讨了波束赋形过程的各个方面（只列出了部分文献作为范例）。

（1）同步。虚拟波束赋形中最棘手的问题之一就是如何实现节点间的完全同步。分布式节点的频率和相位都必须近乎完美地对齐。因为通常使用低成本的传感器节点，而传感器节点中的振荡器质量较差，同步问题极具有挑战性。要了解这一问题可见文献[34]。

（2）随机波束方向图。分布式波束赋形的有效天线方向图与其对其他用户产生的干扰密切相关。当节点在一定范围内随机分布时，产生的波束方向图也是随机分布的。文献[36]分析了方向图的随机特性。

（3）放大转发。采用放大转发（Amplify-and-Forward，AF）来实现中继的优点是收发信机更为简单。由于必须考虑各中继放大的噪声，所以各节点的权重是不同的[45]。

（4）反馈量化。在很多情况下，最佳波束赋形的权重必须从目的节点反馈回各中继节点（这也是 11.2.2 节要讨论的）。AF 和译码转发（Decode-and-Forward，DF）权重的最佳量化都在文献[5]中加以讨论。

一个与之相关的问题是在更大的网络中如何运用虚拟波束赋形，即如何利用虚拟波束赋形建立路由。传统的路由需要找到一组节点，将数据从其中一个转发到另一个，就像救火中传递的水桶一样（见 11.2.2 节）。正如文献[22]所述，波束赋形路由问题的基本思想是，将一组波束赋形节点看成超级节点。这样，波束赋形路由在本质上就简化为传统的路由问题，这时略有不同的是当前可用节点集包括超级节点。更深入的讨论，包括如何选择节点来构成超级节点将在 11.2.4 节给出。

最后，值得注意的是，使用分布式波束赋形的几个原型已经建立起来了，证明了这一概念的实际可行性[34]。

11.2.2 网络和协议的基础组件

本节将分析虚拟波束赋形网络的基础组件，并推导节点功耗与传输可靠性（中断概率）之间的关系。图 11-1 为两跳中继网络的示意图。图中包含一个源节点、一个目的节点和 N 个中继节点。源节点到中继节点的信道和源节点到目的节点的信道都是非频率选择性的，并服从独立的瑞利分布。这样，源节点到中继节点（Source to Relay，S-R）i 的信道功率增益用 h_i 表示，中继节点 i 到目的节点（Relay to Destination，R-D）的信道功率增益用 g_i 表示，h 和 g 相互独立且服从指数分布，均值分别为 $\overline{h}$ 和 $\overline{g}$。文献[28]考虑了常见的均值不等的情况。所有节点的加性高斯白噪声（Additive White Gaussian Noise，AWGN）功率谱密度（Power Spectral Density，PSD）都是 N_0。系统中所有传输的带宽都是 B Hz，传输速率均固定为 r bit/sym。一个节点只有当接收信号功率大于门限值 γ 时才能可靠地进行数据译码。

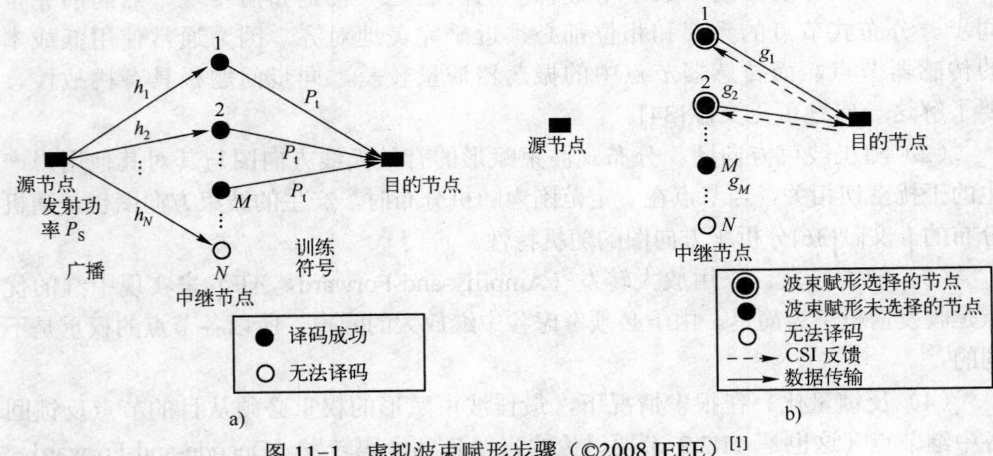

图 11-1 虚拟波束赋形步骤（©2008 IEEE）[1]

a) 广播和训练 b) CS1 反馈和数据传输

进行波束赋形的各节点，调整其发射信号的相位，使得所有节点的信号在接收机处相干叠加。如果节点 1，…，k 进行波束赋形，那么，如文献[22]所示，节点 i 的发射功率设定为

$$\gamma N_0 \frac{g_i}{\left(\sum_{j=1}^{k} g_i\right)^2} \tag{11-1}$$

这样接收机的 SNR 就等于可靠译码信号所需要的门限 γ。

根据香农容量定理，得 γ 和 r 的关系如下：$\gamma = N_0B(2^r-1)$。并假设所有链路都具有互易性，时分双工系统就属于这种情况，其双工往返时间远小于信道的相干时间[33]。为便于分析，假设从源节点到目的节点的信道非常弱，可以忽略不计。

在所考虑的协议中，数据传输分为以下 4 个阶段：

（1）广播阶段。源节点事先不知道中继信道的增益，首先采用固定发射功率 P_S 和固定数据速率 r bit/sym，在符号持续时间 T_d 内向各中继节点广播数据。只有当接收功率超过门限值 $N_0B(2^r-1)$时，节点才能正确译码数据。因此，根据信道状态，只有中继节点的一个子集 $\mathcal{M} \subseteq \{1, \cdots, N\}$能够从源节点成功接收数据。用 M 表示 $\mathcal{M}$ 的大小。

（2）训练阶段。只有从源节点成功接收到数据的 M 个中继节点，以速率 r bit/sym 和功率 P_t 向目的节点发送训练序列。这使得目的节点可以估计各中继节点到目的节点信道的瞬时增益$\{g_i, i \in \mathcal{M}\}$。功率 P_t 设定为足以使目的节点准确估计用于数据传输的信道的增益。同样，假设训练序列传输的持续时间 $T_t=M$ 个符号持续时间，这是可能的最小值。

（3）中继选择和 CSI 反馈。根据信道功率增益$\{g_i, i \in \mathcal{M}\}$，目的节点宣布一个中断概率 $p_{out}(\mathcal{M})$（以节约能量），或者选择 $\mathcal{M}$ 的一个子集，其中包含 $K(\mathcal{M})$个到目的节点具有最佳信道功率增益的中继节点，并根据式（11-1），将所需的 CSI 反馈给这 $K(\mathcal{M})$个中继节点。

在设置中，为数据传输（未声明中断时）所选择的中继节点的数量 $K(\mathcal{M})$只和 $\mathcal{M}$ 有关，而与瞬时信道状态$\{g_i, i \in \mathcal{M}\}$无关。但需要注意，实际中每一步用到的中继集（大小为 $K(\mathcal{M})$）却与瞬时的 R-D 信道功率增益有关。同样的，目的节点宣布的中断概率 $p_{out}(\mathcal{M})$是 $\mathcal{M}$ 的函数而与信道功率增益无关。

令$[i]$表示集合 $\mathcal{M}$ 中到目的节点增益第 i 大的中继的编号。由于节点[1]，…，$[K(\mathcal{M})]$都进行了波束赋形，由式（11-1）可知，目的节点需要反馈：

① 反馈 $\sum_{i=1}^{K(\mathcal{M})} g_{[i]}$ 给所有选择的 $K(\mathcal{M})$个节点

② 仅反馈 $g_{[i]}$及其相位到中继节点$[i]$。

反馈中以速率 r，持续 T_f 个符号周期。如果反馈每个信道功率增益和相位需要 c 个符号，那么 $T_f(K(\mathcal{M}))=c(1+K(\mathcal{M}))$。反馈速率为 r 时，到达中继节点 i 所需的最小反馈功率为 $N_0B(2^r-1)/g_{[i]}$。向所有 $K(\mathcal{M})$个中继节点，广播信道功率增益之和所需的最小反馈功率为 $N_0B(2^r-1)/g_{K(\mathcal{M})}$，这由所有选择的节点中信道条件最差的节点$[K(\mathcal{M})]$决定。

需要特别注意 M=1 的情况（这时只有一个中继节点译码数据），因为中继节点向目的节点发射信号，所需要的最小功率正比于信道功率增益的倒数。众所周知，在瑞利信道中要保证零中断概率，对信道增益求倒数，需要无穷大的平均功率[19]。因此，在这种特殊情况下，只有当其信道功率增益超过一定门限值时，节点才能发射信号。这样，即使目的节点没有宣布中断，节点也有 δ 的概率不发射信号。假设 δ 是一个固定的系统参数。㊀

（4）协作波束赋形。如式（11-1）所述，获得 CSI 之后，每个选择的中继节点$[i]$的最佳发射功率为 $(g_{[i]}/(\sum_{j=1}^{K(\mathcal{M})} g_{[j]})^2)N_0B(2^r-1)$。所选的 $K(\mathcal{M})$个节点相互协作，即以 r bit/sym 的数据传输速率，在 T_d 个符号持续时间内，向目的节点相干发送数据。

这里我们只对无线传输所需的能量进行建模，而非接收消耗能量，这是合理的。因为无线传输是远距离传输中最主要的耗能部分[14]。反馈量化假定足够好，不影响波束赋形的性能。中继节点传输假定是相干且同步的。

11.2.3 基本网络：分析和结果

根据对称理论可以证明，对于所有基数同为 M 的集合 $\mathcal{M}$ 具有相同 $p_{out}(\mathcal{M})$，存在一种最佳传输策略。因此，可以将中继选择规则 $K(M)$和中断规则 $p_{out}(M)$限定为只与 M 有关。

令 $p(M, P_S)$表示当源节点的广播功率为 P_S 时，恰好有 M 个中继节点成功译码源节点广播数据的概率。对给定中继选择规则 $K(\cdot)$，令 $P_f(K(M), M)$表示将 CSI 反馈回所选中继节点消耗的平均功率，而 $P_d(K(M), M)$表示中继节点相干传输数据消耗的平均功率，以上论断的条件都是 M 个中继节点对源节点发送的数据进行译码，且目的节点没有宣布中断。注意，M=1 时，$P_f(K(M), M)$和 $P_d(K(M), M)$还要考虑由于到目的节点的中继增益低于门限值，因而唯一的中继节点不发送数据的概率。

为了确定在一定中断概率约束下，使每条消息平均能量消耗最小化的 P_S，$P_{out}(M)$和 $K(M)$，首先由以上参数推导平均能量消耗的表达式。

对于所有可能的中断时间，目的节点从源节点接收数据的概率超过$(1-p_{out})$的约束条件可以写成

㊀ 另一个微小的差异是，当目标节点仅允许一个中继节点传输时，它必须反馈该中继节点到目的节点信道增益，这将占用 c 个，而不是 $2c$ 个符号周期。

$$P_{\text{out}} \geqslant p(0, P_{\text{S}})+\delta p(1, P_{\text{S}})(1-p_{\text{out}}(1))+\sum_{M=1}^{N} p(M, P_{\text{S}})p_{\text{out}}(M) \tag{11-2}$$

全部 4 个阶段的总平均能量消耗 $E(p_{\text{out}}, K, P_{\text{S}})$ 为

$$\begin{aligned} E(p_{\text{out}}, K, P_{\text{S}})= & T_{\text{d}} P_{\text{S}}+\sum_{M=1}^{N} p(M, P_{\text{S}}) M P_{\text{t}}+\sum_{M=1}^{N} p(M, P_{\text{S}})(1-p_{\text{out}}(M)) \\ & \times(T_f(K(M)) P_f(K(M), M)+T_{\text{d}} P_{\text{d}}(K(M), M) \end{aligned} \tag{11-3}$$

现在推导式（11-3）中 $P_f(K(M),M)$和 $P_{\text{d}}(K(M),M)$的表达式，分别考虑 $M>1$ 和 $M=1$ 的情况，因为，正如所见，两者的传输准则略有不同。

$M>1$ 的情况：由于目的节点选择 $K(M)$个最佳中继节点，记为[1]，…，[$K(M)$]，并将总的信道功率增益广播给所有中继节点，将单个信道的功率增益广播给对应中继节点，可以得到

$$P_f(K(M),M)=\frac{N_0 B(2^r-1)}{K(M)+1} E\left[\frac{1}{g_{[K(M)]}}+\sum_{i=1}^{K(M)} \frac{1}{g_{[i]}}\right] \tag{11-4}$$

在 $K(M)+1$ 个时隙上消耗能量随着分母中的 $K(M)+1$ 项增加。类似地，中继节点进行协作波束赋形和发送数据消耗的平均功率为

$$P_{\text{d}}(K(M), M)=N_0 B(2^r-1) \mathrm{E}\left[\frac{1}{g_{\text{sum}}}\right] \tag{11-5}$$

式中，$g_{\text{sum}}=\sum_{i=1}^{K(M)} g_{[i]}$。

另外，由文献[44]提出的虚拟分支分析技术可得

$$p(M, P_{\text{S}})=\frac{N!}{M!} \sum_{j=M+1}^{N} \frac{\mathrm{e}^{-\frac{\gamma_r M}{h}}-\mathrm{e}^{-\frac{\gamma_r j}{h}}}{(j-M) \prod_{l \geqslant M+1, l \neq j}(l-j)}$$

$$\mathrm{E}\left[\frac{1}{g[i]}\right]=\varepsilon_{1+M-i}\left(\frac{\bar{g}}{i}, \cdots, \frac{\bar{g}}{M}\right)$$

$$\mathrm{E}\left[\frac{1}{g_{\text{sum}}}\right]=\varepsilon_M\left(\bar{g}, \cdots, \bar{g}, \frac{\bar{g} K(M)}{K(M)+1}, \cdots, \frac{\bar{g} K(M)}{K(M)}\right)$$

式中，$\varepsilon_n(\bar{y}_1, \cdots, \bar{y}_n)$表示 $1/(Y_1+Y_2+\cdots+Y_n)$的均值；$\bar{y}_i$是指数分布的随机变量 Y_i 的均值。感兴趣的读者可以参考文献[28]，了解$\varepsilon_n(\cdot)$的闭合形式表达式。

$M=1$ 的情况：令 i 表示从源节点译码数据的单个中继节点。当 g_i 太小时也会发生中断。否则，在未声明中断时，中继节点以速率 r，对信道求倒数，向目的节

点发射信号。则反馈 CSI 所消耗的平均功率为

$$P_f(K(1),1) = N_0B(2^r-1)\int_{\alpha_i}^{\infty}\frac{1}{\overline{g}x}\,\mathrm{e}^{-\frac{x}{\overline{g}}}\mathrm{d}x = -\frac{N_0B(2^r-1)}{\overline{g}}\mathrm{Ei}\left(\frac{-\alpha}{\overline{g}}\right) \tag{11-6}$$

式中，$\alpha=-\overline{g}\ln(1-\delta)$；Ei 是标准指数积分函数，由 $\mathrm{Ei}(u)=\int_{-\infty}^{u}\frac{\mathrm{e}^x}{x}\mathrm{d}x$ 给定。

类似地，可以得到

$$P_\mathrm{d}(K(1),1) = -\frac{N_0B(2^r-1)}{\overline{g}}\mathrm{Ei}\left(\frac{-\alpha}{\overline{g}}\right)$$

这样，由式（11-4）和式（11-5）可以分别得出反馈 CSI 和数据传输所消耗的平均能量。

11.2.3.1 最佳传输策略

根据式（11-4）、式（11-5）和式（11-6）可以得到，最佳中继选择规则 $K^*(M)$ 由下式给出：

$$K^*(M) = \underset{1\leqslant K(M)\leqslant M}{\arg\min}\,[T_f(K(M))P_f(K(M),M)+T_\mathrm{d}P_\mathrm{d}(K(M),M)]$$

可以看出，如果满足

$$\frac{1}{1-\delta}(cP_f(K^*(1),1)+T_\mathrm{d}P_\mathrm{d}(K^*(1),1))$$
$$\geqslant c(1+K^*(M))P_f(K^*(M),M)+T_\mathrm{d}P_\mathrm{d}(K^*(M),M)$$

那么在 $M>1$ 的情况下，最佳中断策略具有简单的结构，即最佳的反馈和数据传输功率消耗在 $M>1$（节点通过波束赋形发送且中断概率为 0）的情况下小于等于 $M=1$ 的情况下的 $1/(1-\delta)$ 倍。这种情况下，当 M 小于门限值 M^* 时，目的节点总是宣布中断[28]。如果 $M=M^*$，目的节点宣布中断的概率为 $p^*_{\mathrm{out}}(M^*)$。如果 $M>M^*$，则目的节点选择 $K^*(M)$ 个中继节点，而且永远不会宣布中断。（如果 $M=1>M^*$，中继节点只在信道功率增益超过门限值时才发送数据，门限值由 δ 决定。）目的节点允许所选中继节点发射信号时，目的节点就会将 CSI 反馈给这些中继节点，然后中继节点用足够大的功率将数据发送给目的节点。M^* 通过数值搜索的方式确定。

11.2.3.2 数值结果

考虑一个协作中继网络，中继节点数目 N=10，速率 r=2 bit/sym，持续的符号周期 T_d=100，节点中断概率 δ=0.005，截止概率 P_{out}=0.01，反馈需要的符号数 c=4。为了说明情况，假设训练符号的功率 P_t 等于中继节点以速率 r，中断概率 0.1（比 P_{out} 大）向目的节点发送数据所需的功率。

在图 11-2 中，将 3 种中继选择规则，分别为最佳中继选择、单中继选择和

$(M-1)$中继选择，每条消息的能量消耗（对 N_0B 作归一化）表示为 M 的函数。最佳中继选择：该方法选择 $K^*(M)$个最佳中继；单中继选择：该方法只选择具有最高 R-D 增益的中继；$(M-1)$中继选择：该方法总选择最佳的$(M-1)$个中继。（选择所有 M 个中继节点的规则这里没有给出来，因为该规则反馈 CSI 要消耗无穷大的平均功率。）由图 11-2 可知，要达到同样的可靠性时，最佳中继选择规则比其他两种规则大约少消耗 16%的能量。由图可以明显地发现，由中继节点数目可变得到的增益，是源节点数据包进行译码的中继节点数的函数。

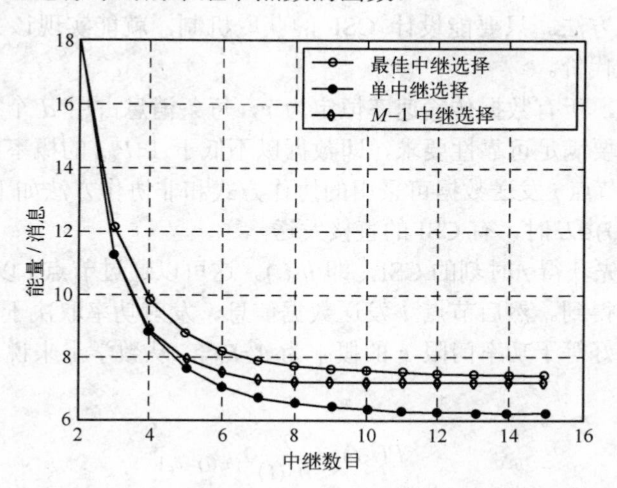

图 11-2　不同中继选择规则下，总能量消耗与中继节点数目的关系（$\bar{h}=6$，$\bar{g}=0.5$）（©2008 IEEE）[1]

11.2.4　路由

现在考虑无线协作网络中的虚拟波束赋形。在协作网络中，消息从源节点传输到目的节点要经过若干跳。进行虚拟波束赋形的节点之间的协作可能在任意一跳发生。另外，每一跳也可以直接传输。网络中每条链路的信道模型和 11.2.2 节中的相同。

将无线网络建模为无向图 $G=(V,E)$，其中 E 是链路集合。两个节点之间没有边，表示两节点之间的可靠通信在统计上极少发生。t 时刻，节点 i 和 j 之间的信道增益表示为 $h_{ij}(t)$。如果 $\overline{h_{ij}} \triangleq E\{[h_{ij}(t)]\}$ 大于预先设定的小门限，就意味着节点 i 和 j 之间存在链路。因此，网络图在时间上随着路径损耗和阴影衰落变化较慢，如图 11-3 所示。

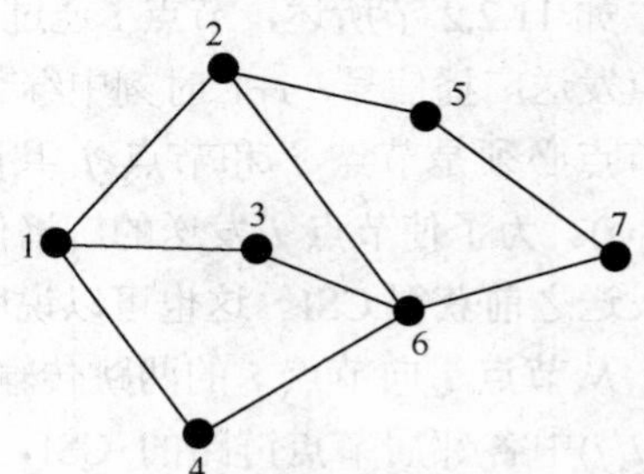

图 11-3　有 7 个节点的无线网络图（©2008 IEEE）[2]

在图 11-3 中，节点可能只对其邻居节点发送的消息进行译码。节点 i 的单跳邻居节点集合表示为 $\mathcal{N}_1(i)$；从节点 i 最多经过两跳可以到达的节点集合表示为 $\mathcal{N}_2(i)$。这也引出了超边集合 E_2 和超图 $G_2=(V,E_2)$的定义，其中，如果 $j\in\mathcal{N}_2(i)$，则 $(i,j)\in E_2$。此外，假设节点不储存从先前接收的观测结果，来进行消息译码。

如前所述，CSI 有助于节点调整自身的发射功率并决定与谁协作，而获取 CSI 的代价被明确建模为确定最佳协作路由。我们重点关注波束赋形作为协作方法。然而，考虑到本节所述的网络架构可以建模成许多其他的本地方法，包括慢信道中两跳以上的协作方法。只要能设计 CSI 的获取机制，就能实现该方法，也就能估计出获取 CSI 的代价。

如前所述，所有数据传输速率恒定为 r，每条消息占用 d 个符号持续时间。每次局部传输都要满足可靠性要求，即数据以不低于 $1-P_{\text{out}}$ 的概率到达指定节点。因此，节点 i 向节点 j 发送数据可采用的协作方式和非协作方法如下所述：

（1）当$(i,j)\in E$ 时，有 CSI 的直接发送

节点 i 首先获得 t 时刻的 CSI，即 $h_{ij}(t)$。这可以通过节点 j 以固定功率向节点 i 传输训练序列得到。然后节点 i 发送数据信息，发射功率取决于 $h_{ij}(t)$，这样节点 j 的接收功率恰好等于功率门限 r 的概率为 $1-P_{\text{out}}$。从数学上来说，节点 i 的发射功率为

$$P(i,t)=\frac{\gamma}{h_{ij}(t)}\mathbf{1}_{[h_{ij}(t)\geqslant\delta_{ij}]}$$

式中，$\mathbf{1}_{[x]}$为指示函数，如果 x 为真，则函数等于 1，否则等于 0。为满足可靠性条件，$\delta_{ij}=-\overline{h_{ij}}\ln(1-P_{\text{out}})$，这样，$h_{ij}(t)$超过$\delta_{ij}$ 的概率为$(1-P_{\text{out}})$。采用这一方法，从节点 i 向节点 j 发送消息，包括获取 CSI 消耗的总平均功率为

$$C_{\text{d}}(i,j)=P_{\text{t}}+\frac{\text{d}\gamma}{\overline{h_{ij}}}\text{Ei}\left(\frac{-\delta_{ij}}{\overline{h_{ij}}}\right)$$

（2）当$(i,j)\in E_2$ 时，有 CSI 的两跳协作传输

如 11.2.2 节所述，节点 i 通过两跳向节点 j 传输消息，即 t 时刻节点 i 向其中继节点发送广播信号，t+1 时刻中继节点向节点 j 发送波束赋形信号。很明显，这些中继节点必须是节点 i 和节点 j 共同的邻居节点，即它们属于集合 $\mathcal{M}_2(i,j)=\mathcal{N}_1(i)\cap\mathcal{N}_1(j)$。为了使节点 i 发送的广播信号比 11.2.3 节介绍的能量效率更高，允许节点 i 在发送之前获得 CSI。这也可以说明 11.2.2 节所述模型的一个有趣的变化。

从节点 i 向节点 j 的两跳传输按如下所述方式进行。首先节点 i 获得其到集合 $\mathcal{M}_2(i,j)$中各邻居节点链路的 CSI，然后向其中的一个子集进行广播。这可以通过让集合 $\mathcal{M}_2(i,j)$（如果$(i,j)\in E$ 那么该集合也包含 j）中的每个节点向节点 i 发送训练符号来实现，这样节点 i 就能对到这些节点的信道进行估计。这一过程消耗的能量为

$|\mathcal{M}_2(i,j)|P_t$，其中 P_t 是训练符号的能量。然后，节点 i 在 t 时刻向 $\mathcal{M}_2(i,j)$的子集 $\mathcal{D}(i,j)$广播消息，子集 $\mathcal{D}(i,j)$包含 M 个有最高信道增益的中继节点。为满足可靠性条件，节点 i 在 t 时刻以功率 $P(i,t)=\gamma\mathbf{1}_{[h_{i[M]}\geqslant\delta]}/(h_{i[M]}(t))$广播消息，其中$[M]$是 $\mathcal{M}_2(i,j)$ 中在 t 时刻具有第 M 高信道增益的节点的编号，选择 δ 以保证 $P_r(h_{i[M]}\leqslant\delta)=P_{\text{out}}$。其他节点在 t 时刻不发送信号。

然后，子集 $\mathcal{D}(i,j)$中的节点按照以下方式向节点 j 进行可靠的波束赋形。如 11.2.2 节所述，每个节点通过向节点 j 发送训练符号来获得到节点 j 链路的 CSI。然后节点 j 选择到其具有最高瞬时信道增益的中继节点子集 $\mathcal{K}(\mathcal{D}(i,j))$，并向每个选中的节点 $k\in\mathcal{K}(\mathcal{D}(i,j))$反馈信道 $h_{kj}(t)$的增益和相位，向所有选中的节点反馈 $\sum_{m\in\mathcal{K}(\mathcal{D}(i,j))} h_{mj}(t)$。每个选中的节点 $k\in\mathcal{K}(\mathcal{D}(i,j))$再进行协作波束赋形，向节点 j 发送数据，发射功率为

$$\left[P(k,t+1)=\mathbf{1}_{[\mathcal{D}(i,j)]}\frac{\gamma h_{kj}(t+1)}{\left(\sum\limits_{m\in\mathcal{K}(\mathcal{D}(i,j))} h_{mj}(t+1)\right)^2}\right]$$

而所有其他节点在 t+1 时刻都不发射信号。这样，到达节点 j 的数据消息的总接收功率精确满足译码门限γ。

最佳中继选择规则 $K(\cdot)$和衰落平均总能量消耗 $C_{\text{b}}(i,j)$（包括获取 CSI 所消耗的能量）的确定方式和 11.2.2 节非常相似。

对于前面介绍的可选传输方案，在节点 j 可靠接收消息的情况下，节点 i 向节点 j 发送消息的最低总能量消耗为

$$C_*(i,j)=\min\{C_{\text{d}}(i,j),C_{\text{b}}(i,j)\}$$

采用最佳局部协作数据传输方法，从源节点 s 向目的节点 d 发送消息，相应路径为$(s,\ \upsilon_1,\ \cdots,\ \upsilon_n,\ d)$时，这里对所有 k=1，…，n−1，有$(\upsilon_k,\upsilon_{k+1})\in\text{E}_2$，总能量消耗 $C_{\text{tot}}(s,d)$为

$$C_{\text{tot}}(s,d)=C_*(s,\upsilon_1)+\sum_{k=1}^{n-1}(1-P_{\text{out}})^k C_*(\upsilon_k,\upsilon_{k+1})+(1-P_{\text{out}})^n C_*(\upsilon_n,d) \quad (11\text{-}7)$$

式中，$(1-P_{\text{out}})^k C_*(\upsilon_k,\upsilon_{k+1})$是$(\upsilon_k,\upsilon_{k+1})$跳上每条消息的能量。因子$(1-P_{\text{out}})^k$ 的产生是由于节点υ_k 以概率$(1-P_{\text{out}})^k$ 接收信息。通过选择 P_{out} 使得 $P_{\text{out}}^{\text{rte}}=1-(1-P_{\text{out}})^n$，可以保证满足端到端可靠性约束，即源节点发送的数据包被目的节点接收到的概率至少为$(1-P_{\text{out}})$。

计算使得式（11-7）中能量消耗最小的最佳路径是一个复杂的组合优化问题。以下的 $C_{\text{tot}}(s,\ d)$上边界可以使得问题易于处理

$$C_{\text{tot}}(s,d) \leqslant C_*(s,\upsilon_1) + \sum_{k=1}^{n-1} C_*(\upsilon_k,\upsilon_{k+1}) + C_*(\upsilon_n,d) \tag{11-8}$$

总能量消耗的加性结构使得 BellmanFord 算法可以应用于 G_2，从而可以进行这种简化。使得式（11-8）中能量消耗最小化的路径能耗，必为使式（11-7）最优路径最小能耗的 $1/(1-P_{\text{out}}^{\text{rte}})$倍。例如，当 $P_{\text{out}}^{\text{rte}}=0.05$ 时，上述近似因子至多为 1.05。

这样，计算式（11-8）中使得 $C_{\text{tot}}(s,d)$最小的全局路径的主要步骤如下：

1）确定超图 G_2；

2）优化局部协作传输方法，确定每个$(i,j) \in E_2$ 的边界能量消耗 $C_*(i,j)$；

3）采用分布式方式，按照 Bellman-Ford 算法计算 G_2 上的最短路径。

最后一步可以在 $O(n^2\log_{10}(n))$时间内完成（假设 G 的度不随 n 增加）。

上述路由对瞬时 CSI 和平均 CSI 有不同的适用性。对于图 G_2，能量消耗 $C_*(i,j)$和最佳路由仅取决于局部链路的平均信道增益。因此，对给定的信道平均增益集合，局部传输方法和 Bellman-Ford 算法的最优化只需要进行一次。同时，在最优路由的每一跳中，中继子集的选择和节点的发射功率及相位都要根据瞬时 CSI 进行调整，即随时间改变。

文献[29]讨论了上述模型的其他结果。在慢衰落信道中，不用那么频繁地获取 CSI，其对最优协作路由的影响也在文献[29]中加以讨论。多点对多点传输的可能性不在上述考虑的范围内，因为所需的多节点的符号级同步和训练非常复杂。

11.2.4.1　数值结果

现在通过一个例子说明上述过程。考虑图 11-3 中图 G 表示的无线网络，其中节点 1 为源节点，节点 7 为目的节点。假设所有链路的信道都服从瑞利衰落，平均信道功率增益为 1。为成功接收设定的门限为γ，瞬时信道增益大于该门限值的概率为 0.95。

第 1 步是形成超图 G_2，如图 11-4 所示。例如，节点 1 和节点 6 在图 G 中没有边相连，但被 G_2 中的虚边连接，这是因为节点 1 和节点 6 公共邻居节点—节点 2、3、4 可以作为中继节点。

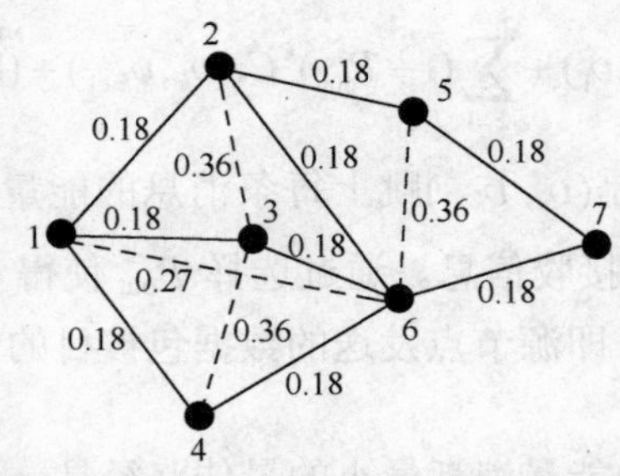

图 11-4　使用超图 G_2 计算最佳方案。实边是 G 中的边，虚边为属于 G_2 但不属于 G 的边。各边旁的数值为最佳边能量消耗（©2008 IEEE）[2]

第 2 步计算与每条边相关的能量消耗。例如，节点 1 计算向节点 2、3、4 和 6 发送消息的最低能量消耗。所有$(i, j)\in G_2$的最优消耗 $C_*(i, j)$在图 11-4 中都表示出来了。然后，采用 Bellman-Ford 算法，可以采用分布式的方式，计算源节点（节点 1）到目的节点（节点 7）的最低能量消耗路由。

结果证明，路由包含两跳。第 1 跳是（1，6），其中节点 2、3、4 作为中继节点进行有 CSI 的两跳协作传输。第 2 跳是（6，7），采用了有 CSI 的直接传输。协作路由的所有步骤——包括 CSI 获取——如下所述：

1）节点 1 广播。节点 2、3、4 向节点 1 发送训练序列，然后节点 1 以适当的功率向{2，3，4}中的两个节点（称为 X 和 Y）广播消息，节点 1 到这 X 和 Y 两个节点有最佳瞬时信道增益。

2）节点 6 中继选择。节点 X 和 Y 向节点 6 发送训练序列，然后节点 6 从 X 和 Y 中选择到节点 6 有最佳信道的节点（称为 Z）。节点 6 向节点 Z 反馈 CSI，然后节点 Z 向节点 6 发送消息。

3）节点 6 直接传输。节点 6 获取到目的节点的信道增益，并直接向目的节点发送消息。

对直接传输而言，由于每一跳的中断概率最多只有 0.05，在最优路径（1，3），（3，6），（6，7）上，从节点 1 向节点 7 发送数据的总平均能量可以表示为 $0.18\times(1+0.95+0.95^2)=0.513$，而上面计算的采用协作方法的总的平均能量为 $0.27+0.95\times0.18=0.441$，比直接发送的 0.513 减少 14%。注意，在这个例子中，以总中断概率 10%为目标，这一中断概率比大多数可靠应用要高；当然可以通过按比例提高每个节点的能量来达到更高的可靠性。

11.3 采用无码率码的协作通信

本节讨论在物理层使用无码率码时，如何有效提高协作网络的可靠性。不同于采用能量累积的系统，采用无码率码的系统可以累积互信息。关键的区别在于后者累积独立观测的数据，而能量累积实际上采用重复编码。这一改变使性能大为提高，尤其是在高 SNR 的情况下。同时，避免了虚拟波束赋形中严格的同步要求。

和 11.2 节的描述相似，首先在 11.3.1 节中介绍无码率码的基本原理，并说明其与能量累积的区别。然后在 11.3.2 节中介绍网络基本组件和两种协议。这两种协议的分析和说明结果将在 11.3.3 节中给出。最后，在 11.3.4 节中介绍路由问题。

11.3.1 基本原理

由下面的例子，可以很容易地理解能量累积和互信息累积之间的区别。两个中继节点向接收机发送二进制信号，这一对信道为相互独立的删除信道，且每条信

道删除概率都是 P_e。如果两个中继节点采用相同的编码，这相当于能量累积，那么每个符号的删除概率为 P_e^2。因此，两个发射机每次发射信号，平均接收到 $1-P_e^2$ 个理想的校验符号。而如果两个发射机使用不同的编码，且传输相互独立，则对于每次发送，平均接收到 $2(1-P_e)$个校验符号（大于 $1-P_e^2$）。

当译码器是已知 CSI 的高斯衰落信道，累积互信息的影响还体现为一个简单形式。设节点 i 以归一化功率 P_i（焦耳/s/Hz）发射信号，通过平坦慢衰落信道，发射节点 i 和接收节点 k 之间的功率增益为 $h_{i,k}$。根据香农经典公式，可得频谱效率为

$$C_{i,k} = \log_2\left[1+\frac{h_{i,k}P_iB_i}{N_0B_i}\right] = \log_2\left[1+\frac{h_{i,k}P_i}{N_0}\right]\text{bit/s/Hz} \qquad (11\text{-}9)$$

式中，$N_0/2$ 表示（白）噪声过程的功率谱密度。

如果第 2 个节点 j 采用独立产生的码字，通过正交信道向节点 k 传输相同的消息，只要节点 k 累积的互信息超过消息的大小 H，节点 k 就能译码，即

$$A_iC_{i,k} + A_jC_{j,k} \geqslant H \qquad (11\text{-}10)$$

式中，A_i 和 A_j 分别为分配给节点 i 和节点 j 的时间-带宽积（s-Hz）。

为了与能量累积进行比较，考虑对称环境，即 $A_i=A_j=A$，$h_{i,k}=h_{j,k}=h$ 和 $P_i=P_j=P$。则式（11-10）的译码约束就变为 $2A\log_2[1+hP] \geqslant H$。而能量累积则对应于 $A\log_2[1+2hP] \geqslant H$。因此，互信息累积总是大于能量累积，即满足译码约束的时间-带宽积 A 更小。注意，在低 SNR 情况下，两种约束趋于同样的结果，因为在这种情况下，容量与 SNR 近似为线性关系。下面考虑采用虚拟波束赋形的系统。虚拟波束赋形的相干功率增益要满足约束条件，$A\log_2[1+4hP] \geqslant H$，在低 SNR 条件下大于互信息累积。然而，在虚拟波束赋形系统中，发射机要求知道各个节点的信道增益和相位的详细信息，以用于相位同步传输，这些条件限制了虚拟波束赋形技术的应用。

通过使用无码率码可以很容易地实现互信息累积，喷泉码（Fountain Code）和 Raptor 码是两种著名的无码率码。互信息累积也可以采用递增冗余的混合反馈重发（Hybrid Automatic Repeat Request，HARQ）的方法实现。无码率码和 HARQ 的主要区别在于，HARQ 首先传输预先设计好大小的分组，之后必须再发送 ACK 或者 NACK，后者表明接收机没有收到足够多的互信息对码字进行译码。有递增冗余的 HARQ 具有更大的反馈开销（这取决于分组的大小），而且传输比特的量化更粗糙。

在进行互信息累积时，接收机必须能够区分不同节点发送的信号。因此，从某种意义上来说，信号必须通过相互正交的信道传输，即使用不同的时间、频率、扩频码来传输，或者进行串行消除。在当前配置下，正交需要区分两类资源约束。

在第一类配置中，将强制执行每个节点的带宽约束——每个中继节点都有固定的最大传输带宽。在这种情况下，在没有系统带宽约束条件下，不同节点在正交信道上传输不会限制每个节点可能的传输速度。超宽带通信系统就属于这种情况。这是 11.3.2 节主要考虑的情况。第 2 种是系统带宽约束，将在 11.3.4 节中加以讨论。

11.3.2　基础组件网络和协议

本节首先分析采用无码率码时图 11-1 所示 “基础组件”的结构。我们首先提出两种协议：在 11.3.2.1 节中详细讨论 “两阶段”协议， 与 11.2.2 节中介绍的协议类似；而在 11.3.2.2 节中，提出“泛洪”协议。11.3.3.1 节和 11.3.3.4 节分别对“两阶段”协议进行分析并给出数值结果。11.3.3.5 节和 11.3.3.7 节分别对“泛洪”协议进行分析并给出数值结果。

11.3.2.1　两阶段准同步协议

与虚拟波束赋形协议相同，该协议有两个明确定义的阶段。在第 1 阶段，所有中继节点都作为接收机。在第 2 阶段，中继节点要么发射信号，要么什么都不发。下面介绍协议的细节和能量消耗、时延的计算方法，并说明在瑞利衰落和阴影衰落中的结果。协议的细节如下所述：

（1）源节点到中继节点（Source-Relay，S-R）阶段：处于第 1 阶段时，源节点使用无码率码，以恒定功率广播消息。所有中继节点都监听广播流。由于源节点到每个中继节点的信道增益不同，因此不同的中继节点译码结束时间也不同。无论中继节点在什么时候成功译码，都向源节点发一个 ACK。源节点只要收到 L 个中继节点发送的 ACK，就立刻停止发送信息（L 是一个可以优化的参数）。

（2）中继节点到目的节点（Relay-Destination，R-D）阶段：处于第 2 阶段时，L 个已经完成消息译码的中继节点，用无码率码重发消息。如果所有中继节点使用相同的编码（即各中继节点发送的数据流都相同），那么目的节点最多可以进行能量累积[㊀]。如果不同的中继节点采用不同的编码，那么目的节点可以进行互信息累积。一旦目的节点译码了消息，第 2 阶段也就结束了。

这是一个可靠的协议，因为无论信道增益和源节点发射功率如何，每条消息最终都会被目的节点成功译码，而且也不需要发射机获得 CSI。由于这种方法对时延和能量消耗没有要求，只要适当地选择 L，可以证明，该方法性能良好。

11.3.2.2　网络泛洪

网络“泛洪”是两阶段协议之外的另一种备选协议。在该协议中，每个中继

㊀ 例如在扩频系统中，当从不同中继节点来的信号彼此之间有微小的时延时采用 Rake 接收机，或者中继节点使用分布式空时编码，都可以实现能量累积。

节点只要接收到足够译码的信息后，就立刻开始发送。由于无线通信的广播特性，这些发送消息也可以被仍然在试图重新接收信息的中继节点监听和利用。这样，节点有多个信息来源（源节点和正在传输的中继节点），这可以加速网络中信息的传播。我们按下面两种方式分析泛洪方法。

（1）假设该方法同时利用了所有 N 个中继节点

信道条件较好的中继节点在辅助目的节点译码信息的同时，也可以作为其他中继节点的“辅助”节点。每一次成功恢复消息都会产生“雪崩式”效果。一旦第1个中继节点发送消息后，对其余中继节点而言就有了2个信息来源。这就缩短了第2个中继节点恢复消息所需时间。第2个中继节点译码消息后，就有3个可用的信息来源，依次类推。

（2）可以把这种方法看做是网络“泛洪”

信息在网络中传播，每个节点尽可能快加入泛洪中。这一方法具有最短的传输时间，但是能量效率可能不够高。另一种在能量效率和传输时间折中的信号传输方法将在11.3.4节讨论。

和两阶段准同步协议不同，泛洪协议假设源节点连续发射信号，直到目的节点成功接收消息为止。

11.3.3　基本网络：分析和结果

首先在11.3.3.1节中给出两阶段协议分析的基本方法。在11.3.3.2节和11.3.3.3节特别对瑞利衰落和阴影衰落中协议性能进行了研究。然后在11.3.3.4节中给出数值结果。接着讨论泛洪协议，首先在11.3.3.5节中讨论分析这一协议的一般方法。由于闭合形式分析在理论上很难处理，因此在11.3.3.6节中推导了泛洪性能的上下界。最后，在11.3.3.7节中给出数值结果。

11.3.3.1　两阶段协议分析

按以下步骤计算协议的性能（即能量消耗和时延）。

（1）S-R传输时间。对于给定的源节点发射功率 P_S、中继节点数目 N 和中继节点参数 L，可以计算向 L 个最佳中继节点广播消息所需的时间。S-R传输时间等于从源节点向信道增益第 L 好的中继节点发送消息的时间。因为S-R信道增益是随机的，所以S-R传输时间是一个随机变量，需要计算其概率密度函数（Probability Density Function，PDF）。我们关注的是第 L 好的信道，因此这是个顺序统计问题。

（2）R-D传输时间。对给定数量的有效中继节点 L，及每个中继节点的发射功率为 P，需要计算目的节点从各中继节点获得足够信息来译码所需的传输时间。传输时间的PDF取决于目的节点是进行能量累积，还是互信息累积。在上述任何一种情况下，假设中继节点-目的节点的信道增益是独立的，都能用从单个中继节点接收到的能量（或信息），计算接收能量（或信息）之和。这一总接收能量（或信息）的 PDF 可以通过单个能量（或信息）的特征函数（Characteristic Function，CF）来计算。随机变量的 CF 是该变量 PDF 的傅里叶变换

$$M(\mathrm{j}\omega)=\int_{-\infty}^{\infty} f_{\mathrm{r}}(r)\mathrm{e}^{-\mathrm{j}\omega r}\mathrm{d}r$$

基础概率论表明，独立随机变量之和的 CF 是其各自 CF 的乘积。因此，所需传输时间的 PDF 可以用能量（信息）PDF 通过简单的变量转换加以计算。

（3）总传输时间：总传输时间就是每个阶段传输时间之和。如果 S-R 和 R-D 之间链路的衰落相互独立，那么如上所述，总传输时间的 PDF 可以通过 CF 计算得到。

根据这一概述，可以继续计算瑞利衰落和阴影衰落条件下的性能。

11.3.3.2　瑞利衰落

令 y 是节点 i 可靠译码源节点数据的时间。假设各信道增益具有相同的分布，则译码时间这一随机变量的分布不是 i 的函数

$$f_{\mathrm{SR}}(y)=\frac{H}{\overline{\gamma}y^2}\exp\left[\frac{1}{\overline{\gamma}}+\frac{H}{y}-\frac{\mathrm{e}^{H/y}}{\overline{\gamma}}\right],\quad y\geqslant 0 \tag{11-11}$$

其累积分布函数（Cumulative Distribution Function，CDF）为

$$F_{\mathrm{SR}}(y)=\exp\left[\frac{1}{\overline{\gamma}}-\frac{\mathrm{e}^{H/y}}{\overline{\gamma}}\right],\quad y\geqslant 0$$

这满足瑞利衰落下 SNR 的 PDF 和 AWGN 信道的香农容量公式。

（1）S-R 时间：为确定前 L 个节点译码消息所需时间的 PDF，对 y_1，…，y_L，…，y_N 进行排序，使得 $y_{(1)}<y_{(2)}<\cdots y_{(L)}<\cdots y_{(N)}$，其中$(i)$表示用第 i 短时间译码的中继节点的编号。需要确定 $y_{(L)}$的 PDF。当各信道的增益独立同分布时，其 PDF 为

$$f_{\mathrm{SR(L)}}(y)=\frac{H}{\overline{\gamma}}\frac{N!}{(L-1)!(N-L)!}\sum_{k=0}^{N-L}\binom{N-L}{k}(-1)^k\frac{\mathrm{e}^{H/y}}{y^2}\times\exp\left[\frac{L+k}{\overline{\gamma}}(1-\mathrm{e}^{H/y})\right],\quad y\geqslant 0 \tag{11-12}$$

（2）R-D 时间，能量累积：对于第 2 阶段为能量累积的情况，R-D 传输时间的 PDF 为

$$f_{\mathrm{RD\text{-}EA}}(z)=\frac{H}{(L-1)!\overline{\lambda}^L z^2}(\mathrm{e}^{H/z}-1)^{L-1}\exp\left[\frac{H}{z}+\frac{1}{\lambda}(1-\mathrm{e}^{H/z})\right],\quad z\geqslant 0$$

上式采用了 L 分支的分集系统（假设所有 R-D 信道的平均信道增益相等）的 SNR 分布和类似式（11-11）的变量转换。

（3）R-D 时间，互信息累积：当在第二阶段采用互信息累积时，需要计算从 L 个中继节点到目的节点的总传输速率，这一速率等于各中继节点传输速率之和。采用标准变量转换，得单个节点传输速率的 PDF 为

$$f_{\text{rate}}(r)=\frac{1}{\bar{\lambda}}\exp\left[\frac{1}{\bar{\lambda}}+r-\frac{e^{r}}{\bar{\lambda}}\right],\quad r\geqslant 0$$

单个节点传输速率的 CF 则可以写成

$$M(\mathrm{j}\omega)=\left[\frac{1}{\bar{\lambda}}\right]^{\mathrm{j}\omega}\exp\left[\frac{1}{\bar{\lambda}}\right]\Gamma\left(1-\mathrm{j}\omega,1/\bar{\lambda}\right)$$

式中，$\Gamma(\alpha,x)$ 是不完全 Γ 函数，定义为 $\Gamma(\alpha,x)=\int_{x}^{\infty}e^{-t}t^{\alpha-1}\mathrm{d}t$ [6]。从这里可以得出互信息的 PDF，通过变量转换，所求中继节点–目的节点传输时间 z 的 PDF，可表示为单一积分形式

$$f_{\text{RD-MI}}(z)=\frac{H}{2\pi}\int_{-\infty}^{\infty}\prod_{i=1}^{L}[\exp(1/\bar{\lambda}_i)(1/\bar{\lambda}_i)^{\mathrm{j}\omega}\Gamma(1-\mathrm{j}\omega,1/\bar{\lambda}_i)]\exp\left[\frac{\mathrm{j}\omega H}{z}\right]\frac{1}{z^2}\mathrm{d}\omega \qquad (11\text{-}13)$$

从该 PDF 中可以得到总能量消耗的均值。

11.3.3.3 阴影衰落

现在计算存在阴影衰落时的传输时间和能量消耗，任意两个节点间链路的 SNR 的 PDF 由下式给出：

$$f_{\text{SNR}}(x)=\frac{1}{\sqrt{2\pi}\sigma x}\exp\left[-\frac{[\ln(x)-\mu]^2}{2\sigma^2}\right] \qquad (11\text{-}14)$$

这一分布也可以用于 Suzuki 分布近似，Suzuki 分布描述了瑞利衰落和阴影衰落叠加的情况[32]。

（1）S-R 阶段

和前文一样，先推导信道条件第 L 好的中继节点译码源节点发送消息所需的时间。采用适当的变量转换，向任意节点传输消息的时间 y 的 PDF，可表示为闭合形式

$$f_{\text{SR}}(y)=\frac{1}{\sqrt{2\pi}\sigma}\frac{H}{y^2}\frac{1}{1-e^{-H/y}}\exp\left[-\frac{[\ln(e^{H/y}-1)-\mu]^2}{2\sigma^2}\right] \qquad (11\text{-}15)$$

则其 CDF 为

$$F_{\text{SR}}(y)=Q\left[\frac{\ln(e^{H/y}-1)-\mu}{\sigma}\right]$$

式中，$Q(x)$是文献[6]中定义的 Q 函数。采用顺序统计量，可以得到 S-R 阶段中至

少 L 个节点完成译码所需时间的 PDF 为

$$f_{\mathrm{SR}}(L)(y)=\frac{H}{\sqrt{2\pi}\sigma}\frac{N!}{(L-1)!(N-L)!}\frac{1}{y^2}\frac{1}{1-\mathrm{e}^{-H/y}}\exp\left[-\frac{\left[\ln(\mathrm{e}^{H/y}-1)-\mu\right]^2}{2\sigma^2}\right]$$

$$\times\sum_{k=0}^{N-L}\binom{N-L}{k}(-1)^k Q^{L-1+k}\left[\frac{\ln(\mathrm{e}^{H/y}-1)-\mu}{\sigma}\right]$$

（2）R-D 阶段，能量累积

下面讨论中继节点-目的节点的传输时间。在能量累积的情况下，等效信道为 L 个对数正态分布的随机变量之和，这可以用单个对数正态随机变量精确建模。这一复合信道的阴影衰落参数 μ 和 σ 可以用多种方法获得，例如 Fenton-Wilkinson[18]、Schwartz-Yeh[37]以及 Beaulieu 和 Xie[8]等方法。近来文献[32]提出了一种非常灵活但很精确的方法，用于获得的参数 μ 和 σ 的值，取值采用基于匹配特征函数。一旦等效信道的参数确定了，中继节点-目的节点传输时间的 PDF 就可以通过式（11-15）得到。

（3）R-D 时间，互信息累积

目的节点累积互信息时，可以通过单个节点传输速率 CF 的 L 次方，得出复合速率的 CF。经计算可得

$$M(\mathrm{j}\omega)=\left[\frac{1}{\sqrt{2\pi}\sigma}\int_{-\infty}^{\infty}\left[\mathrm{e}^z+1\right]^{\mathrm{j}\omega}\exp\left[-\frac{[z-\mu]^2}{2\sigma^2}\right]\mathrm{d}z\right]^L \tag{11-16}$$

该式只能通过数值计算的方法得到。采用类似于式（11-3）的方法，将式（11-6）的速率转换为传输时间，可以得到 R-D 传输时间的 PDF。

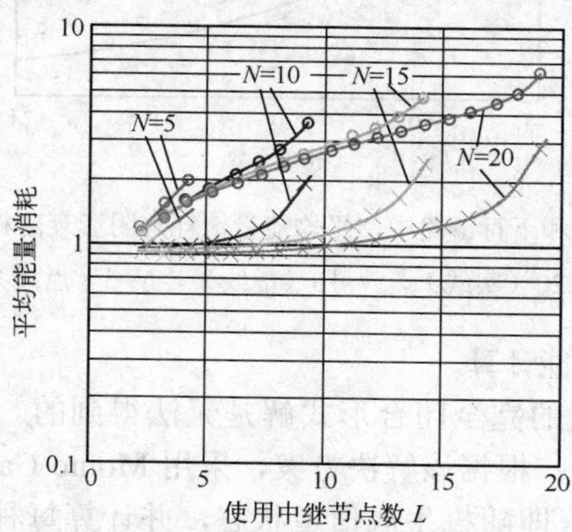

图 11-5 当可用中继节点数 N 不同时，平均能量消耗随激活中继节点数 L 变化关系

图中，带叉的线表示多喷泉码（互信息累积接收机），带圈的线表示单喷泉码（能量累积接收机），$\overline{\gamma}=\overline{\lambda}=10, H_{\mathrm{target}}=1$（©2008 IEEE）[3]

11.3.3.4 数值结果

前一节中推导出的结论可以用于评估不同可用中继节点数 N 和激活中继节点数 L 条件下，中继网络的性能。这些评估可以作为优化 L 的基础，这样就能在分配给两个阶段的时间和能量消耗之间取得最佳的折中。图 11-5 将不同 N 值，能量累积和互信息累积的平均能量消耗表示为 L 的函数。在这两种情况下都能看出，L 等于 3 时，有一个明显的最小值（与可用中继节点数 N 有一定关系）。可以这样解释，在协议的第 2 个阶段，采用 3 个发射节点就能提供足够的分集。同时也发现，对于同样的 L，互信息累积所需的总能量比能量累积要少。注意，在这个例子中，假设为理想可靠性，即所有消息都能到达目的节点。同样需要注意的是，当 L 为 1 时，无法实现理想的可靠性（或者等价于需要无穷大的平均传输能量）。

上一节中闭合形式推导的前提是，假设源节点-中继节点和中继节点-目的节点信道衰落是独立的。但是，阴影衰落很容易存在相关性。图 11-6 仿真研究了相关性的影响。正相关性会减少能量消耗。这一事实很好理解，因为这意味着在 S-R 阶段中选中的中继节点（即首先译码源节点消息的节点）也有较好的 R-D 信道。

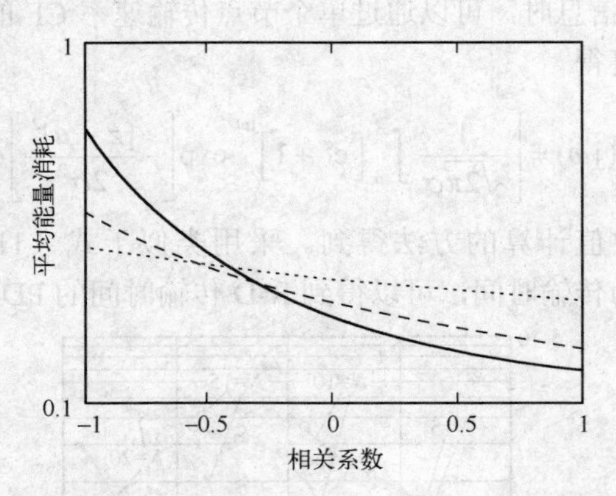

图 11-6 上行和下行链路中，平均能量消耗与阴影衰落相关性的关系

μ=10，σ=5，L=3，N=20（实线），N=10（虚线），N=5（点线）（©2008 IEEE）[3]

11.3.3.5 泛洪：性能计算

异步传输方式性能的完全闭合形式解是无法得到的。下面，首先概述确定性信道状态的解决方案；根据该解决方案，采用 Monte Carlo 仿真，得到传输时间和能量消耗的 PDF（即随机生成信道状态，并计算每种信道状态下的传输时间），然后再推导上下界。这里只考虑互信息累积，能量累积可以用类似的方法计算。

对确定性的信道状态而言，第 1 个节点累积足够多的信息进行译码所需的时间（用 τ_1 表示）等于一个中继节点收集足够多的信息所用的时间。因此，

$$\tau_1 = \frac{H}{\log_2\left[1+\gamma_{k_1}\right]}$$

式中，k_1 是最先完成译码的中继节点（即到源节点有最高信道增益的节点）的编号。下面确定第 2 个中继节点接收足够信息所需的时间。在 T_i 时刻到达第 i 个节点的互信息为 $H_i=T_i\log_2[1+r_i]+(T_i-\tau_1)\log_2[1+\alpha_{k_1 i}]$，这样，第 2 个中继节点译码的时间为

$$\tilde{\tau}_2 = H\min_{i\neq k_1}\frac{1+\log_2[1+\alpha_{k_1 i}]/\log_2[1+\gamma_{k_1}]}{\log_2[1+\gamma_i]+\log_2[1+\alpha_{k_1 i}]}$$

用 k_2 表示达到取得最小值的节点的编号。两个节点（源节点和中继节点 k_1）（用不同的源码）传输码字的时间差表示为 $\tau_2=\tilde{\tau}_2-\tau_1$，依次类推。一般而言，$i$ 个中继节点都收集到足够能量的时间表示成 $\tilde{\tau}_i$，i 个节点（即源节点和 i-1 个中继节点）的激活时间表示为 τ_i; 注意，i=1 时 $\tau_1=\tilde{\tau}_1$ 和 $\tau_i=\tilde{\tau}_i-\tilde{\tau}_{i-1}$。满足下列条件时，在 t 时刻停止发送：

$$\sum_{i=1}^{N}(t-\tilde{\tau}_i)\mathcal{H}(t-\tilde{\tau}_i)\log_2[1+\lambda_{k_i}]=H$$

式中，$\mathcal{H}(x)$ 是 Heaviside 分步函数。如果中继节点 i 向目的节点的传输在信息译码之前完成，那么 τ_i=0。这样，总的传输时间，即目的节点译码消息的时间可以表示成 $\tilde{\tau}_{N+1}$。总的传输能量为 $\sum_{i=1}^{N+1} i\tau_i$，这是因为 τ_i 时间内的传输包括 i 个中继节点的传输和源节点的传输。

11.3.3.6　性能界

通过考察中继节点间具有极强信道的场景，可以获得传输时间的下界。在这种情况下，只要链路最好的中继节点可以译码源节点信息，所有中继节点就马上获得源节点信息；中继节点间链路好，使得从这个中继节点向其他中继节点传输信息的时间可以忽略。这样，传输时间就等于 S-R 时间（其 PDF 由式（11-12）给定，式中 L=1）加上 R-D 时间（其 PDF 由式（11-13）给定，式中 $L=N$）。

传输时间的上界对应于中继节点间信道最差的场景，即中继节点之间无相互协作。然而，仍然允许各个中继节点从源节点接收到信息就立刻开始传输。由于中继节点是分离的，在时间 T 内，通过第 i 个中继节点到达目的节点的累

积互信息为

$$H(T)=\begin{cases}\ln(1+\lambda)\left[T-\dfrac{H}{\ln(1+\gamma)}\right], & \gamma\geqslant\exp(H/T)-1\\ 0, & \text{其他}\end{cases}$$

因为只有在中继节点译码信息之后信息才到达目的节点。对应的特征函数可以表示为

$$M_{\text{onelink}}(\mathrm{j}\omega;T)=\int_{\exp(H/T)-1}^{\infty}\left(\frac{\exp[1/\bar{\lambda}]\Gamma[-\mathrm{j}\omega[T-\frac{H}{\ln(1+\gamma)}]+1,1/\bar{\lambda}]}{\bar{\lambda}^{-\mathrm{j}\omega[T-\frac{H}{\ln(1+\gamma)}]}}\times\frac{\exp(-\gamma/\bar{\gamma})}{\bar{\gamma}}\right)\mathrm{d}\gamma+1-\exp\left\{\frac{1-\mathrm{e}^{H/T}}{\bar{\lambda}}\right\}$$

目的节点总信息的 CF 即为 $M_{\text{onelink}}^{N}(\mathrm{j}\omega;T)$。对该 CF 做傅里叶逆变换，可以得到时间 T 内接收信息的 PDF 和 CDF。

11.3.3.7　数值结果

图 11-7 表明，泛洪方法的平均能量消耗极大地依赖于中继节点间的信道增益。这是很直观的，因为中继节点间信道好，意味着中继节点可以更有效地帮助彼此收集信息。可以看出，总能量消耗随着可用中继节点数 N 的增加而减少，因为可用的分集增加了，但这一结果迅速地趋于饱和。

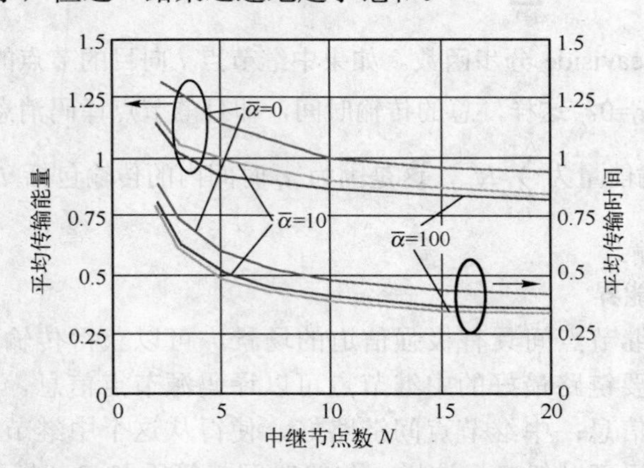

图 11-7　异步协议中平均传输时间和平均能量消耗与可用中继节点数 N 的关系
中继节点间的平均链路增益 $\bar{\alpha}$ 为 0、10 和 100，$\bar{\gamma}=\bar{\lambda}=10$　（©2008 IEEE）[3]

图 11-8 给出了中继节点间链路较差和较好的情况下，N=10 时，总传输能量的 PDF。其 PDF 有一个较小的展宽，而且展宽随着中继节点间链路强度的提高而减少，且比准同步协议要小。

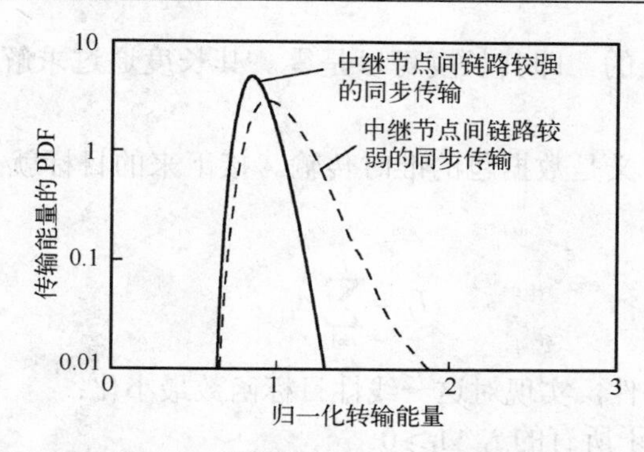

图 11-8　中继节点间链路较弱和较强时传输能量的 PDF。
中继节点数 N=10，$\bar{\gamma}=\bar{\lambda}$=10　（©2008 IEEE）[3]

11.3.4　路由

据我们了解，很少有文献研究互信息累积的节点组成的网络的路由问题。文献[12]考虑的是单中继网络中的互信息累积。文献[30，31，46]考虑了路由问题，但是假设在物理层进行的是能量累积。文献[13]中提出了另一种能量累积的启发式路由算法。文献[47]提出了一种启发式中继算法，该算法采用混合 ARQ 和时间上的互信息累积。然而，不同于接下来要讨论的内容，文献[47]假设中继节点同时传输时，发送的是相同的信号。

11.3.4.1　系统模型

现在我们给出一种单播无线 Ad-hoc 网络系统模型，文献[15-17]对其进行了详细研究。网络由 N+2 个节点组成，即源节点、目的节点和 N 个中继节点。网络的目的是将 H bit 的数据包从源节点传输到目的节点。中继节点或者发送或者接收，但不能同时发送和接收。信道和传输模型由式（11-9）给出，即发送时，每个节点以固定功率谱密度 P_i（J/s/Hz）发送，功率在其传输带宽上是均匀的。网络在带宽和能量约束条件下运行，该约束条件将在介绍路由问题之后加以说明。

路由的主要问题是“哪个节点在何时进行传输？”。实际上，路由问题就是有约束条件下的资源分配问题，即所有节点占用传输资源直到译码开始为止。为简化这一问题，将其分解成两个子问题，分别加以优化，直到找到局部最优解。现在详细叙述这一构想并讨论其特殊目的。

令 T_i 表示节点 i 完成消息译码的时刻，其中 T_0=0。（为了方便，将第 i 个译码节点的序号记作为 i；对于任意译码顺序，总能重新标记节点来实现这一过程。）与其求解 T_i，不如求解中继节点间译码时延 Δ_i 更加有效，其中 $\Delta_i=T_i-T_{i-1}$，$1\leqslant i\leqslant L$。总共有 L 个传输阶段，第 i 个阶段是 Δ_i 的函数，且在该阶段的末尾，最初的 i 个节点获得所有译码信息。将每个阶段称为“时隙”。时隙长度不是预先设置好的，也不是等长的，即其长度可以是零。其长度通过求解接下来提到的最优化问题得到。

一种可靠性的定义是数据包的准时传输。接下来的目标就是使源节点-目的节点传输时延最小

$$T_L=\sum_{i=1}^{L}\Delta_i \tag{11-17}$$

按照以下约束条件，实现对这一线性目标函数最小化：

约束条件 1：对于所有的 i，$\Delta_i \geqslant 0$。

约束条件 2：节点 i 必须在时间 $T_i=\sum_{l=1}^{i}\Delta_l$ 之前译码，线性约束表示为

$$\sum_{i=0}^{k-1}\sum_{j=i+1}^{k}A_{i,j}C_{i,k}\geqslant H \qquad k\in\{1,\ 2,\ \cdots,\ L\} \tag{11-18}$$

式中，对于所有 $i\in\{0,\ 1,\ \cdots,\ L\text{-}1\}$，$j\in\{1,\ 2,\ \cdots,\ L\}$，有 $A_{i,j}\geqslant 0$。

第 3 个约束条件是总能量约束

$$\sum_{i=0}^{L-1}\sum_{j=1}^{L}A_{i,j}P_i=\sum_{i=0}^{L-1}\sum_{j=i+1}^{L}A_{i,j}P_i\leqslant E_{\mathrm{T}}$$

最后一个约束条件是总带宽约束

$$\sum_{i=0}^{j-1}A_{i,j}\leqslant \Delta_j B_T \qquad j\in\{1,\ 2,\cdots,\ L\} \tag{11-19}$$

这一网络架构也支持其他目标函数及能量带宽约束（即每个节点的带宽或能量约束，而不是总带宽或总能量约束），详见文献[17]。

11.3.4.2 路由和资源优化

如式（11-17）所述，根据“传输顺序”，即节点发射的顺序，对节点标号。由于节点必须先译码才能发射信号，这就限制了分配给每个节点的资源，如式（11-18）所示。通过式（11-17）～式（11-19）进一步验证，可以看出，给定的传输顺序造成的资源分配问题（即确定 Δ_i 和 $A_{i,j}$）是线性规划（Linear Program，LP）。当然，LP 以发射顺序为参数，且传输顺序的数量是 L 的指数函数。然而，对任意给定顺序，LP 的结果提供了改进顺序的方法。尤其是，例如 Δ_i=0，那么交换 i-1 节点和 i 节点（在更新顺序进行 LP 之后）会进一步减少传输时间。文献[15-17]中给出细节和证明。

解决策略是轮流使用两类更新方法——一种基于 LP 的资源分配更新和一种译码顺序的顺序更新。这一方法提供了寻找（可能性非常大的）解空间的一种非常有

效的途径。将得出的数值结果和传统多跳结果相比较，端到端传输时延的减少有两个原因。首先是利用了物理层互信息累积。这将减少了一半时延。第2个原因是刚刚讨论的路由最优化策略。这两种方法都能显著减少传输时间。

最后，由于解决策略是贪婪的，而且有时是次优的，这就使得路由问题真正的难度在于寻找最佳译码顺序这一组合问题，而不是由于资源分配问题引起的（因为该问题可以用 LP 解决）。对小规模网络（约 15～20 个节点），可以尽可能地测试所有译码顺序，来确定路由问题的最佳解。我们通过经验发现，算法得到的结果通常为全局最优解。但我们也发现了，该算法有陷入局部最小值的情况，文献[17]给出了这样的一个例子。该方法的高效性使得我们可以研究大规模网络，下面将根据由包含 50 个节点的网络得出结果来给出结论。

11.3.4.3 数值结果

考虑图 11-9 所示包含 50 个节点的二维网络。源节点（0）和目的节点（49）分别位于[0.2，0.2]和[0.8，0.8]，其余节点随机均匀地分布在单位面积上。为使读者充分了解几何位置和信道强度之间的关系，假设 $h_{i,j}$ 是欧氏距离 $d_{i,j}$ 的确定性分布，即 $h_{i,j}=(d_{i,j})^{-2}$。在给出的数值结果中，和带宽约束为 $B_T=1$，且对所有 i 值，$P_i=P=1$，H=28.9 bit（20 nat）。

采用上节介绍的求解策略可得，最终发射顺序的实际发射节点子集为[0，16，33，9，47，14，43，22，38，49]，由图 11-9 中的实线表示。从图中可以看出，最小时延（最小能量）解中的有效节点非常靠近源节点和目的节点之间的直接路径。这是因为信道增益和距离的平方成反比。在这个网络的例子中，目的节点在 13s 后译码。

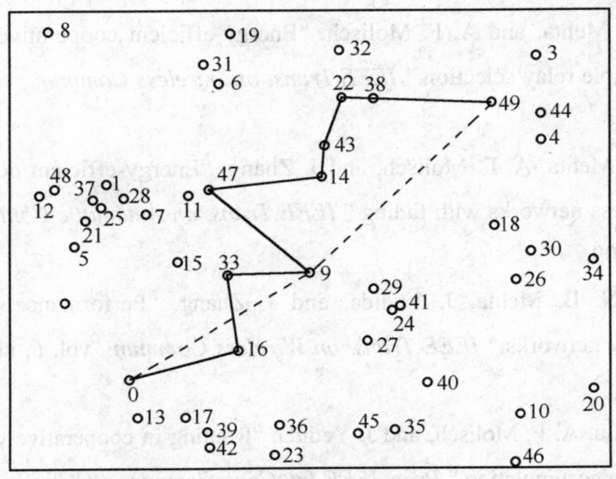

图 11-9 包含 50 个节点的网络中节点的位置。实线表示最小能量和最小时延协作路由，虚线表示最小时延非协作路由（©2008 IEEE）[4]

为了量化由于协作路由和路由优化引起的传输时间减少，接下来比较分析非协作多跳的结果。在多跳中，同一时间只有一个节点发射信号，路由采用 Dijkstra 最短路径算法选择。首先，考虑每个节点只基于其前一个节点的发送信息译码的情况。从节点 i 到节点 j 的增量时延为 $H/B_{\mathrm{T}}C_{i,j}=H/B_{\mathrm{T}}\log_2[1+\frac{h_{i,j}P}{N_0}]$。最短路径（Dijkstra）路由为[0，9，49]，由图中的实线表示。最终的源节点-目的节点的时延为 21.5s。有趣的是，在最短路径问题中，发射节点集是协作协议中发射节点集的真子集。而且，参与最佳（最短路径）路由的唯一节点是节点 9，即最靠近源节点-目的节点直接路径的节点。

最后，还计算了使用 Dijkstra 路由的系统时延，包括参与互信息累积的节点（即监听所有前置传输而不仅仅是上一个传输的节点）。由于采用了互信息累积和协作路由设计，从而获得了一些微小的性能增益。当同时使用互信息累积和 Dijkstra 路由（[0，9，49]）时，传输时延为 16.5s。对于这个例子，一半以上的传输时间的减少（从 21.5s 减少到 16.5s）是由于使用了互信息累积。而其余的改进（从 16.5s 到 13s）是由于采用互信息累积路由。

为保证上述结果不是图 11-9 所示网络所特有，现在独立生成 500 个与图 11-9 类型的网络，源节点和目的节点的位置都保持在[0.2，0.2]和[0.8，0.8]，并计算各网络译码时延分布。文献[17]中给出了全部结果。平均时延很接近前面讨论的结果，即多跳情况下是 21.5s，而我们提出的方法是 12.5s。这样，平均而言，传统的非协作多跳方法比协作传输要多 70%的时延[㊀]。

参考文献

[1] R. Madan, N. B. Mehta, and A. F. Molisch. “Energy-efficient cooperative relaying over fading channels with simple relay selection.” *IEEE Trans. on Wireless Commun.*, vol. 7, no. 8, pp. 3013–3025, 2008.

[2] R. Madan, N. B. Mehta, A. F. Molisch, and J. Zhang. “Energy-efficient decentralized control of cooperative wireless networks with fading.” *IEEE Trans. on Automatic Control*, vol. 54, no. 3, pp. 512–517, Mar. 2009.

[3] A. F. Molisch, N. B. Mehta, J. Yedida, and J. Zhang. “Performance of fountain codes in collaborative relay networks.” *IEEE Trans. on Wireless Commun.*, vol. 6, no. 11, pp. 4108–4119, Mar. 2007.

[4] S. C. Draper, L. Liu, A. F. Molisch, and J. Yedida. “Routing in cooperative wireless networks with mutual-information accumulation.” *Proc. IEEE Int. Conf. Commun. (ICC)*, pp. 4272–4277, May 2008.

㊀ 因为有和带宽限制，能量的使用是与端到端时延成比例的。这样，一个值的下降必然反映为另一个值的下降。在单节点能量或带宽限制下，则不是这种情况。对这一问题的全面讨论请见参考文献[17]。

[5] M. M. Abdallah and H. C. Papadopoulos. “Beamforming algorithms for information relaying in wireless sensor networks.” *IEEE Trans. on Signal Processing*, vol. 56, no. 10, pp. 4772–4784, 2008.

[6] M. Abramowitz and I. A. Stegun. Handbook of Mathematical Functions with Formulas,Graphs, and Mathematical Tables. Dover, 9th ed., 1972.

[7] ZigBee Alliance. ZigBee specification version 1.0. [Online]. Available: http://www.Zigbee.org, 2004.

[8] N. C. Beaulieu and Q. Xie. “An optimal lognormal approximation to lognormal sum distributions.” *IEEE Trans. Veh. Technol.*, vol. 53, pp. 479–489, 2004.

[9] A. Bletsas, A. Khisti, D. P. Reed, and A. Lippman. “A simple cooperative diversity method based on network path selection.” *IEEE J. on Selected Areas in Commun.*, vol. 24, no. 3, pp. 659–672, 2006.

[10] A. Bletsas, Hyundong Shin, and M. Z. Win. “Cooperative communications with outage optimal opportunistic relaying.” *IEEE Trans. on Wireless Commun.*, vol. 6, no. 9, pp. 3450–3460, 2007.

[11] J. W. Byers, M. Luby, and W. Mitzenmacher. “A digital fountain approach to asynchronous reliable multicast.” *IEEE J. Select. Areas Commun.*, vol. 20, pp. 1528–1540, 2002.

[12] J. Castura and Y. Mao. “Rateless coding over fading channels.” *IEEE Commun. Lett.*, vol. 10, pp. 46–48, 2006.

[13] J. Chen, L. Jia, X. Liu, G. Noubir, and R. Sundaram. “Minimum energy accumulative routing in wireless networks.” *Proc. IEEE INFOCOMM*, pp. 1875–1886, 2005.

[14] S. Cui, A. J. Goldsmith, and A. Bahai. “Energy-constrained modulation optimization.” *IEEE Trans. Wireless Commun.*, vol. 4, pp. 2349–2360, 2005.

[15] S. C. Draper, L. Liu, A. F. Molisch, and J. S. Yedidia. “Iterative linear-programming-based route optimization for cooperative networks.” In *Proc. Int. Zurich Seminar Commun.*, Mar. 2008.

[16] S. C. Draper, L. Liu, A. F. Molisch, and J. S. Yedidia. “Routing in cooperative networks with mutual-information accumulation.” In *Proc. IEEE Int. Conf. Commun.*, May 2008.

[17] S. C. Draper, L. Liu, A. F. Molisch, and J. S. Yedidia. “Cooperative routing for wireless networks using mutual-information accumulation.” Submitted to *IEEE Trans. Inf. Theory*, March 2009. arXiv:0908.3886.

[18] L. F. Fenton. “The sum of lognormal probability distributions in scatter transmission systems.” *IRE Trans. Commun. Syst.*, vol. CS-8, pp. 57–67, 1960.

[19] A. J. Goldsmith. *Wireless Communications*. Cambridge University Press, 2005.

[20] L. S. Gradshteyn and L. M. Ryzhik. *Tables of Integrals, Series and Products*. Academic Press, 2000.

[21] T. E. Hunter, S. Sanayei, and A. Nosratinia. “Outage analysis of coded cooperation.” *IEEE Trans.*

Inf. Theory, vol. 52, pp. 375–391, 2006.

[22] A. E. Khandani, J. Abounadi, E. Modiano, and L. Zheng. "Cooperative routing in wireless networks." In *Proc. Allerton Conf. on Commun., Control and Comput.*, 2003.

[23] G. Kramer, M. Gastpar, and P. Gupta. "Cooperative strategies and capacity theorems for relay networks." *IEEE Trans. Inf. Theory*, vol. 51, pp. 3037–3063, 2005.

[24] J. N. Laneman, D. N. C. Tse, and G.W.Wornell. "Cooperative diversity in wireless networks: Efficient protocols and outage behavior." *IEEE Trans. Inf. Theory*, vol. 50, pp. 3062–3080, 2004.

[25] J. N. Laneman and G. W. Wornell. "Distributed space-time-coded protocols for exploiting cooperative diversity in wireless networks." *IEEE Trans. on Inf. Theory*, vol. 49, no. 10, pp. 2415–2426, 2003.

[26] T. K. Y. Lo. "Maximum ratio transmission." *IEEE Trans. Commun.*, vol. 47, pp. 1458–1461, 1999.

[27] M. Luby. "LT codes." In *the 43rd Annual IEEE Symp. on Foundations of Computer Sci.*, pp. 271–282, Vancouver, Canada, Nov. 2002.

[28] R. Madan, N. B. Mehta, A. F. Molisch, and J. Zhang. "Energy-efficient cooperative relaying over fading channels with simple relay selection." *IEEE Trans. Wireless Commun.*, vol. 7, pp. 3013–3025, Aug. 2008.

[29] R. Madan, N. B. Mehta, A. F. Molisch, and J. Zhang. "Energy-efficient decentralized cooperative routing in wireless networks." *IEEE Trans. Autom. Control*, vol. 54, pp. 512–517, Mar. 2009.

[30] I. Maric and R. D. Yates. "Cooperative multihop broadcast for wireless networks." *IEEE J.Select. Areas Commun.*, vol. 22, pp. 1080–1088, 2004.

[31] I. Maric and R. D. Yates. "Cooperative multicast for maximum network lifetime." *IEEE J. Select. Areas Commun.*, vol. 23, pp. 127–135, 2005.

[32] N. B. Mehta, J.Wu, A. F. Molisch, and J. Zhang. "Approximating a sum of random variables with a lognormal." *IEEE Trans. Wireless Commun.*, vol. 6, pp. 2690–2699, Jul. 2007.

[33] A. F. Molisch. *Wireless Communications*. Wiley-IEEE Press, 2005.

[34] R. Mudumbai, D. R. Brown, U. Madhow, and H. V. Poor. "Distributed transmit beamforming: Challenges and recent progress." *IEEE Commun. Mag.*, vol. 47, no. 2, pp. 102–110, 2009.

[35] A. Nosratinia, T. E. Hunter, and A. Hedayat. "Cooperative communication in wireless networks." *IEEE Communi. Mag.*, vol. 42, no. 10, pp. 74–80, 2004.

[36] H. Ochiai, P. Mitran, H. V. Poor, and V. Tarokh. "Collaborative beamforming for distributed wireless Ad-hoc sensor networks." *IEEE Trans. Signal Process.*, vol. 24, pp. 4110–4124, Nov. 2005.

[37] S. C. Schwartz and Y. S. Yeh. "On the distribution function and moments of power sums with

lognormal components." *Bell Syst. Tech. J.*, vol. 61, pp. 1441–1462, 1982.

[38] A. Sendonaris, E. Erkip, and B. Aazhang. "User cooperation diversity Part I: System description." *IEEE Trans. on Commun.*, vol. 51, pp. 1927–1938, Nov. 2003.

[39] A. Sendonaris, E. Erkip, and B. Aazhang. "User cooperation diversity Part II: Implementation aspects and performance analysis." *IEEE Trans. on Commun.*, vol. 51, pp. 1939–1948, Nov. 2003.

[40] C. E. Shannon. "A mathematical theory of communication." *Bell Syst. Tech. J.*, vol. 27, pp. 379–423, pp. 623–656, July, October 1948.

[41] A. Shokrollahi. "Raptor codes." "In *Proc. IEEE Chicago, Il, Int. Symp. Inform. Theory*," p. 36, 2004.

[42] A. Stefanov and E. Erkip. "Cooperative coding for wireless networks." *IEEE Trans. Commun.*, vol. 52, pp. 1470–1476, Sep. 2004.

[43] D. N. C. Tse and P. Viswanath. *Fundamentals of Wireless Communication*. Cambridge University Press, 2005.

[44] M. Z. Win and J. H. Winters. "Analysis of hybrid selection/maximal-ratio combining in Rayleigh fading." *IEEE Trans. Commun.*, vol. 47, pp. 1773–1776, 1999.

[45] A. Wittneben and B. Rankov. "Distributed antenna systems and linear relaying for gigabit MIMO wireless." In *Proc. IEEE Veh. Technol. Conf. (Fall)*, pp. 3624–3630, Sep. 2004.

[46] R. Yim, N. B. Mehta, A. F. Molisch, and J. Zhang. "Progressive accumulative routing: Fundamental concepts and protocol." *IEEE Trans. Wireless Commun.*, vol. 7, pp. 4142–4154, Nov. 2008.

[47] B. Zhao and M. C. Valenti. "Practical relay networks: A generalization of hybrid-ARQ." *IEEE J. Select. Areas Commun.*, vol. 23, pp. 7–18, 2005.

第 12 章　协作网络中通过中继选择提高可靠性

本章首先介绍了中继网络中可用的信号传输技术。重点介绍各种中继信号构成、网络性能和复杂性的区别。然后概述中继选择问题和中继选择方案设计的关键因素。最后，详细介绍了一个典型的中继选择协议作为研究实例。

12.1 引言

以数据为中心的应用呈爆炸式增长，推动了用户对高速数据传输的需求，从而促进了无线通信系统的不断创新。当前，已经研究提出了一批提高无线链路可靠性和高速数据传输的新技术。在过去数十年中，这些技术的主要创新在于“利用”，而非抑制无线媒介的特点。这类技术的示例包括机会通信、多输入多输出（Multiple-Input-Multiple-Output，MIMO）通信和协作通信（见文献[1]及其参考文献）。协作通信技术利用了无线媒介的一个重要特性，即广播特性。广播特性被认为是一种负面特性，因为广播特性是无线通信干扰问题的来源。相同的特点也使得发射源附近的节点可以监听发射信号并反过来将信号中继到目的节点。这样，节点间可以相互协作来克服无线信道的限制。这一想法引出了协作通信的概念[2]。

最简单的网络是中继信道，即一个节点帮助另一个节点向目的节点发送消息[3, 4]。3 个节点形成了一个中继信道：一个源节点，一个协助节点（称为中继节点），一个目的节点。一般来说，接近源节点和/或目的节点的节点就能充当中继节点，形成中继网络[5, 6]。很多应用都属于这种情况，包括传感器网络（用于工业控制、环境监测等）或 Ad-hoc 网络，例如，军用通信和宽带 mesh 网络，如图 12-1 所示。通过中继网络中精心的信号设计，可以将中继节点看成是分布式（或虚拟）天线阵元，从而得到类似于 MIMO 通信的性能增益[7, 8]。然而，正如稍后将讨论的那样，使用多中继节点对信号处理的设计是一个挑战。系统设计者是使用所有节点还是只选择一个节点，以及如何设计两种情况下的信号传输，近年来进行了广泛的研究[5, 6, 9~11]。第 11 章详细讨论了协作通信的概念，并提出了几个引人关注的节点间协作模型和方法。本章主要论述从多个中继节点中，选择一个节点来协助源节点和目的节点间的通信，称为单中继选择[11, 12]。

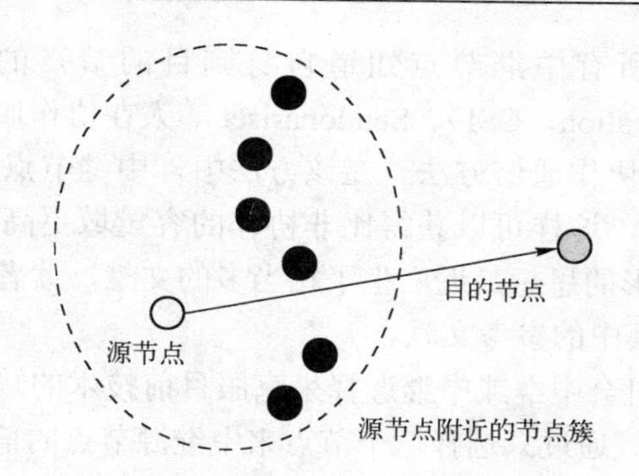

图 12-1　源节点附近存在一组节点的传感器网络

本章总结了中继选择的不同方法。12.2 节总结了多中继网络中的不同信号传输方法。12.3 节比较了中继选择和其他技术，并说明了为什么中继选择在无线通信中受到广泛关注。12.4 节描述了系统模型并提出几种中继选择协议。12.5 节详细讨论了一种有前全的中继选择协议。最后，在 12.6 节中对本章内容进行简要的总结。

12.2　多中继网络中的信号传输

文献[13]率先研究了多中继网络。中继网络的研究是基于离散无记忆信道和加性高斯白噪声（Additive White Gaussian Noise，AWGN）信道模型。当时一种新的工具——割集边界，被用于推导中继网络容量的上界。因此，该模型和技术具有信息论的特点。Laneman 和 Wornell 的论文研究了瑞利块衰落信道模型下的中继网络[5]。该文献提出并分析了多中继网络的两种信号传输协议。第一种协议把各中继节点可用的时间/带宽区分开，使各中继节点的传输占用相互正交的信道，即时分多址/频分多址（Time/Frequency Division Multiple Access，TDMA/FDMA）系统。为提高频谱效率，第二种协议将每个中继节点看做分布式天线阵列的一个阵元，并采用空时编码技术。分布式空时编码（Distributed Space-Time Code，DSTC）的设计和分析，允许所有中继节点对源节点消息进行译码，并同时在同一信道中传输。该协议的渐近高信噪比（Signal to Noise Ratio，SNR）分析表明，网络中参与中继的节点数与分集阶数呈线性关系㊀。

中继网络中另一个著名的信号传输技术，是通过调整信号的相位同时发射信号，这样目的节点可以对从所有中继节点来的信号进行相干合并。该方法称为分布

㊀ 分集为高 SNR 可靠性的渐进测度，12.4 节阐述这一更为严格的定义。之后的几篇论文分析不同信道模型和解调技术下 DSTC 的变化并分析各自提出的协议的性能[15-20]。

式波束赋形，要求所有中继节点知道自身到目的节点的实时信道状态信息（Channel State Information，CSI）。Sendonariset 等人在协作通信领域做出了开创性的研究，提出了一种协作通信方法。在该方法中，中继节点与其每个伙伴都向基站发送波束赋形信号，这样可以获得比非协作的容量域更高的协作多点接入速率域[2]。分布式波束赋形的思想最近产生了相当多的文献，读者欲了解更多的细节，可以查考文献[21]和其中的参考文献。

文献[11]提出了机会中继或中继选择来克服目前技术的缺点，并简化大规模中继网络中的信号传输。通过只选择一个节点来中继源节点的信息，在一定选择标准下，可以得到接近于使用先前提到的信号传输方法得到的通信可靠性，即采用所有中继节点共同发射信号。当用户组彼此协作向同一个目的节点发送信息时，中继选择被称为伙伴选择[22，23]。接下来将更详细地比较上述多中继网络中的信号传输技术。这些技术使得中继选择成为无线中继网络中获得高吞吐量和提高可靠性的可行方法。

12.3　中继选择的原因

中继网络中的正交信号传输技术（TDMA/FDMA）、DSTC 和分布式波束赋形在应用中存在诸多挑战，这也促进了中继选择的应用。本节首先从多中继网络中信号传输协议的设计问题入手，并强调其与集中式天线（MIMO）场景下的区别。

（1）在源节点范围内参与中继的节点数量在任何时间都是未知的。这一数量取决于每个节点的平均接收 SNR 和源节点的传输速率。

（2）候选的中继节点事先不知道源节点数据流。这样，首先要获得此类信息或可靠地复制源节点的发射信号，以实现源节点和目的节点间的可靠通信。

（3）信号传输协议需要在激活节点之间进行分布式或集中式的协作，且必须满足开销的约束。同样，这些协议需要能够适应节点数量的变化和网络中信道的变化。

（4）由于节点在地理位置上是分离的，在实际应用中，信道变化和电路不匹配的总的影响更加难以预测。

由此可见，分布式天线阵列的信号传输和编码，与 MIMO 系统的大为不同。基于先前的讨论，可以总结出 TDMA、DSTC 和分布式波束赋形的缺点：

1）在正交信道（如 TDMA 系统）上传输，浪费了可用带宽。这类系统的低效率主要来源于较低的频谱利用率。同样，接收时延随参与传输的节点数的增加而增加。而且，给节点编号及协调时隙传输的机制必须适应系统的动态变化。这种严格的协调和确保接收机处能够实现的同步传输（在每个传输间隔中占用不同的时隙）要付出很大的代价。

2）DSTC 解决了低频谱效率的问题。但是，空时码要求符号级的严格同步。这一要求制约了 DSTC 的实际性能。另外，在实际应用中，DSTC 编码也面临非常大的挑战，这同样是因为中继节点数量的变化。同样，应该建立一种协作机制使每个中继节点知道该传输哪种空时码的符号模式。

3）分布式波束赋形是一种很有前景的技术，是所讨论的技术中性能最佳的一种。因为接收机对多个路径信号的相干合并提高了接收 SNR。然而，这要求在节点处获得精确的 CSI，这将造成大量的开销。另外，各节点的相位调整不能保证目的节点处的理想相干。这是由于各节点的振荡器是分离的，且经历独立的相位噪声，因此很难同步。

前面讨论的中继网络中信号传输的许多缺点可以通过中继选择来解决。选择单个中继节点简化了信号传输并避免了复杂的同步技术。同样，在网络中也经常设置一些瞬时功率约束来限制干扰的存在。中继选择可以容易地满足约束条件。中继选择的另一个有趣的特点在于能量受限的传感器网络。在每个传输间隔上改变所选的中继节点，可以延长网络寿命。其他信号传输方法会比中继选择更快地耗尽网络资源。最后，收发信机的复杂度也是传感器网络中的一个重要问题，中继选择接收机结构非常简单，与点对点通信类似。

表 12-1 对多中继节点网络中不同信号传输技术进行了比较。很明显，中继选择有很多吸引人的特点，使其成为目前和将来无线通信网络的一个候选技术。然而，中继选择还有一些设计问题需要解决。12.4 节将详细讨论中继选择的设计问题和相关的折中。

表 12-1　多中继网络中信号处理协议的比较

协　议	描　述	优　点	缺　点
时隙重复	正交信道传输	低复杂度的接收机	低频谱效率
DSTC	空时码同步传输	高频谱效率	严格的同步要求
波束赋形	发射信号有相位调整的同步传输	最佳接收速率	编码设计困难 中继需要发送端信道信息 对载波同步偏差和定时偏差敏感
中继选择	只有“最佳的”中继节点传输	简化了信号处理和网络同步 低复杂度的接收机	选择机制的设计和相关开销

12.4　中继选择概述

中继选择是一个极具挑战的工程问题。对于网络中的一组候选中继节点，设计者面临着以下问题：

（1）哪个节点可以帮助源节点？

（2）这个节点如何帮助源节点？

（3）中继选择标准？

（4）中继选择机制如何实现？

很明显，上述每个问题都有多个有效的答案，因此文献中有多种设计组合，每种组合都形成了一种中继选择协议㊀。同样，信道模型也会影响选择过程。可见，中继选择是一个丰富的问题，其实用性和简洁性将会继续引起更多的关注。

本节将对中继选择问题进行概述。首先提出系统模型、数学背景，并给出一些定义，然后概述文献中常用的中继选择协议，并介绍协议之间的折中。

12.4.1 系统模型和数学背景

本节定义一个本章通用的特殊系统模型。该模型还将与上一节讨论的多中继网络中的其他信号传输技术进行比较。

该系统模型包括一个目的节点、一个源节点和 M 个半双工中继节点。任意两节点间的信道增益由平坦准静态瑞利块衰落模型加以描述。因此，假设信道增益在每个传输块上的值都是随机的，并与下一个块独立变化。信道增益的均值取决于无线链路中两节点间的距离。更确切地说，如果 h_{ij} 表示节点 i 和 j 之间的信道系数，那么其均方值为

$$E\{|h_{ij}|^2\}=D_{i,j}=\frac{\lambda_c^2}{(4\pi d_o)^2}\left(\frac{d_{i,j}}{d_o}\right)^{-\nu} \tag{12-1}$$

式中，E{•}表示期望；λ_c 为信号的波长；d_o 是固定参考距离；$d_{i,j}$ 是节点 i 和 j 之间的物理距离；ν 是路径损耗指数，在自由空间传播中的典型取值范围是 $1<\nu<4$。

在本章中，假设输入码字从随机高斯码本中获得。码字的长度非常大，且时间跨度为一个信道相干时间（假设为块的长度）。接收机的加性噪声服从均值为零，方差为 σ^2 的正态分布。源节点和 M 个中继节点用 m 编号：m=0，…，M，其中 m=0 表示源节点。源节点和每个中继节点发射信号服从平均功率约束 P_m。

对于节点 m 发送的任意给定的符号块，目的节点 d 的接收信号为

$$\boldsymbol{y}_d=\sqrt{P_m}\,h_{m,d}\boldsymbol{x}_m+\boldsymbol{z}_d \tag{12-2}$$

式中，$\boldsymbol{z}_d$ 是接收机的噪声。瞬时接收 SNR 为 $\gamma_{md}=\rho|h_{m,d}|^2$，其中 $\rho=P_m/\sigma^2$。假设 $|h_{m,d}|$ 为瑞利分布，则 γ_{md} 是指数分布，均值为 $\overline{\gamma_{md}}=\rho D_{m,d}$。

发射信号 $\boldsymbol{x}_m$ 取决于网络使用的信号传输方法。如果采用分布式波束赋形，则

㊀ 实际上，虽然本章重点讨论从一组中继节点中选出一个中继节点，但是最近的论文已经讨论了选择一个以上中继节点来提高性能，但这也增加了复杂度。

发送 $\boldsymbol{x}_m=\boldsymbol{x}_0\exp\{-\mathrm{j}\arg(h_{m,d})\}$来补偿信道相位 $\arg(h_{m,d})$。这种信号传输方法类似于多输入单输出（Multiple-Input-Single-Output，MISO）系统中的最大比传输（Maximal Ratio Transmission，MRT）方法[24]。波束赋形使得信号相干叠加，并带来较高的接收 SNR 增益。如果采用 DSTC，$\boldsymbol{x}_m$ 将基于空时码结构传输，即使用匹配滤波器检测所有中继节点的并行传输信号。

现在介绍本章余下部分使用的性能测度。第一个测度是中断概率[25]，第二个测度是分集复用折中（Diversity-Multiplexing Tradeoff，DMT）[26]。当码字长度仅持续一个信道实现且发射机不知道其值时，存在非零的译码错误概率，这将会引起中断。在这种情况下，严格意义上的香农容量为零。可以重新定义中断概率 P_{out} 性能极限，在高 SNR 和足够的块长度下可以证明，中断概率是错误概率的严格下界[27]。对给定速率 R，P_{out} 为

$$P_{\text{out}}=\Pr\{I(h,\rho)<R\} \tag{12-3}$$

式中，$\Pr\{\cdot\}$表示概率；$I(h,\rho)$是信道的互信息。在高 SNR 时，DMT 提供了信号传输技术的可靠性和速率（表示为 AWGN 信道容量）之间的折中。因此，当采用固定速率通信时，可以获得最大的信道可靠性。这是因为在高 SNR 时，任意固定速率 R 与信道容量相比都显得微不足道。所以，为了达到信号传输的最大分集就要牺牲信道的频谱效率。如果存在码序列 $C(\rho)$，速率为 $R(\rho)$，中断概率为 $P_{\text{out}}(\rho)$，那么信道可以达到的复用增益 r 和分集增益 d 分别为

$$\lim_{\rho\to\infty}\frac{R(\rho)}{\log_2(\rho)}=r,\quad \lim_{\rho\to\infty}\frac{\log_2 P_{\text{out}}(\rho)}{\log(\rho)}=-d \tag{12-4}$$

可以采用瞬时接收 SNR 值 γ 作为比较不同信号传输技术的测度。该测度可以等价于信道的 BER/FER/中断性能和分集㊀，或速率/吞吐量和容量。例如，两个中继节点下不同技术的 γ 的表达式为

$$\begin{aligned}\gamma^{\text{BF}}&=\rho(|h_{1,d}|+|h_{2,d}|)^2\\ \gamma^{\text{DSTC}}&=\rho(|h_{1,d}|^2+|h_{2,d}|^2)\\ \gamma^{\text{RS}}&=\rho|h^*|^2\end{aligned} \tag{12-5}$$

式中，h^*是具有最大瞬时增益的信道；BF 和 RS 分别表示波束赋形和中继选择。图 12-2 给出了分布式 BF、DSTC 和中继选择的接收 SNR 和中继节点数 M 的关系。发送 SNR 设为 ρ=20dB，所有信道增益的均方值设为单位值。中继选择的简洁性付出的代价是接收 SNR 增益的损失。这一损失随着网络中参与中继的节点数量的增加而增加。

㊀ BER：误比特率；FER：误帧率。

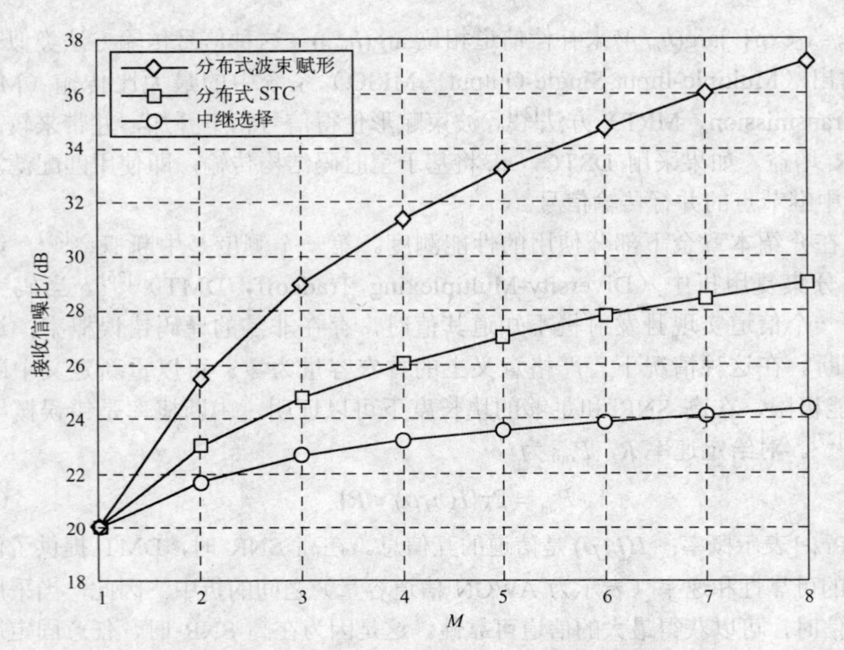

图 12-2　不同信号处理协议中接收 SNR 和中继节点数 M 关系

12.4.2　中继选择策略

近年来有很多关于中继选择的论文。本章重点讨论最常见的中继选择策略，并针对每种策略，说明其中继选择的标准、使用的技术和选择哪个节点用于中继。正如接下来将要讨论的那样，中继选择有不同的标准，包括瞬时和平均信道状态，能量效率或者这些标准的结合。同样，中继选择标准也受中继技术的影响，例如放大转发（Amplify-and-Forward，AF）或译码转发（Decode-and-Forward，DF）。选择过程可以是集中式、分布式或者半集中式，这需要在冗余和复杂性之间进行折中。

Bletsas 等人在文献[11]中首次详细研究了利用多中继无线网络中的中继选择，克服了先前介绍的信号传输技术中的相关问题（文献[28]给出了一个实际应用）。

在文献[11]中，采用了基于瞬时信道增益的中继选择标准。文中提出了两种中继选择策略，考虑了源节点-中继节点和中继节点-目的节点链路信道质量的平衡。第一种选择策略关注两条链路中性能较差的，

$$h_m = \min\{|h_{o,m}|^2, |h_{m,d}|^2\} \tag{12-6}$$

另一种策略则通过调和平均数来消除两条链路的差异

$$h_m = \frac{2|h_{o,m}|^2 |h_{m,d}|^2}{|h_{o,m}|^2 + |h_{m,d}|^2} \tag{12-7}$$

在这两种方法中，“最佳的”中继节点都满足以下条件：

$$h^* = \max\{h_m\} \tag{12-8}$$

文献[11]的一个主要贡献就是提出了中继选择的分布式策略。每个中继节点都通过与源节点和目的节点的握手过程，估计本节点接收信号的强度。假设信道具有互易性，在上面所述的任何一种策略中，中继节点都能估计出 h_m，并设置一个反比于 h_m 的定时。当定时结束后，每个中继节点都发送一个发送请求信号。最佳中继节点首先发射信号，其他中继节点在监听到这一信号时保持沉默。该方法类似于无线局域网（Wireless Local Area Network，WLAN）标准中信道接入的随机退避机制。尽管该方法作为优于机会中继的一种可行的信号传输方法，并得到了其 DMT 的完整分析（和 DSTC 中的 DMT 一样），但还是会受到一些限制。信道互易性假设在除时分双工（Time-Division-Duplexing，TDD）系统之外的系统中可能并不成立。另外，定时的应用会导致非零的包冲突概率。而且，各中继节点需要监听最佳中继的信号。

文献[29]是中继选择领域中另一个较早的工作。该工作的目标是实现使用 AF 技术的多中继网络中的中断概率最优化，并允许源节点和每个中继节点使用不同发射功率 P_m。在推导 AF 机会中继的互信息时，中继节点具有最大容量

$$C_m = \frac{\alpha_m \beta_m}{\sigma^2 \alpha_m + \sigma^2 \beta_m + \sigma^4} \tag{12-9}$$

的前提是假设所有节点有相同的 AWGN 方差。式中，

$$\alpha_m = P_o |h_{s,m}|^2 \tag{12-10}$$

$$\beta_m = P_m |h_{m,d}|^2 \tag{12-11}$$

该选择协议只将辅助源节点的一个节点的互信息最大化，因此通过中继选择获得了最佳网络吞吐量，并简化了信号传输。最佳中继节点的选择以集中式方式完成。目的节点需要知道每条源节点-中继节点链路和中继节点-目的节点链路的信道估计。在选择最佳节点时需要知道源节点-中继节点链路的信道状态，同样对于检测当采用 AF 中继方式且目的节点经历端到端信道时，目的节点检测也需要这一信息。目的节点知道了信道信息和接收信号功率后就能选择最佳中继节点，从而使中断概率最小。

文献[30]提出了中继选择的两个相关问题。第一个问题是需不需要协作，“什么时候协作”。第二个问题是中继选择的核心问题：选择哪个中继节点，或如文献

[30]所说的“与谁协作”。第一个问题的答案是只有当直接链路不满足特定条件时才进行中继。如果该条件不满足，M 个中继节点里只有一个中继节点用于转发源节点消息。文献[30]研究的中继选择策略的细节可以按如下方式解释。传输采用 M-PSK 调制。中继节点采用解调-转发方式，假设符号块上没有纠错编码。采用源节点-中继节点信道和中继节点-目的节点信道的调和平均函数作为测度，该测度将用于中继选择，以及确定中继是否比直接链路的通信更好。该测度由下式给出：

$$C_m = \frac{2q_1q_2\,|\,h_{m,\mathrm{d}}\,|^2\,|\,h_{\mathrm{s},m}\,|^2}{q_1\,|\,h_{m,\mathrm{d}}\,|^2 + q_2\,|\,h_{\mathrm{s},m}\,|^2} \tag{12-12}$$

$$q_1 = \frac{A^2}{r^2} \qquad q_2 = \frac{B}{r(1-r)} \tag{12-13}$$

式中，$r=P_o/P$ 为功率比；$P=P_o+P_m$ 是源节点和被选中继节点的总发射功率；A 和 B 是常量，随调制符号集的基数变化。文献[30]推导了该方法的误符号率（Symbol Error Rate，SER）。这种方法的中继选择是半集中式的。假设信道具有互易性，那么每个中继节点都知道其到源节点和目的节点的信道强度，因此可以计算出式（12-12）中的测度，将测度的值发往源节点。假设源节点知道发射机处的源节点-目的节点链路的 CSI，则由源节点决定是否需要协作。如果需要协作，源节点就向中继节点和目的节点发送控制信息，将该决定和应该转发源节点消息的中继节点的信息告知中继节点和目的节点。每当信道增益改变，该过程就要重复一次。

为了避免信道信息的假设，并减少文献[30]所述的中继选择协议的开销，文献[31]提出了一种开环结构，如下所述。文献[31]的中继选择过程完全是集中式的，而且在目的节点进行。假设目的节点可以估计源节点-中继节点链路、中继节点-目的节点链路和源节点-目的节点直接链路的质量。选择的测度由源节点-中继节点和中继节点-目的节点中最小 SNR 的最大值确定，即

$$C^* = \max(\min\{\gamma_{\mathrm{o},m}, \gamma_{m,\mathrm{d}}\}) \tag{12-14}$$

只有当被选中的中继节点的瞬时 SNR 比直接链路 SNR 值 $\gamma_{\mathrm{o,d}}$ 大 C^* 时，目的节点才允许参与协作。文献[31]对 M-PSK 信号传输进行了完全 SER 分析，并与类似工作进行了比较。

到目前为止提到的中继选择协议中，信道质量是中继选择的唯一准则。然而，在有功率约束的无线通信系统中，能量效率是信号设计中需要考虑另一个重要因素。下面简要介绍两篇考虑了中继选择中能量效率的论文。两篇论文都将中继选择问题推广到选择一个以上中继节点。第一篇论文为 Madan 等人的工作[33]。该论文在设计 DF 中继选择协议时，考虑了获取 CSI 的开销。而且，中继选择协议允许一个以上的中继节点参与。因此，提出的解介于两种极端的选择之间：即只选择一

个中继节点（本章所关注的）的情况与所有中继节点全部参与的情况。以数据传输和获取 CSI 的总能量消耗最小化为目标，在采用多个中继节点降低传输数据的能量消耗，和采用较少的中继节点来降低获取 CSI 的开销之间进行了折中。本文作者推导了最优选择准则，并用数值结果证明了分析，即考虑 CSI 能量开销后可以节能 16%。

文献[34]是另一篇强调中继选择问题中的能量消耗的论文。论文出色地将在能量和差错性能约束下，AF 网络中的中继选择问题看成背包问题[35]。背包问题是组合优化领域中一个得到广泛研究的问题。给定物品集，每个物品都有重量和利润（价格），优化目标是选择这些物品的子集，在总重量限定为一个常数的条件下，使其利润最大。在中继选择问题中，“物品”是中继节点，“重量”是每个中继节点消耗的能量，“利润”是差错性能函数。中继选择基于平均信道状况。假设目的节点通过训练符号可以获得所有信道的 CSI，并负责解决背包问题。目的节点向被选中的中继节点发送参与列表顺序，之后中继节点正交地发送信号。

文献[36]提出了另一种有趣的中继选择算法。该算法受著名的“停切”合并技术所启发，该技术研究在接收端从多个分支获得分集[37]。假设只有两个中继节点在主动监听源节点发送的数据分组。中继选择的准则对于源节点-中继节点和中继节点-目的节点的信道都是瞬时 SNR。然而，这一有效 SNR 与门限 T 进行比较，只有当有效 SNR 低于 T 时才切换到另一个中继节点，接收端负责计算这一测度。尤其是当中继节点使用解调转发方式（无编码传送）时，中继选择测度与式（12-6）相同，即

$$h_m = \min\{|h_{o,m}|^2, |h_{m,d}|^2\} \tag{12-15}$$

如果满足下列条件，将切换到所选中继节点，即

$$h_m^* = \max\{h_m\} > T \tag{12-16}$$

很明显，门限值影响了协议的性能和切换速率。如果中继节点采用 AF 方式，中继选择测度由下式给出：

$$h_m = \frac{|h_{o,m}|^2 |h_{m,d}|^2}{|h_{o,m}|^2 + |h_{m,d}|^2} \tag{12-17}$$

事实表明，中断概率最小化的门限为

$$T=2^{2R}-1 \tag{12-18}$$

式中，R 是期望速率。

之前已经研究了中断概率，有趣的是，该分布式“停切”合并得到的分集与每个时隙选择最佳中继节点相同。因此，该方法虽然非常简单，但却不会损失分集。

本节简要介绍中继选择算法。这些算法结合了协作混合自动重传请求（ARQ，Automatic Repeat Request）和中继选择，兼有简单、高吞吐量和高分集的特点。该方法的基本思想是：只有当直接链路不支持传输速率时才使用中继节点，而且只选择一个中继节点重传源节点消息[38~42]。

12.5 节将详细讨论文献[38]中的中继选择协议中的增量传输算法。该协议是有限反馈的集中式中继选择协议，只有当目的节点未能译码源节点最初传输的信息分组时，最佳中继节点才采用译码转发的方式传输信息。

12.5 有限反馈的集中式中继选择

本节提出了有限反馈的集中式中继选择协议，称为增量传输中继选择（Incremental Transmission Relay Selection，ITRS）。网络包含一个源节点、M 个中继节点和一个目的节点，其中目的节点到源节点和中继节点都有衰落链路，如图 12-3 所示。在该协议中，有限反馈有两个作用，即选择最佳中继节点以增加分集，并实施重传（HARQ）以提高频谱效率。该协议的流程如下所述。首先，源节点广播一个数据包。如果目的节点不能译码，就采取有限反馈的握手机制来确定（源节点和中继节点中的）最佳的可用中继节点。然后，该最佳中继节点向目的节点传输数据包。表 12-2 描述了 ITRS 协议的细节。注意，协议假设信道增益在第 3、4、5 步中保持不变。

表 12-2 增量传输中继选择（ITRS）协议(©2008 IEEE)[38]

1. 源节点传输数据包
2. 如果目的节点正确译码，就广播一个 ACK 并回到步骤 1，否则目的节点广播一个 NACK
3. 一旦接收到 NACK，成功译码数据包的中继节点就向目的节点发送 1 比特的包（RTS）表明身份。RTS 包含导频
4. 目的节点估计信道增益，从源节点和成功译码的中继节点中选择最佳发射机并广播最佳发射机的编号
5. 最佳节点重发数据包。目的节点将两次接收到的包合并译码。如果译码不成功，则目的节点中断

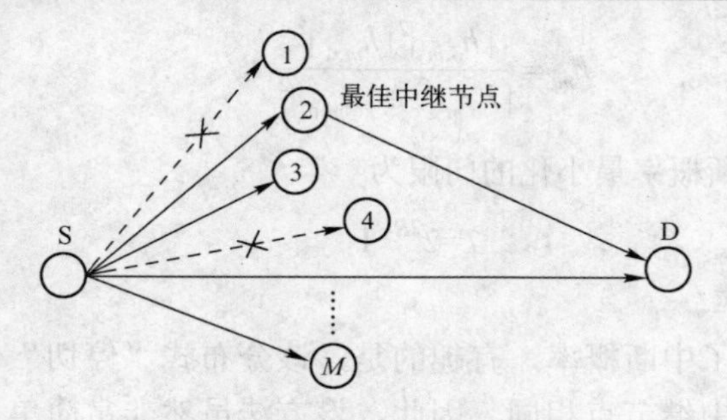

图 12-3 M 个中继节点的无线网络(©2008 IEEE)[38]

ITRS 协议最多进行一次重传。进一步的重传会降低（并最终消除）中断，但也会导致更大的时延。我们研究了一次重传的情况，该情况下具有最小的时延，而且获得了重传所能得到的大部分增益。

ITRS 协议使用有分组合并的 I 型 HARQ，即中继节点和源节点使用相同的码本。在Ⅱ型 HARQ 中，各中继节点使用不同的码本，这样能得到更好的互信息，但也增加了复杂度。两种方法都能得到相同的 DMT。另外，在 ITRS 协议中，包括源节点在内的各个节点都在争相重传，这提高了分集和吞吐量，这在后面将会提到。

在无线通信网络中，反馈通常通过控制信道传输。这些信道的 MAC 层可以是基于竞争的，也可以是分时隙的。在前者中，所有中继节点争相向目的节点发送 RTS。在这种情况下，RTS 包中必须包含中继节点的地址（ID）。而在分时隙系统中，每个中继节点只在指定的小时隙中发送 RTS。这避免了中继节点间的冲突，但是某些小时隙可能不会被用到（这取决于可用中继节点数），因此，信道资源的利用率可能不够高效。反馈信号设计的细节不在本章讨论的范围之内。

12.5.1 中断概率和有效速率

在数据包第一次传输，即由源节点发送的过程中，中继节点和目的节点的接收信号为

$$\boldsymbol{y}_m = h_{\mathrm{s},m}\boldsymbol{x}_\mathrm{s} + \boldsymbol{z}_m, \quad m=1, \cdots, M \tag{12-19}$$

$$\boldsymbol{y}_\mathrm{d} = h_{\mathrm{s},d}\boldsymbol{x}_\mathrm{s} + \boldsymbol{z}_\mathrm{d} \tag{12-20}$$

在重传过程中，目的节点的接收信号为

$$\boldsymbol{y}_\mathrm{d} = h_{m^*,d}\boldsymbol{x}_{m^*} + \boldsymbol{z}_d \tag{12-21}$$

式中，m^*表示所选节点的编号。

在分组最初的传输过程中，假设 S-D 信道使用高斯码本，则互信息为

$$I_D = \log_2(1+\rho g_{\mathrm{s,d}}), \tag{12-22}$$

式中，定义 $g_{i,j}=|h_{i,j}|^2$ 来简化表达式。如果需要重传，两次发送的组合形成了源节点和目的节点间的等效信道，其互信息为

$$I^*_{\mathrm{ITRS}} = \frac{1}{2}\log_2[1+\rho(g_{\mathrm{s},d} + g_{m^*,\mathrm{d}})] \tag{12-23}$$

用 $\Phi(s)$表示所有对源节点消息进行译码的中继节点的集合。根据全概率定律，中断概率可以表示成

$$\begin{aligned} P_{\mathrm{out}} &= \sum_{t=1}^{M+1} \Pr\{I^*_{\mathrm{ITRS}} < \frac{R_\mathrm{V}}{2} \Big| I_D < R_\mathrm{V}, |\Phi(s)| = t\} \Pr\{I_D < R_\mathrm{V}\} \Pr\{|\Phi(s)| = t\} \\ &= \sum_{t=1}^{M+1} \Pr\{I^*_{\mathrm{ITRS}} < \frac{R_\mathrm{V}}{2} \Big| |\Phi(s)| = t\} \Pr\{|\Phi(s)| = t\} \end{aligned} \tag{12-24}$$

式中，t 是获知源节点消息的节点数（包括源节点）。在计算式（12-24）中的中断

概率时，如果源节点成功传输，则速率 $R_V=R$；如果递增传输，由于导致信息重传，则 $R_v=R/2$。

文献[5]给出了恰好有 t 个节点（包括源节点）获知消息的概率，即

$$\Pr\{|\Phi(s)|=t\}=\binom{M}{t-1}\exp\left(-\frac{2^R-1}{D_{s,m}\rho}\right)^{t-1}\times\left[1-\exp\left(-\frac{2^R-1}{D_{s,m}\rho}\right)\right]^{M-t+1} \tag{12-25}$$

将式（12-25）带入式（12-24）可得 I_{ITRS}^* 的累积分布函数（Cumulative Distribution Function，CDF），总中断概率的闭合形式表达式为

$$P_{out,ITRS}=\sum_{t=1}^{t=M+1}F_W(\psi)\binom{M}{t-1}\exp\left(-\frac{\psi}{D_{s,m}}\right)^{t-1}\left(1-\exp\left(-\frac{\psi}{D_{s,m}}\right)\right)^{M-t+1} \tag{12-26}$$

式中，$$F_W(\psi)=\left[t\sum_{k=1}^{t-1}\binom{t-1}{k}\frac{(-1)^k}{k}\left(1+\frac{\exp(-\mu(k+1)\psi)-1}{(k+1)}-\exp(-\mu\psi)\right)\right]$$

$$+t(1-(\mu\psi+1)\exp(-\mu\psi)) \tag{12-27}$$

$\psi=(2^{R-1})/\rho$，为简便起见，令 $D_{s,d}=D_{m^*,d}=1/\mu$。文献[38，附录 A]中给出了详细分析。中断概率表达式给出了 FER 上界，FER 上界与网络参数（如激活节点数、功率约束和目标数据速率）有关。

图 12-4 描述了二中继网络中几种中继方法的中断概率。评估直接传输性能的标准是两次传输的 HARQ，很容易得出，其中断表达式如下：

$$P_{out,HARQ}=\Gamma(2,\mu\psi) \tag{12-28}$$

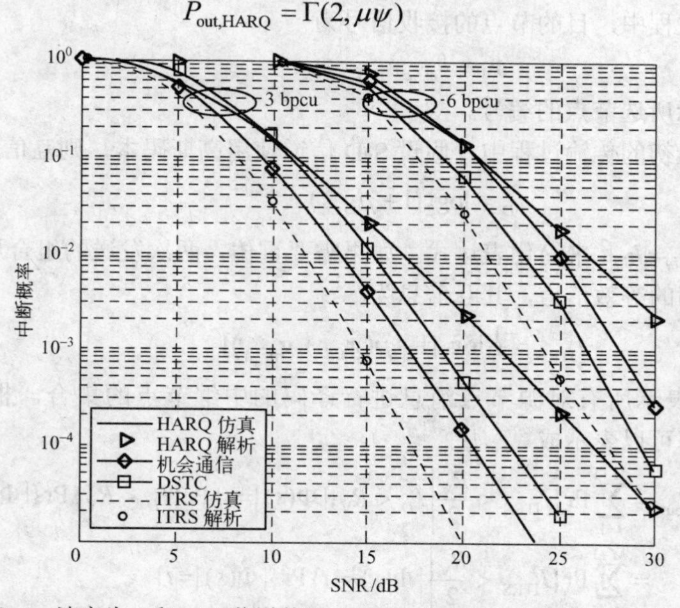

图 12-4　速率为 3 和 6 bit/信道使用（bpcu）时 ITRS 和分布式空时编码、机会中继和 HARQ 非协作传输的中断性能比较

式中，$\Gamma(\cdot)$是不完全伽马函数。如图 12-4 所示，ITRS 比 DSTC 和机会中继性能更好。注意，仿真结果和 HARQ 与 ITRS 协议的解析表达式几乎完全吻合。

现在计算 ITRS 协议的吞吐量（有效速率）η。η 的值由两部分组成，分别对应于数据分组经一次发送和经两次发送，如下所示：

$$\eta = R\exp\left(-\frac{2^R-1}{\rho D_{\mathrm{s,d}}}\right)+\frac{R}{2}\left[\left(1-\exp\left(-\frac{2^R-1}{\rho D_{\mathrm{s,d}}}\right)\right)(1-P_{\mathrm{out}})\right] \tag{12-29}$$

式（12-29）中的第 1 部分是直接链路的平均速率，与直接发送的成功概率有关。第 2 部分是采用中继选择的 HARQ 的平均速率。由于两部分传输同样的信息，速率减半了。满足下列条件时，第 2 次传输成功：

1）第 1 次传输失败了。

2）采用中继选择的第 2 次传输成功了。

注意，文献[43]在推导单中继节点 AF 增量中继的期望频谱效率表达式时与之类似。R 向 η 的映射是高度非线性的，可以选择 R 使吞吐量 η 最大化。

ITRS 协议中每个传输节点需要的开销为

$$1+\frac{\log_2(M+1)}{M+1}\left[1-\exp\left(-\frac{2^R-1}{\rho D_{s,d}}\right)\right]\text{比特}$$

首先，目的节点广播 1bit 的 ACK/NACK，其中，响应是 NACK 的概率为 $1-\exp\left(-\dfrac{2^R-1}{\rho\lambda_{\mathrm{s,d}}}\right)$。可用的中继节点和源节点将发送 1bit 的响应（RTS）。最后，目的节点用 $\log_2(M+1)$ bit 广播最佳节点的编号。该开销渐近趋近于 1bit/节点/数据包。

上面分析开销时，只计算了反馈/控制信道的信息比特数，不包括实际中必须考虑的额外开销，如数据分组的报头。还需要注意，虽然力求设计开销最小的协议，但开销不会影响 DMT 的结果。在高 SNR 区域中，相对于信道容量，固定开销是很小的。

12.5.2 DMT 分析

ITRS 的性能可以用高 SNR 区域的分集复用折中来进行描述。ITRS 协议实现的分集复用折中为

$$d_{\mathrm{ITRS}}(r)=(M+2)(1-r)^{+} \tag{12-30}$$

式中，r 是复用增益；$(\cdot)^{+}=\max\{\cdot, 0\}$。ITRS 的 DMT，即 $d_{\mathrm{ITRS}}(r)$等价于包含一个源节点和 M 个中继节点系统的最佳 DMT[9, 26]。

包含 8 个中继节点的 ITRS 协议的 DMT 如图 12-5 所示。图 12-5 还给出了其

他基于 DF 协议的 DMT，这些协议包括 Azarian 等人提出的动态译码转发（Dynamic Decode-and- Forward，DDF）协议[9, 定理 6]和 Laneman-Wornell 提出的 DSTC[5]。Laneman-Wornell 提出的 DSTC 与 Bletsas 等人提出的协议有等效的 DMT[11]。为公平起见，允许源节点参与第 2 阶段的传输，并将本文介绍的算法与稍作改进的 DSTC 算法进行比较。对非协作标准，给出了 HARQ 的 DMT，其中，通过数据分组合并能达到的最大分集阶数为 2[44, 推论 3]。可以看出，ITRS 比先前提到协议的性能，在所有 r 上都有所提高，而且只需要有限反馈。

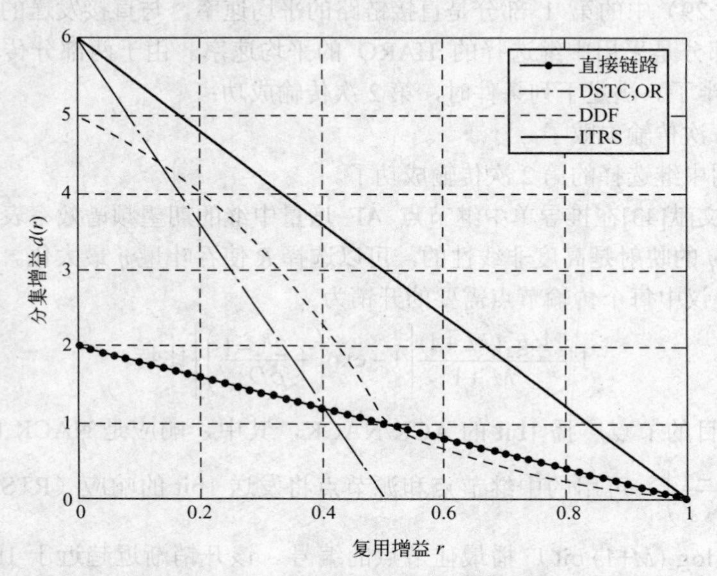

图 12-5 ITRS 的 DMT、DSTC、机会中继（Opportunistic Relaying，OR）、动态译码转发和 HARQ 非协作传输的比较。包括 8 个中继节点，源节点和目的节点之间存在链路（©2008 IEEE）[38]

协议分析证明了允许源节点在中继节点阶段参与竞争的好处，这将获得更高的有效速率，而且分集阶数可以达到 M+2（因为第 2 阶段有 M+1 个节点作为分布式天线阵列）。

注意，在目的节点被限定为无分集合并的 I 型 HARQ 的情况下，ITRS 协议仍然有效，但其分集阶数略有减少了，为 M+1。因此，ITRS 也可以用于由无分组合并能力的简单节点组成的网络，例如无线传感器网络。

当 SNR 很低时，会频繁地发生重传。而且，如果中继节点不够多，源节点可能要经常进行重传，这对源节点电源来说是个负担。在这样的条件下，可以对 ITRS 协议进行一定的改变，即只在所有中继节点译码都失败的情况下，源节点才进行重传。这将使分集阶数略微减少到 M+1，但延长了网络的寿命。

12.6　结论

本章介绍了协作网络中的中继选择问题，并讨论了其关键特点。我们比较了中继选择和其他多中继节点协作网络的信号传输协议，说明了不同协议在性能和复杂度上的差异。然后简要介绍了中继选择协议，并强调了中继选择过程的各种因素。这些协议的技术细节可以参考列出的文献。之后，详细讨论了一种具有高频谱利用率的中继选择技术——ITRS。ITRS 技术能实现非常好的可靠性。ITRS 是一种使用有限反馈的中继选择协议，既可以用于中继选择，也可以用于 HARQ。另外，在 ITRS 协议中，重传仅限一次，这就使得 ITRS 协议适用于对时延敏感的应用。分析表明，ITRS 可以用最小的开销达到非常好的吞吐量和分集。

相信在今后几年中，中继选择问题将会引起持续关注。有多个中继节点辅助源节点和目的节点之间通信，是当前宽带应急网络研究的重要场景[45, 46]。然而，将中继选择协议中的每项任务分配到通信协议栈的相关层，且避免对传输帧作大幅度修改以保证后向兼容性是一大挑战。文献[47，48]针对这一挑战开展了一些研究工作。

参考文献

[1] D. Tse and P. Viswanath, *Fundamentals of Wireless Communication*. New York, NY, USA:Cambridge University Press, 2005.

[2] A. Sendonaris, E. Erkip, and B. Aazhang, "User cooperation diversity—Part I: System description," *IEEE Trans. Commun.*, vol. 51, no. 11, pp. 1927–1938, Nov. 2003.

[3] E. C. van der Meulen, "Three-terminal communication channels," *Adv. Appl. Probab.*, vol. 3, no. 1, pp. 120–154, Spring 1971.

[4] T. Cover and A. E. Gamal, "Capacity theorems for the relay channel," *IEEE Trans. Inf. Theory*, vol. 25, no. 5, pp. 572–584, Sep. 1979.

[5] J. N. Laneman and G. W. Wornell, "Distributed space-time-coded protocols for exploiting cooperative diversity in wireless networks," *IEEE Trans. Inf. Theory*, vol. 49, no. 10, pp. 2415–2425, Oct. 2003.

[6] G. Kramer, M. Gastpar, and P. Gupta, "Cooperative strategies and capacity theorems for relay networks," *IEEE Trans. Inf. Theory*, vol. 51, no. 9, pp. 3037–3063, Sep. 2005.

[7] A. Nostratinia, T. E. Hunter, and A. Hedayat, "Cooperative communication in wireless networks," *IEEE Commun. Mag.*, vol. 42, no. 10, pp. 74–80, Oct. 2004.

[8] R. Pabst, B.Walke,D. Schultz, P. Herhold, H.Yanikomeroglu, S. Mukherjee, H.Viswanathan, M. Lott, W. Zirwas, M. Dohler, H. Aghvami, D. Falconer, and G. Fettweis, "Relay-based deployment

concepts for wireless and mobile broadband radio," *IEEE Commun. Mag.*, vol. 42, no. 9, pp. 80–89, Sep. 2004.

[9] K. Azarian, H. El Gamal, and P. Schniter, "On the achievable diversity-multiplexing tradeoff in half-duplex cooperative channels," *IEEE Trans. Inf. Theory*, vol. 51, no. 12, pp. 4152–4172, Dec. 2005.

[10] S. Yang and J.-C. Belfiore, "Towards the optimal amplify-and-forward cooperative diversity scheme," *IEEE Trans. Inf. Theory*, vol. 53, no. 9, pp. 3114–3126, Sep. 2007.

[11] A. Bletsas, A. Khisti, D. P. Reed, and A. Lippman, "A simple cooperative diversity method based on network path selection," *IEEE J. Select. Areas Commun.*, vol. 24, no. 3, pp. 659–672, Mar. 2006.

[12] S. Cui, A. M. Haimovich, O. Somekh, and H. V. Poor, "Opportunistic relaying in wireless networks," *IEEE Trans. Inf. Theory*, vol. 55, no. 11, pp. 5121–5137, Nov. 2009.

[13] M. R. Aref, "Information flow in relay networks," PhD dissertation, Stanford University, Stanford, CA, 1980.

[14] T. M. Cover and J. A. Thomas, *Elements of Information Theory*. John Wiley, 1991.

[15] Y. Jing and B. Hassibi, "Distributed space-time coding in wireless relay networks," *IEEE Trans. Wireless Commun.*, vol. 5, no. 12, pp. 3524–3536, Dec. 2006.

[16] Y. Jing and H. Jafarkhani, "Using orthogonal and quasi-orthogonal designs in wireless relay networks," *IEEE Trans. Inf. Theory*, vol. 53, no. 11, pp. 4106–4118, Nov. 2007.

[17] B. Sirkeci-Mergen and A. Scaglione, "Randomized space-time coding for distributed cooperative communication," *IEEE Trans. Signal Processing*, vol. 55, no. 10, pp. 5003–5017, Oct. 2007.

[18] S. Yang and J. C. Belfiore, "Optimal spacetime codes for the MIMO amplify-and-forward cooperative channel," *IEEE Trans. Inf. Theory*, vol. 53, no. 2, pp. 647–663, Feb. 2007.

[19] K. G. Seddik, A. K. Sadek, A. S. Ibrahim, and K. J. R. Liu, "Design criteria and performance analysis for distributed space-time coding," *IEEE Trans. Veh. Technol.*, vol. 57, no. 4, pp. 2280–2292, July 2008.

[20] J. Harshan and B. S. Rajan, "High-rate, single-symbol ML decodable precoded DSTBCs for cooperative networks," *IEEE Trans. Inf. Theory*, vol. 55, no. 5, pp. 2004–2015, May 2009.

[21] Y. Jing and H. Jafarkhani, "Network beamforming using relays with perfect channel information," *IEEE Trans. Inf. Theory*, vol. 55, no. 6, pp. 2499–2517, June 2009.

[22] A. Nosratinia and T. E. Hunter, "Grouping and partner selection in cooperative wireless networks," *IEEE J. Select. Areas Commun.*, vol. 54, no. 4, pp. 369–378, Feb. 2006.

[23] Z. Lin, E. Erkip, and A. Stefanov, "Cooperative regions and partner choice in coded cooperative systems," *IEEE Trans. Commun.*, vol. 54, no. 7, pp. 1323–1334, July 2006.

[24] T. K. Y. Lo, "Maximum ratio transmission," *IEEE Trans. Commun.*, vol. 47, no. 10, pp. 1458–

1461, Oct. 1999.

[25] L. H. Ozarow, S. Shamai, and A. D.Wyner, "Information theoretic considerations for cellular mobile radio," *IEEE Trans. Veh. Technol*, vol. 43, no. 2, pp. 359–378, May 1994.

[26] L. Zheng and D. N. C. Tse, "Diversity and multiplexing: A fundamental tradeoff in multiple-antenna channels," *IEEE Trans. Inf. Theory*, vol. 49, no. 5, pp. 1073–1096, May 2003.

[27] E. Biglieri, J. Proakis, and S. Shamai, "Fading channels: Information-theoretic and communications aspects," *IEEE Trans. Inf. Theory*, vol. 44, no. 6, pp. 2619–2692, Oct. 1998.

[28] A. Bletsas and A. Lippman, "Implementing cooperative diversity antenna arrays with commodity hardware," *IEEE Commun. Mag.*, vol. 44, no. 12, pp. 33–40, Dec. 2006.

[29] Y. Zhao, R. Adve, and T. J. Lim, "Improving amplify-and-forward relay networks: Optimal power allocation versus selection," *IEEE Trans. Wireless Commun.*, vol. 6, no. 8, pp. 3114–3123, Aug. 2007.

[30] A. S. Ibrahim, A. K. Sadek, W. Su, and K. J. R. Liu, "Cooperative communications with relay-selection: When to cooperate and whom to cooperate with?" *IEEE Trans. Wireless Commun.*, vol. 7, no. 7, pp. 2814–2827, July 2008.

[31] M. M. Fareed and M. Uysal, "On relay selection for decode-and-forward relaying," *IEEE Trans. Wireless Commun.*, vol. 8, no. 7, pp. 3341–3346, July 2009.

[32] J. Cai, X. Shen, J. W. Mark, and A. S. Alfa, "Semi-distributed user relaying algorithm for amplify-and-forward wireless relay netwroks," *IEEE Trans. Wireless Commun.*, vol. 7, no. 4, pp. 1348–1357, April 2008.

[33] R. Madan, N. Mehta, A. Molisch, and J. Zhang, "Energy-efficient cooperative relaying over fading channels with simple relay selection," *IEEE Trans. Wireless Commun.*, vol. 7, no. 8, pp. 3013–3025, Aug. 2008.

[34] D. S. Michalopoulos, G. K. Karagiannidis, T. A. Tsiftsis, and R. K. Mallik, "Distributed transmit antenna selection (DTAS) under performance or energy consumption constraints," *IEEE Trans. Wireless Commun.*, vol. 7, no. 4, pp. 1168–1173, April 2008.

[35] S. Martello and P. Toth, *Knapsack Problems: Algorithms and Computer Implementations*. New York, NY, USA: John Wiley, 1990.

[36] D. Michalopoulos and G. Karagiannidis, "Two-relay distributed switch and stay combining," *IEEE Trans. Commun.*, vol. 56, no. 11, pp. 1790–1794, Nov. 2008.

[37] A. A. Abu-Dayya andN.C.Beaulieu, "Analysis of switched diversity systems on generalized fading channels," *IEEE Trans. Commun.*, vol. 42, no. 11, pp. 2959–2966, Nov. 1994.

[38] R. Tannious and A. Nosratinia, "Spectrally-efficient relay selection with limited feedback," *IEEE J. Select. Areas Commun.*, vol. 26, no. 8, pp. 1419–1428, Oct. 2008.

[39] C. K. Lo,W. Heath, and S.Vishwanath, "Opportunistic relay selection with limited feedback," in

Proc. IEEE Veh. Technol. Conf. (VTC), Dublin, Apr. 2007, pp. 135–139.

[40] C. K. Lo, R.W. Heath, and S. Vishwanath, "The impact of channel feedback on opportunistic relay selection for hybrid-ARQ in wireless networks," *IEEE Trans. Veh. Technol.*, vol. 58, no. 3, pp. 1255–1268, Mar. 2009.

[41] C. K. Lo, J. J. Hasenbein, S. Vishwanath, and R. W. Heath, "Relay-assisted user scheduling in wireless networks with hybrid ARQ," *IEEE Trans. Veh. Technol.*, vol. 58, no. 9, pp. 5284–5288, Nov. 2009.

[42] H. Boujemaa, "Delay analysis of cooperative truncated HARQ with opportunistic relaying," *IEEE Trans. Veh. Technol.*, vol. 58, no. 9, pp. 4795–4804, Nov. 2009.

[43] J. N. Laneman, D. N. C. Tse, and G.W.Wornell, "Cooperative diversity in wireless networks: Efficient protocols and outage behavior," *IEEE Trans. Inf. Theory*, vol. 50, no. 12, pp. 3062–3080, Dec. 2004.

[44] H. El Gamal, G. Caire, and M.O. Damen, "The MIMO ARQ channel: Diversity-multiplexing delay tradeoff," *IEEE Trans. Inf. Theory*, vol. 52, no. 8, pp. 3601–3621, Aug. 2006.

[45] Y. Yang, H. Hu, J. Xu, and G. Mao, "Relay technologies for Wimax and LTE-advanced mobile systems," *IEEE Commun. Mag.*, vol. 47, no. 10, pp. 100–105, Oct. 2009.

[46] Z. Lin, M. Sammour, S. Sfar, G. Charlton, P. Chitrapu, and A. Reznik, "MAC v. PHY: How to relay in cellular networks," in *Proc. IEEE Wireless Communcations and Networking Conference (WCNC)*, Budapest, Apr. 2009, pp. 1262–1267.

[47] Y. Ge, S.Wen, and Y.-H. Ang, "Analysis of optimal relay selection in IEEE 802.16 multihop relay networks," in *Proc. IEEEWireless Commun. and Networking Conf. (WCNC)*, Budapest, Apr. 2009, pp. 2056–2061.

[48] S. Ann, K. G. Lee, and H. S. Kim, "A path selection method in IEEE 802.16j mobile multihop relay networks," in *Proc. 2nd Int. Conf. on Sensor Technol. and Applications, SENSORCOMM*, Cap Esterel, Aug. 2008, pp. 808–812.

第13章　宽带中继架构中的基本性能限

13.1　引言

大规模分布式无线网络（如 mesh 和 Ad-hoc 网络、中继网络等）对信息论、通信理论和网络理论提出了一系列新挑战。这类网络的特点是网络规模大，这不仅指节点多（即密度大），也指网络覆盖的地理区域大。由于每个终端受其计算能力和发射/接收功率的严格限制，因此探究应如何有效地利用物理设施和系统资源（如功率、带宽等）非常重要。另外，时延和复杂度的限制，分集受限的信道特性，可能要求在编码保护不足的条件下进行传输，容易造成链路中断。这些约束要求我们同时从功率带宽有效性和链路可靠性的角度，对网络的性能限和网络架构的相关含义有更深入的理解。在设计系统必需的关键算法时，例如多跳路由和中继处理算法、带宽分配策略，以及中继部署模型等，这点尤为重要。

一般而言，在多个终端间进行信息交互非常复杂，所以描述大规模分布式无线网络的基本性能限非常困难。即使是经典的中继信道容量问题仍然没有得到解决。对该问题的一个简化，是刻画一个标度律（Scaling Law），旨在研究随着网络中节点的渐近增加，网络性能测度（吞吐量、能量、时延等）的变化情况。

同样地，本章采用信息论，在大规模分布式无线网络中，不同中继和多跳路由算法结构下，对端到端的标度性能限进行评估，旨在寻找能量效率和频谱效率之间的折中，这就是所谓的“功率带宽折中”。本章主要关注功率受限时的宽带通信，在这种机制下，发射功率比带宽更宝贵，所以优化能效决定了系统的设计。由于带宽充足，这种机制下的通信具有低信噪比（Signal to Noise Ratio，SNR）、低信号功率谱密度（Power Spectral Density，PSD）和干扰功率可忽略等特点。

功率受限的宽带机制可作为分析大规模分布式无线网络实际工作的模型。这方面的相关应用实例包括：超宽带（Ultrawideband，UWB）mesh 网、无线 Ad-hoc 网和无线传感器网等。这些网络通过无中心通信保持彼此之间的连通，网络中的设备具有自配置、小尺寸、低成本和功率受限的特点。通过多个中继节点间的分布式信号处理和多天线技术，能够同时提高系统的能量效率和频谱效率。

本章将综述近年来的一些理论研究，主要针对不同的中继和多跳路由算法的功率带宽特性，及大规模分布式无线网络架构，重点关注功率受限的宽带区域，并考虑了两种中继网络架构：

1）串行中继网络架构，也称为线性多跳网络。网络中的源节点和目的节点两个终端，采用多跳路由技术，通过中间 N-1 个终端进行中继，实现 N 跳通信。

2）并行中继网络架构。网络中 L 对具有多天线的源节点和目的节点，通过两跳实现通信。在第 1 跳时，K 个多天线中继终端接收源节点发送的信号；在第 2 跳时，这些中继节点相互协作，向相应的目的节点转发数据。

图 13-1 比较了并行中继网络架构与直接传输。通过图 13-1 这个简单的比较示例（串行中继网络架构也可以采用类似的例子），本章将基于功率带宽折中进行理论分析。这里，源节点通过无线网络和目的节点进行通信，而分配给整个网络的总功率固定为 P。假设通信占用的总带宽为 B，这时有两个可选方案：第一种是直接传输：源节点直接与目的节点通信，使用全部功率 P。第二种是分布式中继通信：由两个中继节点辅助进行通信，源节点和两个中继节点的发射功率均为 P/3，源节点发出的数据包，经两个中继节点转发至目的节点。图 13-2 中的一个基本的问题是：分布式中继通信是否更加有效地使用了网络中的功率和带宽资源（对于固定目标数据速率）。

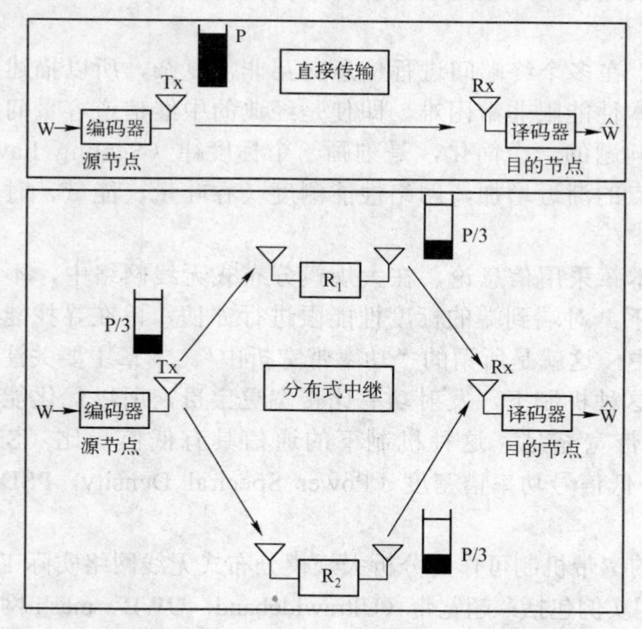

图 13-1 直接传输和分布式中继的功率带宽比较

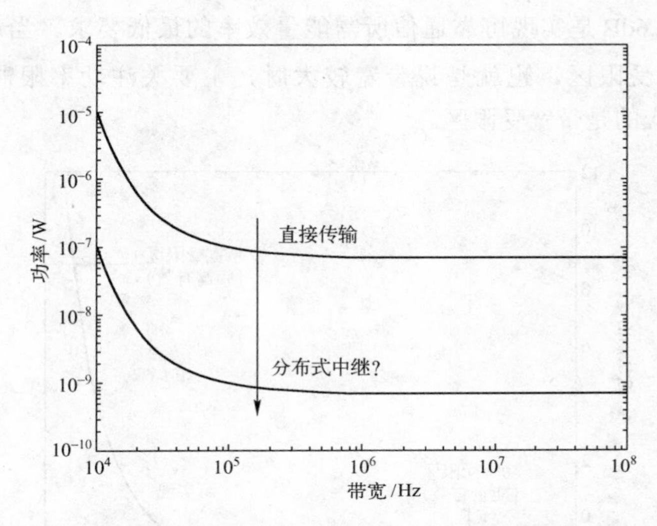

图 13-2 分布式中继结构相比于直接传输是否可以增加功率和带宽效率

为了进一步说明基于功率带宽折中的方法，采用著名的香农容量定理作为分析的关键起点。香农定理表明，要实现一定的数据速率 R，在功率、带宽和编码复杂度之间存在折中。为了说明这一折中，考虑一个简单的例子，即加性高斯白噪声（Additive White Gaussian Noise，AWGN）信道。在 AWGN 信道上能够实现的数据传输速率 R 的上限为

$$R<B\log_2\left(1+\frac{P}{N_0B}\right) \tag{13-1}$$

式中，P 为信号功率；B 为信道带宽；N_0 为单边噪声功率谱密度。可以采用两种方法确定功率效率和带宽效率，分别为：

1）能量效率：表示为每个信息比特消耗的能量，$E_b=P/R$（单位为焦耳）。

2）频谱效率：表示为 $C=R/B$（单位为 bit/s/Hz）。

将上面的定义代入式（13-1）中可得，可实现的能量和频谱效率需要满足以下条件：

$$\frac{E_b}{N_0}>\frac{2^C-1}{C}$$

两者之间的关系如图 13-3 所示。

首先注意到，要达到一定的数据速率，在能量效率 E_b/N_0 和频谱效率 C 之间存在一个折中，即功率带宽折中。功率带宽折中曲线上方所有的点，均能够以一定编码复杂度实现。而功率带宽曲线下方的区域是无法实现可靠通信的。注意，

$E_b/N_0=\ln 2\approx -1.6\text{dB}$ 是实现可靠通信所需能量效率的最低要求。当 $C<<1$ 时，系统工作在功率受限区，也就是说带宽较大时，主要关注功率限制。同样，当 $C>>1$ 时，对应的是带宽受限区。

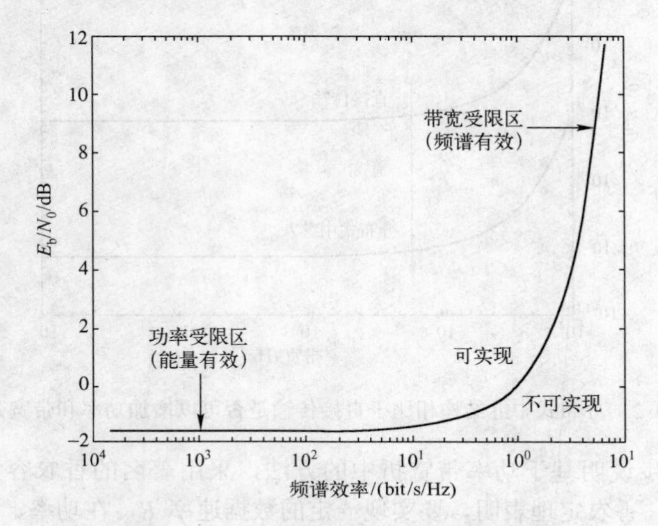

图 13-3 AWGN 信道中的功率-带宽折中

在功率受限区，研究功率带宽折中的分析工具之前已经在点对点单用户通信系统[1, 2]中提出，后来拓展到多用户系统（点对多点和多点对点）[3~5]和中继辅助的单用户和多用户系统[6~8]。类似地，在带宽受限情况下，功率带宽折中分析的必要工具由文献[3]的码分多址（Code-Division Multiple Access，CDMA）系统提出，后来又分别由文献[9]和文献[10]应用于描述点对点通信和广播通信的多天线信道[11-17]。而之前针对大规模 Ad-hoc 无线网络基本性能限的研究，多数只关注能量效率性能[18]或频谱效率性能[19-23]。针对这一不足，近年来，针对线性多跳网络[24-26]和密集多天线中继网络[27-30]的研究，分析了分布式无线网络中，不同中继和多跳路由算法与结构的功率带宽折中问题。相关研究成果将在 13.2 和 13.3 节加以综述。

13.2 节特别针对串行中继网络架构，研究了多跳路由和空间复用的功率带宽折中问题。旨在功率受限情况下，建立最适合无线宽带网络的实际路由方法。假设发射机采用正交频分复用（Orthogonal Frequency-Division Multiplexing，OFDM）调制，且系统经历准静态、频率选择性衰落。考虑开环（固定速率）和闭环（自适应速率）多跳中继技术，分析空间复用路由对端到端条件互信息（由于信道衰落参数特定值的原因，所以被认为是一个随机变量）和宽带能量频谱效率测度（由条件互信息计算得出）统计特性的影响。分析重点针对在跳数较多的情况下，端到端性能测度的收敛性，即文献[25]中首次观察到的，被称为“多跳分集”的现象。针对受到无线信道影响（如路径损耗和准静态频率选择性多径衰落）的宽带 OFDM 系统，对采用空间复用的固定速率和自适应速率路由的情况，对多跳分集优点的可实现性进行了理论分析并给出了经验结果。

接下来，13.3 节将分析并行中继网络架构下，中继协作和分布式波束赋形的功率带宽折中。这里，考虑有多个激活多天线源节点和目的节点对的密集衰落多用户网络，自发地通过 K 个全空间复用模式的多天线中继终端通信。采用香农定理分析 SNR 和网络规模增长情况下，能量效率和频谱效率的折中。我们设计了线性分布式多天线中继波束机制（Linear Distributed Multi-antenna Relay Beamforming，LDMRB），该机制采集多用户间的干扰空间特征，并描述系统工作范围内源节点和中继节点传输功率受限的功率带宽折中。研究多个用户、多个中继节点及多个天线在高或低 SNR 情况下对系统性能的影响，从而显示通过使用这种实际的中继合作技术可能带来功率和带宽要求的降低。研究结果表明，分布式中继波束技术支持的点对点编码的多用户网络具有更高的能量效率和频谱效率，在采用适当的信号传输技术和天线自由度足够的情况下，具有最佳的能量带宽折中，即在中继节点数较多时，对于任意 SNR，有最佳的能量标度 K^{-1} 和最佳的频谱效率斜率。

13.2　串行中继网络架构中的功率——带宽折中

13.2.1　网络模型和定义

13.2.1.1　一般假设

以线性多跳网络（串行中继网络架构）为模型。在网络中，一对源节点和目的节点通过两者之间的多个中继节点路由，实现彼此通信，如图 13-4 所示。假设线性多跳网络由 N+1 个终端组成，其中源节点为$\mathcal{T}_1$，目的节点为$\mathcal{T}_{N+1}$，N−1 个中继节点为$\mathcal{T}_2$~$\mathcal{T}_N$，这里的 N 是传输路径上的跳数。因为一个节点不能在同一频带上同时发送和接收数据，所以只研究基于时分（半双工）的中继，即发射机和接收机使用的频率和时间相互正交。

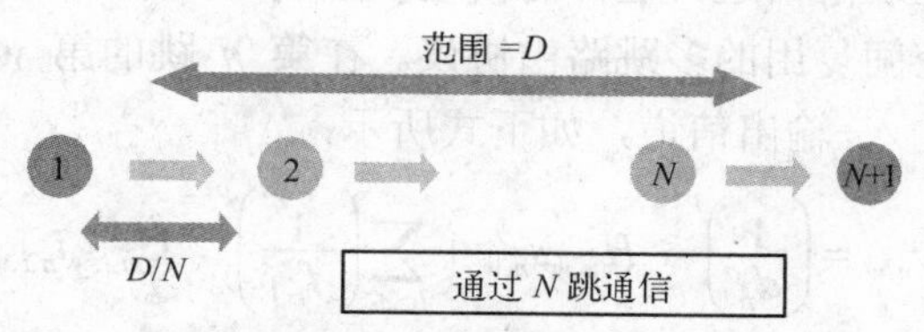

图 13-4　串行中继网络架构的线性多跳网络模型[26]（©2008 IEEE）

而且，假定中继节点能够对整个码字进行完全译码，在其他的文献中也有称之为“再生中继”或者“译码转发”。特别地，对每一条从$\mathcal{T}_1$传送到$\mathcal{T}_{N+1}$的消息，都采用简单的N跳译码转发多跳路由协议。在该协议中，在第n跳时（n=1，…，N−1），中继节点$\mathcal{T}_{n+1}$对在节点T_n发送到的消息进行完全译码，然后重新进行编码后，在第n+1跳发送给节点T_{n+2}。我们认为多跳中继协议在不同的跳之间没有干扰，并且可以进行空间复用，因此在该线性网络上，允许一定数量的节点在相同时隙和频带上同时传输。

为使多个数据包在线性多跳网络中并行传输，发射机对可用带宽进行复用，同时传输的节点之间的最小间隔为Λ（$2 \leqslant \Lambda \leqslant N$）。其中，$N$可以被$\Lambda$整除，因此允许在任意时刻，有$\Delta = N / \Lambda$个节点同时传输。这样的空间复用机制可以使多个节点同时传输，从而实现更高的带宽利用率，但是也引入路由内干扰。图13-5所示的例子是一个基于时分、空间复用和时隙共享的多跳路由协议，其中$N = 4$，$\Lambda = 2$，$\Delta = 2$。如果没有空间复用的情况时，则Λ=N，$\Delta = 1$。在译码消息时，终端把所有不是从它的前一个节点发来的信号都视为噪声。例如，在节点$\mathcal{T}_{n+1}$，接收机把所有不是节点$\mathcal{T}_n$发送的信号都视为噪声。

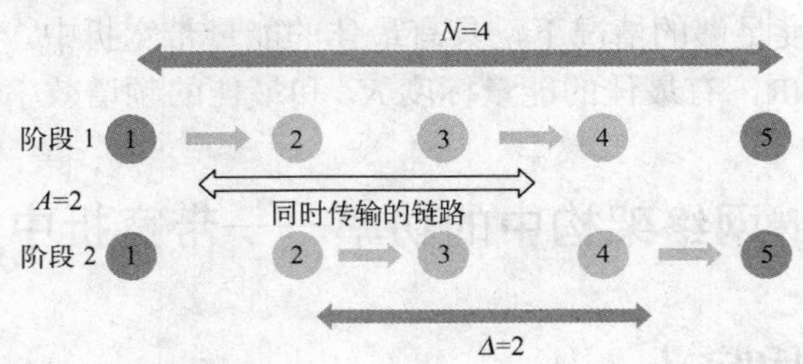

图 13-5 空分复用和时间共享的线性多跳网络模型，N=4，Λ=2，Δ=2。（©2008 IEEE[26]）

13.2.1.2 信道模型和信号模型

本节考虑每一跳都是准静态、频率选择性衰落的宽带信道。并且假定接收机和发射机完全同步。采用OFDM调制方式，把频率选择性信道转变为W个并行的频率平坦衰落信道。这样就使多信道的均衡变得简单，因为可以采用窄带接收机来接收每一个OFDM信号。假设OFDM系统的循环前缀（Cyclic Prefix，CP）长度大于离散时间基带信道冲激响应的长度。这一假设保证了频率选择性信道可以分解为一系列并行的平坦衰落信道。这样的信道模型既支持采用空间复用的多跳路由协议，也支持不采用空间复用的多跳路由协议。在第n跳的第w个子载波上，离散时间无记忆复基带输入-输出信道，如下式所示：

$$y_{n,w} = \left(\frac{1}{d_n}\right)^{p/2} H_{n,w} s_{n,w} + \sum_{l \in \mathcal{L}_n} \left(\frac{1}{f_{n,l}}\right)^{p/2} G_{n,l,w} i_{n,l,w} + z_{n,w}$$

式中，$y_{n,w} \in \mathbb{C}$是终端$\mathcal{T}_{n+1}$的接收信号；$s_{n,w} \in \mathbb{C}$是$\mathcal{T}_n$发射的，时间独立同分布、均值为0的循环对称高斯标量信号，且满足功率约束$\mathbb{E}[|s_{nw}|^2]$=P_S；$i_{n,l,w} \in \mathbb{C}$是从路由

内干扰源发射的，时间独立同分布、循环对称复高斯标量信号，满足平均发射功率约束，$\mathbb{E}[|i_{n,l,w}|^2]=P_i$；$z_{n,w}\in\mathbb{C}$ 是在$\mathcal{T}_{n+1}$处均值为 0 的时间循环对称复高斯白噪声信号，不同的 n 和 w 相互独立，且与输入信号$\{s_{n,w}\}$与$\{i_{n,l,w}\}$独立，N_0 为噪声单边功率谱密度；d_n 是节点$\mathcal{T}_n$与$\mathcal{T}_{n+1}$之间的距离；$f_{n,l}$ 是干扰源 l 到终端$\mathcal{T}_{n+1}$ 的距离。终端$\mathcal{T}_{n+1}$ 接收时，线性多跳网络的节点$\mathcal{T}_1$～$\mathcal{T}_{n+1}$ 中产生路由内干扰的节点的编号构成了集合$\mathcal{L}_n$。p 是路径损耗指数（$p\geqslant 2$）。所有的离散时间信道假定为频率选择性衰落信道，具有 V 个时延抽头，分别编号为$v=0$，…，$V-1$，有确定的功率延迟分布（Power Delay Profile，PDP），因此在子载波$w=1$，…，W 处的频率响应抽样如下：

$$H_{n,w}=\sum_{v=0}^{V-1}h_{n,v}\mathrm{e}^{-\mathrm{j}2\pi vw/W},\ G_{n,l,w}=\sum_{v=0}^{V-1}g_{n,l,v}\mathrm{e}^{-\mathrm{j}2\pi vw/W}$$

分别对应信号和干扰分量。

由于无线链路衰落（包括阴影衰落和小尺度衰落），式中，$h_{n,v}\in\mathbb{C}$和$g_{n,l,v}\in\mathbb{C}$为任意连续分布的随机变量，分别表示接收机$\mathcal{T}_{n+1}$处，信号和干扰信道增益。假定线性多跳网络为一维分布，即源节点$\mathcal{T}_1$和目的节点$\mathcal{T}_{N+1}$之间的距离为 D，所有中继节点$\mathcal{T}_2$-$\mathcal{T}_N$在$\mathcal{T}_1$到$\mathcal{T}_{N+1}$之间等距离分布，即两相邻节点之间的距离为 $d_n=D/N$。

假定线性多跳网络中不同的跳和不同的时延抽头（第 n 跳，第 v 个抽头）上的信道衰落（表示为随机变量$\{h_{n,v}\}$和$\{g_{n,l,v}\}$）统计独立同分布，而且信道模型为准静态，即信道变量$\{h_{n,v}\}$和$\{g_{n,l,v}\}$在每一跳传输的整个持续时间内是固定的，也就是说每个码字保持一个单独的衰落状态，信道相干时间比编码块要大，为慢衰落信道。假定每个接收终端$\mathcal{T}_{n+1}$ 准确估计和跟踪它的信道，因此可以完全知道每个信道情况$\{h_{n,v}\}_{v=0}^{V-1}$和来自$\mathcal{L}_n$ 的总干扰功率。根据发射机的信道状态信息（Channel State Information，CSI），分别考虑下列两种情况：

1）固定速率传输。发射机没有 CSI，因此对于所有终端只能采用固定速率的传输策略，该速率的选择依据在一定概率下的传输可靠性。

2）自适应速率传输。每一个传输终端$\mathcal{T}_n$，$n=1$，…，N，知道信道状态$\{h_{n,v}\}_{v=0}^{V-1}$，以及来源于$\mathcal{L}_n$ 的总干扰功率，编码块长任意大，允许在 n 跳上自适应地选择传输速率以保证可靠传输。

需要强调的是，我们只假设终端处有本地 CSI，即每个终端仅具有相邻链路的理想接收（也可能是发送）CSI，并不假定在每个节点具有全局 CSI。通常，由于慢衰落，线性多跳网络中的各个终端通过反馈机制，可以获得相邻链路的全部 CSI。

13.2.1.3　编码架构

为了在具有 Λ 个复用阶段编号为 $k=1,\cdots,\Lambda$，的线性多跳网络中，对块编码通信进行建模，在每个复用阶段 $\Delta=N/\Lambda$ 个节点同时传输，传输编号为 $m=1,\cdots,\Delta$，如图 13-5 所示，$(\{\{M_{k,m}\}_{k=1}^{\Lambda}\}_{m=1}^{\Lambda},\{Q_k\}_{k=1}^{\Lambda},Q)$ 多跳码 $\mathcal{C}_Q$ 由包含

$\sum_{m=1}^{\Delta}\sum_{k=1}^{\Lambda}M_{k,m}$ 个码字的码本定义，其中 $M_{k,m}$ 表示在第 $n=(m-1)\Lambda+k$ 跳，复用阶段 k 时，传输 m 消息的数量（即码字的数量），Q_k 表示复用阶段 k 的编码长度，$R_{k,m}=(1/Q_k)\ln(M_{k,m})$ 表示在第 n 跳，$n=(m-1)\Lambda+k$，复用阶段 k，传输 m 的通信速率（单位为 nat 每信道占用），$Q=\Delta\sum_{k=1}^{\Lambda}Q_k$ 为固定值，它表示多跳链路上的信道占用总数，表示端到端传输的时延约束，即在 N 跳路由协议中，从 $\mathcal{T}_1$ 向 $\mathcal{T}_{N+1}$ 传输每条消息需要 Q 个符号持续时间。定义 $\mathcal{S}_{m,Q_k}$ 为所有长度为 Q_k 的序列的集合，在第 $n=(m-1)\Lambda+k$ 跳，传输 m 期间，它可以在复用阶段 k 的信道中传输；$\mathcal{Y}_{m,Q_k}$ 表示所有接收长度为 Q_k 的序列的集合。多跳传输的码本由编码函数 $\phi_{k,m}$，$k=1, \cdots, \Lambda, m=1, \cdots, \Delta$ 决定，该函数将第 n 跳，复用阶段 k，传输 m 的消息 $w_{k,m}\in\mathcal{W}_{k,m}=\{1, \cdots, M_{k,m}\}$ 映射到传输码 $\boldsymbol{s}_{k,m}\in\mathbb{C}^{W\times Q_k}$，这里的 $s_{k,m,w}[q]\in\mathcal{S}_1$ 是指在 $n=(m-1)\Lambda+k$ 跳上，传输 m，复用阶段 k，子载波 w，信道占用 $q, q=1, \cdots, Q_k$ 上的传输符号。接收节点使用译码函数 $\psi_{k,m}, k=1, \cdots, \Lambda, m=1, \cdots, \Delta$，根据接收信号 $\boldsymbol{y}_{k,m}\in\mathbb{C}^{W\times Q_k}$ 进行译码映射 $\mathbb{C}^{W\times Q_k}\to\hat{w}_{k,m}\in\mathcal{W}_{k,m}$，式中，$y_{k,m,w}[q]\in\mathcal{Y}_1$ 表示传输 m，复用阶段 k，子载波 ω，信道占用 q，$n=(m-1)+k$ 跳上接收的数据符号。在 $n=(m-1)\Lambda+k$ 跳，复用阶段 k，传输 m 的码字错误概率为 $\epsilon_{k,m}=\mathbb{P}(\psi_{k,m}(\mathbf{y}_{k,m})\neq w_{k,m})$。如果存在一串多跳码字 $\{\mathcal{C}_Q: Q=1, 2, \cdots\}$，并且对于任意的 k，$Q=\Delta\sum_{k=1}^{\Lambda}Q_k$，$Q_k>0$，以及对于任意的 k，m，错误概率 $\epsilon_{k,m}$ 等于 0，则 $N=\Lambda$ 个 Δ 重多跳速率 $\left\{\{R_{k,m}\}_{k=1}^{\Lambda}\right\}_{m=1}^{\Delta}$ 是可以实现的。

13.2.1.4 功率-带宽折中测量

本节主要介绍线性多跳网络中功率-带宽折中的评估方法，因此需要引入能量和频谱效率的一个重要测度用于评估系统性能。假设线性多跳网络的带宽 B（单位 Hz）不受约束，总平均发射功率 P（单位 W）为有限值。$\Delta=N/\Lambda$ 个同时传输共用有限的传输功率，W 个 OFDM 子载波具有相同的带宽 B/W，因此 $P_s=P/\Delta W$，$P_i=P/\Delta W$。如果线性多跳网络中传输的码字要实现期望的每单位带宽内端到端的数据率为 R（目标频谱效率），当 $Q_k\to\infty$ 时，对于 $\forall k$，可靠传输要求 $R\leqslant\mathcal{I}(E_b/N_0)$，这里 $\mathcal{I}$ 表示在准稳态衰落情况下的条件互信息（单位：bit/s/Hz），它是一个随机值。E_b/N_0 表示每个信息比特的能量与背景噪声的功率谱能量 N_0 的归一化比值，表达式为 $E_b/N_0=\mathbf{SNR}/I(\mathbf{SNR})$，其中 $\mathbf{SNR}=P/(N_0B)$，I 表示条件互信息，是 SNR 的函数。[⊖]本文描述的功率-带宽折中是在达到给定数据率的目标前提下，信噪比 E_b/N_0 和 $\mathcal{I}$ 之间的折中。特别强调的是，整个分析是基于宽带机制，即低信噪比 E_b/N_0 的情况。定义 $(E_b/N_0)_{\min}$ 为系统能够以正速率可靠传输时所需的

⊖ 使用 I 和 $\mathcal{I}$ 是为了避免了用同样的符号表示以 SNR 和以 E_b/N_0 为自变量的条件互信息函数。

最小信噪比，则 $(E_b/N_0)_{\min} = \min_{\text{SNR}} \textbf{SNR}/I(\textbf{SNR})$。在大多数情况下，$E_b/N_0$ 都是足够小的，因为在宽带网络中，SNR 较小，I 接近为 0。认为一阶互信息 $\mathcal{I}$ 是 E_b/N_0 的函数，当 $\mathcal{I}\to 0$ 时，函数表示如下：㊀㊁

$$10\log_{10}\frac{E_b}{N_0}(\mathcal{I}) \overset{\text{a.s.}}{=} 10\log_{10}\left(\frac{E_b}{N_0}\right)_{\min} + \frac{\mathcal{I}}{S_0}10\log_{10}2 + o(\mathcal{I})$$

式中，S_0 表示在最小信噪比 $(E_b/N_0)_{\min}$ 处互信息的斜率，单位为 bit/s/Hz /(3dB)。

$$S_0 \overset{\text{a.s.}}{=} \lim_{\frac{E_b}{N_0}\downarrow\frac{E_b}{N_0}_{\min}} \frac{\mathcal{I}\left(\frac{E_b}{N_0}\right)}{10\log_{10}\frac{E_b}{N_0} - 10\log_{10}\frac{E_b}{N_0}_{\min}} 10\log_{10}2$$

可以得出[1]

$$\frac{E_b}{N_0}_{\min} \overset{\text{a.s.}}{=} \lim_{\textbf{SNR}\to 0}\frac{\ln 2}{\dot{I}(SNR)} \tag{13-2}$$

以及

$$S_0 \overset{\text{a.s.}}{=} \lim_{\textbf{SNR}\to 0}\frac{2[\dot{I}(\textbf{SNR})]^2}{-\ddot{I}(\textbf{SNR})} \tag{13-3}$$

式中，$\dot{I}$ 和 $\ddot{I}$ 表示 $I(\textbf{SNR})$的一阶和二阶导数（单位为 nat/s/Hz）。

13.2.2　功率——带宽折中特性描述

本节首先描述线性多跳网络中端到端互信息的特征，考虑在每一跳上采用逼近点到点容量的编码。对于互信息的分析，我们对该多跳系统不加任何时延约束，并允许编码传输任意大小的块长度（假设$\{Q_k\}$足够大），虽然会考虑多跳块长度的相对大小。假定节点间共用频带，每秒传输 B 个复值符号。对于任意给定的空间复用间隔 Λ，基于时分的多跳路由协议，指定了一个时间共享常数 $\{\lambda_k\}_{k=1}^{\Lambda}, \sum_{k=1}^{\Lambda}\lambda_k = 1$，其中 $\lambda_k \in [0,1]$ 表示在复用阶段 $k(k=1,\cdots,\Lambda)$ 激活时间所占比例，且在相应的 $\Delta = N/\Lambda$ 跳同步发送和接收。对于任意给定的复用阶段 k，同步传输的跳数由下标 $m=1,\cdots,\Delta$ 编号。如果在复用阶段 k，传输的码字是基于一个通用的每单位带宽数据速率（频谱效率）$\tilde{R}_k$，那么可靠传输要求对所有 k 都有 $\tilde{R}_k \leqslant \min_m I_{k,m}(\textbf{SNR})$，其中，$I_{k,m}$ 表示传输 m，复用阶段 k 时的互信息，跳数为 $n=(m-1)\Lambda+k$。线性多跳系统端到端条件互信息 I 的表达式由文献[24,25]给出

$$I(\text{SNR}) = \max_{\sum_{k=1}^{\Lambda}\lambda_k=1}\min_k\{\lambda_k \min_m I_{k,m}(\text{SNR})\} \tag{13-4}$$

㊀ $u(x)=o(v(x))$，$x\to L$，表示 $\lim_{x\to L}(u(x)/v(x))=0$。

㊁ $\overset{\text{a.s.}}{=}$ 表示以概率 1 统计相等。

式中，$I_{k,m}(\mathrm{SNR})$ 表示条件互信息（单位为 nat/s/Hz）。[14]

$$I_{k,m}(\mathrm{SNR})=\frac{1}{W}\sum_{w=1}^{W}\ln(1+\mathrm{SINR}_{(m-1)\Lambda+k,w}(\mathrm{SNR})) \tag{13-5}$$

$I_{k,m}(\mathrm{SNR})$ 是信干噪比（Signal-to-Interference-and-Noise Ratio，SINR）的函数，由目的节点 $\mathcal{T}_{N+1}$ 和子载波 w 确定，如下所示：

$$SINR_{n,w}(\mathrm{SNR})=\frac{N^{p-1}\Lambda\,|\,H_{n,w}\,|^2\,\mathrm{SNR}}{D^p}(1+\zeta_{n,w}(\mathrm{SNR}))^{-1}$$

式中，$\zeta_{n,w}(\mathrm{SNR})$ 表示路由内干扰的总功率，随着噪声功率的降低而降低，满足 $\log_{SNR\to 0}\zeta_{n,w}(\mathrm{SNR})=0$。

13.2.2.1 固定速率的多跳中继

式（13-4）中条件互信息下边界的为一个次最优策略，是所有跳相等地共享时间（$\lambda_k=1/\Lambda$）和采用固定传输速率（开环），即复用阶段 k 和传输 m 具有相等的速率 $R_{k,m}=R$，R 为一个定值。这是一个次最优策略，因此得到式（13-4）中条件互信息的下边界。该策略适用于发射机没有 CSI，无法进行自适应速率机制的情况下。在这种条件下，端到端的条件互信息可以表示为

$$\begin{aligned}I(\mathrm{SNR})&=\frac{1}{\Lambda W}\min_{k,m}\sum_{w=1}^{w}\ln(1+\mathrm{SINR}_{(m-1)\Lambda+k,w}(\mathrm{SNR}))\\&=\frac{1}{\Lambda W}\min_{n}\sum_{w=1}^{W}\ln(1+\mathrm{SINR}_{n,w}(\mathrm{SNR}))\end{aligned} \tag{13-6}$$

定理 13.1 在宽带机制下，对于基于时分复用的线性多跳网络，使用固定速率译码转发的中继协议（相同的时间共享），功率带宽折中可以表示为信道衰落参数的函数，如下所示：

$$\frac{E_b}{N_0}_{\min}\overset{\text{a.s.}}{=}\frac{\ln 2}{\min_n\left(\frac{1}{W}\right)\sum_{w=1}^{W}|\,H_{n,w}\,|^2}\left(\frac{D^p}{N^{p-1}\Lambda}\right)$$

以及

$$S_0\overset{\text{a.s.}}{=}\frac{2}{\Lambda}$$

N 较大时，$(E_b/N_0)_{\min}$ 的分布收敛为以下表达式：㊀

$$\frac{E_b}{N_0}_{\min}\overset{d}{\to}\frac{\ln 2}{a_N\Theta+b_N}\left(\frac{D^p}{N^{p-1}\Lambda}\right)$$

式中，$a_N>0$，b_N 为常数序列，Θ 服从下面关于 μ 的三类极值分布中的一个：

第一类：$\mu(x)=1-\exp(-\exp(x)),-\infty<x<\infty$。

㊀ $\overset{d}{\to}$ 表示分布收敛。

第二类：$\mu(x)=1-\exp(-(-x)^{-\gamma}),\gamma>0$, 当 $x<0$；否则 $\mu(x)=1$。

第三类：$\mu(x)=1-\exp(-x^{\gamma}),\gamma>0$, 当 $x\geqslant 0$；否则 $\mu(x)=0$。

证明：首先将式（13-3）～式（13-6）代入式（13-2），可得到定理的一个非渐近的结果。$\beta_N=\min_{n=1,\ldots,N}(1/W)\sum_{w=1}^{W}|H_{n,w}|^2$，如果存在常数序列 $a_N>0$，b_N，以及某个非退化分布函数μ，使得当 $N\to\infty$时，$(\beta_N-b_N)/a_N$ 收敛为 μ，即

$$\mathbb{P}\left(\frac{\beta_N-b_N}{a_N}\leqslant x\right)\to\mu(x), N\to\infty$$

μ 属于以上三类极值分布中的一个。准确的渐进极限分布由 $(1/W)\sum_{w=1}^{W}|H_{n,w}|^2$ 的分布决定，并决定其属于三个吸引域中的哪一个。因此可以得到

$$\beta_N\xrightarrow{\mathrm{d}}a_N\Theta+b_N$$

证毕。

当信道非遍历，或者信道虽然遍历，但为慢衰落变化，在固定速率传输下（所有终端发射机都不知道 CSI），用信息论刻画端到端传输性能需要考虑中断概率[31]。将线性多跳网络中端到端的一次中断定义为一个事件，即基于瞬时信道衰落参数 $\{h_{n,v}\}$ 和 $\{g_{n,l,v}\}$ 的条件互信息不能支持所要求的数据速率。根据端到端的条件互信息 $I(\mathrm{SNR})$，端到端的中断概率可以数学表示为 $P_{\mathrm{out}}=\mathbb{P}(I(SNR)<R)$，$R$ 表示端到端的期望数据速率。根据定理 13-1 的结果，相似的中断特性适用于宽带机制下的功率-带宽折中。特别地，$\left(\frac{E_{\mathrm{b}}}{N_0}\right)_{\min}$ 可以表示为

$$\left(\frac{E_{\mathrm{b}}}{N_0}\right)_{\min,\mathrm{out}}=\frac{\ln 2}{a_N\mu^{-1}(P_{\mathrm{out}})+b_N}\left(\frac{D^p}{N^{p-1}\Lambda}\right)$$

13.2.2.2 自适应速率的多跳中继

通过进行最佳时间共享和根据瞬时衰落条件进行速率的自适应调整，线性多跳网络可以实现式（13-4）中的条件互信息。因为可以选择每跳上每个码字的传输速率，所以总是可以实现可靠译码（每个码字的速率根据瞬时速率进行调整，瞬时速率取决于信道衰落条件）。通过这种闭环策略（假定块长度无限大），可以使得系统从不发生中断。虽然中断可能和每一跳无关（完全可靠要求无限长的块），但是研究这种多跳网络中端到端互信息的统计特性，还是有助于对服务质量（Quality of Service，QoS）敏感应用（如吞吐量、可靠性、时延或者能量约束）得到一些有益的结论。应用文献[25]中的引理 1，自适应速率的多跳中继策略中，端到端的条件互信息可以表示为

$$I(\mathrm{SNR})=\left(\sum_{k=1}^{\Lambda}\frac{1}{\min_m I_{k,m}(\mathrm{SNR})}\right)^{-1} \tag{13-7}$$

式中，$I_{k,m}(\mathrm{SNR})$ 在之前的式（13-5）已给出。

定理 13.2 在宽带机制中，对基于时分的线性多跳网络，在使用自适应速率的译码转发中继协议（最佳分时）时，其功率-带宽折中可以表示为信道衰落参数的函数，如下所示：㊀

$$\frac{E_{\mathrm{b}}}{N_{0\,\min}} \overset{\text{w.p.1}}{=} \left(\frac{D^p}{N^{p-1}\Lambda}\right)\sum_{k+1}^{\varLambda} \frac{\ln 2}{\min_m (1/W)\sum_{w=1}^{W} \left| H_{(m-1)\varLambda+k,w} \right|^2}$$

以及

$$S_0 \overset{\text{w.p.1}}{=} \frac{2}{\Lambda}$$

在 N 较大的限制下，以及固定的 $\varDelta = N/\varLambda$，$(E_{\mathrm{b}}/N_0)_{\min}$ 将会收敛为一个确定的值

$$\frac{E_{\mathrm{b}}}{N_{0\,\min}} \xrightarrow{\text{w.p.1}} \ln 2\left(\frac{D^p}{N^{p-1}\varLambda}\right)\chi + o\left(\frac{1}{N^{p-1}}\right)$$

式中，常量 χ 为

$$\chi = \mathbb{E}\left[\frac{1}{\min_{m=1,\cdots,\varDelta}(1/W)\sum_{w=1}^{W}\left|H_{m,w}\right|^2}\right]$$

13.2.2.3 关于定理 13.1 和定理 13.2 的讨论

根据定理 13.1 和 13.2，无论是固定速率还是自适应速率的多跳中继机制，在空间复用和频率选择条件下，功率带宽折中都依赖于信道，反映为 $(E_{\mathrm{b}}/N_0)_{\min}$ 的随机性上。我们发现在宽带机制自适应速率的情况下，随着跳数趋于无限大，$(E_{\mathrm{b}}/N_0)_{\min}$ 将会收敛于一个确定的值，而与衰落信道实现无关。同样地，对于固定速率中继机制，随着节点数逐渐增大，$(E_{\mathrm{b}}/N_0)_{\min}$ 具有弱收敛性。固定速率和自适应速率中继机制带来的平均效应可以解释为“多跳分集”。文献[25]对频率平坦衰落信道、无空间复用路由的研究中，首先发现了“多跳分集”这一现象。现在在有空间复用和频率选择性信道也同样发现了“多跳分集”。虽然随着 N 的增大，固定速率中继机制改善了中断性能，但是该架构下不能像自适应速率中继机制那样快速收敛于 $(E_{\mathrm{b}}/N_0)_{\min}$。然而，在固定速率中继中，$(E_{\mathrm{b}}/N_0)_{\min}$ 的变化仍然减少了，这就导致了弱收敛性，即随着跳数的增加，信道功率的最小值运算减小了端到端互信息的平均值和方差，同时平均值的损失大于由于每跳距离变短带来的路径损耗降低的补偿。

㊀ $\xrightarrow{\text{w.p.1}}$ 表示以概率 1 收敛（也称为确定性收敛）[33]。

注意到无论固定速率还是自适应速率多跳中继系统，能量效率和端到端链路可靠性的提高都是以频谱效率的损失为代价的，反映在宽带斜率 S_0 上，S_0 与空间复用间隔 Λ 成反比（$2 \leqslant \Lambda \leqslant N$）。然而要强调的是，与没有空间复用的情况相比，宽带斜率改进很大，这就证明了宽带机制下空间复用的多跳路由技术提高了频谱效率，尤其是在早期的研究文献[25]中提到，在没有空间复用的准静态衰落线性多跳网络中，$S_0 = 2/N$。

在接下来的大量研究中，我们研究在 $V=2$，$W=4$ 的频率选择性信道和 $V=1$，$W=1$ 的频率平坦信道中的多跳路由。对于每一个信道抽头，衰落信道的实现为期望 $1/\sqrt{2}$，方差为 1/2 的复高斯（莱斯）分布，且具有等功率的 PDP。假定路径损耗指数 $p=4$，而且终端 $\mathcal{T}_1$ 和 $\mathcal{T}_{N+1}$ 间的平均接收 SNR 归一化为 0dB。图 13-6 是固定速率和自适应速率多跳中继机制的端到端互信息累积分布函数，在频率平坦衰落信道和频率选择性衰落信道情况下，跳数分别为 $N=1, 8$。同样考虑 N=8 时，空间复用间隔 Λ=4，8 的情况。正如我们分析的，空间复用配合自适应速率中继的路由在频谱效率上有显著优势。对于频率平坦信道和频率选择性信道，随着跳数的增加，由于多跳分集，互信息的 CDF 急剧收缩到均值附近，相对于单跳通信性能有了非常大的提高，特别是降低了中断概率。换句话说，仿真结果表明，多跳分集增益在频率选择性衰落信道下仍然存在，并可与每条链路本身具有的频率分集相结合，实现更高的整体分集优势。最后，数值结果表明，自适应速率多跳中继网络端到端链路速率比固定速率中继系统更高，这与我们的分析保持一致。

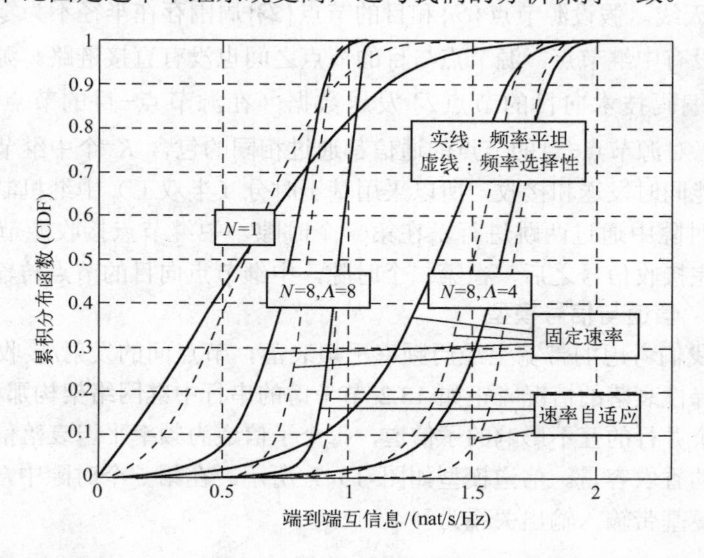

图 13-6 平坦衰落和频率选择性衰落信道中，不同 N 值和 Λ 值下，固定速率和自适应速率中继策略的端到端互信息累积分布函数（CDF）[26]（©2008 IEEE）

13.2.3　小结

本节考虑了基于线性多跳网络模型的串行中继网络架构，通过理论和实验结果分析了在空间复用的宽带 OFDM 系统中，固定速率和自适应速率多跳分集的优势。在分析中，考虑了无线信道的影响（如路径损耗和准静态频率选择性多径衰落）。结果证明：多跳分集在信道模型和路由协议中的可用性，而不仅仅是之前文献[25]所提到的那些。在设计多跳路由协议中，利用多跳分集还可以同时增强基于 OFDM 宽带 mesh 网络的端到端链路可靠性、能量效率和频谱效率。

13.3　并行中继网络架构中的功率——带宽折中

13.3.1　网络模型与定义

13.3.1.1　基本假设

假设并行中继网络架构是由 $K+2L$ 个终端组成的多用户、多天线中继网络（Multi-antenna Relay Network，MRN），包括 L 对激活的源节点-目的节点相互之间进行通信，以及 K 个随机独立分布于一个固定区域的中继节点。用$\mathcal{S}_l$表示第 l 个源节点，用$\mathcal{D}_l$表示第 l 个目的节点，l=1，…，L。用$\mathcal{R}_k$表示第 k 个中继节点，k=1，2，…，K。每个源节点集$\{\mathcal{S}_l\}$和目的节点集$\{\mathcal{D}_l\}$都有 M_s 根天线，中继节点$\mathcal{R}_k$有 M_r 根发射/接收天线。假设源节点$\{\mathcal{S}_l\}$和目的节点$\{\mathcal{D}_l\}$周围存在半径不为零的盲区，在两个盲区中没有中继节点，源节点与目的节点之间也没有直接链路。源节点$\mathcal{S}_l$只能采用点对点编码技术向目的节点$\mathcal{D}_l$发送数据（在源节点-目的节点之间没有协作），所有 L 对源节点-目的节点的通信都通过相同的包含 K 个中继节点的集合。因为节点不能同时发送和接收，所以采用基于时分（半双工）中继机制，该机制在两个不同的时隙中通过两跳进行。在第一个时隙，中继节点接收源节点发送的信号；在处理完接收信号之后，在第二个时隙，中继节点向目的节点传输数据。

13.3.1.2　信道与信号模型

假设在我们考虑的带宽上经历频率平坦衰落，节点间的发射/接收完全同步。对于频率选择性衰落的情况（正如 13.2 节考虑的串行中继网络架构那样），信道可以分解为多个并行的互不影响的子信道，每个子信道为频率平坦衰落信道，与整个信道有相同的香农容量。信道模型如图 13-7 所示。在第一个时隙中，$S_l \rightarrow R_k$ 链路的离散时间复基带输入输出关系为㊀

㊀ A→B 表示从 A 节点到 B 节点的通信。

$$\boldsymbol{r}_k = \sum_{l=1}^{L} \sqrt{E_{k,l}} \boldsymbol{H}_{k,l} \boldsymbol{s}_l + \boldsymbol{n}_k, k = 1,\ 2,\ \cdots,\ K$$

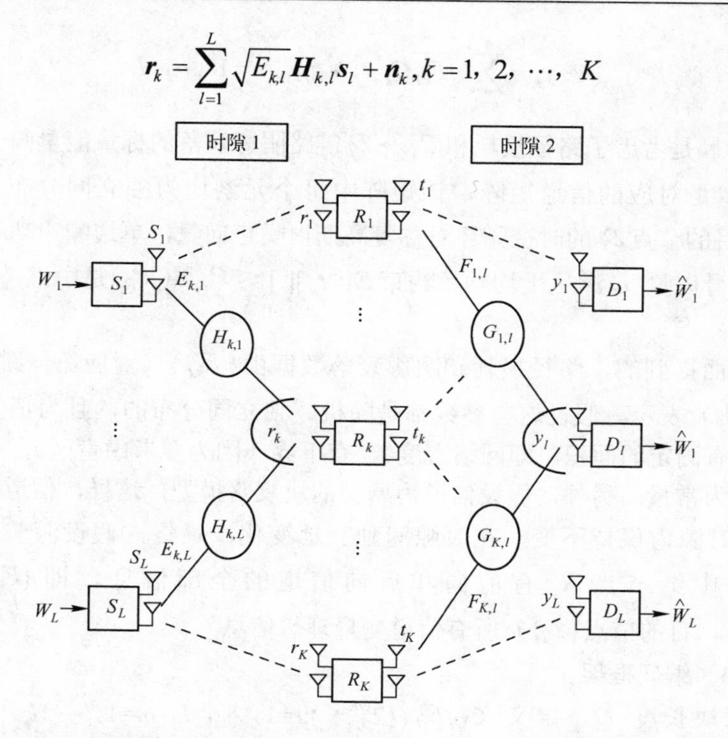

图 13-7　并行中继网络架构中多用户 MRN 源节点-中继节点和中继节点-目的节点的信道模型[27]（©2007 IEEE）

式中，$\boldsymbol{r}_k \in \mathbb{C}^{M_r}$ 是 $\mathcal{R}_k$ 的接收信号向量；$E_{k,l} \in \mathbb{R}$ 是考虑了 $\mathcal{S}_l \to \mathcal{R}_k$ 链路路径损耗和阴影衰落的标量能量归一化因子；$\boldsymbol{H}_{k,l} \in \mathbb{C}^{M_r \times M_s}$ 是相应的源节点到中继节点（k 到 l）的信道矩阵，矩阵中的各个元素服从独立同分布的 $\mathcal{C}N(0,1)$；$\boldsymbol{s}_l \in \mathbb{C}^{M_s}$ 是时空独立同分布的（即假设所有多天线传输为全空间复用，这表明每一个有 M_s 根天线的源节点同时发送 M_s 路独立的空间流），期望为零的循环对称复高斯发射信号向量，满足 $\mathbb{E}[S_l S_l^{\boldsymbol{H}}] = (P_{\mathcal{S}1} / M_s)\boldsymbol{I}_{M_s}$（即 $P_{\mathcal{S}_l} = \mathbb{E}[\| \boldsymbol{s}_l \|^2]$ 是源节点 $\mathcal{S}_l$ 的平均发射功率），$\boldsymbol{n}_k \in \mathbb{C}^{M_r}$ 是 $\mathcal{R}_k$ 的期望为零的循环对称复高斯白噪声向量，单边噪声功率谱密度为 N_0。

作为 LDMRB 的一部分，每个中继节点 $\mathcal{R}_k$ 对其接收向量信号 $\boldsymbol{r}_k$ 线性处理，得到向量信号 $\boldsymbol{t}_k \in \mathbb{C}^{M_r}$（例如，对于任意 k，存在 $\boldsymbol{A}_k \in \mathbb{C}^{M_r \times M_r}$，使得 $\boldsymbol{t}_k = \boldsymbol{A}_k \boldsymbol{r}_k$），该信号在第二个时隙发送到目的节点㊀。目的节点 $\mathcal{D}_l$ 的接收信号向量 $\boldsymbol{y}_l \in \mathbb{C}^{M_s}$，表示为

㊀ 中继节点存在线性波束成形时，源节点-目的节点链路 $S_l \to D_l$，$l=1$，…，L 可以看作复合干扰信道[35]，因此造成的条件信道分布函数 $p(\{y_{l,m}\} | \{s_{l,m}\})$ 的特点依赖于 LDMRB 矩阵 $\{A_k\}_{k=1}^{K}$ 的选择。

$$\boldsymbol{y}_l = \sum_{k=1}^{K} \sqrt{F_{k,l}} \boldsymbol{G}_{k,l} \boldsymbol{t}_k + \boldsymbol{z}_l, \quad l=1, \cdots, L$$

式中，$F_{k,l} \in \mathbb{R}$ 是考虑了路径损耗和$\mathcal{R}_k \to \mathcal{D}_l$链路阴影衰落的标量能量归一化因子。$\boldsymbol{G}_{k,l} \in \mathbb{C}^{M_s \times M_r}$ 是对应的信道矩阵，该矩阵中每个元素均为独立同分布$\mathcal{C}N(0,1)$。$\boldsymbol{z}_l \in \mathbb{C}^{M_s}$ 是目的节点$\mathcal{D}_l$的时空循环对称复高斯白噪声向量，单边噪声功率谱密度为N_0。发射信号向量 $\boldsymbol{t}_k$ 满足平均功率约束$\mathbb{E}[\|\boldsymbol{t}_k\|^2] \leqslant \boldsymbol{P}_{\mathcal{R}_k}$（$\boldsymbol{P}_{\mathcal{R}_k}$是中继节点$\mathcal{R}_k$的平均传输功率）。㊀

正如上面提到的，路径损耗和阴影衰落数据由$\{E_{k,l}\}$（对应第一跳）和$\{F_{k,l}\}$（对应第二跳）表示。假设这些参数都是随机、独立同分布的，且为正值（因为所考虑的区域有固定的面积，即网络密度），有下界（因为要考虑盲区），在考虑的整个时间内都为常量。另外，假设信道为遍历的块衰落模型，这样，信道矩阵$\{\boldsymbol{H}_{k,l}\}$和$\{\boldsymbol{G}_{k,l}\}$在时隙内保持不变，在时隙间独立地变化。最终，假设源节点$\{\mathcal{S}_l\}$没有CSI，每个中继节点$\mathcal{R}_k$有前向和后向信道的全部信息，即$\{F_{k,l},\boldsymbol{G}_{k,l}\}_{l=1}^{L}$和$\{E_{k,l},\boldsymbol{H}_{k,l}\}_{l=1}^{L}$，目的节点$\{\mathcal{D}_l\}$有所有信道变量理想信息。㊁

13.3.1.3 编码框架

对任意块长度 Q，定义 C_Q 码$(\{2^{QR_{l,m}}\}:l=1, \cdots, L, m=1, \cdots M_s\},Q)$，其中$R_{l,m}$是第 l 对源节点-目的节点的第 m 路空间流的通信速率。在这种情况下，所有多天线传输使用全空分复用和水平编/译码[34]。在多用户 MRN（码字大小为$\sum_{l=1}^{L}\sum_{m=1}^{M_s} 2^{QR_{l,m}}$）中，源节点码本由编码函数$\{\phi_{l,m}\}$确定，$\{\phi_{l,m}\}$将源节点$\mathcal{S}_l$的每条消息$w_{l,m} \in \mathcal{W}_{l,m}=\{1, \cdots, 2^{QR_{l,m}}\}$映射到发射码字$\boldsymbol{s}_{l,m}=[s_{l,m,1}, \cdots, s_{l,m,Q}] \in \mathbb{C}^Q$，这里$s_{l,m,q} \in \mathbb{C}$是在时间$q$=1，…，$Q$从$\mathcal{S}_l$的天线 m 发射的符号（对应于$\mathcal{S}_l$的第 m 路空间流）。在两跳中继协议中，每跳的LM_s路空间流传输 Q 个符号。对源节点-目的节点对 l 的第 m 路空间流的接收，目的节点$\mathcal{D}_l$根据它接收到的信号$\mathcal{Y}_{l,m}=[y_{l,m,1}, \cdots, y_{l,m,Q}]$，使用译码函数$\psi_{l,m}$来进行$\mathbb{C}^Q \to \hat{w}_{l,m} \in \mathcal{W}_{l,m}$的映射，其中$y_{l,m,q} \in \mathbb{C}$是在 q+1 时刻目的节点$\mathcal{D}_l$的天线 m 接收的符号，即由于通过两跳进行通信，源节点在 q 时刻发送的符号在 q+1 时刻被目的节点接收。第 l 个源节点-目的节点对的第 m 路空间流的错误概率可以表示为$\epsilon_{l,m} = \mathbb{P}(\psi_{l,m}(\boldsymbol{y}_{l,m}) \neq w_{l,m}$。对任

㊀ 在一般频率选择性块衰落信道模型中，假设表明每个中继节点在所有频率子信道和衰落块上具有相同的发射功率（平均功率分配）。然而注意到，中继节点利用信道状态信息可以有助于设计频率子信道和衰落块的功率分配策略。然而，文献[21]的结果表明，中继节点的最佳功率分配并不会提高平均功率分配达到的容量标度。因此，关于功率带宽折中和能量效率及频谱效率测度的标度律的渐近分析，在中继节点采用最佳功率分配时将保持不变。

㊁ 正如稍后将证明的那样，在渐近区域中继数目趋于无穷大，本章的结果不需要目的节点 CSI 信息来支持。

意的 l,m，如果存在$(\{2^{QR}_{l,m}\},Q)$个码序列$\{\mathcal{C}_Q:Q=1,2,\cdots\}$，$LM_s$维的速率$\{R_{l,m}\}$是可以实现的，且$\in_{l,m}$趋于 0。

13.3.1.4　功率-带宽折中测度

假定提供给网络的总功率 P 有限，而带宽 B 不受限制。定义网络中$\mathcal{S}_l\to\mathcal{D}_l$，$l$=1，…，$L$ 链路的信噪比 SNR 如下：

$$\mathrm{SNR}_{\mathrm{network}}=\frac{P}{N_0B}=\frac{\sum_{l=1}^{L}P_{\mathcal{S}_l}+\sum_{k=1}^{K}P_{\mathcal{R}_k}}{2N_0B}$$

式中，因子 1/2 是由于源节点和中继节点传输的半双工特性。注意，为了在分布式中继和直接传输中保证性能比较的公平，网络 SNR 的定义里同时包含源节点和中继节点消耗的功率。为了表示简单，下面把$\mathrm{SNR}_{\mathrm{network}}$简写为 SNR。由于其信道分布的统计对称性，考虑在源节点和中继节点进行等功率分配，并且定义 $P_{\mathcal{S}_l}=P_{\mathcal{S}},\forall l$ 以及$P_{\mathcal{R}_k}=P\mathcal{R},\forall k$。

多用户 MRM 的期望和速率$R=\sum_{l=1}^{L}\sum_{m=1}^{M_s}R_{l,m}$（包含 LM_s 个元素的可达速率的并集{·}定义了容量域）必须满足 $R/B\leqslant\mathcal{C}(E_\mathrm{b}/N_0)$，式中$\mathcal{C}$表示香农容量（遍历互信息㊀）（单位：bit/s/Hz），也指频谱效率，E_b/N_0 表示每信息比特能量与噪声功率谱密度的比值，可以表示为$\frac{E_\mathrm{b}}{N_0}=\frac{\mathrm{SNR}}{C(\mathrm{SNR})}$。㊁由此，功率-带宽折中表示对给定目标速率，信噪比 E_b/N_0 与容量$\mathcal{C}$的最佳取值。为了尽量达到性能要求，在功率带宽折中分析中特别关注低 E_b/N_0 区域和高 E_b/N_0 区域。

低 E_b/N_0 区域在宽带机制中（频谱效率$\mathcal{C}$趋近于 0），有：

$$10\log_{10}\frac{E_\mathrm{b}}{N_0}(\mathcal{C})=10\log_{10}\frac{E_\mathrm{b}}{N_{0\ \min}}+\frac{\mathcal{C}}{S_0}10\log_{10}2+o(\mathcal{C})$$

式中，S_0表示在$(E_\mathrm{b}/N_0)_{\min}$点处频谱效率的宽带斜率，单位为 bit/s/Hz(3dB)：

$$S_0=\lim_{\frac{E_\mathrm{b}}{N_0}\downarrow\frac{E_\mathrm{b}}{N_{0\ \min}}}\frac{\mathcal{C}\left(\frac{E_\mathrm{b}}{N_0}\right)}{10\log_{10}\frac{E_\mathrm{b}}{N_0}-10\log_{10}\frac{E_\mathrm{b}}{N_{0\ \min}}}10\log_{10}2$$

可以证明[1]

$$\frac{E_\mathrm{b}}{N_{0\ \min}}=\lim_{\mathrm{SNR}\to0}\frac{\ln2}{\dot{C}(\mathrm{SNR})},\text{以及 }S_0=\lim_{\mathrm{SNR}\to0}\frac{2[\dot{C}(\mathrm{SNR})]^2}{-\ddot{C}(\mathrm{SNR})}\qquad(13\text{-}8)$$

㊀ 需要强调的是，由于假设信道统计的遍历特性，多用户 MRN 存在香农容量（通过对源节点和目的节点间的信道的总互信息取平均可以得到）。这是和第Ⅱ节中处理的非遍历信道的一个关键区别。

㊁ $\mathcal{C}$ 和 C 的使用避免了用同样的符号表示以 SNR 和 E_b/N_0 为自变量的频谱效率函数。

式中，$\dot{C}$和$\ddot{C}$分别表示$\mathcal{C}$(SNR)的一阶和二阶导数。

高E_b/N_0区域：在高 SNR 区域（即 SNR→∞），E_b/N_0与$\mathcal{C}$之间的关系可以表示为：

$$10\log_{10}\frac{E_b}{N_0}(\mathcal{C})=\frac{\mathcal{C}}{S_\infty}\log_{10}2-10\log_{10}(\mathcal{C})+10\log_{10}\frac{E_b}{N_0}_{\text{imp}}+o(1)$$

式中，S_∞表示频谱效率在"高 SNR"处的斜率，单位为 b/s/Hz/（3dB）

$$S_\infty=\lim_{\frac{E_b}{N_0}\to\infty}\frac{\mathcal{C}\left(\frac{E_b}{N_0}\right)}{10\log_{10}\frac{E_b}{N_0}}\log_{10}2 \tag{13-9}$$
$$=\lim_{\text{SNR}\to\infty}\text{SNR}\dot{C}(\text{SNR})$$

$\left(\frac{E_b}{N_0}\right)_{\text{imp}}$ 表示$\frac{E_b}{N_0}$相对于单用户单天线无衰落 AWGN 参考信道[㊀]的提升因子，由下式给出

$$\frac{E_b}{N_0}_{\text{imp}}=\lim_{\text{SNR}\to\infty}\left[\text{SNR}\exp\left(-\frac{C(\text{SNR})}{S_\infty}\right)\right] \tag{13-10}$$

13.3.2 MRN 功率–带宽折中的上边界

本节重点推导在 MRN 下可达能量效率和频谱效率性能的上边界，这对接下来建立 MRN 网络在 LDMRB 机制下，功率-带宽折中的渐进最佳有着关键的作用。基于网络频谱效率的割集上界，在密集 MRN 网络中，所有 SNR 上最佳的可能能量比例为K^{-1}，这样可达到最好的频谱效率斜率，为$S_0=LM_s$（低 SNR 时）和$S_\infty=LM_s/2$（高 SNR 时）。很明显，没有容量次最优策略（即 LDMRB）可以实现更好的功率带宽折中。

定理 13.3 在K值较大的条件下，E_b/N_0的下界可以表示为

$$\frac{E_b}{N_0}(\mathcal{C})\geqslant\frac{2^{2\mathcal{C}(LM_s)^{-1}}_{-1}}{2\mathcal{C}}\frac{LM_s}{KM_r\mathbb{E}[E_{k,l}]}+o\left(\frac{1}{K}\right) \tag{13-11}$$

1）在低E_b/N_0情况下，最佳功率–带宽折中为

$$\frac{E_b}{N_0}^{\text{best}}_{\min}=\frac{\ln 2}{KM_r\mathbb{E}[E_{k,l}]}+o\left(\frac{1}{K}\right)\text{，以及 }S_0^{\text{best}}=LM_s$$

2）在高E_b/N_0情况下，最佳功率–带宽折中为：

㊀ 对于 AWGN 信道，$C(\text{SNR})=\ln(1+\text{SNR})$，使得 $S_0=2$，$(E_b/N_0)_{\min}=\ln 2$，$S_\infty=1$，则$(E_b/N_0)_{\text{imp}}=1$。

$$\frac{E_{\mathrm{b}}}{N_0}\bigg|_{\mathrm{imp}}^{\mathrm{best}}=\frac{LM_s}{2KM_r\mathbb{E}[E_{k,l}]}+o\left(\frac{1}{K}\right)\text{，以及 } S_{\infty}^{\mathrm{best}}=\frac{LM_s}{2}$$

证明：应用割集理论（见文献[35]定理 14.10.1），把网络中的源节点$\{\mathcal{S}_l\}$和其余的部分分开，如图 13-8 所示，那么多用户 MRN 频谱效率的上界可以表示为

$$\mathcal{C}\leqslant \mathbb{E}_{\{\boldsymbol{H}_{k,l},\boldsymbol{G}_{k,l}\}}\left[\frac{1}{2}I(\{\boldsymbol{s}_l\}_{l=1}^{L};\{\boldsymbol{r}_k\}_{k=1}^{K},\{\boldsymbol{y}_l\}_{l=1}^{L}|\{\boldsymbol{t}_k\}_{k=1}^{K})\right]$$

式中，1/2 因子表示数据是通过两个时隙发送的。在网络模型中，可以观察到$\{\boldsymbol{s}_l\}\to\{\boldsymbol{r}_k\}\to\{\boldsymbol{t}_k\}\to\{\boldsymbol{y}_l\}$形成一个马尔科夫链，根据链的互信息规则[35]以及条件减少熵的事实，上式可以表示为

$$\mathcal{C}\leqslant \mathbb{E}_{\{\boldsymbol{H}_{k,l}\}}\left[\frac{1}{2}I(\boldsymbol{s}_1,\cdots,\boldsymbol{s}_L;\boldsymbol{r}_1,\cdots,\boldsymbol{r}_K)\right]$$

之前提到$\{\boldsymbol{s}_l\}$为循环对称复高斯变量，$\mathbb{E}[\boldsymbol{s}_l\boldsymbol{s}_l^H]=(P_S/M_S)\boldsymbol{I}_{Ms}$，有

$$\mathcal{C}\leqslant \mathbb{E}_{\{\boldsymbol{H}_{k,l}\}}\left[\frac{1}{2}\log_2(|\boldsymbol{I}_{LMs}+\frac{P_S}{M_sN_0B}\boldsymbol{V}|)\right] \tag{13-12}$$

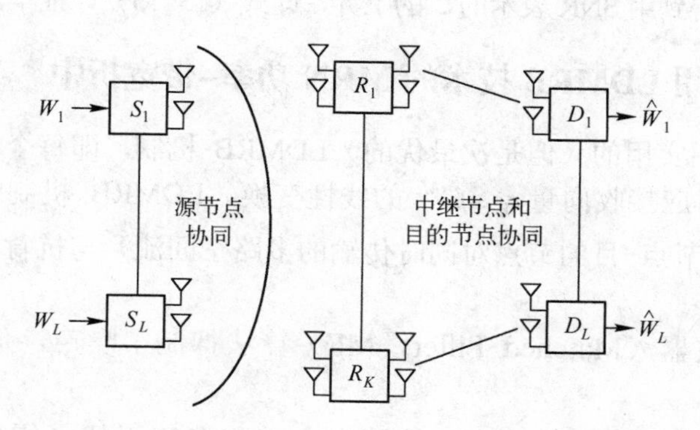

图 13-8 MRN 上广播割集的示例图（©2007 IEEE）[27]

式中，$\boldsymbol{V}$表示一个$LM_s\times LM_s$的矩阵，

$$\boldsymbol{V}=\begin{bmatrix}\boldsymbol{Q}_{1,1} & \cdots & \boldsymbol{Q}_{1,L}\\ \vdots & \ddots & \vdots\\ \boldsymbol{Q}_{L,1} & \cdots & \boldsymbol{Q}_{L,L}\end{bmatrix}$$

其中，$M_s\times M_s$的矩阵$\boldsymbol{Q}_{i,j}$为

$$\boldsymbol{Q}_{i,j}=\sum_{k=1}^{K}\sqrt{E_{k,i}E_{k,j}}\boldsymbol{H}_{k,i}^{\mathrm{H}}\boldsymbol{H}_{k,j},\quad i=1,\cdots,L,\ j=1,\cdots,L$$

然后对式（13-12）应用 Jensen 不等式，可得

$$\mathbf{C} \leqslant \frac{M_s}{2}\sum_{l=1}^{L}\log_2\left(1+\frac{P_{\mathcal{S}}M_r}{M_sN_0B}\sum\nolimits_{k=1}^{K}E_{k,l}\right)$$

假定$\{E_{k,l}\}$是有界的，于是，对于任意的k,l，$\{\mathrm{var}\,E_{k,l}\}$也是有界的。因此，满足 Kolmogorov 条件，应用文献[36]中的定理 1.8.D 可得

$$\sum_{k=1}^{\infty}\frac{\mathrm{var}(E_{k,l})}{k^2}<\infty \rightarrow \sum_{k=1}^{K}\frac{E_{k,l}}{K}-\sum_{k=1}^{K}\frac{\mathbb{E}[E_{k,l}]}{K}\xrightarrow{\text{w.p.1}}0$$

结果有（根据文献[36]的定理 1.7），随着$K\rightarrow\infty$

$$\mathcal{C} \leqslant \frac{LM_s}{2}\log_2\left(1+\frac{P_{\mathcal{S}}KM_r\mathbb{E}[E_{k,l}]}{M_sN_0B}+o(K)\right) \tag{13-13}$$

应用割集理论，通过广播割，得到最佳的中继节点-目的节点（即$\mathcal{R}_k\rightarrow\mathcal{D}_l$）链路，中继节点不会消耗任何传输功率，因此令$P_{\mathcal{R}}=0$，可得 SNR=$\mathcal{C}\dfrac{E_b}{N_0}=LP_{\mathcal{S}}/(2N_0B)$。将该式带入式（13-13）中，可以得出式（13-11）。采用式（13-8）～式（13-10）可以得到用 SNR 表示的$\mathcal{C}$的上界，即式（13-13），证毕。

13.3.3 采用实用 LDMRB 技术的 MRN 功率-带宽折中

本节首先介绍实用的（但是次最优的）LDMRB 机制，即每个中继节点的发射向量$\mathbf{t}_k\in\mathbb{C}^{M_r}$是对应接收向量$\boldsymbol{r}_k\in\mathbb{C}^{M_r}$的线性变换。LDMRB 机制中的抗多流干扰（这是因为多个源节点-目的节点对同时传输的多路空间流）与抗背景高斯噪声的方式不同。

1）匹配滤波器（Matched Filter，MF）算法抑制了噪声，但是忽略了多流干扰。

2）迫零（Zero-Forcing，ZF）算法完全消除多流干扰（需要 $M_r\geqslant LM_s$），但是增大了噪声。

3）线性最小均方误差（Linear Minimum Mean-Square Error，L-MMSE）算法是抑制干扰和噪声的最佳折中方案。

基于 ZF 和 L-MMSE 算法的 LDMRB 机制，相对于基于 MF 的机制，优点是能够抑制干扰。其方法是利用干扰空间流空间特征的不同，提高了对期望空间流估计的质量。

LDMRB 机制：每个中继节点采用自己知道的本地后向 CSI$\{E_{k,l},\boldsymbol{H}_{k,l}\}_{l=1}^{L}$，对接收信号向量进行输入线性波束赋形处理，从而获得LM_s传输空间流的中每一路的估计值。相应地，节点$\mathcal{R}_k$将每个波束流（行）向量$\boldsymbol{u}_{k,l,m}\in\mathbb{C}^{Mr}$与接收信号向量$\boldsymbol{r}_k$进行相关，得到$\hat{s}_{k,l,m}=\boldsymbol{u}_{k,l,m}\boldsymbol{r}_k$，即

$$\hat{s}_{k,l,m} = \sqrt{E_{k,l}}\boldsymbol{u}_{k,l,m}\boldsymbol{h}_{k,l,m}s_{l,m} + \sum_{p,q\neq(l,m)}\sqrt{E_{k,p}}\ \boldsymbol{u}_{k,l,m}\boldsymbol{h}_{k,p,q}s_{p,q} + \boldsymbol{u}_{k,l,m}\boldsymbol{n}_k$$

作为对 $s_{l,m}$ 的估计，

式中，$s_{p,q}$ 表示源节点 $\mathcal{S}_p, p=1, 2, \cdots, L$ 的第 q 根天线，$q=1, 2, \cdots, M_s$，的发射信号，$\boldsymbol{h}_{k,p,q}$ 是 $\boldsymbol{H}_{k,p}$ 矩阵的第 q 列。

操作步骤如下：$\mathcal{R}_k$ 先将每个估计的平均能量（在信道条件为 $\{E_{k,l},\boldsymbol{H}_{k,l}\}_{l=1}^{L}$ 的情况下）设置为单位能量，获得归一化的估计值 $\hat{s}_{k,l,m}^{\mathrm{U}}$。最后，$\mathcal{R}_k$ 将归一化估计值通过输出线性波束成形（列）向量 $\boldsymbol{v}_{k,l,m}\in\mathbb{C}^{M_r}$（这是利用前向 CSI $\{F_{k,l},\boldsymbol{G}_{k,l}\}_{l=1}^{L}$）形成它的发射信号向量，

$$\boldsymbol{t}_k = \frac{\sqrt{P_{\mathcal{R}}}}{LM_s}\sum_{p=1}^{L}\sum_{q=1}^{M_s}\frac{\boldsymbol{v}_{k,p,q}}{\|\boldsymbol{v}_{k,p,q}\|}\hat{s}_{k,p,q}^{\mathrm{U}}$$

并同时满足发射功率的约束条件。

表 13-1　多用户 MRN 的实用 LDMRB 机制

中继链路信道矩阵	MF LDMRB	ZF LDMRB	L-MMSE LDMRB
$\{\mathcal{S}_l\}_{l=1}^{L}\to R_{\mathrm{R}}$ 链路 $:\boldsymbol{H}_k=\begin{bmatrix}\sqrt{E_{k,l}}\boldsymbol{H}_{k,1}^{\mathrm{T}}\\ \vdots\\ \sqrt{E_{k,L}}\boldsymbol{H}_{k,L}^{\mathrm{T}}\end{bmatrix}^{\mathrm{T}}$	$\boldsymbol{U}_k=\boldsymbol{H}_k^{\mathrm{H}}$	$\boldsymbol{U}_k=(\boldsymbol{H}_k^{\mathrm{H}}\boldsymbol{H}_k)^{-1}\boldsymbol{H}_k^{\mathrm{H}}$	$\boldsymbol{U}_k=\left(\frac{M_sN_0B}{P_s}\boldsymbol{I}+\boldsymbol{H}_k^{H}\boldsymbol{H}_k\right)^{-1}\boldsymbol{H}_k^{\mathrm{H}}$
$\mathcal{R}_k\to\{\mathcal{D}_l\}_{l=1}^{L}$ 链路 $:\boldsymbol{G}_k=\begin{bmatrix}\sqrt{F_{k,l}}\boldsymbol{G}_{k,1}\\ \vdots\\ \sqrt{F_{k,L}}\boldsymbol{G}_{k,L}\end{bmatrix}^{\mathrm{T}}$	$\boldsymbol{V}_k=\boldsymbol{G}_k^{\mathrm{H}}$	$\boldsymbol{V}_k=\boldsymbol{G}_k^{\mathrm{H}}(\boldsymbol{G}_k\boldsymbol{G}_k^{\mathrm{H}})^{-1}$	$\boldsymbol{V}_k=\boldsymbol{G}_k^{H}\left(\frac{M_rN_0B}{P_{\mathcal{R}}}\boldsymbol{I}+\boldsymbol{G}_k\boldsymbol{G}_k^{\mathrm{H}}\right)^{-1}$

因此，在 LDMRB 机制中，节点 $\mathcal{D}_l$ 接收信号向量 $\boldsymbol{y}_l$ 的第 m 个元素为

$$y_{l,m} = \sum_{k=1}^{K}\frac{\sqrt{F_{k,l}P_{\mathcal{R}}}}{LM_s}\sum_{p=1}^{L}\sum_{q=1}^{M_s}\frac{\boldsymbol{g}_{k,l,m}}{\|\boldsymbol{v}_{k,p,q}\|}\boldsymbol{v}_{k,p,q}\hat{s}_{k,p,q}^{\mathrm{U}} + z_{l,m}$$

式中，$\boldsymbol{g}_{k,p,q}$ 为 $\boldsymbol{G}_{k,p}$ 的第 q 行。在表 13-1 中列出基于 MF、ZF 和 L-MMSE 算法的输入和输出线性中继波束成形矩阵 $\{\boldsymbol{U}_k\}_{k=1}^{K}$ 和 $\{\boldsymbol{V}_k\}_{k=1}^{K}$。这里行向量 $\boldsymbol{u}_{k,l,m}\in\mathbb{C}^{M_r}$ 是 $\boldsymbol{U}_k\in\mathbb{C}^{LM_s\times M_r}$ 的第 $((l-1)M_s+m)$ 行，列向量 $\boldsymbol{v}_{k,l,m}\in\mathbb{C}^{Mr}$ 是向量 $\boldsymbol{V}_k\in\mathbb{C}^{M_r\times LM_s}$ 的第 $((l-1)M_s+m)$ 列。

13.3.3.1　频谱效率与 E_b/N_0

下面的定理给出了密集 MRN 中 LDMRB 机制关于功率-带宽折中的主要结论。

定理 13.4　随着中继节点数趋于无穷大，LDMRB 机制下密集 MRN 中的功率-带宽折中可使用下面的机制来刻画：

低 E_{b}/N_0 时：在 K 值较大极限条件下，基于 *MF*、*ZF* 和 *L-MMSE* 算法中

LDMRB 的 *MRN* 功率-带宽折中几乎可以确定地收敛为

$$\frac{E_b}{N_0}(\mathcal{C}) \geqslant \sqrt{\frac{L^3 M_s^3}{\Theta_1^2 K}\frac{2^{2\mathcal{C}(LM_S)^{-1}}-1}{\mathcal{C}^2}}+o\left(\frac{1}{\sqrt{K}}\right) \tag{13-14}$$

式中，$\Theta_1=\mathbb{E}[\sqrt{E_{k,l}F_{k,l}X_{k,l,m}Y_{k,l,m}}]$，对于 MF 和 L-MMSE 算法，与衰落相关的随机变量 $X_{k,l,m}$ 和 $Y_{k,l,m}$（与 k 独立）服从 $\Gamma(M_r)$ 概率分布，$p(\gamma)=(\gamma^{M_r-1}\mathrm{e}^{-\gamma})/(M_r-1)!$，对于 *ZF* 算法，则服从 $\Gamma(M_r-LM_s+1)$ 分布。所有 *LDMRB* 机制在有限的频谱效率，即 $\mathcal{C}^*\approx 1.15LM_s$，实现每比特最小能量为

$$\left.\frac{E_b}{N_0}\right._{\min}^{\mathrm{LDMRB}} \approx \sqrt{\frac{2.97LM_s}{\Theta_1^2 K}}+o\left(\frac{1}{\sqrt{K}}\right), K\to\infty \tag{13-15}$$

高 E_b/N_0 时，在 K 值较大极限条件下，基于 *ZF* 和 *L-MMSE* 算法的 *LDMRB* 机制的 MRN 功率-带宽折中几乎可以确定地收敛于

$$\frac{E_b}{N_0}(\mathcal{C})=\frac{2^{2\mathcal{C}(LM_S)^{-1}}}{2\mathcal{C}}\frac{LM_s}{K\Theta_3^2}\left(\sqrt{\Theta_2}+\sqrt{LM_S}\right)^2+o\left(\frac{1}{K}\right) \tag{13-16}$$

式中，$\Theta_2=\mathbb{E}[(F_{k,l}X_{k,l,m})/(E_{k,l}Y_{k,l,m})]$；$\Theta_3=\mathbb{E}[\sqrt{F_{k,l}X_{k,l,m}}]$，与衰落相关随机变量 $X_{k,l,m}$ 和 $Y_{k,l,m}$（对 k 独立）服从 $\Gamma(M_r-LM_s+1)$ 的概率分布。功率-带宽折中趋于

$$\left.\frac{E_b}{N_0}\right._{\mathrm{imp}}^{\mathrm{ZF,L\text{-}MMSE}} = \frac{LM_s}{2K\Theta_3^2}\left(\sqrt{\Theta_2}+\sqrt{LM_s}\right)^2+o\left(\frac{1}{K}\right)$$

$$S_\infty^{\mathrm{ZF,L\text{-}MMSE}}=\frac{LM_s}{2},\qquad K\to\infty \tag{13-17}$$

MF-LDMRB 机制中 MRN 工作在干扰受限区域，$\mathcal{C}^{\mathrm{MF}}$ 收敛于一个固定值（大致为 $\log(K)$），随着 $\frac{E_b}{N_0}\to\infty, S_\infty^{\mathrm{MF}}=0$。

证明：13.2 节讨论了全空间复用和水平编/译码，目的节点对每路空间流并不试图用已知的 LM_s-1 个干扰流码本进行译码（即独立译码）；相反地，干扰被看成高斯噪声。这样，多用户 MRN 的频谱效率可表示为

$$\mathcal{C}^{\mathrm{MRN}}=\frac{1}{2}\sum_{l=1}^{L}\sum_{m=1}^{M_s}\mathbb{E}_{\{\boldsymbol{H}_{k,l},\boldsymbol{G}_{k,l}\}}\left[\log_2(1+\mathrm{SIR}_{l,m})\right] \tag{13-18}$$

式中，$\mathrm{SIR}_{l,m}$ 是目的节点 $\mathcal{D}_l$ 处对应于空间流 $\mathcal{S}_{l,m}$ 的接收 SINR。余下的证明是分析在高 E_b/N_0 和低 E_b/N_0 的情况下，K 值取较大极限时，在基于 MF、ZF 和 L-MMSE 算法的 LDMRB 机制中，式（13-18）的渐近 $\mathrm{SINR}_{l,m}$ 特性。这里给出了基于 ZF 和 MF 的 LDMRB 机制在高 E_b/N_0 和低 E_b/N_0 下的功率-带宽折中的详细分析。基于 L-MMSE 算法的 LDMRB 性能，与高 E_b/N_0 下基于 ZF 算法的 LDMRB

性能和低 E_b/N_0 下基于 MF 算法的 LDMRB 性能一致。

以下是 ZF-LDMRB 机制证明。易证（见文献[38]），ZF-LDMRB 机制下，目的节点 $\mathcal{D}_l$ 的第 m 个天线对应于空间流 $s_{l,m}$ 的接收信号为

$$y_{l,m}^{ZF}=(\sum_{k=1}^{K}d_{k,l,m})s_{l,m}+\sum_{k=1}^{K}d_{k,l,m}\tilde{n}_{k,l,m}+z_{l,m} \tag{13-19}$$

式中，

$$d_{k,l,m}=\sqrt{\frac{P_{\mathcal{R}}F_{k,l}X_{k,l,m}}{L^2M_s^2\left(\frac{P_{\mathcal{S}}}{M_s}+\left(\frac{E_{k,l}Y_{k,l,m}}{N_0B}\right)^{-1}\right)}} \tag{13-20}$$

$\tilde{n}_{k,l,m}$ 表示向量 $\tilde{\boldsymbol{n}}_{k,l}=(E_{k,l})^{-1/2}\boldsymbol{D}_{k,l}\boldsymbol{n}_k$ 的第 m 个元素。与衰落相关的随机变量 $X_{k,l,m}$ 和 $Y_{k,l,m}$ 服从 $\Gamma(M_r-LM_s+1)$ 概率分布。令 $\boldsymbol{F}_k=[\boldsymbol{H}_{k,l}\cdots\boldsymbol{H}_{k,L}]$ 得到矩阵 $\{\boldsymbol{D}_{k,l}\}$，令 $\boldsymbol{F}_k^{\dagger}=(\boldsymbol{F}_k^{\mathrm{H}}\boldsymbol{F}_k)^{-1}\boldsymbol{F}_k^{\dagger}$，得到

$$\boldsymbol{F}_k^{\dagger}=\begin{bmatrix}\boldsymbol{D}_{k,l}\\ \vdots\\ \boldsymbol{D}_{k,L}\end{bmatrix}$$

式中，$\boldsymbol{D}_{k,l}\in\mathbb{C}^{M_s\times M_r}$。所以，ZF-LDMRB 机制将源节点-目的节点对 $\{\mathcal{S}_l\to\mathcal{D}_l\}_{l=1}^{L}$ 的有效信道分离为 LM_s 个并行空间信道。根据式（13-19）和式（13-20），可得 $\mathrm{SIR}_{l,m}$

$$\mathrm{SIR}_{l,m}^{\mathrm{ZF}}=\frac{P_{\mathcal{S}}K^2\left(\frac{1}{K}\sum_{k=1}^{K}\sqrt{P_{\mathcal{R}}F_{k,l}X_{k,l,m}\left(L^2M_s^2\left(\frac{P_{\mathcal{S}}}{M_s}+\left(\frac{E_{k,l}Y_{k,l,m}}{N_0B}\right)^{-1}\right)\right)^{-1}}\right)^2}{M_sN_0B\left(1+K\frac{1}{K}\sum_{k=1}^{K}P_{\mathcal{R}}F_{k,l}X_{k,l,m}\left(L^2M_s^2\left(\frac{E_{k,l}P_{\mathcal{S}}}{M_s}Y_{k,l,m}+N_0B\right)\right)^{-1}\right)} \tag{13-21}$$

现在分别针对低 E_b/N_0 和高 E_b/N_0 情况继续分析。

低 E_b/N_0 情况：如果 $\mathcal{SNR}\ll 1$，那么式（13-21）中的 $\mathcal{SIR}_{l,m}^{\mathrm{ZF}}$ 可以简化为

$$\mathcal{SIR}_{l,m}^{\mathrm{ZF}}=\frac{P_{\mathcal{S}}}{N_0B}\frac{P_{\mathcal{R}}}{N_0B}\frac{K^2}{L^2M_s^3}\left(\frac{1}{K}\sum_{k=1}^{K}\sqrt{E_{k,l}F_{k,l}X_{k,l,m}Y_{k,l,m}}\right)^2 \tag{13-22}$$

假设 $\{E_{k,l}\}$ 和 $\{F_{k,l}\}$ 都是正值且有界，可以得到

$$\sum_{k=1}^{K}\frac{\sqrt{E_{k,l}F_{k,l}X_{k,l,m}Y_{k,l,m}}}{K}-\sum_{k=1}^{K}\frac{\Theta_1}{K}\xrightarrow{\text{w.p.1}}0$$

当$K \to \infty$时，根据文献[36]中的定理 1.8.D 和 1.7 可以得到

$$\mathcal{SIR}_{l,m}^{\mathrm{ZF}} \xrightarrow{\text{w.p.1}} \frac{P_{\mathcal{S}}}{N_0 B}\frac{P_{\mathcal{R}}}{N_0 B}\frac{K^2}{L^2 M_s^3}\Theta_1^2 + o(K) \tag{13-23}$$

令$\beta = P_{\mathcal{R}} / P_{\mathcal{S}}$，可以发现对于固定的$\mathcal{SNR}$，在$\beta^* = L/K$时，可以实现最大化信干比的功率分配（$\mathcal{SNR} << 1$），从而得到

$$\mathcal{SIR}_{l,m}^{\mathrm{ZF}} \xrightarrow{\text{w.p.1}} \mathcal{SIR}^2\left(\frac{K\Theta_1^2}{L^3 M_s^3} + o(K)\right) \tag{13-24}$$

$$\mathcal{C}^{ZF} \xrightarrow{\text{w.p.1}} \frac{LM_s}{2}\log_2\left(1 + \mathcal{SIR}^2\left(\frac{K\Theta_1^2}{L^3 M_s^3} + o(K)\right)\right) \tag{13-25}$$

将$\mathcal{SNR} = \mathcal{C}\frac{E_{\mathrm{b}}}{N_0}$代入式（13-25），解出$\frac{E_{\mathrm{b}}}{N_0}$，结果如式（13-14）所示。剩下的证明遵循$(2^{2\mathcal{C}(LM_s)^{-1}} - 1)/\mathcal{C}^2$中$\mathcal{C}$（对于所有$\mathcal{C} \geqslant 0$）的严格凸性。

高E_{b} / N_0情况：如果$\mathcal{SNR} >> 1$，则式（13-21）中的$\mathcal{SIR}_{l,m}^{ZF}$可以简化为

$$\mathcal{SIR}_{l,m}^{\mathrm{ZF}} = \frac{P_{\mathcal{S}} K^2\left(\frac{1}{K}\sum_{k=1}^{K}\sqrt{\frac{P_{\mathcal{R}} F_{k,l} X_{k,l,m}}{L^2 M_s P_{\mathcal{S}}}}\right)^2}{M_s N_0 B\left(1 + K\frac{1}{K}\sum_{k=1}^{K}\frac{P_{\mathcal{R}} F_{k,l} X_{k,l,m}}{L^2 M_s E_{k,l} Y_{k,l,m} P_{\mathcal{S}}}\right)}$$

服从文献[36]中的定理 1.8.D，如果$K \to \infty$，则

$$\frac{1}{K}\sum_{k=1}^{K}\frac{F_{k,l} X_{k,l,m}}{E_{k,l} Y_{k,l,m}} - \sum_{k=1}^{K}\frac{\Theta_2}{K} \xrightarrow{\text{w.p.1}} 0$$

$$\sum_{k=1}^{K}\frac{\sqrt{F_{k,l} X_{k,l,m}}}{K} - \sum_{k=1}^{K}\frac{\Theta_3}{K} \xrightarrow{\text{w.p.1}} 0$$

根据文献[36]中定理 1.7，可以得到

$$\mathcal{SIR}_{l,m}^{\mathrm{ZF}} \xrightarrow{\text{w.p.1}} \frac{K^2 \Theta_3^2}{N_0 B\left(\frac{L^2 M_s^2}{P_{\mathcal{R}}} + \frac{K M_s}{P_{\mathcal{S}}}\Theta_2\right)} + o(K)$$

令 $\beta = P_{\mathcal{R}} / P_{\mathcal{S}}$ ，最大化信干比的功率分配（对于固定$\mathcal{SNR}$）在$\beta^* = \sqrt{L^3 M_s / (K^2 \Theta_2)}$时表示为（$\mathcal{SNR} >> 1$）

$$\mathcal{SIR}_{l,m}^{\mathrm{ZF}} \xrightarrow{\text{w.p.1}} \frac{2K\mathcal{SNR}}{LM_s}\frac{\Theta_3^2}{\left(\sqrt{\Theta_2} + \sqrt{LM_s}\right)^2} + o(K) \tag{13-26}$$

将式（13-26）代入式（13-18），得到

$$\mathcal{C}^{ZF} \xrightarrow{\text{w.p.1}} \frac{LM_s}{2}\log_2\left(\frac{2K\mathcal{SNR}}{LM_s}\frac{\Theta_3^2}{\left(\sqrt{\Theta_2}+\sqrt{LM_s}\right)^2}+o(K)\right) \tag{13-27}$$

利用式（13-9）、式（13-10）和式（13-27）中的$\mathcal{C}^{\mathrm{ZF}}$，得到高$E_{\mathrm{b}}/N_0$情况下功率-带宽折中关系为式（13-17）。

B. *MF-LDMRB* 机制的证明。

当采用 MF-LDMRB 机制时，节点$\mathcal{R}_k$的接收信号向量$\boldsymbol{r}_k$与每个空间信号向量$\boldsymbol{h}_{k,l,m}$（$\boldsymbol{H}_{k,l}$的m列）有关，得到

$$\hat{s}_{k,l,m}^{\mathrm{MF}} = \sqrt{E_{k,l}}\,\|\boldsymbol{h}_{k,l,m}\|^2 s_{l,m} + \sum_{(p,q)\neq(l,m)}\sqrt{E_{k,p}}\,\boldsymbol{h}_{k,l,m}^H\boldsymbol{h}_{k,p,q}S_{p,q} + \boldsymbol{h}_{k,l,m}^H\boldsymbol{n}_k$$

作为对$s_{l,m}$的 MF 估计。对 MF 估计的平均能量归一化后（在信道实现$\left\{\boldsymbol{E}_{k,l},\boldsymbol{H}_{k,l}\right\}_{l=1}^{L}$条件下），匹配滤波器输出为式（13-28）

$$\hat{s}_{k,l,m}^{\mathrm{U,MF}} = \frac{\sqrt{E_{k,l}}\,\|\boldsymbol{h}_{k,l,m}\|^2 s_{l,m} + \sum_{(p,q)\neq(l,m)}\sqrt{E_{k,p}}\,\boldsymbol{h}_{k,l,m}^H\boldsymbol{h}_{k,p,q}s_{p,q} + \boldsymbol{h}_{k,l,m}^H\boldsymbol{n}_k}{\sqrt{E_{k,l}\,\|\boldsymbol{h}_{k,l,m}\|^4\dfrac{P_{\mathcal{S}}}{M_s} + \sum_{(p,q)\neq(l,m)}E_{k,p}\,|\boldsymbol{h}_{k,l,m}^H\boldsymbol{h}_{k,p,q}|^2\dfrac{P_{\mathcal{S}}}{M_s} + \|\boldsymbol{h}_{k,l,m}\|^2 N_0 B}} \tag{13-28}$$

然后，中继节点$\mathcal{R}_k$预先匹配它的前向信道，以保证预期的信号部分在相应的目的节点相干叠加，当满足发射功率约束条件时，得到发射信号向量为

$$\boldsymbol{t}_k = \frac{\sqrt{P_{\mathcal{R}}}}{LM_s}\sum_{p=1}^{L}\sum_{q=1}^{M_s}\frac{\boldsymbol{g}_{k,p,q}^H}{\|\boldsymbol{g}_{k,p,q}\|}\hat{s}_{k,p,q}^{\mathrm{U,MF}}$$

式中，$\boldsymbol{g}_{k,p,q}$是$\boldsymbol{G}_{k,p}$的第q行，满足式

$$y_{l,m}^{\mathrm{MF}} = \sum_{k=1}^{K}\frac{\sqrt{F_{k,l}P_{\mathcal{R}}}}{LM_s}\sum_{p=1}^{L}\sum_{q=1}^{M_s}\frac{\boldsymbol{g}_{k,l,m}\boldsymbol{g}_{k,p,q}^H}{\|\boldsymbol{g}_{k,p,q}\|}\hat{s}_{k,p,q}^{\mathrm{U,MF}} + z_{l,m} \tag{13-29}$$

下面分别对低E_{b}/N_0和高E_{b}/N_0情况来继续分析。

低E_{b}/N_0情况：假设系统工作在功率受限的低E_{b}/N_0（$SNR \ll 1$）情况下，噪声功率远大于中继节点和目的节点的接收信号的功率和干扰功率。由于 MF 机制中的中继节点没有干扰消除能力，所以每个目的节点天线的 SINR 损耗可以忽略不计。

因此，在低E_{b}/N_0情况下，式（13-29）中基于 MF 中继，目的节点处的接收信号表达式可以简化为

$$y_{l,m}^{MF} = \sum_{k=1}^{K}\frac{1}{LM_s}\sqrt{\frac{P_{\mathcal{R}}E_{k,l}F_{k,l}}{N_0 B}}\,\|\boldsymbol{h}_{k,l,m}\|\|\boldsymbol{g}_{k,l,m}\|s_{l,m} + z_{l,m}$$

每路数据流的$\mathcal{SIR}_{l,m}^{ZF}$由式（13-30）确定

$$\mathcal{SIR}_{l,m}^{ZF}=\frac{P_{\mathcal{S}}}{N_0B}\frac{P_{\mathcal{R}}}{N_0B}\frac{K^2}{L^2M_s^3}\left(\frac{1}{K}\sum_{k=1}^{K}\sqrt{E_{k,l}F_{k,l}X_{k,l,m}Y_{k,l,m}}\right)^2 \tag{13-30}$$

式中，$X_{k,l,m}$和$Y_{k,l,m}$服从$\Gamma(M_r)$分布（注意$Y_{k,l,m}$和$X_{k,l,m}$的分布不同于 ZF 情况）。注意到式（13-22）与式（13-30）类似，接下来的证明与 ZF-LDMRB 机制低E_b/N_0情况类似。采用与证明式（13-24）同样的步骤，可以得到$\mathcal{SNR}<<1$时

$$\mathcal{SIR}_{l,m}^{MF}\xrightarrow{\text{w.p.1}}\mathcal{SNR}^2\left(\frac{K\Theta_1^2}{L^3M_s^3}+o(K)\right) \tag{13-31}$$

$$\mathcal{C}^{MF}\xrightarrow{\text{w.p.1}}\frac{LM_s}{2}\log_2\left(1+\mathcal{SNR}^2\left(\frac{K\Theta_1^2}{L^3M_s^3}+o(K)\right)\right), \tag{13-32}$$

最终得到式（13-14）的结果。

高E_b/N_0情况：

由于在高 SNR 情况下，MF-LDMRB 机制分析非常复杂，这里只简单讨论为什么这一机制会导致干扰受限的网络特性。假设系统工作在高 SNR（$\mathcal{SNR}>>1$）情况下，中继节点和目的节点接收信号功率和干扰功率远大于噪声功率。由于$P_{\mathcal{S}}>>N_0B$，中继节点发送的信号主要由信号和干扰组成，由于采用了线性处理，中继节点导致的噪声放大，对目的节点各多路复用流的 SIR 贡献可以忽略不计。因此，在高 SNR 时，基于 MF-LDMRB 算法 MRN 频谱效率可表示为

$$\mathcal{C}^{MF}=\frac{LM_s}{2}\mathbb{E}\left[\log_2\left(1+\frac{P_{\mathcal{R}}\Psi_{l,m}^{sig}}{P_{\mathcal{R}}\Psi_{l,m}^{int}+N_0B\Psi_{l,m}^{noise}}\right)\right]$$

式中，每路复用流的 SIR，即$\mathcal{SIR}_{l,m}^{MF}$，由正值函数$\Psi_{l,m}^{sig},\Psi_{l,m}^{int}$和$\Psi_{l,m}^{noise}$确定，分别为信号功率、干扰功率和噪声功率，且相互独立。MRN 的信道实现集合为$\{E_{k,l},F_{k,l},\boldsymbol{H}_{k,l},\boldsymbol{G}_{k,l}\}$。因为$P_{\mathcal{R}}>>N_0B$和目的节点的加性噪声，信号功率和干扰功率为功率的主要部分。另外，因为信号和干扰随$\mathcal{SNR}$同速率增长，当$\mathcal{SNR}\to\infty$时，每路数据流的 SIR 不再正比于$\mathcal{SNR}$（这一论断不适用于基于 ZF 和 L-MMSE 的 LDMRB，因为干扰抑制能力不同），从而导致干扰受限，$\mathcal{C}^{MF}$收敛于一个确定的极限值，且与$\mathcal{SNR}$独立。将 K 设置为较大的有限值，令 $\text{SNR}\to\infty$，可得

$$\lim_{\mathcal{SNR}\to\infty}\frac{E_b}{N_0}^{\mathrm{MF}}=\lim_{\mathcal{SNR}\to\infty}\frac{\mathcal{SNR}}{\mathcal{C}^{\mathrm{MF}}(\mathcal{SNR})}$$

$$=\lim_{\mathcal{SNR}\to\infty}\frac{\mathcal{SNR}}{\text{constant}}\to\infty$$

因此，$S_\infty^{\mathrm{MF}}=0$。另一方面，对于固定的$\mathcal{SNR}$，由文献[23]中 MF-LDMRB 的容量标度分析，可以得到

$$\mathcal{C}^{\mathrm{MF}}=\frac{LM_s}{2}\log_2(K+o(K))\text{，}\quad K\to\infty$$

因为当$K\to\infty$时，信号功率比干扰功率增长更快。因此，MF-LDMRB 能保持最优的频谱效率，但由于中继节点不能抑制干扰，能量效率的性能变得很差。

13.3.3.2　定理 13.4 的解释

式（13-24）、式（13-26）和式（13-31）的重要结论解决了在低E_b/N_0和高E_b/N_0情况下，LDMRB 如何影响目的节点 SIR 统计的问题。需要强调的是，在低E_b/N_0情况下 MF-LDMRB 的结论，和在高E_b/N_0情况下 ZF-LDMRB 的结论适用于 L-MMSE 算法（当$\mathcal{SNR}\to\infty$时，L-MMSE 收敛于 ZF；当$\mathcal{SNR}\to 0$时，L-MMSE 收敛于 MF）。因此，分析结果对于 3 种不同的 LDMRB 机制（MF、ZF 和 L-MMSE）的能量效率和频谱效率给出了深刻的见解，得到以下发现：

1）由式（13-24）、式（13-26）和式（13-31）得到$\mathcal{SIR}_{l,m}$与中继节点数K线性增加，提供了较高的能量效率。㊀需要强调的是，与中继节点数 K 为线性关系的$\mathcal{SIR}_{l,m}$独立于$\mathcal{SNR}$（在低 SNR 和高 SNR 情况下都适用）。因为不需要任何中继节点之间的合作，所以可以解释为分布式能量效率增益。

2）式（13-24）、式（13-26）和式（13-31）中 SIR 线性结果是证明式（13-15）～（13-17）中的E_b/N_0线性结果的关键。渐近分析表明，在基于 MF、ZF 和 L-MMSE 算法的 LDMRB 中，低E_b/N_0区域，E_b/N_0按$K^{1/2}$速率减小；在基于 ZF 和 L-MMSE 算法的 LDMRB 中，在高E_b/N_0区域，E_b/N_0按K^1速率减小。因此，ZF 和 L-MMSE 算法在高E_b/N_0时能够达到（K的）最佳能量标度（定理 13.3 中根据割集上边界可以证明：K^1是最好的能量标度这一事实）。而且，与 MF 算法不同，ZF 和 L-MMSE 算法的频谱效率随E_b/N_0增大且有边界，这是因为其具有干扰消除能力，且能达到最佳的高 SNR 斜率（如在割集边界中）$S_\infty=LM_s/2$。在高E_b/N_0区域，定理 13.4 证明了对于固定K，MF-LDMRB 中 SNR 的增加不会导致频谱效率的提高；频谱效率在一个固定值达到饱和（从文献[23]可知，该固定频谱效率值的形式为 $\log_2(K)$），这就导致了 $S_\infty=0$ 和较差的功率带宽折中，这是因为网

㊀ 在高E_b/N_0区域，MF-LDMRB 技术中$\mathbf{SIR}_{l,m}$与K呈线性的这一事实在此没有严格对待；这一情况的详细分析见文献[23]。

络具有干扰受限的特性。

3）式（13-24）、式（13-26）和式（13-31）中 SIR 统计特性几乎确定地收敛，由此可以看出 LDMRB 技术由$\mathcal{SIR}_{l,m}$中 K 的确定性的标度性能实现了协作分集增益[39, 40]。因此，在中继节点数无限多的条件下，即使 MRN 在慢衰落（非遍历的）信道模型下，香农容量也存在[31]。因此，分析结果是有效的，而且无需假设信道统计特性的遍历性。这一“中继遍历”现象可以解释为统计平均形式（由于多个中继节点的帮助，在建立的空间维度上的平均），即使衰落过程使得单个中继不遍历，也能保证 SIR 统计特性对确定性伸缩性能的收敛性。更为重要的是，确定性标度性能也表明，在中继节点无穷多的条件下，目的节点不知道 CSI 也不会导致性能恶化。

4）最后，观察到所有 LDMRB 技术，在有限频谱内都能达到最高的能量效率。换句话说，LDMRB 下最有效的功率利用是在有限带宽下实现的，且在某一特定带宽下没有功率带宽折中。额外的带宽需要更多的功率。在高斯并行中继网络，文献[41]和[42]中也得出了类似的结果。造成此现象的原因是噪声的放大，当 MRN 处于噪声受限时，这极大地降低了低 SNR 时的性能。我们发现，在低 E_b/N_0 区域，ZF 算法的性能比 MF 和 L-MMSE 算法的性能要差，这是因为 ZF 算法没有噪声抑制的能力（ZF 算法在低 E_b/N_0 区域中的 SIR 损失可以从下面的分析中得到解释；可以看出，MF 算法和 L-MMSE 算法中的 $X_{k,l,m}$ 和 $Y_{k,l,m}$ 在低 E_b/N_0 时服从 $\Gamma(M_r)$分布，而对于 ZF 算法，这些衰落相关随机变量满足 $\Gamma(M_r-LM_s+1)$分布）。

13.3.3.3 低 SNR 时的突发信号传输

在低 SNR 情况下，解决噪声放大问题的一个方法是突发传输[43]。占空比参数 $\alpha\in[0,1]$ 意味着源节点和中继节点只在部分时间 α 内传输，消耗的总功率为 P/α，而剩下时间处于休眠，因此满足了平均功率约束。突发传输的结果是网络得以在高 SNR 情况下运行，代价是较低的频谱效率。突发信号传输是可以实现的，例如在 ZF-LDMRB 机制下，通过选择足够小的占空比参数 α 来调整信号突发，使下列条件得以满足：

$$\alpha \ll \lim_{k,l,m}\frac{E_{k,l}Y_{k,l,m}P_{\mathcal{S}}}{M_sN_0B} \tag{13-33}$$

这样确保了在高 SNR 条件下，各中继节点能够执行线性波束赋形操作，使得噪声放大对能量效率的不利影响最小化。[㊀]使用这样的突发信号，即使$\mathcal{SNR}$<<1，式（13-21）中的每个数据流的 SIR 可以简化为（注意分母中的附加项 α）

㊀ 这表明，对任意块长度 Q，传输符号数目由下式给定：$Q_{\text{bursty}}=\lfloor\alpha Q\rfloor$，且对严格为正的 α 满足式（13-33），随着 $Q\to\infty$，有 $Q_{\text{bursty}}=\to\infty$，假设 Q 比 K 的增长速度快得多，这是因为在式（13-33）下，K 的增长需要选择一个较小的 α。因此，可以获得处理衰落和加性噪声所需的（每个码字的）自由度和香农容量（遍历互信息）。

$$\mathcal{SIR}_{l,m}^{\text{ZF,bursty}}=\frac{P_{\mathcal{S}}K^2\left(\dfrac{1}{K}\sum_{k=1}^{K}\sqrt{\dfrac{P_{\mathcal{R}}F_{k,l}X_{k,l,m}}{L^2M_sP_{\mathcal{S}}}}\right)^2}{\alpha M_sN_0B\left(1+K\dfrac{1}{K}\sum_{k=1}^{K}\dfrac{P_{\mathcal{R}}F_{k,l}X_{k,l,m}}{L^2M_sE_{k,l}Y_{k,l,m}P_{\mathcal{S}}}\right)}$$

在高 E_b/N_0 区域，网络频谱效率计算为

$$\mathcal{C}^{\text{ZF,bursty}}=\frac{\alpha}{2}\sum_{l=1}^{L}\sum_{m=1}^{M_s}\mathbb{E}[\log_2(1+\mathcal{SIR}_{l,m}^{\text{ZF,bursty}})]$$

因此，仅稍加修改，可以将定理 13.4 的结果带入式（13-16）中，功率–带宽折中关系可以表示为：

$$\frac{E_b}{N_0}(\mathcal{C})=\frac{2^{2\mathcal{C}(\alpha LM_s)^{-1}}}{2\mathcal{C}(\alpha LM_s)^{-1}}\frac{(\sqrt{\Theta_2}+\sqrt{LM_s})^2}{K\Theta_3^2}+o\left(\frac{1}{K}\right)\tag{13-34}$$

将式（13-9）和式（13-10）代入式（13-34）中可得：

$$\frac{E_b}{N_0}{}_{\text{imp}}^{\text{ZF,bursty}}=\frac{LM_s}{2K\Theta_3^2}(\sqrt{\Theta_2}+\sqrt{LM_s})^2+o\left(\frac{1}{K}\right)$$

$$S_\infty^{\text{ZF,bursty}}=\frac{\alpha LM_s}{2},\quad K\to\infty$$

结果可以证明，当突发足够多时，最佳能量标度 K^1 可以在 ZF（以及 L-MMSE）LDMRB 机制中实现㊀，而高 SNR 频谱效率斜率随着占空比因子 α 的减小而减小。因此，通过突发可以将频谱效率折中为较高的能量效率。上述结论建立了 *LDMRB* 机制的渐近最佳，即对于任意的 SNR，通过合适的突发信号传输，可以获得最佳的能量效率标度或者最佳的频谱效率斜率。还需强调的是，结果证明了 K^{-1} 的能量标度在 LDMRB 机制下是可以获得的，这比之前文献[18]中的结论要好。在文献[18]中，等价两跳中继网络模型的线性中继的能量标度仅为 $K^{-\frac{1}{2}}$。

13.3.4　数值结果

本节的目的是通过数值结果来支撑理论分析结论。在下面的例子中，令 $\dfrac{E_{k,l}}{N_0B}=\dfrac{F_{k,l}}{N_0B}=0\text{dB}$。

例 13.1：SIR 统计。考虑一个 L=2，M_s=1，M_r=2 的 MRN，采用蒙特卡罗仿真分析基于 ZF 算法的 LDMRB 机制的 SIR 统计，并与直接传输的性能进行比较。直接传输意味着没有中继节点的协助（即 K=0），两个源节点在共有的时间和频率资源上，同时向各自的目的节点进行传输，没有可用的中继干扰消除机制。对于直接

㊀ 达到这一最佳能量标度的唯一必需的条件是，满足 $M_r \geq LM_s$，这样系统在高 SNR 时就不会成为干扰受限系统，例如，仍然适用于 MF-LDMRB 下单用户单天线中继网络（其中 L=M_s=M_r=1）。

传输，假设两个源节点均分总平均功率 P（由于没有中继节点，仅一个时隙进行传输），因此 $P_S=P/2$，且网络$\mathcal{SNR}=P/(N_0B)$。在这种情况下，通过衰落干扰信道[35]进行通信，在目的节点使用单用户译码器。注意，直接传输不会使得容量减小为1/2，LDMRB 机制在半双工两跳传输协议下进行。源节点-目的节点链路中直接传输的信道分布假定与 MRN 的源节点-中继节点和中继节点-目的节点链路分布一样（所有链路的统计特性为独立同分布的$\mathcal{CN}(0,1)$）。为了与 LDMRB 机制比较的公平，不考虑发射机 CSI，而认为接收机有理想的 CSI。用$\xi_{i,j}$表示从源节点$i\in\{1,2\}$到目的节点$j\in\{1,2\}$的整个信道的增益（包括路径损耗、阴影以及信道衰落），直接传输的源节点-目的节点对j的 SIR 表示为

$$\mathcal{SIR}_j^{\text{direct}}=\frac{|\xi_{i\to j}|^2\dfrac{P}{2}}{N_0B+|\xi_{i,j}|^2\dfrac{P}{2}},\quad j\in\{1,2\},i\neq j$$

令 SNR=20dB，在基于 ZF 算法的 LDMRB 机制下，画出随着 K 值变化（K=1，2，4，8，16），直接传输 SIR 的 CDF 曲线图，如图 13-9 所示。如式（13-26）的预测，观察到 K 值增加 1 倍，平均 SIR 的值就增加 3dB，这是由于能量效率与中继节点数成正比。这验证了式（13-24）和式（13-26）中的分析结果，表明在 ZF-LDMRB 机制下，每路多路复用流的 SIR 与 K 呈线性关系。需要强调的是，这些 SIR 值标度结果是证明E_b/N_0标度结果为$K^{-\frac{1}{2}}$（低 SNR 时）和K^{-1}（高 SNR 时）的关键。因此，仿真结果也基本验证了定理 13.4 中式（13-15）～（13-17）给出的能量标度关系。此外，要注意的是，中继相对于直接传输 SIR 的巨大改善，是由于中继辅助无线网络提高了干扰消除能力。

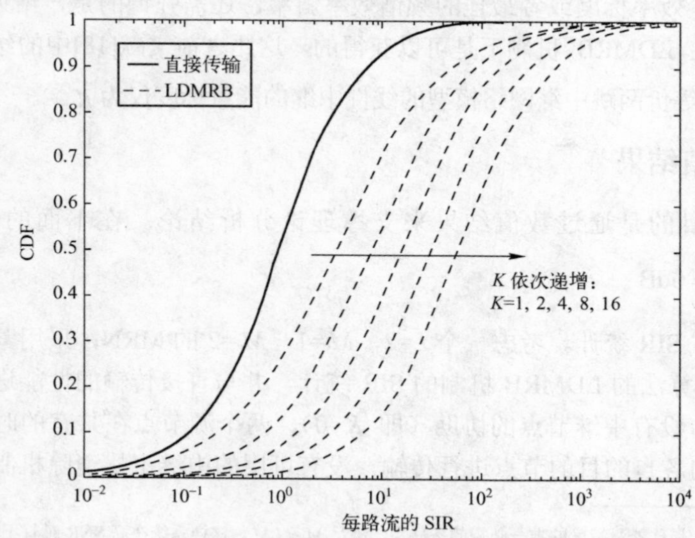

图 13-9　SNR=20dB 时，不同 K 值下直接传输和（分布式）ZF-LDMRB 的 CDF 比较（©2007 IEEE）[27]

为了说明随着中继节点数量的增加，每个流 SIR 的收敛速度，在图 13-10 中画出了 ZF-LDMMRB 技术的归一化 SIR 的累积分布函数（归一化通过将 SIR 实现集合除以集合的中值），同样假设 K=1，64。随着 K 的增加，每个流的归一化 SIR 的 CDF 更加紧密了。我们观察到收敛速度变慢，因此总结出为了获取协同分集增益全部好处，需要大量的中继节点（即 K 足够大）。

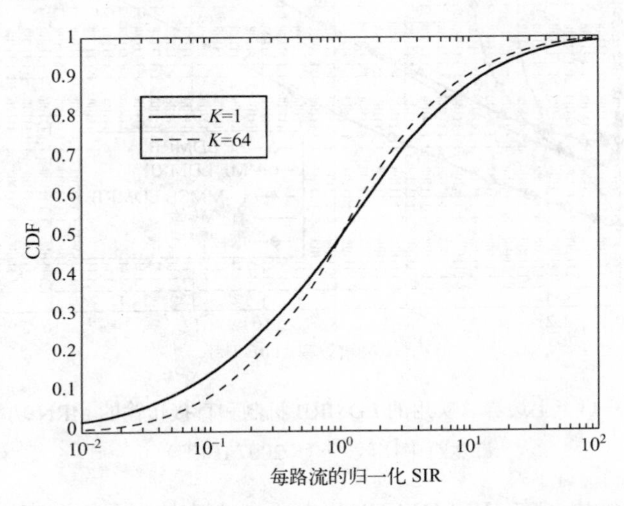

图 13-10　SNR=20dB 时，K=1,64 的情况下 ZF-LDMRB 每路流的归一化 SIR（与其中值有关）[27]（©2007 IEEE）

例 13.2：MRN 功率-带宽折中。设定 K=10，L=2，M_s=1，M_r=2 的 MRN，采用基于割集界的数值方法计算（基于蒙特卡罗仿真）MF、ZF 和 L-MMSE 算法的 LDMRB 机制直接传输的平均速率（遍历）上边界。然后用这些平均速率分别计算量化的频谱效率$\mathcal{C}=R/B$ 和能量效率 $\frac{E_b}{N_0}=\mathcal{SNR}/\mathrm{C}$，即对于不同的 SNR 值多次重复这一过程，以获得各种方案的功率-带宽折中经验曲线。功率-带宽折中的数值结果如图 13-11 所示。

图 13-11 的数值结果证实了式（13-15）～式（13-17）的分析结果。结果表明：相对于直接传输，LDMRB 策略可以有效地节约功率和带宽。我们观察到，在割集外边界之内的能量效率和频谱效率对集合的大部分（这在直接传输中是不可实现的）被实用 LDMRB 技术所覆盖。本文分析结果表明，ZF 和 L-MMSE 的频谱效率的增加不受 E_b/N_0 限制，因为 ZF 和 L-MMSE 机制具有干扰消除能力，且能达到和割集上边界相同的高 SNR。而且，该数值结果验证了我们的发现：在较高 E_b/N_0 时，MF-LDMRB 的频谱效率达到一固定的饱和值，导致了较差的能量效率。

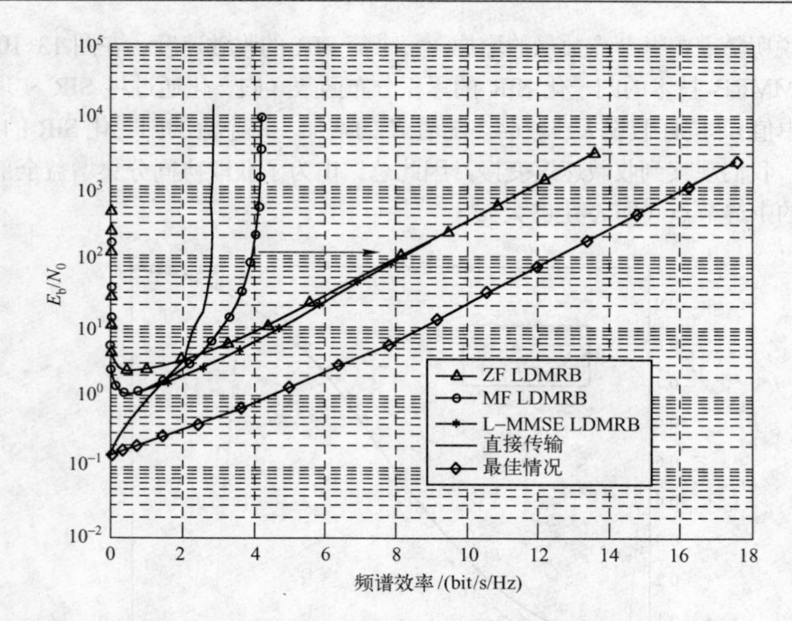

图 13-11　上边界、实用的 LDMRB 机制和直接传输的 MRN 功率带宽折中比较[27]（©2007 IEEE）

图 13-12 中给出了在 ZF-LDMRB 机制下，占空比参数α=0.02、0.1、0.5 和 1 情况下的功率-带宽折中曲线（令 K=10，L=2，M_s=1，M_r=2）。显然，在较低频谱效率（也就是低 SNR）下，通过减小参数α的值提高突发性，可以有效地实现更高的能量效率。

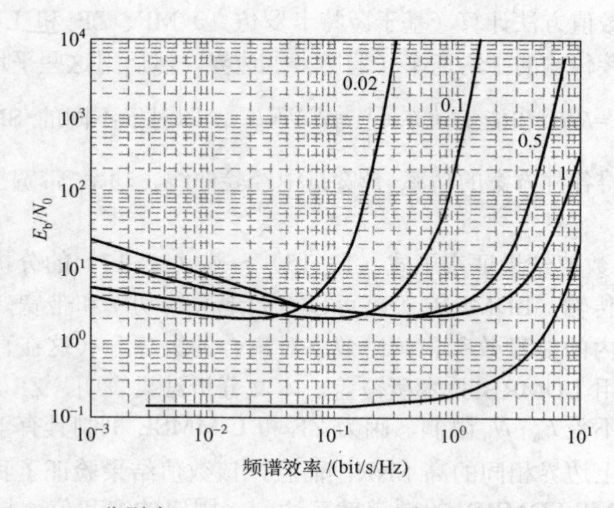

图 13-12　α 分别为 0.02、0.1、0.5 和 1 时在 ZF-LDMRB 机制突发传输下的功率带宽折中[27]（©2007 IEEE）

13.3.5 小结

本节讨论了一定区域中密集的宽带无线 Ad-hoc 网络，在大量终端条件下的功率-带宽折中特性，这是基于 MRN 模型的并行中继网络架构的一个特例。作为下一代无线网络支持高速数据传输的一种附加方案，我们论证了通过实用的中继协同技术，如何利用不断增加无线设备密度，来提高能量效率和频谱效率。特别地，我们设计了低复杂度的 LDMRB 机制，该机制利用本地 CSI，将多个用户的信号同时传递到目的终端。通过中继协同机制，对能量效率和频谱效率的提高进行了量化。讨论了文献[27-30]中提到的一些结果。本文关键性发现可以总结为如下几点：

在点对点编码的多用户 MRN 中，对于任意的 SNR，LDMRB 是渐近最佳的。特别地，可以证明，与文献[18]相比，通过突发传输，使用 LDMRB 可以获得更好的能量标度 K^{1}，而在文献[18]中的能量标度为 $K^{1/2}$。在中继节点数较大的情况下，分析了多用户 MRN 频谱效率的割集上边界[35]，证实了 K^{1} 的最佳性。而且可以证明：在任意 SNR 下，LDMRB 同时可以实现最好的频谱效率斜率（也就是割集定理的上边界）。

中继节点的干扰消除能力在获取最佳功率-带宽折中发挥了重要的作用。本文的研究结果证明，LDMRB 机制尽管不试图，但却抑制了多用户干扰。然而 LDMRB 机制虽然具有最佳的容量性能，能量效率却还是很低；由于多用户 MRN 的干扰受限特性，在高 SNR 下，LDMRB 会导致较差的能量-带宽折中。

参考文献

[1] S. Verdú, “Spectral efficiency in the wideband regime,” *IEEE Trans. Inf. Theory*, vol. 48, no. 6, pp. 1319–1343, June 2002.

[2] A. Lozano, A. Tulino, and S. Verd´u, “Multiple-antenna capacity in the low-power regime,” *IEEE Trans. Inf. Theory*, vol. 49, no. 10, pp. 2527–2543, Oct. 2003.

[3] S. Shamai (Shitz) and S. Verd´u, “The impact of flat-fading on the spectral efficiency of CDMA,” *IEEE Trans. Inf. Theory*, vol. 47, no. 5, pp. 1302–1327, May 2001.

[4] G. Caire, D. Tuninetti, and S. Verd´u, “Suboptimality of TDMA in the low-power regime,” *IEEE Trans. Inf. Theory*, vol. 50, no. 4, pp. 608–620, Apr. 2004.

[5] T. Muharemovi´c and B. Aazhang, “Robust slope region for wideband CDMA with multiple antennas,” in *Proc. IEEE Inf. Theory Workshop*, Paris, France, March 2003, pp. 26–29.

[6] A. El Gamal and S. Zahedi, “Minimum energy communication over a relay channel,” in *Proc. IEEE Int. Symp. on Inf. Theory (ISIT’03)*, Yokohama, Japan, June–July 2003, p. 344.

[7] X. Cai, Y. Yao, and G. Giannakis, “Achievable rates in low-power relay links over fading channels,” *IEEE Trans. Commun.*, vol. 53, no. 1, pp. 184–194, Jan. 2005.

[8] Ö. Oyman and M. Z. Win, “Power–bandwidth tradeoff in multiuser relay channels with opportunistic scheduling,” in *Proc. Allerton Conf. on Commun., Control and Computing*, Monticello, IL, Sep. 2008.

[9] A. Lozano, A. Tulino, and S. Verd´u, “High-SNR power offset in multiantenna communication,” *IEEE Trans. Inf. Theory*, vol. 51, no. 12, pp. 4134–4151, Dec. 2005.

[10] N. Jindal, “High SNR analysis of MIMO broadcast channels,” in *Proc. 2005 IEEE Int. Symp. on Inf. Theory (ISIT’05)*, Adelaide, Australia, Sep. 2005.

[11] A. J. Paulraj and T. Kailath, “Increasing capacity in wireless broadcast systems using distributed transmission/directional reception,” *US Patent, no. 5,345,599*, 1994.

[12] I. E. Telatar, “Capacity of multi-antenna Gaussian channels,” *European Trans. Telecomm.*, vol. 10, no. 6, pp. 585–595, Nov.–Dec. 1999.

[13] G. J. Foschini and M. J. Gans, “On limits of wireless communications in a fading environment when using multiple antennas,” *Wireless Personal Commun.*, vol. 6, no. 3, pp. 311–335, March 1998.

[14] H. B¨olcskei, D. Gesbert, and A. J. Paulraj, “On the capacity of OFDM-based spatial multiplexing systems,” *IEEE Trans. Commun.*, vol. 50, no. 2, pp. 225–234, Feb. 2002.

[15] G. Caire and S. Shamai, “On the achievable throughput of a multiantenna Gaussian broadcastchannel,” *IEEE Trans. Inf. Theory*, vol. 49, no. 7, pp. 1691–1706, July 2003.

[16] H. Weingarten, Y. Steinberg, and S. Shamai, “The capacity region of the Gaussian multiple-input multiple-output broadcast channel,” *IEEE Trans. Inf. Theory*, vol. 52, no. 9, pp. 3936– 3964, Sep. 2006.

[17] A. J. Goldsmith, S. Jafar, N. Jindal, and S. Vishwanath, “Capacity limits of MIMO channels,” *IEEE J. on Selected Areas in Commun.*, vol. 21, no. 5, pp. 684–702, June 2003.

[18] A. F. Dana andB. Hassibi, “On the power efficiency of sensory and ad-hoc wireless networks,” *IEEE Trans. Inf. Theory*, vol. 52, no. 7, pp. 2890–2914, July 2006.

[19] P. Gupta and P. R. Kumar, “The capacity of wireless networks,” *IEEE Trans. Inf. Theory*, vol. 46, no. 2, pp. 388–404, March 2000.

[20] M. Gastpar and M. Vetterli, “On the capacity of wireless networks: The relay case,” in *Proc. IEEE INFOCOM*, vol. 3, pp. 1577–1586, New York, NY, June 2002.

[21] B. Wang, J. Zhang, and L. Zheng, “Achievable rates and scaling laws of power-constrained wireless sensory relay networks,” *IEEE Trans. Inf. Theory*, vol. 52, no. 9, pp. 4084–4104, Sep. 2006.

[22] A. Ö zgu ř, O. Le′vêque que, and D. Tse, “How does the information capacity of Ad-hoc networks scale?,” in *Proc. Allerton Conf. on Commun., Control and Computing*, Monticello, IL, Sep. 2006.

[23] H. B ö lcskei, R. U. Nabar, Ö . Oyman, and A. J. Paulraj, "Capacity scaling laws in MIMO relay networks," *IEEE Trans. Wireless Commun.*, vol. 5, no. 6, pp. 1433–1444, June 2006.

[24] M. Sikora, J. N. Laneman, M. Haenggi, D. J. Costello, and T. E. Fuja, "Bandwidth and power efficient routing in linear wireless networks," *IEEE Trans. Inf. Theory*, vol. 52, no. 6, pp. 2624–2633, June 2006.

[25] Ö . Oyman and S. Sandhu, "Non-ergodic power–bandwidth tradeoff in linear multihop networks," in *Proc. IEEE Int. Symp. on Inf. Theory (ISIT'06)*, pp. 1514–1518, Seattle, WA, July 2006.

[26] Ö . Oyman and J. N. Laneman, "Multihop diversity in wideband OFDM systems: The impact of spatial reuse and frequency selectivity," in *Proc. 2008 IEEE Int. Symp. on Spread Spectrum Techniques and Applications (ISSSTA'08)*, Bologna, Italy, Aug. 2008.

[27] Ö . Oyman and A. J. Paulraj, "Power–bandwidth tradeoff in dense multi-antenna relay networks," *IEEE Trans. Wireless Commun.*, vol. 6, no. 6, pp. 2282–2293, June 2007.

[28] Ö . Oyman and A. J. Paulraj, "Energy efficiency in MIMO relay networks under processing cost," in *Proc. Conf. on Inf. Sci. and Systs (CISS'05)*, Baltimore, MD, March 2005.

[29] Ö . Oyman and A. J. Paulraj, "Power–bandwidth tradeoff in linear multi-antenna interference relay networks," in *Proc. Allerton Conf. on Commun., Control and Computing*, Monticello, IL, Sep. 2005.

[30] Ö . Oyman and A. J. Paulraj, "Leverages of distributed MIMO relaying: A Shannon-theoretic perspective," in *1st IEEE Workshop on Wireless Mesh Networks (WiMesh'05)*, Santa Clara, CA, Sep. 2005.

[31] L. H. Ozarow, S. Shamai, and A. D.Wyner, "Information theoretic considerations for cellular mobile radio," *IEEE Trans. Veh. Technol.*, vol. 43, no. 2, pp. 359–378, May 1994.

[32] M. R. Leadbetter, G. Lindgren, and H. Rootzen, *Extremes and Related Properties of Random Sequences and Processes*, New York, NY, Springer-Verlag, 1983.

[33] P. Billingsley, *Probability and Measure*, New York, NY, Wiley, 3rd ed., 1995.

[34] A. Paulraj, R. Nabar, and D. Gore, *Introduction to Space-Time Wireless Communications*, Cambridge, UK, Cambridge University Press, 1st ed., 2003.

[35] T. M. Cover and J. A. Thomas, *Elements of Information Theory*, NewYork, NY, JohnWiley, 1991.

[36] R. J. Serfling, *Approximation Theorems of Mathematical Statistics*, New York, NY, John Wiley, 1980.

[37] S. Verd´u, *Multiuser Detection*, New York, Cambridge University Press, 1st ed., 1998.

[38] Ö . Oyman, *Fundamental limits and tradeoffs in distributed multi-antenna networks*, PhD dissertation, Stanford, CA, Stanford University, Dec. 2005.

[39] A. Sendonaris, E. Erkip, and B. Azhang, "Increasing uplink capacity via user cooperation

diversity," in *Proc. IEEE Int. Symp. on Inf. Theory (ISIT'98)*, p. 156, Cambridge, MA, Aug. 1998.

[40] J. N. Laneman, G. Wornell, and D. Tse, "An efficient protocol for realizing cooperative diversity in wireless networks," in *Proc. of IEEE Int. Symp. on Inf. Theory (ISIT'01)*, p. 294, Washington, D.C., June 2001.

[41] I. Maric and R. Yates, "Forwarding strategies for Gaussian parallel-relay networks," in *Proc. Conf. on Inf. Sci. and Systs (CISS'04)*, Princeton, NJ, March 2004.

[42] B. Schein, *Distributed coordination in network information theory*, PhD dissertation, Cambridge, MA, Massachusetts Institute of Technology, Sep. 2001.

[43] A. El Gamal, M. Mohseni, and S. Zahedi, "Bounds on capacity and minimum energy-per-bit for AWGN relay channels," *IEEE Trans. Inf. Theory*, vol. 52, no. 4, pp. 1545–1561, Apr. 2006.

第14章 可靠MAC层和分组调度

媒体接入控制（Medium Access Control，MAC）在无线通信系统中非常重要：它可以协调用户和数据流，实现频谱共享，从而直接影响系统的吞吐量、可靠性、服务质量（Quality of Service，QoS）和公平性。为了改变对稀缺频谱资源的低利用率，文献[1]中的许多工作已经挑战了传统协议栈的分层架构。在随机接入和无竞争接入的环境中，已经证明，MAC 层掌握更多信道条件和应用可以带来实质性的增益。近年来受到挑战的另一个传统观点是，倾向于在点对多点的无线介质中评估点对点链路。在传统方法中，非预期用户接收到的数据包将被简单抛弃。非预期用户这个概念已经过时，最初是发生在多跳路由领域，近来在单跳情况下，尤其是对于协作通信、网络编码和机会路由更不合时宜[2~5，22]。

本章主要关注下面这一特殊的网络场景，即只有一个发射机但有多个接收机。假设一个无竞争接入的 MAC，随着时间的变化，由一个集中的调度器将信道（例如地址码和频段）动态地分配给多个用户。

本章研究了从根本上改变设计原则和 MAC 结构的 3 个关键领域：

1）多用户分集。

2）编码调度。

3）媒体认知调度。

本章更加关注于多播场景。这是因为在未来的几年中，多播场景将是短距离无线通信瞄准的主要领域。

14.1 引言

跨层优化是无线通信的重要研究领域之一，跨层优化可以提供更好的服务质量，提高系统吞吐量并改善能源效率。在对无线标准和实际技术部署的直接影响方面，MAC 层和物理层的联合优化已经成为最富创造力的研究方向之一。MAC 层主要负责控制哪个用户在何时有权接入哪个信道。因此，MAC 层直接影响着接入时延、传输成功率和可实现容量。当 MAC 层和物理层分开设计时，物理层根据观测到收发信机之间信道质量，来设置实际功率等级，选择编码与调制方案。因此，物理层直接影响了 MAC 层调度决策的可行性。这种层与层之间分离，致使总体性能只能达到次最优。因此，若想在任何一个关注的指标上获得更好的性能，需要对

MAC 层和物理层联合考虑，这一点极其重要。本章的重点是从 MAC 层调度的角度出发，对可靠性进行讨论，另外还会对近几年跨层设计的技术发展做一个概述。跨层设计技术实现了更好的性能保障。然而，本章的目标绝不是仅对跨层调度的文献做一个全面的概述。

传统的调度器在观测 MAC 丢包时没有利用在物理层中很容易获得的信道状态信息（Channel State Information，CSI）。因此，一个主要的改进，就是在单接收机和多接收机（也称多用户分集）场景中使用机会调度。这一进展在调度器设计上产生了巨大的影响[6, 8, 11, 15, 21, 24]，同时，机会调度也在单播和广播中被广泛应用。简单而言，机会调度就是等待有利的信道条件，以实现特定的目标。这里我们轻率地使用“有利”这个术语，因为一般而言，根据不同的最佳准则，“有利”具有不同的含义。文献从包括单跳和多跳无线网络的吞吐量优化、公平性、稳定性和服务质量等方面来研究机会调度的优势和折中。本章的第一部分，将研究机会调度的设计问题，并讨论一些已经提出的机会调度方案。

为了最有效地提高系统的可靠性（因此也就增加了吞吐量），另一个主要的进展是在分组调度中使用编码代替强力重传[16, 27, 29]。编码包含的方法有混合自动重传（Hybrid Automatic Repeat Request，HARQ）技术和删除编码，而删除编码又包括无码率编码和网络编码。信道会动态地在短时间（即在大约一个符号持续时间内）和长时间（即在大约一个数据包的持续时间内）发生改变。系统设计者可以利用物理层前向纠错（Forward Error Correction，FEC）技术和利用较大的分组来处理信道的长期动态特性，以此获得低分组错误概率的性能。但 FEC 和较大的分组会增加物理层的复杂度，更重要的是增加了传输时延。相反地，使用较小的分组虽然可以取得更好的平均时延性能，但在相同的码率和误比特率条件下，可靠性的损失会很严重。另一方面，在不同时间尺度下，在物理层和 MAC 层分别进行编码可以实现更好的性能。在多接收机环境中，将更加有趣。如果所有接收机都将高可靠性目标作为物理层设计的约束条件，将导致整体吞吐量的下降。在 MAC 层采用删除编码可以通过以下方式来提高整体吞吐量：

1）减少由反复的重传产生的开销。

2）在相同的可靠性水平下，实现尽可能高的物理层传输速率。

后面一个优势，可以通过在多播接收机之间，更好地利用时变信道的机会特性而加以实现。在本章的第 2 部分，介绍了文献的各种建议和对无线信道的各种假设，并对主要折中进行了讨论。

另外一些文献并不是简单地计算误比特率和误包率，而是直接从应用的角度（即最终观察到的媒体质量）来研究可靠性问题。由于无线调度器可以最终决定某个分组在何时发送，因此具有非常重要的作用。当调度器意识到某个特定的分组对整体媒体质量有影响时（即一个分组的效用），伴随着不同的效用最大化问题，会产生新的优化和调度算法。这将超越每个信源简单将分组划分为低、中、高 3 个优先级，并以此进行基于优先级调度的概念。在本章的最后部分，将注意力集中在视频这一块，并重点关注该领域近期的工作。

在下面的几节中，会更加详细地介绍以下 3 个领域：机会调度、MAC 层编码和基于的媒体质量的效用优化。

14.2 机会调度/多用户分集

机会调度（也称多用户分集）是实现高可靠性和高吞吐量的一种行之有效的方法。在多用户分集系统中，发射机利用了系统中正在工作的多个接收机和它们随着时间、频率、空间变化的信道条件。在存在主导视距分量的超短距离无线通信应用中，信道条件可能无法为调度器创造足够的变化和机会。然而，就像蜂窝通信一样，许多短距离无线通信可以从多用户分集中获得实实在在的好处，例如无线家庭娱乐设施和环境感知/监控/驱动系统，通过一个代理/网关/处理单元向多个终端发送数据流，或者突发地与多个终端节点通信。

假定在一个分时隙系统中，两个用户在 100 个时隙中的通信速率如图 14-1 所示。很明显，当以最大化系统容量为目标时，在每个时隙中，调度器必须将信道分配给满足一定可靠性水平且具有最高速率的用户，其中可靠性水平的依据是误块率。当有其他优化目标时，例如公平性、队列稳定性和 QoS 等约束时，什么是适当的调度，就不那么明确了，除非信道条件满足特定的限制和优化目标定义在长时间运行。如果调度不是对用户而是对用户组而言，那么调度策略又会大不一样。

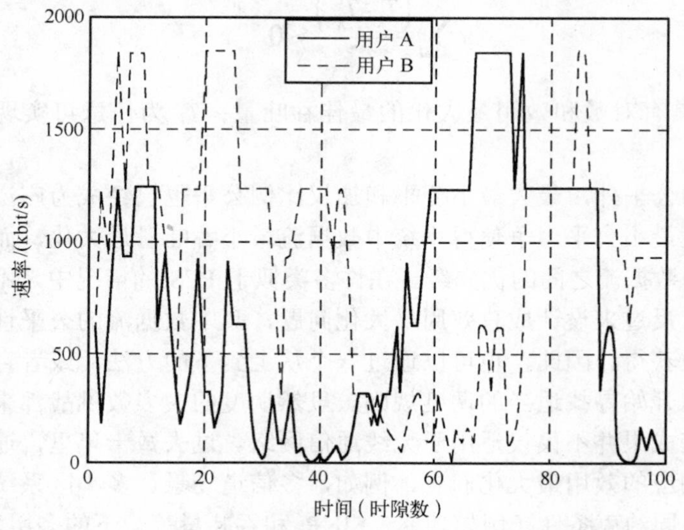

图 14-1 信道速率随时间变化示意图（多用户分集的情况）

接下来将分两个场景（单播和多播）对多用户分集进行讨论：

1）单播：各接收机关注各自的信息流。

2）多播：多个接收机关注同一个信息流。

14.2.1 单播场景

在宽带无线数据网络中应用最为广泛的调度器当属比例公平调度器（Proportional Fair Scheduler，PFS），其不同的版本应用于3G和4G系统中[6]。在这里只考虑单频带时隙系统。假设在当前时隙 i，第 k 个接收机能够以速率 $R_k[i]$ 接收信号，并且接收机此前接收的平均吞吐量为 $T_k[i]$。PFS 将资源分配给所有激活用户中满足以下条件的用户：

$$k^* = \arg\max_k \frac{R_k[i]}{T_k[i]}$$

时间平均采用指数权重的低通滤波器，其窗口长度为 w，有

$$T_k[i+1]=\frac{w-1}{w}T_k[i]+\frac{1}{w}I_k[i]R_k[i] \tag{14-1}$$

式中，$I_k[i]$是指示函数（也就是说，如果用户 k 在时隙 i 被调度，则指示函数值为 1，否则为 0）。在信道统计为非常一般的条件下，可以看出，当 $w\to\infty$ 时，PFS 规则可使长期对数和效用（Log-sum Utility）最大化，即

$$\lim_{i\to\infty}\sum_k \log_2(T_k[i]))$$ [8]

“比例公平性”这个词源于以下事实：

$$\sum_k \frac{\left(T_k - T_k^*\right)}{T_k^*} \leqslant 0 \tag{14-2}$$

式中，T_k^* 是具有对数和效用最大化的最佳吞吐量；T_k 为任意可实现的调度器的吞吐量。

除了比例公平外，最大最小公平和加权比例公平也已经成为广泛使用的公平性目标。最大最小公平力争使得系统中数据流最小吞吐量最大化，而加权比例公平则区分不同数据流之间的优先级。在许多类似于 PFS 的情况中，不同的长期公平性目标可以反过来设计成总效用最大化问题，其中数据流的公平性由每个数据流的效用函数获得。因此，也可以通过一个从上到下的方法，或者直接从一个效用最大化问题开始寻找适当的调度规则。虽然调度的大多数挑战都来自无线通信网络，但这些成果并不仅仅适用于无线通信网络。过去数十年里，通过分析不同网络体制中相应的效用最大化问题，例如，多信道场景、多小区系统、多跳无线系统，和在不同约束条件（例如功率、SINR 和吞吐量等）下的多用户 MIMO 系

统，许多研究都致力于发展更具普适性的 PFS 及其他公平性算法[10, 13, 14]。这些新 PFS 规则处理的共同点都是建立在基于梯度的算法之上，这种算法在下一个时隙可实现的速率分配向量上使目标效用最大化。在许多情况中，优化问题会变成一个具有指数复杂度的组合问题，因此要在简化假设和放松约束条件后推导近似 PFS 规则。

另一类重要的调度器是最佳吞吐量调度器。最佳吞吐量调度器假设对于给定的到达速率存在一个稳定的队列调度器，可以使所有用户的队列变得稳定。这里的稳定性表示存在一个有界的平均积压，或者等效存在一个有界平均时延（由于 Little 定理[32]）。有一点可以肯定的是，PFS 规则并不是最佳吞吐量[24]。最佳吞吐量调度器一般定义对平均时延或队列积压的惩罚[9, 24, 25]。例如，在文献[9]中，作者提出的改进最大加权时延优先（Modified Largest Weighted Delay First，M-LWDF）规则是第一个最佳吞吐量调度器。如果满足

$$k^* = \arg\max_k \gamma_k R_k[i] W_k[i]$$

则该算法在时间 i 调度接收机 k^*。

式中，γ_k是一个任意的正常数（即队列权重）；$W_k[i]$是时刻 i，接收机第 k 个队列中队列数据包头分组的等待时间。

通过在每个时间点上交换等待时间 W_k 和队列积压 Q_k 也可以满足这一规则。文献[24]提出了一类由指数规律定义的改进的调度器，并且证明具有最佳吞吐量。这个改进的算法可以表示为

$$k^* = \arg\max_k \gamma_k \cdot R_k[i] \cdot \exp\left(\frac{\alpha_i W_k[i]}{\beta + \left[\overline{W}[i]\right]^{\eta}}\right) \tag{14-3}$$

式中，$\overline{W}[i] \doteq \frac{1}{N}\sum_k \alpha_k W_k[i]$；$N$ 是用户数量；并且 $\alpha_i > 0$，$\beta > 0$，$\eta \in (0,1)$ 均为常数。指数规律更好地利用了好的信道状态，因此它的时延性能要优于 M-LWDF。文献[25]提出了一个更具普适性的方法去处理在稳定性约束条件下最大化任意（凹）网络效用的问题。这个算法规定，从所有控制决策ψ中，按下式选择ψ^*：

$$\psi^* = \arg\max_{\psi} \sum_k \frac{\partial H(T[i])}{\partial T_k} R_k[i] - \sum_k \beta Q_k[i] \overline{\Delta Q_k[i]} \tag{14-4}$$

式中，H 是一个效用凹函数；$\boldsymbol{T}$ 是吞吐量矢量；T_k 是 $\boldsymbol{T}$ 的第 k 个元素；$\overline{\Delta Q_k[i]}$ 是队列长度的期望平均增量（即偏移）。和 PFS 情况一样，T_k 由同样的低通滤波方式来更新。当效用为单个吞吐量的对数和时，上面的规则就可以变为一种具有队列稳定约束的改进 PFS 算法。

14.2.2 多播场景

和单播情况不同，在多播中多个接收机关注的是相同的内容。根据场景的情况，可能会出现单个或多个多播会话。例如在一个流场景中，不同的屏幕分别分布在住宅、办公室、教室和会议厅中，根据观众的位置和播放的内容，建立了多个不同的多播组。如图 14-2 所示，无线网关（Wireless Gateway，WG）正在向两个不同的组传送不同的内容，其中一个组有 4 个接收机（表示为 A、B、C 和 D），另外一个组有 3 个接收机（表示为 X、Y 和 Z）。假设在一个时隙系统中，每一个时隙，WG 必须选择一个多播组，并从一组可用的传播速率中选择一个并将其设置为该多播组的传输速率。传统的方法是根据信道条件最差的接收机设定多播组的传输速率。这一保守的策略确保一旦分配给多播组一定的无线资源，多播组内的每一个接收机都可以成功地接收。然而，以最差的用户为目标会显著降低传输速率，从而对同组和其他组中的接收机的短期和长期吞吐量产生不利影响。

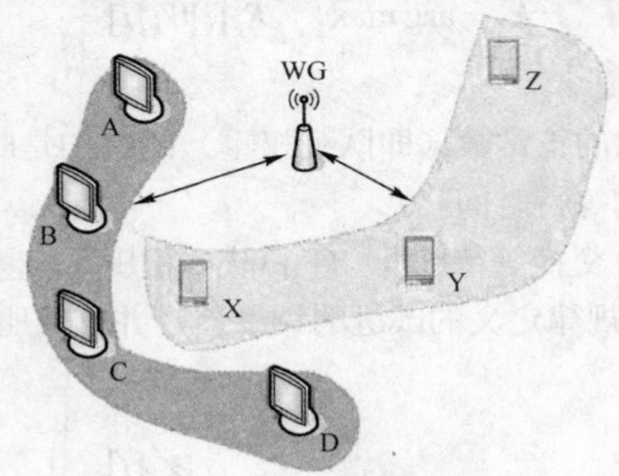

图 14-2 多个多播组的调度

现在来考虑单个多播组的情况，看看组速率的选择如何形成组内调度决策。假设接收机 A、B、C 和 D 处于同一个多播组中。在任意给定时隙 i，接收机可以分别以速率 $R_A[i]$、$R_B[i]$、$R_C[i]$和 $R_D[i]$实现可靠接收。对于这个多播会话，当发射机以速率 $R[i]$发送，只有接收机速率大于或等于 $R[i]$时，该接收机才能够在时隙 i 以要求的可靠性恢复负载。因此，发射机可以通过速率选择来指示接收机能否可靠接收，从而可靠地在多播组中实现调度决策。例如，在时隙 i，这个多播组内接收机速率顺序是 $R_D[i]>R_A[i]>R_B[i]>R_C[i]$，当速率设置为 $R[I=R_B[i]$时，则接收机 A、B 和 D 在时隙 i 能够接收到数据分组，而接收机 C 不能接收到相同的数据分组。图 14-3 给出了一个时隙系统的例子，在不同的时间点上，不同的接收机如何通过控制传输速率实现隐式调度。负载被分成等长的数据分组，且每一种速率选择可以在一个时隙内传输整数个这样的数据分组[㊀]。当数据分组的传输速率并非按照最差

㊀ 这个场景可以轻易地扩展到这样一个案例，它存在具有非常低速率的传输模型。在这些模型中，一个数据块可能不能在一个时隙内完成传输，而需要跨越多个时隙。

的接收机来设置时，显然不是所有信息分组都能被每个接收机接收到。文献中的许多工作没有正面回答有效吞吐量的测度问题（即跟踪哪个用户接收到哪个信息分组，以及所有已经传送给业务的有用信息），而只是专注于系统吞吐量性能（即传送到所有接收机的负载量）以及用户之间的公平性。为了在文中进行明确的区分，有效吞吐量测度指的是以应用层要求的可靠性水平接收到信息的速率，而吞吐量测度指的是成功接收信息的速率。

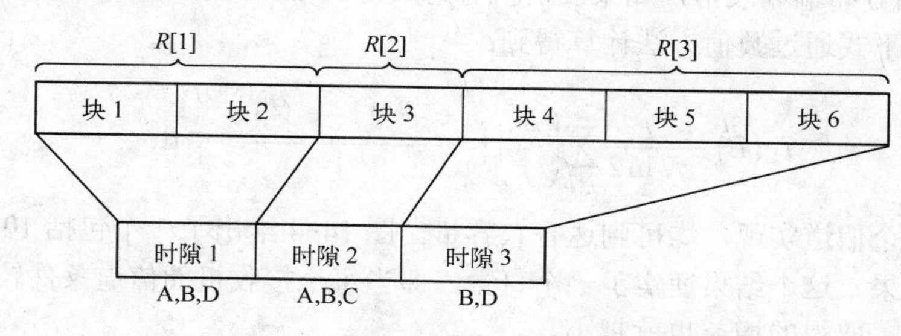

图 14-3 通过传输速率控制进行组内调度

文献[15]中已经证明，对于独立同分布的瑞利衰落信道，与每个时隙以最差的接收机为基准进行传输的调度器相比，根据中间用户设置速率，实际上只调度较好的一半的接收机，能够改善每个用户的吞吐量，性能改善随多播组的大小线性增加㊀。基于中间用户的调度可以按照下面的方式实现长期吞吐量和长期有效吞吐量之间的匹配。发射机由一个缓冲区来存储多播信息和 $\binom{N}{\frac{N}{2}}$ 个传输队列，每个传输队列均对应 $N/2$ 个接收机的一种特定组合。在每一个时隙，调度器都会检查接收机集合 S 中一半的接收机作为目标，确认对应的队列 Q_s。如果发送队列里有一个分组，则会被调度，并从传输队列 Q_s 中删除。如果在传输队列中没有分组，首先一个新的分组会从存储队列中移出，它的一个副本将会被放在 Q_s 和 Q_{s^c}（这里的 S^c 是 S 的补集）中，这时 Q_s 的传输得以恢复。注意，这样的调度保证没有用户接收到重复的信息分组，因此可以在它的速率范围内有效地使用系统容量。然而，时延的处罚会随着多播大小的增加而增加。由于数据是以一种无序的方式传输给接收机的，如果应用层要重新对分组排序，则接收到的数据包必须缓存起来，以等待时间顺序上较早发出而还没有被特定用户收到的数据包。所以，平均时延取决于每个队列相互调度的时间，而不是像希望的那样，每个用户在时间上相互调度。正如下一节明确讲述的那样，可以将删除编码作为调度器的一部分，从而设计更高效的系统

㊀ 更确切地说，以最差的用户为目标，得到每个用户的吞吐量标度是 $\Theta(1/N)$，而以中间用户为目标时得到的吞吐量标度为 $\Theta(1)$，这里 N 表示多播组的大小。$g(N)=\Theta(f(N))$ 是顺序的符号，仅用来表示存在常数 c_1 和 c_2，使得 $c_1 f(N)\leqslant g(N)\leqslant c_2 f(N)$。

（根据时延和管理的队列数量）。

尽管针对多播组的中间用户设置速率在吞吐量标度的意义上是最佳选择，仍然可以通过改善系数进行优化，这对于较小尺寸的多播组是至关重要的。的确，文献[16]指出，在独立同分布瑞利衰落和非独立同分布情况下，最大最小公平调度器应该以一半以上的接收机为目标，这已得到了仿真和数值结果的验证。对于均值为$1/\lambda$的独立同分布瑞利衰落，如果发射机考虑最好的 L 个用户，每个用户的平均吞吐量可以由下式通过数值方法计算得到：

$$T_k(L)=\frac{L}{N\ln 2}\sum_{j=L}^{N}\binom{N}{j}\int_0^{\infty}\frac{\mathrm{e}^{-\lambda xj}\cdot\left(1-\mathrm{e}^{-\lambda x}\right)^{(N-j)}}{1+x}\mathrm{d}x \tag{14-5}$$

假设对于每个信道实现，均可到达香农容量。图 14-4 给出了一个包括 10 个用户的多播组的结果。这个结果证实了一个直觉，即当每个接收机的信道条件较好时，目标用户越少，取得的增益也就越小。

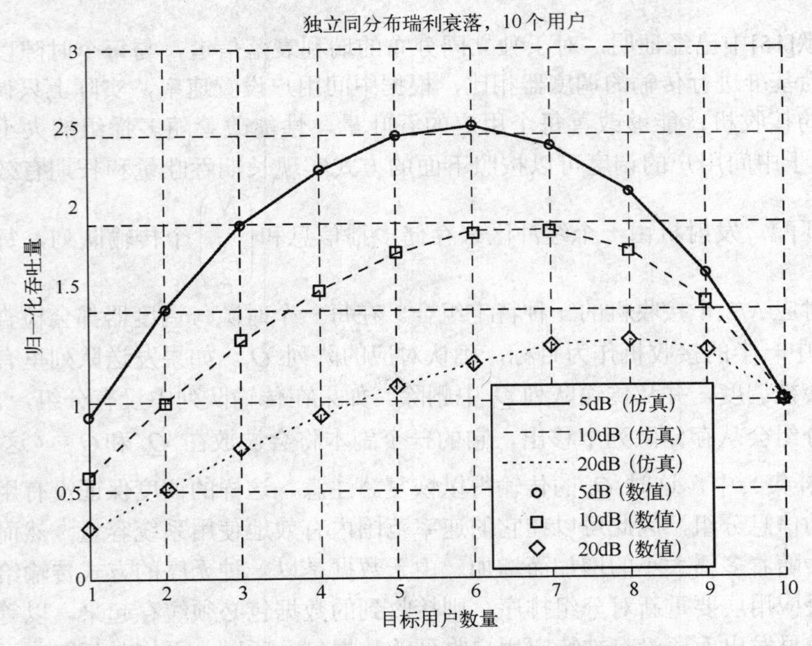

图 14-4 不同速率目标的组内调度归一化吞吐量性能。
图中的标记为根据式（14-5）得到的数值计算结果[15]

与单播情况类似，可以定义单个多播组和多个多播组的 PFS。在文献[7]中，作者定义了两种不同的比例公平性规则：组间比例公平（Inter-group Proportionally Fair，IPF）调度器和组播比例公平（Multicast Proportionally Fair，MPF）调度器。

在 IPF 中，组 g 在时间 i 上的集合速率 $\phi_g[i]$ 定义为：在时间 i 内可以可靠接收的组内成员的速率之和，即

$$\phi_g[i,R]=\sum_{k\in g}R\cdot I\{R_k[i]\geqslant R\}$$

其中，$I\{\cdot\}$ 是指示函数。因此多播组 g 的长期吞吐量定义为

$$\sum_g=\lim_{i\to\infty}\sum_g[i]\,,\quad \sum_g[i]\doteq\frac{1}{i}\sum_{t=1}^{i}\left\{I_g[t]\phi_g[t,R]\right\}$$

式中，当组 g 在时间 i 被调度时，$I_g[i]=1$，否则 $I_g[i]=0$。作者定义了下面的 IPF 规则，与式（14-2）中定义的 PFS 属性类似。

IPF 调度的长期吞吐量 $\sum_g^*$ 满足

$$\sum_g\frac{\left(\sum_g-\sum_{g\cdot}^*\right)}{\sum_{g\cdot}^*}\leqslant 0$$

式中，$\sum_g$ 为任意调度策略的长期吞吐量。

可以证明，在时间 i 为每个组选择瞬时速率 $R_g^*[i]=\arg\max_R\phi_g[i,R]$，并且调度能够最大化 $\dfrac{\phi_g\left[i,R_g^*\right]}{\sum_g[i]}$ 的多播组 g^* 满足 IPS 规则。另一方面，MPF 规则恰好和式（14-2）相同，即定义为相对于单个吞吐量 T_k。瞬时归一化和速率定义为

$$\overline{\phi}_g\left[i,R\right]=\sum_{k\in g}\frac{R}{T_k\left[i\right]}\cdot I\left\{R_k\left[i\right]\geqslant R\right\}\tag{14-6}$$

可以证明，在时隙 i，组 g 的即时速率选择为

$$R_g^*[i]=\arg\max_R\overline{\phi}_g[i,R]$$

且调度能够最大化 $\overline{\phi}_g[i,R_g^*[i]]$ 的组 g^* 满足 MPF 规则。

正如已经讨论过的，有效吞吐量和吞吐量是不同的，缩小两者之间的差距至关重要。前文在介绍文献[15]提出的中间用户调度的特殊情况时，仅讨论了队列和基于重传的方法，该方法使得有效吞吐量与吞吐量相同。然而，该结果是特定情况下的一个假象。在接下来的几节中，我们将讨论一些更具普适性的思想，主要依靠删除编码和信源编码技术来缩小有效吞吐量和吞吐量之间的差距。

14.3　编码和调度

14.3.1　单播场景

编码是实现可靠通信最有效的工具，源自 1948 年克劳德·香农的启发性工

作。当前已经发展出许多实用的编码技术，非常接近高斯信道容量限[31]。习惯上，调度决策、链路层可靠性和物理层传输都是彼此分离的。这样的分层方法在物理层采用 FEC，尽可能地纠正错误比特。而链路层用于错误检测的则是另外一种编码，如果检测到错误，就会丢弃接收到的比特，并向发射机返回一个 NACK（Negative Acknowledgement），请求重传。如果没有检测到错误，就会发送一个 ACK（Acknowledgment）。一般而言，发射机会设置一个定时器，如果在设定的时间间隔内没有收到 ACK，它就会自动触发分组重传。上述步骤几乎应用于所有的现代通信系统的单播数据流，例如 WiFi、WCDMA、CDMA2000、HSDPA、蓝牙和 IEEE 802.15.4 等。接下来的内容将介绍两个主要的趋势，它们使物理层和 MAC 层的联系更加紧密，从而实现了更可靠的无线通信协议栈。

14.3.1.1 混合 ARQ（HARQ）

物理层和链路层跨层设计的一个领域是采用软合并 HARQ[29]。与本书讨论内容最为相关的软合并 HARQ 技术是递增冗余的技术。传统的分层策略可以认为是采用了一种具有低编码增益的重复编码。而递增冗余可以在同样的负载中产生数量相对更大的编码比特，对应低速率但更可靠地信道编码。发射机在它的首次发射中，并不是发送所有编码比特，而只发送其中一部分编码比特，这对应高码率和低可靠性的传输。如果信道条件足够好，并且译码成功，就会生成一个 ACK，紧接着发射机就会调度下一负载。如果收到 NACK，系统就会在第 2 次发射中发送更多的编码比特（不同于之前发送的比特）。这个过程会一直持续到收到 ACK 或者所有的编码比特都耗尽。实质上，通过 ACK 和 NACK 隐含地了解信道条件后，发射机会采用一个码率逐渐降低的编码方案。

另一种软合并 HARQ 技术是 Chase 合并。不同于递增冗余的方式，Chase 合并将最初发送的编码比特（或者其中的一部分）重传。因此，不需要对传输速率和信道容量进行匹配。然而，这种方法与传统的方法也不相同。在 Chase 合并中，之前传输失败的接收比特并没有被丢弃，相反，它们会被合并起来一起用于译码。因此，随着时间的推移会累积到足够的信号强度。显然，这种方法比传统的方法可靠性更高，但是对于给定速率和功率条件下的可靠通信，Chase 合并性能不如递增冗余，除非递增冗余使用了坏码。

14.3.1.2 网络编码

与 HARQ 技术不同，在网络编码的范畴中，分离的工作实体将多个单播会话的 MAC 调度与多个会话间线性编码相结合。网络编码利用了广播媒介的优势[27，33~36]。一般而言，网络编码指的是，一个中间节点可以对来自多个接口和数据流的负载进行任意的编码操作，以此生成输出数据分组。在无线网络的条件下，AP/BS 就是这样的中间节点，它们可以将来自不同用户的数据流混合并发往不同的用户。图 14-5 给出了网络编码的一个简单例子，它显示了相对于传统的重传策略，网络编码如何以较小的开销实现可靠通信。在这个例子中，发射机 WG 在相同的无线信道上为用户 A、B 和 C 提供服务。WG 已经将 P_1 发送给 A，将 P_2 发送给 B，将 P_3 发送给 C，并只发送了这一次，每个分组都被某个接收机正确接收，如 A 收到了 P_2 和 P_3，但是由于信道传输错误，指定用户没有正确接收。由于没有收到反馈的 ACK，这些分组仍然在发射机侧相应的用户缓存区中等待发送。由于所有的用户都被调谐到同一个信道，因此它们可以使用混合模式进行监听，并存储发送给其他接收机的数据分组，例如 A 存储 P_2 和 P_3。显然数据分组 P_1、P_2 和 P_3 将会重传。在传统方法中，WG 分别重传每个数据分组。而在网络编码中，多个数据流中的分组由简单的线性 XOR 运算进行组合。在这个例子中，WG 会发送一个由 P_1、P_2 和 P_3 三个分组按位异或生成的编码数据分组 P。现在 A 已经有了数据分组 P_2 和 P_3。如果它能够正确接收 P，那么它就可以通过 XOR（P, P_2, P_3），恢复 P_1。同样 B 可以通过计算 XOR（P, P_1, P_3）对 P_2 进行译码，C 可以通过计算 XOR（P，P_1，P_2）对 P_3 进行译码。不进行编码时，需要 3 次重传，而该方法只通过一次重传，就可以恢复之前发送中丢失的所有 3 个数据分组。然而，为了实现这样一个高效的编码，发射机需要知道哪个分组被哪个接收机接收到，这意味着用户必须对接收到的所有分组均发送 ACK 或者 NACK，包括那些它们本来没打算要接收的数据分组。在这个例子中，B 必须分别为本属于 A 和 C 单播会话的 P_1 和 P_3 分组发送 ACK。从开销和信令需求的角度来看，这种反馈需求不是一件小事。采用适当的反馈抑制技术，可以大幅降低反馈开销。一种反馈抑制方法就是建立一个基于 CSI 反馈的概率模型，对哪个数据包可能已经在用户处正确接收进行估计。另一种方法就是在多个数据包的传输中，逐帧而不是逐数据分组进行 ACK 反馈。

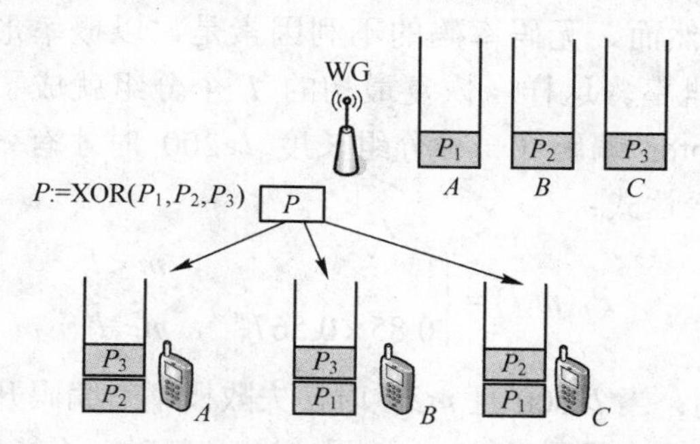

图 14-5　编码和调度可以有效地结合，以提高多个单播会话的可靠性

使用 FEC 来保护多个单播流并不是一种新技术，而且在时间上要早于网络编码。特别是对于视频广播和多播系统，现在许多解决方案采用 Raptor 编码、Reed-Solomon 编码和简单的 1D、2D 交织奇偶校验等 FEC，已被诸如 3GPP 和 DVB 等标准所采纳。然而，这些解决方案的主要目标是为特定媒体类型的应用层进行保

护，并且这些解决方案是典型的静态配置（例如编码开销、支持的会话数量和编码方案）。与此不同的是，网络编码深入到链路调度决策，并且能够通过基于物理层和链路层反馈的动态编码（On-the-fly Coding）决策提高数据流不均匀的 MAC 层的可靠性。回到图 14-5，如果 A 没有接收到 P_3，C 也没有接收到 P_2，WG 就应该在发送完 P_3 之后立即发送 XOR（P_1+P_2），这样 A 和 B 能在第一次重传后分别对 P_1 和 P_2 译码，而且 C 也能在下一次重传后为 P_3 译码。这种优化方法，即哪种数据分组组合方式应该用于 XOR 计算和应该以什么顺序发送，被证明是 NP 问题[36]。在率失真最佳化[33]、最小重传次数[36]和马尔科夫决策过程（Marka Decision Process，MDP）情况下，提出了许多启发性的技术。

14.3.2 多播场景

编码也将令人关注的增益和折中引入了多播会话的调度设计中。正如本章之前提到的，根据信道机会，以一个给定多播组的部分用户为目标，能够有效提高组内所有用户的吞吐量。然而，这样的策略制造了一种由发射机控制的人工删除信道。目标接收机越少，相当于删除信道的删除概率越高。

考虑将一帧多播信息分割成 L 个具有等长信源分组的情况（见图 14-6）。码率 $r=l/m$ 的(m, l)分组编码，由最初的 l 个消息分组生成 m 个编码分组。如果这种码具有最大距离可分（Maximum Distance Separable，MDS）的性质，那么只要接收到 m 个编码分组中的任意 l 个编码分组，接收机就能恢复出最初的 l 个消息分组。在这个意义上，这种编码方式是有效的[17]。与固定码率的编码方式截然不同，无码率编码能够产生足够多的编码分组（即 m 的取值不受编码结构的限定）[18，19]。然而，无码率码的不利因素是，以概率形式生成的编码分组具有非常低的重复概率。这样，恢复最初的 l 个分组就成了概率事件。在文献[26]中，作者对 Raptor 编码（一种分组长度 l>200 时才有效的编码）的失败概率给出严格的性能表达式：

$$P_f(m,l)=\begin{cases}1 & ,\ m<l \\ 0.85\times 0.567^{m-l}, & m\geqslant l\end{cases}$$

上述表达式表明：当 l>200 且 $m\geqslant$l 时，失败概率是编码开销（$m-l$）的函数而与分组的大小没有关系。不同于 MDS 编码，当 $m=l$ 时，不能保证一定能恢复最初的 l 个信息分组，失败概率高达 0.85。好消息是，当仅有 50 个额外的分组（即编码开销 $m-l$=50）时，失败概率可以达到 $P_f<10^{-12}$，即随着 $l\rightarrow\infty$，编码开销趋于 0。在实际中，可以使用一种低码率删除编码，这样，由于业务的限制，系统不会接收更低速率的情况。然而，这样做的代价是译码复杂度的增加。通过限制码率，无码率编码也可以作为高计算效率的非 MDS 固定码率编码。

不管采用哪种编码方法，发射机能够通过在每一个时隙设置传输速率来最大化给定多播组的最小吞吐量（最小最大公平性），并且发射机调度的是编码分组而不是原信源分组。与之前提出的网络编码的情况不同，只要每一个用户接收到足够数量的编码分组，而发送方不需要知道哪一个用户成功接收到哪些特定的分组。当接收机积累到足够多的编码分组后，会反馈一个 ACK。一旦发射机从所有的接收机那里收到 ACK，它就会开始处理下一帧的编码分组。一帧中包括的分组的数量是固定的，但是为了达到足够的可靠性，帧的持续时间是可变的，从这个意义上来说这种操作方式是弹性的。这种操作方式对于有视频点播类需求的应用来讲是可行的，但是对于帧时延有严格要求的多播则并不适宜。在这样的情况下，吞吐量增益应当与可靠性（例如每个用户的误帧率）一并考虑。

如图 14-6 所示，考虑帧长为 i 个时隙的常规设置，并且反映最差情况下的时延限制。如果机会调度器将目标设定为每个时隙 t 的 N 个用户中最好的 L 个用户，从而得到了速率决策 $R[t]$（即每个时隙中分组的个数），则一帧内的系统平均速率可表示为

$$\overline{R} = \frac{1}{i}\sum_{t=1}^{i} R[t]$$

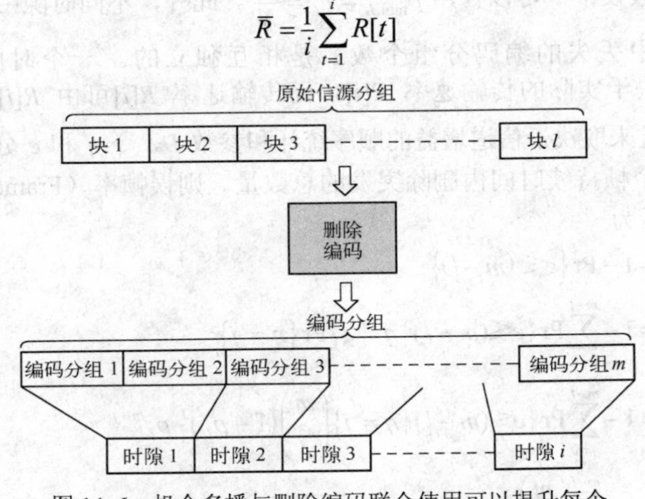

图 14-6　机会多播与删除编码联合使用可以提升每个用户的吞吐量，同时实现多播信息的可靠传输

反过来，每个用户 k 的长期接收速率为

$$\overline{R_k} = \frac{1}{i}\sum_{t=1}^{i} R[t]\cdot I\left\{R_k[t] \geqslant R[t]\right\}$$

如果系统中最差的速率是 $\overline{R}_{\min,L} = \min_k \overline{R}_k$，则采用码率为 $r_{\mathrm{e}} = \dfrac{\overline{R}_{\min,L}}{\overline{R}}$ 的删除编码，并且将 l 设置为 $l = i\overline{R}_{\min}$，可以保证所有的接收机能够完整地恢复原始帧并

以速率 $\bar{R}_{\min,L}$ 进行传输。优化目标是找到 $L=L^*$，使得

$$L^* = \arg\max_L \bar{R}_{\min,L}$$

除非进行简化假设，否则该优化是一个很困难的问题，因为它需要很多未知的信息，包括未来的 CSI 和调度器决策信息。一个简化假设是，关注用户的顺序和信道条件，使得能以独立且相同的方法，描述一个特定用户在每个时隙中成为最好的 L 个用户的分布。文献[16]根据瞬时信道容量除以平均信道容量，对用户进行了排序。当所有用户具有相同的平均信道容量和信道为瑞利衰落时，式（14-5）给出了将目标设定为最佳的 L 个用户上的调度算法取得的吞吐量。理论上，对于任意独立分布，可以得到有序随机变量的分布，对于很长的帧（即在一个时延容忍系统中），可以用数值的方式计算 $r_e = \bar{R}_{\min,L}/\bar{R}$。而对于较短的帧持续时间，一个更为合理的方法是对具有最差信道条件的用户进行建模，并且在归一化后，对其成为最佳的 L 个用户的概率($p_{\min,L}$)进行描述。这样，问题就简化为具有突发分组丢失的删除信道，需要选择一个码率 r_e 用以满足对误帧率要求。注意到分组丢失是突发性的，这是因为在一个时隙中，根据传输速率，可能不止发送一个编码分组。在独立同分布信道假设下，可以使用 $p_{\min,L} \triangleq P_L = \frac{L}{N}$。此外，不同时隙中的突发的长度（即一个突发中丢失的编码分组个数）是相互独立的。一个时隙中突发长度 $b \in \{1, b_{\max}\}$ 取决于实际的传输速率 $R[i]$，而传输速率 $R[i]$可由 $R[i]$的分布推导出来，而 $R[i]$反过来取决于信道增益的顺序统计和参数 L。令 η 和 e 分别表示删除突发的数量和一个帧持续时间内删除突发的总数量。则误帧率（Frame Error Rate，FER）可以表示为

$$\begin{aligned}
\text{FER} &= 1 - \Pr\{e \leqslant (m-l)\} \\
&= 1 - \sum_{j=0}^{m-l} \Pr\{e \leqslant (m-l) \mid \eta = j\} \Pr\{\eta = j\} \\
&= 1 - \sum_{j=0}^{m-l} \Pr\{e \leqslant (m-l) \mid \eta = j\} \binom{m}{j} (1-p_L)^j {p_L}^{m-j} \\
&= 1 - \sum_{j=0}^{m-l} \binom{m}{j} (1-p_L)^j p_L^{m-j} \sum_{\sum_{z=1}^{j} b_z \leqslant m-l} (\Pr\{b=b_1\} \times \cdots \times \Pr\{b=b_j\})
\end{aligned}$$

因此，至少对于已知的独立同分布信道条件，可以通过数值计算方法得到针对最佳 L 个用户调度的归一化 FER。对于一个给定 FER 约束条件的系统，设计者可以使用上述公式，在满足约束的设置下，寻找能够最大化吞吐量的 L（例如式（14-5））。

图 14-7 给出了平均 SNR=10dB，独立同分布瑞利信道下，拥有 10 个用户的多播组的仿真结果。假设帧长为 100 个时隙，并且可以达到信道容量。图 14-7 给出

了用户间的最小最大速率。图中的平均速率反映了多个帧的平均水平（表示无差错的情况得到的最佳有效吞吐量），而 99%曲线反映了任意用户在 99%的帧中可以达到的吞吐量，即 FER 限制条件为 10^{-2}。对于给定的帧持续时间，要得到更高的可靠性，必须通过牺牲有效吞吐量增益来提高编码增益。

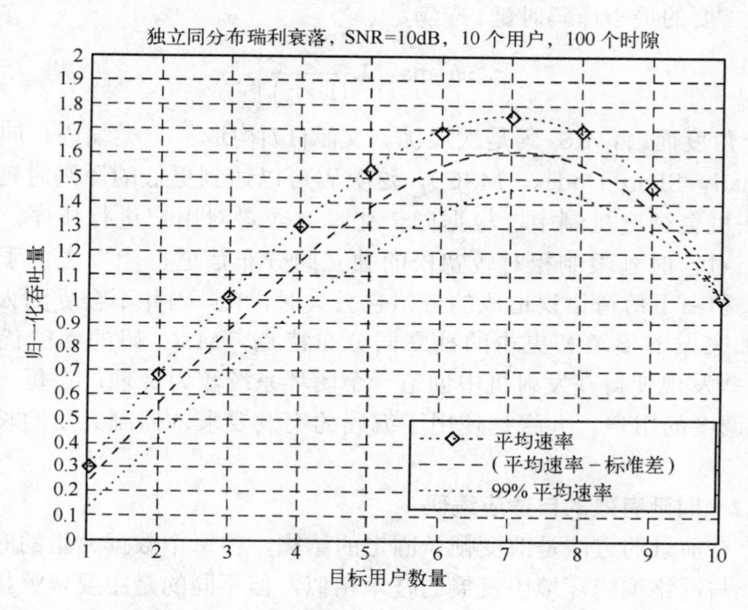

图 14-7　目标 FER 为 0.01 时导致的吞吐量损失，多播组包括 10 个用户，1 帧的持续时间为 100 个时隙[16]

正如前面提到的，引入帧结构的主要原因是当发生删除时对译码时延进行限制（这也是缓存的要求）。由于机会多播等同于一个高删除速率的信道，这是一个基本的限制。然而实际上，一旦将额外的限制条件和（或）边信息引入编码决策，它就不再是一个基本的限制。在本节的余下部分将强调了这两个有趣的方向。

14.3.2.1　时延有效 MDS 编码

以固定的编码方案进行处理是一种有前景的方法，其中编码分组以预先设定的方式和特定的顺序生成。由 MDS 码或无码率码可知，一旦一个帧丢失一个突发（包括多个分组），在接收到 m 个编码分组后可以恢复每个丢失的分组。利用系统码，前 m 个编码分组与 m 个信源分组完全一样，当没有分组丢失时，系统无译码时延。即使恰好帧中的第一个编码分组丢失，也没有部分恢复来保证系统提前对这些信源分组进行译码。当应用层或者传输层（例如 TCP 层）对较早的数据包有很强的依赖性时，即使丢失数据分组之后的其他数据分组已经被成功接收，这些分组也不能被立即处理，而必须等待丢失分组成功接收之后才能处理。近来一些相关的编码技术[17]，获得了丢失信源分组的最小可能的恢复时间，方法是在帧中存在单一突发错误且突发长度已知的约束条件下，对 Reed-Solomon（RS）编码进行修改。特别地，该作者在文献[17]中证明了用于纠正长度为 b 的删除突发，码率为 r_e 的编码器需要的最小译码时延 τ 应满足

$$\tau \geqslant b \cdot \max\left[1, \frac{r_e}{(1-r_e)}\right]$$

就这个角度而言，RS 码是次最优。文献[17]构造了一类编码，叫做最大短码（Maximally Short Codes，MSC），这类码可以达到更低的译码时延下限。可惜的是，在机会调度机制中，根据归一化瞬时容量对用户进行排序，上述限制无法实现。对于时延限制相对较宽松的独立同分布信道，当发生由于时延造成的分组丢失和由于信道错误造成的分组包丢失时，RS 码并不会受到太大影响。而对于更加突发的信道和更少的独立同分布特点，MSC 码的性能优于常规的 RS 码。这些发现使得在发射机中创造一个闭环系统较为合理：在每一帧跟踪根据的 CSI 调度的用户，并根据使用了编码的突发要求，控制突发的长度和突发间隔。

14.3.2.2 时延有效的自适应编码

另一个有前景的方法是改变帧长固定的结构，在每个数据分组的时延限制下直接操作。与网络编码环境中发展的技术相似，但不同的是主要依赖接收的 CSI 信息和过去的调度决策，发射机能够跟踪谁接收了哪些分组，并且动态更新编码的执行过程。当时延目标宽松时，可以更多地使用信道；而当时延目标变得严峻时，如果仍然采用编码则难以取得良好的平衡。删除编码和调度的结合问题（例如，在多播中的速率自适应）仍然是开放性的研究问题，在标准和实际部署中需要更成熟、复杂度更低以及更通用的技术。

14.4 媒体质量驱动调度

媒体，特别是视频业务，在数据网络中已经有了巨大的增长，也将成为无线通信关键的业务负载之一。当前已经对多媒体业务的可靠性进行了大量的研究工作，有了一套行之有效的工具，包括信源编码、信道编码和联合编码，用于对抗端到端和各条链路中的丢失，以提高视频质量[41, 42]。应用层可靠性方法包括：防止帧错误的传播、应用层 FEC、错误隐藏、可分级编码和多重描述编码等。有了这种高层的保护机制，在 MAC 层和物理层可以不需要对媒体业务进行严格的可靠性保证。这一点尤其重要，因为可靠性和吞吐量之间明显存在折中。

由于调度和媒体接入层最终确定哪个数据流适合在空间、时间和频谱中传输，因此在通信协议栈中发挥着独特的作用。通过在不同的数据流之间设立服务等级，对数据流进行优先级区分，并按照短期或长期的数据流速率，提供服务保证是相当成熟的课题，已经有了许多研究成果和解决方案。类似地，单个的数据包对主观和客观的视频质量的影响，单个数据流中分组的优先级都是研究的热点问题[37, 38]。重要的一点是，很多研究并不单纯地认为丢包是不可替代的。相反，为了评估丢包的影响，这些研究实际上综合采用了各种标准的错误隐藏技术，对于视频中丢失的宏分组，用与之相邻帧中的宏分组，通过动态补偿后加以替代。对于实时媒体，传输时延非常关键，晚于播放最后期限接收到的数据分组与丢失数据分组的效果是一样的。有鉴于此，调度器在识别拥塞、时延约束和信道情况时具有优先权，这样就能在尽量不影响业务质量的前提下智能地丢弃一些数据包。这种策略相对于广泛采用队列有实质性的好处，因为队列不了解数据流中不同的分组，只能简单地采取尾部丢弃或头部丢弃原则。采用这种策略的主要问题是，调度器不可能检查每个分组的内容，并得出对业务性能的影响。在数据报头，以一种压缩的方式标记分组的重要性和相互依赖关系，理论上可能是一种可行的解决方法，但是在大规模网络中采用这种普遍接受的规则并不容易实现。但是，短距离无线通信作为消费电子产品的一部分，主要满足局部网络需求，可以自由定制，因此专有的解决方案相对而言更容易集成。

即使调度器了解以下信息：①各接收机当前信道状态；②每个分组对视频质量影响的量化值（例如，它带来了多少失真）；③时延预算（例如，还剩多少回放缓冲时间）；以一种失真公平的方式利用信道机会仍然是一个富有挑战的问题。当前文献大多从调度器的角度出发，将无线信道决策当做一个独立的实体进行处理，并且在全部或者部分观察到的信道条件下优化视频失真（在数据流内或者数据流间）。例如，通过观察过去的分组丢失事件、利用已知的马尔可夫或者隐马尔可夫模型、在线学习等，根据要发送的分组（或者多数据包的编码形式）采取一步到位的行动[27, 33, 43, 44]。将这些或是用于多个单播和多播流情况下的机会调度并不是一件简单的事情，它需要健壮而且并不非常复杂的解决方案。

在机会多播场景中，一个有趣的趋势是引入信源编码的思想。注意到，在机会多播场景中，已经出现一些吞吐量公平的方法，但它们不能直接带来吞吐量的增益。本章已经指出，至少对于最小-最大公平机会多播调度，通过删除编码，吞吐量和有效吞吐量基本相同。尽管如此，当在有限的帧长度上或者在非独立同分布条件下，对于一个给定的帧，信道条件更好的用户，比那些观测到各种删除率的用户，可以获得更频繁的调度，所以最小-最大公平方式还不够好。尤其是在非独立同分布条件下，一个多播组中最好和最坏的吞吐量增益存在实质性的不同[16]。渐进细化是一种关键的信源编码思想，即在每个额外接收的信息最佳地遵循率失真折中。在应用层使用这样的编码/译码器组能够自然地弥补吞吐量和有效吞吐量之间的差距。可以仅在调度层发送出信源分组。可惜的是，渐进细化的[45]结果只适用于某些失真测度（例如均方误差）下特定的信源类型（例如，高斯信源），且其处理广泛地使用了信息理论。然而根据定义，渐进细化更大的障碍是，渐近细化需要之前全部分组的可用性。实际上，例如 H.264 等标准支持可分级视频编码（Scalable Video Coding，SVC），SVC 提供更加有限的细化，其中视频被分割成一个基础层和一个或者多个加强层。为了使译码后的内容具有可接受的质量，基本层必须被接收。随着接收到更多加强层，内容的质量逐渐提高。可以在非独立同分布条件下设计一种机会多播方案，对基础层和加强层进行区分，即当相对较差的用户不在调度列表中时，（例如，传输速率设置得相对较高）首先推送加强层，而当此类用户也需进行调度时（例如，传输速率设置的相对较低）则推送核心层。

另一种可选择的方法是采用多描述编码（Multiple Description Codes，MDC）。MDC 将信源分割成多个流，流的任意一个子集可以合并起来获得比单个流更小的失真[39，40]。一般而言，使用 MDC 的主要问题是它提前付出了失真惩罚，除非有严重的丢失概率，否则这种惩罚是并不希望的。幸好，机会多播提供一种具有高丢失率的场景，这样 MDC 就可能会是有使用价值的。然而，问题在于调度器必须确保一些描述被完全接收，这是因为许多部分接收的描述不能带来大量增益。这使得调度工作比 SVC 情况更为困难。另一个重要原则是机会调度增益必须补偿 MDC 的低码率。MDC 的另一个问题是，MDC 不像 SVC 那样被广泛使用。一些更先进的想法是将不等差错保护（例如，使用 PET 方案[30]）与 SVC 结合起来，达到 MDC 的效果。PET 方案将多个不同长度的和能够保证期望性能的分组（例如，需要多少个包来恢复一个特定的块）作为输入，生成一个具有最小编码开销的编码分组数据流，实现所需的性能保证。换句话说，在调度层，将可分级视频和不等差错保护相结合，取代前面介绍的等差错保护删除编码。除此之外，系统设计者必须确保机会多播的吞吐量增益要远远高于 PET 方案的开销。

14.5 结论

本章从调度层的角度介绍了系统可靠性。可靠性是与需求相关的应用层核心问题。在无线通信系统中，MAC 层和调度层协调频谱资源的分配和共享。因此，基于 CSI 和服务级别的决策使这些层变得更为复杂就不足为奇了。在发射机，获得不同接收机的 CSI，从而可以利用较好的信道状态，在要求的可靠性水平下，传输更多的信息。多用户分集（或机会调度）的概念是本章中的一个重要主题并在单播和多播场景中加以讨论。本章讨论的另一个重要主题是 FEC，它在调度层中发挥着重要的作用。在单播场景中，简要介绍了 HARQ 以及网络编码。在多播场景中，更多地强调了编码对机会信道接入的重要影响，机会信道接入通过恢复原始的信源信息，将信道增益转化为实际吞吐量增益。本章介绍了相关的折中，以及为什么针对时延敏感应用设计一个良好的系统，一般而言是一个困难的问题，并在简化信道模型下提出了一些解决框架和建议。在本章的最后，简单地综述了媒体驱动调度，重点介绍了媒体驱动调度已有的先进方法，并且将这些方法与机会调度，特别是多播场景结合了起来。

参考文献

[1] U. C. Kozat, I. Koutsopoulos, and L. Tassiulas, “Cross-layer design for power efficiency and QoS provisioning in multihop wireless networks,” IEEE Trans. onWireless Commun., vol. 5,no. 11, pp. 3306–3315, 2006.

[2] O. Oyman, J. N. Laneman, and S. Sandhu, “Multihop relaying for broadband wireless mesh networks: From theory to practice,” IEEE Commun. Mag., Special Issue on Wireless Mesh Networks, vol. 45, no. 11, pp. 116–122, Nov. 2007.

[3] T. Cui, L. Chen, and T. Ho, “Distributed optimization in wireless networks using broadcast advantage,” Tech. Rep., June 2007. [Online]. Available: http://caltechcstr.library.caltech.edu/567/

[4] G. Jakllari, S. V. Krishnamurthy, M. Faloutsos, P. V. Krishnamurthy, and O. Ercetin, “A cross layer framework for exploiting virtual MISO links in mobile ad hoc networks,” IEEE Trans.on Mobile Computing, vol. 6, no. 6, pp. 579–594, June 2007.

[5] M. J. Neely and R. Urgaonkar, “Opportunism, backpressure, and stochastic optimization with the wireless broadcast advantage,” in Proc. Asilomar Conf. on Signals, Systs, and Computers,Pacific Grove, CA, Oct. 2008.

[6] D. Tse and P. Viswanath, Fundamentals of Wireless Communications, Cambridge University Press, 2005.

[7] H. Won, H. Cai, D. Y. Eun, K. Guo, A. Netraveli, I. Rhee, and K. Sabnani, “Multicast scheduling in cellular data networks,” in Proc. IEEE 26th Int. Conf. on Computer Commun.(IEEE Infocom 2007), Anchorage, AK, May 2007.

[8] H. J. Kushner and P. A. Whiting, “Convergence of proportional-fair sharing algorithms under general conditions,” IEEE Trans. on Wireless Commun., vol. 3, no. 4, pp. 1250–1259,2004.

[9] M. Andrews, K. Kumaran, K. Ramanan, A. L. Stolyar, R. Vijayakumar, and P. Whiting,“Providing quality of service over a shared wireless link,” IEEE Commun. Mag., vol. 39,no. 2, pp. 150–154, 2001.

[10] H. Kim and Y. Han, “A proportional fair scheduling for multicarrier transmission systems,”IEEE

Commun. Letters, vol. 9, no. 3, pp. 210–212, Mar. 2005.

[11] O. Sunay and A. Eksim, "Wireless multicast packet data provisioning using opportunistic multiple access," in Proc. IEEE Benelux Chapter Symp. on Commun. and Veh. Technol.,2003.

[12] P. Viswanath, D. Tse, and R. Laroia, "Opportunistic beamforming using dumb antennas,"IEEE Trans. on Inf. Theory, vol. 48, no. 6, pp. 1277–1294, June 2002.

[13] S. S. Kulkarni and C. Rosenberg, "Opportunistic scheduling: Generalizations to include multiple constraints, multiple interfaces, and short termfairness,"Wireless Networks, vol. 11,no. 5, pp. 557–569, Sep. 2005.

[14] C. Suh, S. Park, and Y. Cho, "Efficient algorithm for proportional fairness scheduling in multicast OFDM systems," in Proc. IEEE 62nd Semiannual Veh. Technol. Conf. (IEEE VTC 2005), Dallas, TX, Sep. 2005.

[15] P. K. Gopala and H. E. Gamal, "On the throughput-delay tradeoff in cellular multicast," in Proc. Int. Conf. on Wireless Networks, Commun. and Mobile Computing, June 2005.

[16] U. C. Kozat, "On the throughput capacity of opportunistic multicasting with erasure codes,"in Proc. IEEE 27th Int. Conf. on Computer Commun. (IEEE Infocom 2008), Phoenix, AZ,Apr. 2008.

[17] E. Martinian and C.-E. W. Sundberg, "Burst erasure correction codes with low decoding delay," IEEE Trans. on Inf. Theory, vol. 50, no. 10, pp. 2494–2502, Oct. 2004.

[18] M. Luby, "LT codes," in Proc. 43rd Annual IEEE Symp. on Foundations of Computer Sci.,pp. 271–282, 2002.

[19] A. Shokrollahi, "Raptor codes," in Proc. Int. Symp. on Inf. Theory (ISIT 2004), p. 37, Chicago,Illinois, June–July, 2004.

[20] P. Maymounkov and D. Mazieres, "Rateless codes and big downloads," in Proc. 2nd Int.Workshop on Peer-to-Peer Systems, 2003.

[21] W. Ge, J. Zhang, and S. Shen, "A cross-layer design approach to multicast in wireless networks," IEEE Trans. on Wireless Commun., vol. 6, no. 3, Mar. 2007.

[22] P. Chaporkar and S. Sarkar, "Wireless multicast: Theory and approaches," IEEE Trans. On Inf. Theory, vol. 51, no. 6, pp. 1954–1972, June 2005.

[23] T. M. Cover and J. A. Thomas, Elements of Information Theory, John Wiley, 1991.

[24] S. Shakkottai and A. L. Stolyar, "Scheduling for multiple flows sharing a time-varying channel: The exponential rule," in Am. Math. Soc. Translations, Series 2, vol. 207, pp. 185–202, 2002.

[25] A. L. Stolyar, "Maximizing queueing network utility subject to stability: Greedy primal-dual algorithm," Queueing Syst. Theory Appl., vol. 50, no. 4, pp. 401–457, 2005.

[26] M. Luby, T. Gasiba, T. Stockhammer, and M. Watson, "Reliable multimedia download delivery in cellular broadcast networks," IEEE Trans. on Broadcasting, vol. 53, no. 1, Mar.2007.

[27] D. Nguyen, T. Nguyen, and B. Bose, "Wireless broadcast using network coding," in Proc.IEEE

NetCod Workshop, 2007.

[28] M. Sharif and B. Hassibi, "Adelay analysis for opportunistic transmission in fading broadcast channels," in Proc. IEEE Infocom 2005, Miami, FL, Mar. 2005.

[29] E. Dahlman, S. Parkvall, J. Skold, and P. Beming, 3G Evolution: HSPA and LTE for Mobile Broadband, Elsevier, 2007.

[30] A. Albanese, J. Blomer, J. Edmonds, M. Luby, and M. Sudan, "Priority encoding transmission,"IEEE Trans. on Inf. Theory, vol. 42, pp. 1737–1744, 1994.

[31] S. Lin and D. J. Costella, Jr., Error Control Coding, Pearson Prentice Hall, 2nd ed., 2004.

[32] D. Bertsekas and R. Gallager, Data Networks, Prentice Hall, 2nd ed., 1992.

[33] H. Seferoglu and A. Markopoulou, "Video-aware opportunistic network coding over wireless networks," IEEE J. on Selected Areas in Commun., Special Issue on Network Coding forWireless Commun. Networks, vol. 27, no. 5, June 2009.

[34] T. Tran, T. Nguyen, B. Bose, and V. Gopal, "A hybrid network coding technique for singlehop wireless networks," IEEE J. on Selected Areas in Commun., vol. 27, no. 5, pp. 685–698,June 2009.

[35] D. Nguyen, T. Tran, T. Nguyen, and B. Bose, "Wireless broadcast using network coding,"IEEE Trans. on Veh. Technol., vol. 58, no. 2, pp. 914–925, Feb. 2009.

[36] S. Y. El Rouayheb, M. A. R. Chaudhry, and A. Sprintson, "On the minimum number of transmissions in single-hop wireless coding networks," Proc. of IEEE Inf. Theory Workshop,Lake Tahoe, CA, 2007.

[37] S. Kanumuri, S. Subramanian, P. Cosman, and A. Reibman, "Predicting H.264 packet loss visibility using a generalized linear model," in Proc. IEEE Int. Conf. on Image Processing(ICIP 2006), Oct. 2006.

[38] T.-L. Lin, Y. Zhi, S. Kanumuri, P. Cosman, and A. Reibman, "Perceptual quality based packet dropping for generalized video GOP structures," in Proc. Int. Conf. on Acoustics, Speech,and Signal Processing (ICASSP 2009), Taipei, Taiwan, Apr. 2009.

[39] P. A. Chou, H. J. Wang, and V. N. Padmanabhan, "Layered multiple description coding",Proc. Packet Video Workshop, 2003.

[40] V. K. Goyal, "Multiple description coding: Compression meets the network," IEEE Signal Processing Mag., vol. 18, no. 5, pp. 74–93, Sep. 2001.

[41] T. Schierl, T. Stockhammer, and T. Wiegand, "Mobile video transmission using scalable video coding," IEEE Trans. on Circuits and Systems for Video Technology, Special Issue on Scalable Video Coding, vol. 17, no. 9, pp. 1204–1217, Sep. 2007.

[42] B. Girod andN. Farber,"Wireless video," in M.-T. Sun and A. R. Reibman (eds.), Compressed Video over Networks, Marcel Dekker: New York, 2000.

[43] F. Fu and M. van der Schaar, "Cross-layer optimization with complete and incomplete knowledge for delay-sensitive applications," in Proc. of Packet Video Workshop, Seattle,WA, May 2009.

[44] D. Nguyen and T. Nguyen, "Network coding-based wireless media transmission using POMDP," in Proc. Packet Video Workshop, Seattle, WA, May 2009.

[45] W. H. R. Equitz and T. M. Cover, "Successive refinement of information," IEEE Trans. On Inf. Theory, vol. 37, pp. 269–274, Mar. 1991